Das große Bewerbungshandbuch für Führungskräfte

Christian Püttjer und **Uwe Schnierda** kennen die Wünsche und Hoffnungen, aber auch Sorgen und Nöte von Bewerberinnen und Bewerbern seit rund 20 Jahren. Ihre umfassenden Erfahrungen aus der Optimierung von Bewerbungsunterlagen, aus Einzelcoachings und aus Seminaren bringen sie in ihre praxisnahen Ratgeber ein, die exklusiv im Campus Verlag erscheinen. Die konkreten Tipps, die klare Sprache und die motivierende Unterstützung von Püttjer & Schnierda haben schon über einer Million Leserinnen und Lesern weitergeholfen.

PÜTTJER & SCHNIERDA

Das große Bewerbungs-
handbuch für Führungskräfte

Campus Verlag
Frankfurt/New York

ISBN 978-3-593-39736-8

Copyright © 2012 Campus Verlag GmbH, Frankfurt am Main
Umschlagfoto: Becker Lacour, Frankfurt am Main
Gestaltung: hauser lacour, Frankfurt am Main
Satz: Publikations Atelier, Dreieich
Druck und Bindung: Beltz Druckpartner, Hemsbach
Printed in Germany

www.campus.de

Inhalt

Führen wie Steve Jobs? Oder wie Angela Merkel? 15

Was erwartet Sie in diesem Coaching? 19

Bewerben mit derPüttjer & Schnierda-Profil-Methode® 21

Teil 1:
Karrierecoaching: Ziele, Anforderungen, Vorbereitung

1. **Strategie: 7 Kernkompetenzen,**
   die Führungskräfte beweisen müssen 25

2. **Coaching: Wie lässt sich die Wirkung Ihrer**
   Einstellungsargumente steigern? 28
   Profitieren Sie von unseren 9 wichtigsten Coachingtipps 28

3. **Ihre Erfolgsbilanz: Was haben Sie zu bieten?** 33
   So lassen sich Erfolge dokumentieren 34
   Argumente für Ihre Erfolgsbilanz 39
   Wunschposition definieren 44

4. **Anforderungen der Unternehmen an Führungskräfte** 47
   Geforderte berufliche Qualifikation 47
   Eigene berufliche Qualifikation 55
   Auswertung von Stellenausschreibungen 61

5. **Die Selbstpräsentation: Das Herzstück Ihrer Bewerbung** 65
   Struktur für die Selbstpräsentation 66
   Fehler in der Selbstpräsentation 67
   Überzeugungsregeln für Ihre Selbstpräsentation 73
   Selbstpräsentation fokussieren und optimieren 81

6. **Immer vor Augen: Ihre Selbstpräsentation als Mind-Map** 85
   Stressabbau durch Mind-Mapping 85
   Ein Mind-Map Ihrer Einstellungsargumente 86

Teil 2:
Begründungsbedarf: Warum wollen Sie wechseln?

7. Wie begründen Sie den Stellenwechsel? 93
    Ungünstig: Tatsächliche Wechselgründe 93
    Besser: Akzeptierte Wechselgründe 94
    Strategie: Der Blick nach vorn 97

Teil 3:
Headhunter, offener Stellenmarkt und Networking: Selbstmarketing für Leistungsträger

8. Chancen nutzen: Erfüllen Sie sich Ihre beruflichen Wünsche 103
    Selbstmarketing: Ein heimliches Soft Skill 103
    Testen Sie Ihr Marketing in eigener Sache 105
    Wie gut ist Ihr Selbstmarketing? 106
    Bringen Sie sich ins Gespräch 112
    Vom Wunsch zur Wirklichkeit 114

9. Headhunter und Personalberatungen:
    Wo liegen Ihre Informationsgrenzen? 118
    Verwechslungsgefahr: Personalberater und Headhunter 118
    Wenn der Headhunter anruft 119
    Diskretion gegenüber Personalberatern wahren 119
    Achtung: Gehaltsfrage und Wechselwunsch 120

10. Den Wunscharbeitgeber finden 122
    Viele Möglichkeiten: Der offene Stellenmarkt 122
    Networking: Der verdeckte Stellenmarkt 125
    Executive Search: Headhunter 126

Teil 4:
Einstellungsargumente: Ihr berufliches Profil in Schriftform

11. Anschreiben: Können Sie Ihre Einstellungsargumente
    fokussieren? 131
    Wie fokussieren Sie? 131
    Wie arbeiten Sie Schnittstellen heraus? 132
    Wie begründen Sie den Stellenwechsel? 132
    Was ist formal zu beachten? 133

12. Gehaltsfrage: Wie formulieren Sie hier taktisch? 135
Gehaltshöhe und Karrieresprung? 135
Gehaltshöhe ermitteln 136
Gehaltsvorstellungen im Anschreiben 137

13. Lebenslauf: Wie präsentieren Sie sich als Leistungsträger? 139
Tätigkeiten signalisieren Leistung 139
Gestaltungsspielräume taktisch nutzen 140
Vorsicht bei langen Beschäftigungsverhältnissen 141
Hobbys 142

14. Bewerbungsfotos: Weiterhin gewünscht? 145
Vom düsteren Pessimisten zum sympathischen Berater 146
Von der verschlossenen Grüblerin zur kompetenten Führungskraft 147
Vom grimmigen Miesepeter zum kontaktstarken Teamplayer 148

15. Leistungsbilanz statt Dritter Seite: Zusätzliche Argumente? 150
Wann ist eine Leistungsbilanz sinnvoll? 150
Das stört an der Dritten Seite 151

16. Vollständigkeit: Was gehört in die Bewerbungsunterlagen? 157
Richtig sortiert 157

17. Nachfass-E-Mail oder Anruf: Wann sollten Sie nachhaken? 166
Nachfassaktionen 166
Beschränken Sie sich auf formale Fragen 166
Nervenstärke ist gefragt 167

18. Empfehlungen: Referenzen und Fürsprecher 168
Wer spricht für Sie? 168
Bereiten Sie Ihre Referenzgeber vor 169

Teil 5:
Gelungene Beispielbewerbungen

19. So überzeugen Führungskräfte 173

Teil 6:
So funktioniert der Karriere-Klick

20. E-Mail-Bewerbung: Welche Besonderheiten sind zu beachten? . . . 193
Bewerbung online oder per Post? 193
Kurzbewerbung oder vollständige Unterlagen? 194
E-Mail-Bewerbung mit Anhang 195

21. Bewerbungsformulare im Internet 197
    Bewerbungsformular als Online-Bewerbung 197
    Bewerbungsformular als Stellengesuch 202

22. Online-Assessment und
    Bewerberhomepage 204
    Online-Assessment 204
    Bewerberhomepage 206

Teil 7:
Up or out im Vorgespräch

23. Telefoninterview: Warum haben Sie sich bei uns beworben? 211
    Mit wem werden Sie telefonieren? 211
    Welche Fragen werden Ihnen gestellt? 211
    Wie bereiten Sie Ihre Selbstpräsentation vor? 212
    Selbstpräsentation im Telefoninterview 216

Teil 8:
Vorstellungsgespräch: Persönliche Überzeugungsarbeit

24. Vom Umgang mit Headhuntern, Vorständen, Geschäftsführern,
    Fachvorgesetzten, Personalprofis und Amateuren 223
    Die speziellen Vorlieben der Entscheider 223

25. Schlüsselfrage:
    Warum sollten wir gerade Sie einstellen? 228
    Beispielfragen und -antworten: Schlüsselfrage 230

26. Kernkompetenz 1:
    Wie gut ist Ihre Branchen- und Fachkompetenz? 235
    Beispielfragen und -antworten: Branchen- und Fachkompetenz 237

27. Kernkompetenz 2:
    Verfügen Sie über Lösungskompetenz? 243
    Beispielfragen und -antworten: Lösungskompetenz 245

28. Kernkompetenz 3:
    Wie ausgeprägt ist Ihre Innovationskompetenz? 248
    Beispielfragen und -antworten: Innovationskompetenz 250

29. Kernkompetenz 4:
    Wie belegen Sie Ihre unternehmerische Kompetenz? 254
    Beispielfragen und -antworten: Unternehmerische Kompetenz 256

30. Kernkompetenz 5:
Welche Belege können Sie für Ihre Führungskompetenz liefern? . 263
Beispielfragen und -antworten: Führungskompetenz 265

31. Kernkompetenz 6:
Wie steht es um Ihre kommunikative Kompetenz? 270
Beispielfragen und -antworten: Kommunikationskompetenz 272

32. Kernkompetenz 7:
Was bringen Sie an internationaler Kompetenz mit? 278
Beispielfragen und -antworten: Internationale Kompetenz 280

33. Stress- und Fangfragen, unzulässige und unsinnige Fragen 283
Beispielfragen und -antworten: Stress- und Fangfragen, unzulässige und
unsinnige Fragen 285

34. Welche Informationen erfragen Sie? 288
Ihre Fragen sind wichtig 288
Wann Sie härter nachfragen sollten 289

35. Spezielle Fragen im zweiten Gespräch 291
Beispielfragen und -antworten für Runde zwei 293

Teil 9:
Gehalt im Vorstellungsgespräch

36. Gehaltsvorstellungen taktisch durchsetzen 301
Informationen sammeln 301
Erstellen Sie eine Erfolgsbilanz 302
Ihr Profil in der Gehaltsverhandlung 305
Beispiele für Gehaltsverhandlungen 309
Mit diesen Gegenreaktionen müssen Sie rechnen 317
So reagieren Sie souverän 323
Stärken Sie Ihre Abwehrkräfte 326

Teil 10:
Körpersprache im Vorstellungsgespräch

37. Auch mit Körpersprache überzeugen 333
Anspannung erkennen und auflösen 335
Konfrontation vermeiden 337
Stress- und Verlegenheitsgesten reduzieren 339
Aggressive Dominanzgesten unterlassen 342
Ihr Ziel: Eine konzentrierte Grundhaltung einnehmen 344

Teil 11:
Globales Management: Englische Vorstellungs-gespräche

38. Das Job-Interview auf Englisch 351
Die wichtigsten Fragenkomplexe im Überblick 352
Englische Beispielfragen und -antworten 352

Teil 12:
Führung »live«: Assessment-Center und Management-Audit

39. Mit welchen weiteren Auswahlschritten müssen Sie rechnen? ... 363
Auswahlhürden für Führungskräfte 363
Vorstellungsgespräch in wechselnder Besetzung 363
Assessment-Center als Gruppenauswahlverfahren 364
Assessment-Center als Einzelauswahlverfahren 366
Trend: Fallstudien und/oder Kundengespräche 366

40. Worum geht es im Assessment-Center? 368
Was ist ein Assessment-Center? 368
Was wird geprüft? 369
Grundgerüst von Assessment-Centern 370
Ihre Mitarbeit ist wichtig! 370

41. Das ist neu: Trends im Assessment-Center 372
Mehr Berufsnähe 372
Vorbereitet auf den ständigen Wandel 373

42. Beispielhafte Abläufe von Assessment-Centern 374

43. AC-Taktik: Erkennen Sie die Anforderungen 378
Das Selbstverständnis des Unternehmens 378
Entwicklungen im eigenen Arbeitsgebiet 379
Auf der Suche nach Interna 379

44. Selbstpräsentation: Zeigen Sie, was Sie bisher geleistet haben ... 381
Selbstpräsentation 1: Kurzvorstellung (1 Minute) 382
Selbstpräsentation 2: Selbstpräsentation (3 bis 5 Minuten) 383
Selbstpräsentation 3: Strukturierte Selbstpräsentation
(15 bis 20 Minuten) 383

45. Gruppendiskussion: Geben Sie die richtigen Impulse 396
Typische Aufgabenstellung in Gruppendiskussionen 398

46. Mitarbeitergespräch: Kritisieren Sie konstruktiv 403
    Typische Aufgabenstellungen in Mitarbeitergesprächen 405

47. Verkaufs- und Beratungsgespräch: Überzeugen Sie den Kunden .. 411
    Typische Aufgabenstellungen in Verkaufs- und Beratungsgesprächen 413

48. Reklamationsgespräch: Bekommen Sie den Kunden in den Griff . 418
    Typische Aufgabenstellungen in Reklamationsgesprächen 420

49. Vortrag: Präsentieren Sie souverän 426
    Typische Aufgabenstellungen für Vorträge 428

50. Fallstudie und Business-Case: Finden Sie die Kernaussagen 436
    Fallstudie mit typischen Aufgabenstellungen 438

51. Heimliche Übungen:
    Überzeugen Sie in Pausen und beim Small Talk 446
    Kommunikationsthemen und Gesprächstechniken 448

52. Postkorb: Punkten Sie mit Organisationstalent 451
    Typische Postkorb-Übung 453

Teil 13:
Körpersprache im Assessment-Center

53. Souveräne Körpersprache 463
    Ihr Führungsverhalten 463
    Der Ablauf des Mitarbeitergespräches 464
    Angemessen Kontakt aufbauen 466
    Grabenkämpfe im Gespräch 468
    Unentschlossene Vorgesetzte 471
    Ergebnisorientierte Gesprächsführung 473
    Das Gespräch abschließen 477

Teil 14:
Einstellungstests

54. Was erwartet Sie im Einstellungstest? 483
    Sieben populäre Testirrtümer 484

55. Persönlichkeitstest 487
    F–V–L-Test 487

56. Konzentrations- und Leistungstest 498

d-b-p-q-Test 498

Rechnen mit Wörtern 499

Lösungen zu den Konzentrations- und Leistungstests 503

Teil 15:
Sie entscheiden: Mit Bauchgefühl und Fakten-Check

57. Zwischenbilanz: Was spricht für und was gegen die neue Stelle? . 509

Werten Sie Vorstellungsgespräche systematisch aus 509

58. Risiken minimieren, Chancen ergreifen 512

Wer führt, trifft Entscheidungen 512

Teil 16:
Arbeitszeugnisse für Führungskräfte

59. Arbeitszeugnisse 517

So sind Arbeitszeugnisse aufgebaut 518

Formulierungen entschlüsseln 522

Der Geheimcode 525

Beispielzeugnisse 527

Teil 17:
Bewerben mit 45-plus

60. Zusätzlicher Begründungsbedarf 533

Entkräften Sie Vorurteile 533

Das 45-plus-Anschreiben 535

Das 45-plus-Vorstellungsgespräch 537

Teil 18:
Probezeit: Taktische Weichenstellungen

61. Die neuen Aufgaben 547

Vertrag ist Vertrag, oder? 547

Was gehört zu meinen Aufgaben? 549

Packen Sie es an! 550

62. Die neuen Kollegen 553

Die Unterstützer 553

Die Skeptiker 556
Die Neutralen 559

63. Der neue Chef 562

Wie ist mein Chef? 562
Der fachlich versierte und persönlich wertschätzende Chef 563
Der fachlich hilflose, aber persönlich wertschätzende Chef 565
Der fachlich versierte, aber persönlich abwertende Chef 567
Der fachlich hilflose und persönlich abwertende Chef 569

64. Wenn die Zweifel überhand nehmen 571

Der emotionale Faktor 571
Eine gründliche Situationsanalyse 572
Lösungswege 574

Bewerbungsberatung für Führungskräfte: Auf die Erfolgsspur! 576

Register 578

Führen wie Steve Jobs?
Oder wie Angela Merkel?

Leser/-in: »Was soll das denn jetzt? Was hat denn diese Vorwortüberschrift mit dem Thema Bewerbung für Führungskräfte zu tun? Führen wie Steve Jobs oder Angela Merkel? Verstehe ich nicht. In diesem Handbuch für Führungskräfte soll es doch vorrangig darum gehen, wie eine Führungskraft sich den nächsten Karriereschritt erarbeitet oder die erste Führungsposition erobert, nicht wahr? Und damit verbunden sind doch bloß klassische Bewerbungsthemen wie Unterlagen, Vorstellungsgespräch, Assessment-Center, Arbeitszeugnis oder Headhunter. Oder sehe ich das falsch?«

Karrierecoach: »Ja, für das sehr vielschichtige Thema Führung sind Bewerbungsberater und Karrierecoaches eigentlich nicht zuständig. Hier würde ich Ihnen doch eher Fredmund Malik, Reinhard K. Sprenger, Stephen R. Covey oder auch Alexander Groth, Elisabeth Haberleitner, Lutz von Rosenstiel und unzählige andere Vor-, Quer- und Nachdenker in Sachen Führung und Management empfehlen.«

Leser/-in: »Und wofür sind Sie dann noch zuständig?«

Karrierecoach: »Meine Kernkompetenz ist eher eine unabhängige und professionelle Beratung, um sich eigener Stärken noch bewusster zu werden, berufliche Ziele klarer zu definieren, Bewerbungsunterlagen passgenau aufzubereiten und häufig auch den einen oder anderen Bruch im beruflichen Werdegang diplomatisch und dennoch glaubwürdig zu erklären.«

Unabhängige und professionelle Beratung

Leser/-in: »Ja dann brauchen Sie sich ja nicht so anbiedern mit weltbekannten Namen und so tun als hätten Sie früher amerikanische Topmanager beraten und würden heute der Bundeskanzlerin Tipps und Ratschläge geben.«

Karrierecoach: »Warum denn gleich so böse? In Vorstellungsgesprächen kann es durchaus vorkommen, dass Sie danach gefragt werden, welche Führungspersönlichkeit Sie als Vorbild schätzen, und warum Sie dies tun. Im Übrigen finde ich, dass es sich auch außerhalb von Vorstellungsgesprächen lohnt, sich über Führungsvorbilder oder auch Merkmale erfolgreicher Führung ein paar tiefere Gedanken zu machen.«

Leser/-in: »Auch so, ich rufe im nächsten Vorstellungsgespräch, wenn ich den Abteilungsleiterposten haben möchte, einfach die Zauberworte Steve Jobs, dann lachen die Headhunterin, der Geschäftsführer und die Bereichsleiter aus Höflichkeit ein bisschen, empfehlen mir die Gründung einer eigenen Firma und verabschieden mich zügig mit ein paar freundlichen und belanglosen Floskeln.«

Geschickte Transferleistung

Karrierecoach: »Wie wäre es denn, wenn Sie etwas vermittelnder antworten würden, beispielsweise so: Als Vorbild in Sachen Führungskraft sehe ich für mich Steve Jobs, der selbstverständlich ein Ausnahmemanager war und einen Weltkonzern an die Spitze geführt hat. Für die ausgeschriebene Stelle als Abteilungsleiter bei Ihnen sehe ich aber durchaus, dass es nicht bloß um Führung im Sinne von Strukturierung, Organisation und Anweisung geht. Vielmehr habe ich Ihre Firma und Ihre Produkte schon immer so verstanden, dass Sie, wie auch Steve Jobs, eine innovative Vision haben und dadurch sehr überzeugende und einmalige Produkte anbieten können. Und an dieser Mischung aus Tagesgeschäft und visionärer Strategie würde ich sehr gerne mitarbeiten.«

Leser/-in: »Uuuh, könnten Sie das noch mal sagen, das würde ich gerne für mich aufschreiben, klingt gut. Jetzt weiß ich auch, warum mein Kollege Sie mir empfohlen hat.«

Karrierecoach: »Danke, ich berate schon seit 20 Jahren Führungskräfte. Aber Sie sollen ja nicht wie ich klingen und irgendetwas auswendig lernen, was nicht zu Ihnen und Ihrem Sprachstil passt. Karrierecoaches sind Leuchttürme, aber keine Häfen. Formulieren Sie doch die Antwort auf die Frage nach Ihren Führungsvorbildern einfach mal in Ihren eigenen Worten. Ich gebe Ihnen dann Feedback, was mir daran gefällt und was sich vielleicht noch ein wenig optimieren lässt.«

Leser/-in: »Äääh, da fällt mir jetzt spontan nicht gleich etwas ein. Aber Sie haben das doch eben schon so schön formuliert. Könnten Sie das nicht einfach noch einmal für mich wiederholen, bitte?«

Mehr als einfache Vorlagen

Karrierecoach: »Gerne, mache ich. Und dann würde ich Sie bitten, einen eigenen Versuch zu starten. Ich helfe Ihnen gerne dabei, bin mir aber sicher, dass Sie das mit etwas Übung ebenfalls sehr überzeugend hinbekommen. Schließlich sind Sie ja auch zu Ihren Fachthemen eine kompetente und selbstbewusste Persönlichkeit.«

Leser/-in: »Sie schmeicheln mir, um mich einzuseifen.«

Karrierecoach: »Sagen wir so: Ich glaube, dass jede Führungskraft ein Geschenk für die passende Firma ist, und ich bin bloß für das Geschenkpapier und die Verpackung zuständig. Die richtige Kombination führt letztendlich zum gewünschten Erfolg.«

Leser/-in: »Und wie soll ich allein üben?«

Karrierecoach: »Sie sind nicht allein, kommen Sie zu mir ins Coaching oder lesen Sie einfach diesen Ratgeber. Ich bin mir sicher, dass Sie mit meinen Tipps, Anregungen und Beispielen schon durchs Lesen – und Nachdenken – deutlich weiterkommen. Ich habe schon sehr, sehr viel mit Führungskräften erlebt und gemeinsam mit ihnen unzählige kritische und fordernde Situationen rund um die Themen Bewerbung, Karriere und Führung gemeistert. Und an diesen Erfahrungen möchte ich Sie gerne teilhaben lassen.«

Vom Experten-wissen profitieren

Leser/-in: »Und was ist nun mit Angela Merkel?«

Karrierecoach: »Steve Jobs ist ein extrem visionärer und innovativer Manager gewesen. Angela Merkel ist eine unglaublich pragmatische, lösungsorientierte und sehr gut vernetzte Politmanagerin. Die Führungsansätze der beiden Ausnahmeerscheinungen und die jeweiligen beruflichen Umfelder könnten unterschiedlicher nicht sein. Und dennoch sind beide sehr motiviert und engagiert in den Dingen, die sie für wichtig halten. Bei aller Kritik, die an beiden sicherlich erlaubt ist, kann man sagen, dass diese Topmanager etwas tun beziehungsweise getan haben, wofür sie im Laufe der Jahre eine große Leidenschaft entwickelt haben. Und dazu möchte ich Führungskräfte, natürlich immer im Rahmen der jeweiligen beruflichen Möglichkeiten, ebenfalls ermutigen. Monetäre Aspekte, oder einfacher ausgedrückt Geld, sind durchaus reizvoll und können manchmal auch als Schmerzensgeld für außerordentlichen beruflichen Einsatz gesehen werden. Auf Dauer motiviert der monetäre Aspekt aber die wenigsten Führungskräfte. Wichtiger sind regelmäßige Erfolgserlebnisse, beispielsweise funktionierende Strategien, innovative Produkte oder Dienstleistungen, spannende Herausforderungen und erfolgreich abgeschlossene Projekte. Diese Art von Leidenschaft treibt Führungskräfte meiner Erfahrung nach an. Und sie sollte deshalb auch in den Bewerbungsunterlagen, in Vorstellungsgesprächen oder im Assessment-Center deutlich werden.«

Was motiviert Sie?

Leser/-in: »Hmmh, jetzt kann ich schon etwas besser nachvollziehen, was Sie unter Bewerbungsberatung und Karrierecoaching verstehen. Ich hatte schon befürchtet, dass Sie mit mir gemeinsam ›Tschaka: Du-schaffst-es!‹ rufen wollten und eher unverbindliche Sonntagsreden halten.«

*Ihr Einsatz
lohnt sich!*

Karrierecoach: »Danke für das Lob. Ja, ich bin gerne etwas handfester. Ich habe es nicht so mit einfachen Emotionen, die die Leute für einen kurzen Moment pushen und dann wieder im beruflichen Alltag versinken lassen. Berufliche Entwicklung und damit auch persönliche Entwicklung ist für mich erfahrungsgemäß mit Anstrengung für alle daran Beteiligten verbunden, also auch für mich als Coach anstrengend. Die Erfahrung bestätigt mir aber immer wieder: Es lohnt sich!«

Leser/-in: »Klingt für mich interessant, das möchte ich einmal ausprobieren.«

Karrierecoach: »Gut, wenn Sie möchten stehe ich Ihnen mit diesem Ratgeber bei Ihrem Bewerbungs- und Karrierecoaching zur Seite. Ich bin gerne für Sie da.«

Was erwartet Sie in diesem Coaching?

Die Optimierung von Bewerbungsunterlagen, die Einstimmung auf Telefoninterviews mit Headhuntern und Personalberatern und das Vorbereiten von Vorstellungs-gesprächen und Assessment-Centern sind die wesentlichen Dienstleistungen, die wir als Bewerbungstrainer und Karriereberater täglich für unsere Kundinnen und Kunden durchführen. Damit verbunden ist immer auch ein Abgleich der Bewerberprofile mit den ausgesprochenen und insbesondere unausgesprochenen Erwartungen und Vorstellungen der Firmenseite. Wir erleben es also täglich, wie schwer es für Bewerberinnen und Bewerber ist, ohne Hilfestellung die eigenen Stärken, Kenntnisse und Fähigkeiten im Bewerbungsverfahren knapp, präzise und in sich schlüssig darzustellen. Und wir erleben ebenso, welche Bewerbungserfolge sich durch ein intensives Coaching erzielen lassen.

Die Ursachen für mangelhaften Bewerbungserfolg sind vielfältig. Viele Bewerber haben Schwierigkeiten damit, ihr Können passgenau auf eine Stellenausschreibung zuzuschneiden. Andere sind mit »der Spra-che der Firmen« nicht vertraut, wissen also nicht, wie sie ihre Erfah-rungen und Erfolge in handfeste Einstellungsargumente »übersetzen« können. Manche Bewerber ergehen sich in Krisenkommunikation, thematisieren als Grund für einen Stellenwechsel vorrangig Probleme am momentanen Arbeitsplatz und verhindern so, dass auf Seiten der Firmen überhaupt Interesse aufkommt. Wiederum andere Bewerber geben ihrer Bewerbung nicht genügend Tiefe, sie stellen lediglich formale Berufsbezeichnungen in den Vordergrund und vernachlässigen dabei die dazugehörigen Tätigkeitsangaben.

Sie haben mehr zu bieten, als Sie ahnen

Mit diesem Praxisratgeber aus unserer Coachingpraxis lassen wir Sie an unserem umfassenden Erfahrungsschatz in Sachen Bewerbung für Führungskräfte teilhaben. Wir zeigen Ihnen Schritt für Schritt, wie Sie Ihr berufliches Stärkenprofil erkennen und ausarbeiten, wie Sie typische Bewerberfehler vermeiden und wie Sie zukünftige Arbeitgeber auf jeder Stufe des Bewerbungsverfahrens mit überzeugenden Einstel-lungsargumenten für sich einnehmen.

Schritt für Schritt zum neuen Job

Die folgende Infobox zeigt Ihnen die einzelnen Stufen Ihres Coa-chingprogramms.

ÜBERSICHT

Ihr Bewerbungs- und Karrierecoaching

Teil 1:   Karrierecoaching: Ziele, Anforderungen, Vorbereitung
Teil 2:   Begründungsbedarf: Warum wollen Sie wechseln?
Teil 3:   Headhunter, offener Stellenmarkt und Networking: Selbstmarketing für Leistungsträger
Teil 4:   Einstellungsargumente: Ihr berufliches Profil in Schriftform
Teil 5:   Gelungene Beispielbewerbungen
Teil 6:   So funktioniert der Karriere-Klick
Teil 7:   Up or out im Vorgespräch
Teil 8:   Vorstellungsgespräch: Persönliche Überzeugungsarbeit
Teil 9:   Gehalt im Vorstellungsgespräch
Teil 10: Körpersprache im Vorstellungsgespräch
Teil 11: Globales Management: Englische Vorstellungsgespräche
Teil 12: Führung »live«: Assessment-Center und Management-Audit
Teil 13: Körpersprache im Assessment-Center
Teil 14: Einstellungstests
Teil 15: Sie entscheiden: Mit Bauchgefühl und Fakten-Check
Teil 16: Arbeitszeugnisse für Führungskräfte
Teil 17: Bewerben mit 45-plus
Teil 18: Probezeit: Taktische Weichenstellungen

Auf Sie kommt es an!

Im Mittelpunkt der von uns vorgestellten Bewerbungsstrategien steht immer die Umsetzung durch Sie als Bewerberin oder Bewerber. Daher finden Sie in unserem Praxisratgeber zahlreiche Übungen, Formulierungshilfen und Beispiele, die Ihnen dabei helfen werden, Ihr neues Wissen einzusetzen und zu nutzen. Lassen Sie sich inspirieren, damit Sie mit unserem Ratgeber den wichtigen Schritt hin zum Wunschkandidaten vollziehen können. Wir werden Ihnen dabei helfen, sich im Bewerbungsverfahren als passgenaue, stärkenorientierte und glaubwürdige Führungskraft zu präsentieren.

Bewerben mit der Püttjer & Schnierda-Profil-Methode®

Gesichtslose Bewerber, die wie austauschbar erscheinen, machen es sich und den Unternehmen unnötig schwer, zueinander zu finden. Machen Sie es besser: Sie werden im Bewerbungsverfahren positiv auffallen, wenn Sie Ihr Profil aussagekräftig und glaubwürdig vermitteln können. Die Profil-Methode®, die wir dazu in unserer rund 20-jährigen Beratungspraxis entwickelt haben, hat schon vielen Bewerbern zu mehr Erfolg verholfen (www.karriereakademie.de).

Drei Kernelemente kennzeichnen die Profil-Methode®: Punkten Sie mit einer passgenauen Bewerbung, vermitteln Sie Ihre Stärken und treten Sie glaubwürdig auf.

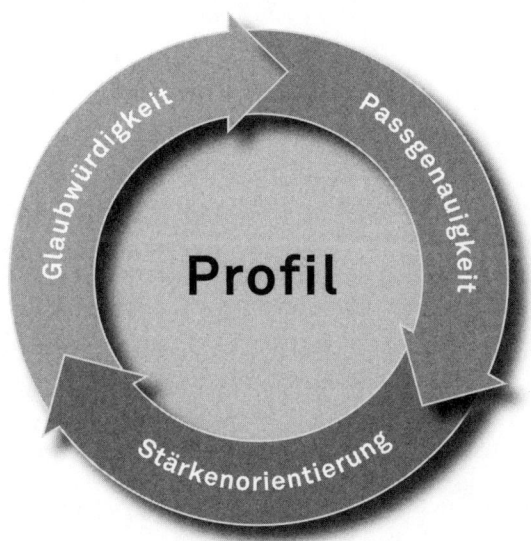

1. Passgenauigkeit Je besser Sie in Ihrer Bewerbung auf die Anforderungen einer Stelle eingehen, desto höher ist Ihre Erfolgsquote. Machen Sie sich den Blick der Firmenseite zu eigen. Liefern Sie nachvollziehbare Argumente, warum Sie sich gerade für diese Position und diese Firma entschieden haben. So wird Ihre Bewerbung passgenau.

2. Stärkenorientierung Niemand lässt sich durch Krisen- und Problemschilderungen von etwas überzeugen – auch Unternehmen nicht! Verzichten Sie deshalb auf Selbstkritik und Abwertungen und stellen Sie stattdessen Ihre Vorzüge in den Mittelpunkt Ihrer Bewerbung. So werden Ihre Stärken sichtbar.

3. Glaubwürdigkeit Verbiegen Sie sich nicht im Bewerbungsverfahren, Ihre Persönlichkeit ist gefragt! Verstecken Sie sich nicht hinter Leerfloskeln und abstrakten Formulierungen, liefern Sie stattdessen nachvollziehbare Beispiele, die Ihre Bewerbung mit Leben füllen. So gewinnen Sie Glaubwürdigkeit.

Alle im Campus Verlag erschienenen Bewerbungsratgeber von Püttjer & Schnierda basieren auf der Profil-Methode®. Profitieren auch Sie von unserem Expertenwissen. Nutzen Sie diesen Ratgeber dazu, sich Schritt für Schritt Ihr eigenes Profil klarzumachen und es Personalexperten, Headhuntern und den Entscheidern auf der Firmenseite nachvollziehbar zu vermitteln.

1

Karrierecoaching: Ziele, Anforderungen, Vorbereitung

1. Strategie: 7 Kernkompetenzen, die Führungskräfte beweisen müssen

An unserem Insiderwissen in Sachen Führungskräftecoaching möchten wir Sie gerne teilhaben lassen. Wir haben festgestellt: So unterschiedlich die Anforderungen bezogen auf die jeweilige Stelle, Branche und Unternehmensgröße auch sein mögen und so verschieden die geforderten Kompetenzen im Einzelfall gewichtet werden – es gibt aufseiten der Unternehmen eine große Übereinstimmung hinsichtlich der aktuellen Vorgaben, denen Führungskräfte genügen sollen. Beschreiben und unterscheiden lassen sich sieben Kernkompetenzen, die Sie kennen sollten.

Zu unserer eigenen Vorbereitung auf Coachings analysieren wir täglich Stellenausschreibungen für Führungskräfte, um letztendlich möglichst viele Schnittstellen zwischen den beruflichen Profilen unserer Kunden und den jeweiligen Stellenprofilen der ausschreibenden Unternehmen herauszuarbeiten. Daher war es für uns naheliegend, zu überlegen, welche der vielen unterschiedlichen Anforderungen an Führungskräfte Gemeinsamkeiten aufweisen. Schließlich hat eine aktuelle Systematisierung der Anforderungen in Kernkompetenzen auch für Sie den Vorteil, dass Sie nicht bei jeder einzelnen Anforderung, die Sie in Stellenausschreibungen entdecken, ganz von vorne damit beginnen müssen, zu überlegen, worauf sie eigentlich abzielt.

Profitieren Sie vom Insiderwissen

Erleichternd für unseren Wunsch nach Systematisierung und Vereinfachung kam hinzu, dass viele unserer Kunden uns vor und nach Auswahlverfahren mit Insiderwissen in Form von kurzen Gedächtnisprotokollen, ausführlichen Powerpoint-Präsentationen oder umfangreichen Leitfäden zur Führungskräftegewinnung versorgten. Dieses kostbare Wissen, das wir selbstverständlich vertrauensvoll behandeln, hat seinen geistigen Ursprung in den an Auswahlprozessen beteiligten externen Personalberatungen und Headhuntern oder stammt direkt aus den firmeninternen Personalabteilungen renommierter Konzerne und innovativer Mittelständler.

Insiderwissen

Beschreiben und unterscheiden lassen sich diese 7 Kernkompetenzen, deren Ausprägung bei der Auswertung von Bewerbungsunterlagen, aber auch in Vorstellungsgesprächen, Assessment-Centern oder Management-Audits überprüft wird:

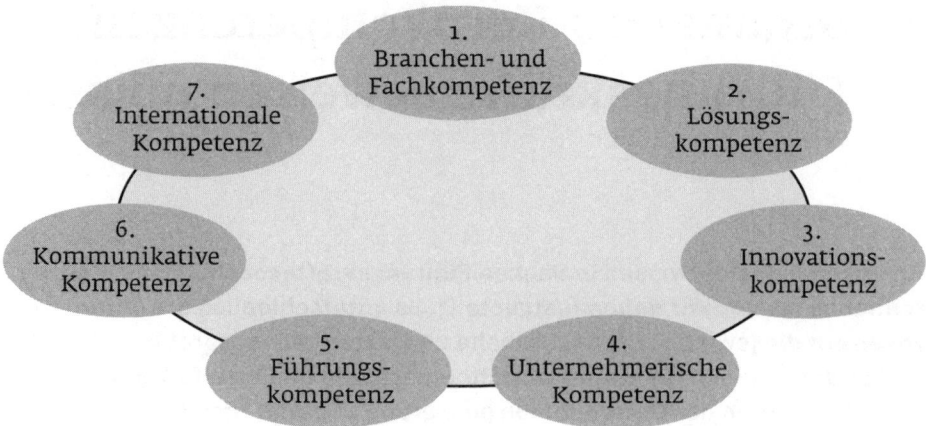

Theorie und Praxis der Leadership-Skills

Diese 7 Kernkompetenzen, denen Führungskräfte in unterschiedlicher Gewichtung genügen sollen, erheben selbstverständlich nicht den Anspruch auf wissenschaftliche Vollkommenheit. Die hier gewählte Rangfolge der 7 Kompetenzen variiert verständlicherweise von Unternehmen zu Unternehmen. Es gibt Überschneidungen zwischen den einzelnen Kernkompetenzen, sie sind teilweise unscharf und lassen sich nicht bis ins letzte Detail durchdefinieren. Auch die Hoffnung mancher »Personalexperten«, dass ein in Zahlen ausgedrückter Mindestpunktwert bezogen auf die einzelnen Kompetenzen oder ein Gesamtpunktwert bezogen auf alle Kompetenzen die Frage »Hat diese Kandidatin oder dieser Kandidat das Zeug zur Führungskraft?« endlich mit letzter Gewissheit beantworten könnte, wird sicherlich enttäuscht werden.

Führung ist vielfältig

Schließlich ist es unter Personalberatern, Persönlichkeitspsychologen und Führungskräftecoaches längst unumstritten, dass es nicht einen allgemeingültigen Führungsstil, ein absolutes Führungsideal oder eine vollkommene Führungspersönlichkeit gibt. Wie im richtigen Leben, so gilt ebenso beim Thema Führung, dass Vielfalt ein Wert an sich ist. Unterschiedlich gelebte Unternehmenskulturen und unterschiedliche Aufgabenfelder benötigen glücklicherweise auch unterschiedliche Führungskräfte.

Steigern Sie Ihre Erfolgsquote

Uns, und sicherlich auch Ihnen, geht es an dieser Stelle denn auch weniger um exakte Wissenschaft als vielmehr um die Praktikabilität und Handhabbarkeit der aufgeführten Kernkompetenzen bei der Ausarbeitung Ihrer Bewerbungsunterlagen. Und diese von Ihnen gewünschte Praktikabilität leistet das Modell der 7 Kernkompetenzen mit Sicherheit.

Schließlich erleben wir es in unserer Coachingpraxis täglich: Diejenigen Führungskräfte, die sich im gesamten Bewerbungsverfahren so präsentieren, dass die 7 Kernkompetenzen, die Führungskräfte beweisen müssen, deutlich werden, haben signifikant häufiger den gewünschten Bewerbungserfolg.

Daher werden wir Ihnen im weiteren Verlauf dieses Ratgebers immer wieder praxiserprobte Tipps und Hinweise dafür geben, wie Sie mit Ihren Anschreiben und Lebensläufen, im Telefoninterview, in Vorstellungsgesprächen und im Assessement-Center überzeugend belegen können, dass Sie über die geforderten 7 Kernkompetenzen verfügen.

Praxiserprobte Tipps

2. Coaching: Wie lässt sich die Wirkung Ihrer Einstellungsargumente steigern?

Regelmäßig erleben wir, dass Führungskräfte zwar hervorragende Arbeit machen, aber wirklich Schwierigkeiten damit haben, ihr Engagement und ihre Erfolge in den einzelnen Schritten des Bewerbungsverfahrens taktisch darzustellen. Welche 9 Fehler Sie auf jeden Fall vermeiden sollten und wie Sie es besser machen können, erläutern wir Ihnen anhand unserer 9 wichtigsten Coachingtipps in diesem Kapitel.

Profitieren Sie von unseren 9 wichtigsten Coachingtipps

Um mit unseren Coachingtipps effektiv zu arbeiten, empfehlen wir Ihnen, sie zunächst einmal gründlich zu lesen, um sie dann, bezogen auf Ihre eigene Bewerbungsstrategie, zu reflektieren und auf sich wirken zu lassen. Konkrete Beispiele zur Umsetzung der Coachingtipps finden Sie sowohl in den vollständigen Beispielbewerbungen als auch in den speziellen Kapiteln zu den Themen Selbstmarketing, Anschreiben, Lebenslauf, Leistungsbilanz, Telefoninterview, Vorstellungsgespräch und Assessment-Center.

Coachingtipp 1: Fokussieren Sie auf die künftigen Aufgaben!

Problematisch: Viele Führungskräfte beziehen sich im gesamten Bewerbungsverfahren zu stark auf ihre momentanen Aufgaben. Dies liegt daran, dass die aktuellen Aufgaben aus dem Tagesgeschäft oder auch aktuelle Projekte im Gedächtnis präsenter sind. Es kann dann aber der Eindruck entstehen, dass die Führungskraft auf die neuen Aufgaben nicht ausreichend vorbereitet ist.

Schnittstellen herausarbeiten

Besser: Nehmen Sie die Stellenausschreibung zur Hand und arbeiten Sie die Schnittstellen zwischen künftigen Aufgaben und Ihren momentanen Aufgaben heraus. Sie sollten auch Erfahrungen aus Ihrer vorhergehenden Stelle aufzählen, wenn diese einen direkten Bezug zur neuen Stelle haben.

Coachingtipp 2: Verdichten Sie Informationen!

Problematisch: Führungskräfte, die bereits in ihren Bewerbungsunterlagen sehr ausschweifend und umständlich formulieren, hinterlassen den Eindruck, dass sie auch im späteren Arbeitsalltag Schwierigkeiten damit haben werden, auf den Punkt zu kommen. Daher sind lange und verschachtelte Sätze in Anschreiben problematisch.

Besser: Gewöhnen Sie sich für das gesamte Bewerbungsverfahren an, mit Schlüsselbegriffen und Schlagworten stichwortartig zu informieren. Dies gilt schon für Ihre Anschreiben und Lebensläufe. Es geht darum, in die einzelnen Formulierungen mehrere berufs- und branchenspezifische Schlagworte einzubringen, um mit hoher Informationsdichte zu kommunizieren. Auf diese Weise wird für künftige Arbeitgeber deutlich, dass Sie komplexe Anforderungen verstehen, schnell denken und dazu strukturiert informieren können.

Schlüsselbegriffe und Schlagworte

Coachingtipp 3: Zeigen Sie sich engagiert!

Problematisch: Die von den Firmen gesuchten Führungskräfte sind im positiven Sinne nie zufrieden, sie wollen immer weiter optimieren und ruhen sich nicht auf Erreichtem aus. Wird dieses geforderte Engagement bei der Analyse der Bewerbungsunterlagen nicht deutlich, entsteht der Eindruck eines kraftlosen Bewerbers, der sich auf dem bisher Erreichten ausruhen will.

Besser: Sie setzen sich in der ersten Stufe des Bewerbungsverfahrens für Führungskräfte nur durch, wenn Ihre Macherqualitäten deutlich werden. Geben Sie Beispiele dafür, wie Sie bisher Veränderungen initiiert und Arbeitsprozesse optimiert haben und welche Ergebnisse Sie erzielt haben. Mit Ihrem Engagement machen Sie sich zum Wunschkandidaten.

Macherqualitäten

Coachingtipp 4: Strategien umsetzen!

Problematisch: Entsteht bei der Auswertung der Unterlagen, im Vorstellungsgespräch oder im Assessment-Center der Eindruck, dass der Bewerber zwar von Strategien und Visionen spricht, diese aber mehr nach Fantasien und Wunschbildern klingen, sind von ihm die dazugehörigen Umsetzungsschritte nicht genügend thematisiert worden. Dann bekommt die Firmenseite Zweifel an seiner Umsetzungskompetenz.

Besser: Führungskräfte müssen in jeder Phase des Bewerbungsverfahrens verdeutlichen, dass sie die strategische Klaviatur in der Praxis spielen können. Erst wenn Sie exemplarisch die Teilschritte einer gelungenen Strategie benennen, die ausgewählten Maßnahmen auflisten und die durchgeführte Erfolgskontrolle beschreiben, wirken Sie in Sachen Strategie kompetent.

Strategiewissen beweisen

Coachingtipp 5: Konkretisieren Sie Ihren Führungsstil!

Problematisch: Als Führungskraft bekommen Sie eine erhebliche Verantwortung für die Mitarbeiter des Unternehmens eingeräumt. Daher sollten Sie Ihre Führungskompetenz nicht nur abstrakt und floskelhaft beschreiben (»Ich bin führungsstark und durchsetzungsfähig«). Sonst vermutet die Firmenseite, dass Sie sich lediglich mit der Theorie der Menschenführung und nicht mit dem praktischen Führungsalltag auskennen.

Konkrete Beispiele

Besser: Geben Sie konkrete Beispiele aus Ihrem erfolgreichen Führungsalltag. Als junge Führungskraft können Sie sich hierfür auf Ihre Projekt(-mit-)verantwortung beziehen oder erläutern, in welchen Aufgabenbereichen Sie Ihren Chef vertreten haben. Als gestandene Führungskraft können Sie durch die Darstellung von ausgewählten beruflichen Erfolgen verdeutlichen, wie Sie Ihre Mitarbeiterinnen und Mitarbeiter produktiv und ergebnisorientiert eingesetzt haben.

Coachingtipp 6: Nutzen Sie Gestaltungsspielräume!

Problematisch: Brüche in Lebensläufen sind heutzutage auch bei Führungskräften normal. Manche hatten nach einer Kündigung eine Phase der erzwungenen Selbstständigkeit, bei anderen ging ein früherer Arbeitgeber nach kurzer Zeit insolvent oder es gab ein ungewolltes Downgrading, beispielsweise vom Bereichs- zum Abteilungleiter. Auch frühere Brüche wie ein Studienabbruch oder eine Kündigung in der Probezeit sollten taktisch geschickt dargestellt werden.

Der Blick fürs Wesentliche

Besser: Offensichtliche Brüche im Lebenslauf sollten knapp abgehandelt werden – und dann sollte ausführlicher dargestellt werden, wie es für den Bewerber weiterging. Gerade Führungskräfte überzeugen damit, wie sie nach Niederlagen wieder aufgestanden sind und sich selbst für neue Ziele motiviert haben.

Coachingtipp 7: Vom »Wir« zum »Ich«!

Problematisch: Nicht wenige Führungskräfte sind unsicher, wenn es um die Darstellung des eigenen Anteils an bisher erreichten beruflichen Erfolgen geht. Diese Unsicherheit wird im Anschreiben und im Gespräch deutlich, wenn Wir-Formulierungen eingesetzt werden (»In der Abteilung hatten wir uns überlegt, dass ...«, »Wir haben dann geprüft, ob ...«, »Wir wollten erreichen, dass ...«). Dann läuft der Bewerber jedoch Gefahr, nicht als Führungskraft, sondern als passiver Mitläufer eingeschätzt zu werden.

Besser: Überlegen Sie sich Beispiele für Ihren persönlichen Anteil an Team-, Abteilungs- oder Unternehmenserfolgen. Formulieren Sie dabei gezielt in der Ich-Form (»Ich habe dafür gesorgt, dass …«, »Ich habe angeregt, dass…«, »Ich habe … verantwortet«). Auf diese Weise wird Ihre Rolle als motivierender Impulsgeber deutlich.

Erfolgs-kommunikation

Coachingtipp 8: Sorgen Sie für eine doppelte Passung!

Problematisch: Häufig verlieren Führungskräfte bei ihrer Argumentation im Anschreiben das neue Unternehmen aus dem Blick. Sie gehen nur auf die Anforderungen der neuen Stelle ein und gar nicht auf das, was das neue Unternehmen auszeichnet.

Besser: Argumentieren Sie von den Aufgaben der neuen Stelle her, aber lassen Sie auch einfließen, warum Sie gerade bei diesem Unternehmen arbeiten möchten. Ist es das Standing des neuen Unternehmens in der Branche? Sind es die innovativen Produkte? Oder ist es das konstruktive Miteinander?

Wie passen Sie ins Unternehmen?

Coachingtipp 9: Veranschaulichen Sie Ihre Flexibilität!

Problematisch: Die Firmen haben Angst vor Bewerbern, die innerlich zum Stillstand gekommen sind. Aktivieren Sie im Bewerbungsverfahren nicht ungewollt diese Vorurteile. Dies gilt insbesondere für Führungskräfte, die viele Jahre für eine Firma gearbeitet haben.

Besser: Wenn Sie viele Jahre für eine Firma gearbeitet haben, haben Sie unserer Erfahrung nach oft ganz unterschiedliche Projekte geleitet, sich neues Wissen angeeignet, neue Mitarbeiter eingearbeitet und von neuen Kollegen etwas dazugelernt. Liefern Sie im gesamten Bewerbungsverfahren für diese geistige Flexibilität konkrete Beispiele.

Zeigen sie Vielfältigkeit

Bewerbungserfolg mit Ihren Unterlagen, also Einladungen zu Vorstellungsgesprächen, haben Sie unserer Erfahrung nach dann, wenn in Ihren Unterlagen, im Telefoninterview, im Vorstellungsgespräch und im Assessment-Center in kurzer Zeit ein passgenaues, stärkenorientiertes und glaubwürdiges Profil deutlich wird. Und damit Sie dieses (Teil-)Ziel erreichen, sollten die 9 typischen Fehler ausgeschlossen werden. Hilfreich für Ihre Bewerbungsarbeit ist dabei die folgende Checkliste, die alle 9 Coachingtipps enthält.

CHECKLISTE

Mit diesen 9 Erfolgstipps überprüfen Sie die Wirkung Ihres Selbstmarketings

○ **Erfolgstipp 1: Fokussieren Sie!** Haben Sie die Stellenausschreibung gründlich ausgewertet und Schnittstellen zwischen den neuen Aufgaben und ihren bisherigen Aufgaben herausgearbeitet?

○ **Erfolgstipp 2: Verdichten Sie Informationen!** Haben Sie mit Schlüsselbegriffen und Schlagworten stichwortartig und mit hoher Informationsdichte informiert?

○ **Erfolgstipp 3: Zeigen Sie sich engagiert!** Haben Sie ausreichend Beispiele für Ihre Macherqualitäten vorbereitet? Wie haben Sie Veränderungen angeschoben und Arbeitsprozesse optimiert?

○ **Erfolgstipp 4: Strategien umsetzen!** Benennen Sie bei der Darstellung von Strategien auch Teilschritte? Haben Sie ausgewählte Maßnahmen aufgelistet? Und gehen Sie auf Ihre Erfolgskontrolle ein?

○ **Erfolgstipp 5: Konkretisieren Sie Ihren Führungsstil!** Führung heißt Verantwortung übernehmen: Können Sie als junge Führungskraft ausreichend Beispiele für Ihre Führungsfähigkeiten geben? Und können Sie als gestandene Führungskraft verdeutlichen, dass Sie Ihre Mitarbeiterinnen und Mitarbeiter produktiv und ergebnisorientiert eingesetzt haben?

○ **Erfolgstipp 6: Nutzen Sie Gestaltungsspielräume!** Sind Sie in der Lage, Brüche in Ihrem Lebenslauf sehr knapp darzustellen und zu verdeutlichen, wie Sie sich nach Rückschlägen erneut motiviert haben?

○ **Erfolgstipp 7: Vom »Wir« zum »Ich«!** Können Sie Ihren persönlichen Anteil an Team-, Abteilungs- oder Unternehmenserfolgen herausstellen?

○ **Erfolgstipp 8: Sorgen Sie für eine doppelte Passung!** Wird nicht nur Ihre Begeisterung für die neue Stelle, sondern auch für das neue Unternehmen deutlich?

○ **Erfolgstipp 9: Veranschaulichen Sie Ihre Flexibilität!** Gibt es in Ihrem Selbstmarketing Beispiele dafür, wie Sie sich auf neue, fordernde Situationen flexibel eingestellt haben?

3. Ihre Erfolgsbilanz: Was haben Sie zu bieten?

Führungskräfte, die ihren nächsten Karriereschritt vorbereiten, brauchen Argumentationsmaterial, um den Unternehmen den Wert ihrer Arbeitsleistung verdeutlichen zu können. Als Führungskraft können Sie auf vielfältige berufliche Erfahrungen und Erfolge zurückgreifen. Für das Bewerbungsverfahren kommt es darauf an, dass Sie Ihre Erfolgsbilanz anhand von konkreten Beispielen vermitteln können.

Als Führungskraft sind Sie in der Lage, Ihren nächsten Karriereschritt auf der Grundlage bisheriger Erfolge vorzubereiten. Es geht für Sie nicht um irgendeine neue Tätigkeit, sondern um die Fortführung Ihrer beruflichen Erfolgsstory. Um Ihren beruflichen Aufstieg voranzutreiben, müssen Sie die Basis für Ihren Erfolg vermitteln können. Aus unserer Beratungspraxis wissen wir, dass man die eigenen beruflichen Erfolge oft nicht mehr wahrnimmt. Im Gedächtnis bleiben eher Probleme und Schwierigkeiten. Erfolgreiches Arbeiten wird von Führungskräften als selbstverständlich angesehen.

Was waren Ihre bisherigen Erfolge?

Für Sie heißt dies: Für das Bewerbungsverfahren müssen Sie wieder Zugang zu Ihren bisherigen Erfolgen finden. Überzeugen Sie zuerst einmal sich selbst vom Wert des bisher Geleisteten, bevor Sie damit beginnen, andere überzeugen zu wollen.

Aus unserer Beratungspraxis
Assistent mit Problemen

BERATUNG

Ein Assistent der Geschäftsleitung in einem mittelständischen Unternehmen wollte den nächsten Karriereschritt machen. Nach vier Jahren Berufstätigkeit in seiner derzeitigen Position suchte er eine neue berufliche Herausforderung. Wie viele Stellenwechsler machte er sich mehr Gedanken darüber, welche beruflichen Positionen noch für ihn infrage kämen, anstatt ein aussagekräftiges Profil von sich zu erstellen. Er war der Meinung, dass er als Assistent der Geschäftsleitung mit einigen Jahren Berufserfahrung so breit aufgestellt war, dass Personalberater aus den vielen Erfahrungen schon die richtigen auswählen würden, um ihn dann an passende Unternehmen zu vermitteln.

Weder Lebenslauf noch Anschreiben vermittelten allerdings die vielen Erfolge und Erfahrungen, die der Bewerber zu bieten hatte. Mögliche Einsatzfelder in Unternehmen wurden mangels Schwerpunktbildung überhaupt nicht deutlich. Und viel schlimmer war, dass es an der dazugehörigen Motivation fehlte. Es wurde überhaupt nicht klar, welche der vielen Aufgaben den Assistenten der Geschäftsleitung begeistert hatten.

In dem Gespräch mit dem Bewerber kristallisierte sich heraus, dass er als Assistent der Geschäftsleitung gerne Controllingaufgaben wahrgenommen hatte. Er hatte nach einem Jahr Einarbeitung ein modernes Controllingsystem aufgebaut, ein Management-Informationssystem installiert und die Vernetzung von Informations- und Entscheidungsprozessen in Abstimmung mit den Abteilungsleitern vorangetrieben.

Für ihn selbst waren seine bisherigen Leistungen schon in den Hintergrund getreten. Stattdessen hatte er das Gefühl, sich in Problemen aufzureiben. Eine eigene Abteilung für das Controlling war bisher entgegen gegebener Zusagen nicht geschaffen worden und er verantwortete das gesamte Controlling immer noch alleine. Diese Situation bot jedoch für eine Bewerbung eine gute Ausgangsbasis, da er sehr umfangreiche Aufgaben im Controlling bearbeitet hatte.

Wir erarbeiteten mit ihm eine aussagekräftige Darstellung seiner bisherigen beruflichen Erfahrungen und Erfolge. Mit dieser Erfolgsbilanz konnte er neue Arbeitgeber für sich interessieren und seine schriftlichen Bewerbungen hatten Erfolg. Nachdem er gelernt hatte, seine Erfolge auch im Gespräch herauszustellen, und darauf verzichtete, Probleme am alten Arbeitsplatz zu thematisieren, gelang ihm der Sprung auf eine Abteilungsleiterposition im Controlling.

Fazit: Der Erfolg im Bewerbungsverfahren beruht auf der aussagekräftigen Darstellung beruflicher Erfolge. Das Profil des Bewerbers muss deutlich werden, damit Unternehmen überhaupt einen Abgleich von Bewerberprofil und Stellenprofil vornehmen können.

So lassen sich Erfolge dokumentieren

Machen Sie Ihre Entwicklung deutlich

Ihre momentane Position spielt bei Ihrer Bewerbung die größte Rolle. Stellen Sie die von Ihnen bearbeiteten Aufgaben heraus und vollziehen Sie Ihre Entwicklung in diesem Unternehmen noch einmal nach. Auch die in vorangegangenen beruflichen Positionen wahrgenommenen

Aufgaben sollten Sie aufschreiben. Als Anhaltspunkte können Ihnen Arbeitszeugnisse, Zwischenzeugnisse, Stellenbeschreibungen, Projektberichte und Protokolle von Sonderaufgaben dienen. Denken Sie auch an herausragende Erfolge, die am besten aktuell sind, aber auch schon ein paar Jahre zurückliegen dürfen. Nehmen Sie sich genügend Zeit für die Erstellung Ihrer Erfolgsbilanz. Gehen Sie Ihre gesamte Berufstätigkeit von Ihrem Berufseinstieg bis heute durch und erstellen Sie eine umfassende Dokumentation Ihrer bisherigen beruflichen Leistungen.

An diesem Punkt Ihrer Vorbereitung sollten Sie sich nicht beschränken. Die Auswahl der für eine Bewerbung relevanten Erfahrungen und Erfolge findet später statt. Erarbeiten Sie sich zunächst eine möglichst lückenlose Aufstellung der bewältigten Aufgaben und Projekte, auf die Sie im Bewerbungsverfahren immer wieder zurückgreifen können. Sie erarbeiten sich jetzt die Basis für die spätere inhaltliche Ausgestaltung der einzelnen Bewerbungsschritte. *Lückenlose Darstellung Ihrer Aufgaben*

Arbeiten Sie Ihre Erfolgsbilanz in der folgenden Form aus:

1. **Abteilung**
2. **Offizielle Berufsbezeichung**
3. **Personalverantwortung**
4. **Tagesaufgaben**
5. **Projekte/Sonderaufgaben**
6. **Besondere Erfolge**

Wie sich eine Erfolgsbilanz ausarbeiten lässt, zeigen wir Ihnen beispielhaft anhand eines Senior Managers Business Development.

Die momentane Position

BEISPIEL

Ein Senior Manager Business Development, der sich um eine Stelle als Abteilungsleiter Business Development bewirbt, könnte seine momentane Position analysieren und so darstellen:

1. *Abteilung*
   Abteilung Business Development

2. *Offizielle Berufsbezeichnung*
   Senior Manager Business Development

3. *Personalverantwortung*
   direkt: zwei Manager Business Development
   indirekt: regelmäßige Projektleitung, bis zu fünf Projektgruppen parallel,
               bis zu vierzehn Projektmitglieder in der Projektgruppe

4. *Tagesaufgaben*
   Aufgabe 1:   Durchführung von globalen Markt- und Wettbewerbsanalysen
   Aufgabe 2:   Bewertung aktueller Geschäftsfelder hinsichtlich Chancen und Risiken
   Aufgabe 3:   Identifizierung von neuen nachhaltigen Wachstumsfeldern
   Aufgabe 4:   Bewertung neuer Wachstumsfelder hinsichtlich Chancen und Risiken
   Aufgabe 5:   Ausarbeitung von Entscheidungsvorlagen und Handlungsempfehlungen
   Aufgabe 6:   Präsentationen, teilweise vor dem Vorstand

5. *Projekte/Sonderaufgaben*
   Projektleitung 1:   Post-Merger-Steuerung: Definition und Etablierung gemeinsamer Strukturen im Anschluss an die Übernahme eines Mitbewerbers
   Projektleitung 2:   Reorganisation der globalen Vertriebsstruktur

6. *Besondere Erfolge*
   Erfolg 1:   Aufbau einer strategischen Allianz mit einem chinesischen Komponentenlieferanten
   Erfolg 2:   Nachhaltige Kostensenkung durch gezielte Post-Merger-Steuerung (Etablierung gemeinsamer Strukturen)
   Erfolg 3:   Erfolgreiche Leitung interdisziplinärer Projektteams

Der Senior Manager Business Development hatte vorher als Manager Business Development gearbeitet. Seine Erfahrungen und Erfolge in dieser Position könnte er so bilanzieren:

BEISPIEL

Die vorhergehende Position

1. *Abteilung*
Abteilung Business Development

2. *Offizielle Berufsbezeichnung*
Manager Business Development

3. *Personalverantwortung*
   direkt: keine
   indirekt: regelmäßige Projektleitung, bis zu drei Projektgruppen parallel, bis zu sieben Projektmitglieder in der Projektgruppe

4. *Tagesaufgaben*
   Aufgabe 1:   Identifizierung neuer Marktpotenziale
   Aufgabe 2:   Entwicklung von Mehrwert-Strategien
   Aufgabe 3:   Weiterentwicklung der Netzwerk-Strategie (Make or Buy, Netzwerkflexibilität, Produktionsentscheidungen)

Aufgabe 4:   Koordination der Entwicklung von strategischen Optionen für Joint-Ventures

Aufgabe 5:   Zusammenarbeit mit relevanten Schnittstellenpartnern

Aufgabe 6:   Ergebnispräsentationen

5. *Projekte/Sonderaufgaben*

Projekt 1:   Neudefinition von Kennzahlen für »Make-or-Buy«-Entscheidungen

Projekt 2:   Globale Benchmarks durch externe Dienstleister in Osteuropa

Sonderaufgabe: Stellvertreter des Teamleiters (Urlaub und sechswöchige Abwesenheit durch Sportverletzung)

6. *Besondere Erfolge*

Erfolg 1:   Kostensenkung durch Einsatz externer Dienstleister

Erfolg 2:   Realisierung des Joint Ventures mit einem slowakischen Komponentenlieferer

Erfolg 3:   Betreuung von BWL-Praktikanten einschließlich Bachelor-Thesis

Und vor der Tätigkeit als Manager Business Development hatte er die Position Projektmanager strategische Allianzen inne, in der er die folgenden Aufgaben zu bewältigen hatte.

Die Position vor der vorhergehenden Position

BEISPIEL

1. *Abteilung*
Unterstützung der Geschäftsleitung

2. *Offizielle Berufsbezeichnung*
Projektmanager strategische Allianzen

3. *Personalverantwortung*
direkt: keine
indirekt: regelmäßige Projektleitung, bis zu drei Projektgruppen parallel, bis zu fünf Projektmitglieder in der Projektgruppe

4. *Tagesaufgaben*
Aufgabe 1:   Vorbereitung und Umsetzung strategischer Allianzen
Aufgabe 2:   Durchführung ganzheitlicher Unternehmensanalysen im In- und Ausland
Aufgabe 3:   Mitarbeit bei M&A-Aktivitäten
Aufgabe 4:   Marktanalysen einschließlich Potenzialermittlung und Wettbewerbsbeobachtung
Aufgabe 5:   Mitarbeit Strategieentwicklung

Aufgabe 6:   Repräsentation des Unternehmens während Geschäftsreisen und Messen

5. *Projekte/Sonderaufgaben*
    Projekt 1:   Bewertung von Markteintrittschancen für neue Produktlinie
    Projekt 2:   Aufbau Wissensdatenbank »Marktanalysen«
    Sonderaufgabe: Kontaktpflege zu Verbänden

6. *Besondere Erfolge*
    Erfolg 1:   Neue Produktlinie erfolgreich eingeführt
    Erfolg 2:   Erfolgreiche Unternehmensbewertung: Übernahme eines US-amerikanischen Zulieferers

Zusatzkenntnisse   Abgerundet wird die Erfolgsbilanz durch die Darstellung von Weiterbildungsmaßnahmen, PC- und Fremdsprachenkenntnissen und die Teilnahme an Messen, Kongressen und Tagungen. Der Senior Manager Business Development aus unserem Beispiel hat diese Zusatzkenntnisse zu bieten.

BEISPIEL

Weiterbildungsmaßnahmen, PC- und Fremdsprachenkenntnisse, Messen, Kongresse und Tagungen

1. *Weiterbildungen*
    Weiterbildung 1:   Projektmanagement
    Weiterbildung 2:   Rhetorik für Manager
    Weiterbildung 3:   Make-or-Buy-Analysen
    Weiterbildung 4:   Kalkulationstemplates in MS Excel
    Weiterbildung 5:   English (Business Focus)

2. *PC-Kenntnisse*
    PC-Kenntnisse 1:   Microsoft Office (ständig in Anwendung)
    PC-Kenntnisse 2:   SAP ERP (CO, CO-PA, SD), BW, SEM BPS (ständig in Anwendung)
    PC-Kenntnisse 3:   Maestro Ressourcen-Planungssystem (ständig in Anwendung)

3. *Fremdsprachenkenntnisse*
    Fremdsprache 1:   Englisch sehr gut
    Fremdsprache 2:   Spanisch Grundkenntnisse

4. *Messen, Kongresse und Tagungen*
    Tagung: Strategische Allianzen – Chancen und Risiken
    Kongress: Trends im M&A

Nachdem Sie mithilfe der Beispiele eine Vorstellung davon bekommen haben, wie sich berufliche Erfahrungen und Erfolge systematisch erfassen lassen, geht es jetzt mit Ihrer persönlichen Erfolgsbilanz weiter.

Argumente für Ihre Erfolgsbilanz

Nun geht es darum, dass Sie die von Ihnen in Ihrem bisherigen Berufsleben bearbeiteten Aufgaben und Projekte lückenlos darstellen. Der passgenaue Zuschnitt Ihrer Erfolgsbilanz erfolgt erst im Kapitel »Die Selbstpräsentation: Das Herzstück Ihrer Bewerbung« (S. XXX).

Dokumentieren Sie jetzt Ihr berufliches Können, indem Sie Ihre *Was haben Sie* berufliche Entwicklung der letzten Jahre noch einmal Revue passieren *zu bieten?* lassen. Damit Sie genügend Material für die Ausarbeitung Ihrer Erfolgsbilanz haben, können Sie auch Arbeitszeugnisse und Zwischenzeugnisse heranziehen oder Projektberichte und Protokolle von Sonderaufgaben auswerten. Nutzen Sie auch die Jobbörsen im Internet. Geben Sie dort sowohl Ihre aktuelle als auch die vorhergehende Positionsbezeichnung ein und drucken Sie jeweils bis zu sieben Stellenausschreibungen aus. So bekommen Sie viele Anregungen dafür, wie Sie Ihren Erfahrungsschatz in passende Worte fassen können.

Ihre momentane Position

ÜBUNG

Beschreiben Sie – wie vorgestellt – jetzt Ihre momentane Position, damit Ihre Erfolgsbilanz die gewünschte aussagekräftige Form bekommt.

1. Abteilung _____

    _____

2. Offizielle Berufsbezeichnung _____

    _____

3. Personalverantwortung _____

    _____

    _____

4. Tagesaufgaben _____

_____

_____

_____

_____

5. Projekte/Sonderaufgaben _____

_____

_____

_____

_____

6. Besondere Erfolge _____

_____

_____

_____

_____

Weiter geht es mit der Darstellung Ihrer vorhergehenden Position.

ÜBUNG

Ihre vorhergehende Position

1. Abteilung _____

_____

2. Offizielle Berufsbezeichnung _____

_____

3. Personalverantwortung _____

_____

_____

4. Tagesaufgaben _____

_____

_____

_____

_____

5. Projekte/Sonderaufgaben _____

_____

_____

_____

_____

6. Besondere Erfolge _____

_____

_____

_____

_____

Erfassen Sie auch die Position vor der vorhergehenden Position. Wenn Sie sehr lange in einem Unternehmen gearbeitet haben und dabei nicht formal aufgestiegen sind, können Sie sich an dieser Stelle auch überlegen, wie sich Ihre Arbeitsaufgaben im Laufe der Zeit erweitert und verändert haben, und diese Veränderungen dokumentieren.

ÜBUNG

Ihre Position vor der vorhergehenden Position

1. Abteilung _____
   _____

2. Offizielle Berufsbezeichnung _____
   _____

3. Personalverantwortung _____
   _____
   _____

4. Tagesaufgaben _____
   _____
   _____
   _____

5. Projekte/Sonderaufgaben _____
   _____
   _____
   _____

6. Besondere Erfolge _____

_____

_____

_____

_____

Abgerundet wird Ihre Erfolgsbilanz mit der Darstellung der von Ihnen besuchten Weiterbildungsmaßnahmen, der Auflistung Ihrer PC- und Fremdsprachenkenntnisse und der von Ihnen besuchten Messen, Kongresse und Tagungen.

Ihre Weiterbildungsmaßnahmen, PC- und Fremdsprachenkenntnisse, Messen, Kongresse und Tagungen

ÜBUNG

1. Ihre Weiterbildungsmaßnahmen _____

_____

_____

_____

_____

2. Ihre PC-Kenntnisse _____

_____

_____

_____

_____

3. Ihre Fremdsprachenkenntnisse _____

_____

_____

_____

_____

....

4. Von Ihnen besuchte Messen, Kongresse und Tagungen

_____

_____

_____

_____

Die Grundlage für
Ihre Unterlagen

Ihr Einsatz hat sich gelohnt! Ihre ausgearbeitete Erfolgsbilanz ist die Grundlage für die Ausarbeitung Ihres Anschreibens, Ihres Lebenslaufes und Ihrer Selbstpräsentation am Telefon oder in Vorstellungsgesprächen. Sie werden später an vielen Stellen auf die hier gewonnenen Fakten zurückgreifen. Ihre Erfolgsbilanz wird Ihnen dabei helfen, im gesamten Bewerbungsverfahren mit Beispielen aus der Praxis zu argumentieren. Sie vollziehen damit den ersten Schritt zur inhaltlichen Ausgestaltung Ihrer Bewerbung.

Wunschposition definieren

Was möchten
Sie erreichen?

Nachdem Sie sich einen Überblick darüber verschafft haben, welche beruflichen Erfolge Sie in den letzten Jahren vorweisen können, sollten Sie nun den Blick nach vorne richten. Überlegen Sie sich, welche Tätigkeiten Sie in Zukunft intensiver ausüben möchten und auf welche Sie verzichten wollen.

Wenn Sie Ihre Erfolgsbilanz in Ruhe durchgehen, wird Ihnen klar werden, bei welchen beruflichen Aufgaben Sie besondere Erfolge erzielt haben, an welche Aufgaben Sie sich gerne erinnern, wo Sie Ihre Stärken sehen, welche Tätigkeitsbereiche Sie ausbauen möchten, welche Tätigkeiten Ihnen nicht lagen und was Sie noch erreichen wollen.

Erarbeiten Sie sich eine Vorstellung davon, was Sie mit Ihrem Stellenwechsel erreichen wollen. Gehen Sie dazu anhand der nachstehenden Übung unsere Fragen zum gewünschten neuen Arbeitsfeld durch und definieren Sie daraus die neuen Anforderungen an Ihre Wunschposition. Es ist typisch für Führungskräfte, dass die Motive für die

Suche nach einem neuen Arbeitsplatz vielschichtig sind. Werden Sie sich darüber klar, welches Ihre Hauptmotive für den Karrieresprung sind und woran Sie Ihre Wünsche nach Veränderung festmachen.

ÜBUNG

Wunschposition im Blick

Setzen Sie sich intensiv mit den nachfolgenden Fragen auseinander. Nutzen Sie dabei Ihre Erfolgsbilanz, um über Ihre bisherigen beruflichen Erfahrungen zu reflektieren. Definieren Sie an dieser Stelle ruhig Maximalforderungen, um sich über Ihre Wünsche an die neue Stelle klarer zu werden.

→ Streben Sie mehr Freiraum für eigene Entscheidungen an?
→ Möchten Sie sich um parallel laufende Projekte kümmern?
→ Sehen Sie sich als Vermittler von Zielvorgaben der Geschäftsleitung an die einzelnen Abteilungen?
→ Möchten Sie Neuerungen vorantreiben?
→ Können Sie Veränderungen auch gegen Widerstände durchsetzen?
→ Welche neuen Aufgabenbereiche möchten Sie übernehmen?
→ Welche Aufstiegsmöglichkeiten erwarten Sie in einem neuen Unternehmen?
→ Sind Sie eher technisch, kaufmännisch oder organisatorisch orientiert?
→ Möchten Sie die Branche wechseln?
→ In welchen Branchen könnten Sie als Führungskraft arbeiten?
→ Suchen Sie ein besonders innovatives Unternehmen?
→ Streben Sie eine umfangreichere Entscheidungsverantwortung an?
→ Können Sie mit einem großen Abstimmungsbedarf bei Ihrer Arbeit umgehen?
→ Arbeiten Sie gerne schnell und unter großem Erfolgsdruck?
→ Sind Sie bereit, ein hohes Risiko für den Markterfolg einzugehen?
→ Streben Sie eher Projektverantwortung oder eher Personalverantwortung an?
→ Brauchen Sie kurzfristige Erfolge oder möchten Sie langfristig laufende Projekte betreuen?
→ Möchten Sie in einem internationalen Rahmen arbeiten?
→ Sehen Sie sich selbst eher als Spezialisten oder als Generalisten?
→ Wie eng möchten Sie mit anderen zusammenarbeiten?
→ Wollen Sie auch im Ausland tätig werden?
→ Kommt es Ihnen entgegen, wenn Sie an einem festen Ort/in einer bestimmten Region tätig sind?
→ Wie hoch darf die Belastung durch Reisetätigkeit sein?

Vorstellungen
abgleichen

Wenn Sie die aufgeführten Fragen für sich beantwortet und geklärt haben, sind Ihnen die Wünsche, die Sie an Ihre neue Position stellen, klarer geworden. Überlegen Sie sich nun, welche Ihrer Wünsche schon in Ihrer momentanen Berufstätigkeit verwirklicht sind und welche Wünsche Ihnen eine neue Position erfüllen müsste. So können Sie bei persönlichen und telefonischen Kontakten zu neuen Arbeitgebern oder Personalberatern gezielt Ihre Erfahrungen und Erwartungen herausstellen und die gegenseitigen Vorstellungen vor der Aufnahme weiterer Bewerbungsaktivitäten schon einmal grob abklären.

AUF EINEN
BLICK

Ihre Erfolgsbilanz

→ Überzeugen Sie sich zuerst selbst von Ihren Qualitäten, bevor Sie damit beginnen, andere zu überzeugen.

→ Erstellen Sie eine Erfolgsbilanz Ihrer bisherigen beruflichen Erfahrungen. Beginnen Sie mit Ihrer momentanen Position und orientieren Sie sich an dieser Reihenfolge:
    1. Abteilung
    2. Offizielle Berufsbezeichnung
    3. Personalverantwortung
    4. Tagesaufgaben
    5. Projekte/Sonderaufgaben
    6. Besondere Erfolge

→ Vergegenwärtigen Sie sich auch, was Sie in vorhergehenden beruflichen Positionen schon alles geleistet haben.

→ Runden Sie Ihre Erfolgsbilanz durch Weiterbildungsmaßnahmen, PC- und Fremdsprachenkenntnisse und besuchte Messen, Kongresse und Tagungen ab.

→ Bei der Ausarbeitung Ihrer Erfolgsbilanz sollten Sie sich nicht beschränken. Der passgenaue Zuschnitt auf eine neue Stelle findet erst zu einem späteren Zeitpunkt statt.

→ Erarbeiten Sie sich eine Zukunftsperspektive, definieren Sie an dieser Stelle Ihre persönlichen Ansprüche an Ihre Wunschposition.

→ Überlegen Sie sich, welche Aufgaben und Tätigkeiten Sie in Ihrer derzeitigen Position wahrnehmen und welche zusätzlichen Handlungsspielräume Sie in einer neuen Position gewinnen wollen.

4. Anforderungen der Unternehmen an Führungskräfte

In diesem Kapitel setzen Sie sich mit den aktuellen Anforderungen der Unternehmen an Führungskräfte auseinander. Wir erläutern Ihnen die Bedeutung fachlicher, sozialer und methodischer Kompetenz für das gesamte Bewerbungsverfahren. Anschließend werden Sie Ihre individuelle fachliche, soziale und methodische Kompetenz erfassen. So erarbeiten Sie sich eine Übersicht über Ihre berufliche Qualifikation, auf die Sie im schriftlichen und mündlichen Bewerbungsverfahren zurückgreifen werden.

Die Auseinandersetzung mit den aktuellen Anforderungen der Unternehmen an Führungskräfte ist unverzichtbar. Sie müssen wissen, was Unternehmen von Ihnen erwarten, um gezielt auf diese Erwartungen eingehen zu können. Da Sie Verantwortung für Mitarbeiter, Sachmittel und Entwicklungen im Unternehmen übernehmen wollen, werden Sie im Bewerbungsverfahren mit hohen Anforderungen konfrontiert.

Was erwartet das Unternehmen?

Geforderte berufliche Qualifikation

Ihre berufliche Qualifikation lässt sich nicht eindimensional darstellen. Je nach Tätigkeitsfeld, Branche und Unternehmensgröße sind ganz unterschiedliche Fähigkeiten und Kenntnisse gefragt. In der Personalarbeit hat sich die Dreiteilung der beruflichen Qualifikation in fachliche, soziale und methodische Kompetenz durchgesetzt (siehe folgende Abbildung). Vereinfacht dargestellt bedeutet dies, Sie müssen über das zu Ihrem Berufsfeld passende Fachwissen verfügen (fachliche Kompetenz), mit Kollegen und Mitarbeitern umgehen können (soziale Kompetenz) und berufliche Aufgabenstellungen strukturieren und bewältigen können (methodische Kompetenz). Fachwissen allein genügt nicht mehr zur Bewältigung von qualifizierten Berufstätigkeiten. Sie müssen Ihr Wissen auch in die Praxis umsetzen und mit anderen Menschen zusammenarbeiten können.

Fachliche, soziale und methodische Kompetenz

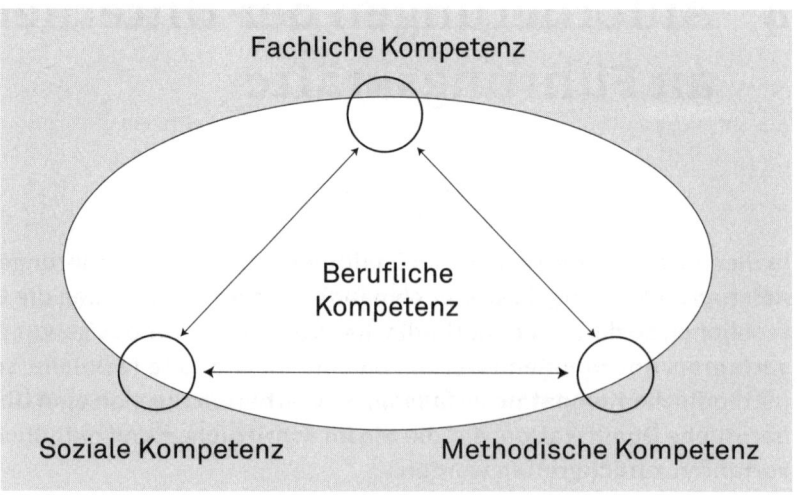

Die Dreiteilung der beruflichen Kompetenz

Führungskräfte müssen mehr können

Als Führungskraft können Sie sich nicht mehr allein auf Ihre fachliche Kompetenz berufen, wenn es darum geht, interessante und verantwortungsvolle Positionen zu übernehmen. Gerade auf den höheren Karrierestufen waren Fähigkeiten im zwischenmenschlichen Umgang und in der Strukturierung von Aufgaben immer schon wichtige Anforderungen. Im Zuge der Verflachung der Unternehmenshierarchien sind die Verantwortungs- und Aufgabenbereiche auch in den unteren und mittleren Karriereebenen größer geworden.

Mit der Darstellung der sozialen und methodischen Kompetenz tun sich alle Bewerberinnen und Bewerber schwer. Es ist nicht immer leicht zu durchschauen, was die Unternehmen verlangen und wie dies im Einzelnen darzustellen ist. Daneben gibt es Unterschiede in der propagierten Unternehmenskultur und den tatsächlichen Anforderungen am Arbeitsplatz. Sie werden im Bewerbungsverfahren nur dann erfolgreich sein, wenn es Ihnen gelingt, sowohl Ihr Fachwissen als auch Ihre Fähigkeiten im Umgang mit Menschen und Aufgabenstellungen deutlich zu machen.

BERATUNG

**Aus unserer Beratungspraxis
Fachlich einseitig**

Ein Teamleiter aus der pharmazeutischen Forschung suchte uns auf, da ihm der anvisierte Karriereschritt zum Abteilungsleiter nicht gelang. Aus seinen Bewerbungsunterlagen konnte man ersehen, dass sein Fachwissen in seiner Bewerbung eine zentrale Rolle spielte. Im Gespräch bestätigte sich diese Einschätzung. So wurde auch deutlich, dass der Teamleiter seine momentane Position verlassen wollte, da seiner Meinung nach Marketing und Vertrieb zu großen Einfluss auf die Produktentwicklung nahmen. Aus seiner Sicht waren die Abstimmungsgespräche zwischen den Abteilungen oftmals reine Zeitverschwendung. Für ihn war die Entwicklung innovativer Produkte der einzige Weg zu einer besseren Marktposition.

Aus diesem Grund stellte er in seinem Anschreiben und seinem Lebenslauf die von ihm beherrschten Analysemethoden und Testverfahren in den Mittelpunkt. Seine Ausführungen waren wegen der eingesetzten Fachtermini nur für Fachkollegen verständlich. Der durch sein Anschreiben erweckte Eindruck ließ zwar einen hochkompetenten Fachspezialisten vermuten, aber seine Befähigung, Mitarbeiter anzuleiten und Arbeitsprozesse zu strukturieren, wurde nicht deutlich. Die angeschriebenen Personalabteilungen mussten ihm daher seine Führungsqualität absprechen. Auch die von ihm verwendeten Leerfloskeln »selbstverständlich bin ich führungsstark und ständig kommunikationsbereit« konnten den Eindruck nicht positiv färben, da Belege für diese Behauptungen fehlten.

Es war schwierig, ihn davon zu überzeugen, nicht nur sein Fachwissen zu thematisieren. Wir konnten ihm schließlich klarmachen, dass ein Ausbau seiner Führungsverantwortung nur gelänge, wenn er auch seine Fähigkeiten im Umgang mit Vorgesetzten, Kollegen und Mitarbeitern überzeugend belegen würde. Um seine außerfachlichen Kompetenzen zu verdeutlichen, stellten wir in seinem neuen Anschreiben von ihm initiierte Projektgruppen in den Vordergrund und hoben die Markterfolge von ihm entwickelter Produkte hervor. Die Bewerbung als Abteilungsleiter bekam damit eine neue Gewichtung. Neben den ausgewiesenen Fachkenntnissen wurden jetzt auch seine Fähigkeiten in der Abstimmung der einzelnen Abteilungen klar. Mit den neuen Bewerbungsunterlagen wurde er zu Vorstellungsgesprächen eingeladen und sein beruflicher Aufstieg gelang.

Fazit: Der von Bewerberinnen und Bewerbern sehr oft gewählte Rückzug auf fachliche Aspekte ist aus der Sicht der Personalabteilungen nicht überzeugend. Die geforderte berufliche Qualifikation beinhaltet mehr als nur die Fachkompetenz. Tätigkeitsfelder von Führungskräften sind vom Umgang mit Mitarbeitern und Kollegen und der Gestaltung von Arbeitsabläufen bestimmt. Sie überzeugen Personalverantwortliche nur, wenn Sie in allen Kompetenzbereichen punkten.

Was will das Unternehmen?

Damit Sie in allen Kompetenzbereichen überzeugen können, müssen Sie sich vorher mit den Anforderungen der Unternehmen an Führungskräfte auseinandersetzen. Wir erläutern Ihnen nun, was im Einzelnen hinter den Begriffen fachlicher, sozialer und methodischer Kompetenz steht.

Fachliche Kompetenz

Fachkenntnisse sind unabdingbar

Fachliche Kompetenz ist das zu einem bestimmten Arbeitsbereich gehörende Wissen. Fachliche Kompetenz wird auch als Fachwissen oder Fachkenntnis bezeichnet. Von Führungskräften wird erwartet, dass sie genügend Wissen mitbringen, um die Aufgaben bearbeiten zu können, die ihnen in ihrem Arbeitsfeld gestellt werden. Daneben brauchen sie umfangreiches Wissen, um Entwürfe, Vorschläge und Ausarbeitungen von Mitarbeitern beurteilen zu können.

Eine Basis für Ihre fachliche Kompetenz haben Sie sich in Ihrer Ausbildung oder Ihrem Studium erarbeitet. In Ihrer bisherigen Berufstätigkeit haben Sie bestimmte Wissensbereiche weiter vertieft und sich zusätzliche Kenntnisse angeeignet. Wie wir schon erwähnten, ist Ihr fachliches Wissen allein nicht ausreichend, um Führungspositionen auszufüllen. Es ist jedoch unabdingbar, um überhaupt in Ihrem Arbeitsgebiet tätig zu sein. Auch wenn die anderen beiden Kompetenzbereiche, die soziale und die methodische Kompetenz, letztendlich entscheidend für Ihre Einstellung sein werden, so müssen Sie doch die geforderten Fachkenntnisse mitbringen.

BEISPIEL

Konzerncontrolling

Wenn Sie sich für eine gehobene Position im Konzerncontrolling bewerben, wird man von Ihnen erwarten, dass Sie über ein abgeschlossenes Hochschulstudium mit den Schwerpunkten Rechnungswesen/Controlling verfügen, bilanzsicher sind, den aktuellen fachlichen Stand des modernen Controllings kennen, sehr gute Englischkenntnisse haben, mit Datenbankanwendungen vertraut sind und über SAP R/3-Kenntnisse verfügen.

BEISPIEL

Ingenieurin Maschinenbau

Als Ingenieurin der Fachrichtung Maschinenbau besteht Ihre fachliche Kompetenz unter anderem aus Ihren Studienkenntnissen in Werkstoffkunde, Strömungslehre, Experimentalphysik, Mathematik und Statik. Hinzu kommt Ihr Wissen aus dem Bereich der Datenverarbeitung. Sie kennen sich beispielsweise mit

Konstruktionsprogrammen wie CAD oder CAM aus und beherrschen Programmiersprachen wie C++.

Wie Sie an unseren Beispielen sehen können, setzt sich Ihre fachliche Kompetenz aus mehreren Bestandteilen zusammen. Es wird auf jeden Fall eine spezifische Ausbildung oder ein bestimmtes Studium von Ihnen verlangt. Hinzu kommt das Wissen aus Ihrer bisherigen Berufspraxis, manchmal werden auch bestimmte Weiterbildungen gewünscht. Sprachkenntnisse und der sichere Umgang mit EDV-Programmen runden Ihre fachliche Kompetenz ab. Zum Bereich fachliche Kompetenz gehört ganz wesentlich Ihre Branchenerfahrung. Besonders wenn eine langjährige berufliche Tätigkeit Voraussetzung für den Karrieresprung ist, spielt das Wissen um die besonderen Anforderungen der jeweiligen Branche eine wichtige Rolle.

Um Fachwissen zur Anwendung bringen zu können, ist das Wissen zur Umsetzung gefragt. Sie müssen über methodische Kompetenz verfügen, um Ihr Wissen für ein Unternehmen nutzbringend einsetzen zu können.

Methodische Kompetenz

Als methodische Kompetenz bezeichnen Personalverantwortliche die Fähigkeit zum Theorie-Praxis-Transfer. Es geht darum, wie das Fachwissen bei der Bewältigung beruflicher Aufgaben eingesetzt wird. Von Führungskräften wird darüber hinaus verlangt, dass sie nicht nur ihre eigenen Kenntnisse im Berufsalltag einsetzen können, sondern auch, dass sie das Wissenspotenzial ihrer Mitarbeiter nutzbringend ausschöpfen. Dazu gehören die Delegation von Teilaufgaben an Mitarbeiter, die Strukturierung komplexer Vorgänge und der Einsatz von Mitarbeitern gemäß ihrer Fähigkeiten.

Theorie-Praxis-Transfer

Projektleiter

Wenn Sie eine Position als Projektleiter anstreben, wird von Ihnen neben dem entsprechenden Fachwissen auch gefordert werden, dass Sie Projekte planen, koordinieren und realisieren können. Sie müssen interdisziplinäre, an verschiedenen Standorten arbeitende Teams anleiten können und die Zusammenarbeit mit den technischen Abteilungen, dem Produktmanagement, dem Vertrieb und der Support-Abteilung gestalten können.

BEISPIEL

Account-Managerin

Als Account-Managerin können Sie Ergebnisse präsentieren, Kunden beraten, Angebote erstellen und Kooperationsverträge schließen. Bestehende Kooperationen werden von Ihnen betreut und strategisch weiterentwickelt. Daneben gehört die Strukturierung und Entwicklung neuer Absatzsegmente zu Ihren Aufgaben.

Methodische Techniken

Immer wenn es um die Anwendung Ihres Wissens geht, kommt Ihre methodische Kompetenz zum Tragen. Sie erkennen methodische Kompetenz oft an dem Zusatz »-techniken«: beispielsweise Gesprächstechniken, Führungstechniken, Verkaufstechniken, Präsentationstechniken, Kreativitätstechniken, Moderationstechniken oder Problemlösungstechniken. Ihre methodische Kompetenz spielt für die Unternehmen eine große Rolle, da der Berufsalltag von Führungskräften dadurch gekennzeichnet ist, dass geplant, analysiert, informiert, delegiert, organisiert und strukturiert werden muss.

Im Gegensatz zu Berufseinsteigern wird von Führungskräften verlangt, dass sie einen Fundus an methodischer Kompetenz mitbringen. Diese methodische Kompetenz haben Sie sich sowohl durch Ihre bisherige Berufstätigkeit erschlossen als auch in Seminaren und Trainings angeeignet. Erfolge in Ihrer bisherigen Berufstätigkeit lassen Personalverantwortliche auf das Vorhandensein methodischer Kompetenz schließen. Deshalb besteht der beste Nachweis für methodische Kompetenz aus Beispielen Ihrer bisherigen beruflichen Praxis, aus denen deutlich wird, wie Sie Probleme gelöst und Erfolge erzielt haben.

Qualitätsmanagement

Ein Bewerber stellt sich im Bewerbungsverfahren so dar: »Ich war bei meinem derzeitigen Arbeitgeber für die Einführung eines Qualitätsmanagements verantwortlich. Hierzu habe ich abteilungsübergreifende Qualitätszirkel aufgebaut. In diesen Qualitätszirkeln wurden Verbesserungsvorschläge entwickelt, die ich anschließend in neue Qualitätsstandards umgesetzt habe. Zur Sicherung dieser Standards habe ich Kontrollmechanismen installiert.«

Personalverantwortliche schließen aus diesem Vortrag: Der Bewerber verfügt über die Fähigkeiten, Aufgaben zu strukturieren, Problembereiche zu analysieren, die Umsetzung von neuen Ideen zu planen und zu verwirklichen. Der Bewerber stellt damit heraus, dass er sein Wissen im Qualitätsmanagement auch in die berufliche Praxis umsetzen kann. Damit wird seine methodische Kompetenz deutlich.

Damit Sie Ihre methodische Kompetenz auch in der Zusammenarbeit mit anderen gezielt und ohne Reibungsverluste einsetzen können, müssen Sie über Fähigkeiten im Umgang mit anderen Menschen verfügen. Sie müssen sozial kompetent sein.

Zusammenarbeit ohne Reibungsverluste

Soziale Kompetenz

Soziale Kompetenz bezieht sich auf Persönlichkeitsmerkmale. Gerade bei Führungskräften ist soziale Kompetenz ein weiterer wesentlicher Faktor der Qualifikation. Personalverantwortliche gehen davon aus, dass Ihre fachliche und methodische Kompetenz durch gezielte Weiterbildungsmaßnahmen ausgebaut werden kann. Lassen Sie allerdings den Eindruck entstehen, Sie hätten Defizite im Bereich der sozialen Kompetenz, sind Sie im Bewerberrennen disqualifiziert: Für Änderungen im Verhalten ist jahrelanges Training notwendig, und oft bleibt fraglich, ob derartig tiefgreifende Veränderungen überhaupt möglich sind.

Sie kennen die klassischen Forderungen nach sozialer Kompetenz, die in jeder Stellenanzeige auftauchen: Durchsetzungskraft, Leistungsbereitschaft, Kontaktfähigkeit, Kommunikationsfähigkeit, Eigeninitiative, Kreativität, Überzeugungsfähigkeit und Begeisterungsfähigkeit. Soziale Kompetenz ist mithin ein entscheidender Faktor in heutigen Arbeitsabläufen.

Ein entscheidender Faktor im Berufsleben

Soziale Kompetenz bezeichnet im menschlichen Miteinander das Ausmaß, in dem der Mensch fähig ist, selbstständig, umsichtig und nutzbringend zu handeln. Daraus ergeben sich aus Unternehmenssicht zusammengefasst die nachfolgenden Forderungen. Der sozial kompetente Mitarbeiter sollte

→ **die Anforderungen erkennen können, die die soziale Situation an ihn stellt,**
→ **seine Möglichkeiten und Grenzen in dieser speziellen Situation einschätzen können,**
→ **eigene Ziele sowie Gruppenziele generieren können,**
→ **situations- und zielgerecht handeln können,**
→ **über einen Prozess reflektieren können.**

Bestimmt sind Ihnen Teilaspekte dieser Auflistung in Ihrem Arbeitsalltag schon oft begegnet. Bei der Lösung von Aufgaben mussten Sie entscheiden, ob Ihr Wissen zur Problemlösung ausreicht oder ob Sie einen Spezialisten hinzuziehen sollten. Als Führungskraft müssen Sie immer wieder Zielvorgaben entwickeln und dafür sorgen, dass die einzelnen Arbeitsergebnisse zu einem Gesamtergebnis zusammengefasst werden können. Bei Schwierigkeiten in Ihrer Abteilung oder in

Zielorientiertes Zusammenspiel

Ihrem Bereich müssen Sie die Ursachen herausfinden und dafür sorgen, dass Arbeitsabläufe in Zukunft reibungslos gestaltet werden. Sie werden mit Vorgaben von der Geschäftsleitung konfrontiert und müssen diese in Ihrem Arbeitsbereich umsetzen. Dabei müssen Sie den Informationsfluss aufrechterhalten und dafür sorgen, dass Ihre Mitarbeiter die Anweisungen nachvollziehen können. Bei großen Arbeitsbelastungen ist Ihre Fähigkeit gefragt, die Mitarbeiter bei der Stange zu halten und zu besonderem Einsatz anzuspornen.

Schlagworte in Stellenausschreibungen

Personalverantwortliche übersetzen diese Anforderungen aus dem Arbeitsalltag von Führungskräften in die Schlagworte, die Ihnen bei Stellenausschreibungen immer wieder begegnen. Schlagworte zur sozialen Kompetenz von Führungskräften sind:

- → **Motivationsfähigkeit**
- → **Kommunikationsfähigkeit**
- → **Durchsetzungsfähigkeit**
- → **Einsatzbereitschaft**
- → **Leistungswillen**
- → **Kontaktfähigkeit**
- → **Begeisterungsfähigkeit**
- → **Innovationsfähigkeit**
- → **Belastungsfähigkeit**
- → **Kritikfähigkeit**
- → **Teamfähigkeit**
- → **Zielstrebigkeit**
- → **Fähigkeit zum selbstständigen Arbeiten**
- → **Problemlösungsfähigkeit (analytisches Denken)**
- → **Führungsfähigkeit**

Belegen Sie Ihre soziale Kompetenz

Diese Auflistung ist natürlich unvollständig. Das Problem von Schlagworten ist nur, dass sehr viele Bewerberinnen und Bewerber sie einfach nur auswendig lernen und bloß aufzählen. Die Behauptung: »Ich bin leistungsbereit und kommunikationsstark« ist ohne konkrete Belege aus der beruflichen Praxis nichtssagend und bringt Sie nicht weiter. Wie beim Fachwissen und der methodischen Kompetenz ist es für das Unternehmen interessant, ob Sie Ihre soziale Kompetenz bei der Lösung beruflicher Aufgaben einsetzen können.

BEISPIEL

Soziale Kompetenz im Vertrieb

Ein Bewerber für eine Position als Außendienstleiter stellt sich wie folgt dar: »In meiner jetzigen Position habe ich erfolgreich die Markteinführung einer neuen Produktserie begleitet. Ich war als Regionalleiter verantwortlich für die Schulung der Außendienstmitarbeiter, die Neustrukturierung des Vertriebsgebietes und die Großkundenbetreuung.«

Diese aussagekräftige Darstellung der Vertriebstätigkeit lässt Personalverantwortliche wie selbstverständlich vermuten, dass der Bewerber für den Erfolg in seiner bisherigen Tätigkeit seine Kommunikationsfähigkeit, seine Zielstrebigkeit, seine Kontaktfähigkeit und seine Einsatzbereitschaft eingesetzt hat. Die geforderte soziale Kompetenz wird dem Bewerber zugesprochen werden.

Eigene berufliche Qualifikation

Sie haben im Bewerbungsverfahren nur dann Erfolg, wenn Sie Ihre fachliche, methodische und soziale Kompetenz kennen und auf die von Ihnen angestrebten Tätigkeitsfelder abgestimmt darstellen können. Erarbeiten Sie sich mit unseren Übungen und Beispielen einen detaillierten Überblick über Ihre berufliche Qualifikation. Ziehen Sie Ihre Erfolgsbilanz heran und überlegen Sie sich, welchen fachlichen, methodischen oder sozialen Hintergrund die von Ihnen aufgelisteten Tages- und Sonderaufgaben haben.

Erarbeiten Sie sich einen Überblick

Bei der Analyse von Stellenausschreibungen, der Ausarbeitung Ihrer Bewerbungsunterlagen und bei der Vorbereitung von Vorstellungsgesprächen werden Sie auf die in diesem Abschnitt geleistete Vorarbeit zurückgreifen können.

Es ist typisch für Führungskräfte, dass die detaillierte Darstellung der beruflichen Qualifikation Schwierigkeiten bereitet. Aus unserer Beratungspraxis wissen wir, dass den meisten Führungskräften die einzelnen beruflichen Aufgaben dermaßen »in Fleisch und Blut übergegangen« sind, dass sie nicht mehr als besondere Leistung angesehen werden. Bei einer Bewerbung müssen Sie jedoch Ihre Leistungen und Erfolge auf eine Weise herausstellen, dass Ihre Kompetenz auch für andere deutlich wird. Ermitteln Sie deshalb ausführlich Ihre fachliche, methodische und soziale Kompetenz, damit Sie Ihr Profil auf die Anforderungen der Unternehmen zuschneiden können.

Ihre Kompetenz muss anderen deutlich werden

Fachliche Kompetenz

Listen Sie auf, welches Wissen Sie einsetzen, um Ihre momentanen beruflichen Aufgaben zu bewältigen. Ihre Kenntnisse aus der Berufspraxis haben für Unternehmen – und deshalb auch für Ihre Bewerbung – den größten Stellenwert. Aber auch Ihr Fachwissen aus einer Ausbildung oder einem Studium spielt noch eine Rolle.

Berufserfahrung zählt

BEISPIEL

Fachliche Kenntnisse eines Abteilungsleiters Automatisierungstechnik

Anhand eines Beispiels stellen wir Ihnen jetzt exemplarisch dar, was das hinter einer Berufsbezeichnung stehende Fachwissen beinhalten kann. An diesem Beispiel können Sie sich orientieren, wenn Sie danach in unserer Übung Ihre Fachkenntnisse detailliert darstellen.

....

Fachkenntnis 1:   Messtechnik (Studium)
Fachkenntnis 2:   Hochfrequenztechnik (Studium)
Fachkenntnis 3:   EMV-Richtlinien (Studium)
Fachkenntnis 4:   Dokumentation (Studium und Berufstätigkeit)
Fachkenntnis 5:   Programmierung (Studium und Berufstätigkeit)

Fachkenntnis 6:	Technisches Englisch (Weiterbildung und Berufstätigkeit)
Fachkenntnis 7:	Branchenkenntnisse im Automobilsektor (Berufstätigkeit)
Fachkenntnis 8:	Fahrzeugdatenbus (Berufstätigkeit)
Fachkenntnis 9:	Produktionsumrüstung (Berufstätigkeit)
Fachkenntnis 10:	Qualitätsmanagement (Berufstätigkeit)
Fachkenntnis 11:	Inbetriebnahme (Berufstätigkeit)

Jetzt zu Ihnen: Erarbeiten Sie sich mit unserer Übung »Fachliche Kenntnisse« einen Fundus an darstellbaren Fachkenntnissen für Ihre Bewerbung.

ÜBUNG

Fachliche Kenntnisse

Stellen Sie möglichst ausführlich die Kenntnisse aus Ausbildung, Studium, Weiterbildung und Berufstätigkeit dar, die Sie brauchen, um Ihre beruflichen Aufgaben zu erfüllen. Nehmen Sie Ihre Erfolgsbilanz zur Hand und überlegen Sie sich, welche Fachkenntnisse mit den dort aufgelisteten Tätigkeiten und Sonderaufgaben verbunden sind.

Wenn Sie Probleme damit haben, Ihre Fachkenntnisse zu benennen, können Sie auch auf Stellenausschreibungen zurückgreifen, in denen das für die Ausübung Ihrer Berufstätigkeit notwendige Wissen aufgelistet wird.

Ihre Fachkenntnisse:

Fachkenntnis 1: _____

Fachkenntnis 2: _____

Fachkenntnis 3: _____

Fachkenntnis 4: _____

Fachkenntnis 5: _____

Fachkenntnis 6: _____

Fachkenntnis 7: _____

Fachkenntnis 8: _____

Fachkenntnis 9: _____

Fachkenntnis 10: _____

Methodische Kompetenz

Je weiter Sie auf der Karriereleiter nach oben steigen, desto wichtiger werden Ihre außerfachlichen Kompetenzen. Die Bedeutung der fachlichen Kompetenz haben wir Ihnen erläutert. Jetzt kommt es darauf an, Ihre methodische Kompetenz zu erkennen. Damit Sie später Personalverantwortliche überzeugen können, sollten Sie Ihre methodische Kompetenz anhand von berufsnahen Beispielen herausarbeiten. Analysieren Sie, wie Sie berufliche Aufgaben lösen und welche Arbeitstechniken Sie dabei einsetzen.

Außerfachliche Kompetenzen

Unser Beispiel wird Ihnen zeigen, dass sich im Berufsalltag viele Belege für die methodische Kompetenz finden lassen. Anschließend werden Sie Ihre eigene methodische Kompetenz aus Ihren beruflichen Aufgaben herausfiltern.

Belege aus dem Berufsalltag

BEISPIEL

Leiterin Marketing

Eine Leiterin Marketing kann bei der Darstellung ihrer methodischen Kompetenz auf die von ihr im Laufe der Jahre bewältigten Aufgaben zurückgreifen. Sie verfügt über folgende methodische Kompetenzen, die sie bei der Bewältigung beruflicher Aufgaben unter Beweis gestellt hat:

Beleg 1: Abstimmung der Marketingmaßnahmen einzelner Länder
Beleg 2: Entwicklung europäischer Marketingstrategien
Beleg 3: Umsetzung von Marketingplänen
Beleg 4: Adaption von Best-Practice-Ansätzen
Beleg 5: Betreuung interner Abstimmungsprozesse
Beleg 6: Analyse von Marketingstrategien der Wettbewerber
Beleg 7: Koordination von Markt- und Wettbewerbsanalysen
Beleg 8: Bewertung durchgeführter Marketingmaßnahmen
Beleg 9: Konzeption der Mediaplanung
Beleg 10: Unterstützung der Sales-Aktivitäten

Nun sind Sie wieder gefordert. Sie haben anhand unseres Beispiels gesehen, wie die methodische Kompetenz mit Nachweisen aus dem Berufsalltag belegt werden kann. Suchen Sie nun Belege für Ihre methodische Kompetenz aus den bisher von Ihnen wahrgenommenen beruflichen Aufgaben heraus.

ÜBUNG

Belege für Ihre methodische Kompetenz

Gehen Sie Ihre beruflichen Aufgaben durch und überlegen Sie, welche Arbeitsmethodik zur Bewältigung gefragt war. Bei welchen Aufgaben haben Sie beispielsweise geplant, organisiert, bewertet, konzipiert, koordiniert oder analysiert? Denken Sie dabei nicht nur an Ihre täglichen Aufgaben, sondern auch an Projekte und Sonderaufgaben. Finden Sie zehn Belege für Ihre methodische Kompetenz.

Beleg 1: _____

Beleg 2: _____

Beleg 3: _____

Beleg 4: _____

Beleg 5: _____

Beleg 6: _____

Beleg 7: _____

Beleg 8: _____

Beleg 9: _____

Beleg 10: _____

Soziale Kompetenz

Konkrete Beispiele sind wichtig

Nachdem Sie Ihr Fachwissen und Ihre methodische Kompetenz analysiert haben, geht es nun darum, Ihre soziale Kompetenz zu erfassen. Auch hier gilt wieder, dass Sie im Bewerbungsverfahren nur dann überzeugen, wenn Sie konkrete Belege für Ihre soziale Kompetenz liefern können. Es genügt nicht, die Fähigkeiten stichwortartig in den Raum zu stellen. Sie müssen Beispiele aus Ihrem Berufsalltag verwenden, um Ihre soziale Kompetenz deutlich zu machen.

BEISPIEL

Kommunikationsstärke

Statt zu behaupten »Ich bin kommunikationsstark«, sollten Sie lieber ein Beispiel wählen, aus dem Ihre Kommunikationsstärke deutlich wird. Dies gelingt beispielsweise so: »In einer Arbeitsgruppe zur Prototypenentwicklung konnte ich zusammen mit dem Vertrieb, dem Controlling und der Produktion die technischen Vorgaben unter Berücksichtigung der Etatvorgaben umsetzen.«

Zielstrebigkeit

Die Selbstbeschreibung »Ich bin zielstrebig« ist zu knapp, um Personalverantwortliche zu beeindrucken. Es ist besser, ein Beispiel aus der Berufspraxis anzugeben, aus dem die Zielstrebigkeit deutlich wird: »Nachdem der Absatz eines unserer Produkte zurückgegangen war, erarbeitete ich alle Maßnahmen für einen Produkt-Relaunch, da ich nach wie vor von dem Produkt überzeugt war. Die neue Positionierung auf dem Markt machte das Produkt zu einem unserer Topseller.«

Wenn Sie mit konkreten Beispielen aus Ihrer Berufspraxis argumentieren, gelingt Personalverantwortlichen die Übersetzung in Schlagworte aus dem Bereich soziale Kompetenz von selbst. An unseren Beispielen für Kommunikationsstärke und Zielstrebigkeit haben wir Ihnen gezeigt, wie soziale Kompetenz unter Rückgriff auf die Berufspraxis dargestellt werden kann. In der folgenden Übung geht es nun um die Belege für Ihre soziale Kompetenz.

Ihre soziale Kompetenz

Suchen Sie sich aus unserer Liste mit Schlagworten zur sozialen Kompetenz (in diesem Kapitel) mindestens vier Begriffe heraus. Finden Sie anschließend berufliche Aufgaben, für deren Lösung Sie diese persönlichen Fähigkeiten eingesetzt haben. Orientieren Sie sich an unseren Beispielen zur Kommunikationsstärke und zur Zielstrebigkeit. Ordnen Sie den Schlagworten geeignete berufliche Tätigkeiten als Belege zu.

....

Schlagwort 1: _____
Berufliche Tätigkeit als Beleg: _____

....

Schlagwort 2: _____
Berufliche Tätigkeit als Beleg: _____

....

Schlagwort 3: _____
Berufliche Tätigkeit als Beleg: _____

....

→ FORTSETZUNG AUF DER NÄCHSTEN SEITE

Schlagwort 4: _____
Berufliche Tätigkeit als Beleg: _____

Jede Aufgabe erfordert verschiedene Fähigkeiten

Viele Bewerber blockieren sich bei der Darstellung ihrer sozialen Kompetenz selbst, indem sie versuchen, für jede Forderung aus dem Bereich soziale Kompetenz einen eigenen Beleg zu liefern. Dies ist jedoch nicht notwendig, da Sie bei der Lösung einzelner beruflicher Aufgaben stets mehrere persönliche Fähigkeiten einsetzen.

BEISPIEL

Product-Manager

Wenn ein Bewerber als Product-Manager tätig ist, hat er:

→ **neue Produkte konzipiert (Beleg für Kreativität, Beleg für selbstständiges Arbeiten),**
→ **Marktchancen beurteilt (Beleg für unternehmerisches Denken, Beleg für Verantwortungsbewusstsein),**
→ **sich mit Produktion, Vertrieb, Marketing und Service abgestimmt (Beleg für Organisationsfähigkeit, Beleg für Kommunikationsfähigkeit),**
→ **sein Konzept der Geschäftsleitung präsentiert (Beleg für Präsentationsfähigkeit, Beleg für Überzeugungsfähigkeit),**
→ **Aufgaben der Markt- und Wettbewerbsanalyse an Mitarbeiter delegiert (Beleg für Führungsfähigkeit, Beleg für selbstständiges Arbeiten).**

Die Argumentation mit konkreten Beispielen aus Ihrem Berufsalltag ist unerlässlich, um Personalverantwortlichen Ihre soziale Kompetenz deutlich zu machen. Sie bietet zudem die Chance, mehrere Anforderungen durch ein einziges Beispiel aus der beruflichen Praxis als erfüllt darzustellen. Zur Darstellung Ihrer sozialen Kompetenz sind besonders Projektaufgaben geeignet, da diese eine große Vielfalt an Belegen für persönliche Fähigkeiten beinhalten.

Nennen Sie interessante Beispiele

Erarbeiten Sie sich deshalb interessante Beispiele aus Ihrer bisherigen beruflichen Tätigkeit. Sie vermeiden dadurch den typischen Bewerberfehler, mit Schlagworten herumzuwerfen, zu abstrakt zu formulieren und die Besonderheiten des eigenen Profils zu unterschlagen. Wir werden Sie zu allen Bewerbungsschritten anleiten, mit konkreten Belegen und aussagekräftigen Beispielen zu argumentieren.

Auswertung von Stellenausschreibungen

Der Abgleich des eigenen Profils mit dem vom Unternehmen ausge-schriebenen Stellenprofil ist ein zentraler Aspekt des Bewerbungsver-fahrens. Damit Sie lernen, die Anforderungen der Unternehmen zu erkennen, und einen Abgleich mit Ihrem eigenen Profil durchführen können, machen wir Sie jetzt damit vertraut, Anforderungen aus Stel-lenausschreibungen herauszulesen. Dabei spielt es keine Rolle, ob diese Stellenausschreibungen als Anzeigen in Printmedien vorliegen, ob die Stellen firmenintern ausgeschrieben oder ob sie im Internet veröffentlicht werden. Die Anforderungen an die Analyse des Qualifi-kationsprofils bleiben gleich: Sie müssen die einzelnen Forderungen an die fachliche, soziale und methodische Kompetenz herauskristal-lisieren können.

BEISPIEL

Stellenausschreibung Senior Business Consultant

Zu Ihren Aufgabengebieten wird die Geschäftsprozess- und Organisati-onsanalyse gehören. Sie entwickeln Anwendungskonzeptionen für er-folgreiche E-Commerce-Strategien und deren Umsetzung. Sie sollten über mehrjährige Erfahrung als Consultant in einer Unternehmensbera-tung verfügen und sich durch IT-Know-how, Kontaktfreudigkeit sowie Er-fahrung im Projektmanagement auszeichnen. Sehr gute Englischkennt-nisse setzen wir voraus. Daneben erwarten wir ein hohes Maß an Lern- und Einsatzbereitschaft, Mobilität, Kommunikationsstärke und Teamgeist.

Die Auswertung der Stellenausschreibung ergibt die folgenden Anforderungen an die einzelnen Kompetenzbereiche:

→ **Fachliche Kompetenz:** IT-Know-how, Branchenerfahrung Unternehmens-beratung, Kenntnisse in der Geschäftsprozess- und Organisationsanalyse, Englischkenntnisse
→ **Methodische Kompetenz:** Anwendungskonzeptionen entwickeln, E-Com-merce-Strategien umsetzen, Erfahrung im Projektmanagement
→ **Soziale Kompetenz:** Kontaktfreudigkeit, Lernbereitschaft, Einsatzbereit-schaft, Mobilität, Kommunikationsstärke, Teamgeist

Wenn Sie Stellenausschreibungen analysieren können, erarbeiten Sie sich einen Vorsprung vor Ihren Mitbewerbern. Personalverantwortliche beklagen häufig, dass Bewerberinnen und Bewerber nicht auf die An-forderungen von Stellenausschreibungen eingehen. Der Versand von

Erarbeiten Sie sich einen Vorsprung

Standardanschreiben oder die Kontaktaufnahme mit nichtssagenden Floskeln ist kein Weg, der zum Erfolg führt. Nur wenn Sie wissen, was die Unternehmensseite von Ihnen erwartet, können Sie im Bewerbungsverfahren gezielt darauf eingehen. Üben Sie deshalb, die Anforderungen der Unternehmen aus ihren Stellenausschreibungen herauszulesen.

ÜBUNG

Stellenausschreibungen auswerten

Werten Sie nun die folgenden Stellenausschreibungen so aus, wie wir es Ihnen in unserem Beispiel Senior Business Consultant gezeigt haben. Finden Sie die einzelnen Anforderungen an die fachliche, soziale und methodische Kompetenz der Bewerberinnen und Bewerber heraus.

Manager/in Logistik und Warenkoordination

Sie bereiten weltweite Ausschreibungen vor, verhandeln Angebote und wirken bei der Vergabeentscheidung mit. Preisverhandlungen und die Vertragsgestaltung gehören ebenfalls zu Ihrem Aufgabengebiet. Darüber hinaus wirken Sie aktiv an der Gestaltung und Optimierung von Prozessen und der Umsetzung von Projektvergaben mit. Sie verfügen über eine technische Ausbildung beziehungsweise ein Ingenieurstudium und haben bereits mehrjährige Berufserfahrung in der Zulieferbranche gesammelt. Über gute Englischkenntnisse verfügen Sie und besitzen idealerweise Kenntnisse in einer weiteren Fremdsprache. Der Umgang mit dem MS-Office-Paket ist Ihnen vertraut. Ergänzend sollten Sie Erfahrungen in SAP R/3 mitbringen. Sie sind mobil und zeichnen sich durch hohe Einsatzbereitschaft aus. Ihre Persönlichkeit wird durch Teamfähigkeit, Durchsetzungsvermögen und Kreativität abgerundet.

Fachliche Kompetenz: _____

_____

Methodische Kompetenz: _____

_____

Soziale Kompetenz: _____

_____

Account-Manager/in

Ihre Aufgabe liegt in der Entwicklung und Koordination von Marketing- und Sales-Aktionen. Die Konzeption strategischer Lösungen mit Kunden und Geschäftspartnern wird ein zentraler Bestandteil Ihrer Arbeit sein. Sie sollten über umfassende kaufmännische Kenntnisse und Projekterfahrung verfügen. Ihr Auftritt ist professionell und durch ausgeprägte Kundenorientierung gekennzeichnet. Im Rahmen gezielter Vertriebsaktivitäten können Sie auf Ihr Verhandlungsgeschick zurückgreifen. Kenntnisse in den Bereichen Internettechnologie und Application-Server sollten Sie mitbringen. Sie haben bereits Erfahrungen im Vertrieb von Softwareprodukten gesammelt. Zudem beherrschen Sie mindestens eine Fremdsprache verhandlungssicher und zeichnen sich durch Einsatzfreude und Teamfähigkeit aus.

Fachliche Kompetenz: _____

_____

Methodische Kompetenz: _____

_____

Soziale Kompetenz: _____

_____

Anforderungen der Unternehmen an Führungskräfte

AUF EINEN
BLICK

→ Setzen Sie sich mit den Anforderungen der Unternehmen an Führungskräfte auseinander.

→ Nur wenn Sie wissen, was von Ihnen erwartet wird, können Sie mit Ihrer Bewerbung belegen, dass Sie diese Erwartungen erfüllen.

→ Ihre berufliche Qualifikation setzt sich aus fachlicher, sozialer und methodischer Kompetenz zusammen.

→ Fachliche Kompetenz beinhaltet das zu einem bestimmten Arbeitsfeld gehörende Wissen.

→ Methodische Kompetenz bezeichnet die Fähigkeit, Ihr Fachwissen zur Bewältigung beruflicher Aufgaben einzusetzen. Sie müssen in der Lage sein, einen Theorie-Praxis-Transfer zu leisten.

→ Soziale Kompetenz bezieht sich auf Persönlichkeitsmerkmale. Es geht darum, wie Sie mit anderen Menschen zusammen Aufgabenstellungen bewältigen.

→ Ermitteln Sie Ihre fachliche, methodische und soziale Kompetenz.

→ Greifen Sie bei der Darstellung Ihrer Kompetenzen auf Ihre Erfolgsbilanz zurück.

→ Kristallisieren Sie aus Stellenausschreibungen die einzelnen Forderungen an Ihre fachliche, soziale und methodische Kompetenz heraus.

5. Die Selbstpräsentation: Das Herzstück Ihrer Bewerbung

Ihre Selbstpräsentation ist das Fundament für sämtliche Bewerbungsaktivitäten. Sie müssen Ihre Selbstpräsentation so ausgestalten, dass deutlich wird, dass Sie die beziehungsweise der Richtige für die neue Position sind. Lernen Sie, sich in einem Kurzvortrag so darzustellen, dass Ihre fachliche, soziale und methodische Kompetenz für das Unternehmen erkennbar wird. Belegen Sie Ihre berufliche Qualifikation durch Erfolge aus Ihrer bisherigen Berufstätigkeit und machen Sie sich damit zu einem interessanten Bewerber.

Damit Sie sich den nächsten Karriereschritt erarbeiten können, müssen Sie Ihre bisherige erfolgreiche Tätigkeit so darstellen können, dass ein Nutzen für das neue Unternehmen deutlich wird. Als Führungskraft müssen Sie aktiv werden. Sie brauchen ein interessantes Profil, mit dem Sie auf Unternehmen zugehen können. Das Problem besteht in der Regel darin, dass Führungskräfte wegen ihrer langjährigen Berufstätigkeit über umfangreiche Erfahrungen und Kenntnisse verfügen und sich deshalb schwer damit tun, ihr Profil auf die speziellen Anforderungen einer neuen Position und die Besonderheiten eines neuen Unternehmens auszurichten. *Berufsprofil auf das Unternehmen zuschneiden*

Personalabteilungen und Personalberater werden zu häufig mit inhaltlich überladenen Bewerbungen konfrontiert, aus denen nicht deutlich wird, über welche berufliche Qualifikation der Bewerber verfügt und warum er für das Unternehmen interessant sein könnte. Das Herzstück unserer Beratungstätigkeit ist deshalb die personenbezogene Entwicklung des beruflichen Stärkenprofils von Bewerbern. Dieses Stärkenprofil nennen wir Selbstpräsentation. Mit einer gut ausgearbeiteten Selbstpräsentation schaffen Sie sich die Grundlage für *Wozu dient die Selbstpräsentation?*

→ die überzeugende Darstellung Ihrer fachlichen, sozialen und methodischen Kompetenz,
→ Telefongespräche mit Personalabteilungen,
→ die Kontaktaufnahme zu Personalberatungen,
→ persönliche Kontakte zu Mitarbeitern anderer Firmen,
→ Anschreiben und
→ Antworten auf Schlüsselfragen in Vorstellungsgesprächen wie »Was macht Sie für die ausgeschriebene Position geeignet?« und »Warum sollten wir gerade Sie einstellen?«.

Um ein Unternehmen davon zu überzeugen, dass Sie der oder die Richtige für die vakante Position sind, müssen Sie Ihre fachliche, soziale und methodische Kompetenz in einer Weise darstellen, dass Sie sich positiv von anderen Bewerberinnen und Bewerbern abheben.

Bedenken Sie: Nicht derjenige, der die Anforderungen des zu vergebenden Arbeitsplatzes am besten erfüllt, wird eingestellt, sondern derjenige, der sich im Bewerbungsverfahren am überzeugendsten darstellt. Die Entwicklung einer glaubwürdigen Selbstpräsentation ist deshalb das Fundament für Ihre sämtlichen Bewerbungsaktivitäten.

Trainingsvideos online

Das Magazin Focus hat mit uns zusammen eine 15-teilige Videoserie zum Thema »Das erfolgreiche Vorstellungsgespräch« produziert. Insbesondere die zwei Folgen »Ihr Werdegang: Die gelungene Selbstpräsentation« und »Körpersprache bei der Selbstpräsentation« legen wir Ihnen ans Herz, damit Sie weitere Anregungen für die Ausgestaltung Ihrer individuellen Selbstpräsentation bekommen. Sie können sich die Trainingsvideos auf unserer Homepage www.karriereakademie.de anschauen.

Bringen Sie Ihre Entwicklung auf den Punkt

Mit den Informationen und den Übungen aus diesem Kapitel werden wir Sie in die Lage versetzen, Ihre eigene Selbstpräsentation zu entwickeln. Wir beginnen damit, Ihnen beizubringen, sich mündlich so darzustellen, dass keine Zweifel bestehen, dass Sie die Wunschbesetzung für den Arbeitsplatz sind. Ihr Vortrag zum Thema »Warum ich in Ihrem Unternehmen als XYZ arbeiten will!« wird eine Länge von etwa drei Minuten haben. Mit diesem Zeitrahmen vermeiden Sie die Gefahr langatmiger Ausführungen und präsentieren sich als Bewerber, der in der Lage ist, die Darstellung seiner beruflichen Entwicklung auf den Punkt zu bringen.

Struktur für die Selbstpräsentation

Rückwärts-chronologische Darstellung

Bauen Sie Ihre Selbstpräsentation so auf, dass der Bezug zur angestrebten Position deutlich wird. Das bedeutet für Sie, dass Sie zuerst Ihre jetzige Tätigkeit darstellen sollten, da diese die Basis für Ihren Stellenwechsel ist. Die Aufgaben, Projekte und Verantwortungsbereiche, die Sie momentan wahrnehmen, sind für das neue Unternehmen üblicherweise besonders interessant. Fangen Sie daher Ihre Selbstpräsentation nicht bei Ihrer Ausbildung, Ihrem Studium oder womöglich Ihrer Schulzeit an. Arbeiten Sie sich von Ihren jetzigen Aufgaben schrittweise zurück.

Orientieren Sie sich bei der Erstellung Ihrer Selbstpräsentation an der von uns in der Beratungspraxis entwickelten Struktur.

Die Struktur Ihrer Selbstpräsentation

ÜBERSICHT

→ **Abschnitt 1:** Wir empfehlen grundsätzlich, mit den aktuellen Aufgaben Ihrer momentanen Position zu beginnen.

→ **Abschnitt 2:** Gehen Sie dann – kurz – auf Ihre vorhergehende Stelle ein, insbesondere dann, wenn Sie dort Aufgaben erledigt haben, die von Ihnen auch in der neuen Stelle bearbeitet werden sollen.

→ **Abschnitt 3:** Dann könnte – ebenfalls sehr kurz – die Grundlage Ihrer beruflichen Entwicklung, beispielsweise ein Studium, eine Berufsausbildung oder eine aktuelle Fortbildung, folgen.

→ **Abschnitt 4:** Ihre Selbstpräsentation endet mit einer kurzen Schlusszusammenfassung.

Lösen Sie sich von der konventionellen Selbstdarstellung, die in der schulischen Vergangenheit beginnt und bei Ihren Freizeitaktivitäten aufhört. Präsentieren Sie sich neuen Arbeitgebern, indem Sie die für die neue Position wichtigsten Kenntnisse und Fähigkeiten herausstellen. Machen Sie den roten Faden in Ihrer beruflichen Entwicklung deutlich.

Die Werbung in eigener Sache fällt Bewerberinnen und Bewerbern naturgemäß schwer. Dies liegt daran, dass die Abstufungen zwischen Überheblichkeit und übertriebener Selbstdarstellung auf der einen Seite und Unterwürfigkeit und Graue-Maus-Image auf der anderen Seite sehr fein sind. Es ist schwierig, den richtigen Ton für die schriftliche Darstellung der eigenen Person zu finden. Deshalb erläutern wir Ihnen die häufigsten Fehler, die in Selbstpräsentationen gemacht werden. Anschließend erfahren Sie, wie Sie es besser machen können.

Werbung in eigener Sache

Fehler in der Selbstpräsentation

Aus unseren Kontakten zu Personalverantwortlichen und aus unserer eigenen Beratungstätigkeit wissen wir, dass bei der Selbstdarstellung immer die gleichen Fehler auftauchen. Damit Sie sehen, welche Fehler Sie unbedingt vermeiden sollten, erst einmal ein Beispiel für eine misslungene Selbstpräsentation. Die Zahlen in unserem Beispiel aus der Praxis weisen auf die Art des Fehlers hin, die wir Ihnen im Anschluss daran erläutern werden.

Zu einer Einzelberatung brachte ein Bewerber die folgende Stellenausschreibung mit, die er im Internet gefunden hatte.

So nicht!

Wir suchen eine/n
Leiter/in Vertrieb

In unserem Unternehmen finden Sie den idealen Partner für Ihren Tatendrang. Sie passen gut zu uns, wenn Sie ein technisches oder betriebswirtschaftliches Studium (oder eine vergleichbare Ausbildung) abgeschlossen haben und schon mehrere Jahre erfolgreich im Vertrieb in der TK-, IT- oder EDV-Branche tätig waren. Einsatzwille, Flexibilität und Kundenorientierung zeichnen Sie aus. Sehr gute Englischkenntnisse sind durch unsere internationalen Kooperationen Voraussetzung. Ihre zukünftigen Aufgaben:

→ Akquisition neuer Vertriebskooperationen,
→ Analyse der Anforderungen dieser Vertriebskooperationen,
→ Abschluss von Kooperationsverträgen,
→ selbstständige Strukturierung und Entwicklung des Verkaufspotenzials,
→ Berichterstellung für die Geschäftsführung,
→ strategische Weiterentwicklung bestehender Kooperationen,
→ Eingliederung von Kooperationen in unsere Vertriebsorganisation.

Wir baten den Bewerber, seine bisherigen beruflichen Erfahrungen zusammenzufassen und in einem Kurzvortrag zu begründen, warum er sich auf die neue Position als Vertriebsleiter bewerben wollte. Seine unvorbereitete Selbstpräsentation lautete so:

Schlechte Selbstpräsentation

Bei meiner jetzigen Firma komme ich nicht weiter, daher glaube ich, dass ich das Unternehmen wechseln muss. ❸ Das Verkaufen liegt mir im Blut. ❹ Wenn man mir nur genügend Freiräume lässt, kann ich sehr erfolgreich arbeiten. ❶
　　Leistungsbereitschaft und Flexibilität hat man sowieso, wenn man im Vertrieb arbeitet. ❹ Mich interessieren EDV-Lösungen sehr. ❶ Ich suche zum nächstmöglichen Zeitpunkt ein interessantes und herausforderndes neues Tätigkeitsgebiet und möchte mehr Verantwortung übernehmen. ❷
　　Meine jetzigen Vorgesetzten blockieren immer wieder Ideen von mir, das sollte in der neuen Firma nicht vorkommen. ❸
　　Selbstverständlich bin ich sehr kundenorientiert. ❹ Ich bin internationalen Einsätzen nicht abgeneigt. ❺ Ich bin mir sicher, dass ich der Richtige für die ausgeschriebene Stelle bin ❻, wenn ich auch bisher noch keine Berichte für die Geschäftsführung erstellt habe. ❼

Sie werden gemerkt haben, dass die Ausführungen nicht sehr überzeugend klingen. Deshalb möchten wir Ihnen anhand dieses Beispiels die typischen Fehler von Selbstpräsentationen aufzeigen. *Typische Fehler*

Fehler ❶: Fachliche Anforderungen werden nicht erkannt und belegt
Fehler ❷: Profillosigkeit
Fehler ❸: Kontraproduktive Ehrlichkeit
Fehler ❹: Leerfloskeln für soziale und methodische Kompetenz
Fehler ❺: Nicht- und Negativ-Formulierungen
Fehler ❻: Übertriebene positive Selbstbewertung
Fehler ❼: Selbstanklage

Fehler ❶: Fachliche Anforderungen werden nicht erkannt und belegt: Wer in seiner Selbstpräsentation nicht auf die gefragte fachliche Kompetenz eingeht, hat wenig Chancen zu überzeugen. Der Bewerber unseres Beispiels ging in seiner Selbstpräsentation nicht auf die geforderte Branchenerfahrung ein. Er stellte weder seine Englischkenntnisse heraus noch belegte er seine Erfahrungen in der Vertriebskooperation.

Seine Aussage »mich interessieren EDV-Lösungen sehr« ist zu allgemein formuliert. Dadurch werden seine Erfahrungen im Vertrieb von EDV-Lösungen nicht deutlich. Die Forderung nach »genügend Freiräumen« ist gefährlich, da Personalverantwortliche aus ihr schließen werden, dass die Anpassungsfähigkeit und die Bereitschaft zur Einordung in firmeninterne Abläufe nur mangelhaft ausgeprägt ist. *Zu allgemein*

Fehler ❷: Profillosigkeit: Personalverantwortliche suchen Bewerber, die aus der Masse ihrer Mitbewerber herausragen. Ziellos operierende Bewerber, die sich wie in unserem Negativbeispiel weniger für die Aufgaben in der neuen Position interessieren, sondern nur angeben, dass sie »in der jetzigen Firma nicht weiterkommen«, lassen Personalverantwortliche aufhorchen. Es drängt sich förmlich die Frage auf, warum der Bewerber an seinem derzeitigen Arbeitsplatz nicht als förderungswürdig angesehen wird. *Treten Sie aus der Masse hervor*

Die Suche nach einem »interessanten und herausfordernden Tätigkeitsgebiet« sollte für jeden Bewerber selbstverständlich sein. In einer Selbstpräsentation ist diese Wendung eine reine Nullaussage. Der vom Bewerber angegebene Zusatz »suche zum nächstmöglichen Zeitpunkt« lässt Personalverantwortliche vermuten, dass der Bewerber bereits freigestellt und gekündigt ist.

Fehler ❸: Kontraproduktive Ehrlichkeit: Im Bewerbungsverfahren ist die Ehrlichkeit der Bewerber immer dann kontraproduktiv, wenn sie – ohne dazu verpflichtet zu sein – Dinge aussprechen, mit denen sie sich selbst in ein ungünstiges Licht setzen.

Immer die anderen

Die Formulierung »meine jetzigen Vorgesetzten blockieren immer wieder Ideen von mir« lässt den Bewerber als Kandidaten erscheinen, der immer dann, wenn es Probleme am Arbeitsplatz gibt, auf »die anderen« als Schuldige verweist. Selbst wenn Bewerber tatsächlich unter einer Blockadehaltung ihrer Vorgesetzten leiden, sollten sie dies nicht in einer Bewerbung thematisieren. Die Darstellung von Problemen am jetzigen Arbeitsplatz schlägt immer auf den Bewerber zurück.

Aussagekräftige Beispiele sind gefragt

Fehler ❹: Leerfloskeln für soziale und methodische Kompetenz: Die bloße Aufzählung von Begriffen aus dem Bereich soziale und methodische Kompetenz ist ein typischer Bewerberfehler. Denn ohne Beispiele und Belege sind die verwendeten Begriffe zur Charakterisierung der verlangten persönlichen Eigenschaften wie »kundenorientiert«, »Leistungsbereitschaft« und »Flexibilität« nicht aussagekräftig. Seine Herangehensweise an Aufgaben im Vertrieb wird nicht klar, wenn der Bewerber behauptet »das Verkaufen liegt mir im Blut«.

Stellen Sie sich in Ihrer Bewerbung nicht als Phrasendrescher dar, sondern machen Sie an geeigneten Beispielen deutlich, dass Sie über die geforderte soziale und methodische Kompetenz verfügen.

Fehler ❺: Nicht- und Negativ-Formulierungen: Formulierungen wie »ich bin internationalen Einsätzen nicht abgeneigt« verwirren den Zuhörer nur unnötig. Er muss für sich übersetzen, was Sie eigentlich sagen wollen. Zuerst hört er nur die negative Aussage »ich bin abgeneigt«, die er dann in eine positive Formulierung umwandeln müsste. Dies geschieht aber oft nicht.

BEISPIEL

Missverständnisse

Wenn eine Bewerberin im Vorstellungsgespräch die Nicht-Formulierung »Ich ziehe mich bei Konflikten nicht zurück« benutzt, muss eine Personalverantwortliche diese Aussage aus kommunikationspsychologischer Sicht in zwei Schritten nachvollziehen, um sie für sich verständlich zu machen.

Erstens: Die Bewerberin zieht sich bei Konflikten zurück.
Zweitens: Nein, das tut sie nicht.

Selbst wenn die Personalverantwortliche es schafft, den zweiten Verständnisschritt zu tun, bleibt die eigentlich von der Bewerberin gemeinte Aussage »Ich bin in der Lage mich Konflikten zu stellen und unangenehme Situationen aufzulösen« unausgesprochen. Es kann aber auch vorkommen, dass der zweite Schritt unter den Tisch fällt, dann steht ausschließlich die negative Selbstbeschreibung im Raum.

Hier noch ein Beispiel in Kurzform: Ungeeignete Nicht-Formulierung eines Bewerbers: »Ich werde nicht schnell aufbrausend.« Die zwei Übersetzungsschritte des Personalverantwortlichen:

Erstens: Der Bewerber wird schnell aufbrausend.
Zweitens: Nein, das wird er nicht.

Die tatsächlich gemeinte Aussage des Bewerbers »Ich bleibe auch unter Druck gelassen« wird nicht deutlich.

Vermeiden Sie es, sich in Ihrer Selbstpräsentation mit Aussagen zu beschreiben, die negativ verstanden werden können. Formulieren Sie immer eindeutig und positiv. Um Sie für diesen Aspekt zu sensibilisieren, schlagen wir Ihnen zum Training die nachfolgende Übung vor.

Positiv und eindeutig

ÜBUNG

Eindeutig und positiv formulieren

Suchen Sie für die folgenden Nicht-Formulierungen Aussagen, die eindeutig und positiv sind.

....

»Ich fasse Mitarbeiter nicht zu hart an.«
Ihre positive Umformulierung: _____
_____
....

»Große Arbeitsbelastungen sind kein Problem für mich.«
Ihre positive Umformulierung: _____
_____
....

»Die Zusammenarbeit mit anderen Abteilungen stellt mich nicht vor Probleme.«
Ihre positive Umformulierung: _____
_____
....

»Mit meinen Vorgesetzten habe ich keinen Streit gehabt.«
Ihre positive Umformulierung: _____
_____
....

»Unter Zeitdruck verliere ich nicht die Nerven.«
Ihre positive Umformulierung: _____
_____
....

»Ich habe keine Schwierigkeiten damit, mit Kunden richtig umzugehen.«
Ihre positive Umformulierung: _____

_____

Bei Ihrer Selbstdarstellung sollten Sie versuchen, ganz auf Nicht-Formulierungen zu verzichten. Beschreiben Sie sich immer positiv und
damit eindeutig. Unser Bewerber sollte in seiner Selbstpräsentation
auf die Formulierung »Ich bin internationalen Einsätzen nicht abgeneigt« verzichten und stattdessen passender formulieren: »Eine umfangreiche Reisetätigkeit gehört auch zu meiner jetzigen Position. Ich
übernehme gerne auch internationale Einsätze für Sie.«

Übertreibungen sind
fehl am Platz

Fehler ❻: Übertrieben positive Selbstbewertung: Vorsicht mit zu positiven Bewertungen: Wenn Sie Ihre berufliche Qualifikation zu sehr
loben, zwingen Sie andere damit automatisch in die Gegenposition.
Dann wollen sie Ihnen nur noch zeigen, dass Sie sich irren.

Die Formulierung in unserem Negativbeispiel: »Ich bin mir sicher,
dass ich der Richtige für die ausgeschriebene Stelle bin« oder ähnlich
lautende Selbstbewertungen wie »Ich bin der Beste für diese Stelle!«
oder »Ich bin mir ganz sicher, dass ich für diese Position optimal geeignet bin!« dürfen Sie in Ihrer Selbstpräsentation auf keinen Fall
verwenden. Personalverantwortliche finden es überhaupt nicht witzig,
wenn Sie ihnen die Kandidatenbewertung abnehmen wollen. Sie fühlen sich dann herausgefordert, besonders gründlich nach den Einwänden zu suchen, die gegen Sie sprechen.

Stärken statt
Schwächen nennen

Fehler ❼: Selbstanklage: Niemand wird für eine Tätigkeit eingestellt,
weil er etwas nicht oder besonders schlecht kann. Vor Gericht wie im
Bewerbungsverfahren gilt: Es besteht keine Selbstanklagepflicht. Der
Bewerber in unserem Negativbeispiel macht es sich unnötig schwer,
wenn er am Ende seiner Selbstpräsentation offen eingesteht »ich habe
bisher noch keine Berichte für die Geschäftsführung erstellt«. Die Kunst
der Selbstdarstellung besteht nicht darin aufzuzählen, wo man bei sich
selbst Schwächen sieht, sondern darin zu zeigen, was man für die neue
Stelle an Kenntnissen und Fähigkeiten mitbringt.

Mit den typischen Fehlern bei der Werbung in eigener Sache haben
wir Sie vertraut gemacht, jetzt zeigen wir Ihnen, mit welchen Über-
zeugungstechniken Sie sich optimal präsentieren.

Überzeugungsregeln für Ihre Selbstpräsentation

Bevor wir Ihnen Regeln und Tipps für eine erfolgreiche und aussage-   *So geht's!*
kräftige Selbstpräsentation vorstellen, möchten wir Ihnen die Bearbeitung des vorherigen Negativbeispiels mit unseren Überzeugungsregeln vorstellen. Hier weisen die Zahlen auf die eingesetzte
Überzeugungstechnik hin, die wir Ihnen wiederum im Anschluss erläutern werden.

Gelungene Selbstpräsentation

»Seit sechs Jahren arbeite ich erfolgreich im Vertrieb von Software-Lösungen. ❶ Die
Akquisition neuer Vertriebspartner und die Betreuung von Kooperationen mit Hard-
ware-Produzenten ist seit drei Jahren Bestandteil meiner Berufstätigkeit. ❸, ❹

Momentan arbeite ich als Regionalleiter für die Hard & Soft GmbH im Ver-
triebsaußendienst. Zu meinen Aufgaben gehören die Strukturierung des Vertriebsgebietes, die Akquisition neuer Vertriebspartner und die Erstellung von
EDV-Konzepten beim Kunden. ❸, ❻

Nach einem abgeschlossenen Studium der Informatik an der Fachhochschule Gießen stieg ich in meiner jetzigen Firma ein. Als Außendienstmitarbeiter
akquirierte und beriet ich Kunden. In einem Sonderprojekt habe ich Synergien
geschaffen zwischen den von unserem Unternehmen durchgeführten Anwenderschulungen und dem Vertrieb von Hardware- und Software-Lösungen. ❷, ❺, ❻

Da unser Unternehmen in den letzten Jahren stark expandiert ist, habe ich
mich in abteilungsübergreifenden Projektgruppen immer wieder mit Kooperationslösungen und der Neustrukturierung unserer Angebotspalette auseinandergesetzt. ❶, ❷, ❹ Bei der Gründung einer Auslandsniederlassung war ich beteiligt. ❷, ❺ Ich spreche sehr gut Englisch und verfüge über sehr gute
Präsentationskenntnisse. ❶ Meine Erfahrungen in der Definition und Umsetzung
von Vertriebsstrategien, der gezielten Akquisition neuer Vertriebspartner und
dem Aufbau strategischer Kooperationen möchte ich nun gebündelt bei Ihnen in
der Position Leiter Vertrieb einsetzen.«

Damit auch Sie sich eine überzeugende Selbstpräsentation für die Be-   *Überzeugungsregeln*
werbung auf Ihren neuen Arbeitsplatz erarbeiten können, stellen wir
Ihnen jetzt die Überzeugungsregeln vor, mit denen Sie Ihr Ziel erreichen.

Regel ❶: Fachliche Anforderungen erkennen
Regel ❷: Aktivität zeigen
Regel ❸: Individuelles Profil darstellen
Regel ❹: Beispiele für soziale und methodische Kompetenz geben
Regel ❺: Beschreiben statt bewerten
Regel ❻: Der Joker: Schlüsselbegriffe aus dem Tagesgeschäft benutzen

Regel ❶: Fachliche Anforderungen erkennen: Der Bewerber aus dem Positivbeispiel gibt zu erkennen, dass er sich mit den fachlichen Anforderungen, die an ihn gestellt werden, auseinandergesetzt hat. Er geht auf die geforderte Branchenerfahrung im EDV-Vertrieb ein. Die Mitarbeit bei der Strukturierung des Verkaufspotenzials wird ebenso deutlich wie seine Erfahrung mit Vertriebskooperationen. Seine Sprachkenntnisse stellt er ebenfalls heraus.

Zeigen Sie, dass Sie vorankommen wollen

Regel ❷: Aktivität zeigen: Bewerber stellen sich aktiv dar, wenn sie zeigen, wo sie sich über das übliche Maß hinaus engagiert haben, um sich für neue Aufgaben zu qualifizieren.

Der Bewerber weist auf seine Mitarbeit in abteilungsübergreifenden Projektgruppen hin und stellt die Übernahme eines Sonderprojektes heraus. Aktivität in Form von besonderer Leistungsbereitschaft lässt dieser Bewerber auch dadurch erkennen, dass er seine Mitarbeit bei der Gründung einer Auslandsniederlassung anspricht. An den Beispielen wird deutlich, dass er in seiner beruflichen Entwicklung nicht stagniert und weiter vorankommen will.

Was unterscheidet Sie von anderen?

Regel ❸: Individuelles Profil darstellen: Von Profillosigkeit sprechen die Personalverantwortlichen immer dann, wenn es Bewerbern nicht gelingt, aus der Masse ihrer Mitbewerber positiv herauszuragen. Aus unserer Beratungserfahrung wissen wir, dass dies meist ein Problem der Darstellung der eigenen Kenntnisse und Fähigkeiten ist. Fast jeder Bewerber hat etwas Besonderes zu bieten, das ihn von den anderen unterscheidet.

So stellt der Bewerber im Positivbeispiel heraus, dass er im Vertrieb von Softwarelösungen Kooperationen mit Hardwareproduzenten betreut hat. Er hebt auch seine Erfahrungen in der Strukturierung von Vertriebsgebieten und das Zuschneiden von EDV-Konzepten auf die Kundenbedürfnisse hervor. Es wird klar, dass der Bewerber die Interessen seines Unternehmens mit denen von Kooperationspartnern und Kunden abstimmen kann, sodass alle Beteiligten einen optimalen Nutzen aus der Zusammenarbeit ziehen können.

Beispiele statt Leerfloskeln

Regel ❹: Beispiele für soziale und methodische Kompetenz geben: Der Bewerber zeigt an konkreten Beispielen, dass er über Kooperationsfähigkeit, Teamfähigkeit, Kommunikationsfähigkeit und Kundenorientierung verfügt und Abschlusssicherheit besitzt. Dies erschließt sich Personalverantwortlichen aus den von ihm eingesetzten Formulierungen: »Die Akquisition neuer Vertriebspartner und die Betreuung von Kooperationen ist Bestandteil meiner Berufstätigkeit«, »Ich habe Kunden akquiriert und beraten«, »Ich habe mich in abteilungsübergreifenden Projektgruppen immer wieder mit Kooperationslösungen und der Neustrukturierung unserer Angebotspalette auseinandergesetzt«.

Der Bewerber vermeidet durch die Verwendung konkreter Beispiele aus seinem Berufsalltag den Fehler, Leerfloskeln aufzuzählen, unter denen sich Personalverantwortliche alles und nichts vorstellen können.

Regel ❺: Beschreiben statt bewerten: Die Fehler »kontraproduktive Ehrlichkeit« und »Selbstanklage« bei der Darstellung Ihrer Kenntnisse und Fähigkeiten können Sie durch die Verwendung der Überzeugungsregel »Beschreiben statt bewerten« vermeiden. Diese Überzeugungsregel hat außergewöhnlich große Wirkung, wenn sie richtig eingesetzt wird.

Mit ehrlichen Aussagen wie »Mein Vorgesetzter hat bei wichtigen Entscheidungen nie hinter mir gestanden«, »In meiner Abteilung wurde die meiste Zeit mit Surfen im Internet verbracht« oder »In unserer Firma gehörte Mobbing zum Arbeitsalltag« kommen Sie bei der Erarbeitung Ihrer Selbstpräsentation und damit auf dem Weg zu einer neuen Position nicht weiter.

Der Trick, der Sie vorwärts bringt, lautet »Beschreiben statt bewerten«. Neutrale Beschreibungen haben wir im Positivbeispiel benutzt. Dort heißt es: »In einem Sonderprojekt habe ich Synergien zwischen der Anwenderschulung und dem Vertrieb geschaffen.« Eine weitere beschreibende Darstellung enthält der Satz: »Bei der Gründung einer Auslandsniederlassung war ich beteiligt.«

Wertfreie Beschreibung

Mit solchen sachlichen Formulierungen heben sich überzeugende Bewerber von Dauerkritikern und Miesmachern wohltuend ab. Der Verzicht auf die Thematisierung von Schwierigkeiten, Reibungen und Problemen verhindert, dass der positive Eindruck von Ihnen getrübt wird. Denn vergessen Sie nicht: Geäußerte Kritik fällt im Bewerbungsverfahren immer auf Sie selbst zurück. Man wird immer auch bei Ihnen den Anteil am Problem suchen. Üben Sie deshalb, Ihre Erlebnisse und Erfahrungen aus Ihrem Berufsalltag anhand beschreibender Formulierungen darzustellen.

Beschreiben statt bewerten

ÜBUNG

Nehmen Sie Ihre Erfolgsbilanz zur Hand und beschreiben Sie, welche Aufgaben Sie übernommen haben, welche Projekte Sie geleitet haben und über welche Erfahrungen Sie verfügen.

Üben Sie, die wesentlichen Tätigkeiten Ihrer beruflichen Stationen schlagwortartig und ohne Eigenbewertung aufzuzählen. Verwenden Sie dabei die folgenden Beispielformulierungen, die wir der Praktikabilität halber gleich den einzelnen Abschnitten der Selbstpräsentation zugeordnet haben.

Beschreibende Formulierungen für Abschnitt 1:
Die momentanen Aufgaben

»Bei meinem momentanen Arbeitgeber bin ich zuständig für _____

_____

und _____ .«
»In meiner jetzigen Position als _____ bin ich
verantwortlich für _____
und _____.«
»Ich nehme die Aufgaben _____,
und _____ wahr.«
»Mein komplexes Aufgabengebiet umfasst _____
und _____ .«
»Zu meinen aktuellen Aufgaben gehören _____
und _____ .«
»Dabei bin ich berichtspflichtig gegenüber _____
und _____ .«
»Ich arbeite schwerpunktmäßig mit den Abteilungen _____, _____
und _____ zusammen.«
»Ich habe die Projekte _____
und _____ initiiert.«
»Ich habe die Arbeitsprozesse in den Bereichen _____
und _____ optimiert.«
»Das von mir initiierte Kostensenkungsprogramm führte zu nachhaltigen
Einsparungen in den Bereichen _____
und _____ .«

Beschreibende Formulierungen für Abschnitt 2:
Die vorherigen Aufgaben (mit Bezug zur neuen Stelle)

»Ich habe seinerzeit die Aufgaben eines _____
_____ wahrgenommen.«
»Durch meine Erfolge in den Bereichen _____
und _____
konnte ich zum _____ aufsteigen.«
»Die Beschäftigung mit _____
und _____ ermöglichte es mir,
meinen Verantwortungsbereich auszuweiten.«
»Ich habe damals meinen Vorgesetzen vertreten und die Tätigkeiten ____
und _____ verantwortet.«
»Gut gefallen hat mir die Möglichkeit, Arbeitsprozesse zu optimieren,

und zwar in den Bereichen _____
und _____ .«
»Als Teilprojektleiter habe ich zu den Themen _____
und _____ Projektgruppen gesteuert.«
»In dieser Zeit konnte ich erste Erfahrungen in der internationalen Projektarbeit sammeln, und zwar zu den Aufgabenstellungen _____
und _____ .«

Beschreibende Formulierungen für Abschnitt 3: Die Grundlagen Ihres beruflichen Werdegangs (Studium/Ausbildung/Fortbildung)

»Grundlage meines Werdegangs ist mein Studium der _____ .«
»Nach meinem Studium habe ich den Einstieg in die Industrie über meine Werkstudententätigkeit/als Direkteinstieg/über ein Traineeprogramm geschafft.«
»Meine kaufmännische Karriere habe ich mit einer Ausbildung zum ____
_____ begonnen.«
»Erste technische Grundlagen habe ich mir in meiner Ausbildung zum __ /meinem Studium der _____ angeeignet.«
»Aktuell habe ich berufsbegleitend ein MBA-Studium abgeschlossen, um meine Kenntnisse in den Bereichen _____,
und _____
zu aktualisieren und zu vertiefen.«

Beschreibende Formulierungen für Abschnitt 4: Zusammenfassung

»Meine Erfahrungen in _____
und _____
möchte ich nun gebündelt bei Ihnen in der Position _____
_____einsetzen.«
»Da ich also – wie skizziert – in den Bereichen _____
und _____
über sehr umfassende Erfahrungen verfüge, kann ich mir gut vorstellen bei Ihnen in der Position als _____
_____für den gewünschten Schwung zu sorgen.«
»Abschließend möchte ich noch einmal betonen, dass ich bei Ihnen als _____ anfangen möchte, weil ich Freude daran habe _____
und _____
zu machen.«

»Meine Erfahrungen in _____

und _____

werden mir sicherlich dabei helfen, dafür zu sorgen, dass das von Ihnen gewünschte Wachstum auch erreicht werden kann. Dieser Herausforderung möchte ich mich gerne voll und ganz stellen.«

»Ich weiß, dass die von Ihnen gewünschte Aufbauarbeit in den Bereichen

_____

und _____

einigen Einsatz von mir verlangen wird. Diesen Einsatz bringe ich aber gerne, da Aufbauarbeit auch immer Handlungsspielräume schafft. Und ich handle und gestalte nun einmal sehr gerne.«

»Soweit mein Werdegang in Stichworten, gerne beantworte ich Ihnen weitere Fragen dazu.«

»Abschließend möchte ich betonen, dass ich meine Stärken in den Bereichen _____

und _____

sehe und auch unter Beweis gestellt habe. Diese Stärken könnten Ihnen bei der Restrukturierung/Sanierung/Optimierung der Abteilung/des Bereiches/des Unternehmens sicherlich nützlich sein.«

Praxisnähe belegen

Regel ❻: Der Joker: Schlüsselbegriffe aus dem Tagesgeschäft benutzen: Personalabteilungen bevorzugen verständlicherweise Bewerber, die aus ihrem bisherigen Arbeitsalltag schon kennen, was in der vakanten Position verlangt wird. Bewerber, die hier punkten wollen, müssen »Schlüsselbegriffe aus dem Tagesgeschäft« benutzen. Es geht darum, die berufs- und branchenspezifischen Schlagworte zu finden und herauszustellen, die Ihre beruflichen Aufgaben kennzeichnen. Der Bewerber aus dem Positivbeispiel verwendet beispielsweise die Schlagworte »Strukturierung des Vertriebsgebietes«, »Akquisition«, »Synergien«, »Anwenderschulungen« und »abteilungsübergreifende Projektgruppe«.

Berufliches Know-how

Wir alle reagieren auf bestimmte Schlüsselbegriffe und Schlagworte. Um nicht an Informationen zu ersticken, brauchen wir Strukturen, die helfen, Informationen einzuordnen. Dies gilt natürlich auch für Personalverantwortliche. Falsche Stellenbesetzungen sind teuer und werden später den Personalabteilungen angelastet. Um Problemen vorzubeugen, achten die Personalabteilungen daher immer darauf, dass sie Bewerber einstellen, die herausstellen, dass sie die Anforderungen des neuen Arbeitsplatzes erfüllen, weil die neue Tätigkeit »nur« eine Fortsetzung der alten ist. Deshalb sind Schlüsselbegriffe aus dem

Tagesgeschäft bei der Ausgestaltung der Selbstpräsentation der Joker, mit dem Sie sich Vorteile gegenüber Mitbewerbern sichern können.

Sie finden die für Ihr Berufsfeld wichtigen Schlüsselbegriffe und Schlagworte in Stellenausschreibungen in Jobbörsen im Internet und in Stellenanzeigen in Zeitungen und Fachzeitschriften.

BEISPIEL

Schlüsselbegriffe herausfinden

Ein Account-Manager möchte aufsteigen. In Stellenausschreibungen findet er für die Darstellung seiner bisherigen Tätigkeiten diese Schlüsselbegriffe und Schlagworte:

→ **Neukundengewinnung**
→ **Kundenbetreuung**
→ **Verkaufspräsentation**
→ **Beratung**
→ **Marktanalyse**
→ **Angebotserstellung**
→ **Wettbewerbervergleiche**
→ **Analyse der Kundenwünsche**
→ **Workshop-Durchführung**
→ **Mitarbeitertraining**
→ **Produktschulung**
→ **Verkaufsförderung**
→ **Marktbeobachtung**
→ **Umsetzung von Marketing-maßnahmen**
→ **Zielgruppendefinition**
→ **Kundenpflege**
→ **Erarbeitung von Vertriebs-strategien**

→ **Großkundenbetreuung**
→ **Werbemitteleinsatz**
→ **Entwicklung von Planungs- und Steuerungssystemen**
→ **Erschließung neuer Vertriebs-kanäle**
→ **Unterstützung des Direktvertriebes**
→ **Messedurchführung**
→ **Kongressplanung**
→ **Realisierung von Vertriebszielen**
→ **Kunden- und Gebietsstrukturierung**
→ **Gestaltung der Preis- und Konditionenpolitik**
→ **Erstellung vom Umsatzprognosen**
→ **Verkaufsprogramm entwickeln**
→ **Markteinführung**

Im nächsten Schritt geht es darum, diese Schlüsselbegriffe und Schlagworte in die Selbstpräsentation einzusetzen. Die stichwortartige Beschreibung von beruflichen Erfahrungen vermittelt Personalverantwortlichen innerhalb kurzer Zeit wichtige Informationen über das Bewerberprofil. Der Account-Manager hat Begriffe, mit denen er sich darstellen kann. Aus diesen Begriffen muss er für seine Selbstpräsentation die zur neuen Position passenden Schlagworte auswählen und in Satzform bringen. Unser Beispiel zeigt Ihnen, wie dies gelingen kann.

Schlagworte in Ihrer Selbstpräsentation

BEISPIEL

Selbstbeschreibungen mit Schlüsselbegriffen

→ »Ich bin momentan verantwortlich für die Neuakquisition, die Kundenbetreuung und die Kunden- und Gebietsstrukturierung.«

→ »Neben meiner Tätigkeit im Außendienst habe ich Umsatzprognosen erstellt, Verkaufsprogramme entwickelt und Maßnahmen der Verkaufsförderung umgesetzt.«

→ »Die Markteinführung von Produkten und die Vorstellung der Produkte auf Messen und Fachkongressen habe ich in Projektgruppen begleitet.«

Die prägnante Kurzdarstellung Ihres Profils ist der beste Weg, um Aufmerksamkeit bei Personalverantwortlichen und anderen Entscheidungsträgern in Unternehmen zu erzielen. Nutzen Sie die Möglichkeit, mit geeigneten Schlagworten und Schlüsselbegriffen Interesse an Ihrem Profil zu erwecken. In unserer Übung »Schlüsselbegriffe und Schlagworte für Ihr Profil« werden Sie sich einen Fundus an Etikettierungen erarbeiten. Auf diese Weise können Sie im Bewerbungsverfahren mit hoher Informationsdichte für sich werben.

ÜBUNG

Schlüsselbegriffe und Schlagworte für Ihr Profil

Suchen Sie die für Ihr Tätigkeitsfeld geeigneten Schlüsselbegriffe und Schlagworte heraus. Beschränken Sie sich dabei nicht, schreiben Sie alle Begriffe auf, die Ihre Tätigkeiten charakterisieren. Ihre Schlüsselbegriffe und Schlagworte:

1. _____	16. _____
2. _____	17. _____
3. _____	18. _____
4. _____	19. _____
5. _____	20. _____
6. _____	21. _____
7. _____	22. _____
8. _____	23. _____
9. _____	24. _____
10. _____	25. _____
11. _____	26. _____
12. _____	27. _____
13. _____	28. _____
14. _____	29. _____
15. _____	30. _____

Formulieren Sie nun drei Sätze mit jeweils zwei bis drei Schlagworten. So erarbeiten Sie sich die Fähigkeit, mit großer Informationsdichte zu kommunizieren.

1. »Ich bin verantwortlich für _____,
    (Schlagwort)

    _____
    (Schlagwort)

    und _____.«
    (Schlagwort)

2. »Zu meinen Aufgaben gehören _____,
    (Schlagwort)

    _____
    (Schlagwort)

    und _____.«
    (Schlagwort)

3. »Ich habe _____,
   (Schlagwort)

   _____
   (Schlagwort)

   und _____ betreut.«
   (Schlagwort)

Sie wissen nun, welche Fehler Sie bei der Selbstpräsentation vermeiden sollten und wie Sie es mit dem Einsatz von Überzeugungsregeln besser machen können. Jetzt fehlt nur noch Ihre Feinarbeit, um die Ausführungen zu optimieren.

Selbstpräsentation fokussieren und optimieren

Ihre Selbstpräsentation entfaltet dann noch mehr Wirkung bei Ihren Zuhörern auf der Firmenseite, wenn Sie darauf achten, dass Sie sie auf die neue Stelle fokussieren. Wir erleben es in unserer Beratungspraxis häufiger, dass Führungskräfte in einem Coaching zur Vorbereitung auf Vorstellungsgespräche überaus begeistert von den Aufgaben und Herausforderungen sprechen, die sie am aktuellen Arbeitsplatz bewältigen. Dies ist aber immer dann problematisch, wenn die momentanen Aufgaben nicht völlig mit den neuen Aufgaben übereinstimmen. Und eine solche hundertprozentige Übereinstimmung zwischen »heute« und »morgen« gibt es eigentlich nie.

Feinjustierung

Daher achten wir stark darauf, dass die Schlagworte und Schlüsselbegriffe aus der Stellenausschreibung in die Selbstpräsentation einfließen.

BEISPIEL

Passen Sie Ihren Wortschatz an

Wenn Sie beispielsweise beim momentanen Arbeitgeber im Bereich des Lean Manufacturing gearbeitet haben und dabei die Methoden Kaizen und Kanban eingesetzt haben, der neue Arbeitgeber im Lean Manufacturing aber die Methoden Wertstromanalyse und 5S bevorzugt, dürfen Sie nicht formulieren: »Ich habe die Fertigungssteuerung im Sinne eines Lean Manufacturing optimiert und dabei Kaizen und Kanban eingesetzt.« Taktisch klüger wäre es zu sagen: »Ich habe die Fertigungssteuerung im Sinne eines Lean Manufacturing optimiert und dabei Kaizen und Kanban eingesetzt, die in der Wirkung etwa der Wertstromanalyse oder dem 5S entsprechen.«

Die richtige Balance   Achten Sie auch darauf, mit Ihrer Selbstpräsentation die »Wörterwelt« Ihrer Gesprächspartner zu treffen. Falsch wäre es, die Stellenausschreibung in der Selbstpräsentation einfach wortwörtlich zu wiederholen. Mit einer solchen Vorgehensweise würden Sie unkreativ und unglaubwürdig wirken. Genauso gefährlich ist es aber auch, überhaupt nicht beziehungsweise zu wenig auf die Anforderungen der jeweiligen Stellenausschreibung einzugehen. Arbeiten Sie daher darauf hin, die richtige Balance zwischen den neuen Aufgaben und Ihren bisherigen Erfahrungen, Kenntnissen, Erfolgen und Stärken herzustellen. Dies gelingt Ihnen mit taktisch geschickt gewählten Schlagworten und Schlüsselbegriffen, die Sie dank der jeweiligen Stellenausschreibung ja deutlich vor Augen haben.

Optimieren Sie nun die von Ihnen entwickelte Selbstpräsentation. Überprüfen Sie, ob Ihre Selbstpräsentation fehlerfrei ist, ob Sie unsere Überzeugungsregeln eingesetzt haben und ob Ihre Selbstpräsentation ausreichend auf ausgewählte Stellenausschreibungen hin fokussiert ist.

ÜBUNG

Selbstpräsentation optimieren

Nehmen Sie sich bei Ihrer Selbstpräsentation mit einer Videokamera auf. Werten Sie Ihre Selbstpräsentation kritisch aus. Finden Sie heraus, an welchen Stellen Sie neu formulieren müssen. Stellen Sie fest, welchen Informationen Sie mehr Platz geben müssen und welche Aussagen Sie knapper gestalten sollten. Werten Sie Ihre Selbstpräsentation anhand dieser Fragen aus:

→ Wird für den neuen Arbeitgeber meine Qualifikation deutlich?
→ Überzeugt mich meine Selbstpräsentation selbst?
→ Bin ich an einigen Stellen zu sehr ins Detail gegangen?
→ Wird der rote Faden meiner beruflichen Entwicklung klar?
→ Stelle ich mich aktiv genug dar?
→ Habe ich auf Selbstbewertungen verzichtet?
→ Habe ich die Schwerpunkte meiner Tätigkeit genügend herauskristallisiert?
→ Habe ich genügend Schlagworte und Schlüsselbegriffe eingesetzt?
→ Sind meine Ausführungen auch für Fachfremde (Personalverantwortliche) verständlich?

Das typische Problem von Führungskräften, eine passgenaue, stärkenorientierte und glaubwürdige Beschreibung ihres beruflichen Könnens zu liefern, haben Sie mit der Ausarbeitung Ihrer Selbstpräsentation gelöst. Sie können Ihre beruflichen Erfahrungen jetzt komprimiert vermitteln und gleichzeitig ein aussagekräftiges Profil liefern.

Ihre Selbstpräsentation als ständiger Begleiter

Damit verfügen Sie über klare Argumente, die in allen Stufen des Bewerbungsverfahrens für Sie sprechen. Bei den Themen Kontaktaufnahme, Bewerbungsunterlagen und Vorstellungsgespräch werden wir wieder an Ihre Selbstpräsentation anknüpfen. Die Selbstpräsentation, die Sie sich in diesem Kapitel erarbeitet haben, wird Sie das gesamte Buch – genauer gesagt: das gesamte Bewerbungsverfahren – hindurch begleiten.

Die Selbstpräsentation

AUF EINEN BLICK

→ Die Selbstpräsentation ist ein mündliches oder schriftliches Kurzgutachten über Ihre berufliche Qualifikation. Sie dient der komprimierten Darstellung Ihrer bisherigen Leistungen und Ihrer beruflichen Entwicklung.

→ Ihre Selbstpräsentation ist das Fundament für sämtliche Bewerbungsaktivitäten.

→ Bauen Sie Ihre Selbstpräsentation so auf, dass der Bezug zur ausgeschriebenen Stelle deutlich wird. Nutzen Sie für Ihre Selbstpräsentation unsere vierteilige Struktur:
  1. Die momentanen Aufgaben
  2. Die vorherigen Aufgaben (mit Bezug zur Stelle)
  3. Die Grundlagen Ihres Werdegangs (Studium/Ausbildung/Fortbildung)
  4. Zusammenfassung und Handlungsaufforderung

→ Aus Sicht der Personalabteilungen scheitern Führungskräfte bei der Selbstpräsentation an diesen Fehlern:
  1. Fachliche Anforderungen werden nicht erkannt und belegt
  2. Profillosigkeit
  3. Kontraproduktive Ehrlichkeit
  4. Leerfloskeln für soziale und methodische Kompetenz
  5. Nicht- und Negativ-Formulierungen
  6. Übertriebene positive Selbstbewertung
  7. Selbstanklage

→ Gelungene Selbstpräsentationen von Führungskräften orientieren sich an diesen Überzeugungsregeln:
  1. Fachliche Anforderungen erkennen
  2. Aktivität zeigen
  3. Individuelles Profil darstellen
  4. Beispiele für soziale und methodische Kompetenz geben
  5. Beschreiben statt bewerten
  6. Der Joker: Schlüsselbegriffe aus dem Tagesgeschäft benutzen

→ Schlüsselbegriffe und Schlagworte helfen Ihnen dabei, mit großer Informationsdichte zu kommunizieren. Finden Sie die Schlüsselbegriffe und Schlagworte heraus, die Ihr Profil verdeutlichen.

→ Fokussieren Sie Ihre Selbstpräsentation auf die neue Stelle, indem Sie Schnittstellen mit den neuen Aufgaben auch sprachlich deutlich herausarbeiten. Dabei gilt es, die »Wörterwelt« Ihrer Gesprächspartner zu treffen.

6. Immer vor Augen: Ihre Selbstpräsentation als Mind-Map

Damit Sie Ihre Selbstpräsentation in telefonischen oder persönlichen Kontakten optimal einsetzen können, empfehlen wir Ihnen, im Vorfeld eine Visualisierung in Form eines Mind-Maps auszuarbeiten. Auf diese Weise haben Sie Ihre Einstellungsargumente bei Bedarf immer vor Augen und können Ihr berufliches Kurzprofil bei passenden Gelegenheiten strukturiert und selbstbewusst vermitteln. Machen Sie es wie die Führungskräfte in unserer Beratungspraxis: Erarbeiten Sie ein Mind-Map Ihrer Selbstpräsentation.

In Telefongesprächen mit Headhuntern, bei ersten Treffen mit Personalberatern, beim Networking am Rande von Seminaren oder Konferenzen, aber auch, um in Vorstellungsgesprächen neu hinzugekommene Entscheider wie Geschäftsführer oder Bereichsleiter zu überzeugen: Ihre Selbstpräsentation werden Sie bei vielen Gelegenheiten einsetzen können. Um nicht im Ernstfall mühsam nach Worten ringen zu müssen, empfehlen wir Ihnen, Ihre inhaltlich ausgearbeitete Selbstpräsentation »gehirngerecht« zu visualisieren. Daher zeigen wir Ihnen nun abschließend zum Thema Selbstpräsentation, wie Sie Ihr berufliches Können und Ihre Erfolge mithilfe eines Mind-Maps immer »vor Augen« haben.

Stressabbau durch Mind-Mapping

In unseren Coachings für Führungskräfte beobachten wir bei den Kunden, die bei der Selbstpräsentation den Faden verloren haben und sich mitten in einem Blackout befinden, dass sie nach Bildern suchen, um die Orientierung zurückzugewinnen. Das liegt daran, dass unter Stress viel leichter auf bildhafte Elemente zugegriffen werden kann. Diese bildhaften Elemente lassen sich im Vorfeld eines Vorstellungsgesprächs in Form eines Mind-Maps visualisieren. *Bilder als Informationsanker*

Wir erarbeiten mit Führungskräften deswegen ein Mind-Map ihrer Erfahrungen, Erfolge, Kenntnisse und Stärken. Die aktuelle berufliche Position, ausgewählte Teile aus davorliegenden Anstellungen, die einen Bezug zur neuen Stelle haben, und das berufliche Fundament, bestehend aus Studium, Ausbildung, Fort- und Weiterbildungen, lassen sich üblicherweise problemlos auf einem DIN-A-Blatt übersichtlich darstellen. Mind-Maps, die Haupt- und Unterstrukturen, kleine Zeich- *Eine DIN-A4-Seite reicht meist aus* nungen und grafische Symbole enthalten, helfen definitiv dabei, Telefonaten oder persönlichen Gesprächen von Anfang an die gewünschte Substanz zu geben. Schließlich sind die darin enthaltenen visuellen Elemente ein hervorragender Informationsanker.

Ein Mind-Map Ihrer Einstellungsargumente

Wie sich unsere Tipps praktisch umsetzen lassen, zeigen wir Ihnen jetzt anhand einer Selbstpräsentation, für die wir ein Mind-Map ausgearbeitet haben.

Die Selbstpräsentation einer kaufmännischen Führungskraft, die sich um die Position eines Niederlassungsleiters bewirbt, könnte – als Antwort auf die Frage eines Personalberaters »Warum sollte ich Sie meinem Auftraggeber empfehlen?« – wie folgt lauten:

BEISPIEL

Mind-Map: Bewerbung um die Position Niederlassungsleiter

»In meiner aktuellen Position als Vertriebs- und Marketingleiter habe ich mehrere Jahre in enger Abstimmung mit der Geschäftsführung den Vertrieb entwickelt, ein Vertriebscontrolling aufgebaut, Personal ausgewählt und entwickelt und das Kosten- und Qualitätsmanagement verantwortet. Das Tagesgeschäft, wie die Festlegung von Vertriebs- und Marketingstrategien, die Einführung von Produktinnovationen und die Erstellung von Markt- und Wettbewerbsanalysen, kenne ich gründlich. Weiter ist mir wichtig, mithilfe von Schlüsselprojekten ständig daran zu arbeiten, dass Produktmehrwerte geschaffen werden. Beispielsweise habe ich dafür gesorgt, dass die Produktion besser mit der Supply Chain abgestimmt wurde, aber auch dafür, dass der Service noch kundenspezifischer ausgestaltet wurde.

In meiner vorherigen Position als Verkaufsleiter habe ich, wie in der Stellenausschreibung gewünscht, ebenfalls organisatorische Veränderungsprozesse angeschoben. Schon damals habe ich festgestellt, dass es mir sehr liegt, Schwachstellen in Arbeitsprozessen herauszuarbeiten und gemeinsam mit den daran beteiligten Abteilungen praktikable Lösungen zu entwickeln. So habe ich seinerzeit dafür gesorgt, dass die Kommunikation zwischen der F & E und der Produktion deutlich verbessert wurde, mit dem neuen Produktportfolio konnte ich den Umsatz um 15 Prozent steigern.

Basis meiner beruflichen Entwicklung ist mein Studium der Betriebswirtschaftslehre.

Zusammenfassend möchte ich auf meine umfassenden Erfahrungen in der strategischen und operativen Vertriebsarbeit verweisen und noch einmal betonen, dass es mich persönlich begeistert, wenn ich mit meiner Arbeit aktiv dafür sorgen kann, dass ein Unternehmen weiter nach vorne gebracht wird. Daher denke ich, dass Sie mich Ihrem Auftraggeber guten Gewissens empfehlen können.«

Vor dem Vorstellungsgespräch hatte der Bewerber ein Mind-Map ausgearbeitet, das Sie im Folgenden finden, und die Schlag- und Schlüsselworte auswendig gelernt.

Momentane Stelle:
→ Vertriebs- und Marketingleiter
→ Aufgaben:
Vertrieb entwickelt,
Vertriebscontrolling
aufgebaut,
Personal ausgewählt,
Kosten- und Qualitätsmanagement verantwortet
→ Tagesgeschäft:
Vertriebs- und Marketingstrategien erstellt,
Produktinnovationen
eingeführt,
Markt- und Wettbewerbsanalysen festgelegt
→ Projekte:
Produktion/Supply Chain
Service kundenspezifischer gestalten

Aufgaben aus der vorherigen
Stelle als Verkaufsleiter, die
einen Bezug zur ausgeschriebenen Stelle haben:
→ Prozessoptimierung
→ Schwachstellenanalyse
→ Abstimmung F&E und
Produktion
→ Erfolg: mit neuem
Produktportfolio Umsatz
um 15 Prozent gesteigert

Angestrebte Stelle:
NIEDERLASSUNGSLEITER

Berufliches Fundament:
→ FH-Studium BWL

Schlusszusammenfassung:
→ strategische und
operative Vertriebsarbeit
→ begeistert an Optimierung und Veränderung

ÜBUNG

Mind-Map ausarbeiten

Vergegenwärtigen Sie sich bitte Ihre Selbstpräsentation und visualisieren Sie sie in Form eines Mind-Maps. Orientieren Sie sich dabei an dem Beispiel oben. Wählen Sie die Kenntnisse, Erfolge, Stärken und Erfahrungen aus, die Ihr besonderes berufliches Profil verdeutlichen.

Überlegen Sie sich für Ihr Mind-Map eine Grundstruktur, die aus vier Oberpunkten bestehen könnte. Beispielsweise:

1. momentane Stelle,
2. Erfahrungen aus der früheren Stelle, die einen Bezug zur neuen Stelle haben,
3. berufliches Fundament: Studium, Ausbildung, Fort- und Weiterbildungen,
4. Schlusszusammenfassung.

Gestalten Sie Ihr Mind-Map farbig, arbeiten Sie auch mit grafischen Symbolen wie Pfeilen, Ausrufezeichen oder Smileys. Nachdem Sie Ihr Mind-Map visualisiert haben, formulieren Sie bitte Ihre Selbstpräsentation mehrere Male mündlich anhand der vorgegebenen Stichworte. Sie werden feststellen, dass Sie die Visualisierung Ihrer individuellen Stärken schon nach kurzer Zeit gut verinnerlicht haben. Dieses neue Selbst-»Bewusstsein« wird Sie sowohl bei der telefonischen Kontaktaufnahme als auch in persönlichen Gesprächen deutlich unterstützen und Ihnen dabei helfen, die richtigen und wichtigen Argumente punktgenau zu bringen.

Idealerweise arbeiten Sie zwei Versionen aus: eine klassische Version, die zweieinhalb bis drei Minuten lang ist, und eine einminütige Version. Mit der längeren Variante sorgen Sie für Substanz zu Beginn von Vorstellungsgesprächen, und die kürzere können Sie immer dann einsetzen, wenn Sie Networking betreiben, mit Personalberatern telefonieren oder in Vorstellungsgesprächen auf neue Gesprächsteilnehmer treffen, die Ihr Profil noch nicht kennen.

AUF EINEN BLICK

Immer vor Augen

→ Durch Mind-Mapping arbeiten Sie Ihr berufliches Kurzprofil gehirngerecht auf, damit Sie auch in Stresssituationen schnell darauf zugreifen können.

→ Durch ein Mind-Map verhindern Sie Blackouts – durch Haupt- und Unterstrukturen, Bilder, Zeichnungen und Symbole verinnerlichen Sie Ihre Selbstpräsentation.

→ Überlegen Sie sich eine Grundstruktur, an der Sie sich orientieren.

→ Arbeiten Sie Ihr Mind-Map ganz individuell aus. Der Gestaltung sind keine Grenzen gesetzt – je nach Ihren Vorlieben können Sie mit klaren Strukturen oder einer möglichst bunten Ausgestaltung arbeiten, ganz nach Ihrem Geschmack.

→ Wenn Sie Ihr fertiges Mind-Map haben, formulieren Sie Ihre Selbstpräsentation mehrere Male mündlich aus. Übung macht den Meister! Bereits nach wenigen Wiederholungen wird sich Ihr Mind-Map in Ihrem Gedächtnis verankern.

→ Dann können Sie Ihr Mind-Map nutzen, um bei persönlichen Treffen oder in Telefonaten kurz und prägnant Ihr Kurzprofil zu präsentieren – ohne leidige Hänger oder lange Überlegungen.

2

Begründungsbedarf: Warum wollen Sie wechseln?

7. Wie begründen Sie den Stellenwechsel?

Eine zentrale Frage, die uns in unseren Bewerbungscoachings immer wieder gestellt wird, lautet: »Wie begründe ich meinen Stellenwechsel im Anschreiben, bei der telefonischen Kontaktaufnahme oder im Vorstellungsgespräch?« Diese Frage ist berechtigt, denn sie steht bei der Einschätzung einer Führungskraft durch einen neuen Arbeitgeber immer im Raum: Gab es Ärger am alten Arbeitsplatz? Ist das Verhältnis zu den Vorgesetzten zerstört? Oder hat sich der Bewerber mit der Geschäftsleitung überworfen? Wenn Sie unnötige Spekulationen vermeiden wollen, sollten Sie taktisch formulieren.

Nicht alle Führungskräfte suchen eine neue Stelle, weil sie sich beruflich weiterentwickeln oder einen echten Karrieresprung in Angriff nehmen möchten. Dies wissen auch Personalprofis und werden daher hellhörig, wenn Bewerber den Wunsch nach einer neuen Stelle nicht plausibel begründen können. Aus unserer Beratungspraxis wissen wir, dass Führungskräften diese Begründung im Anschreiben, in Telefongesprächen mit Personalberatern und auch in Vorstellungsgesprächen oft sehr schwer fällt.

Ungünstig: Tatsächliche Wechselgründe

Es gibt die unterschiedlichsten Gründe, warum Führungskräfte einen neuen Arbeitsplatz suchen: *Verschiedene Gründe*

→ Ein Kollege bekommt die intern ausgeschriebene Stelle, auf die man sich selbst beworben hat. Dies geschieht bereits zum zweiten, dritten, vierten Mal.
→ Mit dem neu eingestellten Vorgesetzten ist eine Zusammenarbeit unmöglich geworden.
→ Gehaltserhöhungen lassen sich nicht im angestrebten Maße durchsetzen.
→ Man hat dem Bewerber – zu seiner Gesichtswahrung – nahegelegt, sich wegzubewerben, ansonsten würde in nächster Zeit die Kündigung erfolgen.
→ Die Firma ist übernommen worden und im Rahmen der Umstrukturierung »rollen Köpfe«.
→ Die ständige Belastung durch Überstunden ohne finanziellen

oder zeitlichen Ausgleich ist von der Leistungsfähigkeit her mittelfristig nicht mehr zu bewältigen.
→ **Der Vorgesetzte, der bisher unterstützt und gefördert hat, hat sich wegbeworben.**
→ **Der wirtschaftliche Zusammenbruch der Firma ist nur noch eine Frage der Zeit.**
→ **»Management-by-Mobbing« ist der bevorzugte Führungs- und Umgangsstil im Unternehmen.**

Kontraproduktive Ehrlichkeit

Alle diese Begründungen sind berufliche Realität und damit eigentlich nachvollziehbar, werden von potenziellen neuen Arbeitgebern jedoch nicht gerne gehört. Wenn es Konflikte oder Streit mit Vorgesetzten oder Kollegen am momentanen Arbeitsplatz gegeben hat, steht immer die Frage im Raum, welchen Anteil der Bewerber daran hatte. Zu schnell entsteht dadurch der Verdacht, eine neue Stelle werde nur als »Lückenbüßer« betrachtet, um unangenehmen Stimmungen oder Situationen auszuweichen. Deutlich günstiger ist es, wenn Sie den anstehenden Stellenwechsel als geplanten und konsequenten Schritt in Ihrer beruflichen Entwicklung darstellen und ihn auf diese Weise nachvollziehbar machen. Keine Sorge: Mit guten Argumenten lassen sich bei allen Führungskräften entsprechend glaubwürdige Begründungen erarbeiten.

Besser: Akzeptierte Wechselgründe

Als Grundregel gilt, dass innerhalb von zehn Berufsjahren zwei bis vier Stellenwechsel akzeptiert werden, wenn der Bewerber zielgerichtet gewechselt hat, um seine Fähigkeiten auszubauen und so seine berufliche Entwicklung voranzutreiben.

Wir benutzen die folgenden drei Argumentationslinien, um einen Stellenwechsel in Vorstellungsgesprächen plausibel zu machen.

Schritt zur Seite

Argumentationslinie 1: »Erfahrungen einbringen« Bildlich gesprochen gehen Führungskräfte in ihrer beruflichen Entwicklung hier einen Schritt zur Seite, beispielsweise bewirbt sich ein Leiter Einkauf & Logistik eines Automotive-Unternehmens nun bei einem anderen Automotive-Unternehmen. Diese Führungskräfte berufen sich dann darauf, dass sie zwar schon über Führungs-, Branchen- und Fachwissen und umfangreiche Erfahrungen verfügen, aber nicht zum Stillstand kommen, sondern auch in den nächsten Jahren weiter dazulernen möchten. Den Wechselwunsch begründet diese Bewerbergruppe also idealerweise damit, dass sie ihr umfangreiches Wissen und ihre vielfältigen Erfahrungen zwar bereits in ihrem Wunscharbeitsfeld einsetzt, sie nun aber in einer anderen Firma mit ähnlichen Produkten oder Dienstleistungen einsetzen und vertiefen möchte.

Erfahrungen einbringen

Eine Bewerberin, die einige Jahre als Marketingleiterin gearbeitet hat und nun den Arbeitgeber wechseln möchte, könnte ihren Stellenwechsel im Anschreiben so begründen:»Ich bin in meiner jetzigen Firma bereits für das strategische Marketing und die operative Umsetzung verantwortlich. Dabei sind die strategische Markenführung, die Entwicklung von Kampagnen zur Neukundengewinnung und die Konzeption und Umsetzung von Online-Marketingmaßnahmen schon jetzt ein wesentlicher Teil meiner Arbeit, den ich gerne mache und in der neuen Position bei Ihnen als Leiterin Marketing fortsetzen möchte.«

Argumentationslinie 2:»Branchenwechsel« Manchmal soll nicht nur der Arbeitgeber, sondern auch die Branche gewechselt werden, beispielsweise weil die Arbeitsbedingungen in der momentanen Branche durchgehend zu fordernd und belastend sind. Denkbar ist diese Konstellation für Führungskräfte in den Bereichen Controlling, Vertrieb, Marketing oder Personal. In diesen Arbeitsbereichen kommt es häufig nicht so stark auf bestimmte Branchenkenntnisse an. Hier wirkt ein Wechselwunsch plausibel, wenn es nachvollziehbare Anhaltspunkte dafür gibt, in welcher Form der Bewerber mit der neuen Wunschbranche bereits in Kontakt gekommen ist, also die Gründe für seinen Branchenwechsel realistisch benennen kann. Hier hilft beispielsweise der Verweis auf bestehende Kontakte am Arbeitsplatz zu Lieferanten oder Kunden oder auch auf den hervorragenden Ruf des neuen Arbeitgebers.

Realistische Gründe für den Wechsel

Branchenwechsel

Ein Bewerber, der als Teamleiter Controlling in einem Medienkonzern arbeitet und nun auf die gleiche Position bei einem mittelständischen Maschinenbauer wechseln möchte, könnte die Frage nach seinem Wechselwunsch taktisch so beantworten:»Mein Aufgabenbereich umfasst momentan die Überwachung der Budgets, das Erstellen von Reportings und die Unterstützung bei der Erstellung der monatlichen, quartalsweisen und jährlichen Abschlüsse nach HGB.
Nach meinem BWL-Studium habe ich zunächst einige Jahre als Junior-Controller bei einem Handelskonzern gearbeitet. Dann habe ich gezielt in Richtung Medienkonzern gewechselt, um mich dort erst als Projektleiter Controlling und dann als Teamleiter Controlling beruflich breit aufzustellen. Nun möchte ich wiederum einen Wechsel vollziehen, um als Teamleiter Controlling meine Erfahrungen in der Koordination der laufenden Reportingaufgaben, im Forecast und der fundierten Analyse künftig für Sie einzusetzen.«

Beruflicher Aufstieg

Argumentationslinie 3: »Karrieresprung« Führungskräfte, die aufsteigen möchten, haben es besonders leicht. Sie können sich darauf berufen, dass Sie nachvollziehbar gute Arbeit geleistet haben, beispielsweise indem sie schildern, wie sie mit daran gearbeitet haben, Umsatz- und Gewinnziele zu erreichen oder zu übertreffen, Reklamationsquoten zu senken oder Qualitätsvorgaben zu kontrollieren und einzuhalten. Wer einige Jahre gute Arbeit geleistet hat und nun mehr Verantwortung im Sinne von Team-, Abteilungs- oder Bereichsleitung übernehmen möchte oder sogar als Niederlassungsleiter/in oder Geschäftsführer/in tätig werden möchte, sollte diesen Wechselwunsch ruhig aussprechen. Sollte im späteren Vorstellungsgespräch die Nachfrage kommen, warum der Karriereschritt nicht beim momentanen Arbeitgeber möglich ist, reicht es aus, kurz zu erklären, dass alle interessanten Stellen für die nächsten Jahre besetzt sind.

BEISPIEL

Karrieresprung

Bewirbt sich eine Gruppenleiterin Logistik um die Position Leiterin Logistik und Versand oder ein Technischer Bestandsmanager um die Position Leiter Qualitätssicherung, soll es auf der Karriereleiter einen deutlichen Sprung nach oben gehen. Wenn auch Sie sich für die dritte Argumentationslinie »Karrieresprung« entschieden haben, wird Ihr Wechselwunsch plausibel klingen, wenn Sie konkrete Belege für berufliche Erfolge beim alten Arbeitgeber vorweisen können. Dazu gehören beispielsweise Umsatzsteigerungen, Qualitätsverbesserungen, Kostensenkungen, Verschlankungen von Arbeitsprozessen oder die Erhöhung von Produktionskapazitäten.

Die Begründung für einen glaubwürdigen Wechselwunsch für die oben beispielhaft genannte Gruppenleiterin Logistik könnte dann folgendermaßen lauten: »Meine nachweisbaren Erfolge in der Optimierung der Kundenbelieferung hinsichtlich Terminen und Qualität möchte ich künftig bei Ihnen als Leiterin Logistik und Versand einsetzen. Ich führe im Logistikmarkt regelmäßig Wettbewerberanalysen durch und konnte so einerseits immer wieder Kosten senken und andererseits durch Lieferantenaudits für eine durchgängige Qualität sorgen. Die Koordination der Tätigkeiten im Betriebsbereich gehörte bereits zu meinen Aufgaben, wenn der Versandleiter im Urlaub oder krank war. In der Projektgruppe Lagerbestandscontrolling habe ich ebenfalls mitgearbeitet, meine Erfahrungen im Bestandsmanagement sind also praxiserprobt. Mit meiner stark Hands-on-orientierten Arbeitsweise habe ich gute Erfahrungen in der Steuerung gewerblicher Logistikmitarbeiter gemacht. Meine Führungserfahrungen und meine Erfahrungen in der Steuerung und Optimierung logistischer Abläufe möchte ich künftig gebündelt bei Ihnen einsetzen.«

Keine Problem-kommunikation

Eine dieser drei vorgestellten Argumentationslinien sollten auch Sie verfolgen, wenn es um die Begründung für Ihren Stellenwechsel geht. Erarbeiten Sie sich plausible Begründungen dafür, warum der angestrebte Wechsel für Sie eine konsequente Weiterentwicklung oder sogar einen echten Karrieresprung bedeutet und auf welche Weise die neue Firma von Ihren Erfolgen oder Kenntnissen profitieren kann. Der Blick nach vorn bewahrt Sie davor, ungewollt Fehlentwicklungen oder Konflikte der Vergangenheit zu thematisieren. Um eigene Argumente für diese Strategie zu finden, sollten Sie die folgende Übung gründlich durcharbeiten.

Den Wechsel begründen

ÜBUNG

In dieser Übung geht es darum, die Entscheider auf der Firmenseite davon zu überzeugen, dass der von Ihnen anvisierte Stellenwechsel eine Fortsetzung Ihrer beruflichen Erfolgsstory ist. Suchen Sie zunächst aus den drei von uns vorgestellten Argumentationslinien die heraus, die am ehesten auf Sie zutrifft. Nun brauchen Sie glaubwürdige Belege aus Ihrer bisherigen Berufspraxis, die diese Argumentation untermauern.

Probieren Sie jetzt aus, wie sich Ihr Wechselwunsch glaubwürdig und zukunftsorientiert begründen lässt. Überlegen Sie sich zwei bis drei konkrete Formulierungen, um Ihren Wechselgrund glaubhaft und sich zum interessanten Bewerber machen zu können.

Ihr erstes Beispiel: _____
_____

Ihr zweites Beispiel: _____
_____

Ihr drittes Beispiel: _____
_____

Strategie: Der Blick nach vorn

Wir wissen aus unserer Beratungstätigkeit, dass – zumindest in Ansätzen – immer auch Probleme am alten Arbeitsplatz ein Wechselgrund sind. Wenn daher einer der von uns zu Beginn dieses Kapitels genannten tatsächlichen Wechselgründe auf Sie zutrifft, dann gehen Sie da-

Vermeiden: Selbstanklage und Vergangenheitsfixierung

rauf im Anschreiben, in Telefongesprächen mit Personalexperten oder in Vorstellungsgesprächen bitte nicht ein. Zu große Ehrlichkeit hilft im Bewerbungsprozess nämlich nicht weiter. Im Gegenteil: Durch ungewollte Selbstanklagen und eine ausgeprägte Vergangenheitsfixierung hinterlassen Sie unabsichtlich einen negativen Eindruck.

Um Ihnen zu verdeutlichen, wie Vorwürfe gegen andere, zum Beispiel »amateurhafte Geschäftsführer«, »mangelnde Unterstützung bei der Arbeit«, »Insolvenz wegen Missmanagement der Firmenleitung«, aus Sicht von Dritten bewertet werden, führen Sie sich bitte Freunde und Bekannte vor Augen, die eine langjährige Partnerschaft beendet haben. Meinen Sie, eine neue Partnerin beziehungsweise ein neuer Partner ist in der Kennenlernphase begeistert über die detailgetreue Schilderung aller Probleme, die zur Trennung vom alten Partner führten? Wohl kaum, denn viele Gründe für den Bruch liegen im Verborgenen oder sind oft so komplex, dass Außenstehende nicht in der Lage und nicht bereit sind, alle problematischen Details nachzuvollziehen.

Vermittlung nach außen

Bei der Beendigung einer Partnerschaft gelten also genauso wie bei der Beendigung von Arbeitsverhältnissen besondere Regeln bei der Vermittlung nach außen. Wenn Sie Erfolg haben wollen, achten Sie deshalb bereits im Anschreiben, aber auch später im Vorstellungsgespräch, darauf, dass Sie nicht auf persönlich als unangenehm erlebte Problemsituationen eingehen.

Nehmen Sie stattdessen immer eine inhaltliche Position ein, das heißt, argumentieren Sie, wie anhand der drei Argumentationslinien vorgestellt, aus den Anforderungen der neuen Position heraus und belegen Sie konkret, auf welche Weise Sie die Anforderungen erfüllen.

AUF EINEN BLICK

Wie begründen Sie den Stellenwechsel?

→ Die tatsächlichen Gründe und die von Personalverantwortlichen akzeptierten Gründe für einen Stellenwechsel stimmen in der Regel nicht überein.

→ Übertriebene Ehrlichkeit ist bei der Begründung des Stellenwechsels meistens kontraproduktiv, weil bei der Schilderung von Konflikten am alten Arbeitsplatz zu viele Emotionen im Spiel sind. Auch unter Personalexperten gilt: Zum Streit gehören immer zwei. Und das spricht leider bei den leisesten Zweifeln an Ihrer Person gegen eine Einstellungsentscheidung.

→ Sie überzeugen, wenn Sie verdeutlichen, dass Sie sich bei einem neuen Arbeitgeber beworben haben, weil Sie Ihre Kenntnisse und Fähigkeiten in der neuen Position gebündelt einsetzen können.

→ Machen Sie mit glaubwürdigen Beispielen deutlich, weshalb Ihre berufliche Entwicklung genau auf die ausgeschriebene Position hinführt.

→ Nutzen Sie eine unserer drei bewährten Argumentationsstrategien zu einer plausiblen Begründung Ihres Stellenwechsels:
  – Argumentationslinie 1: »Erfahrungen einbringen«
  – Argumentationslinie 2: »Branchenwechsel«
  – Argumentationslinie 3: »Karrieresprung«

→ Gewöhnen Sie sich an, innerhalb der von Ihnen als passend ausgewählten Argumentationslinie zum Wechselwunsch zukunftsorientiert zu kommunizieren. Dies gelingt Ihnen, indem Sie die Unternehmensziele und Ihre persönlichen Ziele nennen und darstellen, wie sich beide innerhalb der neuen Aufgaben zur Deckung bringen lassen.

3

Headhunter, offener Stellenmarkt und Networking: Selbstmarketing für Leistungsträger

8. Chancen nutzen: Erfüllen Sie sich Ihre beruflichen Wünsche

Die wenigsten Berufstätigen verfügen über die Fähigkeit, die eigenen beruflichen Stärken zu erkennen, geschweige denn nach außen zu kommunizieren. Strategien zum Selbstmarketing sind weitgehend unbekannt. Kein Wunder, diese Fähigkeit wird im Berufsleben nicht thematisiert. Es handelt sich um ein heimliches Soft Skill. Lernen Sie, Ihr Schicksal selbst in die Hand zu nehmen. Entwickeln Sie dazu eine individuelle Strategie, mit der Sie sich Ihre beruflichen Wünsche erfüllen können.

Am Anfang Ihrer Auseinandersetzung mit dem Thema Selbstmarketing sollten Sie Ihren Blick zunächst auf den Bereich der Soft Skills richten. Erkennen Sie, welchen Stellenwert das Marketing in eigener Sache im beruflichen Alltag hat und warum die Unternehmen in der Regel stillschweigend davon ausgehen, dass ihre Mitarbeiter selbst aktiv werden müssen.

Eigeninitiative: wichtiger denn je!

Das Tempo, in dem Unternehmenslandschaften umgestaltet und immer wieder neu geordnet werden, hat erheblich zugenommen. Damit einhergegangen ist eine Flexibilisierung von Arbeitsfeldern. Aus diesem Grund ist Eigeninitiative wichtiger denn je. Nur wenige Unternehmen bieten heute noch die Möglichkeit eines lebenslangen Arbeitsplatzes. Damit Sie nicht von den Ereignissen überrollt werden, sollten Sie sich rechtzeitig mit der aktiven Gestaltung Ihres Berufslebens auseinandersetzen. Gewinnen Sie mit einem guten Selbstmarketing Handlungsfreiheit zurück.

Selbstmarketing: Ein heimliches Soft Skill

Soft Skills sind jedem Berufstätigen in vielfältiger Form aus Stellenanzeigen bekannt. Schlagworte wie Verhandlungsgeschick, Teamfähigkeit, Belastbarkeit, Durchsetzungsfähigkeit, Kommunikationsfähigkeit, Kreativität, Kontaktfreudigkeit, Eigeninitiative oder Kritikfähigkeit signalisieren, worauf es den Unternehmen zusätzlich zum unverzichtbaren Fachwissen ankommt. Alle Angaben aus dem Bereich Soft Skills zielen auf gewünschte persönliche Eigenschaften, über die Mitarbeiter verfügen sollen, um gemeinsam mit anderen die anstehenden Aufgaben zu lösen und das Unternehmen erfolgreich zu machen. Es geht also um »weiche« Faktoren neben den »harten« Faktoren wie Fachkompetenz, Berufserfahrung, Ausbildung etc.

Auf den ersten Blick scheint die Fähigkeit zum Selbstmarketing nicht zu den Soft Skills zu gehören. Es wird auch niemals eine Stellenanzeige erscheinen, in der explizit nach gekonntem Selbstmarketing verlangt wird. Schaut man sich jedoch einmal an, über welche Fähigkeiten beruflich erfolgreiche Menschen verfügen, steht ein gelungener Einsatz für die eigene Entwicklung ganz weit oben. Dies ist für Kenner der Materie nicht weiter verwunderlich: Beruflich erfolgreiche Menschen zeichnen sich schließlich dadurch aus, dass sie sich zur passenden Zeit bei den richtigen Leuten ins Gespräch bringen. Und sie wissen, was sie wollen und was sie an Können mitbringen, um stets aufs Neue den Anforderungen des Berufsalltags gerecht zu werden.

Fallen Sie positiv auf

Aus unserer Beratungspraxis wissen wir, dass viele Berufstätige darunter leiden, dass niemand ihre verborgenen Talente entdeckt und sie auffordert, ihre Kompetenz an passender Stelle einzusetzen. In großen Unternehmen gibt es zwar Abteilungen für Personalentwicklung, die Mitarbeiter mit Potenzial entdecken und fördern sollen. Aber auch diese Abteilungen müssen erst auf einen Mitarbeiter aufmerksam werden, bevor sie Möglichkeiten zur Entwicklung aufzeigen können. Manchmal nehmen auch Vorgesetzte eine Mentorenfunktion ein und empfehlen einzelne Mitarbeiter. Aber in der Regel ist es die Aufgabe des Mitarbeiters, mit der Übernahme von Sonderaufgaben und der Bereitschaft zur Weiterbildung positiv aufzufallen. Abseits der großen Konzerne fehlt eine systematische Mitarbeiterförderung zumeist gänzlich. In kleineren Betrieben und im Mittelstand sind die Beschäftigten bei ihrer beruflichen Entwicklung auf sich allein gestellt.

Sie haben es in der Hand

Beim Selbstmarketing handelt es sich also offensichtlich um eine enorm wichtige Fähigkeit, über die aber nur wenig Worte verloren werden. Niemand wird Sie auffordern, sich ein wenig mehr ins Rampenlicht zu stellen. Die Unternehmen sehen im Selbstmarketing eine Bringschuld der Mitarbeiter. Schließlich sollen nur besonders engagierte Beschäftigte gefördert werden. Der Impuls für die eigene Entwicklung muss daher von den Betroffenen kommen. Erst wenn Sie deutlich machen, dass Sie gefördert werden wollen, wird Sie das Unternehmen unterstützen. Wer dagegen darauf hofft, dass sich die Dinge von allein ergeben, wird nach einiger Zeit enttäuscht feststellen, dass er auf der Stelle tritt, während andere an ihm vorbeiziehen.

Aus diesem Grund kann man effektives Selbstmarketing als »heimliches Soft Skill« bezeichnen. Dass man es ohne Teamfähigkeit, Verhandlungsgeschick und rhetorische Fähigkeiten in modernen Arbeitsfeldern sehr schwer hat, sollte sich längst herumgesprochen haben. Diese Fähigkeiten haben schon vor längerer Zeit Einzug in Stellenbeschreibungen und Tätigkeitsprofile gehalten. Die Fähigkeit zum Marketing in eigener Sache ist zwar mindestens genauso wichtig, wird aber immer noch als eine Art Geheimwissen unter Verschluss gehalten. Das ist schade, da sich mit gutem Selbstmarketing eine viel höhere

Zufriedenheit in der täglichen Arbeit erreichen lässt. Sehen Sie deshalb diesen Ratgeber als Schlüssel zu besserer Eigenvermarktung und daher zu mehr Erfolg. Setzen Sie sich mit Ihren Fähigkeiten und Wünschen auseinander und lernen Sie, andere auf sich aufmerksam zu machen. So erschließen Sie sich eine (Berufs-)Welt voller Möglichkeiten.

Testen Sie Ihr Marketing in eigener Sache

Haben Sie bereits eine Strategie für Ihre Selbst-PR entwickelt? Oder lassen Sie die Möglichkeiten zur Selbstdarstellung brachliegen? Führen Sie sich die Chancen vor Augen, die Ihnen eine gekonnte Vorgehensweise innerhalb und außerhalb Ihrer Firma bietet. Lernen Sie zu erkennen, bei welchen Gelegenheiten Sie sich Vorteile durch eine geschickte Inszenierung Ihrer Stärken erarbeiten können, und verschaffen Sie sich Gewissheit darüber, wie Sie sich bisher anderen dargestellt haben. Dazu haben wir einen Test entwickelt, der Ihnen hierüber Klarheit verschafft. *Strategie zur Selbst-PR*

Es mag zwar einige Menschen stören, dass es heutzutage nicht mehr ausreicht, einfach nur gute Arbeit zu leisten. Aber Sie werden auf längere Sicht nicht darum herumkommen, Ihre guten Leistungen ab und an in den Vordergrund zu rücken. Mehr Verantwortung in der Arbeit, interessantere Aufgaben, eine andere Position im Unternehmen oder womöglich einen Karrieresprung können Sie nur erreichen, wenn Sie herausstellen, dass Sie mehr als das Übliche leisten und diesen Einsatz auch zukünftig erbringen wollen.

Viele Mitarbeiter unterschätzen die Optionen, die ihnen auch im eigenen Unternehmen offen stehen. Die Schere im Kopf wird meist viel zu früh angesetzt. Nur selten wird der Blick über das eigene Team oder die eigene Abteilung hinaus gerichtet. Dies ist schade, da es immer wieder Möglichkeiten gibt, in Tätigkeitsfelder hineinzuwachsen, die besser zu den eigenen Stärken passen. Jeder Mensch ist in seinem Berufsleben wahrscheinlich schon einmal in einer Situation gewesen, in der er feststellen musste, dass es so nicht weitergeht. Aber manchmal muss man wohl erst in einen sauren Apfel beißen, um zu wissen, woran man die wohlschmeckenden Früchte erkennt. *Blicken Sie über den Tellerrand*

Sollten Sie in ein berufliches Aufgabengebiet geraten sein, das Sie blockiert, so ist dies kein endgültiges Schicksal, sondern sollte viel eher ein Wendepunkt zum Besseren sein. Denn aus Ihren vielfältigen beruflichen Erfahrungen lässt sich mit Sicherheit der eine oder andere Schwerpunkt herauskristallisieren, mit dem Sie punkten und eine Veränderung einleiten können. Lassen Sie Ihre Wünsche jedoch nicht erkennen, wird Ihre Umwelt vermuten, dass Sie mit Ihrem momentanen Arbeitsumfeld eigentlich ganz zufrieden sind. Deshalb müssen Sie deutlich machen, dass Sie noch andere Ziele haben und sich weiterentwickeln wollen. Das wichtigste Sprachrohr in diesem Prozess: Ihr Marketing in eigener Sache.

Wir laden Sie jetzt mithilfe des nachfolgenden Tests dazu ein, Ihre Fähigkeit zur Selbstdarstellung kritisch zu hinterfragen. Haben Sie schon alle Möglichkeiten ausgeschöpft? Oder sollten Sie Ihre Aktivitäten steigern? Sind Sie der Einzige, der weiß, dass noch mehr in Ihnen steckt, oder weiß es auch Ihr berufliches Umfeld? Überlegen Sie außerdem, wo Sie sich schon einmal gut in Szene setzen konnten und wie Sie ähnliche Situationen herbeiführen könnten. Arbeiten Sie nun mit dem nachfolgenden Test, um sich Klarheit über Ihre Fähigkeiten in puncto Selbst-PR zu verschaffen.

Wie gut ist Ihr Selbstmarketing?

Sechs Themenblöcke

Kreuzen Sie im Folgenden ehrlich an, ob die Aussagen auf Sie zutreffen oder nicht. Wir haben diesen Test in sechs Themenblöcke unterteilt:

→ **Wie präsentieren Sie sich im beruflichen Alltag?**
→ **Wie ist Ihr Standing im Unternehmen?**
→ **Wissen Sie, was im Unternehmen passiert?**
→ **Wie schätzen Sie sich selbst ein?**
→ **Wie gestalten Sie den Umgang mit anderen?**
→ **Liegt Ihr Fokus auf Ihren Stärken oder Ihren Schwächen?**

Jeder dieser sechs Blöcke führt Sie näher an die Ursachen für gelungenes oder auch weniger wirkungsvolles Selbstmarketing heran. Allein durch Ihr gründliches Durcharbeiten werden Sie einige Aha-Effekte erleben. Sie bekommen in den Blick, was Sie alles beachten müssen und was zukünftig zu verbessern ist. Finden Sie jetzt heraus, an welchen Stellen es mit Ihrem Selbstmarketing noch hapert.

ÜBUNG

Test: Selbstmarketing

Wie präsentieren Sie sich im beruflichen Alltag?
Fällt es Ihnen schwer, Ihre Leistungen ins Gespräch zu bringen?
☐ trifft zu   ☐ trifft nicht zu

Verzichten Sie auf eine kurze Beschreibung Ihrer Tätigkeit, wenn Sie auf bisher unbekannte Kollegen treffen?
☐ trifft zu   ☐ trifft nicht zu

Stehen Sie in den Pausen von Konferenzen eher am Rande?
☐ trifft zu   ☐ trifft nicht zu

Fällt es Ihnen schwer, anderen zu erklären, was Sie machen?
☐ trifft zu   ☐ trifft nicht zu

Hätten Sie Schwierigkeiten, einen begeisternden fünfminütigen Vortrag über Ihre Arbeit zu halten?
☐ trifft zu   ☐ trifft nicht zu

Stoßen Sie andere mit Ihren Ansichten bisweilen unabsichtlich vor den Kopf?
☐ trifft zu   ☐ trifft nicht zu

Verhalten Sie sich unsicher, wenn Sie auf neue Kollegen treffen?
☐ trifft zu   ☐ trifft nicht zu

Haben Sie Probleme, über eigene Erfolge zu sprechen?
☐ trifft zu   ☐ trifft nicht zu

Ist Ihnen die Sache stets wichtiger als das Verhältnis zu Kollegen?
☐ trifft zu   ☐ trifft nicht zu

Verlieren Sie sich gerne in Details?
☐ trifft zu   ☐ trifft nicht zu

Neigen Sie zu Rechthaberei?
☐ trifft zu   ☐ trifft nicht zu

Tun Sie selbst wenig, um die eigene Leistung im Unternehmen bekannt zu machen?
☐ trifft zu   ☐ trifft nicht zu

Beneiden Sie insgeheim die Kollegen, die ständig im Mittelpunkt stehen?
☐ trifft zu   ☐ trifft nicht zu

Scheuen Sie Aufgaben, die Sie nicht hundertprozentig in den Griff bekommen können?
☐ trifft zu   ☐ trifft nicht zu

Warten Sie schon seit langem auf eine Gelegenheit, um sich endlich einmal in einem günstigen Licht zu präsentieren?
☐ trifft zu   ☐ trifft nicht zu

....

Wie ist Ihr Standing im Unternehmen?
Sind Sie der Meinung, dass Sie bessere Arbeit leisten könnten, wenn das Unternehmen Sie nur ließe?
☐ trifft zu   ☐ trifft nicht zu

Sind Ihre Kollegen in anderen Abteilungen bekannter als Sie?
☐ trifft zu   ☐ trifft nicht zu

Fällt es Ihnen schwer, drei Referenzgeber für Ihre beruflichen Leistungen zu benennen?
☐ trifft zu　　☐ trifft nicht zu

Ist Ihr Umfeld im Unklaren darüber, welchen Beitrag Sie für die Erreichung der Unternehmensziele leisten?
☐ trifft zu　　☐ trifft nicht zu

Haben Sie sich schon einmal darüber geärgert, dass Ihr Unternehmen Sie nicht angemessen fördert?
☐ trifft zu　　☐ trifft nicht zu

Gelten Sie ausschließlich als Spezialist in Ihrem Fachgebiet?
☐ trifft zu　　☐ trifft nicht zu

Geht Ihre Meinung in Besprechungen des Öfteren unter?
☐ trifft zu　　☐ trifft nicht zu

Fehlt Ihnen der Kontakt zu anderen Abteilungen und Bereichen des Unternehmens?
☐ trifft zu　　☐ trifft nicht zu

Haben Sie oft das Gefühl, dass in Gesprächen Ihre Kompetenz nicht deutlich wird?
☐ trifft zu　　☐ trifft nicht zu

Schmückt sich Ihr Vorgesetzter gerne mit Ihren Arbeitsergebnissen, ohne Ihren Beitrag zu erwähnen?
☐ trifft zu　　☐ trifft nicht zu

Fehlt Ihnen ein Netzwerk beruflicher Beziehungen?
☐ trifft zu　　☐ trifft nicht zu

Mangelt es Ihnen an Möglichkeiten, Verbesserungsvorschläge zu machen?
☐ trifft zu　　☐ trifft nicht zu

Dankt man Ihnen lieber mit ein paar guten Worten als mit Gegenleistungen?
☐ trifft zu　　☐ trifft nicht zu

Haben Sie Probleme, Veränderungen durchzusetzen?
☐ trifft zu　　☐ trifft nicht zu

Gelten Sie als austauschbar?
☐ trifft zu　　☐ trifft nicht zu

Wissen Sie, was im Unternehmen passiert?

Fühlen Sie sich des Öfteren schlecht informiert?
☐ trifft zu   ☐ trifft nicht zu

Suchen Vorgesetzte eher selten den informellen Meinungsaustausch mit Ihnen?
☐ trifft zu   ☐ trifft nicht zu

Sind Sie schon einmal von neuen Entwicklungen im Unternehmen überrascht worden?
☐ trifft zu   ☐ trifft nicht zu

Sind Sie sich manchmal im Unklaren darüber, wie wichtige Entscheidungen getroffen werden?
☐ trifft zu   ☐ trifft nicht zu

Fällt es Ihnen schwer, eine Insiderposition einzunehmen?
☐ trifft zu   ☐ trifft nicht zu

Bekommen Sie nur selten mit, was hinter den Kulissen läuft?
☐ trifft zu   ☐ trifft nicht zu

Sind Sie vom Tauschhandel mit Informationen ausgeschlossen?
☐ trifft zu   ☐ trifft nicht zu

Glauben Sie, dass Sie Neuigkeiten stets als Letzter erfahren?
☐ trifft zu   ☐ trifft nicht zu

Werden Sie zwischen den Interessen verschiedener Abteilungen zerrieben?
☐ trifft zu   ☐ trifft nicht zu

Gibt es Seilschaften, zu denen Sie keinen Zugang haben?
☐ trifft zu   ☐ trifft nicht zu

Wie schätzen Sie sich selbst ein?

Sind Sie der Überzeugung, dass Sie Ihre Aufgaben besser alleine erledigen können als mit anderen zusammen?
☐ trifft zu   ☐ trifft nicht zu

Fehlt Ihnen oft die Lust, sich mit anderen persönlich auseinanderzusetzen?
☐ trifft zu   ☐ trifft nicht zu

Müssten Sie länger nachdenken, wenn Sie Ihre beruflichen Stärken benennen sollten?
☐ trifft zu   ☐ trifft nicht zu

Gehen Sie lieber Kompromisse ein, als Meinungsverschiedenheiten auszudiskutieren?
☐ trifft zu   ☐ trifft nicht zu

Glauben Sie, dass sich eine gute Idee von allein durchsetzt?
☐ trifft zu   ☐ trifft nicht zu

Fühlen Sie sich blockiert?
☐ trifft zu   ☐ trifft nicht zu

Stehen Sie kurz vor dem Burnout?
☐ trifft zu   ☐ trifft nicht zu

Ist das monatliche Gehalt der einzige positive Aspekt Ihrer Arbeit?
☐ trifft zu   ☐ trifft nicht zu

Wollten Sie schon immer etwas anderes machen, haben es aber noch nie probiert?
☐ trifft zu   ☐ trifft nicht zu

Fehlt Ihnen Selbstbewusstsein?
☐ trifft zu   ☐ trifft nicht zu

Wie gestalten Sie den Umgang mit anderen?
Verursacht Ihnen die Zusammenarbeit mit bisher unbekannten Menschen ein Gefühl der Unsicherheit?
☐ trifft zu   ☐ trifft nicht zu

Blocken Sie Kritik an eigenen Leistungen von vornherein ab?
☐ trifft zu   ☐ trifft nicht zu

Verzichten Sie lieber auf die Leitung einer Arbeitsgruppe, als sich in den Vordergrund zu drängen?
☐ trifft zu   ☐ trifft nicht zu

Fällt es Ihnen schwer, die Reaktionen anderer vorherzusehen?
☐ trifft zu   ☐ trifft nicht zu

Sind Ihnen Konflikte unangenehm?
☐ trifft zu   ☐ trifft nicht zu

Ist Ihnen oft unklar, welche Bedürfnisse die anderen haben?
☐ trifft zu   ☐ trifft nicht zu

Glauben Sie, dass ein Team eher einen Leiter als einen Moderator braucht?
☐ trifft zu   ☐ trifft nicht zu

Haben Sie Schwierigkeiten, Beziehungen zu Menschen aufzubauen?
☐ trifft zu   ☐ trifft nicht zu

Spricht man mit Ihnen nur über berufliche Dinge?
☐ trifft zu   ☐ trifft nicht zu

Sagen Sie anderen ungern, was Sie an Aufgaben übernehmen möchten?
☐ trifft zu   ☐ trifft nicht zu

Halten Sie Small Talk für überflüssig?
☐ trifft zu   ☐ trifft nicht zu

Liegt Ihr Fokus auf Ihren Stärken oder Ihren Schwächen?
Fällt es Ihnen schwer, über gelungene Projekte zu sprechen?
☐ trifft zu   ☐ trifft nicht zu

Fragen Sie sich des Öfteren, was bei Ihrer Arbeit überhaupt herauskommen soll?
☐ trifft zu   ☐ trifft nicht zu

Leiden Sie an Versagensängsten?
☐ trifft zu   ☐ trifft nicht zu

Vernachlässigen Sie den gezielten Ausbau Ihrer Kompetenzen?
☐ trifft zu   ☐ trifft nicht zu

Gelten Sie als Grübler und Denker?
☐ trifft zu   ☐ trifft nicht zu

Würden Sie sich manchmal am liebsten verkriechen?
☐ trifft zu   ☐ trifft nicht zu

Ertappen Sie sich manchmal beim Jammern und Selbstmitleid?
☐ trifft zu   ☐ trifft nicht zu

Glauben Sie, dass es alle anderen leichter haben als Sie?
☐ trifft zu   ☐ trifft nicht zu

Sollte Ihr Vorgesetzter aktiver werden, um Sie zu unterstützen?
☐ trifft zu   ☐ trifft nicht zu

Verfolgen Sie nur die Ziele, die von anderen an Sie herangetragen werden?
☐ trifft zu   ☐ trifft nicht zu

Sind Sie im Unternehmen eher für Ihre Kritik als für Ihre konstruktiven Beiträge bekannt?
☐ trifft zu   ☐ trifft nicht zu

Haben Sie Schwierigkeiten damit, auf Ihre Stärken zu vertrauen?
☐ trifft zu   ☐ trifft nicht zu

Fällt es Ihnen leicht, drei Schwächen zu benennen?
☐ trifft zu   ☐ trifft nicht zu

Fällt es Ihnen schwer, drei berufliche Stärken zu beschreiben?
☐ trifft zu   ☐ trifft nicht zu

Auswertung

Dieser Test wird Sie mit der einen oder anderen Frage sicherlich ins Grübeln gebracht haben. Das intensive Nachdenken über Ihr Auftreten im Arbeitsalltag ist der erste Schritt, um Veränderungsprozesse anzuschieben. Eines ist sicher: Je öfter Sie »trifft zu« angekreuzt haben, desto mehr Handlungsbedarf besteht bei Ihnen in Sachen Selbstmarketing. Verzweifeln Sie aber nicht, wenn Sie den Eindruck gewonnen haben, dass die Fähigkeit zur Selbstdarstellung bei Ihnen nur sehr schwach ausgeprägt ist. Bei diesem heimlichen Soft Skill haben viele Berufstätige Trainingsbedarf. Ihre kritische Selbstanalyse wird jedoch ein wichtiger Schritt auf dem Weg zum Besseren sein. Sie werden im weiteren Verlauf dieses Ratgebers sehen, dass es viele Ansatzpunkte und Handlungsmöglichkeiten gibt, um das Marketing in eigener Sache voranzutreiben.

Bringen Sie sich ins Gespräch

Kennt Ihr Umfeld Ihre Stärken?

Mit einem gelungenen Selbstmarketing eröffnen Sie sich ganz neue Horizonte im Berufsleben. Indem Sie auf sich aufmerksam machen, wirken Sie mittelfristig darauf hin, mehr Spaß an der Arbeit zu haben. Außerdem eröffnen sich Gelegenheiten, die Ihnen sonst verschlossen blieben. Managen Sie Ihr Berufsleben aktiv, statt sich von äußeren Einflüssen hin und her treiben zu lassen. Dazu ist es wichtig, die eigenen Stärken im Bewusstsein von Vorgesetzten und Kollegen zu verankern. Schließlich muss Ihr berufliches Umfeld wissen, wofür Sie stehen. Dies ist im Berufsalltag bei vielen jedoch eher die Ausnahme als die Regel.

In Ihrer Abteilung kann man Ihre Stärken zumeist noch aus der täglichen Arbeit herauslesen. Aber sobald Sie Ihr gewohntes Umfeld verlassen, ist anderen nur in den seltensten Fällen klar, womit Sie sich den lieben langen Tag beschäftigen. Ob Sie erfolgreiche Arbeit abliefern, kann Ihr Gegenüber in der Regel nicht einschätzen. Dies gilt selbst dann, wenn er bei der gleichen Firma wie Sie beschäftigt ist.

Deshalb gibt es häufig die Situation, dass in neu gebildeten Projektteams eines Unternehmens starke Unsicherheit darüber herrscht, wie die einzelnen Mitglieder einzuschätzen sind. Dies gilt sowohl für die fachlichen Stärken als auch für den persönlichen Arbeitsstil.

Auch bei wichtigen Außenkontakten zu Kunden, Lieferanten und Kooperationspartnern geht die Selbstdarstellung häufig unter. Statt die Chance zu nutzen, sich als kompetenten Partner über den Augenblick hinaus zu präsentieren, werden die Aufgaben oft nur abgewickelt. Die Beteiligten treten als formale Unternehmensrepräsentanten, aber nicht als Individuen mit spezifischem Profil auf. Diese gute Gelegenheit, als interessanter Kontakt in Erinnerung zu bleiben, sollten Sie nicht ungenutzt verstreichen lassen.

Es gibt noch zahlreiche weitere Anlässe, sich selbst ins Gespräch zu bringen. Viele Menschen kommen beispielsweise gar nicht darauf, dass sie das Nützliche mit dem Angenehmen verbinden können. Denn nicht nur im beruflichen Tagesgeschäft kann man sein Profil bekannter machen, auch außerhalb des Unternehmens können Sie punkten: Weiterbildungsveranstaltungen, Fachtagungen, Messen oder Kongresse sind ideale Gelegenheiten, um sich einen guten Ruf zu erwerben. *Bringen Sie sich ins Gespräch*

Auch jenseits der Berufstätigkeit wird es immer wieder interessante Anknüpfungspunkte geben, sich mit anderen auszutauschen. Aus unserer Beratungspraxis wissen wir von einem Mann, der über sein Hobby Oldtimerrestaurierung berufliche Kontakte geknüpft hat, und von einer Frau, die ihren neuen Arbeitgeber während einer Dienstreise mit dem ICE kennengelernt hat. Unvergessen bleibt uns die Geschichte eines PR-Referenten, der sich im Stau auf der Autobahn ein Handy leihen musste, da die Akkus seines eigenen aufgegeben hatten. Auf diese Weise kam er mit der Geschäftsführerin eines mittelständischen Pharmaunternehmens in Kontakt. Die gemeinsame Zeit im Stau nutzte offenbar beiden: Sie blieben in Kontakt, bis schließlich dem PR-Referenten der Aufbau einer eigenen PR-Abteilung im Pharmaunternehmen angeboten wurde – mit ihm als PR-Leiter.

An solchen Beispielen sehen Sie, dass es innerhalb und außerhalb Ihres beruflichen Umfeldes ständig Möglichkeiten gibt, auf andere zuzugehen und in einen anregenden Gedankenaustausch einzutreten. Dies heißt natürlich nicht, dass Sie unentwegt und ungefragt jedem verkünden sollen, wie toll Sie sind. Üben Sie sich in der Kunst der sanften Verführung. Liefern Sie ausgewählte Anknüpfungspunkte, die für Ihr Gegenüber interessant sein könnten. Und lassen Sie dann im laufenden Gespräch geschickt einfließen, was Sie gut können. Nicht der Monolog, sondern ein von beiden Seiten getragener Dialog bringt Sie weiter. Erst das Wechselspiel zwischen dem Geben und dem Erfragen von Informationen schafft einen guten persönlichen Draht. Denn auf diese Weise bringen Sie nicht nur sich selbst ins Gespräch, sondern bekommen gleichzeitig eine Rückmeldung über die Aspekte, *Die Kunst der sanften Verführung* die Ihrem Gegenüber wichtig sind. Dann können Sie gezielt nachsetzen und den kleinen Funken Interesse nutzen, um das Feuer der Sympathie zu entfachen.

Vom Wunsch zur Wirklichkeit

Ihr individuelles Profil

Wie sieht es nun mit Ihrem Selbstmarketing in der Praxis aus? Was können Sie tun, damit andere Ihre Kompetenz erkennen? Und wie bringen Sie andere dazu, Ihre Leistungen zu honorieren? Wir möchten Sie im Verlaufe dieses Ratgebers nicht nur von der Wichtigkeit Ihrer Selbst-PR überzeugen, sondern wir werden Ihnen auch dabei helfen, Ihr individuelles Profil herauszukristallisieren, mit dem Sie andere auf sich aufmerksam machen können. Selbstverständlich ist dies alles für Sie mit einigen Anstrengungen verbunden. Sie werden aber merken, dass es Ihnen nach einer gewissen Gewöhnungsphase immer leichter fallen wird, sich wirksam in Szene zu setzen. Aus unserer Beratungspraxis wissen wir, dass bei vielen nach einiger Zeit ein regelrechter Begeisterungsschub einsetzt. Denn den meisten Menschen ist vor einer Beschäftigung mit ihrem beruflichen Profil überhaupt nicht klar, dass sie mit ihren individuellen Leistungen etwas Besonderes zu bieten haben. Die Möglichkeit, sich mit einem gut durchdachten Selbstmarketing auch einmal Lob und Anerkennung zu verschaffen, wirkt dann umso nachhaltiger. Sie werden Ihre Eigenmotivation steigern und im Bewusstsein Ihrer Stärken gelassener an neue Aufgaben herangehen.

Wir möchten Ihnen auch klarmachen, dass Selbstmarketing nichts Aufgesetztes ist und Sie sich in keiner Weise verbiegen müssen. Ihre Fähigkeit zur Selbstdarstellung ist keine zusätzliche Pflicht, die gequält abgearbeitet werden muss. Im Gegenteil, viele Beschäftigte rauben sich einen großen Teil ihrer Begeisterungsfähigkeit, weil sie keine Chance sehen, ihre Stärken richtig einzusetzen. Selbstmarketing ist deshalb auch nicht nur ein Dialog mit dem beruflichen Umfeld, sondern ein Dialog mit sich selbst.

Was wollen Sie?

Es ist wichtig, dass Sie sich von Zeit zu Zeit mit Ihren eigenen Vorstellungen und Wünschen auseinandersetzen. Wer sich mit dem Marketing in eigener Sache beschäftigt, wird endlich einmal dazu kommen, sich über die eigenen Bedürfnisse klarer zu werden. Die Fragen, was kann, was will ich nicht mehr tun und was möchte ich noch zukünftig erreichen, beschäftigen eigentlich jeden Berufstätigen. Und stets herrscht dabei das ungute Gefühl vor, dass man eigentlich mehr kann, als in der täglichen Arbeit gefordert ist. Nutzen Sie den Aufbau Ihrer Strategie deshalb auch als Instrument, um sich Klarheit über Ihren weiteren beruflichen Weg zu verschaffen. Welche positiven Entwicklungen sich mithilfe dieses Instruments in Gang setzen lassen, zeigt Ihnen das folgende Beispiel aus unserer Beratungspraxis.

Aus unserer Beratungspraxis
Ich bin doch keine Buchhalterin!

BERATUNG

Eine Sachbearbeiterin aus dem Rechnungswesen war unzufrieden und suchte deshalb unsere Beratung. Aus ihrer Sicht stellte sie sich zu häufig die Frage: »Habe ich eigentlich den richtigen Weg eingeschlagen?« Sie litt darunter, dass ihre Tätigkeit nur sehr wenig Gestaltungsspielräume hatte und sie recht isoliert vor sich hinarbeitete.

Im Gespräch mit uns kristallisierte sich heraus, dass die Sachbearbeiterin in ihrer Abteilung die Ansprechpartnerin für Softwarefragen war. Sie hatte sich auch in ihrer Freizeit viel mit dem PC beschäftigt und war nach und nach zur gefragten Spezialistin nicht nur für Buchhaltungsprogramme, sondern auch für Textverarbeitung und Präsentationsgrafik geworden. Alle Fragen, die an sie herangetragen wurden, konnte sie ohne Schwierigkeiten beantworten. Fiel ihr nicht gleich eine Lösung ein, recherchierte Sie in der Fachliteratur, Betriebshandbüchern oder im Internet und konnte dann am nächsten Tag einen passenden Vorschlag machen.

Sie selbst sah in ihren EDV-Auskünften nichts Besonderes. Im Gegenteil, da sie sich auch in der Freizeit viel mit dem PC beschäftigte, fühlte sie sich nur noch isolierter, denn der tägliche Small Talk mit den Kollegen war ihr einfach nicht genug. Ihr Abteilungsleiter schätzte zwar ihre Hilfsbereitschaft, legte aber vorrangig Wert darauf, dass sie ihre eigentlichen Aufgaben bearbeitete. Von uns wollte sie wissen, ob sie nicht noch einmal eine ganz andere berufliche Richtung einschlagen sollte, um zufriedener im Beruf zu sein.

Wir empfahlen ihr, ihre Stärken erst einmal besser am jetzigen Arbeitsplatz herauszustellen. Schließlich verfügte sie, ohne es selbst so sehen zu können, über handfeste Schulungsfähigkeiten, ein gutes Einfühlungsvermögen und eine ausgeprägte Problemlösungskompetenz im PC-Bereich. Daher war nun wichtig, ihre verdeckten Stärken auch offiziell bekannt zu machen, um sie so weit wie möglich in die tägliche Arbeit integrieren zu können. Als Ansprechpartner für die Selbstmarketingstrategie sollten der Bereichsleiter, die Personalabteilung und der Schulungsleiter der Firma dienen. Wir erarbeiteten Schritt für Schritt ein Stärkenprofil, mit dem sich die Sachbearbeiterin an ihre ausgewählten Ansprechpartner wandte.

Mittels der Personalabteilung ließ sie sich in die Betreuung von Auszubildenden einbinden. Sie brachte in Erinnerung, dass sie über eine Ausbildereignung verfügte und sich gerne noch weiter im Schulungsbereich engagieren würde. Daneben ließ sie sich Angebote für sinnvolle Weiterbildungsseminare im EDV-Bereich machen. Auch der Bereichsleiter war von ihrem Vorschlag begeistert, da er bisher Schwierigkeiten hatte, Auszubildenden einen souveränen Betreuer zur Seite zu stellen.

Nach und nach wuchs die ehemalige Sachbearbeiterin immer mehr in Schulungsaufgaben hinein, bis sie der Schulungsleiter bat, doch einmal zu überlegen, ob sie nicht ganz in den Aus- und Weiterbildungsbereich eintreten wolle. Mit einem Schmunzeln nahm sie das Angebot an. Die Zeiten der Dateneingabe in der Buchhaltung lagen damit endgültig hinter ihr.

Fazit: Viele Menschen verspüren am Arbeitsplatz von Zeit zu Zeit ein Gefühl der Unzufriedenheit, dies ist normal. Verfestigt sich der »Quartalsjammer« aber zu einem Dauerzustand, setzt oft eine unheilvolle Entwicklung ein. Es gilt deshalb, rechtzeitig gegen die eigene Unzufriedenheit anzugehen und sich neue Handlungsspielräume zu erschließen. In den meisten Fällen ist mehr möglich, als auf den ersten selbstkritischen Blick zu erahnen war.

Beharrungs-vermögen zählt

Wie bei vielen Berufstätigen lag das Problem der Sachbearbeiterin darin, dass sie sich zwar stark für das Unternehmen engagierte, ihr Engagement aber nicht bei denjenigen bekannt war, auf die es ankam. Es genügt deshalb in der Regel nicht, am Arbeitsplatz einen hohen Einsatz zu zeigen und darauf zu warten, dass schon irgendjemand davon Notiz nehmen wird – insbesondere dann nicht, wenn man Aufgaben anstrebt, die über die bisherige tägliche Arbeit hinausgehen. Wer sich darauf verlässt, dass die gute Arbeit für sich spricht, übersieht den Faktor Beharrungsvermögen. Es gibt schließlich nicht wenige direkte Vorgesetzte, die daran interessiert sind, gute Mitarbeiter genau dort zu halten, wo sie sich gerade befinden. Wer lässt schon gerne Leistungsträger ziehen? Womöglich wird dadurch auch ihre eigene Position geschwächt! Viele Vorgesetzte halten ihre Mitarbeiter lieber klein, damit sie selbst größer erscheinen. Es ist auf jeden Fall nicht selbstverständlich, dass die Entwicklungsmöglichkeiten in einem Unternehmen an die Mitarbeiter herangetragen werden.

Erfüllen auch Sie sich Ihre beruflichen Wünsche lieber selbst, statt darauf zu hoffen, dass es andere für Sie tun. Erarbeiten Sie sich eine überzeugende Selbstdarstellung und bringen Sie selbst die Entwicklungen in Gang, die Ihnen nutzen.

Chancen nutzen: Erfüllen Sie sich Ihre beruflichen Wünsche

AUF EINEN BLICK

→ Selbstmarketing ist ein heimliches Soft Skill. Wer sich diese Fähigkeit aneignet, kann seine berufliche Entwicklung aktiv gestalten.

→ Warten Sie nicht darauf, dass jemand anderes Ihre verborgenen Talente entdeckt und fördert. Sie müssen sich selbst um Ihr Marketing kümmern.

→ Unternehmen erwarten, dass ihre Mitarbeiter von sich aus Flagge zeigen. Selbstmarketing wird als Bringschuld angesehen. So soll sichergestellt werden, dass nur engagierte Mitarbeiter gefördert werden.

→ Je flexibler die Arbeitswelt wird, desto höher werden die Anforderungen an die Eigeninitiative von Beschäftigten.

→ Gute Arbeit abzuliefern genügt nicht. Der Wert dieser Arbeit für das Unternehmen muss herausgestellt werden und die richtigen Ohren erreichen.

→ Es gibt zahlreiche Gelegenheiten, sein berufliches Profil innerhalb und außerhalb des Unternehmens bekannt zu machen. Wickeln Sie Ihre beruflichen Kontakte nicht einfach ab, ohne auf die eigene Kompetenz aufmerksam zu machen.

→ Bringen Sie sich immer wieder in Erinnerung, und lassen Sie Ihren Erfahrungsschatz zum richtigen Zeitpunkt aufblitzen.

→ Die Beschäftigung mit den eigenen Vorstellungen und Wünschen hilft dabei, das Selbstbewusstsein zu steigern und sich für neue Aufgaben zu motivieren.

→ Mit einem guten Selbstmarketing können Sie nicht nur Ihre berufliche Entwicklung steuern, sondern sich auch mehr Zufriedenheit im Arbeitsalltag verschaffen.

9. Headhunter und Personalberatungen: Wo liegen Ihre Informationsgrenzen?

Da nach unserer Erfahrung etwa die Hälfte aller Führungsstellen mittels Personalberatungen oder Headhuntern besetzt werden (bei Top-Positionen sogar mehr als 75 Prozent), möchten wir Ihnen ans Herz legen, sich schon jetzt zu überlegen, welche Informationsgrenzen Sie im Umgang mit Personalberatern und Headhuntern setzen möchten.

Zunächst gilt es, Headhunter von Personalberatern zu unterscheiden, denn diese beiden Begriffe werden von Führungskräften häufiger durcheinandergewirbelt. Da Headhunter in großen Personalberatungen eigene Teams oder Abteilungen bilden und da kleine Personalberater wahlweise im offenen und verdeckten Stellenmarkt arbeiten, kommt es hier häufiger zu Verwechslungen.

Verwechslungsgefahr: Personalberater und Headhunter

Offener Stellenmarkt

Personalberater schalten im Auftrag von Unternehmen Stellenausschreibungen, sind also im offenen Stellenmarkt tätig. Unternehmen beauftragen Personalberatungen aus unterschiedlichen Gründen mit der Suche nach Führungskräften, beispielsweise weil der momentane Stelleninhaber, dem wegen schlechter Leistungen gekündigt werden soll, dies nicht zu früh erfahren darf. Oder weil die liebe Konkurrenz nicht mitbekommen soll, dass neue geschäftliche Aktivitäten, die eine entsprechende Führungsriege benötigen, in Angriff genommen werden sollen. Und oft auch deswegen, weil die beauftragten Personalberatungen als externe Dienstleister die mit der Bewerberauswahl verbundenen Zwischenschritte wie die Auswertung von Bewerbungsunterlagen, das Führen von strukturierten Interviews oder die Durchführung von Einzel-Assessment-Centern gleich miterledigen.

Verdeckter Stellenmarkt

Headhunter dagegen sind im verdeckten Stellenmarkt tätig. Sie schalten keine Stellenausschreibungen in Jobbörsen oder dem Stellenteil von Zeitungen. Stattdessen machen sie sich selbst auf die Suche nach passenden Kandidaten, daher auch die Bezeichnung Executive Search.

Wenn der Headhunter anruft

Einige Führungskräfte haben es schon an ihrem Arbeitsplatz erlebt: Das Telefon klingelt, und am anderen Ende der Leitung gibt sich ein Headhunter zu erkennen, der für ein Unternehmen wechselwillige Top-Kandidaten sucht. Diese Vorgehensweise ist höchstrichterlich abgesegnet. Es ist Headhuntern erlaubt, geeignete Kandidaten direkt am Arbeitsplatz anzurufen. Allerdings darf dieser Erstkontakt nur kurz und formal gehalten werden. Wenn Sie also Interesse an den weiteren Informationen des Headhunters und zu der zu vergebenden Stelle haben, sollten Sie sich darauf verständigen, zu einem späteren Zeitpunkt, üblicherweise am Abend oder am Wochenende, miteinander zu telefonieren. Wenn Sie möchten, dass Ihnen der Headhunter seine Kontaktdaten übermittelt, sollten Sie sich seine E-Mail-Adresse nennen lassen. Dies hat den Vorteil, dass Sie sie an Ihrem Arbeitsplatz im Büro unbemerkt von Kollegen oder Assistenten aufschreiben können. Wenn Sie dagegen Ihre eigene private E-Mail-Adresse laut buchstabieren, könnte dies auffallen und für ungewollte Nachfragen seitens des beruflichen Umfeldes sorgen.

Telefonate besser am Abend oder Wochenende

Auch wenn Ihnen bereits bewusst ist, dass Sie nicht Ihre offizielle Firmen-E-Mail-Adresse, sondern Ihre private verwenden sollten, rufen wir Ihnen dies noch einmal ausdrücklich in Erinnerung. Wir erleben es in unserer Beratungspraxis doch sehr oft, dass einige Führungskräfte hier recht unbedarft handeln. Schließlich haben die Unternehmen Zugriff auf die E-Mails ihrer Angestellten. Und dieser Zugriff wird mehr genutzt als manche Arbeitnehmer sich vorstellen können. Gleiches gilt für Telefonate mit Headhuntern. Auch diese sollten nach der ersten Kontaktaufnahme über ein privates Handy und nicht über das Firmenhandy geführt werden. Zu jedem Firmenhandy gibt es bei Bedarf einen Einzelverbindungsnachweis. Ständige Gespräche zu Headhuntern sollten hier auf keinen Fall auftauchen.

Diskretion gegenüber Personalberatern wahren

Da sehr viele Stellen für Führungskräfte im offenen Stellenmarkt mithilfe von beauftragten Personalberatungen besetzt werden, gelten auch hier einige Besonderheiten. Wenn Sie vor dem Versand Ihrer Unterlagen bei der üblicherweise in der Stellenausschreibung aufgeführten Telefonnummer anrufen, können Sie Klartext sprechen, also Ihren aktuellen Arbeitgeber benennen oder ihn umschreiben. Bei der Umschreibung können Sie zu Formulierungen greifen, die auch Personalberatungen nutzen, um ihre Auftraggeber verschlüsselt darzustellen. Die Kunst besteht darin, genügend Informationen über Ihr Unternehmen zu geben, ohne es konkret zu benennen. Greifen Sie auf Angaben wie Unternehmensgröße, Branche, Marktstellung, Länderpräsenzen und Mitarbeiterzahl zurück. Übliche Formulierungen in einem Telefonat, wie

Geschickt umschreiben

»Momentan bin ich als Marketingleiter für die Industrie AG tätig« können Sie dann ersetzen durch »Momentan bin ich als Marketingleiter für einen führenden deutschen Hersteller von Equipment für die Halbleiterindustrie tätig«. Statt zu sagen »Für meinen Arbeitgeber, die Dienstleistungs GmbH & Co. KG, leite ich in verantwortlicher Position die Bereiche Produktion und Logistik« können Sie die folgende Umschreibung verwenden: »Für meinen Arbeitgeber, einen international aufgestellten mittelständischen Automobilzulieferer, leite ich in verantwortlicher Position die Bereiche Produktion und Logistik.«

Formulieren Sie aussagekräftig

Setzen Sie den im Telefonat eingeschlagenen Weg dann bei der Ausformulierung Ihrer Bewerbungsunterlagen fort. Beschreiben Sie im Anschreiben und im Lebenslauf Ihren Arbeitgeber ebenso aussagekräftig, ohne ihn ausdrücklich zu nennen. Im Anschreiben können Sie die gleichen Formulierungen wie eben für Telefonate vorgestellt verwenden. Und im Lebenslauf können Sie Ihren momentanen Arbeitgeber beispielsweise so beschreiben: »01/2005 bis heute, Produktions- und Logistikleiter bei einem Automobilzulieferer (600 Mitarbeiter, Umsatz 450 Millionen EUR), Tätigkeiten: ...«

Achtung: Gehaltsfrage und Wechselwunsch

Wenn Sie in einen Informationsaustausch mit Headhuntern oder Personalberatern einsteigen, spielen die Themen Gehaltsfrage und Wechselwunsch oft sehr schnell eine Rolle. Inhaltliche Argumente für Ihren Gehaltswunsch und die plausible Begründung Ihres Stellenwechsels finden Sie in den Kapiteln »Gehaltsfrage: Wie formulieren Sie hier taktisch?« und »Begründungsbedarf: Warum wollen Sie wechseln?« Es gibt ab und an Headhunter und Personalberater, die doch etwas forsch vorgehen und versuchen, Sie über Ihr aktuelles Gehalt auszufragen. Selbstverständlich ist an dieser Stelle Zurückhaltung angebracht.

AUF EINEN BLICK

Headhunter und Personalberatungen

→ Wenn Sie von einem Headhunter kontaktiert werden: Halten Sie den Anruf kurz und gestalten Sie ihn formal (Verabredung zu einem späteren Zeitpunkt, um ein inhaltliches Gespräch über die neue Stelle zu führen).

→ Lassen Sie sich die E-Mail-Adresse des Headhunters durch den Telefonhörer buchstabieren, damit Sie an Ihrem Arbeitsplatz nicht in Anwesenheit von Kollegen laut und deutlich Ihre private E-Mail-Adresse in den Telefonhörer sprechen müssen.

→ Benutzen Sie für den Austausch der Kontaktdaten mit einem Headhunter Ihre private E-Mail-Adresse.

→ Entscheiden Sie, ob mit dem Headhunter künftig über Ihr Firmenhandy oder Ihr Privathandy telefonieren möchten. Denken Sie dabei
  an den Einzelverbindungsnachweis, den der Arbeitgeber eventuell
  erhält.

→ Wenn Sie eine externe Personalberatung, die in einer Stellenausschreibung genannt wird, anrufen: Überlegen Sie vorher, ob Sie auf
  Nachfrage Ihren momentanen Arbeitgeber benennen möchten.

→ Wenn nicht: Überlegen Sie sich eine aussagekräftige Umschreibung
  und orientieren Sie sich dabei an den Formulierungen in Stellenanzeigen, mit denen Unternehmen verschlüsselt beschrieben werden.

→ Machen Sie sich Gedanken über Ihre Gehaltsvorstellung für die ausgeschriebene Position, sodass Sie sie gegenüber einem Headhunter
  oder Personalberater benennen und eventuell kurz begründen können.

→ Überlegen Sie vorab, ob und wie Sie einem Headhunter oder Personalberater auf eine Nachfrage zu Ihrem aktuellen Gehalt antworten.

→ Legen Sie sich eine taktische Begründung für Ihren Wechselgrund
  zurecht, damit Sie ihn einem Headhunter oder Personalberater kurz
  erläutern können.

→ Nach dem Gespräch: Ziehen Sie für sich selbst Bilanz, ob Sie denken, dass Ihre Bewerbungsunterlagen bei dem Headhunter oder Personalberater gut aufgehoben wären und dass damit vertrauensvoll
  umgegangen wird.

10. Den Wunscharbeitgeber finden

Auf der Suche nach einem neuen Arbeitgeber können Sie verschiedene Wege gehen. Sie können auf Stellenausschreibungen reagieren, sich den verdeckten Stellenmarkt erschließen oder Headhunter auf sich aufmerksam machen. Vorteile erarbeiten Sie sich im Bewerbungsverfahren immer dann, wenn Sie persönlich in Erscheinung treten. Knüpfen Sie gezielt Kontakte, auf die Sie bei Bewerbungen zurückgreifen können.

Werden Sie aktiv!

Bevor Sie sich bewerben können, müssen Sie wissen, an welche Firmen Sie Ihre Bewerbungen überhaupt richten sollen. Haben Sie vielleicht schon eine Wunschfirma ins Auge gefasst, von der Sie über Bekannte nur Gutes gehört haben? Haben Sie über private Kontakte erfahren, dass ein bestimmter Arbeitgeber in nächster Zeit neue Mitarbeiter einstellen möchte? Oder müssen Sie erst einmal gründlich recherchieren, welche Firma in Ihrer Region an Ihren Erfahrungen Bedarf haben könnte? Nutzen Sie den offenen sowie den verdeckten Stellenmarkt und überlegen Sie sich, wie Sie Headhunter auf sich aufmerksam machen könnten.

Viele Möglichkeiten: Der offene Stellenmarkt

Wenn freie Stellen öffentlich ausgeschrieben werden, spricht man vom offenen Stellenmarkt. Führungskräfte können hier diese Suchwege nutzen:

→ **Spezielle Jobbörsen für Führungskräfte im Internet**
→ **Allgemeine Jobbörsen und Jobrobots im Internet**
→ **Branchenspezifische Jobbörsen im Internet**
→ **Firmenhomepages**
→ **Tageszeitungen und Fachmagazine**

Spezielle Jobbörsen für Führungskräfte im Internet: In den letzten Jahren sind einige Jobbörsen entstanden, die sich ausschließlich an Führungskräfte und Fachspezialisten richten. Zwei Jobbörsen ragen dabei durch ihre starke Medienpräsenz heraus, nämlich:

→ www.experteer.de
→ www.placement24.de

Das besondere an diesen beiden Jobbörsen ist einerseits die Ausrichtung auf das Premiumsegment und andererseits der Anspruch, dass die Zielgruppe der Führungskräfte und Fachspezialisten für die angebotenen Dienste zahlen muss, zumindest dann, wenn sie die Premium-Jobbörsen in vollem Umfang nutzen möchte. Weitere Jobbörsen, die sich an Führungskräfte und Fachspezialisten richten, aber kostenlos genutzt werden können, sind: *Kostenpflichtige und kostenlose Börsen*

→ www.jobware.de (»Stellenangebote für qualifizierte Fach- und Führungskräfte«)
→ www.consultants.de (»Premium-Stellenmarkt«)
→ www.job-consult.com (»Top-Jobs«)
→ www.jobsprinter.com (»Jobs für Führungs- und Fachkräfte«)
→ www.fazjob.net (*Frankfurter Allgemeine Zeitung*)
→ www.suedeutsche.de (*Süddeutsche Zeitung*)
→ www.zeit.de (*Die Zeit*, Akademiker aus Wissenschaft, Wirtschaft, Technik)
→ www.ftd.de (*Financial Times Deutschland*/Jobware)

Allgemeine Jobbörsen und Jobrobots im Internet: Es gibt Hunderte von allgemeinen Stellenbörsen im Internet, deren Sinn und Zweck die Kontaktanbahnung zwischen Firmen und neuen Mitarbeitern ist. Auch wenn allgemeine Jobbörsen sich nicht ausschließlich an Führungskräfte richten, haben Sie dennoch viele Angebote für diese Zielgruppe, und zwar üblicherweise kostenfrei. Interessant sind ebenfalls die sogenannten »Jobrobots«, hierbei handelt es sich um Suchmaschinen, die mehrere Jobbörsen, oder auch mehrere Firmenhomepages, gleichzeitig nach Ihren Wünschen durchsuchen. Wichtige große Jobbörsen und Jobrobots, in die Sie auf jeden Fall einmal einen Blick werfen sollten, sind unter anderem die folgenden: *Viele Angebote für Führungskräfte*

→ www.stepstone.de
→ www.monster.de
→ www.stellenanzeigen.de
→ www.jobscout24.de
→ www.arbeitsagentur.de
→ www.careerjet.de
→ www.jobrapido.de
→ www.kimeta.de
→ www.yovadis.de

Spezialisierte Börsen   **Branchenspezifische Jobbörsen im Internet:** Neben den allgemeinen Jobbörsen gibt es aber auch Börsen für bestimmte Branchen, beispielsweise:

→ **www.aerztestellen.de (Medizin)**
→ **www.jobs.medica.de (Medizin und Medizintechnik)**
→ **www.jobcenter-medizin.de (Gesundheitswesen)**
→ **www.klinikstellen.de (Gesundheitswesen)**
→ **www.medizinischer-stellenmarkt.de (Gesundheitswesen)**
→ **www.karriere-jura.de (Recht)**
→ **www.hochschulstellen.de (Hochschulen und Universitäten)**
→ **www.greenjobs.de (Umweltfachkräfte)**
→ **www.joborama.de (Sport und Wellness)**
→ **www.welljob.de (Wellness)**
→ **www.horizontjobs.net (Werbung und Marketing)**
→ **www.werbeagentur.de (Werbung und Marketing)**
→ **www.wnv.de (Medien)**
→ **www.buchmarkt.de (Medien, Buchhandel, Verlage)**
→ **www.kulturmanagement.net (Kultur)**
→ **www.ingenieur24.de (Ingenieure, Informatiker, Naturwissenschaftler)**
→ **www.ingenieurweb.de (Ingenieure, Naturwissenschaftler)**
→ **www.bau.net/inserate (Bauingenieure, Architekten)**
→ **www.bionity.com (Biotechnologie, Pharma)**
→ **www.chemie.de/jobs (Chemie)**
→ **www.jobvector.de (Biotechnologie)**
→ **www.dkm.de (Kirche, Caritas)**
→ **www.bankjob.de (Banken)**
→ **www.asscompact.de (Versicherungen)**
→ **www.geojobs.de (Geologie)**
→ **www.automotive-job.net (Automobilindustrie)**

Weitere Adressen   Wenn Sie hier weitere Internetadressen nutzen möchten, sollten Sie einen Blick auf unsere Homepage www.karriereakademie.de werfen. Dort haben wir aktuelle Jobbörsen und Jobrobots für Sie aufgeführt.

Firmenhomepages: Eigentlich jede Firma hat mittlerweile eine Website. Geben Sie bei großen Firmen einfach den Firmennamen als Internetadresse ein, beispielsweise www.siemens.de oder www.puma.com. Finden Sie Firmenhomepages nicht direkt, verwenden Sie einfach eine Suchmaschine. Nutzen Sie auch die Suchmaschinen www.jobscanner.de und www.yovadis.de, die ausschließlich Firmenhomepages durchforsten.

Tageszeitungen und Fachmagazine: Auch wenn das Internet mit seinen Jobbörsen und Firmenhomepages bei der Stellensuche heutzutage einen sehr hohen Stellenwert einnimmt, sind die Angebote der Tageszeitungen, vornehmlich in den Wochenendausgaben, nach wie vor interessant. Manche Firmen schalten Anzeigen extra nur vor Ort, um Bewerber aus der Region anzusprechen. Andere bevorzugen Fach- und Branchenmagazine. Und es gibt auch immer noch Firmen, die offene Stellen grundsätzlich nur über Zeitungen ausschreiben.

Interessante Wochenendausgaben

Networking: Der verdeckte Stellenmarkt

Vom verdeckten Stellenmarkt spricht man, wenn Stellen nicht öffentlich ausgeschrieben werden. Dann verlassen sich die suchenden Unternehmen beispielsweise auf Mitarbeiterempfehlungen oder berufliche Kontakte zu interessanten Bewerbern, die am Rande von Fachmessen entstanden sind. Sie können diese Möglichkeiten der Kontaktanbahnung und -pflege nutzen:

→ **Fachmessen**
→ **Private Kontakte**
→ **Berufliche Kontakte**
→ **Digitale Netzwerke**

Fachmessen: Der große Vorteil von Fachmessen liegt darin, dass sich in der Regel die ganze Branche trifft. Hier gilt, dass Sie sich mit Ihrem Wechselwunsch nicht unbeabsichtigt zum Branchentratsch machen dürfen. Aber ein gezielter Kontaktaufbau, gerne auch unter dem Deckmantel, sich für die neuesten Produkte oder Dienstleistungen der Mitbewerber zu interessieren, hilft sicherlich weiter. Sammeln Sie also Visitenkarten bei der lieben Konkurrenz.

Branchentreff

Private Kontakte: Viele Menschen sind über Hobbys und Freizeitaktivitäten mit anderen verbunden. Die einen engagieren sich ehrenamtlich in Sportvereinen oder Interessengruppen, die anderen knüpfen über ihre Kinder Kontakte am Rande von Versammlungen oder Veranstaltungen in Kindergärten oder Schulen. Oft kennt man den beruflichen Hintergrund der Menschen, mit denen man häufiger spricht. Überlegen Sie daher einmal gründlich, welcher ihrer privaten Kontakte Ihnen bei einer Bewerbung nützlich sein könnte.

Berufliche Kontakte: Wer beruflich im Einkauf, im Verkauf, im Service oder sonst mit Kunden zu tun hat, ist bei der Arbeitgebersuche klar im Vorteil. Spitzen Sie die Ohren, um rechtzeitig zu erfahren, welche Firmen investieren, wachsen und einstellen wollen und deshalb engagierte Mitarbeiter suchen.

Nicht zu viel preisgeben

Digitale Netzwerke: Soziale Netzwerke im Internet mit beruflicher Ausrichtung wie LinkedIn oder Xing entsprechen privaten und beruflichen Kontakten, allerdings auf digitaler Basis. Sie sollten Ihre beruflichen Wechselwünsche natürlich nicht gleich im Internet herausposaunen. Passende und vertrauenswürdige Web 2.0-Kontakte können Sie aber ebenfalls für ihre Bewerbungsaktivitäten nutzen. Fragen Sie beispielsweise nach, ob das Unternehmen, bei dem Ihr Kontaktpartner tätig ist, in nächster Zeit expandieren möchte und daher neue Stellen geschaffen werden, ob Kollegen aus der Führungsmannschaft sich mit Wechselabsichten tragen und das Unternehmen bald verlassen werden oder ob interessante Stellen frei werden, weil die Stelleninhaber in den Ruhestand gehen.

Executive Search: Headhunter

Personalberater

Den Unterschied zwischen Headhuntern und Personalberatern haben wir ja bereits im vorherigen Kapitel erläutert. Nun möchten wir Sie auf einige Möglichkeiten hinweisen, Headhunter auf sich aufmerksam zu machen. Hier einige bewährte Möglichkeiten:

→ **Jobprofile in Jobbörsen**
→ **Networking in der Branche**
→ **Aktivitäten in der Öffentlichkeit**
→ **Netzwerke im Internet**
→ **Direktansprache von Headhuntern**

Das eigene Profil im Netz

Jobprofile in Jobbörsen: Die bereits vorgestellten speziellen Jobbörsen für Führungskräfte, die allgemeinen Jobbörsen und die Branchen-Jobbörsen enthalten nicht nur Stellenausschreibungen für Führungskräfte. Sie bieten auch die Möglichkeit, das eigene berufliche Profil einzustellen. Gerade Headhunter nutzen diese Recherchemöglichkeit gerne, insbesondere dann, wenn es sich um Bewerber mit speziellen Kenntnissen oder gesuchten Branchenerfahrungen handelt. Der Erstkontakt zur umworbenen Führungskraft wird dann per Telefon oder E-Mail hergestellt.

Networking in der Branche: Headhunter sind Vieltelefonierer, sie rufen Führungskräfte direkt am Arbeitsplatz an und fragen, ob der Angerufene nicht einen Tipp geben könne, wer für eine bestimmte Stelle, für die spezielle Erfahrungen oder Kenntnisse unverzichtbar sind, grundsätzlich geeignet sei. Diese Arbeitsweise der Headhunter können Sie für sich nutzen. Pflegen Sie Kontakte innerhalb und außerhalb Ihres Unternehmens und lassen Sie Ihre Kontaktpersonen in groben Zügen wissen, was Sie beruflich machen. Direkte Wechselabsichten müssen Sie bei diesem Networking nicht bekunden, aber indirekte Aussagen wie »Berufliche Chancen muss man heute ja nutzen, wer weiß, wann die wiederkommen« oder »Ich möchte mittelfristig beruflich noch deutlich weiter vorwärtskommen« sind eindeutig genug. Dann werden Ihre Kontaktpersonen Sie bei passender Gelegenheit Headhuntern empfehlen.

Aktivitäten in der Öffentlichkeit: Führungskräfte, die auch in der Öffentlichkeit in Erscheinung treten, werden regelmäßig von Headhuntern angerufen, weil sie mit ihren Aktivitäten für Aufmerksamkeit sorgen. Zu diesen Aktivitäten in der Öffentlichkeit gehören unter anderem Vorträge auf Fachmessen oder Fachkongressen, Beiträge für Fachzeitschriften, Interviews für Zeitungen oder Fachzeitschriften, Firmenveranstaltungen im Rahmen von Hochschulmessen oder die Leitung von Fachseminaren oder Workshops für externe Seminaranbieter. Überlegen Sie sich, welche Aktivitäten in der Öffentlichkeit für Sie infrage kommen könnten, dies ist je nach Berufsfeld ganz unterschiedlich. Jede Aktivität erhöht die Wahrscheinlichkeit, dass auch Headhunter auf Sie aufmerksam werden.

Machen Sie auf sich aufmerksam

Netzwerke im Internet: Die bereits erwähnten Netzwerke mit beruflicher Ausrichtung, LinkedIn und Xing, werden von Headhuntern bei der Suche nach interessanten Kandidaten häufig genutzt, und diese Tendenz nimmt deutlich zu. Sogar einige Personalabteilungen großer Konzerne recherchieren mittlerweile in Netzwerken, um sich sowohl den »Umweg« über eine Personalberatung als auch die Kosten dafür zu sparen. Wenn Sie Ihre beruflichen Aktivitäten also frei im Internet präsentieren möchten, sollten Sie Ihr berufliches Profil aussagekräftig beschreiben. Eine bloße Auflistung von beruflichen Stationen reicht nicht aus, um das Interesse von Headhuntern zu wecken.

Direktansprache von Headhuntern: Statt darauf zu warten, dass Sie von Headhuntern angesprochen werden, können sie auch den umgekehrten Weg wählen und von sich aus den Kontakt suchen. Eine Kontaktaufnahme kann für Sie interessant sein, wenn Sie sich mittelfristig verändern wollen. Manche Executive-Search-Unternehmen sind grundsätzlich an Kandidaten mit überdurchschnittlichem Potenzial interessiert, die sie bei Bedarf vermitteln können. Da die Anzahl der am Markt vertretenen Executive-Search-Unternehmen sehr groß ist, sollten Sie mithilfe des Internets versuchen, diejenigen herauszufiltern, die sich auf Ihre Branche spezialisiert haben.

Suchen Sie die Branchenexperten

AUF EINEN BLICK

Den Wunscharbeitgeber finden

→ Nutzen Sie den offenen sowie den verdeckten Stellenmarkt und überlegen Sie sich, wie Sie Headhunter auf sich aufmerksam machen können.

→ Im offenen Stellenmarkt können Sie diese Suchwege nutzen:
  - spezielle Jobbörsen für Führungskräfte,
  - allgemeine Jobbörsen und Jobrobots,
  - branchenspezifische Jobbörsen,
  - Firmenhomepages,
  - Tageszeitungen und Fachmagazine.

→ Den verdeckten Stellenmarkt können Sie sich auf diese Weise erschließen:
  - Fachmessen,
  - private Kontakte,
  - berufliche Kontakte,
  - Netzwerke im Internet.

→ Unterscheiden Sie Personalberater von Headhuntern. Personalberater schalten Stellenausschreibungen im offenen Stellenmarkt, Headhunter sprechen Kandidaten direkt an (Executive Search).

→ So können Sie Headhunter auf sich aufmerksam machen:
  - Jobprofile in Jobbörsen,
  - Networking in der Branche,
  - Aktivitäten in der Öffentlichkeit,
  - Netzwerke im Internet,
  - Direktansprache von Headhuntern.

4

Einstellungsargumente: Ihr berufliches Profil in Schriftform

11. Anschreiben: Können Sie Ihre Einstellungsargumente fokussieren?

Sie liefern mit Ihrem Anschreiben ein Kurzgutachten über Ihre bisherigen (Führungs-)Erfahrungen, Kenntnisse und Fähigkeiten und sollten ebenso erkennen lassen, dass Sie mit den künftigen Aufgaben beim neuen Arbeitgeber grundsätzlich zurechtkommen werden. Und auch in formaler Hinsicht muss Überzeugungsarbeit geleistet werden, weil aus der Form erste Rückschlüsse über die Arbeitsweise der Führungskraft gezogen werden.

Personalverantwortliche beginnen die Überprüfung von Bewerbungsunterlagen in der Regel mit dem Lesen des Anschreibens. Wenn Sie schon mit dem Anschreiben nicht überzeugen können, steht die weitere Prüfung der Unterlagen bereits unter einem schlechten Stern. Denn Personalverantwortliche sind es gewohnt, sich in kürzester Zeit ein erstes Bild von den Qualifikationen und der Persönlichkeit eines Bewerbers zu machen.

Wie fokussieren Sie?

Da Sie nun wissen, wie Sie Stellenausschreibungen analysieren und auswerten und auch zwischen den Zeilen lesen können, haben Sie sich damit die Grundlage für die Ausgestaltung Ihrer Anschreiben erarbeitet. Denn für Ihren Bewerbungserfolg kommt es nicht darauf an aufzuführen, was Sie alles an Aufgaben am momentanen Arbeitsplatz erledigen, sondern darauf darzustellen, was von diesen Aufgaben auch wirklich zur neuen Stelle passt. Vom Motto »Viel hilft viel!« raten wir daher dringend ab. Treffen Sie bewusst eine Auswahl, behalten Sie bei der Formulierung des Anschreibens immer die Stellenausschreibung im Blick. Wenn Sie sich auf mehrere Stellen bewerben, können Sie sich an unserem Vorgehen in unserer Coachingpraxis orientieren. Wenn es darum geht, Anschreiben passgenau auf unterschiedliche Ausschreibungen zuzuschneiden, bleiben etwa 70 Prozent eines Anschreibens gleich (Basisprofil) und etwa 30 Prozent werden neu und individuell ausformuliert (Ergänzungsprofil).

Viel hilft nicht immer viel

Wie arbeiten Sie Schnittstellen heraus?

Selbstverständlich dürfen Sie die Formulierungen aus der Stellenausschreibung nicht einfach abschreiben, aber Sie dürfen auch nicht »am Thema vorbei« formulieren. Gehen Sie also in Ihrem Anschreiben auf die Anforderungen der ausgeschriebenen Stelle ein und erwähnen Sie zusätzlich noch ein bis zwei Erfahrungen, Fähigkeiten oder Kenntnisse, die für die Bewältigung der ausgeschriebenen Position nützlich sind. So stellt sich beim lesenden Personalverantwortlichen der »Kandidat-denkt-mit-Effekt« ein. Hierzu ein Beispiel: In einer ausgeschriebenen Stelle für einen zukünftigen kaufmännischen Leiter werden folgende Anforderungen genannt: »Zentraler Ansprechpartner für die kommerzielle Vertragsabwicklung und -verfolgung«, »Ausarbeitung von passgenauen Angeboten« und »erfolgsorientierte Arbeitsweise«. Ein Bewerber kann die genannten Anforderungen ergänzen durch Belege für seine »Abschlusssicherheit« oder sein »Verhandlungsgeschick«. Damit sammelt er Pluspunkte und rundet sein Profil ab. Im Anschreiben könnte der Beleg für seine Abschlusssicherheit so aussehen: »Im Außendienst habe ich seinerzeit meine Kontaktstärke und Abschlusssicherheit entwickelt. Für meinen derzeitigen Arbeitgeber habe ich Großkunden betreut und konnte den Umsatz deutlich steigern.« Sein Verhandlungsgeschick ließe sich so dokumentieren: »Im Rahmen der Lieferantensteuerung habe ich selbstständig Preisverhandlungen geführt und war für die Vertragsausgestaltung zuständig.«

Wie begründen Sie den Stellenwechsel?

Drei Argumentationslinien

Nicht alle Führungskräfte suchen eine neue Stelle, weil sie sich beruflich weiterentwickeln oder einen echten Karrieresprung in Angriff nehmen möchten. Dies wissen auch Personalprofis und werden daher hellhörig, wenn Bewerber den Wunsch nach einer neuen Stelle nicht plausibel begründen können. Aus unserer Beratungspraxis wissen wir, dass Führungskräften diese Begründung im Anschreiben, in Telefongesprächen mit Personalberatern und auch in Vorstellungsgesprächen oft sehr schwer fällt. Viel zu viele setzen auf das Prinzip Ehrlichkeit, dann entsteht aber leider häufig der Eindruck, dass sie im neuen Unternehmen nicht den neuen Wunscharbeitgeber sehen, sondern eher die Notlösung für Probleme am alten Arbeitsplatz. Für eine Einstellungsentscheidung ist das natürlich keine tragfähige Basis. Um einen Stellenwechsel plausibel zu machen, benutzen wir daher im Coaching die drei Argumentationslinien, die wir Ihnen bereits im Kapitel »Wie begründen Sie den Stellenwechsel?« vorgestellt haben:

→ **Argumentationslinie 1: Erfahrungen einbringen**
→ **Argumentationslinie 2: Branchenwechsel**
→ **Argumentationslinie 3: Karrieresprung**

Was ist formal zu beachten?

Als Führungskraft bewerben Sie sich nicht zum ersten Mal. Daher wissen Sie bereits, dass Sie unter formalen Gesichtspunkten eine Endkontrolle Ihres Anschreibens durchführen werden, also die Firmenanschrift, den Namen von Ansprechpartnern, die Betreff- und Bezugzeile, die Gliederung in Absätze, die Rechtschreibung und die Lesbarkeit überprüfen werden. In Sachen Umfang des Anschreibens gilt auch für Führungskräfte die Regel »Eine DIN-A4-Seite reicht«. Aus Gründen der Prüfungsfreundlichkeit sollten Sie also immer anstreben, sich auf eine DIN-A4-Seite zu beschränken. Diese Regel ist aber nicht zwingend. Je höher die Führungsposition ist, die Sie anstreben, desto mehr berufliche Vorerfahrung wird oftmals verlangt. Oder Sie müssen Belege für komplexe Projekte einschließlich der dazugehörigen Erfolge liefern. Dann kann es im Einzelfall durchaus sinnvoll sein, ein anderthalbseitiges Anschreiben zu verfassen. Aber Achtung, zwei volle DIN-A4-Seiten, womöglich noch in kleiner Computerschrift verfasst, sind definitiv zu viel. Orientieren Sie sich bei der Gestaltung und Ausformulierung Ihrer Anschreiben an unseren Beispielbewerbungen (siehe Teil 5).

Eine DIN-A4-Seite genügt meist

Anschreiben für Führungskräfte

AUF EINEN BLICK

→ Achten Sie darauf, dass Firmenanschrift und Rechtsform des Unternehmens korrekt angegeben sind.

→ Führen Sie Erstellungsort und Tagesdatum auf.

→ Nennen Sie in der Betreffzeile Ihres Anschreibens die Position, auf die Sie sich bewerben.

→ Geben Sie in der Bezugzeile die Fundstelle der Stellenausschreibung, gegebenenfalls eine Kennziffer und eventuell ein vorbereitendes Telefongespräch an.

→ Nennen Sie in der Anrede des Anschreibens den Namen der/des Personalverantwortlichen bzw. Personalberaters/in.

→ Verwenden Sie kurze Sätze und gliedern Sie den Text in mehrere Blöcke.

→ Geben Sie im Anschreiben ausgewählte Belege für die 7 Kernkompetenzen, die Führungskräfte beweisen müssen, an.

→ Geben Sie konkrete Beispiele dafür, was Sie an Führungskompetenz, fachlichen Kenntnissen und persönlichen Fähigkeiten für die neue Position mitbringen.

→ Beschreiben Sie Ihre Qualifikationen, statt sie zu bewerten.

→ Nennen Sie Ihren Wechselgrund nur, wenn Sie ihn plausibel erläutern können (sonst lieber darauf verzichten).

→ Beenden Sie Ihr Anschreiben mit dem Wunsch, man möge Sie zum Vorstellungsgespräch einladen.

→ Machen Sie Angaben zu Ihrem Eintrittstermin und Ihren Gehaltswünschen, wenn dies verlangt wurde.

→ Unterschreiben Sie Ihr Anschreiben. Bei E-Mail-Bewerbungen können Sie Ihre Unterschrift einscannen und in die üblicherweise verwendete PDF-Datei einfügen.

→ Führen Sie eine Endkontrolle unter den Aspekten Lesefluss, Schriftgröße, Schrifttype, Seitenrand, Rechtschreibung und Kommasetzung durch.

→ Führen Sie auch eine inhaltliche Endkontrolle daraufhin durch, ob Personalverantwortliche beziehungsweise Personalberater bereits beim ersten Lesen des Anschreibens erkennen, dass Sie über einige der 7 Kernkompetenzen, die Führungskräfte beweisen müssen, verfügen.

→ Erstellen Sie Ihr Anschreiben so, dass Sie sich selbst darin wiederfinden.

12. Gehaltsfrage: Wie formulieren Sie hier taktisch?

Viele Führungskräfte machen sich darüber Sorgen, dass sie zu wenig Gehalt beim Stellenwechsel verlangen, sich unter Wert verkaufen und die Chance einer spürbaren Gehaltsverbesserung nicht ausreichend nutzen. Oder sie befürchten, dass sie sich durch zu hohe Gehaltsforderungen frühzeitig selbst ins Aus katapultieren.

Aus der Sicht von Personalverantwortlichen und externen Personalberatern sollte es Ihnen vorrangig um Ihre berufliche Entwicklung gehen. Das Gehalt ist dabei nur der formale Rahmen Ihrer zukünftigen Tätigkeit. Argumentieren Sie deshalb inhaltlich: Stellen Sie mit Ihrer Bewerbung heraus, dass Sie ein Gewinn für die neue Firma sind. Heben Sie Ihre Qualifikationen hervor und machen Sie an Beispielen fest, wie Ihnen Ihre Führungskompetenzen, Ihre persönlichen Fähigkeiten und Ihre fachlichen Kenntnisse dabei helfen werden, die neuen Aufgaben erfolgreich zu bewältigen. Es sollte deutlich werden, dass Ihre Arbeitsleistung für die Firma von Anfang an gewinnbringend ist.

Gehaltshöhe und Karrieresprung?

Wenn Ihre berufliche Entwicklungslinie »nach oben« führt und sie mehr Verantwortung und Handlungsspielräume in der neuen Position suchen oder sogar einen Karrieresprung vollziehen möchten, sollte die neue Stelle auch besser dotiert sein als Ihre vorherige. Als Richtschnur gilt dann: Verlangen Sie etwa 20 Prozent mehr Brutto-Jahresgehalt. Das ist in dieser Höhe für Personalverantwortliche plausibel. Ansonsten vermutet man, dass hinter Ihrem angestrebten Stellenwechsel etwas anderes als der Wunsch nach dem nächsten Karriereschritt steht, beispielsweise eine nahegelegene Kündigung oder permanenter Ärger mit Kollegen oder Chefs.

20 Prozent mehr

Mit Richtschnur meinen wir, dass Sie im Idealfall etwa 20 Prozent mehr Gehalt verlangen können. Wenn die Wirtschaft gerade eine krisenhafte Entwicklung durchläuft, wie nach dem Platzen der Internetblase im Jahr 2000 oder der Finanzkrise der Jahre 2007 bis 2009 geschehen, ist es mit Sicherheit sinnvoll, Abstriche am Gehaltswunsch zu machen, um überhaupt im Arbeitsmarkt zu bleiben. Gleiches gilt für die gegenteilige Entwicklung: Boomt die Wirtschaft gerade oder gehören Sie zu einer besonders begehrten Bewerbergruppe, sollten Sie selbstverständlich die Gunst der Stunde nutzen und den Gehaltssprung höher ansetzen.

Gehaltshöhe ermitteln

Argumentieren Sie immer mit Brutto-Jahresgehältern. Wenn Sie Monatsgehälter als Verhandlungsbasis angeben, haben Sie noch nicht die Anzahl der Monatsgehälter (12 oder 13) geklärt. Ebenso wenig haben Sie in Ihre Gehaltsvorstellungen Sonderleistungen und Vergünstigungen einbezogen. Überlegen Sie, welche Zahlungen und Leistungen Sie in Ihrer momentanen Stelle erhalten, um Ihr Wunschgehalt bei einem neuen Arbeitgeber zu ermitteln.

Flexible Gehaltsbestandteile miteinbeziehen

Denken Sie dabei auch Urlaubs- oder Weihnachtsgeld, Prämien (flexible Gehaltsbestandteile), die an vorher definierte Erfolgsziele geknüpft sind, Sonderzahlungen, mit denen die Belegschaft am Unternehmenserfolg beteiligt wird, Dienstwagen, eventuell ausbezahlte Überstunden, Weiterbildungskosten, vermögenswirksame Leistungen, Zusatzversicherungen oder eine zusätzliche betriebliche Altersvorsorge. Wenn Sie Ihr momentanes Jahresgehalt komplett erfasst haben, verfügen Sie über eine Basis zur Ermittlung Ihres Wunschgehalts.

Berücksichtigen Sie aber auch, dass durch einen Arbeitsplatzwechsel höhere finanzielle Belastungen entstehen können. Diese zusätzlichen Belastungen sollten Sie im Blick behalten, damit Sie in der neuen Position trotz nomineller Gehaltssteigerungen nicht finanziell verlieren. Beziehen Sie die folgenden Punkte in Ihre Gehaltsüberlegungen mit ein: bisherige Mietbelastung im Vergleich zu künftiger, Verkauf von Wohneigentum und Erwerb von neuem, eventuell entfallende Nebentätigkeiten, Einkommen des/der Lebenspartners/in.

Welches Gehalt ist üblich?

Nachdem Sie Ihr derzeitiges Gehalt ermittelt haben, sollten Sie Informationen über den Gehaltsrahmen der neuen Stelle einholen. Informieren Sie sich über die in Ihrer Branche und der von Ihnen angestrebten Position gezahlten Gehälter. Ihre Vertrautheit mit den Anforderungen der neuen Stelle zeigt sich auch daran, dass Sie mit der üblichen Gehaltshöhe vertraut sind. Nutzen Sie die Veröffentlichungen auf den Berufsseiten großer Tageszeitungen oder in Wirtschaftsjournalen und natürlich das Internet. Geben Sie in Suchmaschinen die Stichworte »Gehalt«, »Stellenbezeichnung« und »Jahr« ein, also beispielsweise »Gehalt Leiter Einkauf 2011«. Bekommen Sie keine ausreichenden Treffer, können Sie die Jahreszahl um ein Jahr verringern oder auch ganz weglassen.

Gehälter, die für ein und dieselbe berufliche Tätigkeit gezahlt werden, unterliegen einer gewissen Schwankungsbreite. Das Gehalt, das Sie in Ihrer neuen Position erzielen können, hängt davon ab, wie gut Sie es schaffen, Ihren Nutzen für die neue Firma zu verdeutlichen. Bei überzeugenden Kandidaten gibt es durchaus die Möglichkeit, das Grundgehalt durch Zulagen zu erhöhen. Dies können leistungsabhängige Prämien, ein Dienstwagen zur privaten Nutzung oder die Übernahme von Weiterbildungskosten sein.

Gehaltsvorstellungen im Anschreiben

In vielen Stellenausschreibungen steht am Ende: »Bewerben Sie sich bitte unter Angabe Ihrer Gehaltsvorstellung.« Dann müssen Sie auf diese Forderung in Ihrem Anschreiben eingehen. Fangen Sie Ihr Anschreiben aber nicht gleich mit Ihren Gehaltswünschen an. Ihr Qualifikationsprofil ist für die Einstellung wesentlich wichtiger als eine abstrakte Zahl. Zuerst muss im Anschreiben der Wert Ihrer beruflichen Qualifikationen deutlich werden. Erst danach sollten Sie die gewünschte Vergütung Ihrer Qualifikationen thematisieren. Nennen Sie Ihre Gehaltsvorstellung erst am Ende Ihres Anschreibens. *Gehaltsvorstellung ans Ende des Anschreibens*

Geben Sie Ihre Gehaltsvorstellung konkret an, beispielsweise mit den folgenden Formulierungen: »Meine Gehaltsvorstellung beträgt 110 000,- Euro Brutto-Jahresgehalt.«, »Ich strebe ein Bruttogehalt von 110 000,- Euro pro Jahr an.« Sie können auch eine Unterteilung in feste und flexible Erfolgsanteile nennen: »Mein Gehaltswunsch liegt bei 190 000,- Euro Bruttogehalt pro Jahr (70 Prozent fix und 30 Prozent erfolgsabhängig).« Bedenken Sie bei der Angabe Ihrer Gehaltsvorstellung weiter, dass Sie einen kleinen Verhandlungsspielraum einplanen müssen, um der Firmenseite im Vorstellungsgespräch etwas entgegenzukommen.

Geben Sie nie Ihr letztes Jahresgehalt an. Es wird nicht klar, welche Gehaltssteigerung Sie erzielen wollen, wenn Sie so formulieren: »Mein Bruttogehalt betrug im letzten Jahr 81 000,- Euro.« Damit beantworten Sie nicht die Frage nach Ihrer Gehaltsvorstellung. Problematisch wäre dies auch deshalb, weil Sie in Ihrem derzeitigen Arbeitsvertrag sicherlich Stillschweigen über Ihr Gehalt vereinbart haben.

Wenn die Angabe Ihrer Gehaltsvorstellung nicht ausdrücklich gefordert wird, sollten Sie sich hierzu im schriftlichen Bewerbungsverfahren bedeckt halten. Vermitteln Sie Personalverantwortlichen und Personalberatern erst ein Bild Ihrer Kenntnisse und Fähigkeiten. Überzeugen Sie sie davon, dass Sie ein geeigneter Kandidat sind. Das Ziel Ihrer schriftlichen Bewerbung ist, dass Sie wegen Ihres interessanten Profils zu einem Vorstellungsgespräch eingeladen werden. Im Gespräch lässt sich ein Abgleich Ihrer Gehaltsvorstellungen mit den Vorstellungen der Unternehmensseite besser durchführen. *Nur nennen, wenn es gefordert ist*

**AUF EINEN
BLICK**

Gehaltsfrage für Führungskräfte

→ Beziehen Sie bei der Ermittlung Ihres momentanen Gehalts sämtliche geldwerten Vorteile mit ein (Erfolgsprämien, Weihnachtsgeld, Urlaubsgeld, Firmenwagen, zusätzliche betriebliche Altersvorsorge, jährliches Weiterbildungsbudget, eventuell ausbezahlte Überstunden et cetera).

→ Berücksichtigen Sie, ob durch den neuen Job höhere Kosten auf Sie zukommen (Miete, Umzug, Wegfall des Einkommens des Partners, Fahrtkosten).

→ Machen Sie sich mit den üblicherweise in Ihrer Branche gezahlten Gehältern für die von Ihnen angestrebte Position vertraut.

→ Ihr Gehaltswunsch sollte rund 20 Prozent über dem liegen, was Sie momentan verdienen (gilt nur für einen Karrieresprung).

→ Denken Sie daran, auf keinen Fall Ihr derzeitiges Gehalt anzugeben.

→ Nennen Sie ein Brutto-Jahresgehalt bei der Angabe Ihrer Gehaltsvorstellungen.

→ Falls für Ihre Positionen üblich: Teilen Sie das Brutto-Jahresgehalt prozentual in Fixum und Erfolgsanteil auf.

→ Geben Sie einen Verhandlungsspielraum an, damit Sie bei einem eventuellen Vertragsabschluss dem neuen Arbeitgeber etwas entgegenkommen können.

→ Nennen Sie Ihren Gehaltswunsch nur, wenn dies ausdrücklich gewünscht ist.

→ Stellen Sie Ihren Gehaltswunsch ans Ende des Anschreibens.

13. Lebenslauf: Wie präsentieren Sie sich als Leistungsträger?

Die für die Wunschposition relevanten Informationen sollten den Entscheidern auf der Firmenseite oder externen Personalberatern beim Lesen des Lebenslaufes sofort ins Auge springen. Darüber hinaus sollte Ihre berufliche Entwicklung nachvollziehbar werden. Dass auch Lebensläufe an die jeweilige Stellenausschreibung angepasst werden können, ist der Mehrzahl der Bewerber unbekannt. Erfahren Sie, wie Sie hier entscheidende Pluspunkte sammeln können.

Tätigkeiten signalisieren Leistung

Für alle im Lebenslauf angegebenen Tätigkeiten müssen Sie Beispiele aus Ihrer Berufstätigkeit nennen können. Sie sollten zwar keine Tätigkeitsbeschreibungen verwenden, die Sie in einem späteren Vorstellungsgespräch nicht mit Bezug auf Ihre beruflichen Erfahrungen belegen können. Dennoch müssen Sie sich bei der Ausarbeitung Ihres Lebenslaufes nicht unnötig beschränken. Wenn Sie eine Tätigkeit angeben, heißt dies nicht, dass Sie sie durchgehend im Tagesgeschäft ausgeübt haben. Sie können durchaus Tätigkeiten nennen, mit denen Sie in einem zeitlich begrenzten Projekt in Berührung gekommen sind. Es gilt die Regel: Wenn Sie für eine Tätigkeit ein Beispiel aus Ihrer Berufspraxis finden, dürfen Sie sie auch im Lebenslauf angeben.

Beispiel

Ein Bewerber, der sich von der Position des stellvertretenden Abteilungsleiters Einkauf auf die Stelle eines Abteilungsleiters Einkauf bewirbt, formuliert zu knapp und zu wenig aussagekräftig, wenn er nur die Firma und seine Position angibt:

03/2008 – heute	Import AG, Stellvertretender Abteilungsleiter Einkauf
01/2005 – 02/2008	Hans-Jörg Müller GmbH, Kaufmännischer Angestellter

Überzeugender klingt diese Beschreibung:

3/2008 – heute	Stellvertretender Abteilungsleiter, Abteilung Einkauf, Import AG, Bremen: Leitung des Einkaufs für die Teilsortimente Textil und Hartwaren, Sortimentsanalyse und -planung für Niederlande, Österreich und Deutschland.

Projektgruppe Zentralisierung des europäischen Beschaffungsmanagements
Verantwortlich für die Führung von 12 Mitarbeitern

01/2005 – 02/2008   Kaufmännischer Angestellter, Vertriebsabteilung, Hans-Jörg Müller GmbH, Bielefeld:
Warenwirtschaft, Planung und Beschaffung, Kostenkontrolle Einkauf
Betreuung von Einkaufszentralen und Großhändlern

Stellen auch Sie Ihre derzeitigen und früheren Tätigkeiten im Block »Berufstätigkeit« so dar, dass Ihre berufliche Entwicklung an Ihren bisherigen Arbeitsplätzen deutlich wird. Nehmen Sie die Stellenanzeige der zu vergebenden Position zur Hand und überlegen Sie, welche Anforderungen Sie in welcher Tätigkeit bereits erfüllt haben. Formulieren Sie stichwortartig und greifen Sie dabei auf den Sprachgebrauch zurück, der in den Stellenausschreibungen verwendet wird.

Gestaltungsspielräume taktisch nutzen

Bezug zur neuen Stelle

Führungskräfte überzeugen mit ihrem Lebenslauf, wenn sie ihrem zukünftigen Arbeitgeber klarmachen, dass sie in ihrer jetzigen Position bereits im Wesentlichen die Tätigkeiten ausgeübt haben, die für die zu vergebende Position wichtig sind. Aus unserer Coachingspraxis heraus wissen wir, dass diese Aussage banal klingt, aber von Bewerbern nur schwer umgesetzt werden kann. Es geht nicht darum, dass Ihre täglichen Hauptaufgaben mit den Aufgaben in der neuen Stelle identisch sind. Gerade hier haben Sie einen Gestaltungsspielraum, weil Sie Tätigkeiten aufführen können, mit denen Sie beispielsweise im Rahmen von Kollegen- oder Urlaubsvertretungen oder in Projektaufgaben in Kontakt gekommen sind oder die Sie zu einem früheren Zeitpunkt intensiver ausgeübt haben. Fokussieren Sie also unbedingt auch im Lebenslauf die Tätigkeiten, die für die neuen Aufgaben wichtig sind.

Weiter gilt es, Ihre bisherigen Beschäftigungsverhältnisse insgesamt angemessen zu gewichten. Da Führungskräfte sich im Lebenslauf üblicherweise rückwärts-chronologisch darstellen, beginnen sie mit ihrer derzeitigen Position und stellen dann dar, was sie in den davor liegenden Positionen geleistet haben. Daher sollten die für die neue Stelle wichtigsten beruflichen Positionen, üblicherweise die letzten zwei bis drei, besonders ausführlich beschrieben werden. Weiter zurückliegende Positionen dürfen durchaus sehr knapp aufgelistet werden.

Weil Sie sich um Führungspositionen bewerben, sollten Sie im Lebenslauf ausgewählte Erfolge thematisieren. Dies hat zwei Vorteile:

Zum einen können Sie die Erfolge thematisieren, die einen Bezug zum Anforderungsprofil der neuen Stelle haben. Und zum anderen verdeutlicht die Darstellung von konkreten Erfolgen Ihre ausgeprägte Leistungsorientierung.

Berufliche Erfolge können Sie im Lebenslauf direkt nach der Beschreibung Ihrer beruflichen Aufgaben in den jeweiligen Beschäftigungsverhältnissen aufführen, beispielsweise so: Erfolg »Vertriebsoptimierung«: Erstellung eines Verkaufshandbuchs nach Analyse der Kundenstrukturen, Einführung des Handbuchs durch Workshops. Oder: Erfolg »SAP CRM«: Implementierung von SAP CRM für Sales und Marketing.

Erfolge konkret benennen

Im Lebenslauf dargestellter beruflicher Erfolg muss sich nicht immer in Zahlen ausdrücken lassen, allerdings lassen sich oft Beispiele finden, die mit Zahlen verknüpft werden können. Erfolg: »Restrukturierung«: Nach Restrukturierung Kosten im Warenwirtschaftssystem um 15 Prozent gesenkt. Oder: Erfolg: »Umsatzsteigerung«: Nach Relaunch der Produktpalette Umsatzsteigerung von über 20 Prozent.

Vorsicht bei langen Beschäftigungsverhältnissen

Ein häufiger Bewerberfehler ist die mangelhafte Darstellung einer beruflichen Entwicklung, wenn ein längerer Zeitraum in ein und derselben Firma verbracht wurde. Wenn im Lebenslauf nur die aktuelle Position angegeben und nicht näher auf die Entwicklung in der Firma eingegangen wird, vermuten Personalverantwortliche einen jahrelangen Stillstand in der Entwicklung.

Entwicklung verdeutlichen

Eine Bewerberin hatte in ihrem Lebenslauf die folgende Angabe:

07/2000 – 12/2012   Autozulieferer GmbH, Assistentin im Vertrieb.

Diese knappe Formulierung gab Anlass zu Spekulationen. Personalverantwortliche stellen sich dann die folgenden Fragen: Ist die Bewerberin zwölf Jahre auf ihrer Einstiegsposition als Vertriebsassistentin hängengeblieben? Hat man der Bewerberin gekündigt, weil man sie nicht in eine Position mit neu definierten Aufgaben einbinden kann? Hat man die Bewerberin von einer anderen Position entbunden und sie auf der Assistentinnenposition kaltgestellt, damit sie von sich aus kündigt? Die Chance, Missverständnisse auszuräumen, hätte diese Bewerberin erst im Vorstellungsgespräch. Dazu wird es wegen der Zweifel aber oft gar nicht erst kommen.

Wir halfen der Bewerberin, in ihrem Lebenslauf ihre Tätigkeit für die Firma Autozulieferer GmbH in einzelne Entwicklungsschritte zu untergliedern und jeden Schritt inhaltlich mit Tätigkeitsbeschreibungen zu füllen. Dadurch entdeckten wir auch, dass sich hinter der Berufsbezeichnung »Assistentin im Vertrieb« keine Vertriebsassistentin im Innendienst, sondern die Assistentin des Vertriebsleiters verbarg. Die überarbeitete Darstellung lautete:

07/2000 – 12/2012	Autozulieferer GmbH, Stuttgart, in diesen Positionen:
09/2007 – 12/2012	Assistentin des Vertriebsleiters, Aufgaben: Planung und Umsetzung internationaler Vertriebsaktivitäten, Aufbau und Betreuung internationaler Handelspartner, Organisation internationaler Verkaufsmessen und -events, internationale Wettbewerbsanalysen
01/2003 – 08/2007	Account-Managerin, Aufgaben: aktive Neukundengewinnung, zielgerichtete Entwicklung von Bestandskunden, selbstständige Umsetzung der Vertriebsstrategie, Mitwirkung bei der Angebotserstellung sowie bei größeren Ausschreibungen, Vertriebsreporting
07/2000 – 12/2002	Vertriebsassistentin, Aufgaben: Betreuung von Stammkunden, Anfragenbearbeitung und Erstellen von Teilekalkulationen mit der technischen Abteilung, Abwicklung von Kundenaufträgen, Markt- und Wettbewerberbeobachtung

Dieses Beispiel aus unserer Beratungspraxis zeigt: Bewerberinnen und Bewerber mit einer langen Verweildauer in einem einzigen Unternehmen haben neuen Arbeitgebern dennoch viel zu bieten. Es kommt aber auch hier auf die taktische Darstellung der beruflichen Qualifikationen an.

Hobbys

Hobbys mit Bezug zur Stelle

Ihre Hobbys sind unserer Überzeugung nach nur dann für den Lebenslauf wichtig, wenn sie zur neuen beruflichen Tätigkeit passen. Wenn Sie zukünftig mit der Entwicklung von Textilmembranen für Outdoor-Kleidung zu tun haben, sollten Sie in Ihren Hobbys eine Begeisterung für Outdoor-Aktivitäten deutlich machen. Für die meisten Berufsfelder lässt sich jedoch kein Zusammenhang zwischen Hobbys und Berufstätigkeit herstellen. Dann können Sie eigentlich auf die Nennung von Hobbys verzichten. Wenn Sie in Ihrem Lebenslauf dennoch Hobbys aufführen möchten, sollten Sie prüfen, ob Personalverantwortliche aus den aufgeführten Hobbys Einschränkungen Ihrer beruflichen Leistungsfähigkeit herauslesen könnten. Hobbys wie Gleitschirmsegeln, Drachenfliegen oder Boxen sollten Sie wegen der vermuteten Verletzungsgefahr daher nicht angeben. Ohne Bedenken jedoch können Sie Hobbys aufführen, die zeigen, dass Sie sich in Ihrer Freizeit aktiv entspannen, um fit für Ihren Berufsalltag zu sein. Dazu gehören Schwimmen, Joggen, Yoga, Aerobic, Tanzen, Golf oder Fitness-Training.

Lebenslauf für Führungskräfte

AUF EINEN
BLICK

→ Achten Sie darauf, dass der erste Eindruck Ihres Lebenslaufs ansprechend ist.

→ Führen Sie Ihre Kontaktdaten vollständig auf (Name, Anschrift, Telefon, private E-Mail-Adresse, Handynummer).

→ Bilden Sie für die Daten Ihres Lebenslaufs Blöcke, beispielsweise diese sechs:
  - Persönliche Daten,
  - Berufserfahrung,
  - Studium/Ausbildung,
  - Wehr-/Zivildienst, soziales Jahr, Au-pair-Jahr und Schule,
  - Weiterbildung/Sonstiges,
  - Zusatzqualifikationen (Fremdsprachen- und PC-Kenntnisse).

→ Achten Sie auf die Vollständigkeit Ihrer persönlichen Daten (Geburtsdatum, Geburtsort, Familienstand (freiwillig), Kinder (freiwillig), Nationalität (freiwillig)).

→ Ordnen Sie die einzelnen Stationen in den jeweiligen Blöcken rückwärts-chronologisch.

→ Führen Sie die Zeitangaben in Monat und Jahr auf.

→ Beschreiben Sie stichwortartig die Tätigkeiten, die Sie in den einzelnen beruflichen Stationen ausgeübt haben.

→ Beschreiben Sie die für die neue Stelle wichtigsten beruflichen Positionen, üblicherweise die letzten zwei bis drei, besonders ausführlich.

→ Passgenauer Lebenslauf:
  - Nutzen Sie Gestaltungsspielräume bei der Angabe von Tätigkeiten.
  - Stellen Sie wichtige berufliche Erfolge heraus (Qualitätsverbesserungen, Ausweitung des Kundenstamms, Kostensenkungen, Verkaufserfolge).
  - Erwähnen Sie gegebenenfalls Projekte oder Sonderaufgaben.

→ Unterteilen Sie längere Verweildauern in Firmen zeitlich und stellen Sie dadurch ihre unterschiedlichen Aufgabenbereiche heraus.

→ Sorgen Sie für einen lückenlosen Lebenslauf und erklären Sie Fehlzeiten.

→ Achten Sie auf korrekte Firmenbezeichnungen (Firma mit richtiger Rechtsform, Ort, Abteilung, eventuell Branche).

→ Nennen Sie Weiterbildungsmaßnahmen, die für die neue Stelle relevant sind.

→ Führen Sie Ihre Sprach- und PC-Kenntnisse vollständig auf und bewerten Sie sie.

→ Unterschreiben Sie Ihren Lebenslauf und geben Sie Erstellungsort und -datum an.

→ Wenn Sie Ihren Lebenslauf als PDF mittels E-Mail versenden: Scannen Sie Ihre Unterschrift vorab ein und fügen Sie sie in den Lebenslauf ein.

→ Beim Lesen sollte deutlich werden, dass Ihr passgenau ausgearbeiteter Lebenslauf wie ein roter Faden auf die ausgeschriebene Position hinführt.

14. Bewerbungsfotos: Weiterhin gewünscht?

Seit dem Jahr 2006 gilt in Deutschland das Allgemeine Gleichbehandlungsgesetz (AGG), aus dem Unternehmen folgern, dass es verboten sein könnte, von Bewerbern Fotos zu verlangen. Weiterhin ist aber erlaubt, Bewerbungsunterlagen freiwillig ein Foto beizulegen. Und dies sollten Sie unserer Meinung nach auch tun. Schließlich liefern Sie mit dem Foto einen ersten persönlichen Eindruck von sich und beantworten eine wichtige Fragen des Unternehmens: »Wie wird die Bewerberin beziehungsweise der Bewerber das Unternehmen repräsentieren?«

Mit dem Bewerbungsfoto liefern Sie einen ersten persönlichen Eindruck von sich. Mit diesem Foto zeigen Sie, wie Sie Ihre zukünftige Position sehen und wie Sie das Unternehmen nach außen darstellen wollen. Der Macht des ersten Eindrucks können sich auch Personalverantwortliche nicht entziehen. Sammeln Sie deshalb mit einem optimalen Bewerbungsfoto Sympathiepunkte.

Vermeiden Sie Spekulationen

Personalprofis sind darauf spezialisiert, einzelne Detailinformationen aus der Bewerbungsmappe so zusammenzufügen, dass ein positiver oder negativer Gesamteindruck des Bewerbers entsteht. Hierbei spielt das Bewerbungsfoto eine wichtige Rolle. Ist das Foto beispielsweise abgegriffen oder zerknickt, entstehen Spekulationen darüber, von wie vielen Unternehmen der Bewerber bereits abgelehnt worden ist. Auch auf eingescannte und direkt auf den Lebenslauf gedruckte Fotos sollten Führungskräfte verzichten. Studenten wird vielleicht noch nachgesehen, dass sie Kosten sparen möchten. Zukünftige, gut bezahlte Repräsentanten des Hauses sollten aber nicht den Eindruck erwecken, dass sie ihre Bewerbung als kostengünstige Massendrucksache abwickeln möchten.

Achten sie auf Qualität

Häufiger Optimierungsbedarf

Aus unseren eigenen Erfahrungen in der Überprüfung und Optimierung von Bewerbungsunterlagen wissen wir, dass es mit dem Bewerbungsfoto häufig nicht zum Besten bestellt ist. Damit keine Missverständnisse aufkommen: Sie werden nicht eingestellt, nur weil Sie auf dem Foto überzeugend lächeln und richtig angezogen sind. Wichtig ist jedoch, dass Sie mit dem Bewerbungsfoto keine Fehler machen. Denn dann werden Sie aussortiert, bevor Sie eine Chance zur Darstellung Ihrer Fähigkeiten im Gespräch bekommen.

Damit Sie erkennen, was alles schief gehen kann und wie gute Fotos aussehen sollten, werden wir nun sechs Bewerbungsfotos besprechen. Bei jedem Bewerber beziehungsweise jeder Bewerberin ist eine Aufnahme unpassend, während die andere zeigt, welchen Ansprüchen ein gutes Bewerbungsfoto genügen sollte.

Vom düsteren Pessimisten zum sympathischen Berater

Müde und abgekämpft

Auf diesem Bewerbungsfoto sehen Sie Herrn Klaus-Peter Lorenz, der sich vom Wirtschaftsprüfer zum Abteilungsleiter Finance weiterentwickeln möchte. Dabei wird das von ihm dem schlechten Lebenslauf beigefügte Bewerbungsfoto ein Stolperstein sein. Das Foto hat mehrere Aspekte, die ungünstig sind: Sofort fällt der sehr düstere Hintergrund ins Auge. In Verbindung mit dem müden und abgekämpften Gesichtsausdruck kann man sich des Eindrucks nicht erwehren, dass Herr Lorenz den Zenit seiner Leistungsfähigkeit bereits überschritten hat. Der Blick zur Seite ist doppelt schädlich: Zum einen weicht der Bewerber dem Blick des Lesers aus, zum anderen schaut er von sich aus gesehen nach links und damit weg von den Angaben, die er im Lebenslauf gemacht hat. Es wirkt, als könne er sich nicht mit seiner bisherigen Entwicklung identifizieren, als starre er über den Seitenrand hinaus ins Leere.

Wach und tatkräftig

Ganz anders das gelungene Bewerbungsfoto. Nicht nur der Hintergrund ist aufgehellt, sondern auch die Stimmung, die der Bewerber transportiert: Mit wachem Blick und einem angedeuteten, aber nicht übertriebenen Lächeln signalisiert Herr Lorenz Tatkraft. Der Betrachter wird direkt angesehen. Keine Spur mehr vom Burnout-Syndrom des misslungenen Bewerbungsfotos. Besonders angenehm fällt hier die Strukturierung des Hintergrundes durch einen Lichtstrahl auf. Auch der Bildausschnitt ist anders gewählt, sodass der Oberkörper nicht mehr so massig wirkt wie auf dem schlechten Bild. An der Kleidung gab es wenig Verbesserungsbedarf: Hemd, Jackett und Krawatte sind für die Position angemessen. Auch kleine Schnitzer wie ein abstehender Hemdkragen oder eine schlecht gebundene Krawatte sind sorgfältig vermieden worden. Insgesamt vermittelt Herr Lorenz auf diesem Bild die für ältere Bewerber ganz wichtige sympathische und zupackende Ausstrahlung. Mit diesem Foto unterstützt er wirkungsvoll den gut gemachten Lebenslauf.

Von der verschlossenen Grüblerin zur kompetenten Führungskraft

Yvonne Böckler möchte gerne Leiterin im Marketing werden und hat sich sicherlich etwas bei der Anfertigung des Bewerbungsfotos gedacht. Positiv zu vermerken ist, dass es sich bei dem Foto um ein professionelles Studiofoto und nicht etwa um ein billiges Automatenfoto handelt. Leider sind Frau Böckler und der Fotograf der Versuchung erlegen, das Foto übertrieben künstlerisch gestalten zu wollen – die eingenommene Denkerpose vermittelt einen sehr zurückgenommenen Eindruck. Die Bewerberin wirkt in sich gekehrt, was für eine Führungsposition im Marketing kein günstiges Persönlichkeitsmerkmal ist. Hinzu kommt, dass sie den Betrachter von unten anschaut und damit unterwürfiger als nötig wirkt. Die weißen Fingerknöchel der stützenden Hand lassen vermuten, dass die Bewerberin unter Druck steht, was durch die zusammengekauerte Haltung noch unterstützt wird. Und auch wenn im Marketing sicherlich mehr Freiheit bei der Kleidungswahl möglich ist und es nicht immer das strenge Business-kostüm sein muss: Auf diesem Foto hat Frau Böckler die Grenzen überschritten, mit der »Schlabberbluse« ist sie zu leger gekleidet. Alles in allem eher ein Foto für private Kontakte.

Unterwürfig und zu leger

Das gelungene Bewerbungsfoto von Frau Böckler wird dem Erscheinungsbild einer souveränen Marketingleiterin gerecht. Die Bewerberin macht auf diesem Foto ihren Führungsanspruch geltend: Der offene und direkte Blick zum Betrachter vermittelt Durchsetzungsfähigkeit. Frau Böckler wirkt durchaus etwas streng, dies ist für eine Leitungsfunktion aber adäquat. Da Frauen in Führungspositionen immer noch größere Schwierigkeiten mit der Anerkennung haben als Männer, hat sich die Bewerberin entschlossen, Störsignale wie ein unsicheres Lächeln oder einen anbiedernden Ausdruck zu vermeiden. Frau Böckler wirkt auf dem Bild viel präsenter und nicht mehr so eingeengt wie vorher. Dazu trägt auch die bessere Ausleuchtung bei, die Frau Böckler plastischer

Souverän und präsent

abbildet. Die Kleidung ist besser auf die Position zugeschnitten, ohne ins zu strenge Business-Outfit abzurutschen. Ein Foto, auf dem die Bewerberin ihren individuellen Stil und ihre durchsetzungsfähige Persönlichkeit gelungen zum Ausdruck bringt!

Vom grimmigen Miesepeter zum kontaktstarken Teamplayer

Düster und nachlässig

Im Berufsalltag scheint für Tom Vandenhoeck nicht immer nur die Sonne zu scheinen. Er liefert ein sehr düsteres Bewerbungsfoto ab, auf dem nicht nur der Hintergrund viel zu dunkel ist, um das Gesicht richtig zur Geltung kommen zu lassen. Auch die Ausleuchtung ist so ungünstig, dass die linke Hälfte des Gesichtes im Schatten liegt. Ein Bewerber mit einer dunklen Seite? Die Intention für Herrn Vandenhoeck war es sicherlich, entschlossen zu wirken, um sich für die Wunschposition Projektmanager als dynamischer Macher zu empfehlen. Von der Wirkung her ist aber das Gegenteil eingetreten: Diesem Bewerber wird man nicht die nötige Integrationsfähigkeit zugestehen. Der auf der einen Seite über dem Jackett liegende Hemdkragen lässt Nachlässigkeit nicht nur in Kleidungsfragen vermuten. Dieses Foto ist sicherlich geeignet, um sich als Schauspieler für die Rolle des Bösewichts ins Gespräch zu bringen – für eine Bewerbung liefert das Foto aber zu viele Störimpulse, die den Personalverantwortlichen ins Grübeln bringen werden.

Freundlich und dynamisch

Dass Herr Vandenhoeck gar nicht so verbiestert ist, wie er auf dem schlechten Foto wirkt, beweist das gelungene Bewerbungsbild. Mit freundlichem Lächeln und in korrektem Business-Outfit kann der Bewerber überzeugen. Der Hintergrund ist diesmal hell genug gehalten, um den Bewerber in den Vordergrund treten zu lassen. Statt aggressiver Grundstimmung vermittelt Herr Vandenhoeck nun die für einen Projektmanager notwendige Dynamik. Diesem Bewerber traut man zu, die richtigen Impulse für die Geschäftsentwicklung zu setzen.

Bewerbungsfotos

→ Legen Sie Ihren Bewerbungsunterlagen ein aktuelles Foto bei.

→ Ihr Gesichtsausdruck auf dem Foto sollte freundlich, aber nicht anbiedernd sein. Mimik und Gestik sollten glaubwürdig und nicht aufgesetzt wirken.

→ Fragen Sie Freunde, Bekannte oder Lebenspartner, ob Sie auf dem Foto gut getroffen sind.

→ Vermeiden Sie, dass sich womöglich aktuelle Krisen – Konflikte am Arbeitsplatz, Kündigung oder Arbeitslosigkeit – in Ihrem Gesicht widerspiegeln.

→ Passen Sie Ihr Aussehen und Ihren Ausdruck der angestrebten Position an (dynamisch, souverän, verlässlich oder zielstrebig).

→ Tragen Sie auf dem Foto Kleidung, die zur neuen Position passt.

→ Lassen Sie das Foto bei einem professionellen Fotografen aufnehmen. Er sorgt dafür, dass der Hintergrund hell genug und Ihr Gesicht gut ausgeleuchtet ist.

→ Bei Frauen: Tragen Sie nur dezentes Make-up und keinen zu auffälligen Schmuck.

→ Bei Männern: Auf dem Foto sollte kein Bartschatten zu erkennen sein, dafür aber ein gepflegter Haarschnitt.

→ Lassen Sie kein Passfoto anfertigen, sondern ein Porträtfoto (größer als ein Passfoto, ein Teil der Schultern ist zu sehen).

→ Halten Sie genügend Fotos bereit, damit Sie auf interessante Anzeigen schnell genug reagieren können.

15. Leistungsbilanz statt Dritter Seite: Zusätzliche Argumente?

Bezüglich der Erstellung von Bewerbungsunterlagen ist manchmal die Rede von der Dritten Seite, allerdings nur aufseiten der Bewerber. Personalverantwortlichen ist die Dritte Seite als Bewerbungsinstrument eher suspekt. Warum sollte ein Bewerber erst auf dem dritten Blatt (nach dem Anschreiben und dem Lebenslauf) die Gründe liefern, die für seine Einstellung sprechen?

Die Idee der Dritten Seite hat ihren Ursprung im angloamerikanischen Raum. Dort sind argumentative Anschreiben, wie sie von der überwiegenden Mehrheit der deutschen Personalverantwortlichen verlangt werden, unbekannt. Stattdessen wird manchmal zusätzlich zum Lebenslauf mit Zeitangaben und Stationen (Chronological Resumee) eine stichwortartige Selbstbeschreibung erstellt, welche die unmittelbar im Berufsalltag einsetzbaren Kenntnisse und Fähigkeiten auflistet (Functional Resumee). Oder das Functional Resumee wird an den Anfang des chronologischen Lebenslaufes gestellt.

Ursprünglich ein Qualifikationsprofil

Damit wird Personalverantwortlichen die Arbeit erleichtert. Auf einen Blick können Sie erkennen, über welche speziellen Branchenerfahrungen und Kenntnisse ein Bewerber verfügt. Wie im deutschen Anschreiben werden die Angaben im Functional Resumee auf die ausgeschriebene Stelle zugeschnitten und liefern dadurch ein aussagekräftiges Qualifikationsprofil.

Wann ist eine Leistungsbilanz sinnvoll?

Sinnvoll kann eine zusätzliche Seite, die an den Lebenslauf anschließt, dann sein, wenn sie einen zusätzlichen Informationswert hat. Beispielsweise, wenn ein Bewerber so viele Projekte und Sonderaufgaben bewältigt hat, dass ihre Auflistung den Lebenslauf sprengen würde. Diese Extraseite nennen wir Leistungsbilanz. Sie unterscheidet sich von der Dritten Seite dadurch, dass sie das Profil eines Bewerbers unterstützt und vorrangig die Berufspraxis thematisiert. Immer dann, wenn Sie sehr viele Aufgaben außerhalb Ihrer eigentlichen Tätigkeiten wahrgenommen haben oder Ihre Arbeit einen ausgeprägten Projektcharakter hatte, können Sie zum Instrument der Leistungsbilanz greifen.

Das stört an der Dritten Seite

Ganz anders sieht es bei der hierzulande propagierten Form der Dritten Seite aus. In der Regel steht nicht das konkrete Profil des Bewerbers im Vordergrund, sondern eine zumeist beliebige Auflistung von Persönlichkeitsmerkmalen und/oder Zitaten, die eine bevorzugte Lebensphilosophie ausdrücken sollen. Eine in dieser Form aufgemachte Dritte Seite steigert nicht den Bewerbungserfolg. Im Gegenteil: Da Bewerber, die eine solche Dritte Seite beilegen, zumeist der Meinung sind, sie bräuchten wenig Mühe auf ihr Anschreiben zu verwenden, erweisen sie sich einen Bärendienst.

Hierzulande oft nichtssagend

Das Beispiel einer typischen Dritten Seite von Hans-Peter Makowski zeigt Ihnen, wie Sie nicht vorgehen sollten. Anhand der anschließend aufgeführten Leistungsbilanz können Sie dann nachvollziehen, wie es besser geht.

Hans-Peter Makowski – Westhang 245 – 70708 Karlsruhe

Mein Motto: »Weitsicht ist besser als Kurzsichtigkeit«

Als zukünftiger Manager bekenne ich mich zu der Herausforderung, in einer immer komplexer werdenden Welt zu den Strategien zu finden, die das ökonomisch Machbare mit Kreativität verbinden. Nur die Offenheit für Neues und das sichere Gespür für die Welt, in der man lebt, ermöglichen kontinuierliche Verbesserungen.

Mein Lebensweg führte mich von einfachen Anfängen hin zu immer größeren Aufgaben, die ich mit der mir eigenen Leistungsfähigkeit sicher bewältigen konnte. Rückschläge sind für mich immer der Anlass, über Neues nachzudenken und Wege zu beschreiten, die noch niemand vor mir ging. Ökonomische Zusammenhänge schnell zu erfassen und analytisch auszuwerten, war stets die Richtschnur meines Führungshandelns. Meine persönliche Entwicklung sehe ich niemals als abgeschlossen an.

Eindringlich möchte ich Ihnen an dieser Stelle meine Mitarbeit ans Herz legen, die sich stets durch außergewöhnliche Teamfähigkeit, Kreativität, Kompromissbereitschaft, Einfühlungsvermögen und unternehmerisches Denken ausgezeichnet hat und auch weiterhin auszeichnen wird.

Karlsruhe, den 14. Dezember 2012

Kommentar zur Dritten Seite

Wenn Sie die Formulierungen aus dem Negativbeispiel einmal in Ruhe auf sich wirken lassen, werden Sie schnell feststellen, dass der Text

Fehler *Worthülsen und Allgemeinplätze*

eher an einen Besinnungsaufsatz in der Schule erinnert. Das Profil des Bewerbers wird durch diese Form der Dritten Seite nicht deutlicher. Im Gegenteil, der Leser findet nur Worthülsen, Absichtserklärungen und Allgemeinplätze.

Fehler
Kontraproduktiver Humor

Das ins Zentrum der Dritten Seite gerückte Motto »Weitsicht ist besser als Kurzsichtigkeit« soll als Blickfang fungieren. Dies wird auch erreicht, aber leider mit negativen Folgen. Denn mit dem Motto wird keine Individualität ausgedrückt. Es zeigt vielmehr, dass der Bewerber sich lieber hinter Auszügen aus Zitatesammlungen versteckt, als sein individuelles Profil zu präsentieren. Auskünfte mit einem lustigen Spruch zu schmücken, kann vielleicht bei Reden zu gesellschaftlichen Anlässen passend sein. Im Bewerbungsverfahren wirkt diese Humorigkeit kontraproduktiv. Es drängt sich der Eindruck auf, dass der Kandidat Schwierigkeiten damit hat, den für Entscheidungsvorlagen richtigen Sprachstil zu treffen.

Fehler *Zweifel wecken*

Schlimm genug, dass die Dritte Seite keinen Informationsgehalt hat, der für eine Einstellungsentscheidung nützlich wäre. Einzelne Ausführungen des Bewerbers wenden sich sogar gegen ihn. Seine Formulierung »Rückschläge sind für mich immer Anlass über Neues nachzudenken« lässt vermuten, dass er eine Arbeitsweise pflegt, die ihm immer wieder Rückschläge einbringt. Dies könnte daran liegen, dass er es liebt, »Wege zu beschreiten, die noch niemand vor mir ging«. Mit dieser Aussage weckt der Bewerber Zweifel an seiner Anpassungsfähigkeit an betriebliche Abläufe. Er scheint sich lieber als kreativer Paradiesvogel produzieren zu wollen.

Fehler *Keine Belege für Soft Skills*

Aussagen über Soft Skills werden von Personalverantwortlichen nur dann als verwertbar angesehen, wenn sie in Praxisbeispiele eingebunden werden. Werden Sie dagegen nur schlagwortartig aufgezählt, sind dies bloße Behauptungen, denen man anmerkt, dass sie vom Bewerber aus Gründen der sozialen Erwünschtheit angegeben wurden. Personalverantwortliche unterstellen dann, dass der Bewerber lediglich ein vom Unternehmen erwünschtes Soft-Skill-Profil ohne Rücksicht auf die eigene Persönlichkeit konstruiert, um in einem guten Licht dazustehen. Daher werden abstrakte Angaben von Soft Skills schlichtweg ignoriert. Bei dieser Dritten Seite lässt der Bewerber durchaus etwas von seiner Persönlichkeit durchblicken. Mit dem Satz »Eindringlich möchte ich Ihnen an dieser Stelle meine Mitarbeit ans Herz legen« weckt er Zweifel an seiner Kundenorientierung. Er scheint lieber zu Drückermethoden zu greifen, statt angemessene Überzeugungsarbeit zu leisten.

Fazit

Die Dritte Seite hat für Personalverantwortliche keinen Informationswert. Im Gegenteil, der Bewerber weckt sogar deutliche Zweifel an seiner Eignung. Daher wäre es besser gewesen, auf den »Besinnungsaufsatz« zu verzichten.

Hans-Peter Makowski – Westhang 245 – 70708 Karlsruhe

Leistungsbilanz

Branchenerfahrung
10 Jahre verantwortliche Tätigkeit bei international ausgerichteten Konsumgüterherstellern, Umsatzverantwortung 30 Millionen Euro, Führung von 18 Mitarbeitern.

Arbeitsschwerpunkte
→ Vertriebsleitung
→ Key-Account-Management
→ Business Development
→ Trade Marketing
→ Category-Management

Besondere Erfolge
→ Aufbau des Trade-Marketings
→ Etablierung des Category-Managements
→ Aufbau von Online-Shop-Lösungen und Unternehmensmarktplätzen
→ Unternehmensübergreifende Projektleitung ECR (Efficient Customer Response)
→ Messeplanung und -durchführung für die Konsuma 2010 und 2012
→ Außendienstvernetzung
→ Relaunch der Marke PRO-FIX
→ Internationale Produkteinführung von QuickSteP
→ Aufbau einer CRM-Projektgruppe
→ Kostensenkungsprogramm Verpackungsstandardisierung

Ich konnte bei allen von mir durchgeführten Projekten erhebliche Synergieeffekte zur Verbesserung der Kostenstruktur realisieren. Die von mir betreuten Projekte »Online-Shop-Lösungen« und »Relaunch PRO-FIX« führten zu Umsatzsteigerungen im zweistelligen Prozentbereich.

Kommentar zur Leistungsbilanz

Personalverantwortliche sind durchaus bereit, zusätzlich zu Anschreiben und Lebenslauf eine weitere Seite in Augenschein zu nehmen. Allerdings muss diese Seite dann einen echten Informationsgewinn versprechen. Hier hat sich der Bewerber für die zusätzliche Seite »Leistungsbilanz« entschieden. Er hätte auch die Überschrift »Projekte und Erfolge«, »Mein Profil« oder »Berufliche Stärken« wählen können. Entscheidend ist, dass er sein Kernprofil komprimiert skizziert und dadurch klar herausstellt, welchen besonderen Erfahrungsschatz er für das neue Unternehmen nutzbar machen könnte.

Überzeugend
Überschrift

Der Bewerber ist an der Schnittstelle von Vertrieb und Marketing tätig. Gerade für diese Bewerbergruppe, deren Tätigkeit zumeist star-

Überzeugend
Besondere Erfolge

ken Projektcharakter hat, bietet sich eine Leistungsbilanz an. Nicht zuletzt deswegen, da dort auch immer wieder Aufbauarbeit geleistet wird. Wer sich das Etikett des Machers geben möchte, sollte auch auf die besonderen Erfolge seiner Arbeit hinweisen. Hier fällt im Block »Besondere Erfolge« ins Auge, dass der Bewerber stets neue Lösungen in seinem Arbeitsbereich entwickelt und umgesetzt hat, um die Geschäftsentwicklung voranzutreiben. Er hat sowohl das Trade Marketing als auch das Category-Management in seinem Unternehmen eingeführt. Daneben hat er Online-Shops als zusätzliche Vertriebskanäle eingerichtet. Erfolgreiche Produkteinführungen und Relaunches kann er ebenso auf seiner Habenseite verbuchen wie verbesserte Kundenbindungsprogramme. Diese Leistungsbilanz überzeugt.

Überzeugend
Schlüsselbegriffe einsetzen

Um eine möglichst hohe Informationsdichte zu erreichen, verwendet der Bewerber Schlagworte und Schlüsselbegriffe aus dem Tagesgeschäft. Er vermeidet einen Besinnungsaufsatz und liefert stattdessen ein prägnantes Qualifikationsprofil. Beschäftigungszeiten und Arbeitgeber lässt er weg, um Wiederholungen aus dem Lebenslauf zu vermeiden und das Wesentliche klar herauszustellen. Mit den drei Blöcken »Branchenerfahrung«, »Arbeitsschwerpunkte« und »Besondere Erfolge« strukturiert er seine Informationen leserfreundlich. Gleich im ersten Block, der Branchenerfahrung, betont er auch seine bisherigen Führungsaufgaben. Beendet wird die Leistungsbilanz mit einer Quantifizierung seiner Geschäftserfolge.

Überzeugend
Passende Beispiele

Statt mit Leerfloskeln zu jonglieren, unter denen man sich alles oder nichts vorstellen kann, lässt der Bewerber in dieser Leistungsbilanz sein Potenzial an Soft Skills bei den bewältigten beruflichen Aufgaben durchblicken. Ein professioneller Leser in der Personalabteilung wird beispielsweise der erfolgreich bewältigten Messeplanung und -durchführung die Soft Skills »Organisationstalent«, »Kontaktstärke« und »Kundenorientierung« zuordnen. »Unternehmerisches Denken« und »Innovationsstärke« lassen sich aus der erfolgreichen Aufbauarbeit und den gelungenen Produkteinführungen herauslesen.

Fazit

Mit der Darstellung seiner Branchenerfahrung, seiner Arbeitsschwerpunkte und besonderen Erfolge verschafft sich der Bewerber Pluspunkte. Mit dieser Leistungsbilanz empfiehlt er sich als gefragter Macher, der die Dinge zum Laufen bringt.

Ihre Leistungsbilanz

AUF EINEN
BLICK

→ Wenn Sie so viel Projektarbeit durchgeführt und Sonderaufgaben bewältigt haben, dass die detaillierte Auflistung den Lebenslauf sprengen würde, dann ist eine Leistungsbilanz die richtige Wahl für Sie.

→ Versehen Sie die Projekte und Sonderaufgaben in der Leistungsbilanz mit einem schlagkräftigen Etikett.

→ Heben Sie hervor, welche Rolle Sie gespielt haben.

→ Verdeutlichen Sie, welche Ergebnisse die Projekte und Sonderaufgaben hatten (Kostensenkung, Qualitätsverbesserung, Restrukturierung, Umsatzsteigerung et cetera).

→ Beschreiben Sie Ihre Führungsverantwortung detailliert (Anzahl der Mitarbeiter, Leitung internationaler Teams, Weisungsbefugnisse).

→ Geben Sie an, wem gegenüber Sie Bericht erstattet haben (Vorstand, Geschäftsleitung, Bereichsleitung).

→ Führen Sie Projekte auf, die Sie in Zusammenarbeit mit Unternehmensberatungen bewältigt haben (Umstrukturierungen, Rationalisierungsmaßnahmen, Ausweitung der Geschäftstätigkeit).

→ Zählen Sie die Gelegenheiten auf, bei denen Sie das Unternehmen in der Öffentlichkeit vertreten haben.

→ Falls Sie die Aufgaben von Vorgesetzten mit erledigt haben, ohne offiziell zum Stellvertreter ernannt worden zu sein: Stellen Sie dies in Ihrer Leistungsbilanz dar.

→ Wenn Sie offiziell mit Aufgaben außerhalb Ihres Arbeitsbereiches betraut worden sind (Weisung, Besetzungssperre, Krankheit oder Urlaub von Kollegen), sollten Sie das ebenfalls hier erwähnen.

→ Wenn Sie besondere Maßnahmen in der Mitarbeiterbetreuung initiiert haben (Coaching, Vertriebsschulung, Teambuilding), ist auch dafür die Leistungsbilanz der richtige Ort.

→ Nennen Sie nur Projekte und Sonderaufgaben, die hinsichtlich der ausgeschriebenen Stelle von Bedeutung sind.

→ Nur wenn die Angaben in der Leistungsbilanz dem Leser in der Personalabteilung wirklich einen Mehrwert gegenüber dem Lebenslauf geben, ist eine zusätzliche Leistungsbilanz sinnvoll.

16. Vollständigkeit: Was gehört in die Bewerbungsunterlagen?

Grundsätzlich gehören zu einer vollständigen Bewerbungsmappe das Anschreiben, der Lebenslauf, das Bewerbungsfoto (kein Muss, AGG) sowie Kopien von Arbeitszeugnissen und des berufsqualifizierenden Abschlusses. Hinzu kommen eventuell Kopien von Fortbildungsabschlüssen, Weiterbildungsbestätigungen und sonstigen Zertifikaten. Achten Sie auf Kopien in guter Qualität und legen Sie das Anschreiben lose obenauf in die Mappe.

Richtig sortiert

Ihre Unterlagen sollten Sie so einsortieren: Fangen Sie hinter dem Lebenslauf mit den aktuellen Belegen an und gehen Sie dann zeitlich zurück. Es gilt das jeweilige Ausstellungsdatum des Schriftstückes. Eine Wahlmöglichkeit haben Sie bei Weiterbildungen: Sie können die Nachweise zeitlich einordnen oder zusammengefasst ganz nach unten in die Mappe legen.

Aktuelles zuerst

Die optimale Zusammenstellung von Bewerbungsunterlagen ist immer auch eine taktische Entscheidung. In unseren Coachings und Beratungen erleben wir es beispielsweise häufiger, dass Studienzeugnisse schlechter sind als die späteren Arbeitszeugnisse. Dann sollten die Unterlagen keinesfalls so enden, dass das Studienzeugnis das letzte Element bildet. In diesem Fall wäre es sinnvoller, zunächst Anschreiben und Lebenslauf, dann alle Arbeitszeugnisse, dann Ausbildungsbeziehungsweise Studienzeugnisse und dann alle Weiterbildungsnachweise aufzuführen.

Ist dagegen das Arbeitszeugnis eines früheren Arbeitgebers eher durchschnittlich oder gar problematisch und liegt kein Zwischenzeugnis des momentanen Arbeitgebers vor, weil dieser von den Wechselabsichten noch gar nichts erfahren soll, bietet es sich an, eventuelle Referenzgeber nicht im Lebenslauf, sondern auf einer Extraseite, nach dem Lebenslauf und vor dem problematischen Arbeitszeugnis, einzusortieren (siehe Kapitel 18, »Empfehlungen: Referenzen und Fürsprecher«). Überprüfen Sie also die Reihenfolge Ihrer Unterlagen ebenso unter taktischen Gesichtspunkten, wie wir es in unserer täglichen Coachingpraxis tun.

Die klassische Zusammenstellung

Hier sehen Sie, in welcher Reihenfolge Sie Ihre Unterlagen einsortieren können. Auf das einseitige Anschreiben folgt der zweiseitige tätigkeitsbezogene Lebenslauf. Die weiteren Unterlagen beginnen üblicherweise mit dem Arbeitszeugnis Ihres vorherigen Arbeitgebers oder, wenn vorhanden, mit einem Zwischenzeugnis des momentanen Arbeitgebers. Danach folgen Kopien früherer Arbeitszeugnisse, des berufsqualifizierenden Abschlusses sowie abschließend von Weiterbildungszertifikaten.

Anschreiben	Lebenslauf mit Foto Seite 1	Lebenslauf Seite 2	eventuell Zwischenzeugnis
Arbeitszeugnis des vorherigen Arbeitgebers	Arbeitszeugnis des vorvorherigen Arbeitgebers	Ausbildungs-abschluss oder Studienabschluss	Weiterbildungs-zertifikat 1
Weiterbildungs-zertifikat 2	Weiterbildungs-zertifikat 3	Weiterbildungs-zertifikat 4	

Die klassische Zusammenstellung mit Leistungsbilanz

Wenn Sie Ihrer Bewerbungsmappe als zusätzliches drittes Element
eine Leistungsbilanz beifügen möchten, können Sie sich an dieser
Abbildung orientieren. Dann folgt im Anschluss an den Lebenslauf
eine Leistungsbilanz, die Ihre beruflichen Stärken zusammenfasst.

Anschreiben	Lebenslauf mit Foto Seite 1	Lebenslauf Seite 2	Leistungsbilanz
Arbeitszeugnis des vorherigen Arbeitgebers	Arbeitszeugnis des vorvorherigen Arbeitgebers	Ausbildungs- abschluss oder Studienabschluss	Weiterbildungs- zertifikat 1
Weiterbildungs- zertifikat 2	Weiterbildungs- zertifikat 3	Weiterbildungs- zertifikat 4	

Die klassische Zusammenstellung mit Fortbildung/Umschulung

Neuorientierung sollte auffallen

Häufig kommt es vor, dass sich Bewerber beruflich neu orientiert haben, beispielsweise durch eine Umschulung oder Fortbildung zur Personalfachkauffrau, zum Techniker, zum Meister oder zur technischen Betriebswirtin. Diese Neuorientierung muss natürlich auffallen. Sie dürfen die entsprechenden Nachweise also nicht zu den Seminarbestätigungen ans Ende der Mappe legen, damit diese wichtigen Dokumente nicht übersehen werden. Ordnen Sie Fortbildungsabschlüsse oder Umschulungszertifikate zeitlich ein. Orientieren Sie sich dabei an der folgenden Abbildung

Anschreiben	Lebenslauf mit Foto Seite 1	Lebenslauf Seite 2	Fortbildungs- oder Umschulungs- nachweis
Arbeitszeugnis des vorherigen Arbeitgebers	Arbeitszeugnis des vorvorherigen Arbeitgebers	Ausbildungs- abschluss oder Studienabschluss	Weiterbildungs- zertifikat 1
Weiterbildungs- zertifikat 2	Weiterbildungs- zertifikat 3	Weiterbildungs- zertifikat 4	

Variation mit Deckblatt vor dem Anschreiben

Weitere Variationsmöglichkeiten für die Zusammenstellung Ihrer Be- *Individuelles* werbungsunterlagen erhalten Sie, wenn Sie ein zusätzliches Deckblatt *Titelblatt* verwenden, wie in der folgenden Abbildung. Dieses Deckblatt können Sie ganz nach vorne stellen, womit Sie eine Art individuelles Titelblatt für Ihre Bewerbungsmappe erreichen. Sie können das Deckblatt auch mit Ihrem Bewerbungsfoto schmücken. Dies eröffnet Ihnen zum Beispiel die Möglichkeit, ein etwas größeres Foto zu verwenden. Schreiben Sie auf dem Deckblatt nicht bloß »Bewerbungsunterlagen von ...«, sonst wirkt Ihre Bewerbung wenig passgenau. Geben Sie auf dem Deckblatt die genaue Position an, auf die Sie sich bewerben, siehe »Muster Deckblatt 1« und » Muster Deckblatt 2 «. Es bietet sich an, auch Ihre Kontaktdaten aufzuführen. Verzichten Sie aber nicht darauf, diese Daten auf dem Anschreiben und dem Lebenslauf erneut zu vermerken.

Deckblatt mit Foto	Anschreiben	Lebenslauf ohne Foto Seite 1	Lebenslauf Seite 2
Arbeitszeugnis des vorherigen Arbeitgebers	Arbeitszeugnis des vorvorherigen Arbeitgebers		

Muster Deckblatt 1

Frauke Schön
Goetheplatz 6
71034 Böblingen
Tel. 07031 1211221
E-Mail: F.Schön@aol.de

**Bewerbung als Gruppenleiterin Controlling
bei der Auto AG**

Muster Deckblatt 2

Bewerbungsunterlagen für die PD-Marketing GmbH

Stefan Rickmehrs
Wilstorfer Straße 71
22045 Hamburg

Position: Marketingleiter

Tel.: 040 1233234
Mobil: 0178 1253234
E-Mail: stefan.rickmehrs@online.de

Variation mit Deckblatt nach dem Anschreiben

Statt als Titelblatt für Ihre gesamte Mappe können Sie das Deckblatt auch nach dem Anschreiben einsortieren. Das Deckblatt ist dann die Einleitungsseite zum Lebenslauf.

Anschreiben	Deckblatt mit Foto und persönlichen Daten	Lebenslauf ohne Foto Seite 1	Lebenslauf Seite 2
Arbeitszeugnis des vorherigen Arbeitgebers	Arbeitszeugnis des vorvorherigen Arbeitgebers		

Variation mit Anlagenverzeichnis

Orientierung

Bei sehr umfangreichen Anlagen bietet es sich an, ein Anlagenverzeichnis zu erstellen, damit der Überblick gewahrt bleibt. Auf dem Anschreiben ist in der Regel zu wenig Platz dafür, weshalb dort der bloße Vermerk »Anlagen« ausreicht. Ein ausführliches Anlagenverzeichnis kann jedoch als separates Blatt an den Lebenslauf anschließen, um dem Leser die Orientierung in umfangreichen Unterlagen zu erleichtern. Unser »Muster Anlagenverzeichnis« zeigt Ihnen einen möglichen Aufbau dieser Extraseite.

Anschreiben	Deckblatt mit Foto	Lebenslauf ohne Foto Seite 1	Lebenslauf Seite 2

Anlagen-verzeichnis	Arbeitszeugnis des vorherigen Arbeitgebers

Muster Anlagenverzeichnis

ANLAGENVERZEICHNIS

Arbeitszeugnisse
– Baustoffzentrum GmbH & Co. KG
– Küchencenter GmbH
– Call-Center GmbH
– Versandhandelsgesellschaft mbH

Zeugnis über Ausbildung und Studium
– Urkunden Dipl.-Betr.
– Zeugnis Dipl.-Betr.
– Ausbildungszeugnis Bürokaufmann

Weiterbildungszertifikate
– Gefahrgüter transportieren
– Reklamationen am Telefon
– Verkaufs- und Beratungsgespräche
– Lagerwirtschaft in der Praxis

Bedenken Sie bei der Erstellung Ihrer Bewerbungsmappe aber immer, dass Sie wirklich nur Unterlagen einsortieren, die für eine Einstellungsentscheidung relevant sind, und ihre Mappe nicht unnötig aufblähen.

Ihre vollständigen Bewerbungsunterlagen

→ Ihre Bewerbungsmappe sollte zumindest das Anschreiben, den Lebenslauf, das Bewerbungsfoto (kein Muss, AGG) und ein Zeugnis über den berufsqualifizierenden Abschluss enthalten.

→ Legen Sie ein Zwischenzeugnis (kein Muss) und die Arbeitszeugnisse früherer Arbeitgeber bei.

→ Arbeiten Sie eine Leistungsbilanz aus (kein Muss).

→ Falls Sie sich für ein Deckblatt entschieden haben, sollten Sie es auf die angeschriebene Firma und die ausgeschriebene Position zuschneiden.

→ Wählen Sie die Weiterbildungszertifikate aus, die für die ausgeschriebene Position wichtig sind. Denken Sie nicht nur an Bestätigungen über fachliche Weiterbildungen, sondern auch über Trainings im Bereich Soft Skills (Verhandlungsführung, Präsentieren, Rhetorik, Moderation).

→ Legen Sie Nachweise über Umschulungen oder Fortbildungen bei.

→ Sortieren Sie Ihre Anlagen in der richtigen Reihenfolge ein und achten Sie darauf, dass sie insgesamt stimmig und aussagekräftig sind.

→ Erstellen Sie bei sehr umfangreichen Anlagen am besten ein Anlagenverzeichnis.

→ Verwenden Sie für Anschreiben und Lebenslauf die gleiche Papiersorte.

→ Achten Sie auf eine gute Qualität der beigefügten Kopien oder Scans.

17. Nachfass-E-Mail oder Anruf: Wann sollten Sie nachhaken?

Wann man sich bei Ihnen meldet, hängt von dem jeweiligen Unternehmen oder der beauftragten Personalberatung ab. In manchen Unternehmen werden die Bewerbungen erst einmal gesammelt, bevor es an die Auswertung geht. Andere wiederum beginnen sofort mit der Auswertung, um interessante Kandidaten schnellstmöglich kontaktieren zu können. Wenn auf Ihre Bewerbung zu lange keine Reaktion kommt, sollten Sie selbst aktiv werden und sich in Erinnerung bringen.

Mithilfe unserer Profil-Methode® haben Sie passgenaue, stärkenorientierte und glaubwürdige Anschreiben und Lebensläufe erstellt und können diese nun an die Personalabteilungen versenden – Sie sind Ihrem Ziel also ein gutes Stück näher gekommen. Und was passiert nun? Es wäre doch schade, wenn Sie nach diesem guten Start einbrechen würden! Legen Sie deshalb nach dem Versand Ihrer Bewerbungsmappe die Hände nicht in den Schoß: Bleiben Sie am Ball!

Nachfassaktionen

Freundlich und souverän bleiben

Dies können Sie beispielsweise mit einer Nachfass-E-Mail oder einem -anruf in der Personalabteilung beziehungsweise bei der externen Personalberatung tun. Wenn Sie selbst Kontakt zu Firmenvertretern oder Personalberatern aufnehmen, sollten Sie immer bedenken, dass das Bewerbungsverfahren noch läuft und dass Sie mit einem an der Entscheidung Beteiligten telefonieren. Bleiben Sie deshalb freundlich, und treten Sie auch beim Nachhaken per E-Mail oder Telefon souverän auf. Manche Firmen und Personalberatungen werden Verständnis für Ihren Informationsbedarf haben, andere dagegen werden eher kühl reagieren und sich keine weiteren Auskünfte entlocken lassen.

Beschränken Sie sich auf formale Fragen

Bei Ihren Nachfassaktionen ist Sensibilität gefragt. Haben Sie nach circa zwei bis vier Wochen noch nichts vom Unternehmen oder der externen Personalberatung gehört, sollten Sie sich mit formalen Fragen zum weiteren Fortgang in Erinnerung bringen. Auch wenn Sie bei Ihrer Stellensuche unter starkem Druck stehen: Bringen Sie sich in Erinnerung, ohne aufdringlich zu wirken. So mancher hat sich noch beim Nachfassen ins Aus katapultiert! Fragen Sie also lieber nach dem Fortgang des Entscheidungsprozesses in der Firma, beispielsweise so: »Bis wann ist eine Entscheidung geplant?« Es bietet sich natürlich auch an, nach den weiteren Auswahlschritten zu fragen. Dann können Sie sich rechtzeitig auf ein Assessment-Center oder ein Vorstellungsgespräch vorbereiten. Fragen Sie »Welche weiteren Auswahlverfahren sind vorgesehen?« oder »Wie ist der weitere Fortgang? Gibt es bereits eine grobe Terminplanung?«.

Nervenstärke ist gefragt

Die eigentliche Entscheidung darüber, welcher Bewerber wann zu einem Vorstellungsgespräch eingeladen wird, werden Sie natürlich nicht beeinflussen können. Aber Sie können deutlich machen, dass Sie nach wie vor an der Stelle interessiert sind. Manche Anrufer haben dadurch auch schon erreicht, dass ihre Bewerbungsunterlagen noch einmal zur Hand genommen und besonders gründlich überprüft wurden. Mit einem kurzen Anruf verschaffen Sie sich Informationen darüber, wie es im Auswahlverfahren weitergeht. Sie sollten sich dabei jedoch auf Fragen nach dem weiteren Verlauf des Bewerbungsverfahrens beschränken. Denn ganz besonders unangenehm fallen Bewerber auf, die patzig eine Entscheidung einfordern und Druck ausüben wollen. Es würde ein schlechtes Licht auf Ihre Souveränität als Führungskraft werfen, wenn Sie eine Entscheidung erzwingen wollten. Und Sie wissen ja: Noch ist das Verfahren nicht abgeschlossen und Sie sprechen mit einer beteiligten Person.

Fragen Sie nach dem weiteren Vorgehen

AUF EINEN BLICK

Richtig nachhaken

→ Formulieren Sie Ihre E-Mail oder Ihren Anruf freundlich und souverän.

→ Warten Sie etwa zwei bis vier Wochen mit Ihrer Nachfassaktion.

→ Fragen Sie nach weiteren Auswahlschritten oder dem Fortgang des Verfahrens.

→ Vermeiden Sie Fragen, die den Angerufenen/Adressaten in Abwehrhaltung bringen könnten.

→ Zeigen Sie mit Ihrem Anruf/Ihrer E-Mail, dass Sie weiterhin Interesse haben, aber ohne jemanden unter Druck zu setzen.

18. Empfehlungen: Referenzen und Fürsprecher

Wenn es um die Besetzung von Führungspositionen geht, verlassen sich Personalberater, Headhunter und Firmen nicht allein auf die Selbstbeschreibungen der Kandidaten, die diese schriftlich mithilfe ihrer Bewerbungsunterlagen oder persönlich im Vorstellungsgespräch oder Assessment-Center geben. Häufig wird direkt im beruflichen Umfeld nachgefragt, dann sind überzeugende Referenzgeber und Fürsprecher notwendig.

Im Bewerbungsverfahren können Sie an verschiedenen Stellen davon profitieren, dass Sie Referenzgeber oder Fürsprecher in Ihre Bewerbungsstrategie einbinden. Zum einen können Sie direkt in Ihrem Lebenslauf einen zusätzlichen Block »Referenzen« aufführen, in dem Sie zwei bis drei Fürsprecher nennen. Aber auch im Telefoninterview oder im persönlichen Vorstellungsgespräch können Sie auf Dritte verweisen, an die sich die suchende Personalberatung oder die einstellende Firma – mit Ihrem Einverständnis – wenden können. Geben Sie im Gespräch von sich aus keine Referenzgeber an, sollten Sie damit rechnen, dass Personalberater nachfragen. Wie Sie die Aufforderung »Können Sie mir zwei Personen nennen, bei denen ich mich nach Ihrem Leistungsvermögen und Ihren bisherigen beruflichen Erfolgen erkundigen kann?«, beantworten, sollten Sie sich daher unbedingt vor dem Gespräch überlegen.

Wer spricht für Sie?

Wen geben Sie an? Zunächst gilt es herauszufinden, wen Sie als Referenz angeben möchten. Es gibt dabei verschiedene Möglichkeiten. Denkbar sind ehemalige Vorgesetzte aus Ihrer aktuellen Firma, die nun in einer anderen Firma arbeiten, sich also wegbeworben haben. Oder auch ehemalige Vorgesetzte aus Ihrer letzten Firma, die dort, nach Ihrem Wechsel zum momentanen Arbeitgeber, immer noch tätig sind. In Konzernen ist es möglich, bei einer internen Bewerbung auf Fürsprecher aus anderen Bereichen, Abteilungen oder Niederlassungen zu verweisen.

Bei allen Bewerbungen auf Führungspositionen in den Bereichen Vertrieb, Verkauf oder Einkauf sind Referenzgeber nützlich, die zu Ihren Schlüsselkunden beziehungsweise Schlüssellieferanten zählen. Wenn Sie zur Übernahme einer verantwortungsvolleren Position in den letzten Monaten ein MBA-Studium oder eine andere qualifizierte Fortbildung abgeschlossen haben, würden wir akademische Referenzgeber – Professorinnen und Professoren – dennoch ausschließlich bei Bewerbungen im wissenschaftlichen Bereich empfehlen.

Bereiten Sie Ihre Referenzgeber vor

Geben Sie Referenzen im Lebenslauf an, sollten Sie die Personen mit Namen, Position, Unternehmen, Unternehmensadresse, Telefonnummer und E-Mail-Adresse aufführen. Dann kann sich der Personalberater oder das einstellende Unternehmen direkt nach Ihnen erkundigen. Dabei gilt, je höher die berufliche Position des Referenzgebers ist, desto besser für Sie. Überlegen Sie also bitte, welche Geschäftsführer, Niederlassungsleiter, Bereichsleiter oder Abteilungsleiter infrage kommen.

Falls gewünscht, können Sie im Block »Referenzen« in Ihrem Lebenslauf so formulieren: »Zu meinem beruflichen Werdegang gebe ich diese Referenzen an: Udo Müller, Geschäftsführer, Technical Sales GmbH, Rudolf-Diesel-Straße 111, 24106 Kiel, Tel.: 0431 1112211, E-Mail: u.mueller@technical-sales.com« und Christian Schmidt, Abteilungsleiter Sales, Sales AG, Nordstraße 222, 22112 Hamburg, Tel.: 040 22211222, E-Mail: christian.schmidt@sales-ag.de«. *So können Sie formulieren*

Ihre Referenzgeber sollten vorab informiert sein. Am besten ist es, wenn Sie Ihre Referenzpersonen im Vorfeld telefonisch über Ihre Bewerbungsabsichten informieren. Betreiben Sie etwas Smalltalk, verweisen Sie auf frühere gemeinsame Erfolge und fragen Sie dann nach dem Einverständnis, als Referenzgeber zur Verfügung zu stehen. Übersenden Sie nach dem Telefonat Ihren Lebenslauf und die infrage kommende Stelle per E-Mail an den Referenzgeber. Dann hat er oder sie vor einem Anruf des Personalberaters oder des neuen Arbeitgebers »vor Augen«, was Sie in den vergangenen Jahren alles geleistet haben.

Wie im sonstigen Leben gilt auch hier: Klasse schlägt Masse. Zwei oder drei erstklassige Referenzgeber sind überzeugender als eine lange Liste unzähliger Fürsprecher.

Referenzen und Fürsprecher nutzen

AUF EINEN BLICK

→ Wenn es um die Besetzungen von Führungspositionen geht, wird häufig nach Referenzgebern gefragt.

→ Überlegen Sie sich, wer für Sie sprechen könnte (ehemalige Vorgesetzte, Kunden, Zulieferer).

→ Je höher Ihr Referenzgeber in der Führungshierarchie angesiedelt ist, desto besser.

→ Führen Sie Ihre Fürsprecher mit Namen, Position, Unternehmen, Unternehmensadresse, Telefon und E-Mail-Adresse auf.

→ Informieren Sie Ihre Referenzgeber vorab und bitten Sie sie um ihr Verständnis dafür, als Referenzgeber genannt zu werden.

→ Übersenden Sie Ihren Lebenslauf und die infrage kommende Stelle per E-Mail an Ihren Referenzgeber.

5

Gelungene Beispielbewerbungen

19. So überzeugen Führungskräfte

Unsere Beispielbewerbungen zeigen Ihnen, wie Sie unsere Tipps und Techniken in die Praxis umsetzen können. Wir geben Ihnen Anregungen für den sinnvollen Aufbau von Anschreiben und Lebensläufen und machen Sie mit möglichen Formulierungen vertraut.

Der Königsweg der Bewerbung ist Individualität und Aussagekraft. Ihr Anschreiben und Ihr Lebenslauf sind der schriftliche Ausdruck Ihres individuellen beruflichen Profils und Ihrer Persönlichkeit. Aus unserer Beratungstätigkeit wissen wir: Es gibt niemals zwei Bewerber mit dem gleichen Profil. Liefern Sie im Anschreiben erste Argumente für Ihre Einstellung und stellen Sie im Lebenslauf den Wert Ihrer Qualifikationen für den angestrebten Arbeitsplatz heraus. *Individualität und Aussagekraft*

Nach einer gründlichen Bestandsaufnahme in Form einer Erfolgsbilanz und einer umfassenden Selbstanalyse in den Bereichen fachliche, soziale und methodische Kompetenz ist es für Sie wichtig, Ihr berufliches Profil so darzustellen, dass für ein Unternehmen klar wird, welchen Nutzen Sie zu bieten haben. Argumentieren Sie im Anschreiben und im Lebenslauf aus der Perspektive des beworbenen Unternehmens heraus.

Stellen Sie die Aufgaben in den Vordergrund, die für das neue Unternehmen interessant sind. So machen Sie im Bewerbungsverfahren von Anfang an deutlich, was Sie zu bieten haben und warum dies für das neue Unternehmen von Nutzen sein könnte. Konkrete Tätigkeitsbeschreibungen erleichtern es den Lesern Ihrer Unterlagen zu erkennen, welche Qualifikationen Sie mitbringen. *Stellen Sie Ihren Nutzen für die Firma heraus*

Die im Folgenden dargestellten Beispielanschreiben und -lebensläufe dienen dazu, Ihnen geeignete Formulierungen vorzustellen und Ihnen den sinnvollen Aufbau von Anschreiben und Lebensläufen zu zeigen.

Bewerbung als Verkaufsleiter

Wir sind ein Pionier der Systemintegration und weltweiter Anbieter von Netzwerkmanagement-Lösungen. Zum schnellstmöglichen Zeitpunkt suchen wir eine/n

Verkaufsleiter/in

Als Verkaufsleiter/in sind Sie innerhalb des Top-Level-Managements für die Kundenschnittstelle verantwortlich. Von der Akquisition über die strategische Ausrichtung bis zum Key-Account-Management koordinieren Sie alle Vertriebsaktivitäten, wobei Sie eng mit unseren zertifizierten Vertriebspartnern zusammenarbeiten. Sie haben Umsatz- und Ergebnisverantwortung und bestimmen den Ausbau der Marktposition erheblich mit.
Wir setzen ein Studium oder eine technische Ausbildung und einige Jahre Erfahrung im Vertrieb technisch anspruchsvoller Produkte voraus. Sie sollten Erfahrungen in der Entwicklung strategischer Marketing- und Vertriebskonzepte mitbringen und auf fundierte Führungserfahrung zurückblicken können. Kommunikationsfähigkeit, Durchsetzungs- vermögen und sicheres Auftreten zählen zu Ihren Stärken. Exzellentes Präsentationsvermögen, Verhandlungssicherheit und ein hohes Verantwortungsbewusstsein runden Ihr Profil ab.
Wenn Sie Interesse haben, senden Sie bitte Ihre vollständigen Bewerbungsunterlagen an:

Data Solutions AG, Personalabteilung, Frau Elke Wirtz, Robert-Bosch- Straße 212, 55545 Köln

Heiko Mehrendt, Schopenstehl 35, 56565 Köln
Tel.: 0222 124567, E-Mail: Mehrendt@gmx.de

Data Solutions AG
Personalabteilung
Frau Elke Wirtz
Robert-Bosch-Straße 212
55545 Köln

Köln, 10.10.2012

Bewerbung als Verkaufsleiter
Ihre Anzeige auf www.stepstone.de vom 01.10.2012 und unser Telefongespräch
vom 05.10.2012

Sehr geehrte Frau Wirtz,

vielen Dank für das informative Telefonat zur ausgeschriebenen Stelle, hier weitere Informationen zu meinem beruflichen Hintergrund.

Vor fünf Jahren habe ich bei einem Anbieter von Netzwerktechnologien Umsatzverantwortung übernommen. Ich führe als Account-Manager ein Team von acht Mitarbeitern und bin als Koordinator für die Marketing- und Sales-Aufgaben für alle Vertriebsaktivitäten zuständig.

In meiner momentanen Position habe ich das Geschäftsfeld des Unternehmens durch die Umsetzung von Full-Service-Konzepten erweitert. Dabei halfen mir meine Erfahrungen im Projektmanagement und in der Entwicklung und Umsetzung strategischer Marketing- und Vertriebskonzepte.

Vor meiner jetzigen Tätigkeit war ich vier Jahre lang als IT-Consultant und fünf Jahre im Vertriebsinnen- und -außendienst im IT-Umfeld tätig.

Meine erfolgreiche Arbeit würde ich gerne in Ihrem Unternehmen als Verkaufsleiter fortführen, um Sie auf dem angestrebten Wachstumskurs tatkräftig zu unterstützen. Sollte ich Ihr Interesse geweckt haben, freue ich mich auf die Einladung zu einem persönlichen Gespräch.

Mit freundlichen Grüßen

Heiko Mehrendt

Heiko Mehrendt,
Schopenstehl 35,
56565 Köln
Tel.: 0222 124567,
E-Mail: Mehrendt@gmx.de

Lebenslauf

Persönliche Daten

geb. am 06.06.1971 in Köln
verheiratet, 3 Kinder

Berufstätigkeit

10/2007 – heute	**Account-Manager** bei der Network GmbH (Anbieter von Netzwerktechnologien), Vertrieb/Verkaufsförderung, Aufgaben: Koordinator für Marketing- und Sales-Aufgaben, Verantwortung für acht Mitarbeiter, Kundenbetreuung und Ausbau des bestehenden Geschäftsfeldes, Planung und Koordination von Messen und Kongressen, Projektmanagement der strategischen Entwicklung von Verkaufsaktivitäten **Besondere Erfolge:** Deutliche Ausweitung des B2B-Kundenstamms, Implementierung strategischer Schnittstellen zwischen IT und Business
05/2003 – 09/2007	**IT-Consultant** bei der Full Logic Systems GmbH (Systemintegration), Aufgaben: Entwicklung der Kunden-beziehungen, Weiterentwicklung der IT-Strategie von Kunden, Wettbewerberbeobachtung und Durchführung von Marktpotenzialanalysen, Koordinierung externer Programmierer, Präsentationen beim Kunden vor Ort
05/2002 – 03/2003	**Mitarbeiter Sales** bei der IT-Systeme GmbH (Softwareintegration), Aufgaben: Vertriebsaußendienst, Akquisition, Kundenbetreuung, Angebotserstellung
10/1998 – 04/2002	**Sales Associate** im Vertriebsinnendienst bei der Miracle GmbH, Aufgaben: Erstellung von Serviceangeboten aus dem Dienstleistungsportfolio, Telefonvertrieb, Auftrags-bearbeitung

Studium

15.09.1998	Diplom-Informatiker
03/1992 – 09/1998	Studium der Informatik an der Ruhr-Universität Bochum

Wehrdienst, Schule

06/1990 – 08/1991	Wehrdienst, Schnellbootgeschwader III, Wilhelmshaven
30.05.1990	Abitur am Goethe-Gymnasium Köln

Weiterbildung

10/2007	Verkaufsakademie, Aktives Beziehungsmanagement – (Kundenbetreuung)
06/2004	Weiterbildungs GmbH, Projektmanagement in Theorie und Praxis
04/2002	Akademie für Fortbildung, Netzwerktechnologien

Zusatzqualifikationen

Sprachen:	Englisch (sehr gut)
EDV-Kenntnisse:	Bürosoftware MS Office (gut)
	Netzwerke (sehr gut)

Köln, 10.10.2012   *Heiko Mehrendt*

Bewerbung als Leiterin Produktmanagement

Wir suchen zum frühestmöglichen Termin eine/n erfahrene/n

Leiter/in Produktmanagement Sportartikel

Sie agieren im Produktmanagement als Schnittstelle zum Markt und zu unserem Vertrieb. Ihre Aufgabe beinhaltet schwerpunktmäßig

- Erstellung und Umsetzung der Marketingkonzeption für definierte Produkte
- Erarbeitung von Warenpräsentationskonzepten zum Ausbau/Aufbau von POS-Aktivitäten
- Steuerung von Eventmarketingmaßnahmen
- Marktbeobachtung der Produktlinien
- Organisation/Auswertung von Kundenbefragungen
- Enge Zusammenarbeit mit dem Vertrieb

Ihre Stärke liegt in einem ausgeprägten Verständnis für Kundenbedürfnisse und Vertriebsbelange. Wenn Sie selbstständiges Arbeiten gewohnt und mobil sind, ein hohes Maß an Eigenmotivation mitbringen und sich gut innerhalb eines engagierten Teams einbringen können, dann passen Sie zu uns.

Haben Sie Interesse? Dann freuen wir uns auf Ihre aussagekräftige Bewerbung. Weitere Informationen gibt Ihnen gerne Herr Peter Weinmann unter der Telefonnummer 089 8877665.

Sportartikel AG, Hauptabteilung Personal- und Sozialwesen, Herr Peter Weinmann, Kreuzstraße 7, 80538 München

Dagmar Kuhlert, Dorotheenstraße 52, 80008 München
Tel.: 089 434365, E-Mail: D.Kuhlert@online.de

Sportartikel AG
Hauptabteilung Personal- und Sozialwesen
Herr Peter Weinmann
Kreuzstraße 7
80538 München

München, 11.02.2012

Bewerbung als Leiterin Produktmanagement
www.fazjob.net und unser Telefonat am 09.02.2012

Sehr geehrter Herr Weinmann,

seit vier Jahren leite ich die Handelsvertretung Deutschland für die Tiger Sportartikel GmbH, München. Als Verantwortliche für den gesamten Vertrieb in
Deutschland bin ich bei den Produktlinien für die Abstimmung von funktions-
orientiertem Design, Produktion und Vertrieb zuständig.

Die strategische Konzeption von Marketingaktivitäten gehört ebenfalls zu meinem Aufgabenbereich. In Zusammenarbeit mit dem Handel habe ich Point-of-
Sale-Systeme erstellen lassen, die nachweisbare Absatzsteigerungen zur Folge
hatten. Weiter gehört die Steuerung des Sponsoring-Budgets zu meinen Aufgaben. Ich habe Eventmarketingaktivitäten in den Fun-Sportarten Wave-Boarding
und Beach-Volleyball konzipiert und umgesetzt.

Vor meiner jetzigen Tätigkeit habe ich als Produktmanagerin für den Hersteller
von Outdoor-Bekleidung, die Monsun GmbH in Köln, gearbeitet. Die Koordination
zwischen der Produktion in Portugal und der Designabteilung in Schweden war
dort mein Arbeitsschwerpunkt. Sowohl bei der Tiger Sportartikel GmbH als auch
bei der Monsun GmbH ist (war) eine Reisetätigkeit von etwa einem Drittel meiner
Arbeitszeit zur Aufgabenerfüllung üblich.

Die von Ihnen ausgeschriebene Position Leiterin Produktmanagement ist für
mich sehr interessant, da sie mir die Integration meiner bisherigen Tätigkeiten
an der Schnittstelle von Produktion, Vertrieb und Marketing ermöglicht, die ich
für den Erfolg am Markt für wesentlich halte. Über die Einladung zu einem wei-
terführenden Gespräch würde ich mich daher freuen.

Mit freundlichen Grüßen

Dagmar Kuhlert

Dagmar Kuhlert
Dorotheenstraße 52
80008 München
Tel.: 089 434365
E-Mail: D.Kuhlert@online.de

Lebenslauf

Persönliche Daten

geb. am 07.11.1978 in Stuttgart
ledig

Berufstätigkeit

08/2007 – heute	Leiterin der Handelsvertretung Deutschland: Tiger Sportartikel GmbH, München, Aufgaben:

- Auf- und Ausbau des Vertriebsnetzes
- Neudefinition des Vertriebsnetzes (Nordwest-/ Süddeutschland)
- Konzeption von Eventmarketingaktivitäten
- Steuerung des Sponsoring-Budgets
- Mitarbeit bei Produktentwicklung, Produkttests
- Abstimmung von Einkauf, Design und Vertrieb für zielgruppenspezifische Kollektionen
- Erarbeitung von Point-of-Sale-Systemen in Zusammenarbeit mit dem Handel (Erfolg: deutliche Absatzsteigerungen)

01/2004 – 05/2007	Produktmanagerin: Monsun GmbH, Köln, Aufgaben:

- Koordinierung der Produktion in Portugal und der Designabteilung in Schweden
- Markt- und Wettbewerberanalysen, Zielgruppendefinition
- saisonale Katalogerstellung

04/2002 – 12/2003	Angestellte Outdoor-Fachhandelsgeschäft: Reiseland, Kassel, Aufgaben:

- Einkauf
- Import- und Zollabwicklung
- Anzeigenschaltung

Studium und Schule

04.06.2002	1. Staatsexamen für Lehramt an Grund- und Hauptschulen
10/1998 – 06/2002	Pädagogische Hochschule Göttingen, Lehramtsstudium für Grund- und Hauptschulen, Fächer: Sport, Englisch, Chemie
10/1997 – 09/1998	Germanistikstudium, Universität Stuttgart
20.06.1997	Allgemeine Hochschulreife, Heinrich-Heine-Gymnasium, Stuttgart

Zusatzqualifikationen

Sprachkenntnisse: Englisch (sehr gut), Portugiesisch (gut), Schwedisch (gut)
EDV-Kenntnisse: MS Office (sehr gut)

München, 11.02.2012   *Dagmar Kuhlert*

Bewerbung als Leiter Qualitätssicherung

Im Zuge der Nachfolgeregelung suchen wir eine/n engagierte/n

Leiter/in Qualitätssicherung

Die Aufgabe
– Gesamtverantwortung für alle Maßnahmen zur Qualitätssteuerung und Qualitätskontrolle
– Enge Zusammenarbeit mit Entwicklung, Produktion und Vertrieb
– Aktive Beteiligung an Optimierungsgesprächen mit Kunden und Lieferanten
– Planung und Durchführung von Mitarbeiter- und Lieferantenschulungen
– Erstellung von Dokumentationen

Die Anforderungen
– Ingenieur/in mit Erfahrung aus der Kunststoffverarbeitung und dem Qualitätswesen
– ISO-Kenntnisse sind von Vorteil
– Verhandlungssicheres Englisch
– Zielorientierte Arbeitsweise, gute analytische und konzeptionelle Fähigkeiten

Das Angebot
– Vielfältige und abwechslungsreiche Aufgabe
– International führendes Unternehmen als Teil einer leistungsstarken Konzerngruppe
– Mitbeteiligung an der Produktentwicklung

Richten Sie Ihre Bewerbung unter Angaben der Kennziffer 15/AX/2011 an: Apparatebau GmbH & Co. KG, Personalleitung, Beckerkamp 17, 40444 Düsseldorf

Rainer Blohm, Am Wasserturm 4, 30303 Kassel
Tel./Fax: 0543 998899, E-Mail: rainer.blohm@web.net

Apparatebau GmbH & Co. KG
Personalleitung: Herr Dietmar Geertzen
Beckerkamp 17
40444 Düsseldorf

Kassel, 12.10.2012

**Bewerbung als Diplom-Wirtschaftsingenieur (FH) für die Position Leiter Quali-
tätssicherung, Kennziffer 15/AX/2011**
VDI-Nachrichten vom 06.10.2012 und unser Telefongespräch vom 08.10.2012

Sehr geehrter Herr Geertzen,

vielen Dank für die telefonisch gegebenen Informationen. Hier mein umfassendes Profil in Stichworten:

– Seit fünf Jahren leitend im Qualitätsmanagement der Kunststoff AG, Kassel
– Verantwortung für Qualitätswesen und Prozessoptimierung
– Begleitung der ISO-Zertifizierung im Bereich Fertigung
– vorher dort: Prozessingenieur im Qualitäts- und Kostenmanagement
– davor: Kunststoffwerke Essen als Projekt-, Test- und Produktions-Ingenieur
– Aufbaustudium Wirtschaftsingenieurwesen mit dem Schwerpunkt Qualitätswesen

Meine Aufgaben beinhalten europaweit durchgeführte Kooperationen und Ab-
stimmungen mit Zulieferern, meine Englischkenntnisse sind daher verhandlungssicher.

Gerne würde ich Sie in einem persönlichen Gespräch davon überzeugen, was ich
im Bereich Qualitätssteuerung und -kontrolle alles für Sie leisten könnte.

Mit freundlichen Grüßen

Rainer Blohm

Rainer Blohm
Am Wasserturm 4
30303 Kassel
Tel./Fax: 0543 998899
E-Mail: rainer.blohm@web.net

Lebenslauf

Persönliche Daten
geb. am 05.04.1972 in Frankfurt/Main
VDI-Mitglied seit 1996

Berufstätigkeit

11/2007 – heute	Kunststoff AG, Kassel
01/2010 – heute	Beauftragter für Prozessoptimierungen und Qualitätsmanagement, Planung, Koordination und Kontrolle aller Aktivitäten zur Qualitätssicherung
06/2009 – 11/2010	Projektgruppe Kundenbefragungen und Qualität
01/2009 – 01/2010	Vorbereitung der Zertifizierung nach DIN EN ISO 9 000 ff. im Fertigungsbereich
05/2008 – heute	Konzeption und Leitung von Seminaren in den Bereichen Qualitätsmanagement und Make-or-Buy-Entscheidungen
11/2007 – 01/2010	Prozessingenieur, Qualitäts- und Kostenmanagement in der Produktion, Ausbau der Just-in-time-Abläufe, Einbindung der Zulieferer in die Qualitätsstandards des Unternehmens
09/1997 – 04/2005	Kunststoffwerke Essen GmbH
04/2005	Beendigung des Arbeitsverhältnisses wegen Fortbildung zum Wirtschaftsingenieur
03/2003 – 04/2005	Projektingenieur Einkauf und Produktion: Ablaufoptimierung zwischen Werksleitung, technischer Projektleitung und Zulieferern
04/2000 – 03/2003	Test-Ingenieur, Prüfung von Vorserienmodellen und Erstellung der Testberichte
09/1997 – 03/2000	Produktionsingenieur, Betreuung der Produktionssysteme

Ausbildung und Studium

20.09.2007	Diplom-Wirtschaftsingenieur (FH), Fachhochschule Gießen, Note: sehr gut
05/2005 – 09/2007	Aufbaustudiengang Wirtschaftsingenieur, Schwerpunkt Qualitätswesen, Fachhochschule Gießen Diplomarbeit in Zusammenarbeit mit der Produktions GmbH, Kassel, »Qualitätssicherung in mittelständischen Unternehmen«

12.07.1997	Diplom-Ingenieur (FH), Fachhochschule Darmstadt, Fachbereich Technik, Note: gut
09/1993 – 07/1997	Maschinenbaustudium, Schwerpunkt Produktionstechnik (Konstruktion), Fachhochschule Darmstadt, Fachbereich Technik
10/1992 – 07/1993	Fachoberschule für Technik, Berufliche Schulen in Frankfurt/Main, Abschluss Fachhochschulreife
08/1991 – 07/1992	Wehrdienst, Instandsetzung Lüneburg
26.07.1991	Kraftfahrzeugmechaniker
09/1988 – 07/1991	Rapid GmbH, Frankfurt/Main, Ausbildung zum Kraftfahrzeugmechaniker

Weiterbildung

08/2010	Karriereakademie: Kritische Mitarbeitergespräche führen
02/2009	Qualitätsakademie: Zulieferer-Audits
12/2007	VDI-Akademie, Qualitätsmanagement, DGQ-Schein I und II

Sprachkenntnisse

Englisch:	verhandlungssicher

EDV-Kenntnisse

Anwendungs-software:	Microsoft-Office (ständig in Anwendung)
Dokumentation:	Doku-Maker (gute Kenntnisse)
	SAP R/3 (ständig in Anwendung)

Kassel, 12.10.2012   *Rainer Blohm*

Bewerbung als Leiterin Personalentwicklung

Wir suchen eine/n Leiter/in Personalentwicklung

Ihre Aufgaben:
Sie übernehmen die Verantwortung für die Gestaltung und Umsetzung von modernen Personalentwicklungskonzepten. Hierzu zählen unter anderem die Erarbeitung und Durchführung bedarfsorientierter Qualifizierungsmaßnahmen, die systematische Förderung unserer Mitarbeiter im Rahmen eines Laufbahnmodells sowie die Neueinführung von Personalbindungsmaßnahmen. Sie implementieren die für eine systematische Personalentwicklung notwendigen Prozesse und stellen gemeinsam mit den Linienvorgesetzten ihre Einhaltung sicher. Sie berichten direkt an den Vorstand Personal.

Ihr Profil:
Sie sind eine engagierte Persönlichkeit mit akademischem Abschluss und verfügen über nachweisbare praktische Berufserfahrung in der Personalentwicklung eines Großunternehmens. Sie kennen die modernen PE-Instrumente. Ausgeprägte Kommunikationsfähigkeiten sowie das für diese Aufgabe notwendige Einfühlungsvermögen setzen wir voraus.

International Unternehmensgruppe, Bereich Personal, Kaskadenweg 222, 12123 Berlin

Carola Singer, Parkallee 17, 11122 Berlin
Tel.: 030 6655444, E-Mail: Singer@hotmail.de

International Unternehmensgruppe
Bereich Personal: Herr Schletzen
Kaskadenweg 222
12123 Berlin

Berlin, 19.09.2012

Bewerbung als Leiterin Personalentwicklung
Berliner Morgenpost vom 10.09.2012, unser Telefongespräch vom 13.09.2012

Sehr geehrter Herr Schletzen,

gerne würde ich Sie bei der strategischen Ausrichtung der Personalentwicklung für die gesamte Gruppe mit vollem Einsatz unterstützen.

Aktuell betreue ich konzernweit die Mitarbeiterförderung, dazu gehört die Initiierung von passgenauen Qualifizierungsmaßnahmen. Weiter führe ich die Potenzialanalyse von Führungsnachwuchskräften durch und habe auch intensiv an einem innovativen Projekt zur gezielten Personalbindung mitgearbeitet.

Als Schulungsreferentin in der Abteilung Personal und Training habe ich in meiner vorhergehenden Tätigkeit den Entwicklungsbedarf in den Fachabteilungen ermittelt und mit den Linienvorgesetzten abgestimmt. Die von mir mitkonzipierten Trainingsmaßnahmen habe ich mit internen und externen Referenten umgesetzt.

Ich spreche verhandlungssicher Englisch und habe meine berufliche Laufbahn mit einem sehr guten Universitätsabschluss als Diplom-Psychologin mit dem Schwerpunkt ABO-Psychologie begonnen.

Für ein Vorstellungsgespräch stehe ich Ihnen gerne zur Verfügung, um Sie von meinem persönlichen Engagement für zukunftssichernde HR-Strategien zu überzeugen.

Mit freundlichen Grüßen

Carola Singer

Carola Singer
Parkallee 17
11122 Berlin

Tel.: 030 6655444
E-Mail: Singer@hotmail.de

Lebenslauf

Persönliche Daten
geb. am 30.10.1978 in Essen

Berufspraxis

07/2007 – heute	Referentin HR, Abteilung Human Resources Management, Infinity AG, Berlin, Schwerpunkte: Initiierung und Einführung von konzernweiten Personalentwicklungsprojekten, Durchführung von Potenzialanalysen, Konzeption von Förderprogrammen, Organisation von Trainings und Seminaren, Teilaufgaben im internationalen Personalmarketing Erfolge: Senkung der Fluktuationsrate durch Projekt »Personalbindung«, Projekt »Field-Recruitment-Teams«, gezielte Ansprache von Führungsnachwuchskräften durch neues Vorschlagswesen
06/2005 – 07/2007	Schulungsreferentin, Abteilung Personal & Training, CKK GmbH, Dortmund, Schwerpunkte : Umsetzung der Corporate Identity auf allen Mitarbeiterebenen, Ermittlung des Entwicklungsbedarfes, Konzeption und Durchführung von Schulungsmaßnahmen (Produktschulungen, Verkaufsgespräche), Bildungscontrolling
08/2003 – 06/2005	Freiberufliche Trainerin in den Bereichen Rhetorik, Kommunikation, Telefontraining

Studium

12.06.2003	Diplom-Psychologin, Gesamtnote »sehr gut«
10/1998 – 06/2003	Freie Universität Berlin, Studium der Psychologie, Schwerpunkt Arbeits-, Betriebs- und Organisationspsychologie

Schule und Au-Pair

08/1997 – 08/1998	Au-pair in Boston/USA
15.07.1997	Abitur am Alten Gymnasium Essen, Note 2,1

Weiterbildung

06/2008	Schulungsakademie Dessau, Evaluation von Trainingsmaßnahmen
03/2005	Business GmbH, Arbeits- und Tarifvertragsrecht in der Praxis

Zusatzqualifikationen

Sprachen:	Englisch (verhandlungssicher)
EDV-Kenntnisse:	Word, Excel, PowerPoint (sehr gut)
	Datenbank Access (gut)

Berlin, 19.09.2012   *Carola Singer*

Bewerbung als Leiter Marketing/Kommunikation

Zur weltweiten Vermarktung unserer wegweisenden Technologien suchen wir für unsere Zentrale in Stuttgart die/den

Leiter/in Marketing/Kommunikation

Sie übernehmen – zusammen mit Ihren Mitarbeitern – sämtliche Aufgaben und Entscheidungen im Bereich Marketing, Kommunikation, Direktmarketing und interne Kommunikation und sind verantwortlich für die konzeptionelle Entwicklung und Umsetzung der Marketing- und Kommunikationsstrategie. Weitere Aufgaben sind die Entwicklung von Corporate Designs und die Planung und Durchführung von Messen und Unternehmenspräsentationen. Sie verfügen über mehrjährige Berufserfahrung im Marketingbereich. Sie haben Erfahrung im Umgang mit Agenturen und beherrschen den gesamten Marketingmix. Ein sicheres Auftreten, Organisationsgeschick, Initiative, Kreativität, Innovativität und natürlich sehr gute englische Kenntnisse sind notwendig für den Erfolg in dieser Position.
Über Ihre aussagefähige Bewerbung freuen wir uns. Schicken Sie Ihre Unterlagen an: IT-Solutions GmbH, Human Resource Management, Petra Wollert, Klosterwinkel 1, 77747 Stuttgart.

Jürgen Kist, Kronenstr. 14, 79101 Freiburg
Mobil 0177 234523, E-Mail: JürgenKist@t-online.de

IT-Solutions GmbH
Human Resource Management: Petra Wollert
Klosterwinkel 1
77747 Stuttgart

Freiburg, 15.10.2012

Bewerbung als Leiter Marketing/Kommunikation
www.jobware.de und unser Telefongespräch vom 10.10.2012

Sehr geehrte Frau Wollert,

vielen Dank für das informative und angenehme Telefonat, das meinen Bewerbungswunsch verstärkt hat. Zu meinem beruflichen Hintergrund:

Ich verfüge über mehrjährige fundierte Berufserfahrung im gesamten Marketingspektrum. Sowohl im klassischen Marketingmix als auch in den Bereichen Direktmarketing, Multi-Channel-Marketing, Unternehmenskommunikation und -präsentation habe ich bereits erfolgreich gearbeitet.

Als Leiter und Teilleiter von Projektgruppen habe ich für neue Impulse durch Social-Media- und Eventmarketing gesorgt. Im Tagesgeschäft erstelle ich Marketingpläne und führe die dazugehörigen Erfolgskontrollen durch.

Den Bereich Verkaufsförderung, Veranstaltungsorganisation und Promotion habe ich schwerpunktmäßig in meiner vorhergehenden Position als Marketingassistent verantwortet. Grundlage dafür war mein BWL-Studium an der FH Passau.

Meine vielfältigen und praxisbewährten Erfahrungen möchte ich nun bei Ihnen als Leiter Marketing/Kommunikation einbringen und stehe Ihnen gerne für ein intensives Vorstellungsgespräch zur Verfügung.

Mit freundlichen Grüßen

Jürgen Kist

Jürgen Kist
Kronenstr. 14
79101 Freiburg

Mobil 0177 234523
E-Mail: JürgenKist@t-online.de

Lebenslauf

Persönliche Daten

geb. am 10.09.1973 in München

Berufstätigkeit

07/2006 – heute	Mitarbeiter im Marketing, Delta Scientific GmbH, Freiburg

- Erstellung und Umsetzung von Marketingplänen
- Kostenkontrolle und Bewertung der durchgeführten Marketingmaßnahmen
- Steuerung externer Dienstleister und Agenturen
- Einrichtung, Platzierung und Kontrolle von Internet- und Intranetauftritten
- Entwicklung von Corporate Designs für neue Marken
- Leitung und Teilleitung von Projektgruppen (Schnittstelle Marketing, Vertrieb, Produktion) mit bis zu sechs Mitgliedern u.a. zu den Themen »Multi-Channel-Marketing«, »Social-Media-Marketing« und »Cross-Selling-Marketing«

08/2003 – 06/2006	Marketing-Assistent, Lyrix GmbH, München

- Organisation und Leitung von Promotionveranstaltungen (Roadshows, Messen)
- verantwortlich für Produktpräsentationen und Anzeigenschaltung
- Betreuung der Fachpresse
- Aufbereitung statistischer Daten

09/1998 – 06/2003	Vertriebsassistent, Abteilung Verkaufsförderung, ComTac GmbH, München

- Entwicklung und Umsetzung von Direktmarketing-Aktionen
- Betreuung von Promotion-Aktionen
- Aktualisierung der Kataloge und Werbeträger

Studium

10.06.1998	Diplom-Betriebswirt (FH)
09/1993 – 06/1998	Fachhochschule Passau, Studium der Betriebswirtschaft, Schwerpunkte: Marketing und Personal
10/1996 – 02/1997	Auslandssemester an der Sunderland University, Großbritannien

Zivildienst und Schule

07/1992 – 09/1993	Zivildienst beim Deutschen Roten Kreuz, Rettungssanitäter
12.07.1992	Fachhochschulreife an der Fachoberschule München IV

Weiterbildung

01/2011	MarketingKomm Akademie, Erfolgreiche PR-Konzepte
07/2004	Open-House Trainings GmbH, Event-Management
05/2003	Marketing-Training GmbH, München, Direktmarketing als Methode der Neukundengewinnung

Zusatzqualifikationen

Sprachen:	Englisch (verhandlungssicher)
	Spanisch (gut)
EDV-Kenntnisse:	MS Excel und MS Word (sehr gut)
	MS PowerPoint (ständig in Anwendung)

Freiburg, 15.10.2012   *Jürgen Kist*

6

So funktioniert der Karriere-Klick

20. E-Mail-Bewerbung: Welche Besonderheiten sind zu beachten?

Zwar hat sich die Online-Bewerbung bei der Masse der Firmen als bevorzugte Bewerbungsart durchgesetzt, doch das Bewerbungsverfahren wird in jeder Firma anders gehandhabt. Auch im Internetzeitalter gibt es immer noch Firmen, die keine Online-Bewerbung wünschen, andere wiederum senden per Post eingesandte Bewerbungsunterlagen umgehend und unbearbeitet zurück. Große Firmen dagegen setzen bei der Bewerbung immer mehr auf Online-Formulare und wünschen keine E-Mail-Bewerbung mit Anschreiben, Lebenslauf und Zeugnissen als PDF-Anhang. In diesem Kapitel zeigen wir Ihnen, auf welche Besonderheiten Sie bei Ihrer Online-Bewerbung achten müssen.

Nicht immer führen Online-Bewerbungen zum Erfolg. In einigen Branchen und Firmen ist das Online-Bewerbungsverfahren inzwischen gang und gäbe, andere wünschen sich jedoch die Unterlagen nach wie vor per Post. Zwischen diesen beiden Polen liegen Firmen, die Online-Bewerbungen zwar akzeptieren, ihnen aber keinen besonderen Vorrang einräumen. Sie drucken die online übermittelte Bewerbung aus und bearbeiten sie weiter wie eine per Post zugesandte Bewerbungsmappe.

Sie müssen bei Ihrer Bewerbung wissen, welche Form der Bewerbung in den Firmen verlangt wird – sonst setzen Sie sich dem Risiko aus, dass Ihre Bewerbung einfach untergeht. Die Tatsache, dass eine Firma im Internet mit einer eigenen Homepage vertreten ist, bedeutet nicht automatisch, dass Online-Bewerbungen erwünscht sind. Woran Sie erkennen können, ob eine Firma Ihre Online-Bewerbung wünscht und wie umfangreich Sie sie ausgestalten sollten, werden wir Ihnen jetzt erläutern.

Welche Bewerbungsform ist gewünscht?

Bewerbung online oder per Post?

Ist in einer Stellenanzeige keine E-Mail-Adresse genannt, ist die Botschaft an Sie eindeutig: Online-Bewerbungen sind hier unerwünscht. Genauso eindeutig ist die Aufforderung »Bewerbungen bitte nur per E-Mail«. Dann können Sie Ihr Anschreiben, Ihren Lebenslauf und weitere Unterlagen, wie von uns empfohlen, als PDF-Anhang übermitteln. Viele kleinere und mittelständische Unternehmen überlassen die Entscheidung zwischen Post und E-Mail auch den Bewerbern. Dann werden Sie auf Formulierungen stoßen wie »Übersenden Sie Ihre Unterlagen bitte per Post oder per E-Mail an uns.« Die Mehrzahl der Bewerber entscheidet sich dann für E-Mail-Bewerbungen. Diese sind preislich günstiger, da keine Kosten für Bewerbungsmappen, Briefumschlag oder Porto anfallen; außerdem lassen sie sich schneller auf den Weg bringen.

Sonderfall
Online-Formular
Ein Sonderfall sind die Online-Formulare großer Konzerne. Für die Personalarbeit haben diese Formulare aus Sicht der Firmen den »Vorteil«, dass ungeeignete Bewerberinnen und Bewerber schneller »aussortiert« werden können. Mithilfe geeigneter Software lassen sich Bewerbungsformulare schnell und kostengünstig auswerten. Deshalb sollten Sie in diesem Fall nicht aus dem Stegreif reagieren. Wenn Sie hier nicht in der Masse untergehen wollen, müssen Sie auch mit Ihren Angaben in Bewerbungsformularen für Aufmerksamkeit sorgen.

Kurzbewerbung oder vollständige Unterlagen?

Auch bei der Online-Bewerbung haben Sie mehrere Möglichkeiten, was den Umfang Ihrer Unterlagen betrifft. Formen der Online-Bewerbung per E-Mail sind:

→ **vollständige Online-Bewerbung mit Anschreiben, Lebenslauf und eingescannten Zeugnissen (eventuell gescanntes Foto, eventuell Leistungsbilanz),**
→ **Online-Kurzbewerbung mit Anschreiben, Lebenslauf (eventuell gescanntes Foto, eventuell Leistungsbilanz),**
→ **Online-Kurzbewerbung nur mit Lebenslauf (eventuell gescanntes Foto) und mit knapper Begleit-E-Mail.**

Was will die Firma?
Natürlich müssen Sie stets vorrangig die Firmenswünsche berücksichtigen. Gestalten Sie Ihre Online-Bewerbung per E-Mail so, wie es die Firmen auf Ihren Firmenhomepages oder in den Jobbörsen vorgeben. Ist die Rede von »vollständigen«, »aussagekräftigen« oder »aussagefähigen« Unterlagen, die per E-Mail übermittelt werden sollen, wünscht sich die Firmenseite zusätzlich zu Anschreiben und Lebenslauf auch Scans von Arbeitszeugnissen, Ausbildungszeugnissen und Zertifikaten über Fort- und Weiterbildungen. Wird dagegen eine »Kurzbewerbung« per E-Mail angefordert, würden wir Ihnen raten, nur Anschreiben und Lebenslauf (eventuell mit eingescanntem Foto) auf den Weg zu bringen. Haben Sie sich für eine Leistungsbilanz entschieden, beispielsweise weil Sie viel Projektarbeit durchgeführt haben oder Ihr Profil noch einmal überblicksartig zusammenfassen möchten, empfehlen wir, Ihrer Online-Kurzbewerbung auch diese Leistungsbilanz beizufügen. Gelegentlich wünschen Firmen eine Online-Kurzbewerbung, der kein Anschreiben, sondern nur ein Lebenslauf angehängt ist. Auch diesen Wunsch der Firmenseite sollten Sie dann natürlich ernst nehmen.

E-Mail-Bewerbung mit Anhang

Vorsicht mit Ihrem elektronischen Absender: Ihre Firmen-E-Mail-Adresse sollten Sie auf gar keinen Fall verwenden. Benutzen Sie immer Ihre private E-Mail-Adresse. Es kann sich lohnen, für die Bewerbung eine zweite private E-Mail-Adresse einzurichten, besonders dann, wenn Ihre bisherige nicht konservativ genug ist. Ihre E-Mail-Adresse bei Bewerbungen sollte einer für Geschäftsbeziehungen üblichen Form entsprechen. Der Bewerber Helmut Schnell könnte die Adresse helmutschnell@t-online.de oder hschnell@t-online.de verwenden.

Schon die Adresse birgt Fallstricke

Auf ausgefallene und unkonventionelle E-Mail-Adressen wie beispielsweise badgirl@web.de, spaceboy@aol.de oder topseller@gmx.de sollten Sie verzichten. Personalverantwortliche nehmen Sie sonst schon beim Öffnen Ihrer E-Mail nicht ernst, der wichtige erste Eindruck ist damit schnell verspielt.

Füllen Sie immer die Betreffzeile aus und machen Sie auf den ersten Blick ersichtlich, dass es sich um eine Bewerbung handelt, indem Sie beispielsweise »Bewerbung als Leiter Finanzen« oder »Ihre Stellenausschreibung Personalleiterin« in den Betreff schreiben. E-Mails ohne klare Betreffzeile erschweren dem Empfänger die schnelle Einordnung.

Wie wir bereits häufiger ausgeführt haben, ist es eine gute und sichere Möglichkeit, die Bewerbungsanhänge im Portable Document Format (Dateiendung ».pdf«) zu versenden, da diese Anhänge in der Formatierung wiedergegeben werden, in der Sie sie erstellt haben. Ein entsprechender Reader (Adobe Acrobat Reader) ist eigentlich in allen Firmen vorhanden. Im Internet finden Sie Freeware, also kostenlose Programme, die Ihnen die Erstellung von PDF-Dateien ermöglichen (beispielsweise auf der Seite der Computerzeitschrift www.chip.de mit dem Suchwort »pdfcreator« oder unter www.freeware.de).

Am besten als PDF

Den Versand von Word-Dateien mit der Kennung ».doc« oder ».docx« sehen viele Firmen kritisch, seit diese als berüchtigte Virenträger verschrien sind. Abgesehen von der Angst vor Viren können aber auch in der Formatierung Probleme auftreten. Bei unterschiedlichen Grundeinstellungen bei Absender und Empfänger können Zeilen- und Seitenumbrüche verändert dargestellt werden.

Überfordern Sie die Firmenseite nicht, indem Sie viele verschiedene Dateianhänge mixen. Idealerweise fassen Sie Anschreiben und Lebenslauf (eventuell mit Deckblatt, Foto und/oder Leistungsbilanz) in einer PDF-Datei zusammen, die Sie auch mit dem Dateinamen »Anschreiben und Lebenslauf« oder »Fabian Müller Anschreiben und Lebenslauf« versehen sollten. Ein zweites PDF bilden Scans von Arbeits- und Ausbildungszeugnissen sowie von Weiterbildungszertifikaten, das die Bezeichnung »Zeugnisse« oder »Fabian Müller Zeugnisse« bekommen könnte.

Datenmengen, die von den Firmen akzeptiert werden, sind in den letzten Jahren gestiegen. Sprach man früher von maximal einem Megabyte, liegt die Grenze heute bei zwei bis drei Megabyte.

Führen Sie einen Testlauf durch, um technische Probleme auszuschließen, und übersenden Sie Ihre Bewerbungsunterlagen vorab an einen Freund oder Bekannten: Ist die Zeit des Hochladens auf der Empfängerseite akzeptabel? Sind die Auflösungen der Scans gut genug? Und lassen sich alle Anhänge problemlos öffnen? Erst wenn sich all diese Fragen mit »Ja« beantworten lassen, sollten Sie Ihre E-Mail-Bewerbung auf den Weg bringen.

AUF EINEN BLICK

Ihre E-Mail-Bewerbung

→ Klären Sie vorab, in welcher Form Ihre Wunschfirma Ihre Unterlagen erhalten möchte (vollständige Unterlagen per E-Mail oder nur Anschreiben und Lebenslauf als Kurzbewerbung).

→ Verwenden Sie eine private und seriöse E-Mail-Adresse.

→ Vermerken Sie in der Betreffzeile Ihrer E-Mail, dass es sich um eine Bewerbung handelt, und nennen Sie die anvisierte Position.

→ Versenden Sie Anschreiben und Lebenslauf im PDF-Format (es sei denn, die Firma wünscht ausdrücklich andere Dateiformate).

→ Erstellen Sie zwei Dateianhänge: einen für Anschreiben und Lebenslauf, einen zweiten für Zeugnisse.

→ Verwenden Sie für Ihre Anhänge aussagekräftig Dateinamen, damit sie Ihrer Bewerbung eindeutig zugeordnet werden können.

→ Erstellen Sie Ihre Bewerbungsunterlagen genauso sorgfältig, wie Sie es für eine Bewerbung per Post getan hätten.

→ Drucken Sie Anschreiben und Lebenslauf vor dem E-Mail-Versand aus und überprüfen Sie alles auf Rechtschreibfehler – oder noch besser, lassen es überprüfen.

→ Scannen Sie Ihre Unterschrift ein und fügen Sie sie in Ihr Anschreiben und Ihren Lebenslauf ein, bevor sie diese in ein PDF umwandeln, damit Ihre digitale Bewerbung persönlicher wirkt.

21. Bewerbungsformulare im Internet

Online-Bewerbungsformulare dienen Unternehmen dazu, Informationen über Bewerber zu standardisieren und damit besser auswerten zu können. Für Bewerber sind sie eine Möglichkeit, Stellengesuche ins Internet zu stellen. Auch in diesen Formularen müssen Sie die für Unternehmen interessanten Schlüsselworte unterbringen. Nutzen Sie immer die Möglichkeiten für freie Angaben, um Ihr individuelles Profil deutlich zu machen.

Bewerbungsformulare sind standardisierte Fragebögen, die den Unternehmen zur Vorselektion der Bewerber dienen. Dazu wurden Masken erstellt, die eine Speicherung der Angaben in Datenbanken ermöglichen. Diese Datenbanken können dann von den Personalverantwortlichen mit definierten Suchbegriffen ausgewertet werden.

Fragebögen zur Vorselektion von Bewerbern

Bewerbungsformular als Online-Bewerbung

Bewerbungsformulare zur Online-Bewerbung begegnen Ihnen normalerweise auf den Homepages der Unternehmen. Der Internetauftritt größerer Unternehmen enthält üblicherweise den Menüpunkt »Jobs und Karriere«. Nachdem Sie die dort aufgelisteten Jobangebote gesichtet haben, können Sie über einen Button mit dem Unternehmen in Kontakt treten. Klicken Sie den Button an, öffnet sich ein Bewerbungsformular. Auch Stellenausschreibungen in den Jobbörsen sind häufig mit einem Button versehen, der Sie zu einem Bewerbungsformular weiterleitet.

Dies bedeutet nicht in jedem Fall, dass Sie sich ausschließlich mit dem Bewerbungsformular bewerben müssen. Oft bieten Ihnen die Firmen mehrere Bewerbungswege an.

Wenn Sie die Wahl haben, statt eines Bewerbungsformulars eine E-Mail-Bewerbung mit Dateianhängen für Anschreiben, Lebenslauf und weitere Zeugnisse zu versenden, so sollten Sie sich für diese Möglichkeit entscheiden. Ziehen Sie immer diejenige Bewerbungsform vor, die Ihnen den größten Freiraum für eine individuelle Selbstdarstellung bietet.

Manchmal kommen Sie nicht an einem Bewerbungsformular vorbei. Hier sollten Sie nicht den Schnellschuss abgeben und das Bewerbungsformular sofort online ausfüllen. Vielleicht können Sie es spei-

Bearbeiten Sie das Bewerbungsformular stets offline

chern oder ausdrucken und sich erst einmal in aller Ruhe mit den Anforderungen beschäftigen und sich genau überlegen, wie Sie Ihr Profil am besten darstellen. Auch in Standardformularen sind durchaus Freiräume für eine individuelle Selbstdarstellung vorhanden. Damit Sie diese Möglichkeiten nutzen können, stellen wir Ihnen jetzt die Besonderheiten vor, die beim Ausfüllen von Bewerbungsformularen zu beachten sind.

Die Tücken der Formulare

Der Einsatz von Schlüsselworten ist besonders wichtig

Beim Einsatz von Bewerbungsformularen wird die Forderung nach Prägnanz und Informationsdichte auf die Spitze getrieben. Der Platz für freie Angaben ist sehr begrenzt, Sie werden nur dann einen Schritt weiterkommen, wenn Sie diese eingeschränkten Möglichkeiten optimal nutzen. Dies gelingt Ihnen, indem Sie gezielt Schlüsselworte einsetzen, die einen klaren Bezug zu den Firmenwünschen haben und Ihr berufliches Profil verdeutlichen.

BEISPIEL

Schlüsselworte im Bewerbungsformular

Gibt eine Online-Bewerberin in der Rubrik »Letzte Tätigkeit« in einem Bewerbungsformular nur ihre Berufsbezeichnung »Referentin Marketing & Communications« an, bringt sie sich um die Möglichkeit, die Besonderheiten ihrer Qualifikation herauszustellen. Mithilfe von Schlüsselworten wird das Profil der Bewerberin deutlich, beispielsweise so: »Referentin Marketing & Communications, Tätigkeiten: Erarbeitung von Marketingstrategien, Betreuung aller Marketingaktivitäten, Organisation der Pressearbeit, Veranstaltungsorganisation, Etablierung eines Community Services.«

Wenn Sie die bisher von Ihnen ausgeübten Tätigkeiten in Bewerbungsformularen angeben, sollten Sie sich an die Empfehlungen halten, die wir Ihnen schon für die Ausarbeitung Ihres Lebenslaufes gegeben haben: Formulieren Sie stichwortartig, geben Sie zu jeder Position die Tätigkeiten an, die Sie ausgeübt haben, und stellen Sie diejenigen Aufgaben heraus, die eine Nähe zur ausgeschriebenen Stelle haben.

Nutzen Sie die Freiräume des Bewerbungsformulars

Besonders schwer tun sich viele Bewerber mit den Freiräumen, die ihnen in Bewerbungsformularen in der Rubrik »Sonstiges«, »Bemerkungen« oder »Zusatzinformationen« eingeräumt werden. Entweder bleiben diese Felder leer oder es tauchen die üblichen Leerfloskeln zu persönlichen Fähigkeiten auf. Diese Freiräume sollten Sie dazu nutzen, sich positiv in Szene zu setzen.

Die folgende Formulierung ist als Zusatzinformation im Online-Bewerbungsformular für die Position »Produktmanager« nichtssagend und sollte deshalb unterbleiben: »Einsatzfreude und Belastbarkeit sind wichtige Aspekte meiner Persönlichkeit.« Überzeugender klingt eine Zusatzinformation, die besondere berufliche Aufgaben in den Vordergrund stellt: »Teilnahme am Projekt kundenorientiertes Qualitätsmanagement. Erarbeitung von Qualitätsstandards. Zusammenarbeit mit F&E, Konstruktion, Produktion und Service.«

Bewerbungsformulare richtig ausfüllen

Damit Sie sehen, welche Fehler Bewerbern beim Ausfüllen von Bewerbungsformularen unterlaufen können, stellen wir Ihnen nun ein Negativbeispiel vor. Nach unserer Kommentierung der Fehler zeigen wir Ihnen anhand eines Positivbeispiels, wie es der Bewerber hätte besser machen können. Beide Versionen beziehen sich auf eine Stellenausschreibung, in der ein Verkaufsleiter in der Dentalbranche gesucht wird.

Bewerbungsformular Technischer Verkaufsberater in der Dentalbranche

Anrede:	☒ Herr ☐ Frau
Vorname:	Robert
Name:	Galenus
Geburtsdatum:	09.11.1973
Straße:	Gänseweg 14
PLZ:	44555
Wohnort:	Mönchengladbach
Telefon:	021144456 – 12
E-Mail:	galenus.vertrieb@Sales-AG.de
Ausbildung/Abschlüsse:	Ausbildung zum Kaufmann im Groß- und Außenhandel, Wirtschaftsstudium an der Fachhochschule
Letzte Tätigkeit (Kurzdarstellung):	Fachberater im Vertrieb
Frühestes Eintrittsdatum:	sofort
Gewünschter Einsatzort:	Mönchengladbach und nähere Umgebung
Besondere Kenntnisse:	Teamfähigkeit, Motivation
Bemerkungen:	Wünsche mir mehr Eigenverantwortung bei der Arbeit

Fehler: Illoyalität Diese Online-Bewerbung lässt Ernsthaftigkeit und Aussagekraft vermissen. Mit der Angabe seiner Telefonnummer am Arbeitsplatz (Firmendurchwahl!) und der E-Mail-Adresse der Firma signalisiert Robert Galenus, dass er berufliche Aufgaben und Bewerbungsaktivitäten nicht sauber trennt, sondern seine Zeit am Arbeits-

Geben Sie nur Ihre privaten Kontaktdaten an

platz mit Recherchen zu potenziellen neuen Arbeitsplätzen verbringt – damit empfiehlt er sich nicht für einen neuen Arbeitgeber. Er muss sich zudem den Vorwurf gefallen lassen, seiner Firma gegenüber nicht loyal zu sein.

Füllen Sie alle Rubriken gewissenhaft aus

Fehler: Nichtssagend Die inhaltlichen Angaben in den Blöcken »Ausbildung/Abschlüsse«, »Letzte Tätigkeit«, »Frühestes Eintrittsdatum«, »Besondere Kenntnisse« und »Bemerkungen« unterstützen die Einschätzung, dass es sich nicht um eine ernsthafte Bewerbung handelt. Der zur Verfügung gestellte Platz wird nicht annähernd genutzt. Obwohl die Angabe von Abschlüssen ausdrücklich gefordert ist, gibt Robert Galenus keinen Ausbildungsabschluss an, ebenso fehlt der Studienabschluss. In der Rubrik »Letzte Tätigkeit« wird nur die Position angegeben. Obwohl Platz für eine Kurzdarstellung wäre, fehlen nähere Informationen zu den ausgeübten Tätigkeiten.

Fehler: Platz für Spekulationen Die Angabe »sofort« als frühestes Eintrittsdatum legt die Vermutung nahe, dass er an seinem Arbeitsplatz bereits »kaltgestellt« ist. Eine Kündigung wäre auch eine Erklärung dafür, dass er am Arbeitsplatz Bewerbungsaktivitäten nachgeht. Hier stellt sich die Frage, warum es zur Kündigung gekommen ist, und Skepsis drängt sich auf.

Besondere Kenntnisse machen Ihr Profil aus

Fehler: Kein berufliches Profil Die Angaben in der Rubrik »Besondere Kenntnisse« sind nicht aussagekräftig. Automatische Suchroutinen werden über die Angaben hinweglaufen und keine besonderen Kenntnisse melden. Bei der persönlichen Durchsicht des Bewerbungsformulars wird dem Bewerber angekreidet werden, dass er fachliche Kenntnisse mit persönlichen Fähigkeiten verwechselt. Gefragt ist in dieser Rubrik die Angabe fachlicher Qualifikationen. Ein individuelles Profil wird jedoch nicht deutlich. Im Gegenteil: Robert Galenus bewirbt sich ohne berufliches Profil.

Fehler: Fehlende Schlüsselworte Auch in der Rubrik »Bemerkungen« wäre Platz für eine individuelle und aussagekräftige Selbstdarstellung mit geeigneten Schlüsselworten gewesen. Der Bewerber verspielt auch diese Chance. Sein Wunsch nach mehr Eigenverantwortung drückt eher aus, dass er bisher noch nicht eigenverantwortlich gearbeitet hat.

Fazit: Dieser Bewerber hat sich mit der oberflächlichen Art, mit der er dieses Bewerbungsformular ausgefüllt hat, keinen Gefallen getan. Mit einer weiteren Prüfung seiner Unterlagen kann er nicht rechnen.

Bewerbungsformular Technischer Verkaufsberater in der Dentalbranche

Anrede:	☒ Herr ☐ Frau
Vorname:	Robert
Name:	Galenus
Geburtsdatum:	09.11.1973
Straße:	Gänseweg 14
PLZ:	44555
Wohnort:	Mönchengladbach
Telefon:	0201 1234567
E-Mail:	robertgalenus@gmx.de
Ausbildung/Abschlüsse:	Ausbildung zum Kaufmann im Groß- und Außenhandel bei einem Werkzeugmaschinenhersteller, Abschluss Kaufmann im Groß- und Außenhandel, BWL-Studium an der FH Düsseldorf, Abschluss Diplom-Betriebswirt
Letzte Tätigkeit (Kurzdarstellung)	Dentaldepot GmbH, Vertriebsabteilung, Fachberater Tätigkeiten: Neukundenakquisition, Auftragsbearbeitung, Projektverfolgung, Warendisposition, Durchführung von Direktmailingaktionen, Unterstützung des Außendienstes, Erstellung von Produktpräsentationen, telefonische Kundenberatung
Frühestes Eintrittsdatum:	01.10.2010 (übliche Kündigungsfrist)
Gewünschter Einsatzort:	nach Absprache
Besondere Kenntnisse:	Absatz- und Verkaufsförderung, Direktmarketing, Zusammenarbeit mit Speditionen, Sicherstellung der Liefertermine und der gelieferten Qualität, Organisation von Veranstaltungen zur Kundenbindung, MS-Office (Word, Excel, Access, PowerPoint), gutes Englisch
Bemerkungen:	Erfahrungen in der Dentalbranche, sichere Zielgruppenansprache, ständige Weiterbildung im Produktbereich

Überzeugend: Schlüsselworte Die Möglichkeiten, die sich auch beim Ausfüllen von Bewerbungsformularen bieten, hat der Bewerber in diesem Beispiel besser genutzt. Robert Galenus hat in dieser Version mit aussagekräftigen Schlüsselworten gearbeitet, den Platz im Block »Letzte Tätigkeit« optimal ausgenutzt.

Überzeugend: Kostbare Zusatzinformationen Auch seine besonderen Kenntnisse sind nun wirklich als solche zu bezeichnen – anstatt mit Leerfloskeln um sich zu werfen, nennt er nun konkrete Beispiele, die seine Soft Skills und seine Qualifikationen belegen. Sämtlichen Spekulationen, die im Negativbeispiel noch möglich waren, wurde hier der Nährboden entzogen – die Angabe der privaten E-Mail-Adresse und der üblichen Kündigungsfrist sind Indizien für die Ernsthaftigkeit und die Loyalität des Bewerbers.

Überzeugend: Individuelles Profil Durch die Aufzählung der von ihm bewältigten beruflichen Aufgaben wird sein individuelles Profil für Personalverantwortliche deutlich. Die Freiräume, die das Bewerbungsformular bietet, hat der Bewerber konsequent genutzt – auch im Block »Bemerkungen« stehen nun weitere Schlüsselworte, die seine Professionalität untermauern.

Fazit: Diese Bewerbung erscheint gut vorbereitet und bietet die nötige Informationsdichte. Sie wird sowohl einer automatischen Auswertung als auch einer Begutachtung durch Personalverantwortliche standhalten.

Bewerbungsformular als Stellengesuch

Das eigene Stellengesuch im Internet

Viele Jobbörsen bieten Ihnen die Möglichkeit, kostenlos ein Stellengesuch aufzugeben, das in eine Datenbank aufgenommen wird. Diese Datenbank können Unternehmen abfragen. Hat man Interesse an Ihnen, wird man sich bei Ihnen melden. Die Wunschvorstellung, aus mehreren Angeboten auswählen zu können und auf diese Weise die Rollen im Bewerbungsverfahren einmal zu vertauschen, ist für Arbeitssuchende natürlich reizvoll.

Ob Sie in einem Stellengesuch genügend Informationen über sich vermitteln können und ob es Ihnen überhaupt möglich ist, ein individuelles Profil deutlich zu machen, hängt von den Bewerbungsformularen ab, die Ihnen für die Aufgabe eines Stellengesuches vorgegeben werden. In manchen Jobbörsen finden Sie als Formular nur Listen, aus denen Sie vorgegebene Stichworte auswählen dürfen. In anderen Jobbörsen finden Sie Formulare, in denen Sie Ihre beruflichen Erfahrungen, Ihre Berufsausbildung und speziellen Kenntnisse in Freitextfeldern umfassender beschreiben können. Manchmal ist es sogar möglich, einen eigenen Lebenslauf zu verfassen und ein kurzes Anschreiben mitzuliefern und diese Zusatzinformationen hochzuladen.

Mit Schlüsselworten die Qualifikation herausstellen

Knüpfen Sie beim Ausfüllen von Stellengesuchen an die Hinweise an, die wir Ihnen für Bewerbungsformulare auf den Homepages der Firmen gegeben haben. Arbeiten Sie mit aussagekräftigen Schlüsselworten, die Ihr Profil deutlich werden lassen. Nutzen Sie Freitextfelder, um stichwortartig Ihre Qualifikationen aufzuzählen.

Bewerbungsformulare

AUF EINEN
BLICK

→ Drucken oder speichern Sie das Online-Formular, um es gründlich offline auszuwerten.

→ Umreißen Sie Ihre beruflichen Tätigkeiten im Formular stichwortartig.

→ Stellen Sie dabei diejenigen Tätigkeiten in den Vordergrund, die eine Nähe zur ausgeschriebenen Stelle haben.

→ Nutzen Sie unbedingt die Rubriken »Sonstiges«, »Bemerkungen« oder »Zusatzinformationen«, um Ihr Qualifikationsprofil mit Beschreibungen besonderer beruflicher Aufgaben zu untermauern.

→ Nutzen Sie auch die Möglichkeit, bei Jobbörsen ein Stellengesuch aufzugeben.

→ Verdichten Sie Ihr Profil in Ihrem Stellengesuch mit aussagekräftigen Schlagworten.

→ Falls möglich: Laden Sie Anschreiben und Lebenslauf hoch.

22. Online-Assessment und Bewerberhomepage

Abgesehen von der vorgestellten Online-Bewerbung kommen noch zwei Aktivitäten im Netz hinzu, die jedoch nicht für jeden Bewerber infrage kommen: Online-Assessments und Bewerberhomepages. Sie erfahren in diesem Kapitel, wie Sie Ihre Stärken im Online-Assessment geschickt in Szene setzen und für wen die Konstruktion einer eigenen Bewerberhomepage sinnvoll ist.

Im Internet gibt es für Unternehmen und Bewerber mehr Möglichkeiten, als Stellenausschreibungen zu schalten und sich per Online-Bewerbung ins Gespräch zu bringen. Zwei dieser zusätzlichen Aktivitäten, das Online-Assessment und die Bewerberhomepage, möchten wir Ihnen vorstellen.

Online-Assessment

Standardisierte Auskünfte

Genauso wie Bewerbungsformulare werden Online-Assessments dazu genutzt, die Auskünfte der Bewerber zu standardisieren. Gleichzeitig soll auch die Bewerberflut eingedämmt werden. Eine Einladung zum Vorstellungsgespräch oder einem Gruppenauswahlverfahren (Assessment-Center) erfolgt nur, wenn der Bewerber nicht durch das Raster des Online-Assessments fällt. Auch hier gilt, dass Sie sich durch Vorbereitung wappnen können.

Einsatz von Online-Assessments

Eine Einschätzung Ihrer Soft Skills ist gefragt

Die Nähe der Online-Assessments zu Online-Bewerbungsformularen ist nicht zu übersehen. Allerdings werden von den Bewerbern auch Angaben zu ihren persönlichen Fähigkeiten eingefordert. Zu den Fragen nach beruflichen Erfahrungen, EDV-Kenntnissen, Sprachen und Berufsabschlüssen treten Fragen, aus deren Beantwortung Belastbarkeit, Teamfähigkeit und andere persönliche Fähigkeiten deutlich werden sollen.

Das Verfahren des Online-Assessments ist nicht unumstritten, da die Aussagekraft der durchgeführten Tests mitunter fragwürdig ist. Es kann sich für Sie aber durchaus lohnen, Online-Assessments im Internet zu bearbeiten. Einige Unternehmen und Personalberatungen sichten über Online-Assessments das ganze Jahr über Bewerber. Wer den Test bewältigt, wird in eine Datenbank aufgenommen, die bei frei werdenden Stellen durchsucht wird.

Fragen im Online-Assessment

Wir stellen Ihnen jetzt zwanzig Fragen aus einem Online-Assessment vor. Arbeiten Sie sich einmal selbst durch, damit Sie eine erste Vorstellung von Online-Assessments bekommen.

ÜBUNG

Ausgewählte Fragen im Online-Assessment

Charakterisieren Sie Ihr übliches Verhalten, Ihre Einstellungen und Gewohnheiten. Lesen Sie jede Aussage gründlich durch und entscheiden Sie, ob diese Aussage auf Sie zutrifft. Sie können folgende Antworten ankreuzen:

1   trifft absolut nicht zu
2   trifft meistens nicht zu
3   trifft zum Teil zu, zum Teil aber auch nicht
4   trifft meistens zu
5   trifft absolut zu

Lassen Sie keine Aussage aus, entscheiden Sie sich immer für eine Antwortmöglichkeit.

		1	2	3	4	5
1.	Jeder sollte eine zweite Chance erhalten.					
2.	Probleme gehe ich direkt an.					
3.	Es fällt mir schwer, mich zu entspannen.					
4.	In meiner Freizeit bin ich lieber allein.					
5.	Ich mag keine Konflikte.					
6.	Lange Diskussionen finde ich überflüssig.					
7.	Ich rege mich leicht auf.					
8.	Es fällt mir schwer, anderen meine Meinung zu sagen.					
9.	Es fällt mir schwer, Gefühle zu zeigen.					
10.	Ich arbeite lieber schnell als sorgfältig.					

11.	Auch in der Freizeit übernehme ich gerne eine Führungsrolle.					
12.	Ich neige zu Perfektionismus.					
13.	Zu anderen Menschen finde ich leicht Kontakt.					
14.	Ich bin ein sehr einfühlsamer Zuhörer.					
15.	Ich lasse mich ab und zu ausnutzen.					
16.	Ich mache mir schnell ein Bild über andere Menschen.					
17.	Ich gehe immer den direkten Weg.					
18.	Ich bin immer gut gelaunt.					
19.	Gegen Kritik bin ich immun.					
20.	Ich bin unternehmungslustig.					

Kreuzen Sie an, was als allgemein erwünscht gilt

Wir stehen solchen Tests eher kritisch gegenüber, denn die menschliche Persönlichkeit lässt sich nicht durch ein paar Kreuze in einem Online-Fragebogen erfassen. Aber die Entscheidung, wie ehrlich Sie beim Bearbeiten von Online-Assessments sein möchten, überlassen wir selbstverständlich Ihnen.

Bewerberhomepage

Für die IT-Branche besonders interessant

Eine Bewerberhomepage muss in andere Online-Bewerbungsmaßnahmen eingebunden werden. Es genügt nicht, einfach die eigene Homepage ins Netz zu stellen und Serien-E-Mails mit einem Verweis auf die Homepage zu streuen. Mit der Mitteilung: »Hier finden Sie einen interessanten Bewerber! Klicken Sie auf www.hans-peter.mueller.de«, werden Sie es nicht schaffen, Personalverantwortliche auf Ihre Homepage zu locken. Sie müssen mit einer Online-Bewerbung bereits Interesse geweckt haben. Nur dann wird man sich eingehender mit Ihrem Profil beschäftigen.

Nur bewerbungsrelevante Informationen

Auch für Ihre Bewerberhomepage gilt, dass sie den Anforderungen der Online-Bewerbung standhalten muss. Wichtige Informationen müssen schnell zu erkennen sein, und eine für Geschäftsbeziehungen übliche Form muss gewahrt bleiben. Müssen sich Personalverantwortliche durch endlose Links klicken, um zu einem Lebenslauf zu gelangen, wird das Interesse schnell erlahmen. Informationen, die für eine

Bewerbung nicht relevant sind, sollten Sie unter einer anderen Adresse ins Netz stellen. Vermengen Sie Bewerbungsinformationen nicht mit Reiseberichten, Familienstammbäumen, Club-Engagements oder Verkaufsangeboten.

Achten Sie auch bei Ihrer Bewerberhomepage darauf, keine witzige Netzadresse zu benutzen. Die Domains www.ein-toller-Bewerber.de oder www.alleskoenner.com lassen nur Zweifel an Ihrer Anpassungsfähigkeit im Berufsalltag aufkommen. Stecken Sie Ihre Kreativität lieber in die Ausgestaltung der Seite. Versuchen Sie eine Domain zu reservieren, die Ihren Namen oder Namensbestandteile enthält, beispielsweise »www.janaschmidt.de« oder »www.jschmidt-info.de«.

Ihre Homepage könnte ein Bewerbungsfoto, einen allgemeinen Lebenslauf, eine Leistungsbilanz und eine Zusammenfassung Ihrer Qualifikation in Form eines Anschreibens enthalten. Gestalten Sie alles so, dass interessierte Besucher sowohl den Lebenslauf und das Leistungsprofil als auch das Anschreiben mühelos herunterladen oder ausdrucken können. Wenn Sie den Charakter der Homepage als Arbeitsprobe intensivieren möchten, können Sie Projektberichte, Design-Studien, Veröffentlichungen, Presseberichte über Sie oder Ihre Arbeit in die Homepage integrieren.

Unterlagen sollten leicht herunterzuladen sein

Falls Sie jetzt Bedenken haben, so viele Informationen über sich ins Netz zu stellen, können wir Ihnen nur zustimmen. Das Internet ist dafür bekannt, dass es nichts vergisst. Eine gute Internetreputation ist wichtig und wird in Zukunft noch wichtiger. Je nach Bedeutung der zu vergebenden Stelle geben Personalverantwortliche auch heute schon den Bewerbernamen in verschiedene Suchmaschinen oder Online-Netzwerke ein. Enthält das Suchergebnis dann Detailinformationen über aktuelle Projekte beim Arbeitgeber, patzige Statements über frühere Vorgesetzte oder peinliche Partyfotos, wird eine Einladung zum Vorstellungsgespräch womöglich unterbleiben.

Gehen Sie auf Nummer Sicher: Homepage mit Passwort

In diesem Zusammenhang sollten Sie daher auch Ihre Entscheidung für oder gegen eine Bewerberhomepage treffen. Eine Alternative ist eine Bewerberhomepage, die nur mithilfe eines Passwortes freigegeben wird. Es gibt Bewerber, die Ihre Unterlagen als E-Mail-Kurzbewerbung an ausgewählte Firmen schicken und darauf hinweisen, dass – Interesse auf der Firmenseite vorausgesetzt – ausführlichere Informationen auf der Bewerberhomepage enthalten sind. Allerdings muss die Firmenseite dann erst beim Bewerber das Passwort anfordern.

AUF EINEN
BLICK

Online-Assessments und Bewerberhomepage

→ Für den unwahrscheinlich Fall, dass Ihre Wunschfirma von Ihnen erwartet, sich einem Online-Assessment zu unterziehen: Präsentieren Sie sich als aktiv und zupackend, und kreuzen Sie im Zweifelsfall das an, was als allgemein erwünscht gilt.

→ Bevor Sie eine Bewerberhomepage einrichten, sollten Sie sich fragen, ob Sie überhaupt zu den Bewerbergruppen gehören, für die eine solche Seite sinnvoll ist, und ob Sie Ihre beruflichen Daten frei ins Internet stellen möchten (Internetreputation; arbeiten Sie gegebenenfalls mit einer passwortgeschützten Website).

→ Falls eine Bewerberhomepage für Sie infrage kommt: Sichern Sie sich eine seriöse Domain und verzichten Sie auf private Inhalte.

→ Sorgen Sie dafür, dass wichtige Informationen zu Ihrem Qualifikationsprofil schnell erkenntlich und durch aussagekräftige Schlagworte verdichtet sind.

→ Ihre Bewerberhomepage sollte ein seriöses Foto, einen Lebenslauf, eventuell eine Leistungsbilanz und eine Selbstdarstellung in Anschreibenform enthalten.

→ Stellen Sie die Unterlagen zum unkomplizierten Download zur Verfügung.

→ Wenn möglich, sollten Sie Ihr Qualifikationsprofil durch Verweise auf Projektberichte, Studien, Veröffentlichungen, Presseberichte über Sie oder Ihre Arbeit unterstützen.

→ Platzieren Sie Ihre Kontaktdaten gut sichtbar.

→ Verlassen Sie sich keinesfalls ausschließlich auf die Website, sondern unterstützen Sie Ihre Suche nach einem neuen Arbeitsplatz durch weitere Aktivitäten.

7

Up or out im Vorgespräch

23. Telefoninterview: Warum haben Sie sich bei uns beworben?

Telefoninterviews sind kürzere Vorstellungsgespräche, die als erste Reaktion auf überzeugende Bewerbungsunterlagen erfolgen können. In den letzten Jahren ist eine deutliche Zunahme von telefonischen Interviews zu beobachten. Termine für telefonische Interviews lassen sich meist viel schneller als persönliche Treffen vereinbaren, auch die Kosten sind weitaus geringer. Wenn Ihre Unterlagen also überzeugen, sollten Sie sich mit den zentralen Fragen vertraut machen, die Ihnen in einem Telefoninterview gestellt werden.

Mit wem werden Sie telefonieren?

Unterscheiden lassen sich strukturierte Telefoninterviews mit Vertretern der internen Personalabteilung des Unternehmens oder mit externen Personalberatern, die im Auftrag eines Unternehmens tätig sind. Strukturiert meint hier, dass ein vorher festgelegter Fragenkatalog systematisch abgearbeitet wird, beispielsweise zur Motivation des Bewerbers, zu seinen fachlichen, methodischen und sozialen Kernkompetenzen und insbesondere zu seiner kommunikativen Kompetenz. Diese strukturierte Vorgehensweise können üblicherweise nur Personalexperten leisten, daher gibt es an dieser Stelle eher selten Kontakt zu künftigen Fachvorgesetzten oder Mitgliedern der Geschäftsleitung.

Welche Fragen werden Ihnen gestellt?

Die wichtigste Frage im Telefoninterview lautet immer: »Warum haben Sie sich bei uns beworben?« Diese Frage wird manchmal ganz direkt ausgesprochen, aber es gibt auch Umschreibungen dafür. Diese lauten beispielsweise:

Die Standardfrage

→ »Würden Sie mir bitte kurz Ihre beruflichen Erfahrungen erläutern?«
→ »Könnten Sie Ihren Werdegang einmal stichwortartig für mich zusammenfassen?«
→ »Würden Sie mir bitte kurz skizzieren, was Sie für die Stelle mitbringen?«
→ »Gibt es einen roten Faden in Ihrer beruflichen Entwicklung, der auf die ausgeschriebene Stelle hinführt?«
→ »Was sollte ich über Sie wissen?«

Es gibt auch Firmen, die es Ihnen bereits zu Beginn des Telefoninterviews etwas schwerer machen werden. Wenn es gleich etwas forscher zur Sache geht, werden Sie mit Fragen der folgenden Art konfrontiert, die Sie aber ebenfalls mithilfe Ihrer Selbstpräsentation souverän beantworten werden.

→ **»Was könnten Sie zum künftigen Unternehmenserfolg in Ihrer neuen Position beitragen?«**
→ **»Was reizt Sie an der ausgeschriebenen Stelle?«**
→ **»Was unterscheidet Sie von anderen Bewerbern?«**
→ **»Was erwarten Sie von einer Anstellung bei uns?«**
→ **»Was bieten Sie, was Ihre Mitbewerber nicht bieten?«**

Ihr Stärkenprofil kommt zum Einsatz

Gemeinsam ist all diesen Fragen, dass die Firmenseite Ihnen im Telefoninterview Raum dafür gibt, Ihr individuelles berufliches Stärkenprofil etwas länger zu erläutern. Sie haben die einmalige Chance, eine Selbsteinschätzung Ihres Könnens zu liefern und so dem Gespräch einen ganz bewussten Informationsinput zu geben, der üblicherweise gerne von der Zuhörerseite aufgegriffen wird. Man wird im Anschluss an Ihre Selbstpräsentation gezielt zu den Aspekten, Erfahrungen oder Projekten nachfragen, die Sie in den Raum gestellt haben. Auf diese Weise entwickelt sich im Idealfall ein erster Dialog zwischen Bewerber und Firma beziehungsweise zwischen Bewerber und Personalberatung, für den Sie das Fundament gelegt haben. Wie dieses Fundament konkret aussieht, liegt also in Ihrer Hand. Eine strategisch überaus wichtige Maßnahme!

Wie bereiten Sie Ihre Selbstpräsentation vor?

In unseren Coachings stellen wir regelmäßig fest, dass die Präsentation von Fachthemen für Führungskräfte zum Arbeitsalltag gehört und ihnen daher meist leichter gelingt. Für eine Präsentation des eigenen Könnens gibt es im Berufsalltag dagegen eher selten Gelegenheiten. Deshalb sind manche Führungskräfte von dieser Aufgabenstellung oft erst einmal überfordert. Daher werden wir Ihnen nun die Struktur und die Kommunikationstricks vorstellen, die Ihnen bei der Vorbereitung Ihrer Selbstpräsentation in Telefoninterviews helfen werden. Hier die Hinweise für die Ausarbeitung einer überzeugenden Selbstpräsentation.

Struktur wählen

Drei bis vier Abschnitte

Ihre Selbstpräsentation können Sie in drei bis vier Abschnitte unterteilen. Wir empfehlen grundsätzlich, mit den aktuellen Aufgaben Ihrer momentanen Position zu beginnen (Abschnitt 1). Gehen Sie dann – kurz – auf Ihre vorhergehende Stelle ein, insbesondere dann, wenn Sie dort Aufgaben erledigt haben, die von Ihnen auch in der neuen Stelle bearbeitet werden sollen (Abschnitt 2). Dann könnte – ebenfalls sehr kurz – die Grundlage Ihrer beruflichen Entwicklung, beispielsweise ein Studium, eine Berufsausbildung oder eine aktuelle Fortbildung, folgen (Abschnitt 3). Und dann endet Ihre Selbstpräsentation mit einer kurzen Schlusszusammenfassung (Abschnitt 4).

Beschreiben statt bewerten

Mit einer Darstellung der eigenen Fähigkeiten und Kenntnisse tun sich die meisten Menschen sehr schwer, auch Führungskräfte. Dies liegt daran, dass es kaum jemand gewohnt ist, über sich selbst zu sprechen. Wann klingen Formulierungen deutlich übertrieben? Und wann verkaufen Bewerber ihren umfangreichen Erfahrungsschatz womöglich unter Wert? Um diese Probleme zu lösen, können Sie beschreibende Formulierungen in Ihrer Selbstpräsentation einsetzen. Sie werden Ihre Erfahrungen, Ihr Können und Ihre Erfolge sprachlich neutral und daher glaubwürdig darstellen können, wenn Sie Sätze wie die folgenden verwenden, die wir der Praktibabilität halber gleich den einzelnen Abschnitten der Selbstpräsentation zugeordnet haben.

So können Sie formulieren

Vier Abschnitte der Selbstpräsentation

Abschnitt 1: Die momentanen Aufgaben

→ »Bei meinem momentanen Arbeitgeber bin ich zuständig für ... , ... und ...«
→ »In meiner jetzigen Position als ... bin ich verantwortlich für ..., ... und ...«
→ »Ich nehme die Aufgaben ..., ... und ... wahr.«
→ »Mein komplexes Aufgabengebiet umfasst ..., ... und ...«
→ »Zu meinen aktuellen Aufgaben gehören ..., ... und ...«

Abschnitt 2: Die vorherigen Aufgaben (mit Bezug zur neuen Stelle)

→ »Ich habe seinerzeit die Aufgaben eines ... wahrgenommen.«
→ »Durch meine Erfolge in den Bereichen ... und ... konnte ich zum ... aufsteigen.«
→ »Die Beschäftigung mit ... und ... ermöglichte es mir, meinen Verantwortungsbereich auszuweiten.«
→ »Ich habe damals meinen Vorgesetzen vertreten und die Tätigkeiten ... und ... verantwortet.«
→ »Gut gefallen hat mir die Möglichkeit, Arbeitsprozesse zu optimieren, und zwar in den Bereichen ... und ...«

Abschnitt 3: Die Grundlagen Ihres beruflichen Werdegangs (Studium/Ausbildung/Fortbildung)
→ »Grundlage meines Werdegangs ist mein Studium zum …«
→ »Nach meinem Studium habe ich den Einstieg in die Industrie über meine Werkstudententätigkeit/als Direkteinstieg/über ein Traineeprogramm geschafft.«
→ »Meine kaufmännische Karriere habe ich mit einer Ausbildung zum … begonnen.«

Abschnitt 4: Zusammenfassung
→ »Meine Erfahrungen in …, … und … möchte ich nun gebündelt bei Ihnen in der Position … einsetzen.«
→ »Da ich also – wie skizziert – in den Bereichen …, … und … über sehr umfassende Erfahrungen verfüge, kann ich mir gut vorstellen bei Ihnen in der Position als … für den gewünschten Schwung zu sorgen.«
→ »Soweit mein Werdegang in Stichworten, gerne beantworte ich Ihnen weitere Fragen dazu.«
→ »Abschließend möchte ich betonen, dass ich meine Stärken in den Bereichen …, … und … sehe und auch unter Beweis gestellt habe. Diese Stärken könnten Ihnen bei der Restrukturierung/Sanierung/Optimierung der Abteilung/des Bereiches/des Unternehmens sicherlich nützlich sein.«

Schlagworte und Schlüsselbegriffe einsetzen

Schlagworte und Schlüsselbegriffe einsetzen

Nachdem Sie nun viele nützliche Formulierungen für Ihre Selbstpräsentation kennengelernt haben, fragen Sie sich sicherlich, wie Sie die Platzhalter in den Beispielsätzen mit Inhalt füllen können. Hier empfehlen wir Ihnen, Schlagworte und Schlüsselbegriffe aus Ihrem künftigen Arbeitsbereich einzusetzen. Passende Schlagworte und Schlüsselbegriffe finden Sie unter anderem in der jeweiligen Stellenausschreibung des Unternehmens. Es handelt sich dabei sowohl um die künftigen Tätigkeiten aus dem Tagesgeschäft als auch um besondere Projektaufgaben. Weitere Anregungen für Schlagworte und Schlüsselbegriffe finden Sie in Ihrem Lebenslauf, in Ihren Arbeitszeugnissen, in Stellenausschreibungen anderer Firmen für ähnliche Positionen, in Projektberichten, in Ergebnisprotokollen oder in Ihrem Arbeitsvertrag.

Gewöhnen Sie sich daran, Ihre beruflichen Fähigkeiten und Kenntnisse mithilfe beschreibender Formulierungen und geeigneter Schlagworte und Schlüsselbegriffe zu erläutern. Sie werden feststellen, dass Sie mit einer hohen Informationsdichte argumentieren können. Auf diese Weise wird in kurzer Zeit klar – und in Telefoninterviews ist die

Zeit eigentlich immer zu knapp –, wie groß Ihr Spektrum an Erfahrungen und Erfolgen ist. Der Vorteil für Sie liegt dabei auf der Hand: Ihre Gesprächspartner können an die von Ihnen gegebenen Informationen anknüpfen und gezielt nachfragen. Damit kommt ein »Informationsaustausch« im besten Sinne des Wortes in Gang.

Motivation deutlich machen

Führungskräfte haben dann Erfolg in Vorstellungsgesprächen, wenn sie nicht nur darüber sprechen, was sie machen oder gemacht haben, sondern auch darüber, was sie gerne machen. Grundsätzlich empfehlen wir, eine Selbstpräsentation nur wohldosiert mit Emotionen zu unterfüttern. Zu starke Emotionen, ganz gleich ob positiv oder negativ, lenken die Entscheider auf der Firmenseite womöglich von den Kernpunkten Ihres beruflichen Profils ab. Aber ohne Begeisterung und Leidenschaft geht es bei Führungskräften auch nicht. Je nach Unternehmenskultur und persönlichen Vorlieben können Sie daher folgende Formulierungen in Ihre Selbstpräsentation einbauen, idealerweise im zweiten oder letzten Drittel Ihrer Kurzvorstellung:

Wohldosierte Emotionen

→ **»Ich schätze die Arbeit in mittelständischen Unternehmen sehr, da ich hier als Vertriebs- und Marketingleiterin die Dinge direkt in Angriff nehmen und voranbringen kann.«**
→ **»Ich habe auch bisher in einem Konzern gearbeitet, bin daher mit den Abstimmungs- und Informationsprozessen vertraut. Es gefällt mir sehr, die fantastischen Ressourcen, die ein Konzern bietet, bei der Optimierung von Logistikkonzepten zu nutzen.«**
→ **»Wichtig ist mir an dieser Stelle noch, darauf hinzuweisen, dass mein Herzblut an den neuen Absatzkonzepten wie Multi-Channel-Systemen, Eventmarketing oder Direktvertrieb mittels E-Mail hängt. Wenn sich sehe, welche Wirkungen hier erreicht werden können, begeistert mich das bei meiner Arbeit geradezu.«**

Erfolge betonen

Damit Sie zum Profi in Sachen Erfolgskommunikation werden, sollten Sie bereits in Ihrer Selbstpräsentation auf ausgewählte Erfolge hinweisen. Bewerberinnen und Bewerber, die hier auf Zahlen verweisen können, sind klar im Vorteil. Dies gilt für die Steigerung von Marktanteilen, von Stückzahlen, von Gewinn, von Umsatz oder für die Senkung von Retouren, von Qualitätsmängeln, von Erinnerungs- und Mahnverfahren und von Kosten. Aber auch nicht quantifizierbare Erfolge sorgen für mehr Glanz in Ihrer Selbstpräsentation.

→ »Für Sie interessant könnte weiter sein, dass ich mit neuen Produktlinien den Umsatz in den relevanten Zielgruppen um 20 Prozent steigern konnte.«

→ »Es wird Sie sicherlich interessieren, dass die von mir durchgeführten Cost-Cutting-Programme für weitaus bessere Deckungsbeiträge gesorgt haben.«

→ »Mit der Restrukturierung des Warenwirtschaftssystems konnte ich die Kosten in diesem Bereich um etwa 15 Prozent senken.«

→ »Ein wichtiger Erfolg war für mich die Gestaltung der neuen Lizenzverträge einschließlich der dazugehörigen Produktionsverträge. Auf diese Weise konnte ich sicherstellen, dass wir weiterhin qualitativ hochwertige Produkte in hoher Stückzahl im SB-Handel anbieten konnten.«

Selbstpräsentation im Telefoninterview

Abschließend nun noch ein Beispiel dafür, wie die Frage »Aus welchen Gründen haben Sie sich bei uns beworben?« am Telefon gegenüber einem externen Personalberater überzeugend beantwortet werden kann. Die folgende Selbstpräsentation ist auf Basis der von uns vorgestellten Tipps und Kommunikationstricks erarbeitet worden:

BEISPIEL

Selbstpräsentation am Telefon
Produktmanagerin

»Für die Stelle der Produktmanagerin bringe ich einige interessante Erfahrungen mit. Seit vier Jahren bin ich bei der Sportartikel GmbH verantwortlich für die Abstimmung der Produktlinien, was sowohl das funktionsorientierte Design, die Produktion der türkischen und asiatischen Zulieferbetriebe als auch die Zusammenarbeit mit Vertrieb und Marketing betrifft. In meiner vorhergehenden Stelle gehörte die Konzeption und Umsetzung von Marketingaktivitäten im Outdoor-Bereich zu meinen Hauptaufgaben. Für die Outdoor GmbH habe ich beispielsweise Point-of-Sale-Systeme im Fachhandel realisiert und konnte so nachweisbar deutliche Absatzsteigerungen erreichen. Sowohl bei der Sportartikel GmbH als auch bei der Outdoor GmbH umfasste der Bereich der Reisetätigkeit etwa ein Drittel meiner Arbeitszeit. Mir gefällt es nach wie vor, international zu arbeiten und aktiv daran mitzuwirken, wenn neue Produktlinien geplant und im Markt eingeführt werden. Ich sehe im Bereich der Outdoor-Kleidung und -Accessoires noch deutliche Wachstumschancen, die ich gerne für Ihren Auftraggeber als Produktmanagerin mitgestalten möchte.«

Wenn Sie mit Ihrer Selbstpräsentation am Telefon überzeugen können, haben Sie sich einen deutlichen Vorteil für den weiteren Gesprächsverlauf erarbeitet. Sie sind ab diesem Zeitpunkt als kompetenter Gesprächspartner beziehungsweise kompetente Gesprächspartnerin akzeptiert. Je nach Vorliebe der Mitarbeiter der internen Personalabteilung oder externen Personalberatung werden Ihnen dann noch weitere Fragen gestellt, die sich auf die bereits eingangs vorgestellten sieben Kernkompetenzen beziehen, die Führungskräfte nachweisen müssen.

Präsentieren Sie sich als kompetenter Gesprächspartner

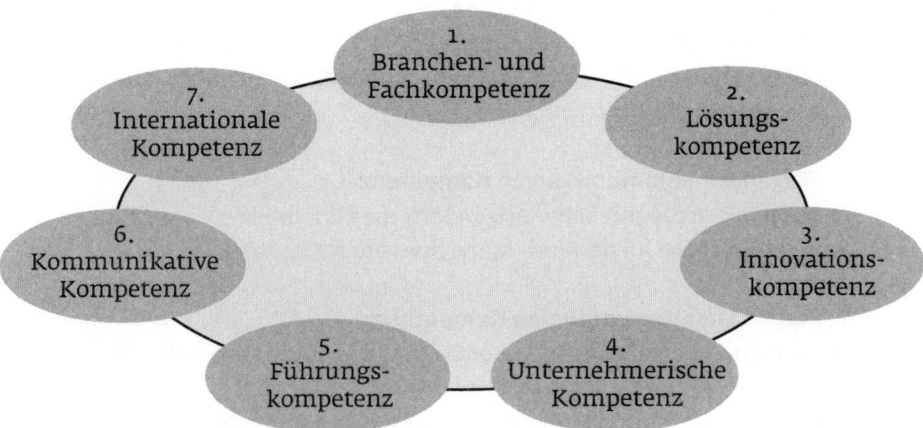

Anforderungen an Führungskräfte: Sieben Kernkompetenzen

Die dazugehörigen Fragen lauten dann beispielsweise:

1. Fragen zur Branchen- und Fachkompetenz

→ »In welchen fachlichen Bereichen haben Sie in Ihrer momentanen Stelle etwas dazugelernt?«

→ »Welches Fachwissen, glauben Sie, ist für die ausgesprochene Position wichtig?«

2. Fragen zur Lösungskompetenz

→ »Würden Sie mir bitte ein Beispiel dafür geben, wie Sie aus einer übergeordneten Unternehmensstrategie passende Teilziele und Maßnahmen entwickelt haben?«

→ »Schildern Sie mir bitte ein Problem mit Ihrem Vorgesetzten: Zu welchem Thema hatten Sie eine unterschiedlicher Meinung und wie haben Sie den Konflikt im Arbeitsalltag aufgelöst?«

3. Fragen zur Innovationskompetenz

→ »Wie stark sehen Sie sich als Change-Manager Ihres Bereiches?«

→ »Was können Führungskräfte dafür tun, damit Mitarbeiter von sich aus Anregungen für Veränderungen geben?«

4. Fragen zur unternehmerischen Kompetenz

→ »Was verstehen Sie unter unternehmerischem Handeln bezogen auf die ausgeschriebene Stelle?«

→ »Mit welchen Strategien haben Sie in der Vergangenheit Kosten reduziert?«

5. Fragen zur Führungskompetenz

→ »Was bedeutet für Sie Führung?«

→ »Was sehen Sie als wichtigste Führungsaufgabe in Ihrem künftigen Führungsbereich?«

6. Fragen zur kommunikativen Kompetenz

→ »Wie gehen Sie mit schwierigen Mitarbeitern um?«

→ »Was stört Sie an anderen Menschen am meisten?«

7. Fragen zur internationalen Kompetenz

→ »Haben Sie Erfahrungen in der Leitung von internationalen Projekten?«

→ »Können Sie Kundengespräche auf Englisch führen?«

Professionelle Unterstützung

Wenn Sie bei der Beantwortung dieser – und vieler weiterer Fragen – professionelle Unterstützung wünschen, empfehlen wir Ihnen unseren speziellen Ratgeber »So gewinnen Führungskräfte im Vorstellungsgespräch. Die 220 entscheidenden Fragen und die besten Antworten«. Damit der Lerneffekt für Sie so groß wie möglich ist, stellen wir in dem genannten Ratgeber sowohl 220 ungünstige als auch 220 gelungene Antworten von Führungskräften vor. Auf diese Weise werden auch Sie schnell ein Gespür dafür entwickeln, welche Antworten Sie in telefonischen Interviews und in persönlichen Vorstellungsgesprächen zum Ziel bringen werden. Und selbstverständlich stellen wir Ihnen weitere Fragen vor, die Sie unbedingt stellen sollten, damit Sie nicht ungewollt eine Stelle bekommen, die eher einem Schleudersitz und weniger einer Führungsaufgabe mit dazugehörigem Gestaltungsspielraum gleicht.

Telefoninterviews

AUF EINEN BLICK

→ Bereiten Sie eine Selbstpräsentation vor, die Sie in Telefoninterviews einsetzen können.

→ Achten Sie auf die Fragen, bei deren Beantwortung Sie Ihre Selbstpräsentation nutzen können.

→ Unterteilen Sie Ihre Selbstpräsentation in Abschnitte (die momentanen Aufgaben, die vorherigen Aufgaben, die Grundlagen Ihres Werdegangs, die Zusammenfassung).

→ Denken Sie daran, Ihre Erfahrungen und Kenntnisse beschreibend, also möglichst ohne Bewertungen, darzustellen.

→ Setzen Sie in Ihrer Selbstpräsentation bewusst Schlagworte und Schlüsselbegriffe aus dem Arbeitsalltag ein.

→ Ihre Selbstpräsentation sollte die richtige Dosis Emotion enthalten, um Ihre Motivation für berufliche Herausforderungen glaubwürdig zu unterstützen.

→ Nennen Sie ausgewählte Erfolge, damit Ihr Gesprächspartner daran anknüpfen kann.

→ Arbeiten Sie bewusst Schnittstellen zwischen den Aufgaben in der neuen Position und denen in der momentanen Position heraus.

→ Setzen Sie sich mit den 7 Kernkompetenzen, die Führungskräfte beweisen müssen, auseinander.

→ Geben Sie für jede Kernkompetenz zwei bis drei Belege und Beispiele.

→ Überlegen Sie sich eigene Fragen, die Sie bereits im Telefoninterview stellen möchten (Größe des Unternehmens, Wachstumskurs, Region, Erwartungen der Geschäftsleitung, Gründe für die Neubesetzung, Gehaltsrahmen).

8

Vorstellungsgespräch: Persönliche Überzeugungs- arbeit

24. Vom Umgang mit Headhuntern, Vorständen, Geschäftsführern, Fachvorgesetzten, Personalprofis und Amateuren

Ihre Gesprächspartner auf der Firmenseite werden in erster Linie Personalverant-wortliche, künftige Fachvorgesetzte, Geschäftsführer, Vorstände oder Inhaber sein. Führungskräfte werden auch regelmäßig von externen Personalberatern, sogenann-ten Executive-Search-Consultants, auch Headhunter genannt, angesprochen. Dann stellen die Headhunter den ersten Kontakt her und führen einen ersten Abgleich zwischen Bewerberprofil und Stellenprofil durch, bevor sie dem Auftraggeber ihrer Meinung nach interessante Kandidaten vorstellen. Daneben können Sie auch auf Be-triebsräte, Personalratsmitglieder oder Gleichstellungsbeauftragte treffen. Wichtig ist, dass Sie alle am Entscheidungsprozess Beteiligten gleichermaßen ernst nehmen und sich nicht bloß auf die Wortführer konzentrieren. Damit Sie Ihre Gesprächsstra-tegie flexibel gestalten können, bereiten wir Sie in diesem Kapitel auf die Vorlieben der wichtigsten Gesprächspartner vor.

Die speziellen Vorlieben der Entscheider

Wem Sie im Bewerbungsverfahren und speziell im Vorstellungsgespräch begegnen, hängt immer von dem suchenden Unternehmen ab. Die unterschiedlichen Entscheider haben oft auch verschiedene Vorge-hensweisen bei der Personalauswahl. Im Folgenden erfahren Sie, wo die Unterschiede liegen, und wie Sie sich optimal auf die diversen Fragesteller vorbereiten können.

Headhunter

Das Spektrum der Headhunter, die für externe Personalberatungen arbeiten, ist sehr weit gespannt. Es gibt die bekannten großen Perso-nalberatungen, aber auch sehr viele spezialisierte kleinere. Guten Headhuntern, und die bilden die Mehrzahl, geht es wie uns. Sie und wir möchten, dass Sie einen neuen Führungsjob finden, in dem Sie Ihr volles Potenzial entfalten können und sich wohlfühlen. Dennoch sollten Sie sich bei der Zusammenarbeit mit einem oder mehreren Headhuntern immer wieder vor Augen führen, dass es gelegentlich zu einem Zielkonflikt kommen kann. Denn es gibt auch Headhunter, die sehr unter Druck stehen und vor allem eins möchten: eine Erfolgs-prämie für eine erfolgreiche Vermittlung. Haken Sie deshalb ruhig

Nachfragen erlaubt

einmal mehr nach, wenn Ihnen etwas unklar ist. Geeignete Fragen, die Sie stellen können, finden Sie insbesondere in den Kapiteln 34 (»Welche Informationen erfragen Sie?«) und 35 (»Spezielle Fragen im zweiten Gespräch«).

Beeindrucken Sie die Headhunter, die den Kontakt mit Ihnen aufnehmen, mit einer passgenauen schriftlichen und mündlichen Selbstpräsentation Ihrer beruflichen Erfolge und Stärken. Die Erfahrung zeigt: Erst dann, wenn Headhunter wissen, was Sie wollen, können sie Ihre beruflichen Wünsche und Vorstellungen auch an die jeweiligen Auftraggeber, also die suchenden Firmen, weitergeben.

Vorstände, Geschäftsführer, Inhaber

Häufig ist es so, dass Vorstände, Geschäftsführer oder Inhaber erst in der zweiten Runde des Vorstellungsgesprächs auftauchen. Dies ist verständlich, schließlich hat das Topmanagement auch genügend andere Aufgaben zu erledigen und überlässt die persönliche Vorauswahl daher gerne der Personalabteilung und/oder solchen Fachvorgesetzten, die in der Firmenhierarchie ein oder zwei Stufen über der Einstiegsposition des neuen Mitarbeiters angesiedelt sind. Bewerben Sie sich auf eine Abteilungsleiterstelle, könnten Sie also in Runde eins auf einen Ansprechpartner aus der Personalabteilung und auf einen Bereichsleiter (dazwischen steht die Stelle des Hauptabteilungsleiters) treffen.

Qualität und Kosten im Blick

Da das Topmanagement besonders daran interessiert ist, wie Sie Arbeitsabläufe optimieren oder Kosten senken werden, werden Sie mit Fragen konfrontiert, die Sie in den Kapiteln 28 (»Wie ausgeprägt ist Ihre Innovationskompetenz?«) und 29 (»Wie belegen Sie Ihre unternehmerische Kompetenz?«) finden. Zeigen Sie mit Ihren Antworten, dass für Sie als Führungskraft der stetige Wandel eine Selbstverständlichkeit ist und dass Sie grundsätzlich auf einen Ausgleich zwischen der besten aller Lösungen und der kostengünstigsten hinarbeiten. Verdeutlichen Sie dem Topmanagement weiter, dass Sie wichtige berufliche Entscheidungen, also auch Ihre Entscheidung für oder gegen die neue Firma, nicht als Schnellschuss aus der Hüfte heraus, sondern prozesshaft treffen. Dies gelingt Ihnen, indem Sie in Ihre Antworten einfließen lassen, dass Sie die wesentlichen Informationen aus dem ersten Gespräch gründlich reflektiert haben. Arbeiten Sie hierzu Kapitel 35 (»Spezielle Fragen im zweiten Gespräch«) durch.

Fachvorgesetzte

Fach- und Branchenkenntnisse

Künftige Fachvorgesetzte legen auf jeden Fall Wert darauf zu erfahren, ob Sie über die gewünschten Fach- und Branchenkenntnisse sowie

Sprach- und PC-Kenntnisse verfügen. Entsprechende Fragen finden Sie in unseren Kapiteln 26 (»Wie gut ist Ihre Branchen- und Fachkompetenz?«) und 32 (»Was bringen Sie an internationaler Kompetenz mit?«). Belegen Sie Ihre Antworten mit Beispielen dafür, dass Sie mit den üblichen Routineaufgaben des Tagesgeschäfts bestens vertraut sind. Benutzen Sie auf jeden Fall die Schlüsselwörter für die Erledigung der Fachaufgaben, die auch in der Stellenausschreibung auftauchen, und verwenden Sie ebenso ergänzende und ähnliche Beschreibungen, die Sie in Stellenausschreibungen anderer Firmen für die gleichen Tätigkeiten finden.

Da Sie als Führungskraft dafür sorgen werden, dass sowohl Ihr Wissen als auch die Kenntnisse Ihrer künftigen Mitarbeiter in Handlungen umgesetzt werden, punkten Sie bei Fachvorgesetzten im Vorstellungsgespräch, wenn Sie Beispiele für Ihre Lösungskompetenz geben. Das ist der Bereich, den wir mit »Macherqualitäten« bezeichnen. Geeignete Formulierungen und Antworten, die Ihre neuen Fachvorgesetzten überzeugen, finden Sie in Kapitel 27 (»Verfügen Sie über Lösungskompetenz?«).

Personalprofis

Ab einer bestimmten Firmengröße gibt es Personalabteilungen, die professionell und strukturiert vorgehen. Mitarbeiterpotenziale sollen systematisch erfasst und gefördert werden. Neue Führungskräfte und Mitarbeiter sollen daraufhin überprüft werden, ob sie in die bestehende Unternehmenskultur passen und ob von ihnen auch künftig noch Überdurchschnittliches zu erwarten ist. Entsprechende Fragen finden Sie in den Kapiteln 30 (»Welche Belege können Sie für Ihre Führungskompetenz liefern?«) und 31 (»Wie steht es um Ihre kommunikative Kompetenz?«). Machen Sie mit Ihren Antworten klar, dass Sie sich mit Ihrem Führungsstil intensiv auseinandergesetzt haben und dass die nicht fachlichen Aspekte Ihrer Tätigkeit, die sogenannten Soft Skills – beispielsweise die Fähigkeit zur Selbstmotivation, die Konfliktfähigkeit, die Belastbarkeit und die Kommunikationsfähigkeit – nicht bloß Worthülsen, sondern wichtige und gelebte Bestandteile Ihrer beruflichen Kompetenz sind.

Systematische Auswahl

Amateure

Aus unserer Beratungspraxis wissen wir von unseren Kunden, dass die Personalsuche – ob durch Headhunter oder firmeneigene Personalprofis – zumeist professionell durchgeführt wird. Es werden Informationen über den Zwischenstand gegeben, Termine für Vorstellungsgespräche zügig und unter Berücksichtigung der Wünsche der Kandidaten vereinbart. Entscheidungen für oder gegen einen Kandidaten, insbesondere nach Abschluss der wichtigen zweiten oder dritten Gesprächsrunde, werden so schnell wie möglich mitgeteilt.

Aber wir haben natürlich auch das vollständige Gegenteil erlebt. Bewerber werden zunächst eingeladen, doch im Gespräch stellt sich dann heraus, dass das Bewerberprofil überhaupt nicht zu der zu vergebenden Stelle passt, was eigentlich von Anfang an hätte klar sein müssen. Nicht selten kommt es vor, dass Gespräche sanft dahinplätschern, bis plötzlich auf die Uhr geschaut wird, Hektik ausbricht und alles beendet ist, bevor ein wirklicher Informationsaustausch überhaupt begonnen hat. Oder der gesamte Entscheidungsprozess verläuft so zäh und langwierig, dass man in diesem Zeitraum mit etwas gutem Willen eigentlich eher drei und nicht bloß eine Führungskraft hätte einstellen können.

Was sagen die Amateure über die Firma aus?

Wenn Sie auf Personalamateure in den Firmen treffen, muss dies nicht grundsätzlich schlecht sein. Die Hauptsache dabei ist, dass die Amateure wissen, dass sie in der Zukunft auf Ihre Hilfe im Unternehmen angewiesen sind. Mit anderen Worten: Respektiert man Ihre fachliche, persönliche und Führungskompetenz, kann eine freundlich zerstreute Personalarbeit eventuell hingenommen werden. Treffen Sie dagegen auf inkompetente und selbstherrliche Amateure, sollten Sie der entsprechenden Firma schnell die kalte Schulter zeigen – es sei denn, Sie werden als Geschäftsführer eingestellt, der den vollständigen Rückhalt der Inhaber hat. Dann wissen Sie von Anfang an, wo Sie mit Ihrer künftigen Sanierungsarbeit anfangen werden. Im Abschnitt »Wann Sie härter nachfragen sollten« in Kapitel 34 (»Welche Informationen erfragen Sie?«) erfahren Sie mehr dazu.

AUF EINEN BLICK

Strategien für Ihren Erfolg im Vorstellungsgespräch

→ Können Sie eine passgenaue, stärkenorientierte und glaubwürdige Selbstpräsentation vorweisen?

→ Haben Sie Ihre Selbstpräsentation auch als Mind-Map vorbereitet?

→ Haben Sie Ihre Selbstpräsentation auf das jeweilige Unternehmen zugeschnitten?

→ Ist Ihre Selbstpräsentation gut strukturiert?

→ Beschreiben Sie, anstatt zu bewerten?

→ Setzen Sie Schlagworte und Schlüsselbegriffe ein?

→ Wird Ihre Motivation deutlich?

....

→ Betonen Sie Ihre Erfolge?

....

→ Wissen Sie, wer Ihnen im Vorstellungsgespräch gegenübersitzen
wird? Erkennen Sie die Vorlieben Ihrer Gesprächspartner?

25. Schlüsselfrage: Warum sollten wir gerade Sie einstellen?

Mit Fragen wie »Könnten Sie sich bitte kurz vorstellen?«, »Würden Sie uns bitte Ihren beruflichen Hintergrund schildern?« oder auch ganz direkt »Warum sollten wir gerade Sie einstellen?« lässt sich ein Vorstellungsgespräch aus Firmensicht wirkungsvoll in Schwung bringen. Von Führungskräften wird erwartet, dass sie Schnittstellen zwischen ihren momentanen Aufgaben und den Aufgaben der neuen Position herausstellen, dass sie auf ausgewählte Erfolge verweisen und Beispiele für ihre außergewöhnliche Leistungsbereitschaft liefern. Die »Why-me?«-Frage ist auch deshalb Bestandteil jedes Vorstellungsgesprächs, weil die Firmenseite im weiteren Verlauf des Gesprächs an einzelne Informationen anknüpfen und so gezielt nachhaken kann.

Typische Fehler: Vorzeitiges Aus!

Von Führungskräften wird erwartet, dass sie flüssig und schlüssig eine kurze Selbsteinschätzung ihres Könnens und Wissens liefern können. Aber Achtung, eine bloße Nacherzählung des beruflichen Werdegangs, beginnend mit weit zurückliegenden Stationen wie Schule, Studium oder Ausbildung, ist ein grober taktischer Fehler. Die Aufmerksamkeitsspanne der Zuhörer auf der Firmenseite ist schließlich nicht unbegrenzt. Unvorbereitete Bewerber laufen weiter Gefahr, sich in Detailinformationen zu verlieren oder begeistert die Erfolge der Vergangenheit, beispielsweise aus der Einstiegsposition nach Studium oder Ausbildung, in aller Breite zu thematisieren. Wird bereits in der Selbstpräsentation viel zu wenig oder sogar überhaupt kein Bezug zu den Anforderungen der zu vergebenden Stelle hergestellt, steht das weitere Gespräch unter einem sehr schlechten Stern.

Schlüsselfrage

Der Klassiker in Vorstellungsgesprächen »Könnten Sie sich bitte kurz vorstellen?« darf auf keinen Fall so beantwortet werden:

»Ja äääh, gerne, womit fange ich denn am besten an. Also, mein Name ist Alexander Reibnitz, zunächst von meiner Seite vielen Dank für die Einladung und dass ich die Möglichkeit habe, mich bei Ihnen vorzustellen. Ich freue mich sehr, dass Sie sich heute die Zeit genommen haben, mir die Besonderheiten der Stelle und Ihr dynamisches Unternehmen näher zu beschreiben. Ach ja, mein Werdegang, nun, ich habe ja einige Erfahrungen vorzuweisen, die ich den letzten Jahren sammeln durfte. Nach dem Abitur habe ich zunächst studiert, und zwar Elektrotechnik, und anschließend einige Jahre bei einem Mittelständler gearbeitet. Tja, dann war es Zeit für einen Schritt nach oben, ich habe dann gewechselt und bin als Teamleiter zu einem Mitbewerber gegangen. Und jetzt möchte ich wieder einen Schritt nach oben gehen und bei Ihnen Abteilungsleiter in der Schnittstellen-Software werden.«

Unvorbereitete Bewerber geraten bereits bei der wichtigsten aller Fragen unter Druck und reden sich um Kopf und Kragen – so auch hier. Es wird schnell deutlich, dass er sich nicht damit vertraut gemacht hat, seinen beruflichen Werdegang mit hoher Informationsdichte und dem Fokus auf den beruflichen Highlights, die für die neue Stelle wesentlich sind, zu schildern. Ein Bewerber um eine Führungsposition schießt sich mit einer derart inhaltslosen Antwort auf jeden Fall aus dem Rennen.

Antwort-Strategie: Das bringt Sie in den Job!

Führungskräfte haben in der Regel derart viel zu bieten, dass sie immer Gefahr laufen, sich in Details zu verlieren. Am Anfang der Selbstpräsentation sollten deshalb die momentanen Aufgaben, aktuelle berufliche Erfolge und konkrete Beispiele für erfolgreiche Führungsleistungen stehen. Bei der kurzen Präsentation der »Leistungen der Gegenwart« haben vorbereitete Bewerber das eigentliche Ziel, also die neue Stelle, durchgehend im Blick. Sie arbeiten schon an dieser frühen Stelle im Vorstellungsgespräch möglichst viele Schnittpunkte zwischen ihrer momentanen und der vorhergehenden Position auf der einen Seite und der neuen Stelle auf der anderen Seite heraus. Die ideale Führungskraft macht also von Anfang an deutlich, dass sie in der neuen Stelle ohne größere Reibungsverluste voll durchstarten kann.

Die neue Stelle immer im Blick behalten

Schlüsselfrage

Für positive Aufmerksamkeit bei der Frage »Könnten Sie sich bitte kurz vorstellen?« würde mit Sicherheit diese Antwort sorgen:

»Guten Tag, meine Damen und Herren, mein Name ist Alexander Reibnitz, zunächst von meiner Seite vielen Dank für die Einladung und dass ich die Möglichkeit habe, mich bei Ihnen für die Stelle Abteilungsleiter Schnittstellen-Software vorzustellen. Auch zu meinen momentanen Aufgaben gehört die Verantwortung für die fachliche Führung eines Teams im Application Support. Im Wesentlichen betreue ich in dieser Schnittstellenfunktion zu angrenzenden Abteilungen die

Koordination der IT-Prozesse. Ich sorge dafür, dass Informations- und Zahlungs- verkehrsprozesse definiert, neu aufgebaut und kontinuierlich optimiert werden. Vor dieser Führungstätigkeit als Teamleiter habe ich einige Jahre als Program- mierer unter LabView, Java und Linux Softwareentwicklungsprojekte im Bereich der Prozessautomatisierung betreut. In dieser Zeit konnte ich erste Leitungser- fahrungen als Projektmanager sammeln, teilweise in internationalen Teams, also auch auf Englisch. Grundlage meines beruflichen Werdegangs ist mein Studium der Elektrotechnik, das ich seinerzeit an der Fachhochschule Köln durchlaufen habe. So weit mein Werdegang in Stichworten, gerne beantworte ich Ihnen wei- tere Fragen dazu.«

Rhetorisches Geschick

Rhetorisch geschickt macht der Bewerber klar, dass er sowohl über die gewünschte erste Führungserfahrung als auch über das gewünschte fachliche Know-how verfügt. Da er den Fokus seiner Selbstdarstellung mit dem Satz »Auch zu meinen momentanen Aufgaben gehört die Verantwortung für die fachliche Führung eines Teams im Application Support« auf eine inhaltliche Argumentation ausrichtet, stellt sich von Anfang an der Eindruck ein, der Bewerber könnte sofort die neuen Aufgaben – und zwar als Abteilungsleiter – übernehmen. Nicht nur passende Erfahrungen aus der aktuellen Stelle, sondern auch die aus der davor liegenden Einstiegsposition werden angesprochen. So wird deutlich, dass der Bewerber auch fachlich einiges zu bieten hat. Eine gelungene Selbstpräsentation, mit der der Bewerber deutlich macht, dass er als Führungskraft seinen Mitarbeitern bei Bedarf sowohl orga- nisatorisch als auch fachlich immer die richtige Hilfestellung geben kann.

Beispielfragen und -antworten: Schlüsselfrage

Bitte beantworten Sie zunächst die Fragen, bevor Sie einen Blick auf unsere Beispielantworten werfen. Gleichen Sie Ihre Antworten ab. Modifizieren Sie bei Bedarf Ihre Antworten anhand unserer gelungenen Beispiele. Überlegen Sie sich zusätzlich individuelle Belege mit Pra- xisbezug, mit denen Sie Ihre Antworten plausibel ausgestalten können.

Frage 1: Warum sollten wir Sie einstellen?

....

....

....

....

Ungünstige Antwort auf Frage 1 Das ist eine schwierige Frage, die Sie eigentlich klären müssten. Ich kann aus meiner Sicht nur noch einmal betonen, dass ich an der ausgeschriebenen Stelle und den damit verbundenen Chancen sehr interessiert bin.

Gelungene Antwort auf Frage 1 Ich sehe meine Stärken darin, ständig Prozesse und Abläufe nachhaltig zu verbessern. Für die von Ihnen ausgeschriebene Stelle als Manager Supply Chain bringe ich deshalb die entsprechende Lösungskompetenz mit, um mithilfe von Kaizen, Kanban und Wertstromanalysen sämtliche Prozesse entlang des Lieferflusses effektiv zu steuern. Ganz besonders reizt mich auch der Aspekt der Aufbauarbeit. Da Sie ein neues Werk einschließlich der dahinterstehenden logistischen Prozesse errichten möchten, könnte ich Ihnen hierbei mit meinen Erfahrungen aus dem Aufbau von Zuliefererlagern sicherlich nützlich sein. Abgerundet sehe ich mein Profil durch meine praxisbewährten SAP ERP- und Englischkenntnisse.

Frage 2: Würden Sie sich bitte der Runde vorstellen?

....
....
....
....

Ungünstige Antwort auf Frage 2 Selbstverständlich, mein Name ist Jan Meyer, ich bin 41 Jahre alt und stolzer Vater dreier Kinder. Nun ja, viel Zeit bleibt mir nicht für meine Familie, aber ich sage immer, es kommt nicht auf die Menge der Zeit an, die man miteinander verbringt, sondern auf die Intensität. Als Führungskraft sollte man vorher wissen, auf was man sich einlässt, sonst klappt das sicherlich nicht mit der Work-Life-Balance. Ja, noch kurz zu meinem Werdegang. Ich würde sagen: studiert, durch Engagement überzeugt und aufgestiegen. Ich freue mich auf Ihre weiteren Fragen.

Gelungene Antwort auf Frage 2 Selbstverständlich, mein Name ist Jan Meyer, ich verantworte momentan das Controlling und die Finanzen eines mittelständischen Herstellers von Präzisionsmaschinen. Kernpunkt meiner Tätigkeit ist die Leitung der Bereiche Rechnungswesen und Buchhaltung. Ich helfe bei der betriebswirtschaftlichen Steuerung im Hinblick auf die Erreichung von definierten Zielen und bei der Cashflow-Analyse. Im Controlling kenne ich das vollständige Tagesgeschäft, also Planung, Analyse, Reporting, Ableitung von Handlungsempfehlungen, Beratung der Zentrale und der lokalen Einheiten, aber auch die Beurteilung von Investitionen. Für Sie interessant dürfte auch meine Berufserfahrung im Bestands- und Produktionscontrolling sein, was den Schwerpunkt meiner vorhergehenden beruflichen Aufgabe bildete. Privat ist noch anzumerken, dass ich stolzer Vater dreier Kinder bin. Das von Ihnen verlangte organisatorische Geschick ist bei mir also doppelt wichtig, nämlich sowohl in meiner knappen Freizeit als auch bei der Steuerung beruflicher Aufgaben. Ich freue mich auf Ihre weiteren Fragen.

Frage 3: Welche Qualifikationen bringen Sie mit?

....

....

....

....

Ungünstige Antwort auf Frage 3   Vor dem Studium habe ich eine Ausbildung durchlaufen. Dann war ich zunächst als Einkäuferin tätig, dann als Vertriebsassistentin, später als Marketingassistentin. Momentan verantworte ich als Marketingleiterin das Budget, steuere wichtige Projekte und stimme mich mit dem Vertrieb ab.

Gelungene Antwort auf Frage 3   Momentan verantworte ich als Marketingleiterin die strategische Projektsteuerung im Unternehmensbereich Marketing und Vertrieb der Handelsmarken AG. Die Beurteilung und Umsetzung internationaler Vermarktungsprojekte gehört ebenso in meinen Aufgabenbereich wie die Erfolgskontrolle durchgeführter Marketing- und Vertriebsmaßnahmen. Nach meinem Studium war ich zunächst als Einkäuferin tätig und habe für die Warenbeschaffung, Lieferantenauswahl und Sortimentsanalyse gesorgt. Anschließend habe ich als Vertriebsassistentin Verkaufsförderungsmaßnahmen initiiert, damals wurde von mir das Direktmarketing stark ausgebaut. In der anschließenden Position als Marketingassistentin standen Marketingevents im Fokus, natürlich zielgruppenspezifisch ausgerichtet. Da ich also sehr umfassend in den Bereichen Marketing und Vertrieb qualifiziert bin, kann ich mir gut vorstellen, bei Ihnen in der Position Leiterin Marketing für den gewünschten Schwung zu sorgen.

Frage 4: Was können Sie zum künftigen Unternehmenserfolg beitragen?

....

....

....

....

Ungünstige Antwort auf Frage 4 Nun, da habe ich einiges zu bieten. Ich bringe vielfältige Erfahrungen mit, die ich in der Stelle als Business-Development-Manager für Sie einsetzen könnte. Da geht es um strategische Dinge genauso wie um operative. Meine Führungserfahrungen und mein Verhandlungsgeschick sowie meine Durchsetzungsstärke werden das Unternehmen wieder nach vorne bringen.

Gelungene Antwort auf Frage 4 Nun, da habe ich einiges zu bieten. Ich bringe vielfältige Erfahrungen mit, die ich in der Stelle als Business-Development-Manager für Sie einsetzen könnte. Die von Ihnen gewünschte tatkräftige Unterstützungsarbeit bei der Konzeption und Umsetzung im Aufbau von Geschäftsstellen ist ein wichtiger Punkt. Ich habe seinerzeit entsprechende Aufbauarbeit in den neuen Bundesländern Sachsen und Sachsen-Anhalt geleistet. An zweiter Stelle sehe ich die regelmäßig durchzuführenden Markt- und Wettbewerbsanalysen, die ich auch bisher durchgeführt habe, einschließlich Ergebnispräsentation vor dem Vorstand. Und an dritter Stelle steht für mich die Einbindung des Vertriebsaußendienstes in die neu zu entwickelnden Vertriebsstrategien. Da ich den Außendienst aus meinen ersten fünf Berufsjahren gut kenne, werde ich hier auch akzeptiert. Dies hilft mir sicherlich dabei, dafür zu sorgen, dass Innen- und Außendienst gemeinsam an einem Strang ziehen.

Frage 5: Warum möchten Sie gerade bei uns arbeiten?

....

....

....

....

Ungünstige Antwort auf Frage 5 Von mir aus hätte es bei der alten Firma ruhig weitergehen können. Leider hat die Geschäftsleitung gravierende Fehlentscheidungen getroffen, die ich im Endeffekt auch nicht ständig wieder geradebiegen konnte. Die Quittung haben nun alle Mitarbeiter bekommen, vom Auszubildenden bis hin zum Management, die Firma ist insolvent. Ich suche also eine neue Herausforderung.

Gelungene Antwort auf Frage 5 Als Key-Account-Manager im Vertrieb eines großen Logistikdienstleisters sind für mich Engagement, Kundennähe und Dienstleistungsorientierung wichtig. Meine beruflichen Erfahrungen beim Ausbau des Vertriebs und der Entwicklung der damit verbundenen Prozesse, beim Aus- und Aufbau der Kundenbeziehungen und bei der Identifizierung neuer Kundenanforderungen sehe ich als Fundament dessen, was ich bei Ihnen im Tagesgeschäft gerne für Sie leisten würde. Darüber hinaus habe ich mich in meiner vorhergehenden Stelle als Account-Manager in Projekten intensiv mit der Analyse von Vertriebsstrukturen und der daraus resultierenden Ableitung von Handlungsempfehlungen beschäftigt. Ich weiß, dass die gewünschte Aufbauarbeit einigen Einsatz von mir verlangen wird. Diesen Einsatz bringe ich aber gerne, da Aufbauarbeit auch immer Gestaltungsspielräume schafft. Und ich gestalte und optimiere nun einmal sehr gerne.

26. Kernkompetenz 1: Wie gut ist Ihre Branchen- und Fachkompetenz?

Auch wenn es häufig heißt, dass Führungskräfte keine Spezialisten, sondern Generalisten seien, die von allem ein wenig und von wenig alles wissen, ist eine solide Basis an Fach- und Branchenkompetenz für den Berufsalltag einer Führungskraft unverzichtbar. Mit Fragen zu diesem Themenkreis werden also die Grundvoraussetzungen für erfolgreiche Führungsarbeit überprüft. Und auch über die Branche, in der er arbeiten möchte, sollte der Bewerber Bescheid wissen. Weiter wird in diesem Fragenblock überprüft, ob sich künftige Führungskräfte schnell neues Fach- und Branchenwissen aneignen können, indem aktuelle Kennzahlen zum Unternehmen (Umsatz, wichtige Produkte oder Dienstleistungen, Mitarbeiterzahl, Standorte) gleich mit abgefragt werden.

Typische Fehler: Vorzeitiges Aus!

Führungskräfte, die nicht verdeutlichen können, dass sie über umfangreiche Fach- und Branchenkenntnisse verfügen, wirken wie abgehoben. Wer im Vorstellungsgespräch nur wenige Aufgaben aus dem Tagesgeschäft konkret benennen kann, setzt sich dem Verdacht aus, mit den künftigen Aufgaben vielleicht überfordert zu sein. Problematisch ist weiter, wenn wichtige Kennzahlen zum Unternehmen, die üblicherweise auf der Firmenhomepage zu finden sind, den Bewerbern nicht bekannt sind. Wenn es um Fragen zur Branche geht, darf es nicht passieren, dass wichtige Mitbewerber nicht benannt werden können. Ungünstig ist ebenso, wenn aktuelle Trends und die Richtung, in die sich die Branche gerade entwickelt, nicht bekannt sind.

Informieren Sie sich im Vorfeld umfassend!

Branchen- und Fachkompetenz

Ein Klassiker in diesem Fragenblock lautet: »Über welche fachlichen Kenntnisse müsste Ihr Stellvertreter bei uns verfügen?« Wenig überzeugend wäre diese Antwort:

»Er müsste das können, was ich kann, also die Mitarbeiter anleiten, über Kundenorientierung verfügen und Maßnahmen entwickeln, um neue Kunden zu gewinnen.«

Diese Antwort wirkt sehr oberflächlich, sie ist zu kurz und hat keine Tiefe. Es wird auch nicht deutlich, dass und wie der Bewerber in der Vergangenheit mit den genannten Aufgaben in Berührung gekommen ist. Natürlich ist hier zu berücksichtigen, dass es formal in der Frage um die Kenntnisse eines möglichen Stellvertreters geht. Aber eine Führungskraft sollte mit ihrer Antwort signalisieren, dass ihr dieser Perspektivenwechsel keine Schwierigkeiten bereitet. Insofern ist der Ansatz mit der Formulierung »Er müsste das können, was ich kann ...« richtig gewählt, danach fehlt der Antwort aber die Substanz.

Antwort-Strategie: Das bringt Sie in den Job!

Hohe Informationsdichte

Bei Fragen zu den Fach- und Branchenkenntnissen kommt es darauf an, mit einer hohen Informationsdichte zu argumentieren. Dies gelingt Ihnen, indem Sie Schlüsselbegriffe aus dem Tagesgeschäft nennen. Diese Schlüsselbegriffe sollten allerdings einen Bezug zu den Aufgaben innerhalb der neuen Stelle haben. Arbeiten Sie daher Schnittstellen zwischen der Vergangenheit und der Zukunft heraus, damit Ihr berufliches Profil deutlich wird. Weiter sollten Sie im Vorfeld des Job-Interviews einige Fakten zum Unternehmen recherchieren und auswendig lernen, dazu gehören die angebotenen Produkte oder Dienstleistungen, Beschäftigtenzahl und Standorte (Deutschland, Europa, weltweit), gegebenenfalls der Aktienkurs, die geschäftliche Entwicklung, die Unternehmensgeschichte, die Zukunftsaussichten und Branchentrends.

Branchen- und Fachkompetenz

Die Frage nach den fachlichen Kenntnissen des Stellvertreters wäre mit diesen Formulierungen souverän beantwortet:
»Mein Stellvertreter müsste in der Lage sein, mich zu vertreten, damit die Arbeit in der Abteilung auch eine Zeit lang ohne mich weiterlaufen kann. Daher müsste er meine Vertriebs- und Marketingmannschaft so anleiten, dass die von Ihnen geforderten wachstumsorientierten Marktbearbeitungskonzepte gemeinsam erstellt und umgesetzt werden können. Damit die angestrebten Wirkungen auch erzielt werden, müsste er weiter für die dazugehörige Erfolgskontrolle sorgen. Bezogen auf den Aspekt der Kundenorientierung, die in Ihrem Unternehmen ja ein Schlüsselfaktor für das weitere qualitative Wachstum ist, müsste mein Stellvertreter neue Schlüsselkunden gewinnen und Belege dafür liefern können, dass er auch in der Vergangenheit Bestandskunden bereits proaktiv betreut hat. Wichtig wären mir auch noch Erfahrungen in der kontinuierlichen Optimierung der Prozesse und Strukturen, insbesondere bei der Abstimmung zwischen Einkauf und Vertrieb.«

Die Antwort macht deutlich, dass der Bewerber sich gründlich mit den speziellen Anforderungen des Unternehmens an eine neue Führungskraft auseinandergesetzt hat. Der Leitungsaspekt innerhalb der neuen Stelle wird kurz gestreift, dann werden wesentliche Aufgaben aus dem Arbeitsalltag strukturiert aufgezählt. Für die gewünschte positive Wirkung wird weiter sorgen, dass der Bewerber auf die in der Stellenausschreibung explizit genannte Wachstumsorientierung des neuen Arbeitgebers eingeht. Abschließend geht der Kandidat kurz auf den Wunsch nach einer besseren Abstimmung zwischen den Abteilungen Einkauf und Vertrieb ein, damit dokumentiert er ein weiteres Mal glaubwürdig, dass er weiß, was ihn in der neuen Stelle erwartet und wie er diese hohen Erwartungen erfüllen wird.

Beispielfragen und -antworten: Branchen- und Fachkompetenz

Bitte beantworten Sie zunächst die Fragen, bevor Sie einen Blick auf unsere Beispielantworten werfen. Gleichen Sie Ihre Antworten ab. Modifizieren Sie bei Bedarf Ihre Antworten anhand unserer gelungenen Beispiele. Überlegen Sie sich zusätzlich individuelle Belege mit Praxisbezug, mit denen Sie Ihre Antworten plausibel ausgestalten können.

Frage 6: Welches Fachwissen, glauben Sie, ist für die ausgeschriebene Position besonders wichtig?

....
....
....
....

Ungünstige Antwort auf Frage 6 Als Führungskraft bin ich ja nicht direkt im operativen Geschäft eingebunden, aber mit dem kaufmännischen Denken ist es ja wie mit dem Fahrradfahren, das verlernt man nie. Also, man sollte die Zahlen aus dem Controlling oder dem Vertrieb schon verstehen können, um sich ein eigenes Bild machen zu können.

Gelungene Antwort auf Frage 6 Da ich in Zusammenarbeit mit den Abteilungen Research und Development weiter an der Technologieführerschaft für Sie arbeiten werde, ist ein technologisches Grundverständnis genauso wichtig wie solide kaufmännische Grundlagen, also beispielsweise die Definition von Vertriebs- und Marketingstrategien, die Finanzplanung, das Controlling, die Planerfolgsrechnung und die Produktionsplanung. Da ich bereits vier Jahre als Führungskraft und vorher auch sechs Jahre im operativen Geschäft bei der globalen Vermarktung technologisch anspruchsvoller Produkte gearbeitet habe, sind die von mir genannten Fachkenntnisse auf dem aktuellen Stand und praxiserprobt.

Frage 7: Was sind die drei wichtigsten Aufgaben in Ihrer momentanen Stelle?

....

....

....

....

Ungünstige Antwort auf Frage 7   Eine effektive Mitarbeiterführung, das Ausarbeiten von Konzepten und die Definition von Zielvorgaben.

Gelungene Antwort auf Frage 7   Eine effektive Mitarbeiterführung bei der Planung und Steuerung von Projekten in der kommunalen Wirtschaftsförderung, das Ausarbeiten von Konzepten, beispielsweise zur Neuansiedlung von Unternehmen, einschließlich der Abstimmungsarbeit mit anderen städtischen Wirtschaftsförderungen, und auch eine klare Definition von Zielvorgaben, damit strategische Ziele durch die Mitarbeiter im Tagesgeschäft auch erreicht werden können.

Frage 8: Wie halten Sie sich fachlich auf dem Laufenden?

....

....

....

....

Ungünstige Antwort auf Frage 8   Bei meinem alten Arbeitgeber gab es kein Geld für Weiterbildungen, insofern musste jeder selbst sehen, wo er bleibt.

Gelungene Antwort auf Frage 8   Um fachlich am Ball zu bleiben, gibt es für mich viele Wege. Ich informiere mich in Fachmagazinen über aktuelle Trends, das verkürzt ja auch so manche Bahn- oder Flugreise. Viel kann man auch von Spezialisten im Rahmen von abteilungsübergreifenden Projekten lernen, wenn man zu einem passenden Zeitpunkt nachfragt. Auf diese Weise habe ich mein Wissen in angrenzenden Fachgebieten immer erweitert. Gute Erfahrungen habe ich auch mit meinem Netzwerk gemacht, dass ich mir im Lauf der Jahre bei Kunden, Zulieferern oder früheren Kollegen bei ehemaligen Arbeitgebern aufgebaut habe. Wenn ich einmal etwas sehr Spezielles erfragen muss, kann mir garantiert jemand weiterhelfen. Dieses Geben und Nehmen hat sich sehr bewährt.

Frage 9: Bitte schildern Sie mir aus Ihrer Sicht die wichtigsten Tätigkeiten in der ausgeschriebenen Stelle!

....

....

....

....

Ungünstige Antwort auf Frage 9 Sehr wichtig sind sicherlich das Einhalten von Terminvorgaben, die Prozessoptimierung und die Führungsverantwortung.

Gelungene Antwort auf Frage 9 Aus meiner Sicht ist die termingerechte Konstruktion der Messmaschinen sehr wichtig, bei der aber auf keinen Fall die Qualität aus den Augen verloren werden darf. Weiter wichtig ist die ständige Verbesserung der Prozesse im Bereich Konstruktion, hier konnte ich auch in der Vergangenheit für mehr Effizienz sorgen, indem ich bestimmte Entwicklungsschritte von externen Dienstleistern habe durchführen lassen. Die fachliche Führung der Konstruktion und des Prototypenbaus ist natürlich eine Schlüsselaufgabe. Da ich ursprünglich aus der mechanischen Entwicklung und Konstruktion komme, sind mir die Probleme und Wünsche der Mitarbeiter in diesem Bereich vertraut. Ich habe mit einem kooperativ-delegierenden Führungsstil gute Erfahrungen gemacht, kann aber, falls nötig, auch meine Durchsetzungsstärke ausspielen.

Frage 10: Was macht Sie sicher, dass Sie von älteren Mitarbeitern mit mehr Branchenerfahrung als Chef auch akzeptiert werden?

....

....

....

....

Ungünstige Antwort auf Frage 10 Ich überzeuge durch meine Führungsarbeit. Außerdem ist das ja nicht der erste Branchenwechsel, den ich hinter mir habe.

Gelungene Antwort auf Frage 10 Meine Aufgabe als Führungskraft sehe ich darin, die Mitarbeiter so einzusetzen, dass jeder an seinem Platz seine Stärken möglichst optimal einsetzen kann. Gerade ältere Mitarbeiter, die über sehr viel Berufserfahrung und Branchenerfahrung verfügen, sind unverzichtbar, wenn es darum geht, sehr anspruchsvolle fachliche Problemlagen Lösungen zuzuführen. Als Chef kommuniziere ich ganz offen, dass ich der Generalist bin, der fachlich von allem ein wenig weiß und deshalb auf sein Team angewiesen ist. Meine

Aufgaben dagegen sind ja vorrangig strategisch und planend. Sicherlich möchten die von Ihnen angesprochenen älteren Fachspezialisten nicht unbedingt Budgetziele aufstellen oder Märkte analysieren.

Frage 11: Kennen Sie unsere wichtigsten Mitbewerber?

....

....

....

....

Ungünstige Antwort auf Frage 11   Ja, das ist kein Geheimnis, die Alpha GmbH und die Beta AG.

Gelungene Antwort auf Frage 11   Die Alpha GmbH und die Beta AG zählen sicherlich zu den wichtigsten Mitbewerbern, aber man sollte auch die Omega Ltd. im Blick behalten. Ich habe gehört, dass die auf Investorensuche sind und dann weiter expandieren möchten. Bei der Alpha GmbH ist man gut aufgestellt, diesen Mitbewerber darf man also nicht unterschätzen. Die Beta AG hat aber so ihre Probleme, auf der Messe Hannover habe ich gehört, dass dort einige wichtige Entwicklungsspezialisten gegangen sind. Das ist natürlich nicht schön für die Beta AG, aber vielleicht ergibt sich für meine künftige Abteilung daraus ein Vorteil, wenn ich hier gezielt ein oder zwei ausgewiesene Spezialisten ins Boot holen könnte.

Frage 12: Auf welche Weise sind Sie in unserer Branche vernetzt?

....

....

....

....

Ungünstige Antwort auf Frage 12   Meinen Sie jetzt persönliche Kontakte oder eher diese virtuellen Netzwerke wie Xing oder LinkedIn? Für so etwas habe ich nämlich keine Zeit, aber ich glaube, der Trend geht da ja auch schon wieder von weg.

Gelungene Antwort auf Frage 12   Eine gute Branchenvernetzung ist mir wichtig. Zum einen bin ich im Fachverband Führungskräfte Mitglied, und wenn es mein voller Terminkalender erlaubt, gehe ich auch gerne einmal zu einem Vortrag. Da trifft man im Anschluss immer interessante Leute und kann seine Kontakte pflegen. Die Branchentreffen auf den Jahresmessen sind für mich ebenso wichtig, da kommt man weniger organisiert, dafür aber direkt miteinander ins Gespräch.

Da ich in den letzten Jahren in unterschiedlichen Firmen gearbeitet habe, ist mancher Kontakt aus dieser Zeit ebenfalls geblieben. Und dann gibt es ja noch die Business-Netzwerke. Ich bin auf Xing eingetragen, der eine oder andere beruflich nützliche Kontakt ergibt sich da auch.

Frage 13: Warum haben Sie zweimal die Branche gewechselt?

....

....

....

....

Ungünstige Antwort auf Frage 13 Das war eigentlich nicht beabsichtigt, zumindest der erste Wechsel. Seinerzeit musste das Unternehmen Personal abbauen, und da ich gerade nach dem Studium frisch eingestellt worden war, wurde mir leider gekündigt.

Gelungene Antwort auf Frage 13 Mein Kernprofil sehe ich im Bereich Finanzen und Controlling in der betriebswirtschaftlichen Steuerung. Den Aufgabenschwerpunkt Controlling habe ich zunächst für einen mittelständischen Anbieter im Anlagenbau als Fachspezialist bearbeitet. Dann habe ich für einen börsennotierten Hersteller von Präzisionsteilen schwerpunktmäßig im Rechnungswesen und in der Buchhaltung gearbeitet, dabei teilweise aber auch Controllingprojekte mitgesteuert. Als Teamleiter Controlling konnte ich dann bei einem Hersteller im kommunalen Hochbau sowohl den Bereich Finanzen als auch das Controlling verantworten. Dort haben mir zwei Mitarbeiter zugearbeitet, sodass ich auch die Koordination mit Teilbereichen wie Produktion, Logistik und Vertrieb durchführen konnte. Die unterschiedlichen Branchenerfahrungen finde ich sehr positiv. Obwohl meine Aufgabenbereiche doch ähnlich sind, hat jedes Unternehmen seine ganz bestimmte Herangehensweise, von diesen Erfahrungen habe ich schon öfter profitiert.

Frage 14: Wie könnten wir in unserer Branche für mehr Aufmerksamkeit sorgen?

....

....

....

....

Ungünstige Antwort auf Frage 14 Da müsste man mal die Marketingabteilung ansprechen, die sind doch Experten für Außenwirkung.

Auch die Presseabteilung hätte sicherlich Ideen, die sorgen doch gerne für etwas Wirbel.

Gelungene Antwort auf Frage 14 Die Branche hat ja ihre regelmäßigen Treffen auf den Fachmessen, da sind alle bekannten Unternehmen vertreten. Wenn man hier eine konzertierte Aktion durchführen wollte, müsste man ein paar Schwergewichte aus der Branche ins Boot holen. Dies wäre sicherlich möglich bei Themen, die jedes Unternehmen betreffen, beispielsweise wettbewerbsrechtliche Themen oder die gesetzlichen Vorgaben beim E-Commerce. Wenn das Thema und die Branchenteilnehmer feststehen, sollte man sich darauf einigen, wie man für Aufmerksamkeit sorgen möchte. Da gibt es viele Möglichkeiten, von Events über ein Pressefrühstück bis hin zu Plakataktionen mit unterstützender PR-Arbeit und einem speziellen Auftritt im Internet.

Frage 15: Was wissen Sie über unsere Firma?

....

....

....

....

Ungünstige Antwort auf Frage 15 Ich habe mich auf Ihrer Homepage informiert, Sie haben an diesem Standort über 100 Mitarbeiter, befinden sich auf Wachstumskurs und sind am Markt für Ihre Qualitätsprodukte bekannt.

Gelungene Antwort auf Frage 15 Ich habe mich vor diesem Gespräch gründlich informiert, unter anderem auf Ihrer Homepage, aber auch in frei zugänglichen Online-Pressearchiven. An diesem Standort arbeiten derzeit über 100 Mitarbeiter bei einem Umsatzvolumen von 55 Millionen Euro pro Jahr. Diese Tochtergesellschaft ist in einen Industriekonzern eingebunden, der weltweit 4 000 Mitarbeiter beschäftigt und einen Gesamtumsatz von 2 Milliarden Euro erzielt. Besonders spannend ist dabei der Wachstumsaspekt. Da Sie großen Wert auf eigene Entwicklungen legen und international mit renommierten Instituten kooperieren, zählen Sie in einigen Segmenten zu den führenden Herstellern.

27. Kernkompetenz 2: Verfügen Sie über Lösungskompetenz?

Mit Lösungskompetenz sind die Macherqualitäten von Führungskräften gemeint. Die üblichen Aufgaben im Tagesgeschäft können und sollen die Mitarbeiter eigenverantwortlich bewältigen, alles Außergewöhnliche landet aber immer auf dem Schreibtisch der Führungskraft. Und die soll dann schnell, verantwortungsvoll und effektiv für praktikable Lösungen sorgen. In diesem Fragenblock geht es sowohl um die Lösungskompetenz der Vergangenheit als auch um die der Zukunft. Die Herangehensweise an frühere berufliche Herausforderungen wird also genauso detailliert hinterfragt wie die an künftige.

Typische Fehler: Vorzeitiges Aus!

Führungskräfte, die auf Fragen nach ihrer früheren oder künftigen Lösungskompetenz zu knapp antworten und lediglich ein paar abstrakte Floskeln in den Raum stellen, wirken passiv, distanziert und unengagiert. Dies hat auch damit zu tun, dass Dynamik und Engagement bei der Erledigung von fordernden Arbeitsaufgaben körpersprachlich erst dann sichtbar werden, wenn Bewerber Antworten mit Substanz geben. Ein halbherziges und wortkarges Antwortverhalten ist daher bei Fragen zur Herangehensweise an Arbeitsaufgaben äußerst problematisch. *Keine leeren Floskeln*

Lösungskompetenz

Um die Lösungskompetenz einer Führungskraft zu überprüfen, stellen viele Firmen diese Frage: »Was können Sie tun, damit unsere Firma weiter nach vorne kommt?« Dann darf die Antwort aber nicht lauten:

»Ich werde mein Team motivieren, mit anpacken und hart arbeiten. Sicherlich lässt sich noch einiges in der Zukunft erreichen. Auch bei meinem alten Arbeitgeber konnte ich zeigen, dass ich meinen Beitrag für den Firmenerfolg täglich leiste.«

Diese Antwort wirft mehr Fragen auf, als sie beantwortet. Wie motiviert der Bewerber sein Team konkret? In welchen Bereichen will er mit anpacken und hart arbeiten? Und was hat er zum Firmenerfolg des letzten Arbeitgebers beigetragen? Der Bewerber vergibt mit seiner inhaltsleeren

Antwort die Chance, seine Lösungskompetenz in Aktion zu schildern. Eine ungeschickte Vorgehensweise, da die Entscheider auf der Firmenseite ernsthafte Zweifel daran bekommen, ob er überhaupt strukturiert und lösungsorientiert an Arbeitsaufgaben herangehen kann.

Antwort-Strategie: Das bringt Sie in den Job!

Beispiele für Lösungskompetenz geben

Sie sorgen für mehr Substanz in Ihren Antworten auf Fragen zu Ihrer Lösungskompetenz, wenn Sie sich angewöhnen, die Teilschritte, die Sie bei der Lösung von Herausforderungen ergriffen haben oder ergreifen werden, kurz zu skizzieren. Wichtig ist, sich nicht im Detail zu verlieren, aber dennoch für genügend Informationskraft zu sorgen. Weiter sollten Sie als Führungskraft Fragen nach Ihrer Lösungskompetenz immer mit Bezug auf Ansprechpartner außerhalb Ihrer Abteilung geben. Dass Sie Ihre Mitarbeiter einbinden werden, ist klar, Sie wirken allerdings noch souveräner, wenn Sie auf Abteilungen oder externe Dienstleister hinweisen, mit denen Sie typischerweise zusammenarbeiten.

Lösungskompetenz

Damit die eigene Lösungskompetenz besser verdeutlicht wird, sollte die gerade genannte Frage »Was können Sie tun, damit unsere Firma weiter nach vorne kommt?« besser auf diese Weise beantwortet werden:

»In meiner künftigen Abteilung könnte ich sicherlich gemeinsam mit den Mitarbeitern Verbesserungspotenziale im Risikomanagement identifizieren und für eine Umsetzung der Empfehlungen sorgen. Bei meinem momentanen Arbeitgeber habe ich ebenfalls das Risikomanagement modifiziert. In Absprache mit dem Einkauf sowie dem Rechnungs- und Finanzwesen habe ich ein neues Prüfkonzept etabliert, um Risiken früher zu erkennen und entsprechend gegenzusteuern. Auf diese Weise habe ich für mehr Liquidität gesorgt, was auch für Ihre Firma sicherlich nützlich wäre.«

Die Führungskraft gibt ein plausibles Beispiel für ihre Lösungskompetenz. Sie schildert, wie sie gemeinsam mit den Mitarbeitern Optimierungsmöglichkeiten erkennen, benennen und ausschöpfen wird. Geschickterweise geht die Führungskraft dabei auch auf abteilungsübergreifende Aspekte ein. Um das neue Risikomanagement auf Dauer erfolgreich zu etablieren, hat die Führungskraft nämlich die davon betroffenen Abteilungen von Anfang an mit eingebunden. So wird deutlich, dass der Bewerber über diesen unverzichtbaren Teil des Handwerkszeugs eines Managers – die gefragte Lösungskompetenz – verfügt und sie konstruktiv im Arbeitsalltag einsetzt.

Beispielfragen und -antworten: Lösungskompetenz

Bitte beantworten Sie zunächst die Fragen, bevor Sie einen Blick auf unsere Beispielantworten werfen. Gleichen Sie Ihre Antworten ab. Modifizieren Sie bei Bedarf Ihre Antworten anhand unserer gelungenen Beispiele. Überlegen Sie sich zusätzlich individuelle Belege mit Praxisbezug, mit denen Sie Ihre Antworten plausibel ausgestalten können.

Frage 16: Welche neuen Vertriebswege lassen sich nutzen, um mehr Kunden zu erreichen?

....

....

....

....

Ungünstige Antwort auf Frage 16 In meinem Arbeitsfeld habe ich eigentlich wenig mit dem Vertrieb zu tun, da würde ich mal einen Vertriebsexperten fragen.

Gelungene Antwort auf Frage 16 In meinem Arbeitsfeld habe ich eigentlich wenig mit dem direkten Vertrieb zu tun. Aber auch als Abteilungsleiter Controlling könnte ich dem Vertrieb natürlich Angebote machen. Zum einen könnte ich analysieren, wie wir hinsichtlich der Wertschöpfungsstufen der Sparten aufgestellt sind. Wenn hier eine höhere Wertschöpfung erzielt werden könnte, hätte der Vertrieb mehr Liquidität für seine Arbeit. Zum anderen könnte ich dem Vertrieb auch Zahlenmaterial über die einzelnen Kunden und ihre Umsatzvolumina zukommen lassen, dann könnte der Vertrieb gezielt die Kunden ansprechen, bei denen höhere Volumina zu realisieren sind. Und weiter könnte ich auch quantitative Entwicklungen in den Bestellvolumina hinsichtlich der After-Sales-Aktivitäten vorstellen. Dann hätte die After-Sales-Mannschaft eine bessere Vorstellung davon, welchen Kundengruppen welche konkreten Angebote gemacht werden könnten.

Frage 17: Schildern Sie uns ein Problem mit Ihrem Vorgesetzten: Warum waren Sie unterschiedlicher Meinung?

....

....

....

....

Ungünstige Antwort auf Frage 17 Wir waren in letzter Zeit leider häufig unterschiedlicher Meinung, deshalb habe ich ja auch gekündigt. Irgendwann muss man auch für seine Überzeugungen einstehen und die Konsequenzen tragen. Abstrakte Vorgaben nach dem Motto »Es muss doch billiger gehen« vermiesen einem die Arbeit auf Dauer.

Gelungene Antwort auf Frage 17 Grundsätzlich kam ich mit meinem Vorgesetzten gut aus, ich muss erst einmal nachdenken, wann wir unterschiedlicher Meinung waren. Jetzt fällt mir ein, dass wir einmal unterschiedliche Vorstellungen davon hatten, wie Softwareprogrammierungen outgesourct werden sollten. Er bevorzugte ein Outsourcing nach Indien, ich war der Meinung, dass wir mit einem Anbieter in Bulgarien besser zurechtkommen würden. Meiner Überzeugung nach war dies zwar etwas teurer, allerdings erforderte das zu bewältigende Projekt eine sehr intensive Abstimmung mit den externen Programmierern. Die Zeitverschiebung zwischen Indien und Deutschland hätte also höchstwahrscheinlich für eine Verlängerung der Projektdauer gesorgt. Ich konnte meinen Chef nach intensiven Diskussionen dann mit meinen Argumenten umstimmen, wir haben uns am Ende für Bulgarien entschieden.

Frage 18: Geben Sie uns bitte ein Beispiel dafür, wie Sie aus einer übergeordneten Unternehmensstrategie passende Teilziele und Maßnahmen entwickelt haben.

....

....

....

....

Ungünstige Antwort auf Frage 18 Das mache ich regelmäßig. Die Strategie wird analysiert, Teilziele werden definiert, Kontrollmechanismen etabliert, und dann klappt das auch. Beispielsweise wenn es darum geht, die Marktführerschaft auszubauen.

Gelungene Antwort auf Frage 18 Die Vorgabe der Geschäftsleitung, kontinuierlich die Marktführerschaft auszubauen, habe ich durch folgenden Maßnahmenkatalog unterstützt. Zuerst habe ich in Zusammenarbeit mit der Abteilung Forschung & Entwicklung das Produkt- und Serviceportfolio gründlich analysiert und Wachstumschancen definiert. Dann habe ich in Abstimmung mit dem Vertrieb die einzelnen Teilmärkte genauer identifiziert und ihre jeweiligen Entwicklungschancen bewertet. Großen Erfolg habe ich durch die Weiterentwicklung von Produktmehrwerten erzielt, indem ich die Angebote an kundenspezifischem und hochwertigem Service deutlich ausgebaut habe. Die Teilziele und Maßnahmen haben dazu beigetragen, dass die Marktführerschaft erfolgreich weiter ausgebaut werden konnte.

Frage 19: Ein Kunde beschwert sich bei Ihnen über ein mangelhaftes Produkt unserer Firma: Wie reagieren Sie?

....

....

....

....

Ungünstige Antwort auf Frage 19 Ich verweise ihn an den Kundenservice.

Gelungene Antwort auf Frage 19 Wenn ich das Problem sofort lösen kann, sorge ich für Abhilfe. Auch bei uns gibt es ja einmal ein »Montagsprodukt«. Habe ich den Eindruck, dass hier ein größeres Problem vorliegt, sorge ich dafür, dass sich ein Mitarbeiter aus dem Kundenservice schnell beim Kunden meldet. Die Kosten, um einen neuen Kunden zu gewinnen, sind ja bekanntlich um ein Vielfaches höher als die Kosten, einen unzufriedenen Kunden zu halten. Also hat der unzufriedene Kunde eine gewisse Priorität.

Frage 20: Was war das dringendste Problem, das Sie an Ihrem momentanen Arbeitsplatz lösen mussten? Wie haben Sie es gelöst?

....

....

....

....

Ungünstige Antwort auf Frage 20 Bei mir gab es eigentlich keine Probleme. Wenn man die Dinge richtig organisiert, läuft doch alles wie von selbst. Und die kleinen Reibereien am Arbeitsplatz gehören doch überall dazu.

Gelungene Antwort auf Frage 20 Als Führungskraft verstehe ich mich auch als Problemlöser, daher habe ich natürlich viele dringende Probleme gelöst, sei es fachlicher oder zwischenmenschlicher Natur. Ein sehr dringendes Problem war das Kostensenkungsprogramm des Unternehmens. Wir mussten in sehr kurzer Zeit in allen Bereichen 10 Prozent einsparen, auch meine Abteilung. Um hier nicht Blöcke aufzubauen, auch nicht zwischen den Mitarbeitern, habe ich mehrere Krisensitzungen durchgeführt, die Mitarbeiter wurden persönlich von mir darüber informiert, dass die Kosten in jedem Fall durchschnittlich um 15 Prozent gesenkt werden müssten. Gemeinsam haben wir eine Vorschlagsliste erarbeitet, die natürlich heiß diskutiert wurde, wer gibt schon gerne etwas von seinen Etats ab. Ich habe die Krisenrunden moderiert, und so haben wir gemeinsam die Vorgabe realisiert und damit das Problem gelöst.

28. Kernkompetenz 3: Wie ausgeprägt ist Ihre Innovationskompetenz?

Die Firmen wünschen sich von ihren Führungskräften eine ausgeprägte Innovationskompetenz, weil sie der Transmissionsriemen sind, der notwendige Veränderungen begleiten und gestalten soll. Aber: Unausweichliche Veränderungen sorgen bei jedem Menschen für Unruhe, auch bei denen, die in Unternehmen arbeiten. Daher wird von Führungskräften immer häufiger erwartet, dass sie die Rolle eines Change-Managers übernehmen, der für den notwendigen Wandel bei den Mitarbeitern wirbt, ihn einleitet und begleitet. Damit sind die Kernpunkte der Innovationskompetenz bereits umrissen. Einerseits geht es darum zu benennen, was verändert werden soll, und andererseits darum zu zeigen, wie dies von der Führungskraft zwischenmenschlich bewerkstelligt wird.

Typische Fehler: Vorzeitiges Aus!

Abrechnung mit dem alten Arbeitgeber

In unserer Beratungspraxis erleben wir es häufig, dass bei den von uns gecoachten Führungskräften die negativen Emotionen durchschlagen, wenn es um die Beantwortung von Fragen aus diesem Themenkomplex geht. Dies ist nicht verwunderlich, da die Einführung neuer Warenwirtschafts- oder EDV-Systeme, die Realisierung von Neu-, Re- und Umstrukturierungen oder die Umsetzung von Cost-Cutting-Strategien für die Beschäftigtenseite mit gravierenden Einschnitten wie Veränderungen in den Arbeitsaufgaben und -abläufen und oft leider auch mit Etatstreichungen oder gar Arbeitsplatzabbau verbunden sind. Dann kann es aber passieren, dass das Vorstellungsgespräch mit der neuen Firma als Gelegenheit zur Abrechnung mit dem alten Arbeitgeber missverstanden wird.

Innovationskompetenz

Eine mögliche Frage, um zu erkunden, ob Führungskräfte in der Lage sind, notwendige Veränderungen mitzutragen, klingt folgendermaßen: »Welche Veränderungen haben Sie an Ihrem alten Arbeitsplatz als Einschnitt empfunden?« Diese Replik dürfte ein Bewerber auf keinen Fall geben:

»Meine Abteilung wurde einem anderen Bereich zugeordnet, mit dem Bereichsleiter konnte ich gar nicht, daher bewerbe ich mich auch jetzt bei Ihnen. Als Einschnitt habe ich auch empfunden, dass die Logistik durch die Einführung eines Multi-Channel-Systems völlig auf den Kopf gestellt wurde. Da funktionierte keine Schnittstelle mehr ins Warenwirtschaftssystem. So kann man eine Firma auch kaputt modernisieren.«

Der Bewerber scheint nicht zu wissen, dass im Vorstellungsgespräch kein Platz für Arbeitgeberschelte ist. Selbst wenn der inhaltliche Kern seiner Antwort zutreffend sein sollte, gilt dennoch der Grundsatz der Erfolgskommunikation. Das heißt, dass Probleme, wenn überhaupt, nur kurz thematisiert und grundsätzlich nur zusammen mit einer Lösung präsentiert werden sollten. Und diese Lösung muss vom Bewerber selbst initiiert worden sein.

Antwort-Strategie: Das bringt Sie in den Job!

Verdeutlichen Sie, dass Sie Veränderungen nicht grundsätzlich negativ, sondern als Chance für das Unternehmen und seine Mitarbeiter sehen. Schildern Sie, wie Sie sich flexibel auf neue Anforderungen eingestellt und Ihre Mitarbeiter mit ins Boot geholt haben. Liefern Sie Beispiele dafür, wie Sie durch technische oder organisatorische Innovationen dafür gesorgt haben, dass Arbeitsabläufe effizienter geworden sind und das Unternehmen an Wettbewerbskraft gewonnen hat. Sehr überzeugend sind in Zeiten knapper Kassen Beispiele dafür, wie Sie Veränderungen mithilfe kreativer – sprich: kostenneutraler – Lösungen erfolgreich in den Griff bekommen haben.

Schildern Sie Ihre Flexibilität

Innovationskompetenz

Beantworten Sie die Frage »Welche Veränderungen haben Sie an Ihrem alten Arbeitsplatz als Einschnitt empfunden?« besser, indem Sie sich an dieser Antwort orientieren:

»Meine Abteilung wurde einem anderen Bereich zugeordnet, was sowohl für meine Mitarbeiter als auch für mich erst einmal eine Umstellung war. Nach einiger Zeit hatten sich die Abläufe aber eingespielt. Als Einschnitt habe ich auch empfunden, dass die Logistik durch die Einführung eines Multi-Channel-Systems eine Zeit lang sehr gefordert wurde. Die Schnittstellen ins Warenwirtschaftssystem funktionierten am Anfang überhaupt nicht. Da mussten meine Mitarbeiter einige Überstunden hinlegen, um gemeinsam mit den Softwarespezialisten für eine reibungslose EDV zu sorgen.«

Die Führungskraft schildert die gleichen Herausforderungen wie zuvor im Negativbeispiel. Die negativen Auswirkungen der Zusammenarbeit mit dem neuen Bereichsleiter werden überhaupt nicht mehr thematisiert, stattdessen formuliert der Bewerber neutral. Noch deutlicher wird die Fähigkeit der Führungskraft, auf neue Herausforderungen flexibel und konstruktiv zu reagieren, am Beispiel der Neueinführung des Multi-Channel-Systems. Die Führungskraft veranschaulicht, dass sie ihre Mitarbeiter in einer schwierigen Arbeitssituation dazu gebracht hat, eine Zeit lang mehr als üblich zu arbeiten, nämlich so lange, bis die Fehler aus der Welt geräumt waren und das neue Logistiksystem einwandfrei lief.

Beispielfragen und -antworten: Innovationskompetenz

Bitte beantworten Sie zunächst die Fragen, bevor Sie einen Blick auf unsere Beispielantworten werfen. Gleichen Sie Ihre Antworten ab. Modifizieren Sie bei Bedarf Ihre Antworten anhand unserer gelungenen Beispiele. Überlegen Sie sich zusätzlich individuelle Belege mit Praxisbezug, mit denen Sie Ihre Antworten plausibel ausgestalten können.

Frage 21: Können Sie sich gut auf neue Situationen einstellen?

....

....

....

....

Ungünstige Antwort auf Frage 21   Natürlich, ich würde mich als innovativ und anpassungsfähig sehen, wenn neue Situationen zu bewältigen sind. Gerade im Beruf steht man ja immer wieder vor neuen Herausforderungen, die ja auch, wie das Wort schon sagt, einen persönlich fordern.

Gelungene Antwort auf Frage 21   Ja, neue Situationen im Berufsleben gibt es ständig für mich. Einerseits im zwischenmenschlichen Bereich, beispielsweise wenn man auf interessante Menschen am Rande von Veranstaltungen, Tagungen oder Produktpräsentationen trifft. Ich gehe dann gerne von mir aus auf andere zu und habe mir so in den letzten Jahren ein tolles Netzwerk an Kontakten aufgebaut. Andererseits gibt es ja auch immer wieder neue Situationen am Markt, also bezogen auf die Branche oder die Anpassung der Produktpalette. In den letzten Jahren stand das Thema Energiesparen ja ganz oben auf der Liste, das wird auch so bleiben. Aus diesem Grund haben wir das Marketing in Abstimmung mit dem Vertrieb angepasst. Die Einsparpotenziale unserer Produkte werden viel offensiver als bisher kommuniziert, aber auch die Langlebigkeit wird weiter betont. Diese Anpassungsstrategie hat sich für unser Unternehmen mit besseren Absatzzahlen ausgezahlt.

Frage 22: Welche Veränderungen haben Sie persönlich in der Vergangenheit initiiert?

....

....

....

....

Ungünstige Antwort auf Frage 22 Ich habe Gesprächsleitfäden für den Außendienst initiiert. Das stieß zwar auf Widerstand bei einigen Außendienstmitarbeitern, aber als Führungskraft will man ja auch nicht geliebt, sondern respektiert werden.

Gelungene Antwort auf Frage 22 Letztes Jahr habe ich Gesprächsleitfäden für den Außendienst initiiert. Diese Leitfäden waren vor allem für die neuen Außendienstmitarbeiter nützlich, da sie dann bei ihrer täglichen Beratungsarbeit auf bewährte Konzepte zugreifen konnten. Die erfahrenen Außendienstmitarbeiter, die ja auch meist schon etwas älter sind, habe ich bereits in der Konzeptionsphase eingebunden und um ihre Änderungsvorschläge gebeten. Auf diese Weise konnte ich für eine gute Akzeptanz der Gesprächsleitfäden sorgen.

Frage 23: Was können Vorgesetzte tun, um Mitarbeiter bei notwendigen Veränderungen von Anfang an mit ins Boot zu holen?

....

....

....

....

Ungünstige Antwort auf Frage 23 Die Menschen sind von den ganzen Veränderungen mittlerweile doch nur noch überfordert. Ich halte mich deshalb lieber bedeckt und kommuniziere Veränderungsbedarf dann eher direkt, gebe also Anweisungen, was sich künftig ändern wird.

Gelungene Antwort auf Frage 23 In jeder Abteilung gibt es meiner Erfahrung nach Mitarbeiter, die sich mit Veränderungen leichter als andere tun und die auch bereit sind, neue Dinge auszuprobieren. Stehen also notwendige Veränderungen an, kann es sinnvoll sein, diesen Mitarbeitern eine Vorreiterrolle einzuräumen. Veränderungen sind ja kein Selbstzweck, sondern sollen dabei helfen, Abläufe zu erleichtern oder zu verbessern. Wenn ein Wunsch nach Veränderung dann mit positiven Rückmeldungen aus der Praxis verknüpft ist, lässt sich die Veränderung in der Breite, also bei allen Beteiligten, viel leichter durchsetzen.

Frage 24: Was würden Sie verändern, wenn Sie Vorstandsvorsitzender/ Geschäftsführer unserer Firma wären?

....

....

....

....

Ungünstige Antwort auf Frage 24 Nun, es läuft ja alles gut, da wäre ich vorsichtig. Veränderung um der Veränderung willen ist ja auch kein sinnvoller Weg. Bewährtes hat eben seinen Reiz. Deswegen bin ich ja auch heute hier.

Gelungene Antwort auf Frage 24 Als Geschäftsführer müsste ich alle Abteilungen gleichermaßen im Blick haben. Die gute geschäftliche Entwicklung der Müller GmbH ist seit Jahrzehnten darauf zurückzuführen, dass ein erheblicher Teil in Forschung und Entwicklung investiert wird. Hier würde ich auch anknüpfen, die Markttrends mit den Leitern Forschung und Entwicklung sondieren, aber auch die neuen Mitbewerber aus Fernost und ihre Angebote genauer unter die Lupe nehmen. Auch die Kostenseite müsste natürlich regelmäßig überprüft werden, hier würde ich mir durch die jeweiligen Abteilungsleiter zuarbeiten lassen. Ein Zukunftsthema ist sicherlich der Personalnachwuchs. Gute Facharbeiter werden schon heute knapp, dieses Thema würde ich mit Nachdruck verfolgen und mich hierbei von der Personalleiterin und ihren sicherlich vorhandenen guten Ideen unterstützen lassen.

Frage 25: Geben Sie uns bitte ein Beispiel für einen misslungenen Veränderungsversuch in Ihrer Abteilung: Was sollte verändert werden? Warum hat es nicht geklappt?

....

....

....

....

Ungünstige Antwort auf Frage 25 In meiner Abteilung hatte es vor einiger Zeit den Versuch gegeben, IT-Systeme standortübergreifend zu standardisieren. Die Kollegen von der Filiale in Hamburg haben dann damit begonnen und die Ergebnisse den Kollegen in München vorgestellt. Die Münchner haben sich natürlich bevormundet gefühlt und alles blockiert. Das Projekt verlief dann leider im Sand, schade um die Zeit und das Geld.

Gelungene Antwort auf Frage 25   Vor einiger Zeit gab es den Versuch in meiner Abteilung, IT-Systeme standortübergreifend zu standardisieren. Es ging um die Filialen Hamburg und München. Die Hamburger waren mit der Materie besser vertraut und haben deshalb die Vorreiterrolle übernommen und den Münchnern dann die Ergebnisse vorgestellt. Davon fühlten sich einige Münchner bevormundet, die dann angefangen haben, das Projekt insgesamt zu blockieren. Ich habe dann mit dem Geschäftsführer intensiv diskutiert, wie wir das Projekt noch retten können. Daraufhin kam uns die Idee, mit Tandemlösungen zu arbeiten. Wir haben also Fachtandems bestehend aus jeweils einem Hamburger und einem Münchner gebildet. Auch wenn die Hamburger letztendlich mit ihrem Wissen zum fachlichen Erfolg beigetragen haben, war es doch wichtig, die Münchner von Anfang an mit dabei zu haben. Die Standardisierung der IT-Prozesse dauerte etwas länger als geplant, konnte dann aber letztendlich erfolgreich umgesetzt werden.

29. Kernkompetenz 4: Wie belegen Sie Ihre unternehmerische Kompetenz?

Eigentlich jede Stellenausschreibung für Führungskräfte enthält unter anderem die Forderung, dass die Bewerberin beziehungsweise der Bewerber über unternehmerische Kompetenz verfügen soll, also wirtschaftlich verantwortungsvoll planen und handeln kann. Es ist direkt die Rede vom »unternehmerischen Denken und Handeln« oder einem »ausgeprägten Geschäftsverständnis«. Oder es werden Teilbereiche der unternehmerischen Kompetenz eingefordert, beispielsweise durch den Wunsch nach einer »hohen Kundenorientierung«, einem »guten technischen Verständnis gepaart mit betriebswirtschaftlichem Denken« oder einem »strategischen Denken und operativem Handeln in einer vertriebsorientierten Leitungstätigkeit«. Beispiele, wie Sie diese Kernkompetenz im Vorstellungsgespräch belegen, finden Sie in diesem Kapitel.

Typische Fehler: Vorzeitiges Aus!

Lippenbekenntnisse reichen nicht aus

Als Führungskraft reicht es nicht aus, im Vorstellungsgespräch ein allgemeines Lippenbekenntnis zum Vorhandensein des geforderten unternehmerischen Denkens abzugeben. Problematisch ist dabei immer wieder, wenn lediglich operative Erfahrungen thematisiert werden – beispielsweise die Betreuung von bestehenden Schlüsselkunden –, dabei jedoch strategische Aspekte, wie die Entwicklung von Maßnahmenkatalogen zur Neukundengewinnung, unter den Tisch fallen. Auch das gegenteilige Verhalten bringt Bewerber nicht weiter. Werden nämlich ausschließlich unternehmerische Visionen und Strategien thematisiert, ohne die dazugehörigen Teilschritte und firmeninternen Abstimmungsprozesse zu erläutern, entsteht der Eindruck, dass es dem Bewerber schwerfallen wird, seine unternehmerischen Ideen im Berufsalltag zu realisieren.

Unternehmerische Kompetenz

Die sehr offen formulierte Frage »Wie können Sie in Ihrer neuen Position bei uns unternehmerisch arbeiten?« ist eigentlich eine erstklassige Chance, um die unternehmerische Kompetenz des Bewerbers ins richtige Licht zu setzen. Dann darf er aber nicht so antworten:

»Für mich steht immer der Kunde im Vordergrund, schließlich ist eine Firma ja kein Selbstzweck. Ich habe gute Erfahrungen damit gemacht, dass ich die komplexen technischen Details für die Kunden in Präsentationen schlüssig dargestellt habe. Dann konnte ich in den dazugehörigen Angebots- und Vertragsentwürfen daran anknüpfen.«

Unabsichtlich ist der Bewerber in die »operative Falle« getappt, den thematischen Kern der Frage hat er nur teilweise erfasst. Er schildert zwar, wie er beim Kunden präsentiert und anschließend Angebots- und Vertragsentwürfe zugesandt hat. Damit macht er sich aber nicht zur Führungskraft, sondern bleibt in der Rolle des Vertriebsspezialisten gefangen. Es wäre besser gewesen, wenn er sein Verständnis des unternehmerischen Arbeitens auch unter strategischen Aspekten beschrieben hätte.

Antwort-Strategie: Das bringt Sie in den Job!

Das Wechselspiel von strategischem Weitblick und dem dazugehörigen Know-how der operativen Umsetzung im Tagesgeschäft ist bei Antworten auf Fragen nach der unternehmerischen Kompetenz der Schlüssel zum Erfolg. Unternehmerisches Denken allein reicht den Firmen nicht, auch der Handlungsaspekt muss ausreichend thematisiert werden. Besonders überzeugend sind hier Bewerber, die deutlich machen können, dass sie sich auf Erreichtem niemals ausruhen, sondern permanent daran arbeiten, genauso schnell zu reagieren, wie sich globale Märkte heutzutage verändern.

Strategischer Weitblick und fachliches Know-how

Unternehmerische Kompetenz

Dass die recht offene Frage »Wie können Sie in Ihrer neuen Position bei uns unternehmerisch arbeiten?« wesentlich besser genutzt werden kann, um sich als künftige Führungskraft des Unternehmens positiv in Szene zu setzen, zeigt diese Antwort:

»Unter unternehmerischem Arbeiten verstehe ich in der Position zweierlei. Zum einen die Verantwortung für die Aufstellung und Umsetzung der Budgetziele, die dann in den Verkaufsplänen festgehalten werden. Dazu gehört für mich weiter, Märkte und Mitbewerber regelmäßig analysieren zu lassen, um die gute Position des Unternehmens langfristig zu verteidigen und zu halten. Neben diesen strategischen Aspekten ist mir auch das Tagesgeschäft wichtig. Mein Team braucht in bestimmten Situationen sicherlich auch operative Unterstützung, beispielsweise wenn komplexe technische Details für die Kunden in Präsentationen schlüssig dargestellt werden sollen. Bei meinem momentanen Arbeitgeber habe ich entsprechende Präsentationsmodule entwickelt, die meine Mannschaft dann individuell an die jeweiligen Kundenbedürfnisse anpassen konnte. Die Module waren so aufbereitet, dass im zweiten Schritt, also bei der dazugehörigen Angebots- und Vertragsentwurfsgestaltung, gleich daran angeknüpft werden konnte. Dann blieb mehr Zeit für weitere Kundenbesuche.«

Passgenau, stärkenorientiert und glaubwürdig

Dass der Bewerber im Positivbeispiel den Grundgedanken des unternehmerischen Arbeitens vollständig verinnerlicht hat, verdeutlicht seine überzeugende Antwort. Er präsentiert sich als Führungskraft, die zugleich entschlossen nach vorne blickt, aber auch tatkräftig dabei mitwirkt, wenn die Mitarbeiter Anregungen und Unterstützung brauchen. Interessant ist, dass der Bewerber nicht nur von Budgetzielen und Verkaufsplänen spricht, sondern auch davon, die Mitbewerber und Märkte regelmäßig zu beobachten. Er kennt die Maßnahmen, die ihm dabei helfen, seine Strategien zum Erfolg zu führen. Geschickt ist auch die Wahl seines Beispiels. Offensichtlich ist er mit dem vollständigen Verkaufsprozess gut vertraut und hat sich überlegt, wie er diesen für seine Mitarbeiter effizienter gestalten könnte. Die von ihm entwickelten Präsentationsmodule lassen für die Zukunft vermuten, dass er die Abläufe in seiner Abteilung ebenfalls kontinuierlich verbessern wird. Dieser Bewerber weiß, wie er seine Einstellungsargumente passgenau, stärkenorientiert und glaubwürdig vermitteln kann!

Beispielfragen und -antworten: Unternehmerische Kompetenz

Bitte beantworten Sie zunächst die Fragen, bevor Sie einen Blick auf unsere Beispielantworten werfen. Gleichen Sie Ihre Antworten ab. Modifizieren Sie bei Bedarf Ihre Antworten anhand unserer gelungenen Beispiele. Überlegen Sie sich zusätzlich individuelle Belege mit Praxisbezug, mit denen Sie Ihre Antworten plausibel ausgestalten können.

Frage 26: Was verstehen Sie unter strategischem Denken und Handeln?

....
....
....
....

Ungünstige Antwort auf Frage 26 Strategisches Denken heißt für mich, immer einen Schritt weiter zu sein, entsprechend sind dann die Handlungen anzupassen. Es gibt ja tolle Theoretiker, aber die darf man wirklich nicht auf die Menschheit loslassen. Also, ich sehe mich da als Praktiker.

Gelungene Antwort auf Frage 26 Um strategisch arbeiten zu können, ist meiner Meinung nach ein ganzes Bündel an Fähigkeiten notwendig. Schritt eins ist die richtige Strategie, die kurz-, mittel- oder langfristig definiert werden sollte, am besten in Abstimmung mit den daran beteiligten Abteilungen. Schritt zwei ist die Definition und Überprüfung der Teilziele, hieran scheitern meiner Beobachtung nach viele strategische Neuausrichtungen. Um die Teilziele zu erreichen, sind Beharrlichkeit, Überzeugungsvermögen und manchmal auch eine ordentliche Portion Durchsetzungsstärke gefragt. Schritt drei ist für mich die Feinabstimmung der Strategie. Einige Dinge entwickeln sich nicht so gut wie erhofft, dann ist ein Nachjustieren erforderlich. Andere Dinge laufen besser als gedacht, dann sollte die Siegerstraße noch stärker als ursprünglich geplant beschritten werden.

Frage 27: Welche strategischen Ziele würden Sie in der neuen Stelle verfolgen?

....

....

....

....

Ungünstige Antwort auf Frage 27 Qualität und eine langfristige Kundenbindung sind für mich nicht nur in dieser Stelle, sondern in jeder Stelle die wichtigsten strategischen Ziele. Ohne Qualität gibt es keine Kundenbindung.

Gelungene Antwort auf Frage 27 Als Teamleiter Kundenbetreuung ist mein vorrangiges strategisches Ziel die Einhaltung der hohen Qualitätsvorgaben in der Beratung. Zu diesem Zweck würde ich regelmäßig Anwenderschulungen durchführen, da wir ständig neue Kundenbetreuer bekommen, die schnell und gut eingearbeitet werden müssen. Um das Ziel der langfristigen Kundenbindung zu erreichen, würde ich auch die Leistungswerte meines Teams mit denen anderer vergleichen. Sollte es bei einzelnen Mitarbeitern deutliche Abweichungen nach unten geben, würde ich die Gründe hierfür suchen und abstellen. Bei deutlichen Abweichungen nach oben würde ich überlegen, was die anderen Teammitglieder ändern müssten, um ähnlich gute Werte zu erreichen.

Frage 28: Wie wird sich unser Markt in den nächsten Jahren entwickeln?

....

....

....

....

Ungünstige Antwort auf Frage 28 Der Markt ist sehr eng, es wird wohl einen Verdrängungswettbewerb geben. Wir wollen hoffen, dass wir diesem Wettbewerb auch standhalten können und nicht ein Opfer der Konzentration werden.

Gelungene Antwort auf Frage 28 Der Markt unterliegt einem Verdrängungswettbewerb, dem wir nicht entgehen können. Ich sehe Möglichkeiten darin, die Wertschöpfungskette gezielter auszuschöpfen. Wir könnten stärker als bisher auf After-Sales-Aktivitäten setzen. Auch Cross-Marketing-Maßnahmen mit passenden Partnern haben sich durchaus bewährt. Im Einkauf sollten die Anbieter regelmäßig verglichen werden. Die alte Kaufmannsregel, dass im gelungenen Einkauf der spätere Gewinn liegt, ist auch heute noch aktuell.

Frage 29: Schildern Sie uns bitte eine von Ihnen in der Vergangenheit verfolgte Strategie, die nicht gegriffen hat. Wo lagen die Gründe dafür?

....

....

....

....

Ungünstige Antwort auf Frage 29 Ich hatte Pech mit einer sehr umfangreichen Produktlinie. Das hätte fast das ganze Unternehmen in den Abgrund geführt. Die Gründe dafür sind aber nicht bei mir oder in meiner Arbeit zu suchen. Die betreuende Werbeagentur war einfach zu unerfahren, da hat mein Chef mehr auf den Preis als auf das Können geachtet. Na ja, die Quittung hat er dann ja dafür bekommen. Ich sage immer, dass Qualität auch ihren Preis hat.

Gelungene Antwort auf Frage 29 Im Rahmen eines Projekts zur Kosten- und Qualitätsoptimierung wurden die Bereiche Lagerung und Logistik outgesourct. Anfänglichen Vorteilen in der Kostenstruktur folgten leider bald Nachteile in der Qualität. Sowohl die Wareneingangskontrollen beim externen Dienstleister waren unzureichend als auch die Versandqualität, es kam zu vielen Retouren wegen mangelhafter Verpackung. Letztendlich haben wir die Prozesse wieder ins Haus geholt. Aus meiner Sicht war das Projekt deshalb ein Fehlschlag, weil eine hohe persönliche Identifikation mit den Produkten beim externen Dienstleister einfach nicht gegeben war. Dort waren unsere Produkte austauschbar und anonym.

Frage 30: Wo sehen Sie in Ihrer künftigen Abteilung mögliche Einsparpotenziale?

....

....

....

....

Ungünstige Antwort auf Frage 30 Die IT bietet eigentlich immer Potenzial für Einsparungen. Wenn ich die entsprechenden Mittel dafür bekomme, kann ich auch für Sie durch Standardisierungen die Kosten senken.

Gelungene Antwort auf Frage 30 In Ihrer Abteilung E-Commerce sehe ich Einsparpotenziale durch eine Standardisierung der Online-Plattformen. Gerade bei Saisonumstellungen ist der Aufwand für die Integration der Zusatzartikel bisher noch recht hoch. Mit standardisierten Tools und einer besseren Integration in das Warenwirtschaftssystem lassen sich Kosten, die vor allem aus einer nachträglichen manuellen Eingabe resultieren, künftig sicherlich deutlich senken. Mit einem ähnlichen Projekt konnte ich auch bei meinem momentanen Arbeitgeber für Einsparungen sorgen.

Frage 31: Was schätzen Kunden Ihrer Ansicht nach an unseren Produkten/Dienstleistungen?

....

....

....

....

Ungünstige Antwort auf Frage 31 Ich habe mich einmal im Bekanntenkreis umgehört. Ihre Dienstleistungen gelten als etwas überteuert, aber qualitativ dafür hochwertig.

Gelungene Antwort auf Frage 31 Ihre Dienstleistungen werden sicherlich wegen der durchgängigen Qualität, dem gelebten Servicegedanken und der Termintreue sehr geschätzt. Ihre Kunden wissen genau, was sie bekommen, und sind daher auch bereit, für eine professionelle Dienstleistung entsprechende Honorare zu zahlen.

Frage 32: Und was könnte Kunden Ihrer Meinung nach an unseren Produkten/Dienstleistungen stören?

....

....

....

....

Ungünstige Antwort auf Frage 32 Heutzutage spricht ja jeder nur noch vom Preis. Die Kosten werden so lange gedrückt, bis sich die Qualität in Luft aufgelöst hat. Aber das muss jeder Kunde selber wissen, wie wichtig ihm Qualität ist.

Gelungene Antwort auf Frage 32 Ich könnte mir gut vorstellen, dass Ihre Kunden immer wieder versuchen, in eine Preisdiskussion einzusteigen. Der Wettbewerb im SB-Handel ist doch heftig. Hier wäre ich als Leiter Key-Account gefragt, meine Mitarbeiter immer wieder aufs Neue darauf einzuschwören, welche Qualität hinter Ihren Produkten steht. Der Markenname wurde schließlich in Jahrzehnten aufgebaut und steht und fällt mit dem damit verbundenen Qualitätsanspruch. Die Preisdiskussionen sind natürlich ein mühsames Geschäft für Key-Accounter, aber das gehört eben zur täglichen Arbeit mit dem Kunden dazu.

Frage 33: Was kann getan werden, damit die Mitarbeiter den Gedanken der Kundenorientierung noch stärker verinnerlichen?

....

....

....

....

Ungünstige Antwort auf Frage 33 Da hilft sicherlich die regelmäßige Wiederholung. Mit der Kundenorientierung ist es wie mit dem Händewaschen, manche muss man immer wieder daran erinnern.

Gelungene Antwort auf Frage 33 Wenn man es schafft, eine Brücke zwischen den Kundenbedürfnissen einerseits und den konkreten Aufgaben der Mitarbeiter andererseits zu bauen, kann man für die Kundenorientierung eine Menge erreichen. Dabei kommt es sicherlich auf den jeweiligen Arbeitsplatz an. Als Logistikleiter habe ich gute Erfahrungen damit gemacht, den Logistikmitarbeitern ganz konkret zu verdeutlichen, welchen Anteil sie an ihrem jeweiligen Arbeitsplatz an der Zufriedenheit unserer Kunden haben, beispielsweise durch eine zeitnahe Ausführung von Sonderbestellungen oder eine besonders aufmerksame Bearbeitung von Reklamationen.

Frage 34: Unter welchen Umständen halten Sie es für sinnvoll, Kundenwünsche nicht zu erfüllen?

....

....

....

....

Ungünstige Antwort auf Frage 34 Ich wüsste nicht, warum ich Kundenwünsche nicht erfüllen sollte.

Gelungene Antwort auf Frage 34 Als Leiter Key-Account hatte ich schon ab und zu die Situation, dass ich Kundenwünsche beim besten Willen nicht erfüllen konnte. Beispielsweise kam einer meiner Key-Accounter zu mir, weil die von ihm betreute Einzelhandelskette eine neue Eigentümerstruktur bekommen hatte und die neuen Eigentümer jetzt die pauschale Vorgabe »10 Prozent weniger im Einkauf« gemacht hatten. Diese Vorgabe ließ sich beim besten Willen nicht erfüllen. Ich habe meine Branchenkontakte genutzt, um festzustellen, was die Mitbewerber an Entgegenkommen leisten würden. Auch dort sah man das Ende der Fahnenstange bei den Preisdiskussionen für das kommende Geschäftsjahr erreicht. Ich habe dem Kunden dann diplomatisch, aber unmissverständlich klargemacht, dass nicht mehr als 5 Prozent möglich sind.

Frage 35: Wie vermitteln Sie Kunden, dass Sie deren Wünsche zwar verstanden haben, sie aber nicht erfüllen wollen?

....

....

....

....

Ungünstige Antwort auf Frage 35 Ich sage ganz einfach, was Sache ist. Es lohnt sich meiner Meinung nach nie, um den heißen Brei herumzureden.

Gelungene Antwort auf Frage 35 Hier gilt es, diplomatisch vorzugehen, denn wenn die Beziehungsebene erst einmal zerstört ist, weil der Kunde sich schlecht behandelt fühlt, hat man keinen Verhandlungsspielraum mehr. Ich habe mir angewöhnt, in wichtige Verhandlungen immer mit Alternativen zu gehen und mir für den Ernstfall noch zwei Rückzugslinien aufzuheben. Ich nehme dann einen Kollegen oder eine Kollegin mit, wir vereinbaren vorher, dass ich die harte Linie fahre und der andere für ein Kompromissangebot in letzter Minute zuständig ist. Dann arbeite ich in der Verhandlung mehrmals die Vorteile unseres Angebots heraus, mache auch klar, warum Mitbewerber weniger zu bieten haben, und signalisiere dann in der dazugehörigen Preisverhandlung ab einem bestimmten Punkt, dass nun nichts mehr geht. Zeichnet sich dann ein Scheitern der Verhandlung ab, kommt mein Kollege ins Spiel, der noch eine Sonderaktion mit höheren Volumina und speziellen Rabatten anbietet. Diese Vorgehensweise hat sich bewährt, um die eigene Verhandlungsgrenze unmissverständlich zu verdeutlichen und trotzdem zu einem Ergebnis zu kommen.

30. Kernkompetenz 5: Welche Belege können Sie für Ihre Führungskompetenz liefern?

Als aufmerksamer Leser beziehungsweise aufmerksame Leserin dieses Ratgebers haben Sie sicherlich schon festgestellt, dass bei der Beantwortung der Fragen zu den anderen sechs Kernkompetenzfeldern häufig indirekt Führungsaspekte gestreift wurden. Geht es beispielsweise um die Lösungs-, Innovations- oder unternehmerische Kompetenz, sind die Steuerungsfähigkeiten der Führungskraft nämlich ebenfalls wichtig. Darüber hinaus gibt es in Vorstellungsgesprächen selbstverständlich ebenfalls direkte Fragen zur Führungskompetenz, um zu überprüfen, ob die Bewerberinnen und Bewerber über ein alltagstaugliches Führungsverständnis verfügen und ihren individuellen Führungsstil auch gründlich reflektiert haben.

Typische Fehler: Vorzeitiges Aus!

Auch wenn man berücksichtigen sollte, dass die Führungskultur je nach Firma variiert, hat sich doch bei der Mehrzahl der Firmen ein persönlich-wertschätzender und zielorientierter Führungsstil durchgesetzt. Führungskräfte, die im Gespräch den Eindruck hinterlassen, dass sie sich bei aufkommenden Problemen hinter ihrer formalen Position verstecken, können deshalb nicht überzeugen. Ein starres Führungsverständnis, das sich auf Anordnung und Befehl von oben herab ohne eigenes Engagement bei der Problemlösung beschränkt, lässt Bewerber in einem unvorteilhaften Licht erscheinen.

Starres Führungsverständnis führt ins Abseits

Führungskompetenz

Um mehr über das Führungsverständnis der Bewerberinnen und Bewerber zu erfahren, ist die folgende Frage geeignet: »Würden Sie mir bitte drei Erfolgsfaktoren guter Mitarbeiterführung nennen?« Mit dieser Antwort fällt der Kandidat leider durch:

»Erstens Durchsetzungsvermögen, zweitens Respekt und drittens Vorbildcharakter. So führe ich auch, das hat immer gut geklappt. Das steht darüber hinaus auch in meinen Arbeitszeugnissen, dass ich erfolgreich und gut geführt habe.«

Der Bewerber stellt sich mit den drei gewählten Begriffen »Durchsetzungsvermögen«, »Respekt« und »Vorbildcharakter« als selbstherrlicher

Abteilungskönig dar. Wie er in Zeiten flacher Hierarchien und abteilungsübergreifender Projektarbeit das Potenzial seiner Mitarbeiterinnen und Mitarbeiter im Sinne der Firma erkennen und einsetzen will, bleibt sein Geheimnis. Dass der Bewerber seine Führungsrolle offensichtlich viel zu formal definiert, unterstreicht auch der Hinweis auf seine Arbeitszeugnisse. Eine ungeschickte Vorgehensweise, da die Entscheider auf der Firmenseite ernsthafte Zweifel daran bekommen, ob der Bewerber den formalen Aspekt seiner Führungsrolle im fordernden Berufsalltag überhaupt inhaltlich ausfüllen kann.

Antwort-Strategie: Das bringt Sie in den Job!

Nennen Sie Beispiele für reflektierte Führungsmethoden

Stellen Sie Ihre Führungskompetenz souverän dar, indem Sie mit passenden Beispielen belegen, wie Sie in der Vergangenheit geführt haben. Überlegen Sie sich Beispiele für Situationen, in denen Sie Ihr Team auf neue Unternehmensziele eingeschworen und zielorientiert geführt haben. Reflektieren Sie in Ihrer Vorbereitungsphase auch kritische Führungssituationen. In Vorstellungsgesprächen wird gerne einmal danach gefragt, wie Sie leistungsschwache Mitarbeiter zu mehr Einsatz oder zu einer Kündigung bewegt haben oder wie Sie Ihren Mitarbeitern eine Kürzung des Abteilungsetats erklärt haben. Grundsätzlich sollten Sie erkennen lassen, dass Sie als Führungskraft zwar die Zügel in der Hand halten, Ihren Mitarbeitern aber grundsätzlich Wertschätzung und Vertrauen entgegenbringen. Lassen Sie deutlich werden, dass Sie über ein umfangreiches, flexibles und vor allem reflektiertes Arsenal an Führungsmethoden verfügen.

Führungskompetenz

Dass ein Bewerber eine praxiserprobte Führungskraft ist, macht diese durchdachte Antwort auf die Frage »Würden Sie mir bitte drei Erfolgsfaktoren guter Mitarbeiterführung nennen?« besser deutlich:

»Mit der Mitarbeiterführung durch Zielvereinbarungen habe ich gute Erfahrungen gemacht. Dazu gehört für mich erstens, Potenziale bei Mitarbeitern erkennen zu können. Zweitens gilt es, mit einer passenden Verteilung der Aufgaben dieses Potenzial auszuschöpfen. Und drittens sollten geeignete Feedback-Instrumente eingesetzt werden, um den Mitarbeitern rechtzeitig signalisieren zu können, dass bei der Aufgabenerledigung etwas zu verbessern oder zu ändern ist, damit die festgelegten Ziele auch im definierten Zeitrahmen erreicht werden. Beispielsweise ist es so, dass ich bei komplexen Projekten die Arbeit meiner Mitarbeiter mithilfe von Zwischenberichten kontrolliere. Wenn es sich anbietet, stelle ich das bisher Geleistete in Meetings auch in einen Gesamtkontext, damit die Mitarbeiter erkennen können, dass ihre Arbeit das Unternehmen auch wirklich voranbringt.«

Der Bewerber lässt keinen Moment lang Zweifel an seinen Führungs- *Führungsstärke*
fähigkeiten aufkommen. Er beantwortet die Frage nach den drei Er- *glaubwürdig*
folgsfaktoren guter Mitarbeiterführung mit seinen eigenen Worten *vermittelt*
und liefert am Ende auch ein geeignetes Beispiel dafür, wie er Mitarbeitern – positive oder kritische – Rückmeldungen gibt. Diesem Bewerber nimmt man ohne Weiteres ab, dass er im betrieblichen Alltag in
seinem Verantwortungsbereich das Heft in der Hand behält, aber
dennoch darauf achtet, dass seine Mitarbeiter ihr individuelles Potenzial voll einbringen können.

Beispielfragen und -antworten: Führungskompetenz

Bitte beantworten Sie zunächst die Fragen, bevor Sie einen Blick auf
unsere Beispielantworten werfen. Gleichen Sie Ihre Antworten ab.
Modifizieren Sie bei Bedarf Ihre Antworten anhand unserer gelungenen
Beispiele. Überlegen Sie sich zusätzlich individuelle Belege mit Praxisbezug, mit denen Sie Ihre Antworten plausibel ausgestalten können.

Frage 36: Schildern Sie uns ein Ereignis, das für Sie als Führungskraft
eine echte Herausforderung war. Wie haben Sie die Herausforderung
gelöst?

....

....

....

....

Ungünstige Antwort auf Frage 36 Ich habe ja nicht so viel Führungserfahrung, aber in meiner Arbeitsgruppe habe ich häufiger Konflikte
lösen müssen. Das habe ich ganz gut hinbekommen.

Gelungene Antwort auf Frage 36 In meiner Projektgruppe zur Einführung einer SAP-basierten, integrierten Sales-&-Service-Lösung hatte
ich als Teilprojektleiter häufig Konflikte zwischen einem erfahrenen
Mitarbeiter und einem neuen Mitarbeiter, der sich profilieren wollte,
zu lösen. Ich habe mir zunächst in zwei Vieraugengesprächen einen
fundierten Überblick über die Sachlage geben lassen, da waren die
beiden Kontrahenten eigentlich gar nicht so weit auseinander. Dann
habe ich ein weiteres Mal den Kontakt gesucht und beide gebeten, sich
im Sinne des Projekts etwas zurückzunehmen und zumindest dem
anderen erst einmal zuzuhören und ihn ausreden zu lassen. Diese
Taktik ging auf, die Projektgruppe konnte sich endlich ihrer eigentlichen Aufgabenstellung widmen.

Frage 37: Welches Führungsmodell bevorzugen Sie?

....

....

....

....

Ungünstige Antwort auf Frage 37 Die Modelle wechseln ja häufig, was gab es da nicht schon alles: Organisationsmanagement, Teammanagement, Kontingenztheorien oder transaktionale Führung. Ich bevorzuge eine klare Führung mit nachvollziehbaren Zielen.

Gelungene Antwort auf Frage 37 Ich habe gute Erfahrungen mit einem Führungsstil gemacht, der situationsbezogen und flexibel ist. Es gibt Mitarbeiter, die brauchen schon ab und an die klare Ansage. Allerdings muss man dabei wirklich aufpassen, dass im Gespräch die Zielvorgaben deutlich herausgearbeitet werden und das Ganze nicht mit einer Verweigerungshaltung des kritisierten Mitarbeiters endet. Ich habe festgestellt, dass es hilft, diesen Mitarbeitern klar zu sagen, womit ich nicht zufrieden bin, und Ihnen dann einen konkreten Zeitraum zu nennen, damit die Missstände behoben werden können. Die meisten Mitarbeiter brauchen eher weniger Kontrolle, wollen aber regelmäßig Rückmeldung zu ihren Leistungen bekommen. Ein kurzes Gespräch zu den laufenden Aufgaben am Rand von Meetings oder in der Kantine reicht da oft schon. Der Mitarbeiter fühlt sich wahrgenommen, und die Aufgaben werden weiter engagiert bearbeitet. Das tendiert sicherlich in die Richtung Führen durch Zielvereinbarungen, also Management by Objectives.

Frage 38: Was würden Sie tun, wenn Sie unvermeidbar sofort eine Entscheidung treffen müssten, die eigentlich nur Ihr – momentan unerreichbarer – Chef treffen dürfte?

....

....

....

....

Ungünstige Antwort auf Frage 38 Ich kann nur die Entscheidungen treffen, die meiner Stellung in der Firmenhierarchie entsprechen. Ich würde also um Verständnis bitten und versuchen, meinen Chef zu erreichen, auch im Urlaub darf man ja in dringenden Fällen den Vorgesetzten anrufen.

Gelungene Antwort auf Frage 38 Zunächst würde ich mir spontan überlegen, wie mein Chef die Entscheidung treffen würde, und dann in einem zweiten Schritt, ob er damit einverstanden wäre, dass ich ausnahmsweise an seiner Stelle entscheide. Als Führungskraft ist mir die Situation ja auch nicht ganz unbekannt, schließlich geht es oft um zeitnahe Entscheidungen, um die Vorteile, die bestimmte Situationen bieten, auch sofort zu nutzen. Ich müsste in dem von Ihnen geschilderten Fall damit rechnen, dass mein Chef mich in die Verantwortung nimmt. Dann würde ich ihm den Sachverhalt, die Gründe für meine Entscheidung und die Nachteile, die sich aus einer aufgeschobenen Entscheidung ergeben hätten, mitteilen.

Frage 39: Haben Sie schon einmal Mitarbeiter wegen schlechter Leistungen kündigen müssen?

....
....
....
....

Ungünstige Antwort auf Frage 39 Ja, da habe ich auch kein Mitleid. Wer nicht die richtige Leistung bringt, zieht doch auf Dauer die ganze Abteilung herunter.

Gelungene Antwort auf Frage 39 Ja, es gibt Mitarbeiter, die einfach nicht die richtige Leistung erbringen. Oft lohnt es sich, nach den Gründen dafür zu forschen. Vielleicht ist der Mitarbeiter überfordert, hat ein Formtief oder es gibt belastende private Dinge wie Krankheit oder Scheidung. Eine Kündigung ist schnell ausgesprochen, aber wenn es dann langwierige Rechtsstreitigkeiten gibt oder die anderen Mitarbeiter durch die Kündigung demotiviert werden, ist ja auch nichts gewonnen. Aber um Ihre Frage klar zu beantworten, ja, ich habe schon Mitarbeitern wegen nachhaltig mangelhafter Leistungen gekündigt.

Frage 40: In welchen Bereichen hätte Ihr momentaner Chef bessere Arbeit leisten können?

....
....
....
....

Ungünstige Antwort auf Frage 40 Da fällt mir nichts ein, ich halte auch nichts von Chefschelte, er kann sich ja im Moment gar nicht wehren.

Gelungene Antwort auf Frage 40 Natürlich ist es leichter zu kritisieren, wenn man außerhalb der Verantwortung steht. Aber mein Chef hat sicherlich einen guten Job gemacht. Manchmal hätte ich mir gewünscht, dass er mich in Entscheidungsprozesse etwas früher einbezieht, aber das hängt ja auch immer von der jeweiligen Situation ab.

Frage 41: Was sehen Sie als wichtigste Führungsaufgabe in Ihrem künftigen Arbeitsbereich?

....

....

....

....

Ungünstige Antwort auf Frage 41 Ich muss die Mitarbeiter dazu bringen, mit voller Kraft an ihre Aufgaben zu gehen und mehr Leistung als bisher zu zeigen. Es ist nun einmal so, dass man in diesen harten Zeiten mit weniger Mitarbeitern nicht nur die gleiche Leistung, sondern mehr Leistung erbringen muss.

Gelungene Antwort auf Frage 41 Die wichtigste Führungsaufgabe ist sicherlich die, mit meiner Abteilung weiter zum Unternehmenserfolg beizutragen. Ich möchte daher das Arbeitsklima weiter produktiv halten und werde nach Möglichkeiten suchen, um die Leistungsbereitschaft der Mitarbeiter noch zu steigern. Zunächst geht es mir darum, die Abläufe genau kennenzulernen und mir einen detaillierten Überblick über das Potenzial meiner Mitarbeiter zu verschaffen. Dann werde ich zusammen mit den Mitarbeitern definieren, wo sie Optimierungsmöglichkeiten sehen. Um diese Veränderungen zu erreichen, hat sich der Einsatz von zeitlich begrenzten Projektgruppen bewährt, beispielsweise in der Logistik oder im Einkauf.

Frage 42: Wie motivieren Sie Ihre Mitarbeiter?

....

....

....

....

Ungünstige Antwort auf Frage 42 Ich sehe mich nicht als Motivator meiner Mitarbeiter, Sie wissen schon, der Mythos Motivation, dem gerade junge Führungskräfte unterliegen. Die Mitarbeiter sind meiner Ansicht nach selbst dafür verantwortlich, dass sie ihre Aufgaben lösen, ich stehe da mehr ordnend im Hintergrund.

Gelungene Antwort auf Frage 42 Motivation heißt für mich nicht, dass ich in der Abteilung permanent für gute Stimmung sorgen muss. Als Führungskraft sehe ich mich eher in der Verantwortung, die Handlungsspielräume der Mitarbeiter so zu organisieren, dass sie an ihrem jeweiligen Arbeitsplatz täglich ihren Teil zu den definierten Abteilungszielen beitragen können. Nachhaltige Motivation stellt sich meiner Überzeugung nach nämlich dann bei den Mitarbeitern ein, wenn sie selbst wissen, welchen Beitrag sie zu den Unternehmens- und Abteilungszielen leisten können. Wer sich mit seinen Aufgaben identifizieren kann, ist auch motiviert.

31. Kernkompetenz 6: Wie steht es um Ihre kommunikative Kompetenz?

Führungskräfte sind permanent damit beschäftigt, neue Kontakte aufzubauen und bestehende zu halten, sich und andere zu informieren und situationsangemessen zu motivieren und zu kritisieren. Daher möchte die Firmenseite im Vorstellungsgespräch feststellen, wie es um die kommunikative Kompetenz des potenziellen neuen Mitarbeiters bestellt ist. Damit es hier zu einem Abgleich zwischen dem Selbstbild des Bewerbers und der Fremdwahrnehmung durch die Firmenseite kommen kann, wird gezielt nach dem Umgang mit Konflikten, der Fähigkeit, Kritik zu geben und zu empfangen, und oft auch ganz direkt nach den Stärken und Schwächen gefragt.

Typische Fehler: Vorzeitiges Aus!

Nicht emotional werden

Wer von sich behauptet, kontaktstark zu sein, sollte dies exemplarisch begründen können. Passenderweise mit Rückbezug auf Situationen, die einen beruflichen Kontext haben, hierzu zählen beispielsweise Messen, Tagungen, Meetings oder Projektarbeit. Wenn es um Konflikte, Auseinandersetzungen und Krisen geht, sind Bewerber dann im Nachteil, wenn die üblicherweise dazugehörigen negativen Emotionen die Oberhand über sie gewinnen. Besonders gefürchtet sind hier diejenigen Bewerberinnen und Bewerber, die die Gründe für berufliche Fehlentwicklungen stets zuerst bei anderen und zuletzt bei sich selbst suchen. Und wer Fragen nach seinen individuellen Schwächen und Stärken nicht taktisch glaubwürdig beantworten kann, lässt Zweifel daran aufkommen, ob der gewünschte Reflexionsfaktor in Sachen konstruktiver Selbstkritik überhaupt vorhanden ist.

Kommunikationskompetenz

Mängel in der kommunikativen Kompetenz würden einem Bewerber unterstellt, wenn er auf die Frage »Wie gehen Sie mit schwierigen Zeitgenossen um?« folgendermaßen antwortet:
»Ich lasse sie gegen die Wand laufen, dann merken sie schon, dass sie bei mir keinen Blumentopf gewinnen können. In meiner alten Firma hatte ich so ein paar renitente Außendienstmitarbeiter, die waren schon so lange dabei, dass sie fast Beamtenstatus hatten. Die haben vielleicht genervt.«

Der Bewerber hinterlässt mit seiner Antwort den Eindruck, dass er bei Meinungsverschiedenheiten am Arbeitsplatz nur eine Lösungsmöglichkeit kennt, nämlich die »Holzhammer«-Methode. Statt zu signalisieren, dass er die Gründe für Konflikte erkennen kann und zunächst nach konstruktiven Lösungen sucht, wählt er gleich den Weg der Konfrontation und lässt ernsthafte Zweifel an seinen Fähigkeiten in Sachen Konfliktmanagement aufkommen. Vermutlich werden die Gesprächspartner auf der Firmenseite zu dem ungünstig gewählten Beispiel der »renitenten Außendienstmitarbeiter« noch gründlich nachfragen. Die dann sicherlich thematisierte destruktive Stimmung einschließlich der dazugehörigen Kampfemotionen dürfte dafür sorgen, dass der Bewerber endgültig den Stempel »Gießt bei jedem Streit Öl ins Feuer« aufgedrückt bekommt. Damit hätte er seine Chancen auf eine Einstellung endgültig verspielt.

Antwort-Strategie: Das bringt Sie in den Job!

Wenn wir Führungskräfte – so wie Sie – auf Vorstellungsgespräche vorbereiten, arbeiten wir die ganze Zeit darauf hin, dass sie ihre Antworten mit konkreten Beispielen aus dem Berufsalltag verknüpfen. So stellt sich die von den Firmen gewünschte konstruktive und ergebnisorientierte Grundhaltung ein. Zu einem Themenblock im Vorstellungsgespräch wünschen wir uns aber tatsächlich einmal keine (!) konkreten Beispiele, sondern vorzugsweise abstrakte Formulierungen. Und dieser Themenblock kreist um Konfliktthemen. Wenn es um Konflikte und Krisen geht, helfen Ihnen eher allgemein formulierte Statements nämlich dabei, die nötige innere Distanz zu emotional aufwühlenden Themen zu halten. Antworten Sie auf entsprechende Fragen also lieber diplomatisch. Und wenn sich die Darstellung eines Konflikts ganz und gar nicht vermeiden lässt, liefern Sie auf jeden Fall auch eine Lösung dazu.

Mit abstrakten Formulierungen diplomatisch antworten

Kommunikationskompetenz

Und so könnte eine überzeugendere Antwort auf die Frage »Wie gehen Sie mit schwierigen Zeitgenossen um?« klingen:

»Auch mit schwierigen Zeitgenossen muss man umgehen können. Gerade im Umgang mit Mitarbeitern oder Kunden erwarte ich von mir, dass ich auch die schwierigeren in den Griff bekomme. Oftmals erscheinen diese Menschen auch nur auf den ersten Blick als problematisch, denn meistens gibt es doch einen Ansatzpunkt, durch den man einen Zugang zu ihnen findet. Schwierige Kunden habe ich oft über technische Features, das Markenimage oder ein gutes Aktionsangebot besänftigt. Und schwierige Mitarbeiter sind häufig über- oder unterfordert. Da habe ich mir als Führungskraft immer etwas einfallen lassen, um sie wieder einzubinden.«

Im Positivbeispiel verfolgt der Bewerber von Anfang an eine ganz andere Strategie als im Negativbeispiel. Mit der Einleitung »Auch mit schwierigen Zeitgenossen muss man umgehen können« verdeutlicht er, dass er bei zwischenmenschlichen Spannungen immer erst versucht, eine Lösung zu finden. Statt Konflikte zu verhärten und an starren Haltungen festzuhalten, die für noch mehr Spannungen sorgen, erläutert er seine ausgefeilten kommunikativen Fähigkeiten. Geschickt wählt er allgemein gehaltene Beispiele für seinen konstruktiven Umgang mit »schwierigen Kunden« oder »schwierigen Mitarbeitern«. Diesem Bewerber traut man zu, dass er geschickt auf die persönlichen Eigenarten seiner Kunden und Mitarbeiter eingehen kann und so für ein konstruktives Miteinander sorgt.

Beispielfragen und -antworten: Kommunikationskompetenz

Bitte beantworten Sie zunächst die Fragen, bevor Sie einen Blick auf unsere Beispielantworten werfen. Gleichen Sie Ihre Antworten ab. Modifizieren Sie bei Bedarf Ihre Antworten anhand unserer gelungenen Beispiele. Überlegen Sie sich zusätzlich individuelle Belege mit Praxisbezug, mit denen Sie Ihre Antworten plausibel ausgestalten können.

Frage 43: Wie gehen Sie auf Ihnen unbekannte Menschen zu?

....
....
....
....

Ungünstige Antwort auf Frage 43 Ich stelle mich vor und komme dann meist ins Gespräch.

Gelungene Antwort auf Frage 43 Ich finde Menschen grundsätzlich spannend, daher lerne ich immer wieder gerne neue Menschen kennen. Ein Anlass ist schnell gegeben, beispielsweise ein Vortragsthema, interessante Produkte auf einer Messe oder eine berufliche Aufgabenstellung. Gespräche beginne ich dann nach dem üblichen Vorstellen mit passenden Fragen, auf diese Weise bekomme ich weitere Ansatzpunkte, um ein Gespräch richtig in Schwung zu bringen.

Frage 44: Was ist aus Ihrer Sicht besonders wichtig, damit die Kommunikation innerhalb der Abteilung funktioniert?

....

....

....

....

Ungünstige Antwort auf Frage 44 Ein regelmäßiger Informationsaustausch und Klarheit bei den Zielen, dann klappt das innerhalb der Abteilung auch.

Gelungene Antwort auf Frage 44 Grundvoraussetzung ist für mich ein regelmäßiger Informationsaustausch, beispielsweise in Meetings, aber auch in informellen Gesprächen, beispielsweise in der Cafeteria. Darüber hinaus finde ich es als Führungskraft wichtig, bei auftretenden Problemen rechtzeitig informiert zu werden. Manche Mitarbeiter verbeißen sich regelrecht in Aufgabenstellungen, benötigen aber eigentlich kurzfristig fachliche Unterstützung. Eine Teamkultur, die Freiräume lässt, aber auch auf gegenseitige Unterstützung setzt, muss meiner Meinung nach von der Führungskraft gezielt aufgebaut werden. Dann können die Mitarbeiter mit ihren Aufgaben wachsen und die Unternehmensziele effektiver erreichen.

Frage 45: Gibt es Menschen, mit denen Sie nur schwer zurechtkommen? Wo sehen Sie die Gründe dafür?

....

....

....

....

Ungünstige Antwort auf Frage 45 Ich komme mit allen Menschen gut zurecht.

Gelungene Antwort auf Frage 45 Grundsätzlich habe ich den Anspruch an mich, mit allen Menschen gut zurechtzukommen. Schwer wird es, wenn Menschen keinen konstruktiven Weg mehr kennen und nur noch emotional mit Vorwürfen oder Schuldzuweisungen reagieren. Ich bemühe mich dann besonders, die sachliche Ebene deutlich in den Vordergrund zu stellen und die Dinge zu betonen, die auch in der Vergangenheit geklappt haben. Dann kochen die Emotionen nicht so über.

Frage 46: Wann ist Ihnen das letzte Mal der Kragen geplatzt, und aus welchem Anlass?

....

....

....

....

Ungünstige Antwort auf Frage 46   Heute Morgen im Hotel war die Kaffee- und Espressomaschine defekt, da habe ich mich mit klaren Worten beschwert. Das geht doch nicht, dass morgens kein Kaffee da ist.

Gelungene Antwort auf Frage 46   Also wirklich gestört hat mich vor kurzem die nachlässige Erstellung eines Pflichtenhefts im Rahmen eines Bauleitungsprojekts, das ich zu verantworten hatte, dann sind doch weitere Konflikte vorprogrammiert. Mit dem Architekten hatte ich schon häufiger Probleme zu diesem Themenkreis. Ich habe dann einmal richtig Klartext mit ihm geredet und ihn auf seine Verantwortung hingewiesen, seitdem sind die Pflichtenhefte deutlich besser ausformuliert.

Frage 47: Wenn Sie bei uns das Projekt »Optimierung der internen Unternehmenskommunikation« leiten sollten: Welche Maßnahmen würden Sie für wichtig halten?

....

....

....

....

Ungünstige Antwort auf Frage 47   Kommunikation braucht Zuhörer, Zuhörer brauchen Zeit, um zu verstehen. Ich würde also alle an einen runden Tisch setzen und versuchen, eine Diskussion zur Unternehmenskommunikation durchzuführen.

Gelungene Antwort auf Frage 47   Zunächst würde ich jede Abteilung einzeln aufsuchen und klären, zu welchem wichtigen Projekt, zu welcher Aufgabe oder zu welchem Problem sich die jeweilige Abteilung eine besser abgestimmte Kommunikation gewünscht hätte. Dann würde ich mir beschreiben lassen, wer in der Abteilung sich von wem in welchem Umfang mehr Kommunikation gewünscht hätte, um die Schnittstellen herauszuarbeiten. Ein Abgleich der Abteilungsmeinungen macht dann sicherlich schnell klar, was künftig besser gemacht werden kann. Die Ergebnisse würde ich dann in einem Workshop präsentieren und mit den Abteilungen klären, wer dafür verantwortlich ist, dass künftig schneller und intensiver kommuniziert wird.

Frage 48: Wo sehen Sie Ihre Stärken, und welche Schwächen haben Sie?

....

....

....

....

Ungünstige Antwort auf Frage 48   Meine Stärken sehe ich in meinem konzeptionellen Denken und meiner Zuverlässigkeit. Als Schwäche würde ich Ungeduld nennen.

Gelungene Antwort auf Frage 48   Eine meiner Stärken ist sicherlich mein konzeptionelles Denken. Gerade umfangreiche technische Projekte benötigen doch eine klare Planung und Zielsetzung. Wichtig ist mir dabei auch die regelmäßige Erfolgskontrolle, insbesondere wenn ich Projekte international steuere. Dann gilt es, lieber einmal zu früh als zu spät Zwischenergebnisse einzufordern. Eine weitere Stärke ist meine Lernbereitschaft, ich lerne eigentlich immer dazu. Beispielsweise wenn ich auf Kollegen aus angrenzenden Fachbereichen treffe. Als Leiter IT ist es für mich sicherlich hilfreich, dass ich mich auch in den Grundzügen mit den juristischen Aspekten der IT-Materie auskenne. Als Schwäche würde ich sehen, dass ich nicht mehr jedes Fachdetail der Programmierung kenne. Aber ich bin ja letztendlich auch mehr für strategische Aufgabenstellungen und deren Umsetzung verantwortlich.

Frage 49: Was war für Sie die bisher größte berufliche Enttäuschung?

....

....

....

....

Ungünstige Antwort auf Frage 49   Dass mein vorletzter Arbeitgeber in Insolvenz gegangen ist, das war ein herber Schlag. Damit hatte ich einfach nicht gerechnet.

Gelungene Antwort auf Frage 49   Es war für mich eine große berufliche Enttäuschung, dass mein vorletzter Arbeitgeber in Insolvenz gegangen ist. Ich hatte eine Zeit lang ordentlich damit zu tun, zu akzeptieren, dass meine persönlichen Arbeitsleistungen im Bereich Qualitätssicherung und Fertigungsüberwachung damit nichts zu tun hatten. Die Finanzierung des Unternehmens war dadurch in Schieflage geraten, dass die Erbengemeinschaft der neuen Eigentümer in kurzer Zeit viel Kapital abgezogen hatte. Letztendlich habe ich mich dann aber der neuen Realität gestellt und nach einiger Zeit auch einen neuen Arbeitsplatz gefunden.

Frage 50: Woran merken Ihre Kollegen, dass Ihre Geduld erschöpft ist?

....

....

....

....

Ungünstige Antwort auf Frage 50 Dann wird mein Ton etwas einsilbiger und schärfer.

Gelungene Antwort auf Frage 50 Ich finde es wichtig, rechtzeitig zu signalisieren, wenn meine Geduld erschöpft ist. Zunächst mache ich mit Argumenten deutlich, was mich stört und warum es mich stört. Stellt sich keine Veränderung ein, wiederhole ich das Ganze noch einmal sachlich. Allein diese Wiederholung sorgt meist für die gewünschte Aufmerksamkeit bei Kollegen. Wenn diese beiden Versuche nicht fruchten, kann mein Ton auch etwas an Schärfe gewinnen, dann wird meine Botschaft sicherlich verstanden.

Frage 51: Wie reagieren Sie, wenn Sie ungerechtfertigt kritisiert werden?

....

....

....

....

Ungünstige Antwort auf Frage 51 Ich lasse den Kritiker einfach stehen. Es lohnt sich nicht, mit jedem zu diskutieren.

Gelungene Antwort auf Frage 51 Zunächst überlege ich mir, ob die Kritik tatsächlich ungerechtfertigt war, oder ob der Kern der Kritik berechtigt, aber der Ton unangemessen war und mich eher der Ton gestört hat. War der Kern der Kritik berechtigt, suche ich später noch einmal das Gespräch, um darauf hinzuweisen, dass ich mir das nächste Mal eine eher sachliche Form der Kritik wünsche. Ich finde aber auch nicht, dass jedes Wort auf die Goldwaage gelegt werden muss, Auseinandersetzungen gehören auch für mich zum Arbeitsleben dazu, weil ich Dinge bewegen möchte.

Frage 52: Wenn Sie an Ihren Berufseinstieg denken und dann die Jahre bis heute noch einmal reflektieren: Wo sehen Sie bei sich persönliche Veränderungen?

....

....

....

....

Ungünstige Antwort auf Frage 52   Ich bin ganz zufrieden. Trotz der schleppenden wirtschaftlichen Entwicklung habe ich doch eigentlich Karriere gemacht. Ich bin heute Gruppenleiter und kann deshalb mehr gestalten als früher.

Gelungene Antwort auf Frage 52   Ich glaube, ich bin flexibler geworden als früher. Heute kann ich mit cholerischen Zeitgenossen lockerer umgehen als damals. Das Arbeitsleben funktioniert eben nicht wie ein Ratgeber zur Kommunikationstheorie. Wo gehobelt wird, fallen im Eifer des Gefechts eben auch Späne. Hauptsache, man sucht nach einiger Zeit immer wieder den Weg aufeinander zu und arbeitet unter dem Strich nicht gegen-, sondern miteinander.

32. Kernkompetenz 7: Was bringen Sie an internationaler Kompetenz mit?

Wir möchten Sie in diesem Kapitel dafür sensibilisieren, dass Sie Ihre internationale Kompetenz ebenfalls inhaltlich belegen müssen. Denn zum Tagesgeschäft vieler Führungskräfte gehört beispielsweise die Leitung von internationalen Projekten, die Betreuung von ausländischen Niederlassungen oder das Führen von Einkaufsverhandlungen mit Zulieferern aus Asien, den USA oder Osteuropa. Gewöhnen Sie sich daran, Ihre internationale Kompetenz für Ihre Gesprächspartner auf der Firmenseite anhand von Beispielen aus Ihrer Berufspraxis nachvollziehbar und glaubwürdig zu erläutern.

Typische Fehler: Vorzeitiges Aus!

Mehr als Sprachkenntnisse

Zum einen scheitern Führungskräfte in diesem Fragenblock, wenn sie den Eindruck entstehen lassen, dass es um die Aktualität ihrer Sprachkenntnisse nicht besonders gut bestellt ist. Zum anderen machen sie es sich unnötig schwer, wenn das Vorhandensein von Sprachkenntnissen lediglich abstrakt in den Raum gestellt wird, ohne dass deutlich wird, wie diese Sprachkenntnisse in der beruflichen Praxis eingesetzt worden sind. Internationale Kompetenz meint insgesamt natürlich weitaus mehr als Sprachkenntnisse. Es geht auch darum, ob ein Grundverständnis für die Besonderheiten anderer (Arbeits-) Kulturen vorhanden ist. Der Erfolg internationaler Projektarbeit steht und fällt letztendlich damit, wie die über die ganze Welt verstreuten Projektmitglieder über Ziele informiert, bei Fehlern kritisiert und zu Höchstleistungen motiviert werden. Führungskräfte, die den Eindruck erwecken, von Herausforderungen dieser Art überfordert zu sein, lassen Zweifel an ihrer internationalen Kompetenz aufkommen.

Internationale Kompetenz

Auf die Frage »Was bringen Sie an internationaler Kompetenz mit?« sollte eine Bewerberin nicht so antworten:

»Ich fand andere Kulturen schon immer spannend. So habe ich während des Studiums ein Praktikum in Italien bei einer Bank gemacht und habe auch in den USA ein Jahr lang studiert. Dann bekommt man eine ganz andere Vorstellung davon, wie es im Ausland zugeht. Mit unserer deutschen Gründlichkeit aktivieren wir ja manchmal ungewollt Vorurteile. Dann steht man als Erbsenzähler da und hat schon verloren.«

Die Bewerberin hat sicherlich interessante Erfahrungen im Ausland gesammelt, macht aber nicht klar, inwiefern ihr künftiger Arbeitgeber davon profitieren könnte. Sie verfällt darüber hinaus noch auf den Fehler der Problemkommunikation. Statt ein Beispiel dafür zu geben, wie sie in einem internationalen Umfeld erfolgreiche Arbeit geleistet hat, thematisiert sie Schwierigkeiten. Mit dieser Vorgehensweise wird die gestellte Frage nicht beantwortet, sondern eher Zweifel an der Bewerberin geweckt.

Antwort-Strategie: Das bringt Sie in den Job!

Liefern Sie ein plastisches Beispiel dafür, wie Sie erfolgreich international gearbeitet haben. Wenn es sich um internationale Projekte gehandelt hat, können Sie beschreiben, wie Sie Abstimmungsprozesse vorangetrieben, Schwierigkeiten aufgelöst und beharrlich an der termingetreuen Zielerreichung gearbeitet haben. Geht es eher um die Erschließung neuer Märkte im Ausland, können Sie erläutern, wie Sie zusammen mit Experten vor Ort den Markt analysiert, Zielgruppen identifiziert und erfolgreich Markteinführungskampagnen realisiert haben. Und wenn es um Einkaufsverhandlungen im fernen Asien geht, berichten Sie, wie Sie Kontakte zu Zulieferern aufgebaut, Qualitäten definiert und verbindliche Verträge fixiert haben.

Konkrete Beispiele im internationalen Kontext

Internationale Kompetenz

Mit einer geschickteren Gesprächsstrategie klingt die Antwort auf die Frage »Was bringen Sie an internationaler Kompetenz mit?« wesentlich überzeugender:

»Ich habe umfassende Erfahrungen in der internationalen Zusammenarbeit. Für meinen aktuellen Arbeitgeber habe ich für europäische Staaten geklärt, welche Hürden unser Unternehmen bei der Zulassung der in Deutschland bereits zertifizierten Medizinprodukte zu nehmen hat. Zu diesem Zweck habe ich mit den jeweils zuständigen Behörden, beispielsweise in der Türkei, in Spanien und auch in Polen, Kontakt aufgenommen. In einigen Ländern gab es sehr schnelle Rückmeldungen, die Unterstützung war professionell und die Freigabe erfolgte zügig. In anderen Ländern musste ich mehrmals nachhaken. Da habe ich mir Unterstützung durch die deutschen Handelskammern vor Ort geholt und konnte so die passenden Ansprechpartner bei Behörden und externen Dienstleistern herausfinden.«

Mit dem Positivbeispiel verdeutlicht die Bewerberin, wie sie konkrete berufliche Herausforderungen in einem internationalen Kontext erfolgreich meistert. Sie schildert eine komplexe Aufgabe, die sie für ihren momentanen Arbeitgeber Schritt für Schritt gelöst hat. Gerade weil sie die von ihr zu überwindenden Hürden bei der Aufgabenerfüllung deutlich macht, gewinnt ihre Antwort noch an Aussagekraft. Die internationale Kompetenz dieser Bewerberin ist damit bestätigt.

Beispielfragen und -antworten: Internationale Kompetenz

Bitte beantworten Sie zunächst die Fragen, bevor Sie einen Blick auf unsere Beispielantworten werfen. Gleichen Sie Ihre Antworten ab. Modifizieren Sie bei Bedarf Ihre Antworten anhand unserer gelungenen Beispiele. Überlegen Sie sich zusätzlich individuelle Belege mit Praxisbezug, mit denen Sie Ihre Antworten plausibel ausgestalten können.

Frage 53: Trauen Sie sich zu, Verhandlungen auf Englisch zu führen?

....
....
....
....

Ungünstige Antwort auf Frage 53 Nun ja, wenn es um rechtliche Details geht, muss ich leider passen. Dafür reichen meine Englischkenntnisse leider nicht.

Gelungene Antwort auf Frage 53 Ja, das traue ich mir zu, auch für meinen momentanen Arbeitgeber habe ich auf Englisch Verhandlungen geführt. Als verantwortlicher Einkäufer ist es wichtig, sich vor Ort selbst ein Bild von der Qualität der Zulieferer zu machen und persönliche Kontakte aufzubauen. Ich habe es bisher so gemacht, dass ich als Leiter Einkauf im Vorfeld von Verhandlungen die Roadmap mit der Produktion und dem Vertrieb aufgestellt habe. Dann habe ich die definierten Kernpunkte mit den Zulieferern auf Englisch verhandelt. Wenn es um juristische Details wie die Haftung bei Lieferverzögerungen oder Ähnliches ging, habe ich vor Ort Juristen hinzugezogen.

Frage 54: Haben Sie Erfahrungen in der Leitung von internationalen Projekten?

....
....
....
....

Ungünstige Antwort auf Frage 54 Hier habe ich leider nicht so viel Erfahrung, bin mir aber sicher, dass ich das hinbekomme.

Gelungene Antwort auf Frage 54 Ich habe Erfahrungen in der Leitung komplexer Projekte. Mein letztes größeres Projekt umfasste bis zu 10 Teammitglieder, die aufseiten der Partnerfirmen teilweise immer wieder ausgetauscht wurden, also neu informiert und an das Projekt herangeführt werden mussten. Vom beruflichen Hintergrund her kamen die Teammitglieder aus den verschiedensten Bereichen, es waren promovierte Physiker, Vertriebs- und Controllingspezialisten und Ingenieure dabei. Das vorgegebene Ziel, die Durchführung von Risikobeurteilungen für komplexe verfahrenstechnische Anlagen, habe ich als Teamleiter erreicht. Meine Englischkenntnisse sind ebenfalls aktuell, ich präsentiere häufiger auf Englisch, werde also auch internationale Projekte zielorientiert für Sie leiten können.

Frage 55: Wenn Sie an Ihre internationalen Projekte denken: Wo gab es die größten Reibungsverluste? Was würden Sie heute anders machen?

....

....

....

....

Ungünstige Antwort auf Frage 55 Meine Erfahrung ist, dass internationale Projekte eigentlich immer anders verlaufen als geplant. Es lohnt sich kaum, sich vorher zu viele Gedanken zu machen. Es sind dann doch mehr die Fähigkeiten eines Krisenmanagers als die eines Projektmanagers gefragt.

Gelungene Antwort auf Frage 55 Ein internationales Projekt, das mich sehr gefordert hat, war der Aufbau eines Qualitätssicherungssystems für einen Auftraggeber aus dem arabischen Raum. Es war für mich eine völlig neue Erfahrung festzustellen, wie lange manche Dinge dort brauchen können. Anderes ging dann sehr schnell, weil eine Hands-on-Mentalität herrschte. Ich habe zähneknirschend lernen müssen, dass ich nicht alles so beschleunigen konnte, wie ich es mir gewünscht hätte. Im Nachhinein habe ich dann aber erfahren, dass mein Vorgänger das Projekt vollständig abbrechen wollte, weil er überhaupt nicht vorwärtskam. Also war meine Leistung im Vergleich durchaus gut. Heute würde ich bei einem ähnlichen Projekt die Verantwortlichkeiten noch stärker und detaillierter bereits im Vorfeld definieren, um über die Pflichtenhefte mehr sanften, aber wirksamen Druck ausüben zu können.

Frage 56: Könnten Sie sich vorstellen, für uns eine Zeit lang im Ausland zu arbeiten?

....

....

....

....

Ungünstige Antwort auf Frage 56 Ja, warum nicht. Ich lerne gerne fremde Kulturen kennen und bin auch mobil.

Gelungene Antwort auf Frage 56 Ja, ich bin auf Auslandseinsätze vorbereitet. Bereits im Studium habe ich die Möglichkeit genutzt, ein Semester in Spanien zu studieren. Als Vertriebsleiterin Deutschland habe ich auch die Vertriebsniederlassung in den USA mit aufgebaut, war dort also mehrmals länger vor Ort. Mir fällt es leicht, auf andere Menschen zuzugehen, daher habe ich in den USA viele spannende Kontakte aufgebaut, von denen ich heute noch profitiere.

33. Stress- und Fangfragen, unzulässige und unsinnige Fragen

Stressfragen, Fangfragen, unzulässige Fragen und unsinnige Fragen werden in Vorstellungsgesprächen mit Führungskräften gerne als »kleiner Kommunikationstest« eingestreut. Die unmittelbaren Reaktionen der Bewerberinnen und Bewerber zeigen nämlich direkt, wie es um deren angeblich vorhandene Kommunikationsstärke steht, beispielsweise in den kommunikativen Teildimensionen Belastbarkeit, Konfliktfähigkeit oder Sachorientierung. Stress- und Fangfragen dienen dazu, gezielt bei vermeintlichen Brüchen und Krisen im beruflichen Werdegang nachzuhaken. Unzulässige Fragen sind Fragen zur privaten Lebenssituation oder zu den beruflichen Ambitionen des Partners oder der Partnerin. Und unsinnige Fragen zielen darauf, die Schlagfertigkeit und das Selbstbewusstsein der Führungskraft zu überprüfen. Gemeinsam ist allen diesen Fragen, dass die Firmenseite sehen möchte, wie Bewerber auf ungewöhnliche Fragen reagieren oder mit zusätzlichem Druck umgehen.

Typische Fehler: Vorzeitiges Aus!

Wer auf Stress- und Fangfragen seinerseits mit patzigen Gegenfragen reagiert, einsilbig antwortet oder womöglich nur noch trotzig schweigt, stellt sich selbst ins Abseits. Denn von Führungskräften wird erwartet, dass sie mit kommunikativ fordernden Situationen, beispielsweise in hitzigen Diskussionsrunden oder in unfair geführten Einkaufsverhandlungen, zurechtkommen. Arbeitsrechtlich eigentlich unzulässige Fragen aus dem Themenkreis des Allgemeinen Gleichbehandlungsgesetzes (AGG), die die private Lebenssituation, die Familienplanung, das Lebensalter und ähnliche Dinge betreffen, sollten von Führungskräften dennoch diplomatisch und souverän beantwortet werden. Wer hier in seiner Antwort damit kontert, dass der Firma doch bekannt sein müsse, dass die Frage unzulässig sei, lässt eine unproduktive Kampfstimmung aufkommen. Und auch von unsinnigen Fragen sollten sich Führungskräfte nicht aus der Ruhe bringen lassen, wie das folgende Beispiel erläutert.

Bewahren Sie Ruhe!

Stress- und Fangfragen

Wird eine Führungskraft gefragt »Was war in Ihrem Leben Ihr größter Fehler?«, wäre diese Antwort sicherlich kein Beleg für Belastbarkeit und Konfliktfähigkeit:
»Also meine größten Fehler werde ich mal lieber für mich behalten, ich bin ja hier nicht beim Seelendoktor auf der Couch. Wie kommen Sie bloß darauf, dass ich so eine Frage hier, in dieser Runde, offen beantworten würde?«

Der Bewerber aus dem Negativbeispiel hat inhaltlich zwar Recht, aber das nützt ihm in der Situation Vorstellungsgespräch wenig. Er hätte eine diplomatischere Antwort geben können. Mit seiner arroganten Antwort erweckt er den Eindruck, dass er auf kommunikative Angriffe nur eine Reaktion kennt, nämlich den Gegenangriff. Auch der vermeintliche Kunstgriff, seine Antwort mit der Gegenfrage »Wie kommen Sie bloß darauf ...?« abzuschließen, wird sich letztendlich als Bumerang erweisen, der ihn selbst trifft.

Antwort-Strategie: Das bringt Sie in den Job!

Mit Charme zurück auf die Sachebene

Lassen Sie unfaire Angriffe seitens der Firmenseite ins Leere laufen. Reagieren Sie auf Provokationen, Unterstellungen oder Suggestivfragen nicht mit Kampfrhetorik, sondern lieber mit einem charmanten Lächeln. Antworten Sie dann geduldig und freundlich, um Ihren Gesprächspartnern zu zeigen, dass Sie sich nicht verunsichern lassen. Stressfragen, Fangfragen und unsinnige Fragen meistern Sie, indem Sie einen Bezug zu Ihrem beruflichen Profil herstellen, also selbst dafür sorgen, dass das Gespräch die Konfliktebene verlässt und wieder auf die Sachebene zurückfindet. Unzulässige Fragen zur privaten Lebenssituation, zur Familienplanung, zu einer Schwangerschaft, zu Vorstrafen, Lohnpfändungen, Ihrer Konfessions-, Partei- oder Gewerkschaftszugehörigkeit müssen Sie in der Regel nicht wahrheitsgemäß beantworten. Diese Fragen dürfen nur dann gestellt werden, wenn sie für die zukünftige Arbeit unabdingbar sind. Beispielsweise ist die Frage nach einer bestehenden Schwangerschaft ausnahmsweise erlaubt, wenn mit fruchtschädigenden Substanzen im Labor gearbeitet werden soll. Und nur wenn der Arbeitgeber ein sogenannter Tendenzbetrieb ist – also ein kirchlicher Träger, ein Arbeitgeberverband oder ein Gewerkschaftsbund –, sind Fragen nach einer entsprechenden Mitgliedschaft zulässig.

Stress- und Fangfragen

Eine Führungskraft, die die Frage »Was war in Ihrem Leben Ihr größter Fehler?« nach unseren Empfehlungen beantworten würde, könnte so formulieren:

»Da muss ich erst einmal nachdenken. Grundsätzlich sehe ich es so, dass Fehler und Rückschläge zum Leben ja dazugehören und man im Nachhinein oft feststellt, dass man für die Zukunft etwas dazugelernt hat. Ein Fehler war sicherlich in meinem Studium, dass ich keinen Auslandsaufenthalt eingeplant hatte. Meine Englischkenntnisse waren dann nach dem Studium nicht so flüssig, wie ich es mir gewünscht hätte. Da ich aber bei einem internationalen Konzern angefangen habe, konnte ich mir dort im Rahmen internationaler Projekte die entsprechenden Fachtermini on the Job aneignen. Das war zwar mühseliger, aber im Nachhinein habe ich festgestellt, dass mir das Erlernen einer Sprache in einer konkreten beruflichen Situation leichter fällt, da ich dann viel motivierter bin, weil ich das neu erlernte Wissen gleich anwenden kann.«

Statt die Frage nach dem größten Fehler im Leben wie im Negativbeispiel schroff zurückzuweisen, macht der Bewerber deutlich, dass er die Gesprächssituation steuert. Er hütet sich davor, aktuelle Probleme oder Krisen an seinem Arbeitsplatz zu thematisieren, denn damit würde er immer riskieren, dass Zweifel an seiner Eignung für den neuen Führungsjob aufkommen würden. Stattdessen liefert er ein Beispiel aus der weit zurückliegenden Studienzeit und zeigt anhand des gewählten Beispiels, dass das geflügelte Wort, dass in jeder Krise auch eine Chance liegt, für ihn nicht bloß ein Lippenbekenntnis ist. Er hat offensichtlich eine grundsätzlich positive Einstellung zum Berufsleben einschließlich der dazugehörigen Rückschläge, eine wichtige Eigenschaft, die bei Führungskräften gerne gesehen wird.

Gesprächssituation steuern

Beispielfragen und -antworten: Stress- und Fangfragen, unzulässige und unsinnige Fragen

Bitte beantworten Sie zunächst die Fragen, bevor Sie einen Blick auf unsere Beispielantworten werfen. Gleichen Sie Ihre Antworten ab. Modifizieren Sie bei Bedarf Ihre Antworten anhand unserer gelungenen Beispiele. Überlegen Sie sich zusätzlich individuelle Belege mit Praxisbezug, mit denen Sie Ihre Antworten plausibel ausgestalten können.

Frage 57: Sie haben in der letzten Stelle nur ein knappes Jahr gearbeitet, daher wäre Ihre Einstellung für mich ein Risiko. Können Sie dieses Risiko entkräften?

....

....

....

....

Ungünstige Antwort auf Frage 57 Die Gründe für diese kurze Zeit liegen definitiv nicht bei mir. Wenn Sie meinen momentanen Chef auch nur eine Woche als Vorgesetzten erleben müssten, würden Sie verstehen, warum ich dort weg muss. Ich bin mir sicher, dass es bei Ihnen besser laufen wird.

Gelungene Antwort auf Frage 57 Sie haben Recht, auch mich stört dieser Wechsel nach so kurzer Zeit. Aktuell ist es so, dass die Firma umstrukturiert wird und Stellen abgebaut werden, einige Mitarbeiter aus meinem Team sind schon von Bord gegangen. Ich selbst habe in meiner vorhergehenden Stelle vier Jahre gearbeitet und wurde wegen der von mir gezeigten guten Leistungen auch vom Gruppen- zum Teamleiter befördert. Auch mein Studium habe ich zügig absolviert und dann im Einstiegsjob ebenfalls vier Jahre gearbeitet und in dieser Zeit meinen Aufgabenbereich auch erweitert. Meine berufliche Entwicklung ist also, abgesehen von der momentanen Stelle, durchaus kontinuierlich.

Frage 58: Nun mal ganz unter uns: Warum suchen Sie wirklich eine neue Stelle?

....

....

....

....

Ungünstige Antwort auf Frage 58 Ganz ehrlich, in der alten Firma werde ich blockiert. Mit meinen Veränderungsvorschlägen renne ich gegen Wände. Ich könnte mich auch zurückziehen und Dienst nach Vorschrift machen. Aber dafür bin ich einfach nicht der Typ. Ich muss bei der Arbeit etwas bewegen können. Sonst gehe ich wieder.

Gelungene Antwort auf Frage 58 In meiner beruflichen Entwicklung habe ich stets Herausforderungen gesucht, deshalb habe ich bei Firmen gearbeitet, die neue Technologien vermarkten und Wachstumschancen nutzen wollten. Persönlich treibt es mich an, wenn ich sehe, dass meine Arbeit für eine Firma Früchte trägt. Bei meinem momentanen

Arbeitgeber ist dieser dynamische Aspekt nach einem Eigentümerwechsel im letzten Jahr eher zum Stillstand gekommen. Ich möchte meinen Arbeitsbereich aber kontinuierlich weiterentwickeln und einem Unternehmen dabei helfen, seine Marktstellung zu halten und auszubauen. Deshalb habe ich mich bei Ihnen beworben. In der Stellenausschreibung und auch in diesem Gespräch hat sich mein Eindruck bestätigt, dass Sie ziel- und ergebnisorientierte Führungskräfte schätzen.

Frage 59: Die Stelle ist doch ein Abstieg für Sie, Sie waren früher einmal Bereichsleiter. Glauben Sie wirklich, dass Sie als Abteilungsleiter mit so wenig Gestaltungsspielraum bei uns glücklich werden?

....
....
....
....

Ungünstige Antwort auf Frage 59 Da sprechen Sie einen wunden Punkt an. Aber die wirtschaftliche Entwicklung ist nun einmal so, es kann nicht immer weiter nach oben gehen. Ich stelle mich der Realität, und wenn Sie sich erst einmal ein Bild von meinen Fähigkeiten gemacht haben, ist ja vielleicht noch ein Aufstieg möglich.

Gelungene Antwort auf Frage 59 Für mich steht die Aufgabe im Vordergrund. Als Abteilungsleiter kann ich bei Ihnen in den Bereichen Vertriebscontrolling, Bestandscontrolling und Liquiditätssteuerung arbeiten. Auch bisher habe ich in diesem Aufgabenspektrum mit Wirtschaftsprüfern, Banken und Rechtsanwälten erfolgreich zusammengearbeitet. Besonders reizvoll finde ich die Möglichkeit, für Sie das unternehmensweite Berichtswesen einschließlich der ausländischen Niederlassungen aufzubauen. Da werde ich sicherlich mit glücklich.

Frage 60: Duschen Sie oder baden Sie lieber?

....
....
....
....

Ungünstige Antwort auf Frage 60 Was ist das denn für eine Frage? Habe ich in meinem künftigen Arbeitszimmer etwa ein Bad?

Gelungene Antwort auf Frage 60 Ich dusche morgens lieber, weil das schneller geht.

34. Welche Informationen erfragen Sie?

Ein gut verlaufenes Vorstellungsgespräch ist kein Verhör, sondern ein Dialog. Führungskräfte, die keine eigenen Fragen stellen, wirken passiv und desinteressiert. Dagegen zeigt es der Firma, dass Sie sich gut vorbereitet haben, wenn Sie geeignete Fragen stellen. Wenn deutlich wird, dass Sie sich ein detailliertes Bild über die künftigen Aufgaben in der Position, die neuen Vorgesetzten, Kollegen und Mitarbeiter und das Arbeitsumfeld machen möchten, betonen Sie damit ein weiteres Mal, dass Sie Ihre berufliche Entwicklung nicht dem Zufall überlassen möchten. Ihre eigenen Fragen sind daher unverzichtbar.

Ihre Fragen sind wichtig

Notieren Sie Ihre Fragen vorab

Überlegen Sie sich einige eigene Fragen vor dem Gespräch, die Sie stichwortartig auf einem Blatt Papier fixieren sollten. Denn sonst kann es passieren, dass Ihre Fragen im Eifer des Gefechts untergehen. Der richtige Zeitpunkt für Ihre Fragen hängt davon ab, ob mit Ihnen ein strukturiertes oder eher ein unstrukturiertes Vorstellungsgespräch geführt wird.

In strukturierten Vorstellungsgesprächen werden aus Gründen der Vergleichbarkeit der Bewerberinnen und Bewerber komplexe Fragenkataloge systematisch abgearbeitet. Dann gibt es bestimmte Zeitfenster, in denen Sie aufgefordert werden, eigene Fragen zu stellen. In freier geführten Job-Interviews sollten Sie Ihre Fragen stellen, wenn das Gespräch bereits in Schwung gekommen ist. Wir finden es günstiger, wenn Sie zunächst Informationen über sich liefern, idealerweise als Selbstpräsentation. Dann bekommt ein unstrukturiertes Vorstellungsgespräch die richtige inhaltliche Basis. Die Entscheider auf der Firmenseite werden mit ihren Fragen an Ihren Gesprächsinput anknüpfen. Und dann fragen Sie nach.

Jede Frage zu ihrer Zeit

Achten Sie darauf, zunächst Fragen zu den neuen Aufgaben, zu den neuen Vorgesetzten, Mitarbeitern oder Kollegen zu stellen. Fragen zu Urlaubstagen, zu Sozialleistungen oder zum Gehalt gehören an das Ende des Vorstellungsgesprächs. Spezielle Hinweise zum Umgang mit dem Thema Gehalt bekommen Sie im anschließenden Kapitel »Gehaltsvorstellungen taktisch durchsetzen«.

Anregungen für Ihre Fragen finden Sie hier:

→ Wie groß ist der Bereich/die Abteilung/das Team, das ich leiten werde?

→ Wie lange hat mein Vorgänger den Bereich/die Abteilung/ das Team geführt?

→ Wer ist in der Einarbeitungsphase mein Ansprechpartner?

→ Wer ist mein direkter Vorgesetzter?

→ Welchen prozentualen Anteil haben Forschung und Entwicklung am Gesamtbudget?

→ Kann ich meinen neuen Arbeitsplatz sehen?

→ Gibt es für meine Mitarbeiter Fortbildungs- oder Entwicklungs- programme?

→ Wie lang ist die durchschnittliche Firmenzugehörigkeit?

→ Wie ist die Stelle in die Firmenorganisation eingebunden?

→ Mit welchen Abteilungen arbeite ich vorrangig zusammen?

→ Welchen Abteilungen/Vorgesetzten gegenüber bin ich berichts- pflichtig?

→ Welchen Anteil nimmt die Reisetätigkeit in der Stelle ein?

→ Werde ich für das Unternehmen auch im Ausland auf Reisen sein?

→ Gibt es Weiterbildungsmöglichkeiten?

→ Gibt es Aufstiegsmöglichkeiten?

→ Gibt es besondere Sozialleistungen (Altersvorsorge)?

→ Wie sieht die Urlaubsregelung aus?

Wann Sie härter nachfragen sollten

Häufig wird nach neuen Führungskräften gesucht, weil das neue Unternehmen, ein Bereich oder eine Abteilung kurz vor einer Restrukturierung stehen. Oder es wird ein neuer Impulsgeber für die Geschäfts-,
Bereichs- oder Abteilungsleitung gesucht, weil die Firma oder Teile
davon sich bereits seit Längerem in einem Veränderungsprozess befinden, der nicht richtig vorwärts geht. Wird von Ihnen also unmissverständlich erwartet, dass Sie die notwendigen und unausweichlichen
Veränderungen einleiten und umsetzen sollen, sollten Sie im Vorstellungsgespräch gründlich nachhaken, wie Veränderungen in der Vergangenheit bewältigt wurden. Klären Sie, welche Bereiche und Abteilungen mitgezogen haben. Und erfragen Sie vor allem, wo und von
wem neue Maßnahmen schon einmal blockiert und boykottiert wurden.

Erfahrene Führungskräfte wissen, dass die von der Firmenseite *Restrukturierer,*
vordergründig thematisierten Probleme oft viel komplexer sind, als es *Sanierer und*
zunächst den Anschein hat. Werden Sie also als Restrukturierer, Sa- *Veränderer*
nierer oder ganz allgemein als Veränderer ins Unternehmen geholt,
ist es unverzichtbar, im Vorstellungsgespräch gründlicher und härter
nachzufragen, um die zu lösenden Probleme in ihrer Vielschichtigkeit

erst einmal zu erfassen. Weiter wichtig sind die Gestaltungs- und Handlungsspielräume. Es reicht nicht aus, dass man Ihnen signalisiert, im Konfliktfall hinter Ihnen zu stehen. Fragen Sie auch hier ganz konkret nach bewältigten Veränderungen in der Vergangenheit. Welche Abteilungen und welche Führungskräfte zählten dabei zum Kreis der Unterstützer? Und welche haben sich eher aufs Abblocken von Veränderungswünschen beschränkt?

Führungskräfte auf Zeit

Wir haben in unserer Beratungstätigkeit hin und wieder Führungskräfte kennen gelernt, die stolz auf ihren Ruf als »rollende Dampfwalze« waren. Allerdings wussten diese Führungskräfte auch, dass sie am Ende ihrer Sanierungsarbeit so viel Porzellan zerschlagen hatten, dass sie die Leitungstätigkeit in neue unbelastete Hände übergeben und sich auf die Suche nach einem neuen Problemunternehmen machen mussten. Da absehbar war, dass der Härteeinsatz überaus fordernd, aber zeitlich beschränkt sein würde, wurden die Arbeitsverträge in diesen Fällen finanziell entsprechend ausgestaltet. Die monetären Leistungen des Unternehmens hatten dann eher den Charakter eines Schmerzensgeldes.

Wenn Sie ausdrücklich als Veränderer in ein Unternehmen geholt werden, sollten Sie das Minenfeld, in dem Sie sich bewegen müssen, vorab so gründlich wie möglich erkunden. Die folgenden Fragen helfen Ihnen dabei, im Vorstellungsgespräch gründlich nachzubohren.

→ **Welche Veränderungen wurden in den letzten 12/24 Monaten von der Geschäftsleitung initiiert?**
→ **Wurden Abteilungen zusammengelegt?**
→ **Wurden Abteilungen verkleinert?**
→ **Wurden Arbeitsbereiche zu externen Dienstleistern hin ausgegliedert?**
→ **Wurden feste Stellen durch Zeitarbeitsstellen ersetzt?**
→ **Wurden Mitbewerber übernommen?**
→ **Welche Abteilungen haben bei den Veränderungsprozessen mitgezogen?**
→ **Welche Abteilungen haben eher blockiert?**
→ **Welche Rolle spielt der Betriebsrat bei Veränderungsnotwendigkeiten?**
→ **Kam es im Topmanagement in den letzten Jahren zu häufigen Wechseln?**
→ **Gab es häufig Beratungsmandate für unterschiedliche Unternehmensberatungen?**
→ **Wurden die Mitarbeiter gebeten, eigene Vorschläge zu machen?**
→ **Wie vielen Mitarbeitern wurde in der Vergangenheit gekündigt?**

35. Spezielle Fragen im zweiten Gespräch

Die Fehlbesetzung von Stellen ist teuer, und die Fehlbesetzung von Führungsstellen ist noch teurer. Deshalb sind zweite Vorstellungsgespräche absolut üblich. Als künftiger Leistungsträger für das Unternehmen müssen Sie damit rechnen, dass Ihre außerordentliche Leistungsbereitschaft noch einmal gründlich überprüft wird.

Ihre Bewerbungsunterlagen und Ihr Auftritt im ersten Gespräch haben bereits überzeugt, Sie können also davon ausgehen, dass Sie mit einem Vertrauensvorschuss in die zweite Runde starten. Rechnen Sie aber damit, dass noch einmal an den Punkten nachgehakt wird, die für die Firma besonders wichtig sind. Weiter gilt es zu beachten, dass neue Gesprächspartner auch neu überzeugt werden wollen, dies können beispielsweise künftige direkte Fachvorgesetzte, aber auch Fachvorgesetzte, die zwei Hierarchiestufen über Ihrer Position stehen und ebenso Geschäftsführer oder Vorstände sein.

Typische Fehler: Vorzeitiges Aus!

Interessanterweise werden wir in unserer Coachingpraxis regelmäßig von Führungskräften in Anspruch genommen, die immer wieder in Runde zwei scheitern und die Gründe hierfür endlich verstehen wollen. Wir erleben dann oft, dass der unbedingte Wille der Bewerber, Kompetenz und Erfahrungen in die neue Führungsposition voll und ganz einzubringen, für Außenstehende nicht erkennbar wird. Wohldosierte Begeisterung und Leidenschaft sind aber wichtig, damit nicht der falsche Eindruck entsteht, dass hier ein durchschnittlicher Kandidat auf der Suche nach »irgendeiner« Managementaufgabe ist. Dieser problematische Eindruck verstärkt sich noch, wenn von den Bewerbern keinerlei Bezug auf die Inhalte aus dem ersten Gespräch genommen wird. Ganz wichtig ist es darüber hinaus, sich mental auf gezielte Sticheleien oder kleine Provokationen vonseiten der Top-Führungsebene einzustellen. Das obere Management simuliert auf diese Weise in Runde zwei des Frage-und-Antwort-Spiels gerne den oft stressigen Arbeitsalltag von Führungskräften, insbesondere um neue Mitarbeiter aus der Reserve zu locken.

Kein Bezug zum ersten Gespräch

Antwort ohne Argumente

Eine typische Frage an künftige Führungskräfte im zweiten Vorstellungsgespräch wäre: »Angenommen wir müssten uns zwischen Ihnen und einem weiteren Mitbewerber entscheiden: Was spräche für Sie?« Unpassend ist dann diese Replik:

»Sie können sicher sein, den Richtigen zu bekommen. Ich kenne doch meine Mitbewerber auf dem Arbeitsmarkt, die bringen auf keinen Fall die Erfahrungen mit, über die ich verfüge.«

Abstrakte Antworten wie im Negativbeispiel überzeugen nicht – hier hätte der künftige Leistungsträger deutlich mehr Substanz in seine Antwort legen müssen. Die Selbsteinschätzung »Sie können sicher sein, den Richtigen zu bekommen« ist denkbar ungeeignet. Schließlich ist man sich ja unsicher und will deshalb noch einmal an Ort und Stelle vom Bewerber die wichtigsten Einstellungsargumente hören, die aus seiner Sicht für ihn sprechen. Auch die Mitbewerberschelte »Ich kenne doch meine Mitbewerber« ist ungünstig, denn niemand wird in strahlenderem Licht dastehen, wenn er versucht, andere ins Dunkle zu drängen. Was genau die »Erfahrungen« sind, über die der Bewerber zu verfügen meint, bleibt tatsächlich im Dunkeln. Hier wurde leider eine Steilvorlage für den gezielten Einsatz der Selbstpräsentation ohne Grund vergeben.

Erfüllen Sie die Wünsche der Gesprächspartner

Sie werden es im zweiten Vorstellungsgespräch besser machen als der Kandidat aus dem Negativbeispiel, wenn Sie zur Vorbereitung die Stellenausschreibung und Ihren Lebenslauf heranziehen. Berücksichtigen Sie auch die Informationen, die man Ihnen im ersten Gespräch bereits gegeben hat, und überlegen Sie sich, was für die Firma in der neuen Position Vorrang hat. Sprechen Sie die Firmenwünsche von sich aus im zweiten Gespräch an und begründen Sie anhand von Beispielen, wie Sie die Vorgaben erfüllen werden. Wenn Sie auf neue Gesprächspartner treffen, sollten Sie auf jeden Fall eine verkürzte Version Ihrer Selbstpräsentation liefern. So sorgen Sie für Dynamik und Substanz im Gespräch und liefern geeignete Ansatzpunkte für den weiteren Verlauf. Auch wichtige Randfragen wie Kündigungsfristen, Gehaltsdetails und Umzugspläne sollten Sie vor dem zweiten Gespräch für sich geklärt haben, um im Dialog mit der Firmenseite glaubwürdig zu zeigen, dass Sie die Führungsposition auf jeden Fall wollen.

Chance genutzt

Eine souveräne und aussagekräftige Antwort auf die Frage »Angenommen wir müssten uns zwischen Ihnen und einem weiteren Mitbewerber entscheiden: Was spräche für Sie?« könnte so lauten:

»Ich habe das letzte Gespräch gründlich auf mich wirken lassen und mich noch einmal mit den Kernaufgaben auseinandergesetzt. Die von Ihnen angesprochene Koordination und Organisation der Produktion in China habe ich in ähnlicher Form bereits wahrgenommen. Da ich für meinen momentanen Arbeitgeber Fertigungslinien in der Slowakei konzipiert und die Einrichtung vor Ort überprüft habe, bin ich mit der Installation von Fertigungslinien im Ausland vertraut. Auch dort habe ich mit den Ansprechpartnern vor Ort auf Englisch verhandelt und in dringenden Fällen oder bei technisch sehr speziellen Problemen Fachdolmetscher hinzugezogen. Dabei halfen mir meine umfangreichen Erfahrungen im Projektmanagement und meine fundierten Kenntnisse in der Planung und Konstruktion.«

Der Bewerber hat durchschaut, dass ihn der Fragesteller aufs Glatteis führen möchte, geht aber mit keinem Wort auf seine Mitbewerber und deren vermeintliche Schwächen ein. Stattdessen verweist er auf das gut verlaufene erste Vorstellungsgespräch und spricht direkt die Dinge an, die der Firma wichtig sind. Er gibt ein konkretes Beispiel dafür, wie er im Ausland mit seinen beruflichen Aufgaben zurechtgekommen ist. Damit unterstreicht er seine Lösungskompetenz, seine Führungsstärken und seine internationale Kompetenz. Mit seiner gelebten Hands-on-Mentalität empfiehlt er sich als künftige Führungskraft erster Wahl.

Souverän bleiben

Beispielfragen und -antworten für Runde zwei

Wir stellen Ihnen nun einige spezielle Fragen aus zweiten Vorstellungsgesprächen vor, die Sie überzeugend beantworten können sollten. Orientieren Sie sich an den oben vorgestellten Beispielformulierungen, um Ihre Leistungsfähigkeit und Ihre Begeisterung für die neue Stelle auch in Ihren Antworten deutlich machen zu können.

Frage 61: Zu welchen Punkten haben Sie nach unserem letzten Gespräch noch weiteren Informationsbedarf?

....

....

....

....

Ungünstige Antwort auf Frage 61 Mir ist soweit eigentlich alles klar geworden, die Aufgaben kenne ich ja soweit aus meinem alten Job. Ich gehe davon aus, dass wir heute die Gehaltsfrage endgültig klären und beim Thema Dienstwagen müssen wir uns ja auch noch über das Modell einigen.

Gelungene Antwort auf Frage 61 Unser erstes Treffen war ja schon sehr informativ. Sie haben mir deutlich gemacht, dass ich als Bauleiter bei Ihnen insbesondere die Auswahl der Gewerbeimmobilien in Zusammenarbeit mit der Geschäftsführung treffen, die grundbuchrechtlichen Erfordernisse in Absprache mit den Notaren abwickeln und die Firma auf Messen und Verkaufstagungen repräsentieren soll, um in der Branche den Ruf eines qualitativ hochwertigen Anbieters weiter auszubauen. Mich würde noch interessieren, ob Sie bei der Auswahl der Immobilien ganz bestimmte Regionen im Blick haben. Ich bin hier im süddeutschen Raum nämlich gut vernetzt, da würde ich, falls es passt, gerne meine Kontakte einbringen.

Frage 62: »Auf welche der von uns im letzten Gespräch geschilderten Aspekte der neuen Aufgabe freuen Sie sich besonders?«

....
....
....
....

Ungünstige Antwort auf Frage 62 Ich komme aus dem Vertrieb und möchte endlich wieder die Dinge vorantreiben, in der letzten Firma herrschte leider ein Klima der Stagnation. Da ich selbst aber gerne handle und meine Strategien konsequent verfolge, fühlte ich mich doch wie ausgebremst. Jetzt werde ich bei Ihnen richtig Gas geben.

Gelungene Antwort auf Frage 62 Ich komme aus dem Vertrieb und ziehe meine Motivation daraus, gute Produkte am Markt in großen Stückzahlen zu verkaufen. Als Vertriebsleiter stehe ich natürlich nicht mehr ständig im direkten Kundenkontakt, sehe mich aber als Organisator der Rahmenbedingungen für meine Vertriebsmannschaft. Ich freue mich darauf, für Sie Vertriebsstrategien zu entwickeln, an deren Umsetzung zu arbeiten und in Absprache mit der Entwicklung und Produktion neue Produktgruppen zu definieren und am Markt einzuführen. Auch die von Ihnen im ersten Gespräch angesprochenen Wachstumsmöglichkeiten durch Cross-Selling-Aktivitäten möchte ich gerne nutzen. Auch bei meinem momentanen Arbeitgeber haben wir mit Cross-Selling-Partnern sehr gute Erfahrungen gemacht.

Frage 63: »Wenn Sie das letzte Gespräch noch einmal Revue passieren lassen: Welche Aufgaben sehen Sie als Kernaufgaben an?«

....

....

....

....

Ungünstige Antwort auf Frage 63: Die Kapazitätsplanung, das Beschaffungsmanagement, die Lieferantenauswahl und die Lieferantenkontrolle. Ach ja, und auch noch der Aufbau einer Partnerlieferantenstruktur mit ausgewählten Zulieferern. Habe ich etwas vergessen?

Gelungene Antwort auf Frage 63: Sie hatten betont, dass die Kapazitätsplanung und das Beschaffungsmanagement in der neuen Stelle im Mittelpunkt stehen. Zu diesen Punkten kann ich auf mein Projekt Bestandsoptimierung verweisen, mit dem ich nachhaltig Kosten senken konnte. Weiter wichtig sind die Lieferantenauswahl und Lieferantenkontrolle. Hier habe ich in der Vergangenheit gute Erfahrungen damit gesammelt, die wichtigsten Lieferanten in sechsmonatigen Abständen persönlich zu besuchen. Im direkten Kontakt kann man vieles doch anders ansprechen und hat bei immer wieder auftretenden kurzfristigen Qualitätsschwankungen dann gleich den richtigen Ansprechpartner im Zulieferunternehmen. Besonders interessant fand ich auch den Punkt Partnerlieferantenstruktur, der von Ihnen, Herr Müller, ja auch schon grob skizziert wurde. Hierzu habe ich mir noch weitere Gedanken gemacht. Ich bin mir sicher, dass wir dieses Projekt gut auf den Weg bringen können.

Frage 64: »Bezogen auf unser erstes Treffen: Was hatten Sie sich vor dem Gespräch anders vorgestellt?«

....

....

....

....

Ungünstige Antwort auf Frage 64: Ich hatte eigentlich gehofft, dass wir uns schneller einig werden können. Aus meiner Sicht brauche ich nur Ihr Okay, dann geht es los.

Gelungene Antwort auf Frage 64 Ich gehe eigentlich immer offen in Verhandlungen, schließlich geht es hier ja um ein ganzes Paket von vielen verschiedenen Aspekten. Grundsätzlich war ich angenehm davon überrascht, dass die von Ihnen in der Stellenausschreibung angesprochene zielorientierte und dynamische Grundstimmung im Unternehmen tatsächlich zu beobachten ist. Ich bin bewusst etwas früher zu dem Gesprächstermin angereist, damit ich bei Ihnen in der Kantine noch vorab einen Kaffee trinken und auch etwas die Mitarbeiter beobachten konnte. Diese Beobachtungen deute ich als repräsentativ für Ihr Unternehmen, ich konnte schon feststellen, dass man bei Ihnen offensichtlich gerne arbeitet und auch durchaus stolz auf die bekannten Markenprodukte ist. Da wäre ich schon gerne dabei.

Frage 65: »Sie haben im ersten Gespräch bereits einige grundlegende Informationen von uns bekommen: Wie hat sich Ihr persönlicher Entscheidungsprozess über eine Arbeitsaufnahme bei uns seitdem verändert?«

....

....

....

....

Ungünstige Antwort auf Frage 65 Ich bin noch nicht so weit, dass ich eine endgültige Entscheidung treffen könnte. Aber grundsätzlich bin ich doch sehr interessiert an der Stelle. Eigentlich bin ich ja mehr der Bauchmensch, und mein Bauchgefühl in Sachen Jobwechsel ist hier schon ganz gut. Was wollen Sie heute noch über mich erfahren? Womit kann ich Sie überzeugen?

Gelungene Antwort auf Frage 65 Auch für mich geht es bei dem anstehenden Stellenwechsel um eine ganze Menge, schließlich möchte ich mich nicht falsch entscheiden und dann am Ende in der Luft hängen. Bei früheren Stellenwechseln habe ich gute Erfahrungen damit gemacht, mir die Aufgabenstellungen in meiner künftigen Position aus unterschiedlichen Perspektiven schildern zu lassen. Damit meine ich beispielsweise die Sicht meiner künftigen direkten Vorgesetzten, also die von der Abteilungsleiterin Frau Schmidt. Genauso wichtig sind mir aber auch die Erwartungen der Geschäftsführung, also die von Herrn Müller. Da mir Frau Schmidt gründlich erläutert hat, was Sie von mir im Einzelnen erwartet, bin ich mit einer Entscheidung für diese Stelle bereits einen großen Schritt weiter. Mir wäre es wichtig, dass Sie, Herr Müller, mir heute bei unserem zweiten Termin auch Ihre Erwartungen, bezogen auf die Kernaufgaben der Position, verdeutlichen.

Frage 66: »Angenommen wir müssten uns zwischen Ihnen und einem weiteren Mitbewerber entscheiden: Was spräche für Sie?«

....

....

....

....

Ungünstige Antwort auf Frage 66: Für mich spräche so einiges. Wenn Sie meine Zeugnisse ausgewertet und meine Referenzgeber angerufen haben, dann wissen Sie, dass Sie mich in dem momentan schwierigen wirtschaftlichen Umfeld eigentlich zum »Schnäppchenpreis« bekommen. Andere Mitbewerber werden Sie sicherlich nicht so günstig einkaufen können.

Gelungene Antwort auf Frage 66 Als bisheriger Leiter eines Profit-Centers kann ich für Sie den notwendigen Turnaround mit vielen wirkungsvollen Maßnahmen begleiten. Ich bin mir sicher, dass ich im Einkauf die Kosten senken und Lagerkapazitäten reduzieren kann. Auch in der Produktion lassen sich sicherlich noch Prozesse verschlanken und optimieren. Die Vertriebs- und Marketingaktivitäten sehe ich eigentlich gut aufgestellt. Zu kurz kommt aus meiner Sicht oft auch das Finanz- und Rechnungswesen, hier könnte man beispielsweise mit einem neuen Forderungs- und Cash-Management noch für Verbesserung der Ertragslage sorgen.

Frage 67: »Welche Fragen müssen aus Ihrer Sicht in diesem zweiten Gespräch noch geklärt werden?«

....

....

....

....

Ungünstige Antwort auf Frage 67: Das meiste haben wir ja schon im letzten Gespräch intensiv besprochen. Ich habe Sie so verstanden, dass wir heute eigentlich zu einer Entscheidung kommen. Ich würde gern mein neues Büro sehen, dann möchte ich auch gerne das Lager inspizieren und bin natürlich daran interessiert, den Geschäftsführer einmal kennenzulernen.

Gelungene Antwort auf Frage 67 Beim letzten Treffen hatten Sie darauf hingewiesen, dass es in der neuen Stelle für mich viel Projektarbeit geben wird. Mich würde daher noch genauer interessieren, mit wem ich an den Schnittstellen zu tun habe, also aus welchen Abteilungen und Bereichen meine Ansprechpartner stammen. Auch der Ablauf ist mir noch nicht ganz klar. Gibt es einen regelmäßigen Austausch in Form von persönlichen Meetings? Werden immer wieder neue Projektgruppen zusammengestellt, oder werden bewährte Konstellationen auch beibehalten? Wenn dann noch Zeit bleibt, würde ich mich freuen, wenn Sie mir meinen möglichen neuen Arbeitsplatz und das neue Warenwirtschaftssystem in Aktion im Lager zeigen könnten. Sie hatten auch angekündigt, dass ich heute den Geschäftsführer kennenlernen könnte, darauf freue ich mich natürlich.

Frage 68: »Jetzt mal ganz unter uns: In der Branche ist es ein offenes Geheimnis, dass Ihr Arbeitgeber in Insolvenz geht. Eigentlich ist der neue Job für Sie doch nur eine Notlösung, oder?«

....

....

....

....

Ungünstige Antwort auf Frage 68: Ja, das stimmt schon, bei meinem jetzigen Arbeitgeber läuft es nicht mehr so gut, er wird wohl bald insolvent sein. Deshalb setze ich jetzt auf Sicherheit, denn Ihr Unternehmen kann ja so schnell nichts umwerfen. Ich würde mich also sehr freuen, in Zukunft bei Ihnen als leitender Ingenieur zu arbeiten.

Gelungene Antwort auf Frage 68 Aus der Insolvenz meines momentanen Arbeitgebers mache ich kein Geheimnis. Ich bin Realist und habe gute Erfahrungen damit gemacht, mich auch schwierigen Situationen zu stellen. Mir ist wichtig, dass ich Ihnen verdeutlichen kann, dass ich in meinem Arbeitsfeld immer verantwortungsvoll und ergebnisorientiert vorgegangen bin. Auch für Sie möchte ich künftig die Softwareentwicklung bei der Steuerung von Sondermaschinen als leitender Ingenieur verantworten. Meine künftigen Mitarbeiter würden sicherlich davon profitieren, dass ich ihnen bei Bedarf bei der Spezifikation von Steuerungen beim Kunden vor Ort beratend zur Seite stehen könnte. Auch die Inbetriebnahme komplexer Anlagen habe ich bis hin zum Großprojekt verantwortet.

9

Gehalt im
Vorstellungsgespräch

36. Gehaltsvorstellungen taktisch durchsetzen

Eine besondere Herausforderung im Vorstellungsgespräch ist die Verhandlung über das künftige Gehalt in der neuen Stelle. Diese Gehaltsverhandlung sollten Bewerberinnen und Bewerber nicht unvorbereitet oder gar blauäugig angehen. Schließlich gibt es oft einen gewissen Gehaltsspielraum, den Sie zu Ihren Gunsten ausloten sollten. Sie werden es leichter haben, wenn Sie Ihren Marktwert realistisch einschätzen, eine Erfolgsbilanz liefern, die Abwehrrhetorik der Firmenseite durchbrechen und Ihre Gehaltsziele gleichermaßen taktisch wie hartnäckig verfolgen.

Ist Ihr Profil für den neuen Arbeitgeber nicht interessant, wird es gar nicht erst zu Gehaltsverhandlungen kommen. Doch wenn das Unternehmen in Ihnen einen interessanten Bewerber sieht und Ihre Qualifikation einen Zugewinn für das Unternehmen bedeutet, wird es auch bereit sein, einen Teil dieses Gewinns an Sie auszuschütten. Ein Unternehmensvertreter wird mit Ihnen in Gehaltsverhandlungen einsteigen. Zu welchem Zeitpunkt diese Verhandlung stattfindet, wird unterschiedlich gehandhabt – manchmal wird mit Ihnen gleich im ersten Vorstellungsgespräch über das Gehalt verhandelt, manchmal wird aber auch ein zweites (oder drittes) Gespräch mit Ihnen geführt, in dem es dann ausschließlich um das Thema Gehalt und arbeitsvertragliche Regelungen geht.

Im Folgenden werden wir Ihnen die Besonderheiten erläutern, die bei Gehaltsverhandlungen in Vorstellungsgesprächen zu beachten sind.

Informationen sammeln

Recherchieren Sie vor einem Vorstellungsgespräch, welche Gehälter in Ihrer Branche für die angestrebte Position üblicherweise gezahlt werden. Das geht am einfachsten über eine Suchmaschine im Internet. Geben Sie dort beispielsweise die Stichwörter »Gehalt«, die Bezeichnung der angestrebten Position und die aktuelle beziehungsweise vergangene Jahreszahl ein.

Welche Gehälter sind üblich?

Nutzen Sie auch berufliche Kontakte: Auf Messen, Kongressen, Tagungen und Weiterbildungsveranstaltungen lässt sich in gelöster Atmosphäre die eine oder andere Information eruieren. Fragen Sie aber auf keinen Fall direkt, was Ihr Gesprächspartner verdient. Geben Sie sich lieber allgemein interessiert. Beispielsweise so: »Aus welchen

Gehaltskomponenten setzt sich in Ihrem Unternehmen das Gehalt eines Abteilungsleiters zusammen?« oder »Ist es in Ihrem Unternehmen üblich, erfolgsbezogene Gehaltsbestandteile zu vereinbaren?«

In manchen Unternehmen sind die gezahlten Gehälter und gewährten Zusatzleistungen Bestandteil des Personalmarketings. Presseveröffentlichungen oder die Selbstdarstellung des Unternehmens in Broschüren oder im Internet ermöglichen es Ihnen, spezielle Gehaltskomponenten vorab in Erfahrung zu bringen. Brüstet sich das Unternehmen beispielsweise mit herausragenden Sozialleistungen, können Sie unter Bezug auf Presseveröffentlichungen ruhig die jeweiligen Direktversicherungen und die Betriebsrente ansprechen.

Doch Achtung: Nicht alle Informationen eignen sich, um als Forderungen in die Gehaltsverhandlung im Vorstellungsgespräch eingebracht zu werden. Der Wunsch, spätestens nach einem Arbeitsjahr das angebotene Sabbatical Year in Anspruch nehmen zu können, wäre genauso unglücklich wie der Hinweis auf die guten Wiedereinstiegsmöglichkeiten nach einem Erziehungsjahr.

Recherche-ergebnisse auswerten

Wenn Sie eine Zeit lang recherchiert haben, werden Sie feststellen, dass Sie die üblichen Gehaltstabellen differenzierter interpretieren können. Sie bekommen ein Gespür dafür, wie sich die Unternehmensgröße, die Marktstellung, die internationale Ausrichtung und der Unternehmensstandort auf das Gehalt auswirken. Bei einem mittelständischen Unternehmen, das für einen regionalen Markt produziert, ist eben eine andere Gehaltsforderung angebracht als bei einem international agierenden Konzern.

Neben diesen allgemeinen Informationen müssen Sie auch die speziellen Informationen über Ihre neue Position berücksichtigen. Aus der Stellenausschreibung lässt sich schon grob ersehen, wie hoch der Anteil an Dienstreisen ist, ob Auslandseinsätze geplant sind und ob Überstunden auf Sie zukommen. Weitere Informationen werden Sie direkt im Vorstellungsgespräch erhalten oder erfragen müssen. Besondere Belastungen in der neuen Position sollten von Ihrem neuen Arbeitgeber auch entsprechend honoriert werden. Sie können Ihre Forderungen dann am oberen Ende der recherchierten Gehaltsspanne einordnen.

Erstellen Sie eine Erfolgsbilanz

Ohne das nötige Argumentationsmaterial geraten Sie in Gehaltsverhandlungen schnell ins Schleudern. Wenn Sie keine konkreten Gründe nennen können, die eine Erhöhung des Gehalts rechtfertigen, sind Sie völlig vom Wohlwollen Ihres Verhandlungspartners abhängig. Bereiten Sie sich gründlich vor, damit Sie Einwände entkräften, konkrete Belege für Ihre Leistung liefern und mit unwiderlegbaren Tatsachen auftrumpfen können.

Von herausragender Bedeutung sind die Aktivitäten, die über das Tagesgeschäft hinausgehen. Überzeugende Aktivposten finden Sie in der folgenden Übersicht.

ÜBERSICHT

Überzeugende Aktivposten

→ Umsatzsteigerungen
→ Erzielung von Kostenvorteilen
→ Übernahme von Sonderaufgaben
→ Mitarbeit an abteilungsübergreifenden Projekten
→ Projektleitung
→ Wechselnde Einsatzorte
→ Auslandseinsätze
→ Dauerhafte Vertretung von Kollegen
→ Ausbau des Qualifikationsprofils
→ Zunahme der Personalverantwortung
→ Mitarbeiterschulungen
→ Repräsentationsaufgaben
→ Ausdehnung der Verantwortungsbereiche
→ Ausweitung der Tätigkeiten
→ Optimierung von Arbeitsabläufen
→ Qualitätsverbesserungen

In dem Beispiel »Erfolgsbilanz einer Marketingleiterin« finden Sie neben den herausgestellten Aktivposten auch Zahlenangaben, die die erfolgreiche Arbeit belegen.

BEISPIEL

Erfolgsbilanz einer Marketingleiterin

Eine Marketingleiterin findet für ihre Erfolgsbilanz diese Anhaltspunkte:

1. Initiierung und Organisation von Promotionveranstaltungen, Ausbau der Kundenkartei für Mailingaktionen um 50 Prozent,
2. Ausarbeitung von Produktstrategien und Vermarktungskonzepten aus detaillierten Marktanalysen, Steigerung der Produktverkaufszahlen um 30 Prozent durch Produktrelaunch,
3. Entwicklung von Produktdefinitionen und Umsatzprognosen,
4. Verwaltung von Marketingbudgets.

Nur wer im Vorstellungsgespräch detailliert belegen kann, dass er bereits nutzbringend für ein Unternehmen gearbeitet hat, liefert gute Gründe für den neuen Arbeitgeber, einen Vertrauensvorschuss in Form eines höheren Gehalts zu gewähren.

Stellen Sie Ihren Wert heraus

Erst die inhaltliche Vorarbeit versetzt Stellenwechsler in die Lage, ein vernünftiges Selbstmarketing im Gehaltsgespräch zu betreiben. Personalverantwortliche beschweren sich zu Recht über Bewerber, die in Gehaltsverhandlungen rein formal unter Rückgriff auf Stellenbezeichnungen argumentieren. Die Aussage »Ich bin Abteilungsleiter im Vertrieb. Wenn ich jetzt die Verantwortung für einen ganzen Unternehmensbereich übernehme, ist doch ein höheres Gehalt selbstverständlich!« überzeugt nicht. Machen Sie Unternehmensvertretern den Wert Ihrer Arbeitsleistungen verständlich. Dies funktioniert nur in einer inhaltlichen Auseinandersetzung, und dafür brauchen Sie Argumentationsmaterial.

Damit Sie in Gehaltsgesprächen nicht mühsam nach Argumenten ringen müssen, sollten Sie Ihre Erfolgsbilanz ausführlich ausarbeiten.

ÜBUNG

Ihre Erfolgsbilanz

Wenn Sie Ihre Erfolgsbilanz für Gehaltsverhandlungen in Vorstellungsgesprächen vorbereiten, können Sie auf Arbeitszeugnisse, Zwischenzeugnisse, Stellenbeschreibungen, Projektberichte oder Protokolle von Sonderaufgaben zurückgreifen. Dort finden Sie Tätigkeitsbeschreibungen, Etikettierungen und Formulierungen für die von Ihnen wahrgenommenen Tätigkeiten.

Gehen Sie auf Erfolge ein, mit denen Sie den neuen Arbeitgeber beeindrucken können. Wie in unseren Beispielen gezeigt, sind quantifizierbare Erfolge besonders gut dazu geeignet. Drücken Sie Verkaufserfolge, Umsatzsteigerungen oder von Ihnen verantwortete Einsparungen in Zahlen aus. Achten Sie aber darauf, dass Sie keine Geschäftsgeheimnisse preisgeben.

Aktuelle Position:

Tätigkeit 1: _____

Tätigkeit 2: _____

Tätigkeit 3: _____

Tätigkeit 4: _____

Tätigkeit 5: _____

Erfolg 1: _____

Erfolg 2: _____

Erfolg 3: _____

....

Vorhergehende Position:

Tätigkeit 1: _____

Tätigkeit 2: _____

Tätigkeit 3: _____

Tätigkeit 4: _____

Tätigkeit 5: _____

Erfolg 1: _____

Erfolg 2: _____

Erfolg 3: _____

....

(eventuell) Weiterbildung:

Inhalt 1: _____

Inhalt 2: _____

Inhalt 3: _____

Ihr Profil in der Gehaltsverhandlung

Auch wenn im Vorstellungsgespräch die Eignung für die ausgeschriebene Stelle und die Höhe des Gehalts getrennt diskutiert werden oder sogar zwei separate Gespräche deswegen stattfinden, bedeutet das nicht, dass Sie Ihre Gehaltswünsche von Ihrem Profil abkoppeln sollten. Das Unternehmen wird die Gehaltshöhe an dem zu erwartenden Gewinn Ihrer Arbeitsleistung bemessen. Je deutlicher Sie plausibel machen, welche Leistung Sie erbringen werden, desto besser lässt sich Ihre Forderung nach einer entsprechenden Gegenleistung durch das Unternehmen begründen.

Leisten Sie Überzeugungsarbeit

Wir wissen aus unserer Beratungspraxis, dass Unternehmen für besonders interessante Bewerber fast immer eine Lösung in der Gehaltsfrage finden. Wobei es natürlich die Aufgabe des Bewerbers bleibt, durch konsequente Überzeugungsarbeit die Gehaltshöhe nach oben zu treiben. Ein Fehler, der oft gemacht wird, besteht darin, dass die Bewerber im Lauf der Verhandlung an argumentativer Stärke verlieren. Ab einem gewissen Punkt meinen sie, die Angelegenheit in ihrem Sinn geregelt zu haben. Die zweite Runde des Bewerbungsgesprächs wird dann oft nur noch mit halbem Elan angegangen, was sich problematisch auswirken kann. Insbesondere dann, wenn Sie ein überdurchschnittliches Gehalt erzielen wollen, dürfen Sie in Ihrer Begründungs- und Überzeugungsarbeit nicht nachlassen.

Greifen Sie immer wieder auf Ihre Erfolgsbilanz zurück, um Ihre Gehaltsforderungen zu rechtfertigen. Verhandeln Sie nicht im luftleeren Raum, konfrontieren Sie den Personalverantwortlichen oder Fachvorgesetzten nicht mit unbelegbaren Zahlen. Verknüpfen Sie Ihre Gehaltswünsche mit Ihrem Profil. Bewerber, die nur um die Summe feilschen, wirken weder souverän noch glaubhaft.

Völlig losgelöst

Frage: »Ihre Forderung nach 90 000 Euro Jahresgehalt erscheint mir etwas hoch, finden Sie nicht auch?«
Negativantwort 1: »Na gut, 76 000 Euro.«
Negativantwort 2: »Eigentlich wollte ich sogar 100 000 Euro.«

Zahlenspiele bringen Sie in Gehaltsverhandlungen nicht weiter. Vergegenwärtigen Sie sich Ihre Erfolgsbilanz, wenn Sie nach Gründen für Ihren Gehaltswunsch gefragt werden. Liefern Sie Belege, die deutlich machen, warum Sie Ihr Geld wert sind.

Gehaltvoll argumentiert

Frage: »Ihre Forderung nach 90 000 Euro Jahresgehalt erscheint mir etwas hoch, finden Sie nicht auch?«
Positivantwort: »Meine Gehaltsforderung ist durch meine umfassende Projekterfahrung begründet. Ich habe bereits Projektteams von zehn Mitarbeitern im Bereich der Produktentwicklung geführt. Der Markterfolg der Produkte spricht für sich. Da meine Projektverantwortung in der neuen Position noch ausgeweitet wird und die Abstimmung mit ausländischen Entwicklungslabors hinzukommt, halte ich den Gehaltsanteil in Höhe von 90 000 Euro für gerechtfertigt.«

Ihre Begründungen für Ihren Gehaltswunsch dienen nicht nur der Verhandlungsführung. Sie zeigen dem Personalverantwortlichen auch, wie sicher Sie sich in Ihren Forderungen sind und wie ernst Ihnen Ihr Stellenwechsel ist. Wie im gesamten Vorstellungsgespräch achten Personalverantwortliche nicht nur auf die Antworten, die Sie geben, sondern auch auf die Art und Weise, in der Sie Aussagen machen. Jonglieren Sie nur mit Zahlen, beeinträchtigt dies Ihre souveräne Ausstrahlung. Wunschkandidaten sollten in Verhandlungen durchgängig ihr kommunikatives Geschick unter Beweis stellen. Machen Sie bis zum Ende des Bewerbungsverfahrens – dem Gehaltsgespräch – deutlich, dass Sie sich in Ihre Gesprächspartner hineinversetzen können, bereit sind zu argumentieren und ausdauernd Ihre Ziele verfolgen: Lernen Sie, Ihre Gehaltswünsche einleuchtend zu vertreten.

Gehaltswünsche begründen

ÜBUNG

Trainieren Sie nun, Gehaltsfragen inhaltlich zu beantworten. Betten Sie Ihre Forderungen immer in einen Begründungszusammenhang ein. Gewöhnen Sie sich daran, Ihre Gehaltswünsche unter Rückgriff auf Ihre Erfolgsbilanz zu verteidigen. Orientieren Sie sich an unserem Positivbeispiel »Gehaltvoll argumentiert«.

Setzen Sie sich mit den folgenden Fragen, die Ihnen in dieser Art auch im Vorstellungsgespräch begegnen können, auseinander:

....

Frage: »Glauben Sie nicht, dass Ihre Gehaltsvorstellungen zu hoch gegriffen sind?«
Ihre Antwort:

_____

_____

_____

_____

Frage: »Warum sollen wir Ihnen mehr Geld geben als den anderen Bewerbern?«
Ihre Antwort:

_____

_____

_____

_____

Frage: »Welche Summe müssten wir Ihnen bieten, damit Sie in unser Unternehmen wechseln?
Ihre Antwort:

Frage: »Wo liegt denn Ihre Schmerzgrenze?«
Ihre Antwort:

Frage: »Was wollen Sie bei uns verdienen?«
Ihre Antwort:

Frage: »Wir hatten Sie nicht nach dem Gehalt unseres Geschäftsführers gefragt. Wo liegen also Ihre realistischen Gehaltsforderungen?«
Ihre Antwort:

Frage: »So viel können wir Ihnen nicht bieten, welchen Betrag könnten Sie denn gerade noch tolerieren?«
Ihre Antwort:

Frage: »Wissen Sie überhaupt, wie die ausgeschriebene Stelle üblicherweise dotiert wird?«
Ihre Antwort:

Frage: »Was verdienen Sie denn im Moment?«
Ihre Antwort:

_____

_____

_____

_____

Frage: »Nennen Sie uns mal eine Summe.«
Ihre Antwort:

_____

_____

_____

_____

Beispiele für Gehaltsverhandlungen

Wenn es im Vorstellungsgespräch dann schließlich zur Klärung der Gehaltsfrage kommt, sind viele Bewerberinnen und Bewerber bereits völlig erschöpft und lassen sich das Heft aus der Hand nehmen. Sorgen Sie vor, damit Ihnen das nicht passiert. Vertreten Sie bis zum Ende aktiv Ihre Interessen. Der Einsatz lohnt sich: Die Chance, beim Stellenwechsel einen überdurchschnittlichen Gehaltssprung zu machen, sollten Sie sich nicht entgehen lassen. Werden Sie in der Gehaltsverhandlung unkonzentriert, kann es sein, dass Sie Abstriche am neuen Gehalt hinnehmen müssen, die Sie nur schwer wieder aufholen können. Weitere Gehaltserhöhungen werden schließlich auf der Grundlage Ihres Einstiegsgehalts verhandelt werden.

Bis zum Ende konzentriert bleiben

In unserem Negativbeispiel »Ausgeliefert« erleben Sie einen Bewerber, der sich das Heft aus der Hand nehmen lässt und sich mangels eigener Argumentationsstrategien die Vorstellungen des Personalverantwortlichen aufzwingen lässt.

Ausgeliefert

Personalverantwortlicher:	»Wir müssen nun noch über das Gehalt sprechen. Welche Vorstellungen haben Sie denn?«
Bewerber:	»Wie ist die Stelle denn dotiert? In der Stellenanzeige stand ja nichts Näheres.«

Personalverantwortlicher:	»Bevor ich mich äußere, möchte ich Ihre Vorstellungen hören.«
Bewerber:	»Mit 7 000 Euro wäre ich zufrieden.«
Personalverantwortlicher:	»Das dürfte erheblich mehr sein, als Sie jetzt verdienen. Wie hoch ist denn Ihr momentanes Gehalt?«
Bewerber:	»Ich möchte ja wegen des Gehaltssprunges auch die Stelle wechseln. Mein jetziger Verdienst genügt mir nicht mehr, ansonsten bin ich natürlich völlig zufrieden mit meinem Arbeitsplatz.«
Personalverantwortlicher:	»Warum betonen Sie diese Tatsache so sehr?«
Bewerber:	»Na ja, also, nicht dass Sie glauben, es gäbe Probleme mit meinem jetzigen Arbeitgeber.«
Personalverantwortlicher:	»Aha.«
Bewerber:	»Also zu meinem Gehalt kann ich auch noch sagen, dass ich zunächst vielleicht auch mit etwas weniger zufrieden wäre.«
Personalverantwortlicher:	»Mit wie viel weniger denn?«
Bewerber:	»Ja, so um die 6 000 Euro.«
Personalverantwortlicher:	»Das wäre aber auch noch erheblich mehr, als Sie jetzt verdienen. Oder habe ich das falsch verstanden. Sie wollten ja schließlich nur wechseln, wenn Sie mehr Gehalt bekommen.«
Bewerber:	»Ja, ja, ähh, hmmm, ich, also … Eigentlich strebe ich eine gerechte Entlohnung meiner Tätigkeit an; vielleicht gibt es ja auch noch später die Möglichkeit für eine Gehaltserhöhung.«
Personalverantwortlicher:	»Die Möglichkeit gibt es vielleicht. Sie möchten sich also erst einmal bewähren?«
Bewerber:	»Ja.«
Personalverantwortlicher:	»Gut, ich greife Ihren Vorschlag auf und bin bereit, Ihnen einen Arbeitsvertrag auszustellen, der Ihre Tätigkeit bei uns mit 5 600 Euro honoriert.«
Bewerber:	»Ich hatte mir eigentlich mehr vorgestellt.«
Personalverantwortlicher:	»Aber Sie haben doch gesagt, so um die 6 000 Euro.«
Bewerber:	»Das sollte heißen, 6 000 Euro müssten es mindestens sein.«
Personalverantwortlicher:	»Nach der Probezeit können wir diesen Betrag ja ins Auge fassen. Erst einmal müssen wir sehen, wie gut wir miteinander auskommen.«
Bewerber:	»Ich bin Ihnen doch schon entgegengekommen.«
Personalverantwortlicher:	»Nein, Sie haben sich selbst korrigiert.«
Bewerber:	»Aber das meinte ich doch gar nicht so.«
Personalverantwortlicher:	»Gut, gut, schließlich möchte ich Ihnen einen optimalen Start in Ihre Arbeit bei uns ermöglichen. Ich gebe Ihnen schon an dieser Stelle eine erste Gehaltserhöhung und werde Ihnen zusätzlich ein Weihnachtsgeld einräumen. Damit haben Sie auf den Monat gerechnet 150 Euro mehr in der Tasche, also 5 750 Euro. Damit wären wir quasi bei den von Ihnen genannten ›so um die 6 000 Euro‹.«

Bewerber:	»Aber das Weihnachtsgeld ist doch immer dabei.«
Personalverantwortlicher:	»Nein, dabei handelt es sich um eine freiwillig gezahlte Zulage.«
Bewerber:	»Die bekommen doch aber alle.«
Personalverantwortlicher:	»Nicht in unserem Unternehmen.«
Bewerber:	»Also, ich weiß wirklich nicht, ob ich damit auskomme.«
Personalverantwortlicher:	»Geben Sie sich einen Ruck, es gibt bei uns schließlich exzellente Aufstiegsmöglichkeiten. Denken Sie an Ihre Zukunft.«
Bewerber:	»Wenn Sie mir versprechen, dass mein Gehalt steigen wird.«
Personalverantwortlicher:	»Wenn Sie die entsprechende Leistung zeigen, ist das möglich.«
Bewerber:	»Na gut.«

Sie haben anhand des Negativbeispiels gesehen, was passieren kann, wenn ein Bewerber sich bei der Gehaltsverhandlung im Vorstellungsgespräch selbst ins Abseits stellt. Statt über Leistung und Gegenleistung zu argumentieren, nimmt er das Gespräch auf die leichte Schulter und versucht, sich mit Floskeln und Phrasen über die Runden zu retten.

Fehler: Mangelnde Vorbereitung Bereits die erste Reaktion des Bewerbers auf die Gehaltsfrage des Personalverantwortlichen ist ungünstig. Seine Replik »Wie ist die Stelle denn dotiert?« zeigt alles andere als Verhandlungsgeschick, eher seine absolute Uninformiertheit. Es entsteht der Eindruck, dass der Bewerber sich nicht auf die Gehaltsverhandlung vorbereitet hat. Der Vorwurf, dass in der Stellenanzeige ja nichts gestanden hätte, lässt auf mangelnde Informationsarbeit und wenig Eigeninitiative schließen.

Uninformiert

Fehler: Monats- statt Jahresgehalt Wie zu erwarten, lässt der Personalverantwortliche den Bewerber zappeln und beharrt darauf, dass er seine Gehaltsvorstellungen darlegt. Ohne weitere Begründungen wirft der Bewerber eine beliebige Summe in den Raum. Statt mit einem Bruttojahresgehalt zu argumentieren, nennt er ein Monatsgehalt: Ein Fehler, der sich später rächen wird. Der Personalverantwortliche erkennt sehr schnell, dass er es mit jemandem zu tun hat, der über Gehaltszusatzleistungen wenig Bescheid weiß und sich selbst nur schwer einschätzen kann. Der Bewerber muss dann damit rechnen, dass er an seinem augenblicklichen Einkommen gemessen wird. Die Frage nach dem momentanen Gehalt soll ihn dazu bringen, sich selbst in eine ungünstige Verhandlungsposition zu bringen.

Fehler: Profillosigkeit Im weiteren Verlauf des Gesprächs antwortet der Bewerber erneut mit Floskeln. Er schafft es nicht, sein Profil herauszuarbeiten und überlässt die Debatte über eine Gehaltsfestlegung völlig dem Personalverantwortlichen. Mit unreflektierten Phrasen stellt er sich allerdings selbst ein Bein. Seine Äußerung, dass das Gehalt das Einzige ist, was ihm an seiner momentanen Stelle nicht gefällt, macht den Personalverantwortlichen hellhörig. Erneut hat der Bewerber seinem Gesprächspartner mit einer passiven und wenig durchdachten Strategie Tür und Tor für skeptische Nachfragen geöffnet. Solche Nachfragen verunsichern den Bewerber so gravierend, dass er schließlich von sich aus seine Gehaltsforderung drastisch reduziert.

Fehler: Unbedachtheit Mit unbedachten Äußerungen macht er es dem Personalverantwortlichen leicht, ihn immer mehr in die Enge zu treiben. Schließlich stimmt er sogar zu, sich erst einmal »bewähren« zu müssen. Diese Verzögerungstaktik des Personalprofis hat Erfolg gezeigt. Damit hat der Bewerber endgültig die Chance auf ein überdurchschnittliches Gehalt verspielt.

Häppchentaktik

Fehler: Rechentricks Die Erfolgsbilanz des Bewerbers ist immer noch nicht aufgetaucht, die Gehaltsverhandlung findet weiterhin im luftleeren Raum statt. Beide Verhandlungspartner versuchen sich gegenseitig auszutricksen. Der Personalverantwortliche sitzt bei diesem Schlagabtausch aber eindeutig am längeren Hebel, was der Bewerber auch zu spüren bekommt. Das Weihnachtsgeld wird ihm als besonderes Zugeständnis verkauft. Wieder befindet sich der Bewerber in der Defensive. Mit der Häppchentaktik und einigen Rechentricks wird ihm vorgegaukelt, dass seine Forderungen eigentlich erfüllt sind. Mit dem Hinweis auf exzellente Aufstiegsmöglichkeiten hilft der Personalverantwortliche noch mit der Vernebelungstaktik nach.

Fazit: Der Widerstand des Bewerbers ist gebrochen. Er hat sich weit unter seinen Gehaltsvorstellungen verkauft. Eine spätere Gehaltsvorstellung nach seinen Wünschen ist nahezu aussichtslos – er hat seine Chance auf einen Gehaltssprung vertan.

Ersparen Sie sich inhaltsleere Gehaltsverhandlungen. Es gibt keine Zaubersprüche und Beschwörungsformeln, die Personalverantwortliche gefügig machen. Sie müssen Ihre Gehaltswünsche auf alle Fälle begründen können. Operieren Sie stets mit Ihrer Erfolgsbilanz und argumentieren Sie aus dem Blickwinkel des Unternehmens. Wenn Sie dann noch Einwände von der Seite des Unternehmens souverän ausräumen, können Sie die Gehaltsspielräume der Gegenseite ausloten und das für Sie optimale Ergebnis erzielen. Orientieren Sie sich an unserem »Ablaufschema für Gehaltsverhandlungen in Vorstellungsgesprächen«, um im Gehaltspoker bestehen zu können.

Ablaufschema für Gehaltsverhandlungen in Vorstellungsgesprächen

ÜBERSICHT

→ Anforderungen der neuen Stelle herausstreichen
→ Abgleich zwischen Anforderungsprofil und Erfolgsbilanz durchführen
→ Einwände zurückweisen
→ Finanzielle Gestaltungsspielräume ausloten
→ Einigung herstellen

Anforderungen der neuen Stelle herausstreichen: Steigen Sie in die Gehaltsverhandlung ein, indem Sie zunächst die speziellen Anforderungen der neuen Position, die ein überdurchschnittliches Gehalt rechtfertigen, zusammenfassen. So wechseln Sie in die Unternehmensperspektive und nehmen Einwänden von vornherein den Wind aus den Segeln. Stellen Sie den Wert, den Ihre zukünftige Arbeit für das Unternehmen haben wird, in den Vordergrund. *Wechseln Sie die Perspektive*

Abgleich zwischen Anforderungsprofil und Erfolgsbilanz durchführen: Bringen Sie im nächsten Schritt Ihre Erfolgsbilanz ins Spiel. Machen Sie deutlich, dass Sie die Erwartungen des Unternehmens erfüllen werden. Liefern Sie Beispiele dafür, dass Sie auch bisher schon erfolgreich tätig waren. Bestätigen Sie die Einschätzung des Personalverantwortlichen, dass Sie die richtige Frau beziehungsweise der richtig Mann für die ausgeschriebene Stelle sind.

Einwände zurückweisen: Auch bei Gehaltsverhandlungen in Vorstellungsgesprächen kann es Ihnen passieren, dass Ihre Forderung nicht sofort akzeptiert wird. Lassen Sie sich nicht unnötig herunterhandeln. Weisen Sie aggressive Argumente und einschüchternde Phrasen gegen die Höhe des von Ihnen geforderten Gehalts zurück.

Finanzielle Gestaltungsspielräume ausloten: Bleiben Sie in Gehaltsgesprächen bei der Durchsetzung Ihrer Ziele flexibel. Verhandeln Sie über Zusatzleistungen, legen Sie Ihr Fixgehalt fest und definieren Sie *Bleiben Sie flexibel*

Erfolgsanteile. Es lohnt sich nicht, um den letzten Euro zu feilschen, wenn die anderen Bedingungen stimmen. Geben Sie sich grundsätzlich kompromissbereit, aber treten Sie für Ihre Gehaltswünsche ein.

Ergebnisse festhalten

Einigung herstellen: Fassen Sie die getroffenen Vereinbarungen zusammen. Fixieren Sie die Ergebnisse für sich stichwortartig. So verhindern Sie, dass einzelne Punkte untergehen, und behalten den Überblick. Schwören Sie alle Beteiligten auf das gemeinsame Resultat ein.

Nicht alle Gehaltsverhandlungen verlaufen gleich. Manchmal müssen Sie mehr Einwände ausräumen, manchmal werden Einwände gänzlich fehlen. Bei einigen Positionen ist der Verhandlungsspielraum größer, bei anderen geringer. Es wird aber immer darum gehen, Begründungen für Ihren Gehaltswunsch zu liefern und Ihre Argumente so zu gestalten, dass sie für das Unternehmen plausibel werden. Wie Sie dabei vorgehen können, zeigt Ihnen unser Positivbeispiel.

Die Fäden in der Hand

Personalverantwortlicher: »Wir müssen nun noch über das Gehalt sprechen. Welche Vorstellungen haben Sie denn?«

Bewerber: »Unsere Vorstellungen dürften sehr ähnlich sein. Im bisherigen Verlauf des Gesprächs hat sich ja herausgestellt, dass die Position als Produktmanager mit hohen Anforderungen an die Mobilität verbunden ist. Die Abstimmung zwischen den Forschungsinstituten und der Produktion sowie die Initiierung europaweiter Marketingkampagnen werden sehr viel Reisetätigkeit notwendig machen. Wir beide sind uns ja auch darin einig, dass der Erfolg neuer Produktreihen für das Unternehmen sehr wichtig ist. Ich werde Verantwortung für die zukünftige Unternehmensentwicklung übernehmen und dafür Überdurchschnittliches leisten müssen. Mein Gehalt sollte im Bereich von 85 000 Euro liegen.«

Personalverantwortlicher: »Diese Forderung scheint mir etwas überzogen.«

Bewerber: »Bei meiner Gehaltsvorstellung bin ich von dem ausgegangen, was ich für die Firma leisten kann. Ich bringe umfassende Branchenerfahrung mit und kenne die spezifischen Probleme in der Produktentwicklung in diesem Tätigkeitsbereich. Mit meinem Know-how in der Forschung wie auch im Vertrieb und im Marketing fällt mir die Vermittlung zwischen den einzelnen Unternehmensbereichen leichter als anderen. Für meinen jetzigen Arbeitgeber habe ich ja auch bereits ein neues Marktsegment erschlossen. Sie können auf mein

Engagement und meine Kompetenzen bauen. Daher halte ich ein Gehalt, dass sicherlich im oberen Drittel der gängigen Entlohnung liegt, für begründet. Sie erwarten ja auch von mir, dass ich weiterhin Überdurchschnittliches leisten werde.«

Personalverantwortlicher: »Sie haben Recht, dass die neue Produktreihe sehr wichtig für unser Unternehmen ist. Aber wir wissen ja noch nicht, ob Sie die Erfolge erzielen werden, die wir uns wünschen. Daher müssen alle Beteiligten das Risiko gleichermaßen mittragen. Ein Gehalt von 85 000 Euro wird dem nicht gerecht.«

Bewerber: »Mir geht es ja genauso wie Ihnen. Ich steige in ein Projekt ein, das ich noch nicht kenne und dessen Erfolgschancen ich noch nicht beurteilen kann. Um meinen Beitrag zu leisten, bin ich aber gern bereit, mit Ihnen über flexible Gehaltsanteile zu reden.«

Personalverantwortlicher: »Ich kann Ihnen nicht mehr geben, als in der Kasse ist.«

Bewerber: »Das würde ich von Ihnen auch nie verlangen, schließlich geht es darum, gemeinsam den Unternehmenserfolg zu sichern. Meine Arbeit wird Ihnen aber mehr Geld in die Kasse bringen. Ich verlange ja nur einen kleinen Teil davon für mich.«

Personalverantwortlicher: »Sie wären also bereit, ein jährliches Gehalt von 65 000 Euro zu akzeptieren, wenn wir noch über Erfolgsbeteiligungen reden?«

Bewerber: »Ich rede gerne mit Ihnen über Erfolgsbeteiligungen, allerdings auf der Basis eines Fixgehalts von 70 000 Euro. Welche zusätzlichen Gehaltskomponenten sind bei Ihnen im Unternehmen denn möglich?«

Personalverantwortlicher: »Es gibt Möglichkeiten, ich glaube aber nicht, dass in Ihrer Position Sachzuwendungen oder ein Jobticket eine besondere Rolle spielen. Wir sollten uns vorrangig über variable und fixe Gehaltsteile unterhalten. Mehr als 67 000 Euro fix kann ich Ihnen beim besten Willen nicht bieten. Ich bin aber bereit, Ihnen eine Umsatzprovision einzuräumen. In einer Zielvereinbarung werden wir festlegen, welche Umsätze Sie erreichen müssen, um einen Gehaltszuschlag von 10 000 pro Jahr zu erhalten.«

Bewerber: »Wenn wir eine Einigung finden können, die bei unerwartet guten Umsätzen auch einen Gehaltszuschlag von 20 000 Euro möglich macht, werde ich zustimmen.«

Personalverantwortlicher: »Gut, aber stellen Sie sich darauf ein, dass wir die Ziele, die Sie erfüllen müssen, um 20 000 Euro Provision zu erhalten, sehr hoch ansetzen werden.«

Bewerber:	»Ich habe Sie im bisherigen Gespräch ja als handfesten und verlässlichen Gesprächspartner kennen gelernt. Sie werden mich sicher nicht mit utopischen Forderungen konfrontieren. Einer besonderen Herausforderung stelle ich mich gerne.«
Personalverantwortlicher:	»Dann haben wir also eine Vereinbarung?«
Bewerber:	»Ja, ich werde bei Ihnen die Stelle als Produktmanager für ein Jahresgehalt von 67 000 Euro antreten. Über Umsatzprovisionen habe ich die Möglichkeit, das Jahresgehalt um 10 000 bis 20 000 Euro aufzustocken.«
Personalverantwortlicher:	»Exakt, auf gute Zusammenarbeit.«

Überzeugend: Selbsteinschätzung Es ist durchaus möglich, ein Gehaltsgespräch als Verhandlung unter Gleichberechtigten zu gestalten. Die Situation, dass Bewerber als Bittsteller auftreten und Personalverantwortliche sich auf das Blockieren verlegen, ist kein unabwendbares Schicksal. Der Bewerber aus dem Positivbeispiel hat die wichtigste Voraussetzung für Gehaltsverhandlungen erfüllt: Er ist sich über seine Qualifikation genauso im Klaren wie über die Anforderungen der neuen Position.

Konsens-orientierung

Überzeugend: Kompromissbereitschaft Beim Einstieg in das Gehaltsgespräch vermeidet es der Bewerber, eine Gehaltssumme ohne nähere Begründung in den Raum zu stellen. Er agiert deutlich konsensorientiert: Nachdem er betont hat, dass die Vorstellungen der Verhandlungsparteien die Gleichen sind, nämlich eine optimale Bewältigung der Aufgabe mit einer angemessenen Entlohnung zu honorieren, stellt er die besonderen Anforderungen in der zu besetzenden Position heraus. Der Stellenwechsler beschränkt sich dabei auf diejenigen Punkte, die besondere Leistungen erfordern. Erst am Ende seiner Erläuterung nennt er seinen Gehaltswunsch.

Überzeugend: Keine Unsicherheiten Der Personalverantwortliche reagiert mit einer Verunsicherungstaktik, um herauszufinden, wie ernst der Bewerber seine eigene Position nimmt. Um zu zeigen, dass sein Gehaltswunsch gut durchdacht ist, steigt der Stellenwechsler daraufhin in den Abgleich zwischen Anforderungsprofil und Erfolgsbilanz ein. Er nennt gute Gründe und stellt einen gegenseitigen Gewinn in Aussicht.

Überzeugend: Verhandlungsbereitschaft Natürlich gibt sich der Personalverantwortliche noch nicht geschlagen. Er will den Bewerber weiter verunsichern. Aber auch der massive Einsatz von weiteren Argumenten kann den Bewerber nicht einschüchtern. Er kontert gelassen mit einer teilweisen Zustimmung und achtet darauf, weiterhin das Wir-Gefühl zu stärken. Mit der signalisierten Verhandlungsbereitschaft wirft er den Ball wieder dem Personalverantwortlichen zu.

Überzeugend: Spielräume ausloten Daraufhin gibt der Personalverantwortliche seine Blockadehaltung auf; er ist nun überzeugt vom Einsatzwillen des Bewerbers und von der Ernsthaftigkeit des Gehaltswunsches. Das Angebot der Unternehmensseite wird erhöht, allerdings ohne eine konkrete Festlegung. Der Stellenwechsler weiß, dass er nun die finanziellen Spielräume des Unternehmens ausloten kann. Er macht ein Gegenangebot und erfragt zusätzliche Gehaltskomponenten. Ihm wird daraufhin die absolute Schmerzgrenze des Personalverantwortlichen mitgeteilt. Gleichzeitig werden ihm variable Gehaltsbestandteile in Aussicht gestellt, um ihm entgegenzukommen.

Zusätzliche Komponenten erfragen

Überzeugend: Leistungswille Das greift der Bewerber auf. Während er sich einigungsbereit zeigt, nutzt er allerdings die Chance, um sich noch einen Gehaltszuschlag zu sichern: Die Spanne der Umsatzprovision schiebt er um 10 000 Euro auf 20 000 Euro nach oben. Bei einer optimalen Geschäftsentwicklung könnte er neben den 67 000 Euro Fixgehalt noch eine Umsatzbeteiligung von bis zu 20 000 Euro erzielen. Er hat es also letztendlich geschafft, seine anfängliche Forderung von 85 000 Euro im Idealfall auf 87 000 Euro auszuweiten.

Überzeugend: Gut dosiertes Lob Um die gute Stimmung bei der Einigung zu verstärken, spricht der Bewerber dem Personalverantwortlichen noch ein taktisches Lob aus und fasst danach die Vereinbarung zusammen.

Zusammenfassung

Fazit: Der Personalverantwortliche hat es dem Bewerber keinesfalls leicht gemacht, seinen Gehaltswunsch durchzusetzen. Die Ernsthaftigkeit seines Anliegens hat den Unternehmensvertreter aber überzeugt. Das Ergebnis der Gehaltsverhandlung im Vorstellungsgespräch ist ein für beide Seiten akzeptabler Kompromiss, der einen unbelasteten Start in die neue Position ermöglicht.

Mit diesen Gegenreaktionen müssen Sie rechnen

Bestimmte Einwände gegen die von Ihnen vorgetragenen Gehaltswünsche gehören zum Standardrepertoire von Personalverantwortlichen und Vorgesetzten. Wir werden Ihnen nun gängige Argumente und

Phrasen vorstellen. Anschließend zeigen wir Ihnen, wie Sie Angriffe der Unternehmensseite ins Leere laufen lassen und Blockadehaltungen aufweichen können. Von Ihrer souveränen Reaktion auf Phrasen Ihres Gegenübers hängt der erfolgreiche Verlauf des Gehaltsgesprächs ab.

Argumentations-techniken

Im eigenen Interesse sollten Sie sich auf derartige Argumentationstechniken vorbereiten. Nur wenn Sie sich nicht aus der Ruhe bringen lassen, können Sie Ihre Gesprächsziele konsequent verfolgen. Wir stellen Ihnen nun gerne verwendete Tricks und Ausreden vor. Damit der Lerneffekt für Sie größer ist, zeigen wir Ihnen zuerst, wie leicht unvorbereitete Bewerber in Fallen tappen, und anschließend, wie Sie es besser machen können. Warten Sie nicht bis zum Gehaltsgespräch, setzen Sie sich schon jetzt mit den Ablenkungsmanövern der Unternehmensseite auseinander. Kennen sollten Sie:

→ **die Verzögerungstaktik,**
→ **die Elendstaktik,**
→ **die Gleichbehandlungstaktik,**
→ **die Diffamierungstaktik,**
→ **die Verunsicherungstaktik,**
→ **die »Ich-bin-doch-nur-ein-kleines-Licht«-Taktik und die »Mein-kleiner-Liebling«-Taktik.**

Die Verzögerungstaktik: Mit der Verzögerungstaktik spielen Personalverantwortliche oder Vorgesetzte auf Zeit. In der Hoffnung, dass der Bewerber oder Mitarbeiter irgendwann seinen Gehaltswunsch vergisst, wird das Angebot gemacht, zu einem späteren Zeitpunkt über eine Gehaltssteigerung zu reden.

Wenn man gegen Sie die Verzögerungstaktik einsetzt, dürfen Sie sich auf keinen Fall auf unbestimmte Zeit vertrösten lassen. Sie haben verschiedene Möglichkeiten, sich zu wehren. Sie können beispielsweise einen Zeitpunkt fordern, zu dem das Gehalt steigen soll, oder einen festen Termin für das nächste Gehaltsgespräch vereinbaren. Wichtig dabei ist: Nur was schriftlich festgehalten wird, hat später auch Bestand.

BEISPIEL

Später, wann ist das?

Typische Phrase: »Schauen wir einmal, wie Sie sich in der Probezeit bewähren. Danach lässt sich leichter eine Regelung finden.«

Ungünstige Reaktion: »Gut, ich erwarte aber, dass Sie Ihr Versprechen auch halten.«

Bessere Reaktion 1:	»Aufgrund meiner Qualifikation werde ich die Aufgaben, die mich erwarten, bewältigen können. Gerade meine sofortige Einsatzfähigkeit rechtfertigt aus meiner Sicht von Anfang an ein höheres Gehalt.«
Bessere Reaktion 2:	»Ich wäre bereit, Ihnen entgegenzukommen. Für die Probezeit könnte ich das von Ihnen vorgeschlagene Gehalt akzeptieren. Eine Gehaltssteigerung nach der Probezeit müsste aber schriftlich fixiert werden.«

Die Elendstaktik: Mit der Elendstaktik wird an Ihr Mitleid appelliert. *Mitleid soll* Ein ungünstiges wirtschaftliches Umfeld, ausbleibende Aufträge oder *geweckt werden* schrumpfende Umsätze werden herangezogen, um den Wunsch nach einer Gehaltserhöhung als unpassend zu diskreditieren. Der Bewerber soll zum egoistischen Anspruchsteller gestempelt werden, der, unsensibel und nur auf seinen eigenen Vorteil bedacht, Forderungen stellt.

Wenn Sie mit der Elendstaktik konfrontiert werden, dürfen Sie sich auf keinen Fall auf die abstrakte Jammerebene ziehen lassen. Gehen Sie nicht auf eine Diskussion darüber ein, wie schlecht die Zeiten doch sind und dass andere es noch viel schlechter haben als Sie. Bei einer angestrebten Gehaltshöhe geht es um individuelle Leistungen und darum, ob das Unternehmen von diesen Leistungen profitieren wird. Führen Sie das Gespräch schnell auf die konkrete Ebene zurück. Machen Sie Ihre Erfolgsbilanz deutlich, und stellen Sie die Vorteile in den Vordergrund, die das Unternehmen durch Ihre Arbeitsleistungen erwerben wird.

Der Gürtel wird enger geschnallt

BEISPIEL

Typische Phrase:	»Sie haben doch sicherlich in der Presse gelesen, wie schwierig sich die gesamtwirtschaftliche Entwicklung zurzeit gestaltet. In Deutschland lässt sich mit industrieller Fertigung doch gar kein Geld mehr verdienen.«
Ungünstige Reaktion:	»Wenn ich mir den Fuhrpark der Geschäftsleitung angucke, scheint mir eher zu viel Geld da zu sein, ein Teil davon steht doch wohl mir zu.«
Bessere Reaktion:	»Damit sich das Unternehmen gegen diese Entwicklung stemmen kann, könnte eine neue Projektgruppe zur Qualitätssicherung Einsparpotenziale aufdecken. Mit der Umsetzung entsprechender Erkenntnisse befasse ich mich zurzeit bei meinem Arbeitgeber. Diese Erfahrungen würde ich gerne auch bei Ihnen einbringen, allerdings sollte das auch finanziell entsprechend gewürdigt werden.«

Die Gehälter
»der anderen«

Die Gleichbehandlungstaktik: In Vorstellungsgesprächen wird auf vorgetragene Gehaltswünsche vonseiten des Unternehmens gerne mit der Gleichbehandlungstaktik reagiert. Man versucht Ihren Gehaltswunsch mit Sachzwängen abzuwimmeln, indem man auf die Gehälter anderer Mitarbeiter verweist. Da Sie nur in Ausnahmefällen die Vergleichsgehälter kennen, können Sie schwer nachvollziehen, ob dieser Einwand tatsächlich zutreffend ist.

Auch hier sollten Sie sich nicht auf eine unproduktive Auseinandersetzung einlassen. Reden Sie nicht über die Gehälter anderer, sondern über Ihre eigenen Gehaltsvorstellungen. Selbst wenn Sie davon ausgehen könnten, dass die Gehälter in vergleichbaren Positionen im Unternehmen differieren, lohnt sich ein Gehaltsvergleich nicht. Die Unternehmensseite wird immer Gründe finden, warum ein bestimmter Mitarbeiter ein höheres Gehalt »verdient«. Die guten Gründe für Ihren Gehaltswunsch können zu leicht untergehen: Verkaufen Sie besser Ihre eigenen Leistungen.

BEISPIEL

Die anderen bekommen weniger

Typische Phrase:	»Ihre Forderung würde den Unternehmensfrieden nachhaltig stören. Wenn wir Ihnen schon jetzt bei der Neueinstellung mehr zahlen, würden sich andere Mitarbeiter zurückgesetzt fühlen.«
Ungünstige Reaktion:	»Es erfährt ja keiner.«
Bessere Reaktion:	»In dem von mir angestrebten Aufgabenfeld spielt die von mir mitgebrachte Praxiserfahrung eine herausragende Rolle. Ich sehe keine Konkurrenzsituation zu den Mitarbeitern in Ihrem Unternehmen, sondern vielmehr die Möglichkeit, zusammen mit ihnen die Marktposition des Unternehmens auszubauen.«

Die Diffamierungstaktik: Hier wird zu härteren Methoden gegriffen: Die Diffamierungstaktik zielt darauf ab, dass Sie wegen eines persönlichen, beleidigenden Angriffs die Lust an einer weiteren Auseinandersetzung verlieren. Der gezielte Einsatz von diffamierenden Argumenten ist eher selten und meistens nur dann zu erwarten, wenn Sie einen aufbrausenden Entscheider auf der Firmenseite zur falschen Zeit am falschen Ort auf Ihren Gehaltswunsch ansprechen.

Gelassen bleiben

Steigen Sie nicht auf solche Vorwürfe ein. Denken Sie sich mit einem inneren Lächeln: »Mann, hat der heute schlechte Laune!«, und bringen Sie sachliche Komponenten ins Spiel. Stellen Sie besondere Leistungen heraus, und rufen Sie Ihrem Gesprächspartner in Erinnerung, dass Sie ein wertvoller neuer Mitarbeiter sein werden.

Sie sind wohl nicht bei Trost?

Typische Phrase: »Ich habe den Eindruck, dass unsere Berufseinsteiger schon jetzt mehr leisten, als Sie jemals
leisten werden, und dann kommen Sie mit solchen
utopischen Forderungen.«

Ungünstige Reaktion: »Dann sollten Sie vielleicht nur noch Berufseinsteiger
einstellen.«

Bessere Reaktion: »Ich werde von Anfang an am Arbeitsplatz außergewöhnliche Belastungen schultern und so zum Erfolg
des Unternehmens beitragen. Durch meine umfassenden Erfahrungen werde ich diese Herausforderung meistern und halte meinen Gehaltswunsch daher für angemessen.«

Die Verunsicherungstaktik: Bewerber mit wenig ausgeprägtem Selbstbewusstsein oder einer schlecht vorbereiteten Erfolgsbilanz lassen sich
von Unternehmensvertretern mit der Verunsicherungstaktik ins Schleudern bringen. Mit der Frage, ob sich der Bewerber seiner Sache wirklich
sicher ist, soll er nachdenklich gestimmt werden. Machen sich dann
tatsächlich Zweifel breit, wird garantiert nachgehakt. Die Unternehmensseite schafft es auf diese Weise, den Gehaltswunsch zu kippen
oder deutlich zu reduzieren.

*Zweifel abprallen
lassen*

Mit einer gut ausgearbeiteten Erfolgsbilanz schaffen Sie sich eine
Argumentationsbasis, die Sie für Verunsicherungen unempfindlich
machen wird. Sie wissen, was Sie geleistet haben, und können Zweifel an sich abprallen lassen. Machen Sie deutlich, dass Sie keinesfalls
von Selbstzweifeln geplagt werden, weil Sie über gute Gründe für eine
Gehaltssteigerung verfügen.

Der Sicherheitscheck

Typische Phrase: »Sind Sie sich sicher, dass Ihr Gehaltswunsch begründet und nicht nur aus einer Laune heraus ent-
standen ist?«

Ungünstige Reaktion: »Ich hab mir gedacht, bevor ich zu wenig verlange,
pokere ich erst einmal höher.«

Bessere Reaktion: »Die Gründe für meinen Gehaltswunsch liegen in dem
ausgeweiteten Aufgabenspektrum, das ich bei Ihnen
übernehmen soll. Zusätzlich zu meinen bisherigen
Aufgaben bin ich bei Ihnen dann ja auch für ... und ...
verantwortlich.«

Gute Miene zum bösen Spiel

Die »Ich-bin-doch-nur-ein-kleines-Licht«-Taktik: Die Taktik, sich für nicht zuständig zu erklären, wird in Unternehmen gerne genutzt, um sich nicht mit lästigen Angelegenheiten herumschlagen zu müssen. In Gehaltsverhandlungen ist die Verweigerung einer Entscheidung ein besonderer Trick, da Ihr direkter Vorgesetzter nicht ohne Weiteres übergangen werden kann. Auch wenn erst weiter oben in der Firmenhierarchie über Gehaltsfragen entschieden wird, muss doch der Vorgesetzte zuerst sein »Okay« zu den Gehaltsvorstellungen signalisieren. Schließlich ist nur er in der Lage, Ihr Profil und Ihre beruflichen Leistungen einzuschätzen. Es handelt sich also um eine perfide Falle, die besonders gerne von sogenannten Umfallern benutzt wird. Diese Führungskräfte versuchen, sich so wenig wie möglich festzulegen, und reagieren letztendlich nur auf Druck von oben.

Um diese Falle zu umgehen, müssen Sie gute Miene zum bösen Spiel machen: Versichern Sie dem Vorgesetzten, dass Sie wirklich nur über Ihr Profil oder über Ihre Leistungsbilanz reden wollen. Stellen Sie aber heraus, dass Sie die Gehaltsverhandlung dann separat direkt mit den zuständigen Instanzen führen werden. So zeigen Sie, dass es Ihnen ernst mit dem Wunsch nach einer Gehaltserhöhung ist. Die Leistungsbilanz kann Ihnen nur schwerlich verweigert werden. Sollte Ihr Gesprächspartner tatsächlich nicht für Gehaltsfragen zuständig sein, holen Sie dann sein Einverständnis ein, sich an einen Entscheidungsbefugten zu wenden. Ist die »Ich-bin-doch-nur-ein-kleines-Licht«-Taktik dagegen nur vorgeschoben, wird Ihr Gesprächspartner sich mit Ihren Gehaltswünschen auseinandersetzen müssen, um seinem Vorgesetzten gegenüber nicht das Gesicht zu verlieren. In beiden Fällen werden Sie Ihr Ziel, in Gehaltsverhandlungen einzusteigen, erreichen.

BEISPIEL

Steine in den Weg gelegt

Typische Phrase:	»Die Entscheidung über eine solche Gehaltsforderung kann ich selbst gar nicht treffen. Für diesen Bereich sind andere zuständig.«
Ungünstige Reaktion:	»Es ist Ihre Pflicht, sich für Ihre Mitarbeiter einzusetzen. Ich erwarte, dass Sie meine Gehaltswünsche durchsetzen.«
Bessere Reaktion:	»Als direkter Vorgesetzter sind Sie am besten in der Lage zu bewerten, was meine Arbeit wert sein wird. Mit den entsprechenden Ergebnissen wende ich mich auch gerne direkt an die Geschäftsleitung, um dort das Gehaltsgespräch zu führen.«

Die »Mein-kleiner-Liebling«-Taktik: Auch wenn Sie von Unternehmens-vertretern in den höchsten Tönen gelobt werden, setzt man häufig nur auf Ihre emotionale Reaktion. Das Lob soll Sie einlullen und nachgiebig machen. Mit der »Mein-kleiner-Liebling«-Taktik kann die Absicht ver-bunden sein, Gehaltsgespräche auf unbestimmte Zeit zu vertagen, ohne dass große Gegenwehr geleistet wird. Die meisten Bewerber vermuten nichts Böses, wenn sie einem freundlichen und äußerst gut gelaunten Chef gegenübersitzen. Aber Achtung: Vielleicht will der Vorgesetzte Sie in Ihren Gehaltswünschen auf diese Weise beschwichtigen.

Lassen Sie sich nicht ablenken. Arbeiten Sie auf die Darstellung Ihrer Erfolgsbilanz hin. Greifen Sie das Lob des Vorgesetzten auf und betonen Sie, dass auch Sie sehr gerne für das Unternehmen arbeiten würden. Machen Sie im weiteren Verlauf des Gespräches deutlich, wie wichtig Ihre Leistungen für die Abteilung sein werden. Schließlich kann Ihr potenzieller Vorgesetzter sich nur dann mit guten Ergebnis-sen schmücken, wenn Sie eine entsprechend gute Vorarbeit leisten. *Nicht ablenken lassen*

Eingewickelt

Typische Phrase:	»Ich freue mich wirklich sehr, dass wir mit Ihnen ei-nen so kompetenten und vielversprechenden Mitar-beiter bekommen werden. Natürlich werde ich vorbe-haltlos hinter Ihnen stehen. Zu gegebener Zeit sollten wir uns wirklich um eine Gehaltserhöhung für Sie kümmern. Momentan ist allerdings der falsche Zeit-punkt für Forderungen.«
Ungünstige Reaktion:	»Na gut, wenn Sie im Moment keinen Spielraum ha-ben, dann vielleicht später.«
Bessere Reaktion:	»Vielen Dank für Ihre grundsätzliche Unterstützung. Allerdings sind wir uns beim Thema Gehalt dann noch nicht einig geworden. Bei meinen künftigen Aufgaben wird die Integration der Lieferanten im Mittelpunkt stehen. Hier sind erhebliche Kostenvorteile für das Unternehmen zu erwarten. Schon für meinen mo-mentanen Arbeitgeber habe ich nachweislich ent-sprechende Kostenvorteile durchsetzen können. Ihr Unternehmen wird also sofort von mir profitieren können. Daher wünsche ich mir, dass meine Erfah-rungen in diesem Bereich von Anfang an entspre-chend honoriert werden.«

So reagieren Sie souverän

Sie haben gesehen, dass die Zielrichtung all dieser Taktiken generell die ist, Sie von der eigentlichen Gehaltsverhandlung abzulenken. Sie werden in Diskussionen verwickelt, in denen Sie sich nur schwer verteidigen können. Besonders wenn Gehaltsgespräche emotionalisiert werden, bleibt die sachliche Auseinandersetzung mit dem eigentlichen Thema auf der Strecke. Lassen Sie sich auf die falsche Fährte locken, indem Sie in eine emotionale Auseinandersetzung einsteigen, haben Sie eigentlich schon verloren.

Immer auf der
Sachebene bleiben

Das Problem mit den unkontrollierten Emotionen besteht darin, dass Sie nicht nur Ihr angestrebtes Gehalt nicht erreichen können, sondern dass Sie aus dem Bewerbungsverfahren komplett aussteigen müssen. Dass Sie Streit aus dem Weg gehen sollten, heißt natürlich nicht, dass Sie klein beigeben müssen. Für Ihre Gehaltswünsche sollten Sie schon offensiv eintreten, Ihren Einsatz aber lieber auf die Sachebene beschränken. Bei Angriffen, Anschuldigungen und Verleumdungen ist es überaus ratsam, das Gespräch schnell zu einer sachlichen Auseinandersetzung zurückzuführen.

Die Ruhe zu bewahren ist allerdings leichter gesagt als getan. Damit Ihnen das gelingen kann, stellen wir Ihnen nun Gesprächstechniken vor, mit denen Sie unfairen Verhandlungsstrategien begegnen können. Wenn Sie gute Antworten auf unsachliche Einwände einfach nur auswendig lernen, haben Sie noch längst nicht die Flexibilität gewonnen, die für Gehaltsverhandlungen wichtig ist. Sie müssen schließlich auch auf anders formulierte Störversuche reagieren können. Gewinnen Sie das notwendige Verhandlungsgeschick, und steigern Sie mit den folgenden Gesprächstechniken Ihre Souveränität in Gehaltsverhandlungen:

Geeignete
Techniken

→ **Wir-Gefühl herstellen,**
→ **gegenseitigen Gewinn in Aussicht stellen,**
→ **teilweise Zustimmung signalisieren,**
→ **»Ja-aber«-Technik einsetzen;**
→ **offene Fragen verwenden,**
→ **taktisch loben.**

Wir-Gefühl herstellen: Wenn man versucht, Ihren Gehaltswunsch als egoistisch abzustempeln, oder Ihnen vorwirft, dass die geforderte Gehaltserhöhung andere Interessen des Unternehmens verletzt, können Sie mit Wir-Gefühl-Formulierungen die Auseinandersetzung auf eine sachliche Ebene zurückführen. Machen Sie deutlich, was Sie gemeinsam erreichen können. Wehren Sie sich gegen Isolierungsversuche: Thematisieren Sie Gemeinsamkeiten, ohne Ihre individuellen Leistungen unter den Tisch fallen zu lassen.

Ihre Appelle an das Wir-Gefühl, das zwischen Ihnen und Ihrem potenziellen Vorgesetzten beziehungsweise der Firma besteht, helfen Ihnen, einer feindseligen Atmosphäre vorzubeugen.

Die Überleitung zu Ihrer Erfolgsbilanz gelingt auf der Basis eines Wir-Gefühls leichter, als wenn der Eindruck entsteht, dass Sie sich rücksichtslos auf Kosten des Unternehmens bereichern wollen. Vorsicht: Ertrinken Sie nicht in Harmonie. Wenn Sie zu sehr die gemeinschaftlichen Anstrengungen betonen, gehen Ihre individuellen Leistungen unter. Die Kunst, in Gehaltsgesprächen ein Wir-Gefühl herzustellen und dieses für die Durchsetzung der eigenen Interessen zu nutzen, besteht darin, sich nicht zu lange beim »Wir« aufzuhalten. Leiten Sie geschickt zum »Ich« über, indem Sie Ihre überdurchschnittlichen Anstrengungen in den Vordergrund stellen.

Gegenseitigen Gewinn in Aussicht stellen: Eine für friedliche Gehaltsgespräche wesentliche Taktik sieht so aus, dass man beide Seiten als Gewinner darstellt. Lassen Sie sich nicht unterschieben, dass Sie unberechtigte Forderungen stellen. Beziehen Sie den Standpunkt des Unternehmens in Ihre Argumentation mit ein und machen Sie deutlich, welche Vorteile ihm aus der Erfüllung Ihrer Gehaltswünsche entstehen.

Verteidigen Sie Ihr Anliegen, indem Sie die Perspektive wechseln und von sich aus die Befürchtungen der Unternehmensseite entkräften. Personalverantwortlichen oder Vorgesetzten wird der Wind aus den Segeln genommen, wenn Sie plausibel darlegen, dass das Unternehmen von Ihrer Gehaltssteigerung profitieren kann. *Befürchtungen entkräften*

Teilweise Zustimmung signalisieren: Berechtigten oder unberechtigten Einwänden gegen Ihren Gehaltswunsch können Sie auch mit der Methode der teilweisen Zustimmung entgegentreten. Die Einwände, die gegen Ihre Gehaltserhöhung vorgebracht werden, sind meist allgemeiner Natur und haben mit Ihrer besonderen Situation nur sehr wenig zu tun. Daher können Sie durchaus zustimmen, dass »die Zeiten schlecht sind«, »heute alles viel schwieriger ist als früher«, »der Wettbewerb viel gnadenloser geworden ist« oder »die Globalisierung durchschlägt«.

Danach sollten Sie aber sofort auf Ihr individuelles Leistungspotenzial zu sprechen kommen und verdeutlichen, wie wichtig es ist, mit persönlichem Einsatz gegen Schwierigkeiten anzugehen. So können Sie der Mischung aus Selbstmitleid und Schuldvorwurf aus dem Weg gehen und sich als aktiver Problemlöser darstellen: Gerade in schwierigen Zeiten ist es für Unternehmen wichtig, gute Mitarbeiter ins Boot zu holen.

»Ja-aber«-Technik einsetzen: Die »Ja-aber«-Technik ist in ihrer einfachsten Variante die schnellste Möglichkeit, einen Einwand vom Tisch zu wischen. Statt »Nein« zu sagen, formulieren Sie etwas freundlicher »Ja, aber ...«. Das ist durchaus sinnvoll, um die Gesprächsstimmung *Einwände beiseite schieben* nicht unnötig zu verderben. So verhalten Sie sich souveräner als mit einem patzigen »Nein« zu den Äußerungen der Personalverantwortlichen oder Vorgesetzten und umgehen das Risiko, als Blockierer dazustehen.

Statt wortwörtlich »Ja, aber …«, zu sagen bietet es sich an, die Formulierung zu variieren. Das wirkt lebendiger und ist von der Gegenseite auch nicht so leicht zu durchschauen. Geeignete Abwandlungen, mit denen Sie operieren können, lauten: »Sicherlich, bedenken Sie weiter auch …«, »Ein interessanter Vorschlag, allerdings …« oder »Dies mag für andere zutreffen, jedoch …«.

Wenn Sie Ihren Gesprächspartner freundlich unterbrechen möchten, damit er sich nicht in Rage redet, können Sie die »Ja-aber«-Technik ebenfalls gut einsetzen. Sie haben damit ein Werkzeug zur Hand, mit dem Sie sich genügend eigene Gesprächsanteile sichern können.

Initiative zurückgewinnen

Offene Fragen verwenden: Um nach Einschüchterungsversuchen vonseiten der Vorgesetzten oder Personalverantwortlichen die Initiative zurückzugewinnen, können Sie offene Fragen einsetzen. Damit durchbrechen Sie die Blockadehaltung Ihres Gesprächspartners und bringen ihn dazu, selbst konstruktive Vorschläge zu machen.

Offene Fragen sind Fragen, die sich nicht einfach mit Ja oder Nein beantworten lassen. Mithilfe geeigneter Fragewörter, beispielsweise »wie«, »was«, »welche« oder »wieso«, lassen sich Informationen einholen, die sich in die eigene Gesprächsstrategie einbauen lassen. Wenn die Unternehmensseite ihre betriebsinternen Erwartungen erläutert hat, können Sie das nutzen, um deutlich zu machen, dass Sie genau diese Anforderungen erfüllen. Personalverantwortlichen und Vorgesetzten wird es dann sehr viel schwerer fallen, Ihre Gehaltswünsche zurückzuweisen.

Stärken Sie Ihre Abwehrkräfte

Damit Sie in Gehaltsgesprächen nicht von unfairen Angriffen überrollt werden, sollten Sie schon jetzt üben, sich dagegen zu wehren. Sie haben gesehen, dass es möglich ist, Angriffe ins Leere laufen zu lassen und Einwände zu entkräften. Der größte Fehler ist es, sich auf unproduktive Auseinandersetzungen einzulassen und das Gehaltsgespräch unnötig zu emotionalisieren.

Beeindruckend souverän

Wir haben Ihnen Gesprächstechniken vorgestellt, die Ihnen dabei helfen werden, gar nicht erst in eine Streitsituation hineinzuschlittern. Als gelassener Gesprächspartner strahlen Sie die Souveränität aus, die Unternehmensvertreter beeindrucken wird. Ihre Chancen, das für Sie optimale Ergebnis zu erzielen, werden sich entscheidend vergrößern.

Der Rat, auf einen Angriff nicht mit einem Gegenangriff zu reagieren oder den Rückzug anzutreten, klingt zuerst etwas ungewohnt. Die Anwendung unserer Gesprächstechniken wird Ihnen neue Handlungsmöglichkeiten eröffnen. Sie werden lernen, Angriffe an sich abprallen zu lassen und Ihrerseits die richtigen Impulse zu setzen. So können Sie das Gespräch in die von Ihnen gewünschte Richtung lenken.

Führen Sie nun die Übung »Einschüchternde Phrasen und aggressive Argumente entkräften« durch, um sich mit der Abwehr von unfairen Gesprächstechniken vertraut zu machen.

Einschüchternde Phrasen und aggressive Argumente entkräften

ÜBUNG

Trainieren Sie in dieser Übung, möglichst schnell wieder zu Ihrer Erfolgsbilanz zurückzukehren, um die sachliche Auseinandersetzung voranzutreiben. Es wird für Sie eher von Nachteil sein, wenn Sie sich zu häufig und lange vom eigentlichen Thema abbringen lassen. Versuchen Sie mit wenigen Sätzen, wieder zum Kern der Gehaltsverhandlung zurückzukehren. Wenden Sie dabei die von uns erläuterten Gesprächstechniken an: Lernen Sie, ein Wir-Gefühl herzustellen, trainieren Sie, einen gegenseitigen Gewinn in Aussicht zu stellen, signalisieren Sie teilweise Zustimmung, setzen Sie die »Ja-aber«-Technik ein, verwenden Sie offene Fragen oder setzen Sie Lob taktisch ein.

Damit Sie sich an die Atmosphäre in Gehaltsverhandlungen gewöhnen können, sollten Sie ein Rollenspiel durchführen. Lassen Sie die unfairen Angriffe von einem Freund oder Bekannten simulieren. Achten Sie darauf, dass Sie sich nicht provozieren lassen, bleiben Sie souverän und verfolgen Sie Ihr Ziel mit ausdauernder Gelassenheit. Machen Sie mehrere Übungsdurchgänge, um für sich herauszufinden, welche Abwehrtechniken Ihnen am besten liegen.

Unfairer Angriff: »Wie kommen Sie denn darauf, dass Sie so ein hohes Gehalt verdient hätten?«
Ihre Reaktion:

Unfairer Angriff: »Ich glaube nicht, dass Ihre bisherige berufliche Laufbahn ein überdurchschnittliches Gehalt rechtfertigt.«
Ihre Reaktion:

_____

_____

_____

_____

Unfairer Angriff: »Bei der Konkurrenz würden Sie auch nicht mehr verdienen.«
Ihre Reaktion:

_____

_____

_____

_____

Unfairer Angriff: »Ich habe gerade die Gehaltserhöhungen für mehrere Mitarbeiter abgelehnt, da kann ich Ihnen jetzt nicht so ein Gehalt anbieten.«
Ihre Reaktion:

_____

_____

_____

_____

Unfairer Angriff: »In der momentanen Unternehmenssituation sehe ich keine guten Chancen für Ihre Gehaltsvorstellungen. Sie haben den falschen Zeitpunkt für Ihr Anliegen gewählt.«
Ihre Reaktion:

_____

_____

_____

_____

Unfairer Angriff: »Haben Sie doch bitte auch Verständnis für meine Situation. Ich kann nicht einfach zur Geschäftsleitung gehen und um mehr Geld bitten.«
Ihre Reaktion:

_____

_____

_____

_____

Unfairer Angriff: »Schauen wir mal, was ich für Sie tun kann. Bevor ich mich für Sie einsetze, müssen Sie sich aber erst noch bewähren.«
Ihre Reaktion:

_____

_____

_____

_____

Ihre Gehaltsverhandlung

AUF EINEN BLICK

→ Beziehen Sie bei der Ermittlung Ihres derzeitigen Gehalts sämtliche geldwerten Vorteile mit ein (zum Beispiel Weihnachtsgeld, Urlaubsgeld, Firmenwagen, Reisekostenvergütungen, ausbezahlte Überstunden, Weiterbildungskosten).

....

→ Berechnen Sie, ob durch den neuen Job höhere Kosten auf Sie zukommen (Miete, Umzug, Wegfall des Einkommens des Partners, Fahrtkosten).

....

→ Informieren Sie sich über den Gehaltsrahmen, der für die von Ihnen angestrebte Position üblich ist.

....

→ Ihr Gehaltswunsch sollte idealerweise rund 15 bis 20 Prozent über dem liegen, was Sie nun verdienen.

....

→ Argumentieren Sie mit Bruttojahresgehältern.

....

→ Machen Sie sich mit den üblichen Taktiken der Personalprofis vertraut.

10

Körpersprache im Vorstellungsgespräch

37. Auch mit Körpersprache überzeugen

Ihre Körpersprache wird im Vorstellungsgespräch beobachtet und in Beziehung zu Ihren Antworten gesetzt. In diesem Kapitel erläutern wir Ihnen, welchen Deutungen Körpersprache unterliegt und wie Sie dieses Wissen für sich nutzen können. Unsere Fotos ermöglichen Ihnen zu erkennen, wann Körpersprache in Vorstellungsgesprächen negative Spannungen aufbaut und wie sich eine sachliche und produktive Atmosphäre herbeiführen lässt.

Nicht nur was Sie sagen ist von Bedeutung, sondern auch wie Sie es sagen. Ihre Gestik, Ihre Mimik, die Art, wie Sie stehen oder sitzen – all das wird in Vorstellungsgesprächen registriert und interpretiert. Geschulte Personalverantwortliche werten Ihre körpersprachlichen Signale genauso aus wie Ihre Antworten. Bei anderen Unternehmensvertretern wirkt die Körpersprache eher indirekt, aber dennoch als entscheidender Sympathie- oder Antipathiefaktor. Bewerberinnen und Bewerber sollten also wissen, dass sie selbst mit Ihrer Körpersprache sowohl eine negative Spannung aufbauen als auch auf eine konstruktive Gesprächsatmosphäre hinarbeiten können.

Ein guter Eindruck durch zielorientiertes Training

Durch falsche körpersprachliche Signale lösen manche Bewerber gravierende Fehlerketten aus, die Konsequenzen für den weiteren Gesprächsverlauf haben. Häufig stellen wir in unseren Bewerbungsseminaren oder Einzelcoachings fest, dass

→ Bewerber sich selbst im Weg stehen,
→ Bewerber sich die Sympathie Ihres Gegenübers verscherzen oder
→ Bewerber unglaubwürdig wirken.

Sich selbst im Weg stehen: Sie können sich durch Ihre eigene Anspannung, die sich körpersprachlich äußert, selbst daran hindern, aktiv an dem Gesprächsverlauf teilzunehmen. Denn Ihre körperliche Anspannung wirkt sich immer auch auf Ihren Zugriff auf Gedächtnisinhalte aus. Diese Situation kennen Sie sicherlich aus früheren Prüfungssituationen, in denen Sie das Gefühl hatten, neben sich zu stehen, oder im schlimmsten Fall sogar einen Blackout erlebten.

Körpersprachliche Verkrampfungen interpretiert nicht nur Ihr Gegenüber als Stresssignal, sondern auch Ihr eigenes Gehirn. Dies führt dazu, dass längst verschüttet geglaubte Urinstinkte Sie in einen Dämmerzustand zwischen Flucht- und Angriffsreaktionen fallen lassen.

Blackout durch Verspannung

Analytisches Nachdenken ist in dieser körperlichen Verfassung nur noch schwer möglich.

Ihrem Gesprächspartner signalisieren Sie durch Ihre nach außen sichtbare Anspannung, dass Sie sich in der momentanen Situation unwohl fühlen und am liebsten so schnell wie möglich den Raum wieder verlassen möchten. Leider wird Ihr Gegenüber auf diese Signale nicht gerade positiv reagieren. Im schlimmsten Fall werden Personalverantwortliche hier vermuten, dass Sie sich bei schwierigen Situationen im Arbeitsleben ebenfalls lieber verstecken oder davonlaufen. Und diese Interpretation wäre natürlich schädlich für Sie.

Sympathie bedeutet auch berufliche Akzeptanz

Die Sympathie des Gegenübers verscherzen: Sie können durch unpassende körpersprachliche Signale die zunächst entgegengebrachte Sympathie Ihres Gegenübers wieder verlieren. Dies ist ein schwerwiegender Fehler, da Sympathie in Vorstellungsgesprächen Hand in Hand mit beruflicher Akzeptanz geht. Verschiedene Studien haben hier festgestellt, was Sie vielleicht auch aus eigener Alltagserfahrung heraus kennen: Menschen, die als sympathisch eingeschätzt werden, werden auch für fachlich kompetenter gehalten.

Die Vorarbeiten für Ihren Sympathiebonus im Vorstellungsgespräch haben Sie bereits durch Ihre ausgearbeitete Selbstpräsentation und die Auseinandersetzung mit den Frageblöcken geleistet. Diese Leistung wird Ihnen einen Sympathiebonus einbringen, den Sie nicht leichtfertig oder ungewollt durch Konfrontations- und aggressive Dominanzgesten verspielen sollten. In dem Moment, in dem Sie im Vorstellungsgespräch körpersprachlich Kampfsignale aussenden, verlieren Sie die Bereitschaft Ihrer Gesprächspartner, Ihnen unvoreingenommen zuzuhören.

Glaubwürdig durch Stimmigkeit

Unglaubwürdig wirken: Die von Ihnen gelieferte Einschätzung, dass Sie die geeignete Bewerberin beziehungsweise der geeignete Bewerber sind, muss im Vorstellungsgespräch glaubhaft wirken. Personalverantwortliche sind geschult und darauf trainiert, bei Bewerbern auf Körpersignale zu achten, die im Widerspruch zu den gesprochenen Ausführungen stehen. Wenn solche Unstimmigkeiten zwischen dem Gesagten und dem körpersprachlichen Ausdruck häufiger auftreten, leidet die Glaubwürdigkeit. Die Auswirkungen sind hier gravierend, da dann der gesamte Auftritt im Vorstellungsgespräch durch eine unstimmige Körpersprache entwertet wird. Letztendlich werden Ihre vielen guten Einstellungsargumente eher skeptisch beurteilt werden. Damit verschlechtern sich die Chancen auf eine Einstellung leider deutlich.

Fünf Schritte zum Erfolg

Wir zeigen Ihnen nun in fünf Teilschritten, wie Sie es vermeiden, die dargestellten Fehlerketten in Vorstellungsgesprächen auszulösen, und welche Körpersprache als Basis für sachliche und ergebnisorientierte Vorstellungsgespräche geeignet ist. Die fünf Teilschritte dazu lauten:

→ Anspannung erkennen und auflösen,
→ Konfrontation vermeiden,
→ Stress- und Verlegenheitsgesten reduzieren,
→ aggressive Dominanzgesten unterlassen,
→ Ihr Ziel: Eine konzentrierte Grundhaltung einnehmen.

Anspannung erkennen und auflösen

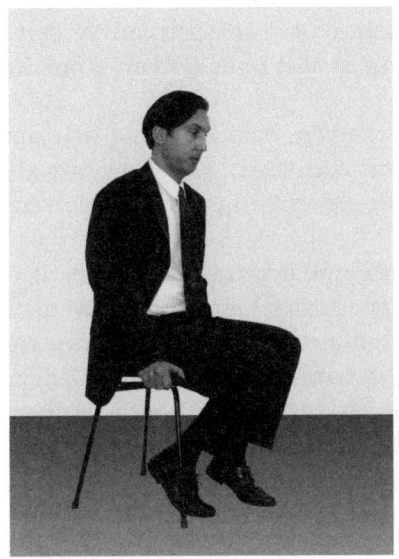

1: Auf der Flucht

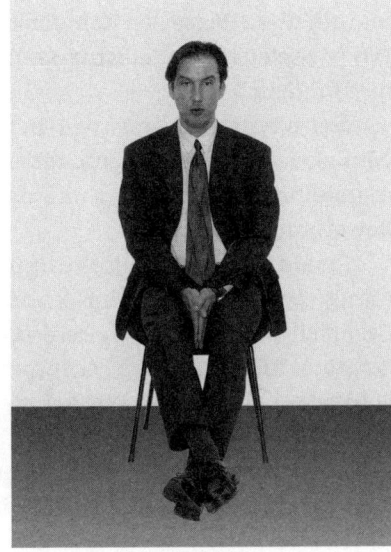

2: Im Boden versinken

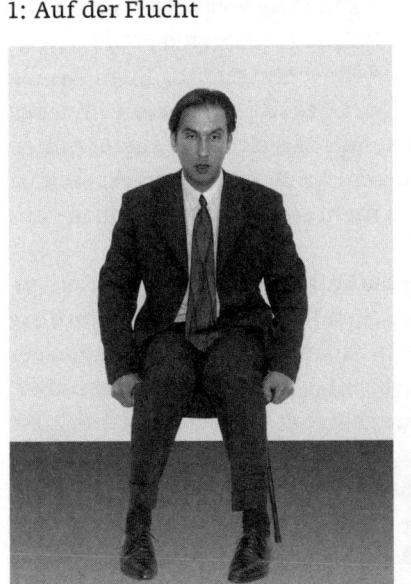

3: Ich will nach Hause

4: Efeuranke

Sehen Sie sich bitte die Fotos 1 bis 4 an. Sicherlich haben Sie diese Sitzhaltungen schon einmal beobachten können. Über die Haltungen, die der Bewerber einnimmt, wird sein momentan angespannter innerer Zustand nach außen sichtbar.

Nehmen Sie eine entspannte Haltung ein

Die »Auf-der-Flucht«-Haltung des Fotos 1, die »Im-Boden-versinken«-Haltung des Fotos 2 und die »Ich-will-nach-Hause«-Haltung des Fotos 3 zeigen einen angespannten Bewerber, der sich unwohl fühlt. Auffällig bei allen drei Fotos ist der nach innen gerichtete Blick. Die starke Anspannung der Stresssituation Vorstellungsgespräch führt bei diesem Bewerber dazu, dass er nur noch seinem eigenen Unwohlsein nachspürt und auf diese Weise den Kontakt zu seinen Gesprächspartnern verliert. Eine überzeugende Selbstdarstellung ist aber ohne (Augen-)Kontakt nicht möglich.

Wenn Personalverantwortliche merken, dass Bewerber sich aus dem aktiven Gesprächsgeschehen zurückziehen, werten sie dies als mangelnde Belastbarkeit und damit als vorzeitige Kapitulation im Bewerbungsverfahren.

Besser: Eine positive Ausstrahlung

Sobald Bewerber diese resignierte und deprimierte Grundstimmung – wie auf den Fotos 1, 2 und 3 ersichtlich – einnehmen, werden Gesprächspartner nach weiteren Gesten suchen, die ihr bereits negativ gefärbtes Bild vom Bewerber zusätzlich verstärken. Dazu zählt auf dem Foto 1 das beidhändige Festhalten am Stuhl, auf dem Foto 2 die überkreuzten Beine und die zur Bethaltung zusammengelegten und zwischen den Oberschenkeln eingequetschten Hände und auf dem Foto 3 die nach innen gestellten Fußspitzen und der nach vorne geneigte Oberkörper.

Eine weitere typische Anspannungshaltung von Bewerbern sehen Sie auf dem Foto 4, wir nennen diese Haltung »Efeuranke«. Der Bewerber umklammert die Stuhlbeine und umschlingt mit seinen Armen den eigenen Oberkörper. Für einen Efeu ist es sicherlich sinnvoll, jeden Halt an einer Hauswand zu nutzen, um den einmal eingenommen Platz nicht wieder aufgeben zu müssen. Im Vorstellungsgespräch ist die abgebildete Körperhaltung aus mehreren Gründen jedoch sehr ungünstig.

Der Bewerber nimmt sich selbst die Luft und bringt sich außerdem um die Gelegenheit, die Darstellung seiner Fähigkeiten und Kenntnisse mit einer dynamischen Körpersprache zu unterstützen. Die Augen des Bewerbers auf dem Foto halten zwar Blickkontakt zum Gegenüber, aber in einer Art und Weise, die ungeeignet ist, gemeinsame Ziele herauszuarbeiten. Die Anspannung des Bewerbers geht bereits in die zweite Phase, die Konfrontation, über.

Durch Anspannung entsteht Stress

Die durch Anspannung erzeugte Stresssituation mündet bei unvorbereiteten Bewerberinnen und Bewerbern oft in ein unbewusstes Angriffsverhalten. Dadurch zeigen sich aggressive Tendenzen, die sich durch Stress- und Konfrontationsgesten ausdrücken. Diese sollten Sie vermeiden oder so früh wie möglich auflösen, um immer wieder zu einer konstruktiven Haltung zurückkehren zu können, so wie wir es Ihnen am Ende dieses Kapitels, im Abschnitt »Ihr Ziel: Eine konzentrierte Grundhaltung einnehmen«, erläutern werden.

Konfrontation vermeiden

5: Mit mir nicht

6: Was geht mich das an?

7: Jetzt rede ich!

8: Passen Sie mal auf!

In Stresssituationen, zu denen das Vorstellungsgespräch für die meisten Bewerber gehört, lassen sich zwei problematische Verhaltensstrategien immer wieder beobachten. Die erste nennen wir »einfrieren«, die zweite »angreifen«. Auf den Fotos 1 bis 4 haben Sie einen Bewerber gesehen, der dazu neigt, unter Stress einzufrieren. Das heißt, er beraubt sich der Gelegenheit, das Gespräch aktiv zu gestalten. Auf den Fotos 5 bis 8 sehen Sie das Gegenteil. Dieser Bewerber greift unter Stress an und sucht die Konfrontation mit dem Gegenüber.

Die »Mit-mir-nicht«-Haltung des Fotos 5, die »Was-geht-mich-das-an«-Haltung des Fotos 6, die »Jetzt-rede-ich«-Haltung des Fotos 7 und die »Passen-Sie-mal-auf«-Haltung des Fotos 8 sprechen für sich.

Vermeiden Sie eine Abwehrhaltung

Verschränkte Arme, wie auf Foto 5, drücken eine Abwehrhaltung aus. Der Bewerber ist nicht bereit, Einwände an sich heranzulassen und Gemeinsamkeiten herauszuarbeiten. Das lässige Zurücklehnen und der spöttische Gesichtsausdruck auf dem Foto 6 machen deutlich, dass der Bewerber seine Gesprächspartner nicht ernst nimmt. Die entgegengesetzte Haltung, das starke Vorbeugen des Oberkörpers in Richtung des Gesprächspartners und die ausgestreckten Finger auf dem Foto 7 zeigen Kampfbereitschaft. Die eigenen Aussagen lassen für die Meinung des Personalverantwortlichen keinen Raum, Kompromissbereitschaft ist nicht zu sehen. Das rechthaberische Pochen auf die eigene Meinung wird auf dem Foto 8 sichtbar. Dort ist der Bewerber nahe an den Tisch gerückt und macht auch akustisch deutlich, dass er nur seine Ansichten gelten lässt.

Konfrontation macht im Gespräch eine inhaltliche Auseinandersetzung aber unmöglich. Statt Gemeinsamkeit zu stiften, geht es dann nur noch darum, sich durchzusetzen. Konfrontationsgesten werden von allen Gesprächsbeteiligten intuitiv erfasst. Die Kampfstimmung wird verstärkt, wenn weitere körpersprachliche Details zu erkennen sind.

Aggressive und rechthaberische Gesten sind fehl am Platz

Auf dem Foto 5 sind dies die überkreuzten Arme mit den nach oben gestellten Daumen und der arrogant-abschätzige Blick. Der Gesichtsausdruck und die Beinhaltung auf dem Foto 6 vermitteln, dass dieser Bewerber nicht besonders umgänglich ist – weder im Vorstellungsgespräch noch im beruflichen Alltag. Körpersprachlich eindeutig sind die Fotos 7 und 8. Das aggressive Beugen nach vorne und die angriffslustig auf den Gesprächspartner gerichteten Finger auf dem Foto 7 sowie das rechthaberische Klopfen auf die Tischplatte auf dem Foto 8 sind Signale, die uns allen aus Streitgesprächen vertraut sind. Die sichtbare Konfrontation führt aber nicht zu der notwendigen sachlichen Atmosphäre, die in Vorstellungsgesprächen zum Erfolg führt.

Unbewusste Konfrontation

BERATUNG

Einer unserer Coachingkunden war ein Regionalleiter im Vertrieb, der zu einem anderen Unternehmen wechseln wollte. In der Übung zur Selbstpräsentation hatte er dynamisch agiert und seine Erfahrungen aus dem Vertrieb anschaulich eingebracht.

In der anschließenden Simulation des Bewerbungsgespräches, also in den Frage- und Antwortblöcken, setzte er seine Dynamik falsch ein und baute immer wieder – ungewollt – Konfrontationshaltungen auf. So beugte er sich ständig über den Tisch, um seinen Ausführungen Nachdruck zu verleihen, klopfte mit den Fingern auf die Tischplatte, um seine Nervosität abzuleiten, und unterbrach Fragen immer wieder mit Gesten, um in die Antwort einzusteigen, bevor die Fragen überhaupt beendet waren.

Dieses Verhalten hatte ihn schon bei mehreren Vorstellungsgesprächen scheitern lassen. Eine Video-Analyse machte ihm seine Körpersprache bewusst. Erstaunt stellte er fest, dass seine Selbstwahrnehmung ihm ein ganz anderes Bild vermittelt hatte als das, was er jetzt sah. Er war nämlich immer der Meinung gewesen, dass er seine Antworten im Vorstellungsgespräch mit großem Nachdruck vertreten müsse, um selbstbewusst zu wirken.

Wir übten mit ihm, immer wieder zur konzentrierten Grundhaltung zurückzukehren, sich weit genug vom Tisch des Personalverantwortlichen wegzusetzen und lebendige Gestik vorrangig zur Unterstreichung eigener Antworten und Erfolge einzusetzen. Dadurch gewann er eine ausgeglichene und souveräne Ausstrahlung und konnte sich gleichzeitig seine dynamische Wirkung als »Macher« im Vertrieb erhalten.

> **Fazit:** Das Bewerbungsgespräch ist eine besondere Situation, die weit entfernt ist von Gesprächen aus dem beruflichen Alltag. Unter Stress und Anspannung kann Lebendigkeit sehr schnell in Konfrontation und Angriff umschlagen. Die negativen Folgen hat dann aber der Bewerber zu tragen.

Stress- und Verlegenheitsgesten reduzieren

Stress- und Verlegenheitsgesten lassen sich immer dann beobachten, wenn im Vorstellungsgespräch heikle Punkte angesprochen werden. Hierzu gehören beispielsweise Fragen nach den eigenen Stärken und Schwächen, nach negativen Formulierungen in Arbeitszeugnissen,

Setzen Sie sich im Vorfeld mit heiklen Punkten auseinander

nach den Gründen für einen Stellenwechsel oder nach den konkreten beruflichen Zielen in der Zukunft. Stress- und Verlegenheitsgesten kommen außerdem zum Vorschein, wenn der Bewerber mit Fragen konfrontiert wird, die er für sich vor dem Gespräch noch nicht hinreichend geklärt hat. Dies gilt beispielsweise für Fragen nach dem zukünftigen Gehalt oder für Fragen zu einem eventuellen Ortswechsel.

9: Die Schlinge zieht sich zu

10: Uups! Ist mir was rausgerutscht?

11: Durchgeknetetes Ohrläppchen

12: Die Luft wird knapp

Typische Stress- und Verlegenheitsgesten haben wir auf den Fotos 9, 10, 11 und 12 für Sie zusammengestellt.

Auf dem Foto 9 ist eine »Die-Schlinge-zieht-sich-zu«-Haltung zu beobachten. Der ausweichende Blick zur Seite und das Lockern beziehungsweise Hin- und Herziehen des Krawattenknotens zeigen deutlich, dass sich der Bewerber unwohl fühlt.

Die »Uups!-Ist-mir-was-rausgerutscht?«-Haltung, die wir Ihnen auf dem Foto 10 zeigen, haben Sie sicherlich selbst schon gesehen. Bewerber, die ihre eigenen Informationsgrenzen überschritten haben, beispielsweise bei Fragen zu Schwächen, dem Stellenwert der Arbeit in ihrem Leben oder zu fachlichen Defiziten, wünschen sich im Nachhinein, ihre Lippen wären versiegelt gewesen. Dies wird dann auch körpersprachlich sichtbar. Die Finger gehen zum Mund, um ihn zu verschließen und bestimmte Worte nicht herauszulassen, allerdings zu spät.

Sehr verbreitet unter den Stress- und Verlegenheitsgesten ist auch die »Durchgeknetetes-Ohrläppchen«-Haltung, die Sie auf dem Foto 11 sehen. Diese Haltung wird oft eingenommen, wenn es darum geht, Zeit zu gewinnen, weil ein Vorschlag des Gesprächspartners im inneren Monolog auf mögliche Vor- und Nachteile hin überprüft wird. In diesem Zusammenhang ist zuweilen auch eine leicht gewölbte Unterlippe zu sehen. Manche Bewerber fahren sich zusätzlich mit der Zunge über die Unterlippe oder berühren leicht mit den Zähnen des Oberkiefers ihre Unterlippe.

Der Versuch, Zeit zu gewinnen

Auf dem Foto 12 sehen Sie die Haltung »Die-Luft-wird-knapp«. Der Griff des Bewerbers mit der rechten Hand an seinen Hals und die den Bauch schützende Haltung des linken Armes zeigen, dass dieser Bewerber im Moment keinen Ausweg für sich sieht. Hier ist Vorsicht angebracht! Wenn die Luft des Bewerbers knapp wird, weil er sich derartig in die Enge getrieben fühlt, muss mit Überreaktionen gerechnet werden.

Sie reduzieren Stress- und Verlegenheitsgesten, wenn Sie Ihre Fähigkeiten und Kenntnisse vor dem Vorstellungsgespräch in Form einer schlüssigen Selbstpräsentation aufbereitet haben, und wenn Sie sich vorher intensiv mit den Fragen, die im Vorstellungsgespräch an Sie gerichtet werden, auseinandergesetzt haben. In unseren Seminaren und Coachings erleben wir immer wieder, dass die Bewerberinnen und Bewerber, die wissen, was sie können, was sie wollen und ihre Fähigkeiten im Gespräch mit den Wünschen der Firmen an neuen Mitarbeiter zur Deckung bringen können, das dazugehörige positive »Selbst«-Bewusstsein auch körpersprachlich ausstrahlen. Und diese positive Wirkung der Körpersprache sollten Sie ebenfalls für Ihre Vorstellungsgespräche nutzen.

Aggressive Dominanzgesten unterlassen

Versuchen Sie, die Anspannung während des Gespräches abzubauen

Anspannungs-, Stress- und Verlegenheitsgesten wird man Bewerbern im Vorstellungsgespräch eher nachsehen. Besonders dann, wenn diese körpersprachlichen Signale mehr zu Anfang des Gesprächs auftauchen und nicht als durchgängiges Verhaltensmuster zu erkennen sind. Personalverantwortliche wissen, dass ein Stellenwechsel für Bewerber ein einschneidender Schritt in der beruflichen Entwicklung ist. Lampenfieber ist daher am Anfang des Bewerbungsgesprächs nichts Ungewöhnliches. Allerdings sollten Sie in der Lage sein, diese Anspannung nach und nach abzubauen.

13: Dolchstoß

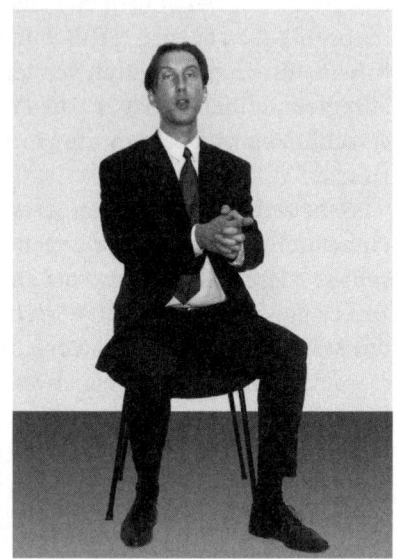

14: Pistole

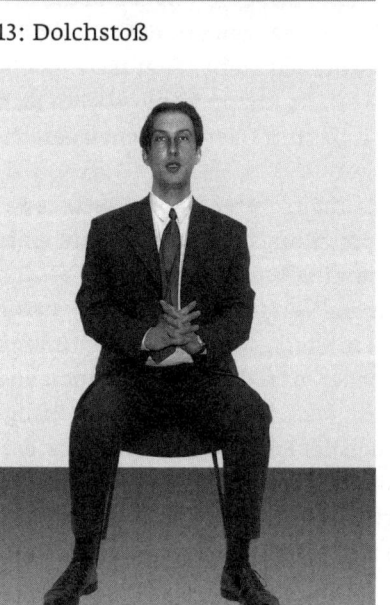

15: Spanischer Reiter

16: Pavian

Benutzen Bewerber dagegen aggressive Dominanzgesten, kann die Gesprächsatmosphäre schon durch wenige körpersprachliche Signale nachhaltig belastet werden. Aggressiv auftretenden Bewerbern wird von Personalverantwortlichen sehr schnell die Fähigkeit zur Eingliederung ins Unternehmen abgesprochen werden.

Ein Blick auf die Fotos 13 bis 16 macht Sie mit den körpersprachlichen Zeichen vertraut, die sich immer dann in Gesprächen beobachten lassen, wenn ein schwerwiegender Konflikt zwischen den Gesprächsteilnehmern kurz bevorsteht oder bereits offen zum Ausbruch gekommen ist.

Die »Dolchstoß«-Haltung, die Sie auf dem Foto 13 sehen, zeigt einen Bewerber, der sein Gegenüber mit dem in der Hand gehaltenen Stift förmlich aufspießt. Der gestreckte Arm, der den Stift hält, schafft zusätzliche Distanz.

Gesten, die eine aggressive Grundhaltung signalisieren

Auf dem Foto 14 haben wir für Sie eine Geste abgebildet, die wir häufig in unseren Bewerbungsseminaren und Einzelberatungen beobachtet haben: die »Pistolen«-Haltung. So deutlich wie auf dem Foto 14 ist die »Pistolen«-Haltung selten zu sehen, weil in der Regel ein Tisch den direkten Blickkontakt auf die Hände des unter Druck gesetzten Bewerbers versperrt. Die körpersprachliche Aussage »Ich schieß Dich ab!« bringt jedoch immer eine aggressive Grundstimmung ins Gespräch.

Die »Spanischer-Reiter«-Haltung, die wir für Sie auf dem Foto 15 abgebildet haben, hat nicht umsonst ihren Namen aus der Militärsprache: Die angreifende Kavallerie des Gegners sollte durch zusammengenagelte Holzkreuze zu Fall gebracht werden. Auch als körpersprachliches Signal wird diese Haltung dahingehend interpretiert, dass der Bewerber sich angegriffen fühlt und nun Barrieren aufbaut.

Auf dem Foto 16 sehen Sie die »Pavian«-Haltung. Diese Haltung nach der Devise: »Ich-bin-der-Chef-auf-dem-Affenfelsen« trübt durch die körpersprachlich vermittelte Überheblichkeit des Bewerbers die Gesprächsatmosphäre nachhaltig. Besonders bei weiblichen Personalverantwortlichen führt sie recht schnell zur Ablehnung des Bewerbers.

Lassen Sie sich nicht provozieren

Aggressive Dominanzgesten sollten Sie unbedingt unterlassen. Sie fordern sonst Ihre Gesprächspartner heraus, im Gegenzug Sie als Bewerber »auf die Hörner zu nehmen«. Sollten Sie sich in einem Vorstellungsgespräch angegriffen fühlen, heißt es Ruhe bewahren. Oft handelt es sich nur um einen Stresstest, mit dem man feststellen will, wie belastungsfähig Sie sind. Lassen Sie sich nicht durch Provokationen vorschnell aus der Fassung bringen. Die endgültige Entscheidung, ob Sie bei diesem Unternehmen anfangen oder nicht, liegt in jedem Fall bei Ihnen und sollte von Ihnen nicht im Gespräch selbst, sondern wohl überlegt zu Hause getroffen werden.

ÜBUNG

Aggression und Stress vermeiden

→ Lernen Sie, Ihre bevorzugten Stress- und Verlegenheitsgesten zu erkennen und aufzulösen.

→ Benutzen Sie eine Videokamera, um sich selbst zu filmen. Setzen Sie sich an einen Tisch, ziehen Sie die Kleidung an, die Sie im Vorstellungsgespräch tragen werden und lassen Sie sich von einer Ihnen gegenübersitzenden befreundeten Person Fragen aus dem Block Stressfragen stellen.

→ Bitten Sie Ihren Fragesteller, einige Fragen mit lauter Stimme zu stellen und Sie bei einigen Fragen mit starrem Blick zu fixieren.

→ Achten Sie bei der Videoauswertung darauf, ob Sie Aggressions-, Stress- oder Verlegenheitsgesten gezeigt haben. Führen Sie sich Ihre »Lieblingsgesten« vor Augen und ahmen Sie sie bewusst nach.

→ Machen Sie weitere Durchgänge des Probevorstellungsgesprächs und richten Sie Ihre Aufmerksamkeit auf Ihre Aggressions-, Stress- und Verlegenheitsgesten. Wenn Sie merken, dass Sie eine solche Geste verwenden, sollten Sie sie auflösen, indem Sie Ihre Handflächen auf die Oberschenkel legen, so wie Sie es auf den Fotos zu den konzentrierten Grundhaltungen sehen (Fotos 17, 18, 20).

Ihr Ziel: Eine konzentrierte Grundhaltung einnehmen

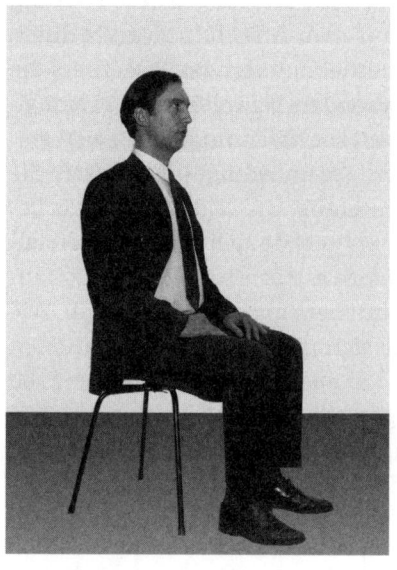

17: Neunzig-Grad-Winkel

18: Offene Grundhaltung

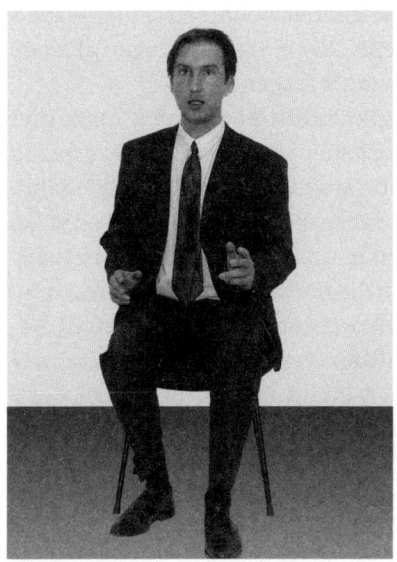 

19: Dynamische Grundhaltung   20: Entspannte Grundhaltung

Mit den möglichen Fehlerketten, die Sie durch falsche körpersprach- *Spannungen auflösen*
liche Signale auslösen können, haben wir Sie vertraut gemacht. Sie
sind darüber hinaus jetzt in der Lage, zu erkennen, wie sich Anspannung, Konfrontation, Stress und Aggression im Vorstellungsgespräch
in der Körpersprache äußern können. Jetzt erfahren Sie, wie Sie körpersprachliche Spannungen im Gespräch vermeiden beziehungsweise
auflösen.

Auf den Fotos 17, 18, 19 und 20 sehen Sie einen Bewerber, der ver- *Ihre Hände sollten*
schiedene konzentrierte Grundhaltungen eingenommen hat, wobei *frei bleiben*
er die Hände immer frei behält, um seine verbalen Ausführungen jederzeit nonverbal unterstreichen zu können. Achten auch Sie darauf,
dass Ihre Hände in Vorstellungsgesprächen ebenfalls frei bleiben. Wer
die Hände ineinander verschränkt, sich an Papier festklammert oder
nervös mit Stiften, Ohrschmuck oder Ringen herumspielt, bringt erst
sich selbst und dann sein Gegenüber aus dem Konzept.

Die Grundhaltung auf dem Foto 17 nennen wir »Neunzig-Grad-
Winkel«. Der Bewerber sitzt aufrecht und aufmerksam, die Beine sind
leicht geöffnet. Diese Haltung hat den Vorteil, dass sie keine Verspannungen hervorruft und deshalb die Konzentration nicht beeinträchtigt.

Achten Sie darauf, dass Sie sich nicht zwischen Tischkante und
Stuhllehne einklemmen. Setzen Sie sich mit genügend Abstand an
den Tisch des Personalverantwortlichen. Wenn Sie eine Unterarmlänge
Abstand halten, können Sie Ihre Sitzposition variieren, ohne gleich
mit den Knien an die Tischplatte zu stoßen. Außerdem bewahrt Sie
dies davor, sich auf dem Schreibtisch abzustützen oder Ihre Hände
darauf zu legen. Damit würden Sie eine Revierverletzung begehen:

Der Schreibtisch des Personalverantwortlichen gehört zu seiner Machtsphäre. Dringen Sie nicht unbefugt ein. Wenn Sie Unterlagen ablegen möchten, sollten Sie vorher um Erlaubnis fragen.

Auf dem Foto 18 sehen Sie die »offene Grundhaltung«. Auch hier ist der Bewerber in der Lage, dem Geschehen im Vorstellungsgespräch optimal zu folgen. Der offene Blick, die Möglichkeit, Spiel- und Standbein gelegentlich zu wechseln und die locker auf den Oberschenkel aufgelegten Hände lassen ihn wachsam und interessiert erscheinen.

Alle Gesprächspartner im Blick behalten

In Vorstellungsgesprächen treffen Sie meistens auf mehrere Personen: Personalverantwortliche, Fachvorgesetzte, Gruppenleiter, Betriebsratsmitglieder oder Geschäftsführer werden sich einen Eindruck von Ihnen machen wollen. Um diesen Eindruck positiv zu beeinflussen, sollten Sie darauf achten, dass Sie Ihre Sitzhaltung so ausrichten, dass Sie alle Personen in Ihrem Blickfeld haben. Vermeiden Sie es, sich nur auf eine Person auszurichten. Schauen Sie beim Antworten abwechselnd alle Anwesenden an.

Wechselt der Bewerber von der Rolle des Zuhörers in die des Sprechers, geht die »offene Grundhaltung« häufig in die »dynamische Grundhaltung« über, die Sie auf dem Foto 19 sehen. Der Bewerber ist mit seinem Oberkörper ganz leicht nach vorne gerückt und unterstreicht seine Worte mit Bewegungen der Hände.

Die »entspannte Grundhaltung«, zu sehen auf dem Foto 20, zeigt einen zuhörenden Bewerber, der sich seiner Stärken bewusst ist. Die leicht übereinander gelegten Beine behindern ihn nicht. Trainieren Sie, eine konzentrierte Grundhaltung einzunehmen. Insbesondere dann, wenn Sie an sich körpersprachliche Verspannungen wahrnehmen, die Ihre Gesprächspartner irritieren könnten. Damit hier keine Missverständnisse aufkommen: Selbstverständlich wird sich Ihre Körpersprache nicht »über Nacht« vollständig verändern. Mit etwas Übung wird es Ihnen jedoch künftig besser gelingen, körpersprachliche Anspannung und Konfrontation überhaupt wahrzunehmen, um sie dann schnell aufzulösen.

ÜBUNG

Die konzentrierte Grundhaltung

Diese Übung soll Ihnen helfen, in Vorstellungsgesprächen immer wieder zu einer entspannten Grundhaltung zurückkehren zu können. Folgendes können Sie üben und trainieren:

Setzen Sie sich auf einen Stuhl an einen Tisch und nehmen Sie die Neunzig-Grad-Winkel-Haltung ein (Foto 17). Bleiben Sie einen Moment in dieser Haltung und verändern Sie dann Ihre Sitzposition so, dass Sie Ihre bevorzugte konzentrierte Grundhaltung finden. Das kann die offene Grundhaltung (Foto 18) sein, aber auch die dynamische Grundhaltung mit etwas vorgebeugtem Oberkörper (Foto 19). Vielleicht entscheiden Sie sich aber auch für die entspannte Grundhaltung (Foto 20). Bei dieser Grundhaltung müssen Sie trainieren, das übergeschlagene Bein von Zeit zu Zeit zu wechseln und ab und zu beide Füße auf den Boden zu setzen. Sonst schlafen Ihre Beine ein.

Wenn Sie Ihre Lieblingsposition gefunden haben, sollten Sie üben, aus verspannten Haltungen immer wieder dahin zurückzukehren. Dazu nehmen Sie die folgenden Verspannungshaltungen ein und lösen diese anschließend auf:

→ Auf der Flucht (Foto 1)
→ Im Boden versinken (Foto 2)
→ Ich will nach Hause (Foto 3)
→ Efeuranke (Foto 4)
→ Breitbeinig hinsetzen
→ Vom Stuhl rutschen, das heißt der Hintern rutscht auf der Stuhl-fläche nach vorne.

Sie sind auf Vorstellungsgespräche optimal vorbereitet, wenn Sie zuerst ausarbeiten, was Sie Ihrem potenziellen Arbeitgeber inhaltlich vermitteln möchten. Anschließend trainieren Sie, diese Ausführungen – unterstützt durch eine angemessene Körpersprache – glaubwürdig zu vermitteln. Lassen Sie sich zur Vorbereitung die Fragen aus dem Teil »Vorstellungsgespräch: Persönliche Überzeugungsarbeit« von einem Freund oder Bekannten stellen, und nehmen Sie sich dabei mit einer Videokamera auf. Nach zwei bis drei Durchgängen werden Sie feststellen, dass Sie mit unseren Tipps und Hinweisen die Situation Vorstellungsgespräch sowohl inhaltlich als auch körpersprachlich deutlich besser in den Griff bekommen werden.

Nehmen Sie sich mit der Videokamera auf

Eine weitere Möglichkeit die Bedeutung einer angemessenen und überzeugenden Körpersprache praxisnah zu erleben, bietet Ihnen unser kostenloses 15-teiliges Videotraining »Das Vorstellungsgespräch«, das wir zusammen mit unserem Medienpartner *Focus Online* konzipiert und produziert haben. Sie finden das Videotraining auf unserer Homepage www.karriereakademie.de.

AUF EINEN BLICK

Auch mit Körpersprache überzeugen

→ Die Wirkung Ihrer Worte wird von Ihrer Körpersprache beeinflusst. Körpersprache kann in Vorstellungsgesprächen Ihre Glaubwürdigkeit beeinträchtigen und zu einer angespannten Atmosphäre führen oder dazu beitragen, Übereinstimmung herbeizuführen.

→ Anspannung ist Stress. Stress kann dazu führen, dass Sie einen Blackout bekommen. Anspannung verunsichert erst Sie selbst und dann Ihr Gegenüber.

→ Konfrontations- und Dominanzgesten werden von Ihren Gesprächspartnern als Kampfsignale verstanden. Die Gesprächsinhalte treten in den Hintergrund, es geht nicht mehr um Ihre Fähigkeiten und Kenntnisse, sondern nur noch darum, wer sich durchsetzt.

→ Stress- und Verlegenheitsgesten signalisieren Ihren Gesprächspartnern, dass Sie sich Ihrer Sache selbst nicht sicher sind. Erkennt man wunde Punkte bei Ihnen, werden Personalverantwortliche die Gelegenheit nutzen, Sie gezielt unter Druck zu setzen.

→ Trainieren Sie, in Gesprächen immer wieder eine konzentrierte Grundhaltung einzunehmen. Behindern Sie sich nicht selbst: Achten Sie darauf, dass Ihre Hände frei bleiben, dass Sie aufrecht sitzen und dass Ihre Beine im rechten Winkel auf dem Boden stehen.

→ Setzen Sie sich im Vorstellungsgespräch nicht zu dicht an den Tisch des Personalverantwortlichen und legen Sie nichts darauf ab (Revierverletzung). Halten Sie etwa eine Unterarmlänge Abstand.

→ Vermeiden Sie bei mehreren Gesprächspartnern, sich nur auf eine Person auszurichten. Schauen Sie beim Antworten abwechselnd alle Anwesenden an.

11

Globales Management: Englische Vorstellungs-gespräche

38. Das Job-Interview auf Englisch

Immer häufiger erreichen uns in unserer Beratungspraxis Anfragen von Führungskräften, die sich auf Job-Interviews in englischer Sprache vorbereiten wollen. In Zeiten globalisierter Arbeitsprozesse ist dies auch kaum verwunderlich. Ob Sie sich nun bei deutschen Tochterunternehmen US-amerikanischer Konzerne bewerben, für asiatische Konzerne oder Firmen in Europa tätig werden möchten oder eine Führungsposition im Ausland anstreben – als Führungskraft müssen Sie sich im internationalen Geschäftsleben sicher bewegen können, und entsprechende Englischkenntnisse sind dabei von nicht zu unterschätzender Bedeutung. Außerdem gibt es auch in Deutschland Unternehmen, die sich für Englisch als Geschäftssprache entschieden haben und deshalb bei ihrer Bewerberauswahl englische Job-Interviews einsetzen.

Job-Interviews auf Englisch haben in den letzten Jahren stark zugenommen. Betraf dies früher hierzulande überwiegend (deutschsprachige) Bewerber, die in den USA, in Großbritannien, Kanada, Australien oder Neuseeland arbeiten wollten, ist es mittlerweile anders geworden. Die ursprüngliche Gruppe der Auslandsbewerber gibt es natürlich immer noch. Aber zusätzlich gibt es heutzutage eine weitere Gruppe von Bewerbern, die sich englischen Job-Interviews stellen muss, allerdings direkt in Deutschland oder Europa. Festzuhalten bleibt also, dass der Einsatz der englischen Sprache bei der Personalauswahl in dem Maße zugenommen hat, in dem die Personalgewinnung internationaler geworden ist.

Europaweit tätige Personalberatungen führen daher Auswahlgespräche mit deutschen Kandidaten auf Englisch. Auch international tätige deutsche Unternehmen wollen sicherstellen, dass ihre zukünftigen Führungskräfte sich auf Englisch verständigen können. Tochterunternehmen amerikanischer Konzerne, die in Deutschland angesiedelt sind, benutzen zwar im Arbeitsalltag häufig die deutsche Sprache. Bei direkten Kontakten zum US-Headquarter oder bei internationalen Meetings ist dann aber ebenfalls Englisch gefragt. Da also Englisch im Arbeitsalltag eine immer größere Rolle spielt, werden mittlerweile englische Job-Interviews in Deutschland viel häufiger als früher eingesetzt.

Welche Unternehmen setzen englische Job-Interviews ein?

Die wichtigsten Fragenkomplexe im Überblick

Mit welchen englischen Fragen müssen Sie rechnen?

Es ist wichtig, mit genügend Material in das englische Job-Interview zu gehen. Eine gut ausgearbeitete Selbstpräsentation auf Englisch ist auch hier ein hervorragender Sicherungsanker. Darüber hinaus sollten Sie sich schon vorab mit typischen Fragen intensiv beschäftigen. Die folgende Übersicht zeigt Ihnen die verschiedenen Themenbereiche, die in englischen Job-Interviews angesprochen werden.

Fragen zur beruflichen Qualifikation:

→ Why should we give you the job? (Warum sollten wir gerade Sie einstellen?)

→ What can you do for us? (Was können Sie für uns leisten?)

→ Are you customer-oriented? (Verfügen Sie über Kundenorientierung?)

→ How good are your PC skills? (Wie gut sind Ihre PC-Kenntnisse?)

Fragen zum Unternehmen:

→ What do you know about our company? (Was wissen Sie über unsere Firma?)

Fragen zur persönlichen Qualifikation:

→ How do you cope with change? (Wie gehen Sie mit Veränderungen um?)

→ How do you motivate yourself for work duties? (Wie motivieren Sie sich für berufliche Aufgaben?)

→ Do you have a realistic self-image? (Ist Ihr Selbstbild realistisch?)

→ How do you deal with conflict? (Kennen Sie Ihr Konfliktverhalten?)

Fragen zur Führungserfahrung:

→ What kind of people manager are you? (Wie führen Sie Ihre Mitarbeiter?)

Im Folgenden stellen wir Ihnen nun zu jedem dieser Themenbereiche jeweils zwei englische Fragen und entsprechende ungünstige und gelungene Antworten vor.

Englische Beispielfragen und -antworten

Bitte beantworten Sie zunächst die Fragen, bevor Sie einen Blick auf unsere Beispielantworten werfen. Gleichen Sie Ihre Antworten ab. Modifizieren Sie bei Bedarf Ihre Antworten anhand unserer gelungenen Beispiele. Überlegen Sie sich zusätzlich individuelle Belege mit Praxisbezug, mit denen Sie Ihre Antworten plausibel ausgestalten können.

Frage 1: What made you apply for this job in particular?

....

....

....

....

Ungünstige Antwort auf Frage 1   I read your job advertisement, and I'm very interested in the position.

Gelungene Antwort auf Frage 1   When I read your job advertisement, I realized it was describing me. My present duties include calculating costs and soliciting quotations. I worked on a project where we achieved better supply chain integration through the selection of suppliers. I have several years experience in the areas of billing control, scheduling and data administration. I was particularly interested in the close liaison with field staff that you mentioned in the advertisement.

Frage 2: Could you summarize your background in a few sentences?

....

....

....

....

Ungünstige Antwort auf Frage 2   Well, after finishing Hauptschule I was unhappy with the situation, so I went back to school and did my Realschule leaving certificate. Then I did an apprenticeship as an electrical engineer. When I finished my apprenticeship, the firm didn't keep me on. I was able to get a service job with another firm. Now I'm responsible for service tasks and also have to travel a bit.

Gelungene Antwort auf Frage 2   After completing Realschule I decided to do an apprenticeship as an electrical engineer. Even as a trainee I took on service contracts independently. I realized that I was good at fault spotting and problem analysis in clients' systems. With my current employer I'm in charge of PLC programming for machines and preparing documentation and manuals. Also, my work includes commissioning machines for clients. I have a talent for building a good relation-ship with clients' operating crews, so lately I've taken over responsibility for briefing clients on site, too.

Frage 3: What are your strengths?

....
....
....
....

Ungünstige Antwort auf Frage 3 I'm highly motivated, flexible and a team player.

Gelungene Antwort auf Frage 3 I can produce good work under pressure – for example, I was able to keep on top of day-to-day work during the changeover to a new computer system. Our customers weren't even aware of the huge restructuring task that was under way. Another of my strengths is my knowledge of different aspects of the company's work. Alongside my usual office duties I frequently took on special interdepartmental tasks like product optimisation.

Frage 4: What can you do to take our company forward?

....
....
....
....

Ungünstige Antwort auf Frage 4 I can work hard and produce good results.

Gelungene Antwort auf Frage 4 I'm keen to give you the benefit of my experience in interdepartmental liaison. Through discussions with colleagues I have been able to reduce processing times in my company. My keen market awareness will also be useful to you.

Frage 5: What contribution can you make in your field of work to help us win more customers?

....
....
....
....

Ungünstige Antwort auf Frage 5 I think I would advocate price reductions.

Gelungene Antwort auf Frage 5 In production it's very important that no products leave the hall with defects of any kind. In previous jobs

I've been involved in quality assurance groups. So I know that we in production have to report back if manufacturing stages become so complicated that errors can occur. If we in production take care, the quality and reliability of our products can be improved – and then more customers will want them.

Frage 6: In your view, what do customers value about our products/ services?

....
....
....
....

Ungünstige Antwort auf Frage 6   Well, people can't do their own tax re-turns these days, it's all too complicated. People need a tax adviser.

Gelungene Antwort auf Frage 6   That they feel they're thoroughly taken care of. You offer a comprehensive service in your tax consultancy. Not just taxation advice, but also bookkeeping, company start-ups, help with inheritance issues and even property management. Clients get a complete package.

Frage 7: Which applications do you use for which tasks?

....
....
....
....

Ungünstige Antwort auf Frage 7   The ones that are appropriate – a word-processing application for letters and other suitable software.

Gelungene Antwort auf Frage 7   I work with Microsoft Office on a daily basis – Word for correspondence, Excel for statistics and Power-Point for presentations. On top of that, I also use specialist measuring and calculating software.

Frage 8: How did you acquire your software knowledge?

....
....
....
....

Ungünstige Antwort auf Frage 8   As I went along, by trial and error. I would have liked more support from my company. I'm sure I could do a lot more with the software if only I knew how.

Gelungene Antwort auf Frage 8   I taught myself to use Word with the help of tutoring CDs in my free time. The same goes for Power-Point. To learn Excel, I did an advanced course at evening school. To learn my company's specialist software, I did in-house training.

Frage 9: What impression do you have of our company?

....

....

....

....

Ungünstige Antwort auf Frage 9   A very good one so far. But I'll be working in the field, in any case.

Gelungene Antwort auf Frage 9   A very professional impression. There's an efficient, friendly atmosphere here. If I were a prospective customer, I would feel I was in good hands.

Frage 10: Where did you hear of our company?

....

....

....

....

Ungünstige Antwort auf Frage 10   From the job advert. That was the first time I heard of you.

Gelungene Antwort auf Frage 10   I've known of your company for several years. My first contact with you was at a trade fair. After that I often came across articles about you. I've been impressed time and again by your company's spirit of innovation.

Frage 11: Have you ever experienced budget cuts in your own workplace? How did you cope with them?

....

....

....

....

Ungünstige Antwort auf Frage 11   Budget cuts are a fact of life, even if they do cause a lot of disruption.

Gelungene Antwort auf Frage 71   It isn't easy when your budget is cut time after time. In my department we lost two out of ten jobs. The remaining colleagues had to divide up the work between them. Of course, that meant more work for every-one, but the workload was still manageable. Our advertising budget was cut as well. Together with the rest of the team I made sure that the remaining budget was only used for selected advertising channels with a high attention value.

Frage 12: Could you please give me two examples of your professional flexibility?

....
....
....
....

Ungünstige Antwort auf Frage 12   I had to relocate for my last employer, and I even had to cancel my leave once.

Gelungene Antwort auf Frage 12   I've often covered for colleagues, once for an extended period. And I've taught myself to use new software more than once.

Frage 13: What prompted your choice of training/university course?

....
....
....
....

Ungünstige Antwort auf Frage 13   I wasn't sure what I wanted to do. School doesn't really help you to make those kinds of decisions about your future career. So my choice was a bit random.

Gelungene Antwort auf Frage 13   At school I always had a strong interest in technical subjects/creative subjects/languages/science. I used my work placements to get a taste of different careers that might interest me and get my first real-world experience. I made my final decision after finding out about the career possibilities that training/a degree in ... would open up to me.

Frage 14: What motivates you in your daily work?

....

....

....

....

Ungünstige Antwort auf Frage 14 I tell myself that I have to pay the rent one way or another.

Gelungene Antwort auf Frage 14 I find it motivating to see things progressing. I like to set myself goals in my work. So I worked together with the customer service team to respond better to customers' wishes. It was a difficult task, but the positive feedback from customers encouraged me.

Frage 15: What are your strengths and weaknesses?

....

....

....

....

Ungünstige Antwort auf Frage 15 I have a good sense of what is achievable. My particular strengths are positive thinking, optimism without naivety and commitment. My weaknesses include the fact that I can be direct and stubborn. I'm always honest, but sometimes I'm not diplomatic enough.

Gelungene Antwort auf Frage 15 My strengths include teamwork. I have a good understanding of the processes involved in product management and know how I can best use the talents of the people involved. When there's a heavy workload, I can motivate others by making sure they understand how important their contribution is to the team's results. In addition, my good head for figures has always helped me to draw the right conclusions from market research. My weakness is that I'm a bit too direct, sometimes. I need to learn that departmental diplomacy is important to get a project started.

Frage 16: How will you approach your new colleagues?

....

....

....

....

Ungünstige Antwort auf Frage 16   I hope that my new colleagues will like me and won't be difficult.

Gelungene Antwort auf Frage 16   I'll try to establish a personal connection with each of my colleagues. That leads to better teamwork. Everyone has their favourite subjects that they like to talk about. I'll find out how things work and then help to get the job done.

Frage 17: What would the people in your present team criticise about you?

....
....
....
....

Ungünstige Antwort auf Frage 17   Not a lot, I hope. But you never really know what your colleagues think of you.

Gelungene Antwort auf Frage 17   Perhaps that I don't like to discuss the same point ten times. I know that it's important to consult people, but I do like things to keep moving forward.

Frage 18: How do you deal with criticism?

....
....
....
....

Ungünstige Antwort auf Frage 18   In an open-minded, honest way. That's what's expected.

Gelungene Antwort auf Frage 18   I listen to the criticism carefully. It can be helpful. It needs to be given in a constructive way, though. If I think the criticism isn't justified, I try to discuss the matter with the person in private. Most ill-feeling can be diffused in that way.

Frage 19: What management principles do you apply?

....
....
....
....

Ungünstige Antwort auf Frage 19 I think that humanity, expressed through intuition and empathy, is the key factor in situational management. Strong leadership needs to take a back seat to flexibility. Knowledge of human nature isn't entirely something you can learn, though. You still need a certain amount of natural leadership talent.

Gelungene Antwort auf Frage 19 I've achieved good results with management by objectives. Employees appreciate having clear goals to work towards, but freedom in how they achieve them. It's also important to back up your staff and get involved yourself, so as to keep things going in the right direction.

Frage 20: What positive comments would your present staff make about you? What negative comments would they make?

....

....

....

....

Ungünstige Antwort auf Frage 20 It would depend on which staff members you asked. There's always a troublemaker in the team. I think most of them would be very pleased with me, a few of them less so, but you have to put up with that as the manager.

Gelungene Antwort auf Frage 20 My staff would say that I'm always ready with advice and practical assistance, that I give them sufficient autonomy, and that they can rely on me. Sometimes, they grumble when I want results quickly. But they know that I won't set unattainable goals.

Weitere Fragen für Ihre Vorbereitung, einschließlich ausgearbeiteter Selbstpräsentationen und misslungener und gelungener Beispielantworten, finden Sie in unserem speziellen Ratgeber »Das überzeugende Vorstellungsgespräch auf Englisch. Die 200 entscheidenden Fragen und die besten Antworten.«

12

Führung »live«: Assessment-Center und Management-Audit

39. Mit welchen weiteren Auswahlschritten müssen Sie rechnen?

Mit einem Vorstellungsgespräch allein ist es meistens nicht getan. Wir haben es bei einer von uns betreuten Führungskraft sogar schon erlebt, dass sie zu sieben Gesprächen bei einer Firma eingeladen wurde, bevor es dann endlich zu einer Entscheidung kam. Häufig reichen aber zwei bis drei Termine für eine endgültige Einstellungsentscheidung des Unternehmens. Allerdings gilt gerade für die Einstellung von Führungskräften, dass jede Firma ihre speziellen Vorlieben hinsichtlich der inhaltlichen Ausgestaltung der einzelnen Auswahlschritte hat. Was könnte Sie also alles nach dem ersten Gespräch noch erwarten?

Auswahlhürden für Führungskräfte

Manche Firmen setzen ausschließlich auf Vorstellungsgespräche, allerdings in wechselnder Besetzung, andere Firmen schwören auf Assessment-Center, teilweise als Gruppenauswahlverfahren, teilweise als Einzelassessment. In den letzten Jahren stellen wir als neuen Trend fest, dass man Führungskräfte zwar in Aktion erleben will, Assessment-Center aber als zu aufwändig eingeschätzt werden. Dann treffen die künftigen Führungskräfte in Runde zwei oder drei des Auswahlverfahrens auf ausgewählte Assessment-Center-Übungen, und zwar insbesondere auf Fallstudien und/oder Kundengespräche.

Vorstellungs- gespräche, Assess- ment-Center und Mischformen

Vorstellungsgespräch in wechselnder Besetzung

Die meisten Führungskräfte werden sich einer Serie von Auswahlgesprächen stellen müssen. Manchmal findet das erste Gespräch mit dem beauftragten Personalberater (Headhunter) der suchenden Firma statt, Gespräch Nummer zwei dann mit künftigen Fachvorgesetzten und/oder den Firmenlenkern, die häufig auch Eigentümer sind. Ein anderes Mal kann es so sein, dass die Bewerber im ersten Gespräch sowohl auf Personalverantwortliche aus der Firma als auch auf den künftigen Fachvorgesetzten treffen und diese Konstellation für das zweite Gespräch beibehalten wird. Oder man trifft bereits beim ersten Treffen auf Mitglieder der Geschäftsleitung und andere Entscheider des oberen Managements, allerdings ohne den künftigen direkten Vorgesetzten zu treffen. In diesem Fall sollten Sie zu Ihrer eigenen Absicherung darauf bestehen, Ihren künftigen direkten Ansprechpart-

Vorgehen in großen Gesprächsrunden

ner beim zweiten Termin kennen zu lernen. Sonst bekommen Sie womöglich zwischenmenschliche Probleme in der Probezeit.

Die Gesprächsrunden, auf die Führungskräfte treffen, sind oft groß. Je nach Unternehmen, aber auch im öffentlichen Dienst, sind Gruppengrößen von drei bis fünf Gesprächspartnern durchaus üblich. Manchmal müssen Sie sich sogar Fragerunden stellen, denen auf der Arbeitgeberseite sieben oder mehr Teilnehmer angehören – beispielsweise weil Betriebsrat, Personalrat, externer Personalberater und interne Personalmitarbeiter und darüber hinaus auch noch Führungskräfte aus Zweigniederlassungen und aus der Firmenzentrale sich ein eigenes Bild von Ihnen und Ihren Fähigkeiten machen wollen.

Auch wenn es in größerer Gesprächsrunde sicherlich einzelne Wortführer geben wird, sollten Sie nicht unabsichtlich in einen Dialog mit den Fragestellern einsteigen, der auf Dauer alle anderen ausschließt. Suchen Sie, so gut es geht, zu allen Gesprächspartnern abwechselnd den Blickkontakt, während Sie auf Fragen antworten.

Assessment-Center als Gruppenauswahlverfahren

Mithilfe von Assessment-Centern möchten Unternehmen, in letzter Zeit aber auch verstärkt der öffentliche Dienst, Ihre berufliche Eignung überprüfen, und zwar anhand einer Serie von Aufgabenstellungen, die Bezug zu Ihren künftigen Aufgaben haben (sollten). Assessment-Center sind üblicherweise Gruppenauswahlverfahren, das heißt, dass mehrere Kandidaten eingeladen und ein oder zwei Tage von einer Gruppe von Beobachtern begutachtet werden. Oft verstecken sich Assessment-Center hinter anderen Bezeichnungen, beispielsweise:

→ **Potenzialanalyse,**
→ **Bewerberrunde mit individuellen Gesprächen und berufstypischen Übungen,**
→ **Gruppenauswahlverfahren,**
→ **Karriereworkshop,**
→ **Management-Potenzial-Analyse oder**
→ **Management-Audit.**

Allen diesen Auswahlverfahren ist gemeinsam, dass die Übungen aus den in den 1960er Jahren für Unternehmen der Privatwirtschaft entwickelten Assessment-Centern die Basis bilden. Die Übungen wurden im Lauf der Zeit modifiziert, die Aufgabentypen sind aber weitgehend gleich geblieben.

In der folgenden Übersicht »Übungen im Assessment-Center« haben wir für Sie die häufigsten Situationen, die Sie in diesem Auswahlverfahren erwarten, zusammengestellt.

Übungen im Assessment-Center

→ Selbstpräsentation,
→ Gruppendiskussionen
   → führerlos oder geführt
   → mit oder ohne Rollenvorgabe,
→ Interviews,
→ Rollenspiele
   → Mitarbeitergespräch
   → Kundengespräch,
→ Fallstudien,
→ Konstruktionsübungen,
→ Vorträge
   → mündliche Themenpräsentation mit anschließender Diskussion
   → vorgegebenes oder selbst gewähltes Thema,
→ Postkorb
   → mit schriftlicher Ergebnispräsentation
   → mit mündlicher Ergebnispräsentation und Befragung,
→ Aufsätze
   → schriftliche Themenpräsentation
   → vorgegebenes oder selbst gewähltes Thema,
→ Tests,
→ Selbst- und Fremdeinschätzung.

Da die Übungen im Assessment-Center heute stärker als früher auf künftige Einsatzfelder im Unternehmen ausgerichtet werden, hat das Assessment-Center mehr denn je den Charakter einer Arbeitsprobe vor ausgewähltem Publikum bekommen. Das reine Schaulaufen unter Laborbedingungen ist einer größeren Praxisnähe gewichen. Das bedeutet aber auch, dass Unternehmen ebenso wie der öffentliche Dienst jetzt ein ganz bestimmtes Arsenal an Methoden zur Bewältigung der Übungen verlangen. Wer bei Mitarbeitergesprächen keine Kommunikationstechniken einsetzt, Gruppendiskussionen ohne Moderationswissen und Vorträge ohne Visualisierungen angeht, verspielt ein gutes Ergebnis. Die Beobachter, also die Entscheider aus dem Firmenmanagement, wollen bereits im Assessment-Center sehen, dass die Teilnehmer sich im späteren Arbeitsalltag als Führungskraft auch bewähren werden.

Arbeitsprobe vor ausgewähltem Publikum

Assessment-Center als Einzelauswahlverfahren

Assessment-Center werden nicht nur als Gruppenauswahlverfahren eingesetzt, manche Unternehmen überprüfen interessante Kandidaten auch im Einzelassessment. Ab einer gewissen Hierarchiestufe verweigern sich externe Kandidaten für Führungspositionen Gruppen-Assessment-Centern. Um diese grundsätzlich ja sehr interessanten Kandidaten nicht ungewollt zu einer Aufgabe ihrer Bewerbung zu bringen, werden dann Einzelassessments durchgeführt – häufig von externen Managementberatungen, die dann mit ihren Testbatterien das Leistungs- und Belastungspotenzial der Kandidaten durchleuchten sollen.

Zusätzliche Aufgaben

Die Übungen im Einzelassessment entsprechen überwiegend denen von Gruppen-Assessment-Centern. Verzichtet wird aber auf Gruppendiskussionen und Gruppenübungen. Dafür stehen Präsentationstechniken (Vortrag/Fallstudie) und Strategien der Gesprächsführung (Mitarbeiter-/Kundengespräch) im Vordergrund. Häufig treffen Sie dann auch auf sogenannte Ankreuztests, die dabei helfen sollen, Ihre Persönlichkeit differenzierter zu erfassen.

Trend: Fallstudien und/oder Kundengespräche

Präsentation aktueller Fragestellungen

Dass Führungskräfte zu einem zweiten Gespräch eingeladen werden und die Einladung damit verbunden ist, dass der Bewerber eine aktuelle, vom Unternehmen vorgegebene Aufgabe aus seinem künftigen Arbeitsbereich präsentieren soll, erleben wir in letzter Zeit häufiger. Das ist zwar noch nicht so häufig der Fall, dass jeder zweite Bewerber um einen Führungsposten damit rechnen muss, aber schätzungsweise jeder zehnte Bewerber muss bereits im Auswahlverfahren vor ausgewähltem Publikum zeigen, wie er komplexe Aufgabenstellungen analysiert, die Kernprobleme herausarbeitet und Lösungsansätze formuliert. Darüber hinaus hat er sich einer kritischen Fragerunde zur Präsentation zu stellen, die sich aus den Entscheidern auf der Firmenseite zusammensetzt. Üblicherweise informiert Sie die Firma im Vorfeld darüber, auf welche Weise Sie präsentieren sollen. Digitale Präsentationen mithilfe von Notebook und Beamer werden hier genauso häufig verlangt wie klassische Flip-Chart-Präsentationen mit Filzstift und Papier.

Wenn es um Führungsstellen im Vertrieb geht, werden im zweiten Vorstellungsgespräch auch gerne Kundengespräche simuliert. Dies müssen nicht immer Verkaufsgespräche mit Endkunden sein. Vielmehr haben wir es schon erlebt, dass künftige Key-Account-Manager in Rollenspielen auf – von Firmenangehörigen gespielte – Einkäufer großer Handelsketten treffen. Dann wird anhand der vorgegebenen Aufgabenstellung »live« überprüft, wie es um die Verhandlungsführung, Durchsetzungsfähigkeit und Abschlusssicherheit der Bewerber bestellt ist.

Wenn Sie mit einer Einladung zu einem Assessment-Center rechnen oder sich einfach intensiv mit diesem Auswahlverfahren auseinandersetzen möchten, empfehlen wir Ihnen unseren Praxisratgeber »Training Assessment-Center. Die häufigsten Aufgaben – die besten Lösungen« oder unseren Longseller »Assessment-Center-Training für Führungskräfte. Die wichtigsten Übungen – die besten Lösungen«. Wir machen Sie in diesen Ratgebern ausführlich mit den unterschiedlichen Übungstypen vertraut und stellen Ihnen gern verwendete Aufgabenstellungen direkt aus der Firmenpraxis vor. Und wir informieren Sie weiter über typische Fehler unvorbereiteter Kandidaten und führen Sie in sinnvolle Strategien ein, damit Sie Ihre Assessment-Center-Übungen erfolgreich bewältigen können.

40. Worum geht es im Assessment-Center?

Wenn es um Personalfragen geht, vertrauen immer mehr Unternehmen auf das Assessment-Center. Bei der Auswahl neuer Mitarbeiter genügen vielen Personalverantwortlichen die Sichtung von Bewerbungsmappen und das Führen von Vorstellungsgesprächen nicht mehr. Sie möchten auch wissen, wie sich Kandidaten live bewähren – und führen deshalb Assessment-Center durch.

Auch in der internen Personalentwicklung gewinnt das AC einen immer höheren Stellenwert und nimmt neben Beurteilungsgesprächen und Empfehlungen der Vorgesetzten eine wichtige Rolle ein. Nicht selten ist das AC auch das Nadelöhr, durch das Mitarbeiter müssen, um eine Führungsposition übernehmen zu dürfen. Zunächst einmal möchten wir uns der Frage zuwenden, was ein Assessment-Center überhaupt ist und wie es abläuft.

Was ist ein Assessment-Center?

Assessment-Center können ein- oder zweitägig angelegt sein. Inzwischen setzt sich bei der Mehrzahl der Unternehmen – vor allen Dingen aus Kostengründen – die eintägige Variante durch.

Wer beobachtet Sie?   Im Assessment-Center wird die Kandidatengruppe von mehreren Beobachtern aus dem Unternehmen begutachtet. Meistens werden Linienvorgesetzte als Beobachter eingesetzt, die zwei Stufen über den zu prüfenden Kandidaten stehen. Bewerben Sie sich also für die Position eines Abteilungsleiters, könnten die Beobachter Bereichsleiter sein, falls die Zwischenstufe Hauptabteilungsleiter im Unternehmen etabliert ist. Berufseinsteiger treffen üblicherweise auf Beobachter, die Abteilungsleiter sind.

Mit der Durchführung des Assessment-Centers wird entweder die interne Personalabteilung beziehungsweise -entwicklung beauftragt, oder es wird eine externe Personal- beziehungsweise Unternehmensberatung engagiert. Üblicherweise führt ein Vertreter der hausinternen Abteilung für Personalfragen oder ein Personalberater als Moderator durch das Assessment-Center. Er erläutert die Übungen, gibt Schriftstücke aus und beginnt und beendet die einzelnen Übungen. Damit die Beobachter aus der Firma wissen, auf welche Details sie im Assessment-Center besonders zu achten haben, werden sie auf diese

Aufgabe vorbereitet. Dabei erklärt man ihnen, unter welchen Aspekten sie die Kandidaten in den einzelnen Übungen besonders zu beobachten haben.

Was wird geprüft?

Der Fokus im Assessment-Center liegt ganz klar auf der Beurteilung der Soft Skills, die auch soziale Kompetenz, Persönlichkeitsmerkmale oder außerfachliche Kompetenzen genannt werden: Mit möglichst berufsnahen Aufgabenstellungen soll die Persönlichkeit der Bewerber überprüft werden. Ein Assessment-Center ist also kein Wissenstest, sondern vielmehr ein Verhaltens-Check. Da inzwischen alle Unternehmen gemerkt haben, wie wichtig Soft Skills sind, wollen sie diese auch möglichst genau überprüfen.

Soft Skills

In den einzelnen Übungen werden unterschiedliche Soft Skills abgefragt. So führt das Unternehmen beispielsweise Gruppendiskussionen durch, um festzustellen, wie ausgeprägt die Merkmale Überzeugungsfähigkeit, Veränderungskompetenz, Einfühlungsvermögen, Argumentationsverhalten, Kooperationsfähigkeit oder Wertschätzung bei den Kandidaten sind. In Mitarbeitergesprächen hingegen werden eher Soft Skills wie Durchsetzungsvermögen, Zielorientierung, Entscheidungsfreude, Sensibilität oder unternehmerisches Denken überprüft.

Es ist auch unter Personalverantwortlichen ein offenes Geheimnis, dass eine der Hauptleistungen der Kandidaten und Kandidatinnen darin besteht, sich über die Anforderungen klar zu werden, die in den einzelnen Übungen an sie gestellt werden. Dabei gibt es ein allgemeines Leitbild, an dem Sie sich grob orientieren können: Meistens setzt sich nämlich der *unternehmerisch denkende, entscheidungsfreudige* und *stressresistente Teamplayer* durch. Natürlich gibt es hier auch Abweichungen. So wird bei den verschiedenen Assessment-Centern eine unterschiedlich ausgeprägte Durchsetzungsfähigkeit eingefordert: Bei der Personalauswahl für Positionen im Außendienst verlangen manche Unternehmen beispielsweise einen höheren Durchsetzungsfaktor als bei einem AC zur Personalentwicklung von Projektleitern, bei denen es ihnen eher auf das Kooperationsverhalten ankommt.

In Ihre Vorbereitung für das Assessment-Center sollten Sie unbedingt auch Informationen über die ausgeschriebene Stelle einfließen lassen. Wie Sie an diese Informationen gelangen, erläutern wir Ihnen in Kapitel 43: »AC-Taktik: Erkennen Sie die Anforderungen«.

Leitbild

Grundsätzlich können Sie sich sehr gut an unserem Leitbild orientieren: Geben Sie sich unternehmerisch denkend, indem Sie bei Ihren Argumentationen und Präsentationen die Kosten im Blick behalten. Dokumentieren Sie Ihre Entscheidungsfreude, indem Sie eindeutige Empfehlungen aussprechen. Weisen Sie Ihre Stressresistenz nach, indem sie körpersprachlich souverän auftreten, und geben Sie sich als Teamplayer, der auf Vorschläge anderer eingehen kann und darauf achtet, dass alle Beteiligten ihre Ideen einbringen können.

Grundgerüst von Assessment-Centern

Assessment-Center bestehen aus verschiedenen Übungen, in denen sich die Ursprungsidee klar wiederfinden lässt, die Kandidaten in unterschiedlichen Situationen zu erleben, die so auch im Berufsleben auftauchen können. Welche Übungen Ihnen begegnen können, haben wir bereits für Sie zusammengefasst (Übersicht »Übungen im Assessment-Center«).

Offizielle und heimliche Übungen

Zusätzlich zu diesen offiziellen Übungen gibt es auch noch die sogenannten heimlichen Übungen: Beim Assessment-Center stehen Sie nämlich die ganze Zeit unter Beobachtung, und das schließt auch die Pausen mit ein. Wer beispielsweise beim Mittagessen über Kollegen oder die Art der Durchführung des Assessment-Centers herzieht, kassiert Minuspunkte. Oft wird sogar erwartet, dass Sie von sich aus auf die anderen Kandidaten zugehen und etwas Small Talk betreiben. Weitere Informationen dazu bekommen Sie in Kapitel 51 (»Heimliche Übungen«).

Nicht in jedem Assessment-Center werden alle genannten Übungen eingesetzt. Es gibt aber ein Grundgerüst, das Sie fast immer erwartet: nämlich die Übungstypen Selbstpräsentation, Gruppendiskussion, Vortrag und Mitarbeitergespräch beziehungsweise Kundengespräch. Im gängigen Szenario eines zweitägigen Assessment-Centers finden sich zusätzlich die Übungen Fallstudie und Postkorb. Manche Unternehmen setzen zusätzlich auch noch Tests ein. Damit Sie eine genauere Vorstellung davon bekommen, wie Unternehmen das Assessment-Center im Einzelnen aufbauen, stellen wir Ihnen in Kapitel 12 (»Beispielhafte Abläufe von Assessment-Centern«) exemplarisch vor, wie die Praxis hier aussieht.

Ihre Mitarbeit ist wichtig!

Wir haben diesen Praxisratgeber zur Vorbereitung für ein AC an unser Vorgehen im Coaching angelehnt. Schritt für Schritt machen wir Sie mit den unterschiedlichen Übungstypen vertraut. Sie lernen gern verwendete Aufgabenstellungen kennen, erhalten Hintergrundinformationen zu den Vorlieben der Beobachter und wir informieren Sie über typische Fehler unvorbereiteter Kandidaten. Dann steigen wir mit Ihnen in sinnvolle Strategien ein, damit Sie die Übungen erfolgreich bewältigen können. In jeder Übung ist Ihre praktische Mitarbeit gefragt. Sie müssen:

→ eine Selbstpräsentation entwerfen,
→ Beiträge für Gruppendiskussionen ausformulieren,
→ in Mitarbeitergesprächen flexibel reagieren,
→ in Verkaufsgesprächen überzeugen,
→ in Reklamationsgesprächen sachlich bleiben,
→ in Verhandlungen Ihre Position vertreten,
→ Vorträge strukturieren und
→ im Interview überzeugende Antworten geben,
→ Themen für den Small Talk vorbereiten,
→ Fallstudien bearbeiten,
→ den Postkorb bewältigen.

Es ist uns ganz wichtig, dass Sie intensiv in die Übungsarbeit einsteigen. Je besser Sie sich auf den Ernstfall vorbereiten, desto besser werden Sie auch im AC abschneiden.

Nutzen Sie bei Ihrem Training auch Hilfsmittel wie Videokamera und Flipchart. Mit einer Videokamera können Sie Ihr Zeitmanagement überprüfen, Ihre Übungsleistungen dokumentieren und sie anschließend auch auswerten. Unsere Checklisten am Ende jedes Übungskapitels geben Ihnen wichtige Hinweise, worauf Sie achten sollten und wo Sie mit Ihrer Optimierung ansetzen können. Es lohnt sich ebenfalls, ein paar Flipchartbögen und Stifte zu erwerben, um zu Hause in Ruhe Skizzen zu entwerfen. Gleichzeitig lernen Sie auch, dass Sie an der Flipchart anders schreiben, als wenn Sie sich Notizen auf einem Schreibblock machen. So können Sie sich noch besser in die Situation im Assessment-Center hineinfinden. Genauso können Sie Overheadfolien kaufen, um auch das Beschriften von Folien zu üben. Je realitätsnäher Sie üben, desto mehr Sicherheit werden Sie gewinnen.

Nützliche Hilfsmittel

Auch das AC-Verfahren entwickelt sich kontinuierlich weiter. Da wir seit rund 20 Jahren Kandidatinnen und Kandidaten auf das Assessment-Center vorbereiten, bekommen wir ständig Informationen aus erster Hand. An diesen Informationen möchten wir Sie teilhaben lassen. Im nächsten Kapitel erfahren Sie, wie sich das Assessment-Center in den letzten Jahren entwickelt hat.

41. Das ist neu:
Trends im Assessment-Center

Assessment-Center werden mittlerweile seit 40 Jahren in der Wirtschaft bei der Personalarbeit eingesetzt. Ihren Siegeszug begannen sie in den USA. Seit etwa 30 Jahren werden sie auch im deutschsprachigen Raum verstärkt verwendet. Dabei haben sich im Laufe der Jahre einige Veränderungen ergeben. Die wichtigste Veränderung dabei ist: Assessment-Center sind immer praxis- und berufsnäher geworden.

In der AC-Höhle   In der Anfangszeit des Einsatzes von Assessment-Centern hatten viele Teilnehmerinnen und Teilnehmer Schwierigkeiten mit den Aufgabenstellungen, weil diese oft unrealistisch waren und wenig Bezug zur betrieblichen Praxis hatten. So gab es beispielsweise als Gruppendiskussionsthema das sogenannte Höhlendilemma. Hier lautet das Szenario folgendermaßen: »Sie sind mit Ihrer Gruppe in einer Höhle eingeschlossen. Das Wasser steigt kontinuierlich, in 20 Minuten wird der Wasserpegel die Höhlendecke erreicht haben. Das Rettungsteam wird in dieser Zeit nur einen aus Ihrer Gruppe bergen können. Setzen Sie in der Diskussion durch, dass Sie die wichtigste Person sind, die es demzufolge zu retten gilt.«

Selbstverständlich ließen sich mit solchen Übungen auch Belastbarkeit und Durchsetzungsvermögen testen. Allerdings kamen den Unternehmen doch Bedenken, ob die Ergebnisse auch auf den betrieblichen Alltag übertragbar sind.

Mehr Berufsnähe

In dem Maße, in dem soziale Kompetenzen eine immer wichtigere Rolle für den Berufsalltag spielten, wurden auch die Übungen im Assessment-Center praxisnäher. Mit der zunehmenden Bedeutung strategischer Personalarbeit rückten auch Eigenschaften wie Teamfähigkeit, Überzeugungskraft, kommunikatives Geschick, unternehmerisches Denken, Ergebnisorientierung und Motivationsstärke mehr in den Vordergrund. So geht es heute in Gruppendiskussionen glücklicherweise nicht mehr um das Höhlendilemma, sondern um Kundenorientierung, Marketingstrategien oder die Optimierung des Vertriebs.

Darüber hinaus wird heute mehr als früher zwischen unterschiedlichen Gruppen von Teilnehmern unterschieden. Es gibt spezielle

Assessment-Center für Berufseinsteiger, Young Professionals, Vertriebsspezialisten, künftige Führungskräfte und das Topmanagement. Im Zuge dieser Entwicklung sind die jeweiligen Aufgaben heute mehr auf die zukünftigen Tätigkeitsfelder zugeschnitten als früher. Künftige Führungskräfte führen mehr Mitarbeitergespräche, in denen es um Kritik oder Motivation geht. Bei Positionen im Vertrieb geht es dagegen in erster Linie um Verkaufs- und Reklamationsgespräche mit Kunden.

Vorbereitet auf den ständigen Wandel

Auch wenn die früheren absurden Übungen, wie das Höhlendilemma, stark an Bedeutung verloren haben und heute praxisnähere Übungen im Mittelpunkt stehen: Assessment-Center sind keine Selbstläufer! Im Gegenteil, die Anforderungen der Unternehmen sind eher gestiegen. Da die Firmen sich heute noch mehr als früher einem ständigen Wandel unterworfen sehen, fordern sie auch von den Kandidaten und Kandidatinnen die Fähigkeit ein, sich flexibel zu verhalten und sich schnell auf neue Situationen einstellen zu können. Schließlich sind Restrukturierungen, Übernahmen, Zusammenschlüsse und Outsourcing in den Unternehmen nicht nur aktuelle, sondern auch zukünftige Themen. Dies spiegelt sich auch in den Aufgabenstellungen in Assessment-Centern wider. So wird bei zukünftigen Führungskräften getestet, ob Sie Mitarbeiter auch angesichts sinkender Budgets bei der Stange halten können. Daneben müssen Sie auch immer häufiger als Übung schlechte Nachrichten überbringen, wie einen Personalabbau, Standortwechsel oder den Wegfall von Führungsebenen.

Auf diese neuen Aufgabenstellungen sind die wenigsten Kandidaten vorbereitet. In unserer Beratungspraxis müssen wir immer wieder feststellen, dass sich viele schwer damit tun, in der Stresssituation Assessment-Center die geforderten Leistungen zu erbringen. Dies ist leider auch dann der Fall, wenn sie in der Vergangenheit Umbruchsituationen bereits erfolgreich gemeistert haben. Eine sinnvolle Vorbereitung setzt daher an verschiedenen Punkten an: Zunächst gilt es, sich in den unterschiedlichen Übungen gründlich mit den von den Unternehmen bevorzugten Themen zu beschäftigen. Darüber hinaus sollten Bewerber und Bewerberinnen ihr persönliches Methodenarsenal im Hinblick auf die jeweilige Übung ausbauen.

Fit für die neuen Anforderungen im AC

Lassen Sie sich von uns im weiteren Verlauf dieses Praxisratgebers anhand zahlreicher Beispiele und Übungen zeigen, was die Unternehmen von Ihnen erwarten und wie Sie diese Erwartungen erfüllen können.

42. Beispielhafte Abläufe von Assessment-Centern

Damit Sie einen konkreten Eindruck davon bekommen, welche Übungen einzelne Unternehmen im Assessment-Center einsetzen, stellen wir Ihnen in diesem Kapitel authentische Beispiele vor. Diese drei ACs haben genau so stattgefunden, wie wir sie auf den folgenden Seiten beschreiben. Neben den Gruppen-ACs haben wir für Sie auch ein Einzel-AC für künftige Führungskräfte dargestellt.

Sie lernen sowohl die einzelnen Assessment-Center-Typen kennen als auch den Einsatz der AC-Methode in unterschiedlichen Branchen. Diese Beispiele werden Ihnen dabei helfen, einen besseren Eindruck davon zu bekommen, was Sie erwarten könnte:

→ **Personalentwicklungs-AC bei einem Pharmaunternehmen**
→ **Management-Audit bei einem Versorgungsunternehmen**
→ **Mitarbeiterauswahl-AC bei einem Versicherungskonzern**

BEISPIEL

Assessment-Center bei einem Pharmaunternehmen

Zweck:	Personalentwicklung
Typ:	Gruppen-AC
Dauer:	eintägig
Zusammensetzung:	8 Kandidaten, 6 Beobachter, 1 interner Moderator aus der Personalabteilung

Ablauf

Selbstpräsentation: Vorstellungsrunde
keine Vorbereitungszeit, Präsentationszeit: 5 Minuten
Aufgabe: den Werdegang und die aktuellen Aufgaben darstellen

Vortrag: Vorstandspräsentation Business-Case

Vorbereitungszeit:	120 Minuten, Präsentationszeit: 30 Minuten, anschließend Fragerunde
Aufgabe:	Durchsicht umfangreichen Materials (Business-Case) und anschließende Präsentation vor einem virtuellen Vorstand. In der Fragerunde wurden Detailfragen als Stressfaktor eingesetzt.

Gruppendiskussion 1: Abteilungsbesprechung
Vorbereitungszeit: 90 Minuten, Diskussionszeit: 40 Minuten
Aufgabe: vorhandene Arbeitsmenge auf künftig reduzierte
                       Mitarbeiteranzahl verteilen

Aufsatz: Projektkonzept erarbeiten
Zeit: 90 Minuten
Aufgabe: als virtueller Abteilungsleiter ein Projektkonzept für eine
                       neue Produktmarketingkampagne erstellen

Gruppendiskussion 2: Projektmeeting
keine Vorbereitungszeit, Grundlage ist das Projektkonzept,
                       Diskussionszeit: 40 Minuten
Aufgabe: das Projektkonzept mit anderen virtuellen Abteilungslei-
                       tern besprechen und durchsetzen

Mitarbeitergespräch: Degradierung
Vorbereitungszeit: 60 Minuten, Gesprächszeit: 30 Minuten
Aufgabe: einem virtuellen Mitarbeiter Führungsaufgaben entzie-
                       hen, aber ihn weiter als Spezialisten im Unternehmen
                       halten

BEISPIEL

Assessment-Center bei einem Versorgungsunternehmen

Zweck: Management-Audit zur Führungskräftesichtung
Typ: Gruppen-Assessment-Center
Dauer: eineinhalbtägig
Zusammensetzung: 10 Kandidaten, 9 Beobachter, 1 Moderator

Ablauf

1. Tag

Selbstpräsentation: Vorstellungsrunde
Vorbereitungszeit: 10 Minuten, Präsentationszeit: 10 Minuten
Aufgabe: Kurzvorstellung und Beantwortung folgender Fragen:
                       Welches Führungsmodell bevorzugen Sie? Welche Erfolge
                       konnten Sie in den letzten zwei Jahren erzielen? Wo lie-
                       gen Ihre Entwicklungsziele?

Interview: Umgang mit Herausforderungen
Zeit: 40 Minuten
Aufgabe: Fragen zum Umgang mit beruflichen Herausforderungen
                       beantworten

Postkorb: Entscheidungsübung
Zeit: 90 Minuten

Aufgabe: Postkorb durcharbeiten, Entscheidungen treffen und
                          schriftlich begründen

Gruppendiskussion: Kundenorientierung
Vorbereitungszeit: 40 Minuten, Diskussionszeit: 30 Minuten
Aufgabe: Wie lässt sich die Kundenorientierung im Unternehmen
                          erhöhen?

Präsentation: Themenvergabe
Hintergrund: Kurz vor dem Ende des ersten Tages werden verschie-
                          dene Themen für die Präsentationen am nächsten Tag
                          vergeben. Die Beobachter registrieren, welcher Kandidat
                          welches Thema auswählt.

2. Tag

Präsentation: verschiedene Themen
keine Vorbereitungszeit, Thema musste über Nacht erarbeitet werden, Präsentationszeit 15 Minuten
Aufgaben: beispielsweise vom Mitbewerber lernen, neue Kundenpo-
                          tenziale zu identifizieren, interne Optimierungspotenziale
                          aufdecken, Wissensmanagement

Besprechung der Postkorbergebnisse
Zeit: 30 Minuten
Aufgabe: die beim Postkorb getroffenen Entscheidungen erläutern,
                          kritische Nachfragen der Beobachter

Heimliche Übung: freiwilliges Mittagessen
Dauer: unbestimmt
Hintergrund: Nach Abschluss des offiziellen Teils besteht für die Kan-
                          didaten die Möglichkeit, zusammen mit den Beobachtern
                          freiwillig an einem ausgedehnten Mittagessen teilzuneh-
                          men.

BEISPIEL

Assessment-Center bei einem Chemiekonzern

Zweck: Potenzialerfassung für zukünftige Führungskräfte
Typ: Einzel-AC
Dauer: eintägig
Zusammensetzung: 1 Kandidat, 4 Beobachter, 1 Moderator aus externer Per-
                          sonalberatung

Ablauf

Vortrag: Präsentation über Investitionsentscheidungen

Vorbereitungszeit: 90 Minuten, Präsentationszeit: 20 Minuten
Aufgabe: nach neuen Standorten für Produktionsanlagen suchen;
                          länderspezifisches Infomaterial sichten; während der
                          Präsentation kritische Zwischenfragen durch die Beob-
                          achter

Test: Leistungstest
keine Vorbereitungszeit, Testdauer: 60 Minuten
Aufgabe: verschiedene Testbatterien aus dem Bereich Konzentra-
                          tion

Mitarbeitergespräch: Einführung von Zielvereinbarungen
Vorbereitungszeit: 40 Minuten, Gesprächszeit: 20 Minuten
Aufgabe: Zielvereinbarungen auf Mitarbeiterebene einführen,
                          Widerstände ausräumen

Kundengespräch: Produktprobleme
Vorbereitungszeit: 40 Minuten, Gesprächszeit: 30 Minuten
Aufgabe: wichtigen Kunden, der wegen wiederholter Produktprob-
                          leme verärgert ist, besänftigen; Konsens finden, der so-
                          wohl die Kundenwünsche als auch die Interessen des ei-
                          genen Unternehmens berücksichtigt

Selbsteinschätzung: Fragebogen
keine Vorbereitungszeit, Dauer: 15 Minuten
Aufgabe: Einschätzung der eigenen Stärken und Schwächen

43. AC-Taktik: Erkennen Sie die Anforderungen

Wenn wir unsere Kunden in Coachings auf Assessment-Center vorbereiten, setzen wir an mehreren Punkten an. Bevor wir in die Übungen einsteigen, sprechen wir zunächst darüber, wie sich das Unternehmen selbst sieht und welche Trends in dem jeweiligen Arbeitsgebiet zu verzeichnen sind. Zudem klären wir, ob es vielleicht auch möglich ist, dass die Kandidaten und Kandidatinnen über Kollegen an interne Informationen des jeweiligen Unternehmens kommen.

Das Selbstverständnis des Unternehmens

Da die Beobachter im AC aus dem Unternehmen kommen, bietet es sich an, vorab herauszufinden, welche Themen und Strategien diese Entscheider aktuell beschäftigen. Daher gehört für uns zur Vorbereitung auf Assessment-Center auch eine gründliche Internetrecherche. Auf den Homepages der Unternehmen finden Sie vielfältige Informationen, beispielsweise zu künftigen Wachstumsfeldern, über die Marktposition des Unternehmens, zu Auslandsmärkten und über die Kundenstruktur. Daneben können Sie sich so mit dem Unternehmensleitbild (der Corporate Identity) auseinandersetzen.

Berücksichtigen Sie bei Ihrer Recherche auch die Stellenausschreibungen des Unternehmens. Dort erfahren Sie einiges über das grundsätzlich von Mitarbeitern gewünschte Soft-Skill-Potenzial, beispielsweise welche Führungseigenschaften besonders betont werden.

Ein Bild aus verschiedenen Perspektiven

Ihr Bild vom Unternehmen wird sich am Ende aus mehreren Mosaiksteinen zusammensetzen: Sie werden Informationen in Pressemitteilungen und Aktionärsnachrichten finden, aber auch in Geschäftsberichten, dem Produkt-/Dienstleistungsangebot und im Menüpunkt Job und Karriere. Die von Ihnen recherchierten Informationen lassen sich im Assessment-Center oft direkt verwerten. So können Sie in einer Gruppendiskussion über künftige Marktstrategien auf die Zielgruppen hinweisen, in einem Vortrag zum Führungsverständnis auf das Wunschbild des Unternehmens eingehen oder in Kundengesprächen besondere Unternehmensstärken herausstellen. Mit dieser Vorgehensweise verdeutlichen Sie den Beobachtern, dass Sie die gleiche Linie verfolgen wie diese Entscheider und sich mit ihren Zukunftsstrategien auseinandergesetzt haben, also perfekt ins Unternehmen passen.

Entwicklungen im eigenen Arbeitsgebiet

Firmen haben immer ein Interesse an Mitarbeitern und Mitarbeiterinnen, die in ihrem Arbeitsgebiet auf der Höhe der Zeit sind und die Bereitschaft mitbringen, sich kontinuierlich weiterzuentwickeln. Daher sollten Sie sich vor dem Assessment-Center mit den allgemeinen Trends und Entwicklungen in Ihrem Berufsfeld beschäftigen. Es gibt immer wieder aktuelle Themen, die neue Aspekte in Ihr Arbeitsfeld bringen. Dies heißt nicht, dass diese aktuellen Trends auch in Ihrer täglichen Arbeit im Zentrum stehen müssen. Wichtig ist aber, dass Sie darüber informiert sind, welche Entwicklungen gerade besonders diskutiert werden.

Dies könnte im Marketing das Benchmarking oder der vermehrte Einsatz von Direktmarketing sein. In der Forschung und Entwicklung spielen vielleicht Plattformstrategien zur Kostensenkung momentan eine Rolle. Und im Vertrieb könnte eine stärkere Vernetzung von Service und Verkauf gerade relevant sein. Unabhängig von den unterschiedlichen Tätigkeitsfeldern kann der Fokus auf Best-Practice-Ansätzen, Change-Management, Wissensdatenbanken und zunehmender Projektarbeit liegen.

Bei unseren Kunden stellen wir häufig fest, dass diese Entwicklungen bei der Bewältigung der täglichen Aufgaben oft aus dem Blickfeld geraten sind. Machen Sie sich deshalb im Vorfeld eines Assessment-Centers mithilfe von Fachzeitschriften oder Spezialistenportalen im Internet mit den aktuellen Entwicklungen in Ihrem Arbeitsgebiet vertraut.

Auf der Suche nach Interna

Je genauer Sie sich auf ein AC vorbereiten können, desto mehr Sicherheit werden Sie gewinnen. Versuchen Sie daher auch so viel wie möglich über das geplante AC zu erfahren. Da die meisten Kandidaten vermuten, dass über Assessment-Center grundsätzlich der Mantel des Schweigens gelegt wird, versuchen sie oft gar nicht erst, Näheres zu erfahren.

Die Praxis zeigt aber, dass sich gezieltes Nachfragen lohnt. Manchmal ist die Personalabteilung durchaus bereit, zumindest die geplanten Übungsbestandteile zu nennen. Gute Informationsquellen sind oft auch Kollegen, die das Assessment-Center bereits einmal durchlaufen haben. Auch wenn die Aufgabenstellungen von Zeit zu Zeit modifiziert werden, können Sie so doch zumindest erfahren, welche Übungen das Unternehmen bevorzugt verwendet und auf welche Themen es besonderen Wert legt. Gelegentlich kommt es auch vor, dass Ihre Vorgesetzten über einen guten Draht in die Personalabteilung verfügen und Ihnen die eine oder andere Information geben können.

Nach dieser taktischen Vorarbeit werden wir jetzt mit Ihnen in die einzelnen AC-Übungen einsteigen. Wir werden Ihnen vor den Übungen jeweils erläutern, was Sie erwartet, worauf die Beobachter achten, welche Fehler zu vermeiden sind und mit welchen Strategien Sie Erfolg haben werden.

44. Selbstpräsentation: Zeigen Sie, was Sie bisher geleistet haben

Die Selbstpräsentation gehört zu den Standardaufgaben im Assessment-Center, üblicherweise ist sie die erste Übung. Typische Aufgabenstellungen wären:

→ Schildern Sie bitte kurz Ihre berufliche Entwicklung.
→ Beschreiben Sie Ihre momentanen Aufgaben und den Weg bis zu Ihrer heutigen Position.
→ Stellen Sie sich bitte Ihren Mitkandidaten vor.
→ Liefern Sie eine Präsentation Ihres Werdeganges, und stellen Sie dar, inwieweit Sie bei der Erreichung künftiger Unternehmensziele helfen könnten.
→ Informieren Sie bitte die Gruppe über den beruflichen Hintergrund, mit dem Sie in diesem Assessment-Center antreten.
→ Geben Sie bitte in fünf Minuten einen Überblick über Ihre bisherigen beruflichen Leistungen, und gehen Sie auf wesentliche Lernerfahrungen in den letzten zwei Jahren ein.

Als erste Übung im AC ist die Selbstpräsentation mit einer starken *Stresstest* Stressbelastung verbunden. Hier lässt sich gut beobachten, wie die Kandidaten mit Druck umgehen. Diese Übungsform ist auch deswegen Standard, weil sie das Selbstbild der Teilnehmer deutlich erkennbar macht. Die am Anfang des AC geäußerten Auskünfte lassen so schon früh Schlüsse zu, ob die Kandidaten ihre berufliche Entwicklung aktiv vorantreiben und Ziele nachhaltig verfolgen.

In längeren Selbstpräsentationen überprüft das Unternehmen insbesondere den souveränen Umgang mit Präsentationstechniken. Dann bekommen sie den Charakter eines Vortrages, bei dem das Thema Sie selbst sind!

Worauf achten die Beobachter?

Die Beobachter bekommen im Vorfeld häufig keine Unterlagen mit Informationen über die Kandidatinnen und Kandidaten. Deshalb müssen sie sich anhand der Selbstpräsentation ein erstes Bild über Ihre Qualifikationen machen. Daneben spielen die Soft Skills eine herausragende Rolle: Wie stressresistent sind Sie? Haben Sie Überzeugungskraft? Sind Sie kreativ? Wie steht es um Ihre Selbstwahrnehmung? Bringen Sie kommunikative Kompetenz mit? Können die Kandidaten strukturiert Auskunft geben? Visualisieren sie Informationen? Können sie überzeugen? Wie sieht es mit ihrer Begeisterungsfähigkeit aus?

Typische Fehler

Zu den typischen Fehlern gehört ein unsicheres Auftreten. Wenn Beobachter aber Stress- und Unsicherheitsgesten wahrnehmen, oder es kommt womöglich zum Super-Gau, weil Sie einen Blackout haben, dann haben Sie schlechte Karten – und zwar für das gesamte Assessment-Center.

Ein weiterer Kardinalfehler ist es, ohne ein klares Profil zu agieren. Eine reine Nacherzählung des Lebenslaufes nach dem Motto »Von der Wiege bis zur Bahre« genügt nicht. Den Beobachtern muss die berufliche Qualifikation der Kandidaten klar werden. Wenn Sie keine Medien einsetzen, kreiden sie Ihnen das ebenfalls negativ an und setzen dies mit mangelnder Überzeugungskraft gleich.

Sinnvolle Strategien

Bereiten Sie sich gründlich vor

Gerade die Übung »Selbstpräsentation« lässt sich in Grundzügen hervorragend im Vorfeld eines Assessment-Centers vorbereiten. Diese Chance sollten Sie auf jeden Fall nutzen! Bereiten Sie zu Hause ein Grundgerüst Ihres beruflichen Qualifikationsprofils vor. Überlegen Sie sich, welche Aufgaben Sie bereits erfolgreich bewältigt haben. Sammeln Sie konkrete Beispiele, anhand derer Sie Ihre Soft Skills deutlich machen können.

Üben Sie ruhig zu Hause den Ernstfall: Sagen Sie Ihre Selbstpräsentation laut auf, denn nur dann können Sie Ihren Zeitbedarf realistisch einschätzen.

Wie sich unsere Strategien in der Praxis umsetzen lassen, zeigen wir Ihnen im Folgenden. Zunächst skizzieren wir eine Kurzvorstellung und eine dreiminütige Selbstpräsentation, dann folgt ein ausführliches Beispiel einer 15-minütigen strukturierten Selbstpräsentation.

Selbstpräsentation 1: Kurzvorstellung (1 Minute)

Stellen Sie sich vor

Kurzvorstellungen werden gerne eingesetzt, wenn Unternehmen kurze Assessment-Center durchführen. Typisch ist hier die am Tisch reihum erfolgende Vorstellung. Eine typische Aufgabenstellung könnte wie folgt lauten: »Stellen Sie sich bitte kurz Ihren Mitkandidaten vor.«

Achten Sie bei der Ausarbeitung Ihrer Kurzvorstellung darauf, Ihre praktischen Erfahrungen herauszuarbeiten. Nennen Sie wichtige Schlagworte und verlieren Sie sich nicht in unwichtigen Details.

Selbstpräsentation 2: Selbstpräsentation (3 bis 5 Minuten)

Die drei- oder fünfminütige Selbstpräsentation ist ein echter AC-Klassiker. Sie sollten auf jeden Fall eine Version dieser Selbstpräsentation vorbereiten. Die klassische Aufgabenstellung lautet: Beschreiben Sie Ihre momentanen Aufgaben und den Weg in Ihre heutige Position. Für Ihre Selbstpräsentation haben Sie drei Minuten Zeit. Die vorgegebene Zeit sollte weder über- noch unterschritten werden. *Beschreiben Sie Ihren Job*

Konzentrieren Sie sich bei Ihrer Präsentation auf berufliche Aufgaben, die ein hohes Soft-Skill-Potenzial erfordern, reißen Sie aber auch fachliche Aspekte an.

Überlegen Sie sich auch, welche Medien Sie einsetzen könnten. Fertigen Sie Skizzen mit Grafiken, Zeichnungen oder Tabellen auf DIN-A4-Blättern an, um Overheadfolien oder Flipchartblätter vorzubereiten. Am besten ist es, wenn Sie das Schreiben an einer Flipchart ebenfalls im Vorfeld üben. Es ist üblich, dabei mit Abkürzungen zu arbeiten.

Selbstpräsentation 3: Strukturierte Selbstpräsentation (15 bis 20 Minuten)

Einige Unternehmen sind mittlerweile dazu übergegangen, im Assessment-Center sehr umfangreiche Selbstpräsentationen einzufordern. Für diese ausführlichen Präsentationen wird den Kandidaten ein größerer Zeitraum zur Vorbereitung eingeräumt. Beispielsweise kommt es manchmal vor, dass Sie bereits einige Tage vor dem Assessment-Center die Aufforderung erhalten, zu Hause eine Selbstpräsentation auszuarbeiten. Bei mehrtägigen ACs kann es auch sein, dass die Aufgabenstellung am Anreisetag gegeben wird. Den Kandidatinnen und Kandidaten bleibt dann noch der erste Abend vor dem eigentlichen Start für die Vorbereitung.

Diese ausführliche Übungsform heißt auch »strukturierte Selbstpräsentation«. Im Gegensatz zur Kurzvorstellung oder einer knappen Selbstpräsentation werden bei dieser Variante größere Zeitvorgaben gemacht. Wir haben es häufig erlebt, dass die Kandidaten für ihre strukturierte Selbstpräsentation 15 bis 20 Minuten eingeräumt bekommen. Anders als bei der freien und knappen Form sollen die Kandidaten hier auch oft vorgegebene Frageblöcke abarbeiten beziehungsweise bestimmte Informationen in ihre Selbstpräsentation einfließen lassen. Bei der Gestaltung der strukturierten Selbstpräsentation, beispielsweise beim Einsatz von Medien, sind sie dagegen meistens frei. Strukturierte Selbstpräsentationen werden vorrangig eingesetzt, wenn man neue Unternehmensrepräsentanten sucht. Damit hat die strukturierte Selbstpräsentation den Charakter eines Probeauftritts vor fremdem Publikum: Die Kandidatinnen und Kandidaten präsentieren sich und ihre bisherigen Leistungen. Eingefordert wird dabei ein über einen längeren Zeitraum hinweg souveräner Auftritt. *Ausführlich und strukturiert*

Die Arbeitsanweisung für eine strukturierte Selbstpräsentation könnte so aussehen wie in der folgenden Übung. Wenn Sie noch weitere Anregungen benötigen, schauen Sie sich unser darauf folgendes Positivbeispiel an.

ÜBUNG

Strukturierte Selbstpräsentation

Liebe Kandidatin, lieber Kandidat,

Sie erhalten dieses Dokument zur Vorbereitung auf eine Übung innerhalb Ihres Assessment-Centers bereits heute, fünf Tage vor Ihrem AC, um Ihnen die Möglichkeit einer gründlichen Vorbereitung zu Hause zu eröffnen.

Diese Übung, die strukturierte Selbstpräsentation, fällt aus dem Rahmen des Assessment-Center-Szenarios heraus, weil sie Ihnen die Gelegenheit bietet, sich den anwesenden Beobachtern aus dem Unternehmen persönlich und umfassend vorzustellen.

Sie haben dafür im Assessment-Center 15 Minuten Zeit. Bitte überziehen Sie nicht, aber nutzen Sie nach Möglichkeit die gesamte Ihnen zur Verfügung stehende Zeit aus!

Die Gestaltung der Selbstpräsentation überlassen wir Ihnen, wir bitten Sie aber, einige Punkte zu beachten:

→ Bitte geben Sie einen kurzen Abriss Ihres Werdegangs und schildern Sie kurz Ihre aktuelle Position. Gehen Sie bitte auf Ihre Erfahrungen und Kenntnisse ein, die Sie zurzeit einsetzen. Was sind aus Ihrer Sicht die Schlüsselqualifikationen Ihrer Position?
→ Stellen Sie Ihre Stärken, aber auch Ihre Entwicklungsnotwendigkeiten differenziert vor.
→ Für die mögliche Übernahme einer erweiterten Führungsaufgabe stellen Sie bitte Ihr persönliches Führungsmodell dar. Was zeichnet Sie in der operativen Führung aus, oder was könnte Sie auszeichnen?
→ Beantworten Sie bitte zudem die folgenden Fragen: Wo konnten Sie bereits Veränderungen initiieren? Welche Ziele haben Sie für Ihre persönliche Zukunft?
→ Folgende Medien können Sie nutzen: Flipchart, Overhead, Whiteboard und Metaplan. Der Gebrauch von Notebooks und Beamern ist nicht vorgesehen!

_____

_____

_____

_____

_____

_____

_____

_____

_____

_____

_____

_____

_____

_____

_____

_____

_____

_____

_____

_____

Bitte nehmen Sie bei Bedarf für Ihre strukturierte Selbstpräsentation weitere DIN-A4-Blätter hinzu.

Überlegen Sie sich, welche Medien Sie einsetzen können/dürfen/müssen. Auch hier sollten Sie Skizzen mit Grafiken, Zeichnungen oder Tabellen auf DIN-A4-Blättern anfertigen. *Medieneinsatz*

Positivbeispiel: Gelungene strukturierte Selbstpräsentation (15 Minuten)

Christoph Schmitz ist Senior Manager bei der international tätigen Unternehmensberatung Obermann & Partner. Sein Unternehmen befindet sich in einer Phase der Umstrukturierung. Die Bereiche Wirtschaftsprüfung und Unternehmensberatung sollen mehr als bisher gekoppelt werden. Daher hat die Geschäftsführung sich dazu entschieden, ein Personalentwicklungs-AC in Form eines Potenzialworkshops durchzuführen. Die Teilnahme am Assessment-Center ist für alle Führungskräfte Pflicht. Bestandteil des Assessment-Centers ist eine strukturierte Selbstpräsentation. Die vorab übermittelte Arbeitsanweisung zu dieser Übung haben wir Ihnen bereits vorgestellt.

(Anmerkung: Die unterstrichenen Schlagworte werden abgekürzt für die darauf folgende Flipchart-Visualisierung eingesetzt. Daher wurden die Absätze auch durchnummeriert.)

»Sehr geehrte Damen und Herren, mein Name ist <u>Christoph Schmitz</u>. Ich bin <u>Senior Manager</u> im Bereich <u>Strategie</u> und <u>Innovation</u>. Im Folgenden möchte ich Ihnen zunächst einen Abriss über meine aktuellen Aufgaben geben. Dann werde ich die für meine Position wesentlichen Qualifikationen für Sie beleuchten und dabei auch einen kurzen Blick auf meine berufliche Entwicklung und den meiner Meinung nach wünschenswerten Ausbau meines Potenzials werfen. Was meine Führungsaufgaben anbelangt, so werde ich Ihnen hier einen Überblick über wesentliche Herausforderungen geben. Da ich im Change-Management sowohl intern als auch extern bereits wichtige Projekte angeschoben habe, wird die Darstellung dieser Maßnahmen dann einen weiteren Teil meiner Selbstpräsentation ausmachen. Abschließen möchte ich mit einem Ausblick auf meine persönlichen und beruflichen Ziele.

Lassen Sie uns mit meinen heutigen Aufgaben beginnen. Ich bin als Senior Manager für unterschiedliche <u>Management- und Consultingaufgaben</u> zuständig. Im Managementbereich ist hier die Entwicklung und Umsetzung von <u>Business-Development-Strategien</u> zu nennen. Dazu gehört die Entwicklung branchenspezifischer Marketingpläne, der Aufbau von E-Commerce-Plattformen zur Kundenansprache sowie die Weiterentwicklung der <u>Client-Integration-Services-Organisation</u> für das Gesamtunternehmen, das heißt sowohl für den Geschäftsbereich Wirtschaftsprüfung als auch für den Bereich der Unternehmensberatung. Als Mitglied des Managementteams für die Business-to-Business-Consulting-Services in Europa und Asien arbeite ich direkt unserem Vorstand zu.

Im Consultingbereich arbeite ich vorrangig für international aufgestellte Großunternehmen und führe strategische Managementberatungen mit den folgenden Schwerpunkten durch:
→ <u>Business-Development,</u>
→ <u>Go-to-Market-Strategien,</u>
→ <u>Business-Integration,</u>
→ <u>Business-Process-Reengineering,</u>
→ <u>Post-Merger-Integration</u> und
→ <u>Change-Management.</u>

Ganz kurz zu meiner beruflichen Entwicklung: Vor meiner heutigen Tätigkeit bei der Unternehmensberatung Obermann & Partner war ich Manager für Know-ledge- und Change-Management bei der Mayerschen Consult AG. Hauptaufgabe war damals die Leitung globaler Business-Transformation-Programme. Meinen beruflichen Einstieg habe ich als Junior Consultant bei der Mayerschen Consult AG gemacht. Die Grundlage für meine weitere Entwicklung war meine Ausbildung zum Bankkaufmann, die ich durch ein BWL-Studium ergänzt habe. Vor einem Jahr habe ich zusätzlich noch meinen MBA an der London Business School erworben.

❸

Für die erfolgreiche Bearbeitung sowohl der Management- als auch der Beratungsaufgaben spielen meiner Meinung nach die folgenden Qualifikationen eine Schlüsselrolle:

❹

→ unternehmerische Orientierung,
→ umfassendes Branchenwissen,
→ analytische Kompetenz,
→ Organisationsstärke,
→ Kundenorientierung,
→ kommunikatives Geschick und
→ Führungsstärke.

Nun einige Ausführungen zu den einzelnen Schlüsselqualifikationen:

Unternehmerische Orientierung: Ich halte es für wesentlich, die internen Prozesse auf den Markt und den Kunden zu fokussieren. Daher habe ich mich auch stark mit der Wertschöpfungskette unseres Unternehmens beschäftigt, um die Strategie und die Value-Chain zu optimieren. Das, was wir seit langem unseren Mandanten predigen, sollten wir auch stärker als bisher hier bei uns im Unternehmen verankern. Daher spielt die unternehmerische Orientierung sowohl bei Mandanten als auch im Unternehmen eine herausragende Rolle.

Umfassendes Brachenwissen: Kundenakquise setzt natürlich sehr gutes Branchenwissen voraus. Wer es nicht schafft, die spezifischen Sorgen und Nöte des Kunden zu thematisieren, wird nicht akzeptiert. In diesem Punkt sind wir bei Obermann & Partner sehr gut aufgestellt. Insbesondere unser Ansatz, dass wir in zumindest zwei Branchen Experten sind, zahlt sich immer wieder bei der Übertragung von Geschäftsmodellen und -prozessen aus.

Analytische Kompetenz: Analytische Kompetenz ist nicht nur beim Kunden notwendig, sondern auch, weil Arbeitsabläufe ständig hinterfragt werden sollten. Nur eine genaue und zutreffende Bestandsaufnahme eröffnet die Möglichkeit, differenziert an den richtigen Stellschrauben anzusetzen, um so Optimierungen zu erzielen.

Organisationsstärke: Da ich sowohl interne Management- als auch externe Beratungsaufgaben wahrnehme, muss ich sehr gut organisiert sein. Zur Organisationsstärke gehört für mich auch die Fähigkeit, bereichsübergreifend tätig sein zu können, sich in internationalen Teams zu bewähren und komplexe Aufgaben bewältigen zu können. Nicht zuletzt ist auch ein gutes Zeitmanagement wichtig. Mit diesen Stärken werden wir auch in Zukunft sehr herausfordernde Aufgabenstellungen mit eher knappen Ressourcen bewältigen können.

Kundenorientierung: Kundenorientierung darf nicht zum bloßen Schlagwort verkommen. Wir müssen auch intern die Prozesse noch besser als bisher auf unseren internationalen Kundenstamm ausrichten. Zusätzlich gilt, was ich Ihnen schon zu den Punkten unternehmerische Orientierung und Branchenwissen vorgestellt habe.

Kommunikatives Geschick: Nur wer sich ausdrücken kann, wird auch Gehör finden. Wir sind in einer Branche tätig, in der es sehr wichtig ist, zu kommunizieren. Die Kunden wollen angesprochen, informiert und überzeugt werden. Kommunikation schafft ein Wir-Gefühl, trägt dazu bei, die Begeisterungsfähigkeit zu erhöhen, und dient der Motivation und der Abstimmung im Team. Das gilt natürlich nicht nur für die externe Kommunikation mit Mandanten, sondern auch für die interne.

Führungsstärke: Ich führe zehn Mitarbeiter und halte dabei Kommunikation für einen ganz wesentlichen Faktor. Es ist mir wichtig, den Mitarbeitern zu erläutern, warum ich bestimmte Anforderungen stelle. Das hat dazu geführt, dass ich ein schlagkräftiges Team habe, auf das ich mich auch bei Arbeitsspitzen voll und ganz verlassen kann. Da mein Team überwiegend in Projekten arbeitet, muss ich alle Beteiligten immer wieder neu einbinden, anleiten, überzeugen und motivieren. Das ist mir bisher sehr gut gelungen.

❺ In den genannten Schlüsselqualifikationen sehe ich auch ganz klar meine Stärken.

❻ Im Business-to-Government-Bereich würde ich mich gerne noch weiterentwickeln, da ich hier zukünftig einen großen Beratungsbedarf und damit einen interessanten Markt sehe. Dieser Markt hat seine eigenen Gesetzmäßigkeiten, in die ich mich gern weiter einarbeiten würde. Die Prozesse und Abläufe in Behörden und Institutionen sind anders als in der Wirtschaft, zudem gilt es auch, die besonderen rechtlichen Vorgaben und Rahmenbedingungen zu berücksichtigen.

❼ Nun zu meinem persönlichen Führungsmodell: Ich bevorzuge das Führen durch Zielvereinbarungen (MBO). Dabei sehe ich mich als Vermittler der Unternehmensinteressen für die operative Arbeit. Komplexe Aufgaben zergliedere ich so, dass sie handhabbar werden. Bei der Übertragung von Aufgaben auf meine Mitarbeiter achte ich darauf, ihren Stärken und Schwächen gerecht zu werden, um sie weder zu über- noch zu unterfordern. Wichtig ist mir ein strukturiertes und planmäßiges Vorgehen. Dies vermittle ich meinen Mitarbeitern durch klare Zielvorgaben, die Überprüfung von Teilschritten und eine stete Prozessbegleitung. Damit meine Mitarbeiter wissen, worum es bei ihren Aufgaben geht und was sie zur Wertschöpfung im Unternehmen beitragen können, erläutere ich auch immer den Gesamtzusammenhang, in dem die jeweiligen Aktivitäten stehen. Ich habe gemerkt, dass ich sie dadurch am besten motivieren kann.

❽ Für meine Mitarbeiter bin ich immer ansprechbar. Dies habe ich offen kommuniziert, und sie nutzen dies auch: um mich auf dem Laufenden zu halten oder auch, wenn sie einmal nicht weiterwissen. Ich glaube, dass es wichtiger ist, rechtzeitig gegenzusteuern, als den Dingen ihren Lauf zu lassen. Mit meiner Mischung aus klaren Vorgaben und Freiräumen bei der Erledigung von Aufgaben kommen meine Mitarbeiter sehr gut zurecht. Es hat sich eine sehr ergebnisorientierte, durch gegenseitigen Respekt gekennzeichnete Arbeitsatmosphäre entwickelt.

❾ Abschließend möchte ich auf die Fragen nach bereits erfolgten Veränderungen und meinen persönlichen Zielen eingehen. Change-Management gehört für mich nicht nur zu meiner Positionsbeschreibung, sondern es ist für mich ein wesentlicher Aspekt, um immer flexibel auf Marktanforderungen reagieren zu können. Restrukturierungen, Outsourcing, Übernahmen und Integrationen gehören für mich seit langem zur täglichen Arbeit. Doch nicht nur das: Ich habe mir auch persönlich immer die Lust an neuen Aufgaben und Herausforderungen bewahrt. Die letzte große Veränderung, die ich initiiert habe, war die Definition und Implementierung von Wachstumsstrategien bei uns im Unternehmen. Bereits jetzt stellen sich die ersten positiven Effekte ein. Zudem war ich an der Einführung von Coaching-Maßnahmen beteiligt, um das Potenzial unserer Mitarbeiter besser als bisher erkennen und nutzen zu können.

❿ Meine persönlichen Ziele liegen in der mittelfristigen Übernahme von Verantwortung für einzelne Geschäftseinheiten. Ich glaube, dass ich meine Stärken gut in der Ausrichtung einzelner Einheiten auf zukünftige Anforderungen einbringen könnte, insbesondere bei der engeren Verzahnung von <u>Wirtschaftsprüfung</u> und Unternehmensberatung. Mehr als bisher möchte ich meine Netzwerke auch für Akquisitionen nutzen. Meine kommunikativen Fähigkeiten, mein Organisationstalent, meine Führungsstärke und nicht zuletzt meine unternehmerische Ausrichtung bilden dafür meiner Überzeugung nach eine gute Basis.

Vielen Dank für Ihre Aufmerksamkeit. Ich hoffe, dass ich das Bild, das Sie bisher schon von mir hatten, nun noch etwas genauer konturieren konnte. Lassen Sie uns alle weiterhin so gut wie bisher an der erfolgreichen Neuausrichtung unseres Unternehmens mitarbeiten. Danke!«

Die nachfolgenden Abbildungen zeigen die schrittweise Visualisierung der strukturierten 15-minütigen Selbstpräsentation durch Flipchart und Overheadprojektor. Die unterstrichenen Begriffe kennzeichnen dabei die in der Visualisierung übernommenen Schlagworte.

Begleitende Visualisierung zu Absatz 1 Flipchart

*Begleitende
Visualisierung zu
Absatz 2 Flipchart*

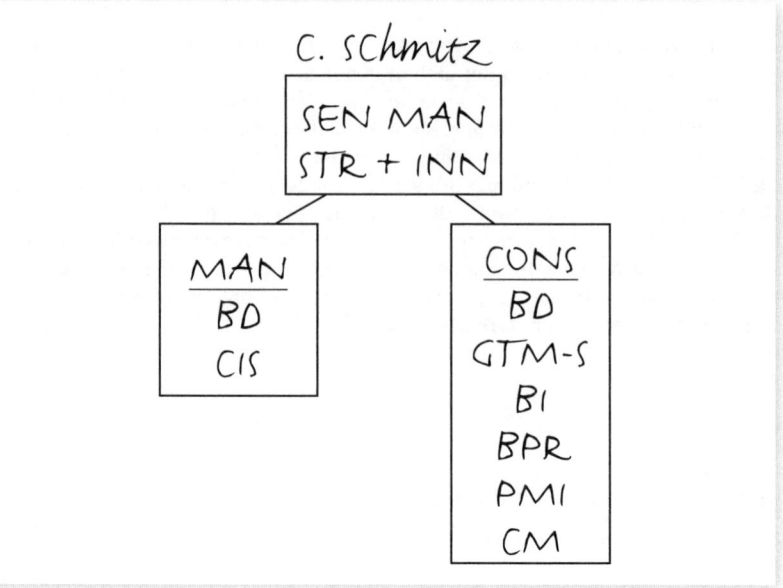

*Begleitende
Visualisierung zu
Absatz 3 Flipchart*

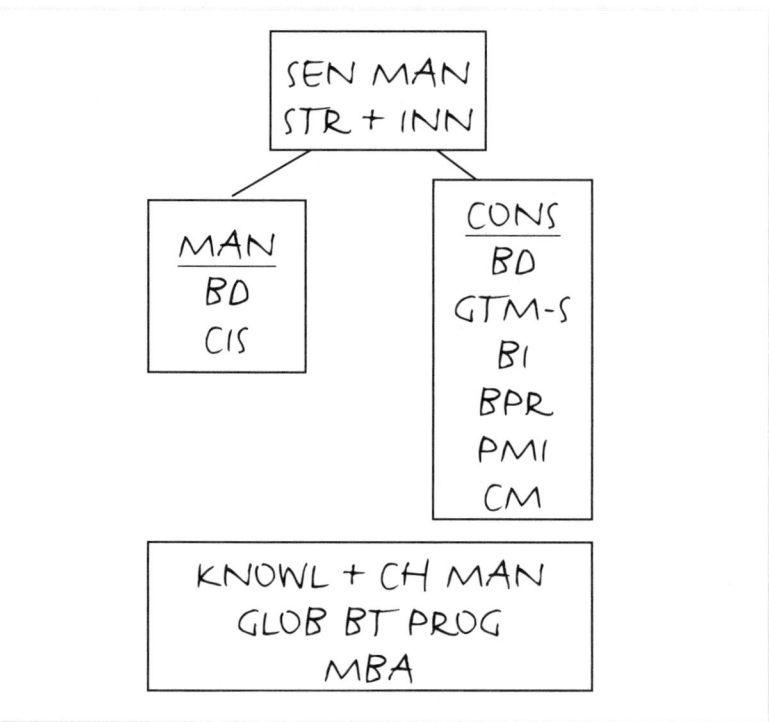

SQ
- unternehmerische Orientierung
- Branchenwissen
- analytische Kompetenz
- Organisationsstärke
- Kundenorientierung
- kommunikatives Geschick
- Führungsstärke

Begleitende Visualisierung zu Absatz 4 Overheadfolie

SQ
- unternehmerische Orientierung ✔
- Branchenwissen ✔
- analytische Kompetenz ✔
- Organisationsstärke ✔
- Kundenorientierung ✔
- kommunikatives Geschick ✔
- Führungsstärke ✔

Begleitende Visualisierung zu Absatz 5 Overheadfolie

SQ
- unternehmerische Orientierung ✔
- Branchenwissen ✔
- analytische Kompetenz ✔
- Organisationsstärke ✔
- Kundenorientierung ✔
- kommunikatives Geschick ✔
- Führungsstärke ⟶ MBO! ✔

Begleitende Visualisierung zu Absatz 7 Overheadfolie

Begleitende Visualisierung zu Absatz 9 Overheadfolie

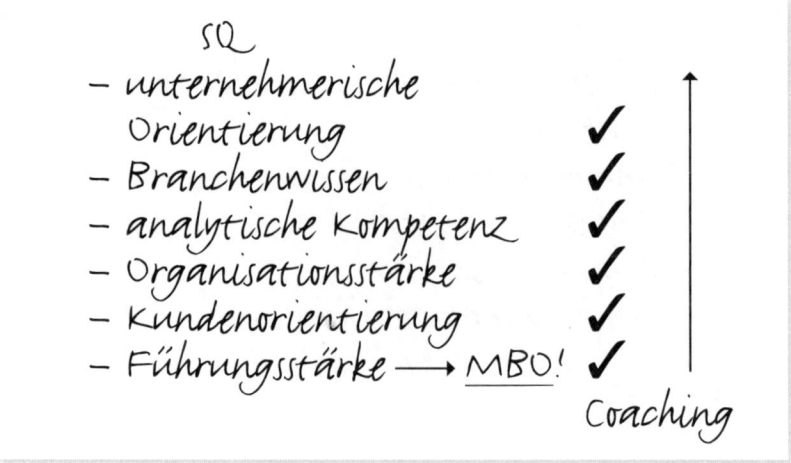

Begleitende Visualisierung zu Absatz 10 Flipchart

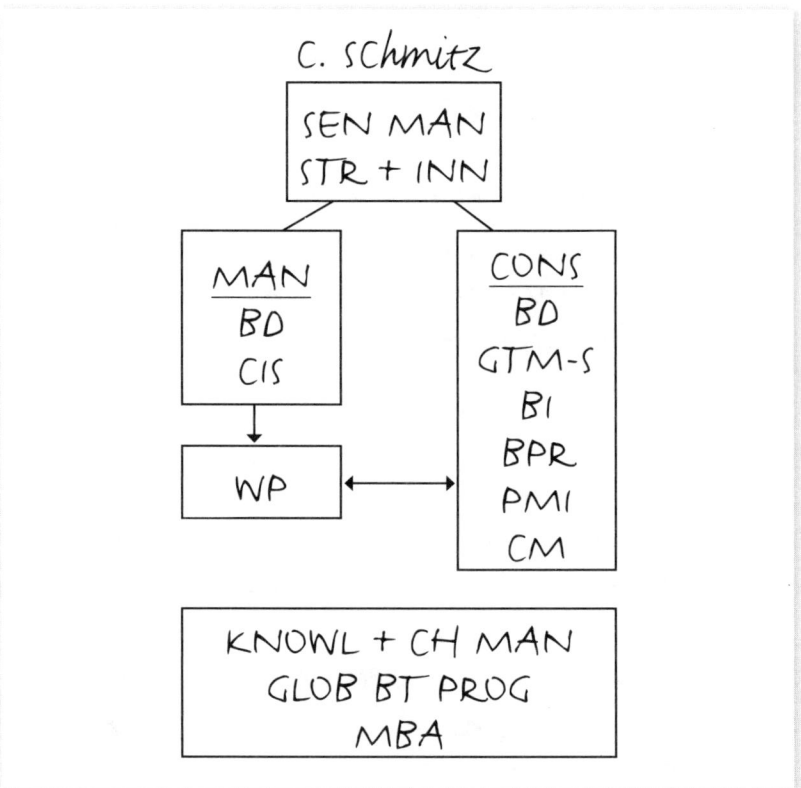

Christoph Schmitz überzeugt mit einer rundum gelungenen strukturierten Selbstpräsentation. Dabei setzt er auch die Medien, Flipchart
und Overheadprojektor, wirkungsvoll ein, um seine Ausführungen zu

unterstützen. Gleichzeitig achtet er darauf, dass der Medieneinsatz nicht die Oberhand gewinnt, denn dann könnte die Selbstpräsentation zu einer reinen Medienshow verkommen.

Indem er am Anfang die Aufgabenstellung noch einmal aufgreift, strukturiert Christoph Schmitz seine Ausführungen. Dabei wiederholt er die Anweisung nicht wortwörtlich, sondern benutzt eigene Worte zur Einleitung in die Selbstpräsentation.

Damit seine Ausführungen auch bei den Zuhörern im Gedächtnis haften bleiben, hat er unter anderem eine Overheadfolie mit den Schlüsselqualifikationen seiner Position eingesetzt. Auch für die Schwerpunkte seiner momentanen Tätigkeit nutzt er diese Vorgehensweise. Dabei hat er darauf geachtet, die Folien nicht zu überladen. Er hält sich sogar an die Präsentationsgrundregel »Nicht mehr als sieben Aussagen auf einer Folie!«. *Maximal sieben Aussagen pro Folie*

Herr Schmitz arbeitet die Zusammenhänge zwischen den geforderten Qualifikationen und eigenen Stärken sehr gut heraus. Bei den Ausführungen zu den Schlüsselqualifikationen benennt er berufsnahe Beispiele, die den Beobachtern zeigen, dass er keine Floskeln verwendet, sondern sich intensiv mit seinem Soft-Skill-Potenzial auseinandergesetzt hat.

Bei den Ausführungen zu seinem persönlichen Führungsmodell behält er den aussagekräftigen und plausiblen Stil bei. Er betet kein abstraktes Managementwissen herunter, sondern füllt seine Ausführungen stets mit Erlebtem aus dem Führungsalltag.

Nicht zufällig decken sich die vorgestellten persönlichen Ziele optimal mit den zukünftigen Unternehmenszielen. Herr Schmitz hat Strategiepapiere des Unternehmens gelesen und die Unternehmens-PR noch einmal durchleuchtet, um zielgenau punkten zu können. Hier präsentiert sich ein Kandidat, der das Unternehmen ohne Wenn und Aber in hervorragender Weise nach außen vertreten und intern neu ausrichten kann.

Nutzen Sie unsere Hinweise, um Ihre eigene Selbstpräsentation optimal auszuarbeiten. Bedenken Sie, dass Sie einen individuellen Auftritt hinlegen müssen. Verwenden Sie das obige Beispiel also zur Orientierung und als Anregung. Entwickeln Sie eine eigene Selbstpräsentation, in der Ihr persönliches Profil deutlich wird. Weitere Tipps zur Ausarbeitung Ihrer Selbstpräsentation finden Sie in der folgenden Übersicht. *Sie sind dran!*

AUF EINEN BLICK

Ihre Selbstpräsentation

→ Machen Sie sich klar, worum es bei der geforderten Selbstpräsentation geht, ob Sie bestimmte Fragen beantworten oder auf besondere Aspekte eingehen müssen.

→ Arbeiten Sie eine Kurzvorstellung, eine knappe Selbstpräsentation und gegebenenfalls eine strukturierte Selbstpräsentation aus.

→ Lassen Sie in Ihrer Selbstpräsentation Berührungspunkte mit den neuen Aufgaben erkennen.

→ Liefern Sie konkrete Beispiele aus Ihrem bisherigen Werdegang, mit denen Sie die gewünschten Qualifikationen (Führungserfahrung, Vertriebsorientierung, Leistungswille) belegen können.

→ Verweisen Sie auf Erfolge in Ihrer bisherigen Arbeit und belegen Sie diese Erfolge mit plausiblen Beispielen.

→ In Ihrer Selbstpräsentation sollten die beruflichen Aspekte im Vordergrund stehen, eine Ausrichtung auf Freizeit und Hobbys sollte vermieden werden.

→ Stellen Sie Ihre Erfahrungen und Kenntnisse sachlich dar und beschreiben Sie sie.

→ Verzichten Sie auf Relativierungen, Abwertungen und Kritik.

→ Nutzen Sie die zur Verfügung stehenden Medien optimal.

→ Üben Sie im Vorfeld den Umgang mit den typischen Medien wie Overhead, Flipchart, Metaplan und Whiteboard.

→ Überlegen Sie sich geeignete Visualisierungen für Ihre Selbstdarstellung.

→ Halten Sie die vorgegebene Zeit ein.

→ Stehen Sie frei auf der Vortragsbühne.

→ Berücksichtigen Sie das »Prinzip der freien Hände«.

→ Vermeiden Sie Stress- und Verlegenheitsgesten.

→ Achten Sie auf eine angemessene Sprechgeschwindigkeit und Laut-
   stärke.

→ Halten Sie den Blickkontakt zu Ihren Zuhörern.

→ Ihre Selbstpräsentation sollte insgesamt den Eindruck eines Leis-
   tungsträgers mit Macherqualitäten hinterlassen.

45. Gruppendiskussion: Geben Sie die richtigen Impulse

Gruppendiskussionen sind ein typischer Übungsteil von Assessment-Centern. Nur in Ausnahmefällen, wie bei einem Einzel-AC, sind sie nicht vorgesehen. Die Ausgestaltung kann dabei sehr variieren. Im Kern geht es aber immer darum, mit den anderen Kandidaten über ein vorgegebenes Thema unter Zeitdruck zu diskutieren. Unterschiede ergeben sich durch das Material, das die Kandidatinnen und Kandidaten vorab gestellt bekommen. Manchmal müssen sie sich in eine bestimmte Rolle (berufliche Position) hineinfinden und aus dieser heraus argumentieren. Zum Teil wird die Leitung der Diskussion an einen bestimmten Kandidaten übergeben. Dann steht zusätzlich zu seinen kommunikativen Fähigkeiten auch seine Führungskompetenz auf dem Prüfstand.

Sicherlich ist die direkte Vergleichsmöglichkeit der Kandidaten einer der wesentlichen Punkte, die diese Übung so beliebt bei den Unternehmen macht. Interessant sind die gruppendynamischen Aspekte, die in Einzelübungen wegfallen: Wie können sich einzelne Kandidaten in der Gruppe behaupten? Wie gehen sie mit ihren Mitdiskutierenden um? Und wie flexibel reagieren die Kandidaten? Aus dem Verhalten der Teilnehmer bei einer Gruppendiskussion lässt sich aus Sicht der Unternehmen auf ihr Verhalten im Arbeitsalltag schließen. Schließlich sind Meetings, Konferenzen und Teamsitzungen feste Bestandteile der Arbeitsabläufe. Je weniger direktive Führung durch Anordnung in den Unternehmen gewünscht wird, desto größer ist der Bedarf am Abgleich von Argumenten, Ideen und Vorschlägen der Mitarbeiter. Dieser Prozess des Diskutierens und Abwägens darf sich aber nicht verselbstständigen. Schließlich möchten die Unternehmen auch Ergebnisse sehen.

Worauf achten die Beobachter?

Vielfältige Rückschlüsse aus Ihrem Verhalten

Da das Geschehen in Gruppendiskussionen sehr komplex ist, können die Beobachter vielfältige Rückschlüsse aus dem Verhalten der einzelnen Teilnehmer auf ihr jeweiliges Soft-Skill-Potenzial ziehen. Verdeutlichen Ihre Argumente, dass Sie den Sachverhalt richtig analysiert haben? Können Sie andere von Ihrem Standpunkt überzeugen? Und reagieren Sie flexibel auf unterschiedliche Typen von Diskussionsteilnehmern? Gesucht wird nicht nur der reine Moderator, der die Ergebnisse anderer zusammenfasst. Kandidaten müssen eigene Argumente liefern können. Um die Diskussion in Schwung zu halten, wird es manchmal notwendig sein, ruhige Kandidaten mit einzubinden. Damit die Gruppe nicht vom Thema abschweift, müssen aber auch Streithähne gebremst werden. Zwischen- und Schlusszusammenfassungen zeigen den Beobachtern, dass die Kandidatin oder der Kandidat strukturiert und ergebnisorientiert vorgehen kann.

Typische Fehler

Es kommt nur selten vor, dass eine Gruppendiskussion tatsächlich in der vorgegebenen Zeit mit einem Ergebnis beendet wird. Im Regelfall verlieren sich die Teilnehmer in Detailfragen, ohne konsequent auf eine Einigung hinzuarbeiten. Immer wieder versuchen Kandidaten, sich durch Ihr Fachwissen zu profilieren. Es ist ihnen dann egal, ob die anderen ihre Argumentationen überhaupt nachvollziehen können.

Zusammenfassungen zur Ergebnissicherung fehlen ebenfalls in den meisten Fällen. Dies führt dazu, dass sich Gruppendiskussionen sehr oft im Kreis drehen, ohne dass es zu neuen Erkenntnissen kommt. Wer wissend schweigt, tut sich aber auch keinen Gefallen. Den Kandidaten wird schnell fehlendes Engagement unterstellt, was im Assessment-Center ein Kardinalfehler ist. Aber auch wer versucht, andere in Grund und Boden zu reden, wird keine gute Bewertung erzielen können, da es ihm an Einfühlungsvermögen und Teamgeist mangelt. Eine Emotionalisierung der Gruppendiskussion durch persönliche Angriffe wird von den Beobachtern äußerst negativ bewertet.

Fehlendes Engagement

Sinnvolle Strategien

Zunächst einmal müssen Sie den zeitlichen Ablauf im Blick behalten. Notieren Sie daher zu Beginn der Diskussion groß und deutlich die Endzeit in Ihren Unterlagen. Vor dem eigentlichen Beginn der Übung sollten Sie sich überlegen, welche Argumente eine Rolle spielen könnten. Sammeln Sie zunächst Ihre Überlegungen in Form eines Brainstormings. Dann können Sie die besonders prägnanten Aspekte auswählen. Steigen Sie möglichst früh in die Diskussion ein und präsentieren Sie der Gruppe Ihre Ansätze stichwortartig. So vermeiden Sie, sich zu früh auf unproduktive Scharmützel zu Detailfragen einzulassen.

Behalten Sie die Fäden in der Hand

Nachdem Sie Ihre Ideen eingebracht haben, können Sie in die eigentliche Diskussion darüber einsteigen. Erfragen Sie die Vorstellungen der anderen Teilnehmer zu Ihren Punkten. Machen Sie sich kurze Notizen, falls andere Teilnehmer ebenfalls gute Ansätze äußern, um für die Zwischenzusammenfassung gerüstet zu sein. Sollten sich Diskussionsteilnehmer ineinander verbeißen, fällt es positiv auf, wenn Sie diesem unproduktiven Vorgehen Einhalt gebieten. Verweisen Sie auf die knappe Zeitvorgabe und darauf, dass nicht persönliche Animositäten, sondern das Unternehmensinteresse an einer Lösung im Vordergrund stehen sollte.

Kurz vor Ende der Gruppendiskussion sollten Sie eine Schlusszusammenfassung liefern. Stellen Sie Ihre Punkte noch einmal heraus und reichern Sie sie mit den wichtigen Beiträgen der anderen Teilnehmer an.

Wir werden Sie jetzt mit einer praxisnahen Aufgabenstellung vertraut machen, und danach liefern wir Ihnen eine passende Übung mit Beispielantworten.

Typische Aufgabenstellung in Gruppendiskussionen

BEISPIEL

Die Zukunft der privaten Altersvorsorge

Sie sind Herr Jakob, Vorstandsreferent der VERSICHERUNGS AG. Ihr Chef, Herr Jäger, nimmt an einer Podiumsdiskussion zum Thema »Die Zukunft der privaten Altersvorsorge« teil. Er hat wenig Zeit und hat Sie daher gebeten, für ihn ein Konzept mit Argumenten zu entwickeln.

Zu Ihnen stoßen gleich die anderen drei Vorstandsreferenten, Frau Steinmeier, Herr Buschecker und Frau Nagel, um mit Ihnen das Konzept zu erarbeiten. Sie haben jetzt noch 30 Minuten Vorbereitungszeit, um Ihre Ideen festzuhalten. Danach werden Sie sich 45 Minuten lang mit den anderen drei Vorstandsreferenten abstimmen und ein präsentationsfähiges Konzept ausarbeiten. Einer aus Ihrer Gruppe wird anschließend die Ergebnisse der Diskussion dem Vorstand präsentieren.

Jetzt sind Sie dran: Formulieren Sie Ihren Diskussions-Input, greifen Sie geschickt Beiträge anderer Teilnehmer auf, wehren Sie diplomatisch persönliche Angriffe ab und liefern Sie eine Schlusszusammenfassung, um sich als ergebnisorientierter Moderator gute Bewertungen auf den Beobachterbögen zu sichern.

Lassen Sie zunächst Ihrer eigenen Kreativität genügend Raum und lesen Sie unsere Beispielantworten erst anschließend, um Ihre Antworten gegebenenfalls zu optimieren.

ÜBUNG

Die Zukunft der privaten Altersvorsorge

Diskussions-Input geben

Formulieren Sie jetzt stichwortartig Ihren Diskussionseinstieg für die Gruppendiskussion »Die Zukunft der privaten Altersvorsorge«.

Ihr Diskussionseinstieg:

_____

_____

_____

Beispielhafter Diskussionseinstieg: »Zu berücksichtigen ist erstens, dass die gesetzlichen Renten künftig niedriger sein werden, dass zweitens die Anhebung des Renteneintrittsalters zusätzliche finanzielle Lücken reißen wird und dass drittens durch Brüche in der Erwerbsbiografie das Rentenniveau nicht immer ausreichen wird. Daher wird die private Altersvorsorge ein ganz wesentlicher Baustein der Absicherung für das Alter sein. Die VERSICHERUNGS AG kann dafür zielgruppengenaue Vorsorgekonzepte liefern.«

Beiträge anderer aufgreifen

Um Ihre Fähigkeiten als Moderator herauszustellen, sollten Sie Beiträge anderer Teilnehmer in Ihre Argumentationslinie einbinden.

Beitrag Frau Steinmeier: »Bei der privaten Altersvorsorge ist doch das Thema der steuerlichen Gestaltungsmöglichkeiten der entscheidende Punkt.«

Ihre Integrationsleistung:

_____

_____

_____

Beispielhafte Integrationsleistung: »Ich stimme Ihnen zu, Frau Steinmeier, daher sollten wir auch unbedingt unsere Beratungskompetenz herausheben. Schließlich ist es unsere Aufgabe, den Kunden auch hinsichtlich der steuerlichen Gestaltungsmöglichkeiten umfassend zu beraten.«

Angriff abwehren

Lassen Sie nicht zu, dass andere Teilnehmer destruktiv vorgehen. Sorgen Sie dafür, dass die Diskussion immer wieder zum Thema zurück findet.

Angriff Herr Kaufmann: »Die Leute haben doch gar kein Geld in der Tasche, um sich zusätzlich noch privat abzusichern.«

Ihre diplomatische Reaktion:

_____

_____

_____

Beispielhafte Abwehr des Angriffs: »Da sollten wir etwas genauer hinschauen, Herr Kaufmann, einige Bevölkerungsgruppen haben sicherlich freie Mittel, die sie auch gerne für die Altersvorsorge einsetzen. Bei anderen müsste man sich Gedanken über die Umschichtung knapper finanzieller Ressourcen machen. Die von Frau Steinmeier erwähnten steuerlichen Gestaltungsmöglichkeiten bieten hier einen ersten Ansatzpunkt. Wir sollten aber auch nicht vergessen, dass doch erhebliche Vermögenswerte vererbt werden. Auch diese können in ein Altersvorsorgekonzept eingebracht werden.«

Schlusszusammenfassung liefern

Fassen Sie die Diskussionsbeiträge am Schluss zusammen, um Ihre Fähigkeit zur Ergebnissicherung zu betonen.

Ihre Schlusszusammenfassung:

_____

_____

_____

Beispielhafte Schlusszusammenfassung: »Am Ende der Diskussionsrunde möchte ich noch einmal die Punkte zusammenfassen, die wir dem Vorstandsvorsitzenden, Herrn Jäger, mit in die Podiumsdiskussion geben sollten. Wir dürfen in Zeiten sinkender gesetzlicher Renten die Bürger nicht allein lassen. Die private Altersvorsorge wird einen immer größeren Stellenwert einnehmen, da späterer Erwerbsbeginn, Brüche in der Erwerbsbiografie und Anhebungen des Renteneintrittsalters ihre Spuren hinterlassen werden. Die gesetzliche Rente wird in Zukunft nicht mehr ausreichen, um ein sorgenfreies Leben im Alter zu garantieren. Wir als VERSICHERUNGS AG verstehen uns dabei als Berater und Dienstleister und können aufgrund unserer Kompetenz passgenaue und steueroptimierte Altersvorsorgekonzepte für alle Bevölkerungsgruppen anbieten.«

Gruppendiskussion

AUF EINEN BLICK

→ Machen Sie sich bei der Rollenvorgabe klar, aus welcher Perspektive heraus Sie argumentieren sollen.

→ Machen Sie in der Vorbereitungsphase ein umfassendes Brainstorming zum Thema.

→ Arbeiten Sie die Kernargumente aus Ihrem Brainstorming in ein Diskussionskonzept ein.

→ Legen Sie fest, mit welchen schlagwortartigen Argumenten Sie in die Diskussion einsteigen wollen.

→ Bereiten Sie sich auf Gegenargumente vor.

→ Setzen Sie sich so, dass Sie die Mitdiskutierenden gut im Blick haben.

→ Vermerken Sie nach dem Startzeichen die Endzeit der Gruppendiskussion groß und deutlich in Ihren Unterlagen.

→ Reden Sie von Anfang an mit (Sie müssen nicht unbedingt beginnen).

→ Zählen Sie Ihre vorbereiteten Argumente auf, bevor Sie in die argumentative Auseinandersetzung über Detailfragen einsteigen.

→ Versuchen Sie zu erkennen, wer Ihre Argumente unterstützt, um Koalitionen zu schmieden.

→ Notieren Sie stichwortartig die guten Argumente der anderen Teilnehmer.

→ Versuchen Sie, Vielredner zu unterbrechen, um selbst zu Wort zu kommen.

→ Lösen Sie Konfrontationen zwischen einzelnen Teilnehmern auf.

→ Führen Sie die Diskussion immer wieder zum Kernthema zurück, wenn zu weit abgeschweift wird.

→ Setzen Sie differenzierte Argumentationsstrategien ein (Machbarkeit, Best-Practice-Ansätze, Mitbewerbervergleiche, Kosten-Nutzen-Abwägungen).

→ Liefern Sie eine Zwischenzusammenfassung.

→ Binden Sie schweigende Teilnehmer im letzten Drittel in die Diskussion ein.

→ Unterstützen Sie Ihre Argumente mit einer lebendigen Gestik, aber vermeiden Sie Stress- und Unsicherheitsgesten.

→ Bereiten Sie sich darauf vor, kurz vor dem Ende der Diskussion eine Zusammenfassung zu liefern.

46. Mitarbeitergespräch: Kritisieren Sie konstruktiv

Wenn Assessment-Center eingesetzt werden, um zukünftige Führungskräfte auszuwählen, treffen die Kandidaten zwangsläufig auf die Übung »Mitarbeitergespräch«. Aber auch gestandene Führungskräfte, die an einem Potenzial-AC teilnehmen, sollten sich darauf einstellen, dass sie ihr Führungsverhalten beweisen müssen. Im Mitarbeitergespräch geht es darum, dass Sie in der Rolle des Vorgesetzten einen Mitarbeiter auf falsches Verhalten aufmerksam machen sollen. Ihre Aufgabe ist es, den Mitarbeiter davon zu überzeugen, dass sein momentanes Verhalten kontraproduktiv ist und er sich zukünftig anders verhalten muss. Neben der Kritik spielt oft auch der Motivationsgedanke hier mit hinein. Dann geht es auch darum, einen demotivierten Mitarbeiter wieder mit ins Boot zu holen.

Die Übung »Mitarbeitergespräch« gehört zu den Klassikern des AC, *Der AC-Klassiker* weil man hier genau beobachten kann, wie Vorgesetzte, oder solche, die es werden wollen, mit ihren Mitarbeitern umgehen. Im betrieblichen Alltag finden diese Gespräche oft hinter verschlossenen Türen statt. Im Assessment-Center dagegen muss der Kandidat vor versammelter Mannschaft zeigen, dass er alle Spielarten der Mitarbeiterführung beherrscht. Die Beobachter legen dabei meistens ganz besonders Wert auf ein modernes Führungsverständnis, nämlich das Führen durch Zielvereinbarungen.

Da im AC – anders als im betrieblichen Alltag – kein hierarchisches Gefälle zwischen dem Chef und seinem Mitarbeiter besteht, müssen die Kandidaten in der Vorgesetztenrolle sehr viel mehr Überzeugungsarbeit leisten als im Firmenalltag. Erschwert wird die Situation auch dadurch, dass man den Mitarbeiter hier meist gebrieft hat, sich sehr renitent zu verhalten. Macht der Kandidat in der Führungsrolle Fehler bei der Gesprächsführung, dann wird der fiktive Mitarbeiter diese gnadenlos ausnutzen, um sich eigene Vorteile zu verschaffen. Mehr als einmal mussten deshalb schon gestandene Führungskräfte im AC entnervt erkennen, dass sie der betriebliche Alltag nicht ausreichend auf die Sondersituation »Mitarbeitergespräch im AC« vorbereitet hat.

Worauf achten die Beobachter?

Die Beobachter erwarten in dieser Übung ein ganzes Bündel an kommunikativen Kompetenzen: Können Sie den sachlichen Kern des Problems herausarbeiten? Bleiben Sie nüchtern bei der Problemanalyse oder lassen Sie sich auf emotionale Scharmützel ein? Verfügen Sie über genügend Einfühlungsvermögen, um die Gründe für das unangebrachte Verhalten des Mitarbeiters nachvollziehen zu können? Schaffen Sie es, dem Mitarbeiter den Sinn von Arbeitsanweisungen zu vermitteln? Handeln Sie als Führungskraft oder lassen Sie sich die Gesprächsführung aus der Hand nehmen?

Welches Führungsverständnis haben Sie?

Für die Beobachterrunde ist das Führungsverständnis des Kandidaten oder der Kandidatin der springende Punkt. Gesucht werden Menschen, die mit ihren Mitarbeitern konkrete und überprüfbare Ziele vereinbaren, im Unternehmenssinn handeln und inakzeptables Verhalten gegenüber Kollegen oder Kunden abstellen können.

Manchmal wird die Rolle des Mitarbeiters von Schauspielern gespielt, um die Aufgabe besonders schwer zu machen. In jedem Fall wird sich der Mitarbeiter aber so uneinsichtig verhalten, dass das Gespräch auch zu einem Stresstest wird. Kandidaten, die dann die Nerven verlieren, mit der Faust auf den Tisch hauen und mit Befehlen und Anordnungen führen wollen, zeigen, dass sie dem Druck in einer Führungsposition nicht gewachsen sind.

Typische Fehler

Typische Fehler im Mitarbeitergespräch ergeben sich aus einem unangemessenen Führungsstil. Nicht nur die zu direktive und autoritäre Linie führt in die falsche Richtung, sondern auch ein zu weicher und nachgiebiger Kurs. Schließlich ist das zentrale Problem bei dieser Übung, dass der Mitarbeiter sich reaktiv verhalten wird: Gehen Sie ihn zu autoritär an, wird er sich ins Schneckenhaus zurückziehen. Geben Sie sich zu nachsichtig, wird er Ihnen auf der Nase herumtanzen und unangemessene Zugeständnisse einfordern.

Emotionale Stolperfallen

Ferner fällt es den meisten schwer, beim eigentlichen Kern des Problems zu bleiben. Statt eine möglichst sachliche Auseinandersetzung mit dem Mitarbeiter zu führen, finden sie sich plötzlich in einer hochemotionalen Gesprächssituation mit Ablenkungsmanövern oder persönlichen Angriffen wieder. Dann gerät das negative Verhalten des Mitarbeiters aus dem Blick. Auf einmal sind Kollegen, das Management oder sogar die Führungskraft selbst schuld an Problemen, die eigentlich dem Mitarbeiter zuzurechnen sind. Kann der Kandidat in der knappen Zeitvorgabe dieser Übung keine Einsicht beim Mitarbeiter herbeiführen, wird man an seinen Führungsfähigkeiten zweifeln.

Sinnvolle Strategien

Ganz wesentlich für eine erfolgreiche Bewältigung der Übung »Mitarbeitergespräch« ist, den Sachverhalt erst einmal zu klären. Welches konkrete Fehlverhalten liegt vor? Sie dürfen Vorwürfe, die sich auf Gerüchte oder unbestätigte Vermutungen stützen, nicht ungeprüft für bare Münze nehmen. Es gilt der Grundsatz, dass nur beobachtetes Verhalten kritisiert werden darf. Arbeiten Sie daher zunächst mit überzeugenden Argumenten daran, dass der Mitarbeiter seinen Fehler erst einmal eingesteht. Erst dann können Sie sein Verhalten bewerten. Erläutern Sie dem Mitarbeiter im zweiten Schritt, warum sein Verhalten dem Unternehmen schadet beziehungsweise schaden könnte. Der Mitarbeiter sollte sich zu den Vorwürfen äußern können und seine Sicht der Dinge schildern. Sie müssen nur darauf achten, dass er nicht Dritte angreift und versucht, anderen die Schuld zu geben.

Da Sie grundsätzlich mit massiver Gegenwehr des Mitarbeiters rechnen müssen, sollten Sie das Gespräch aktiv steuern. Unterbrechen Sie den Mitarbeiter, bevor er sich in Rage redet. Um den Konflikt zu lösen, sollten Sie selbst eine Hilfestellung anbieten und überprüfbare Ziele vereinbaren. *Aktive Gesprächssteuerung*

Nun folgen Aufgabenstellungen, die in Assessment-Centern eingesetzt werden, um das Führungspotenzial mithilfe der Übung »Mitarbeitergespräch« zu ermitteln. Schauen Sie sich die Szenarien genau an, um die typischen Problemstellungen kennen zu lernen.

Typische Aufgabenstellungen in Mitarbeitergesprächen

Mitarbeitergespräch 1: Zu langsam

BEISPIEL

Sie sind Frau Möller, Abteilungsleiterin Unternehmenskredite Mittelstand bei der Bank AG. Einer Ihrer neuen Mitarbeiter, Herr Schmidt, ist seit vier Monaten im Unternehmen. Sie wollten schon längst mit ihm sprechen, da er wiederholt Terminvorgaben nicht eingehalten hat. Machen Sie sich im Gespräch ein umfassendes Bild von der Situation.

Sie haben noch 10 Minuten Zeit, um das Gespräch mit Herrn Schmidt vorzubereiten. Das anschließende Gespräch dauert 15 Minuten.

Mitarbeitergespräch 2: Gut, aber nicht gut genug

BEISPIEL

Sie sind Herr Maler und Regionalleiter bei der Pharma AG. Der Umsatz in der von Ihnen verantworteten Region hat sich im letzten Geschäftsjahr zwar positiv entwickelt. Im Vergleich zur Konkurrenz ist er jedoch unterdurchschnittlich gestiegen.

Gleich kommt Herr Carlsen, ein Pharmareferent in Ihrem Team. Diskutieren Sie mit ihm die Problematik und schwören Sie ihn auf bessere Umsätze ein.

Sie haben jetzt noch 20 Minuten, um das Gespräch vorzubereiten. Das eigentliche Gespräch dauert 20 Minuten.

BEISPIEL

Mitarbeitergespräch 3: Nicht befördert

Sie sind Herr Carstens. Als Partner bei der Unternehmensberatung Terra Nuova müssen Sie im Rahmen der jährlich stattfindenden Gespräche einem Ihrer Senior Consultants, Herrn Reesch, mitteilen, dass er nicht zum Senior Manager bei der Unternehmensberatung Terra Nuova befördert wird. Im Rahmen der Personalentwicklungsmaßnahmen hat sich herausgestellt, dass Frau Meyer über erheblich mehr Potenzial verfügt, insbesondere im Hinblick auf ihr unternehmerisches Denken.

Herr Reesch ist 43 Jahre alt und schon länger im Unternehmen. Er hat wichtige Branchenkenntnisse im Bereich Automotive. Um ihn zu halten, ist ihm bereits einmal der Sprung auf der Karriereleiter zum Senior Manager in Aussicht gestellt worden. Auch damals waren seine Leistungen letztendlich nicht ausreichend.

Teilen Sie Herrn Reesch die Entscheidung mit, die von allen Partnern gemeinsam getroffen wurde.

Zur Vorbereitung des Gespräches verbleiben Ihnen noch 15 Minuten. Für das anschließende Gespräch haben Sie 25 Minuten eingeplant.

BEISPIEL

Mitarbeitergespräch 4: Sicherheit geht vor

Sie sind Frau Kravzcek und Abteilungsleiterin des Service- und Außendienstes der Energieversorger AG. Zum wiederholten Male hat sich Herr Mayer, der Teamleiter der Servicegruppe Nord, bei Ihnen über seinen Mitarbeiter Herrn Stolzenburg beschwert.

Herr Stolzenburg hat bereits eine Abmahnung erhalten, da er notwendige Sicherheitseinrichtungen überbrückt hat, um den laufenden Betrieb sicherzustellen. Außerdem steht er in dem Ruf, mit Sicherheitsvorschriften bei der Instandsetzung und Wartung eher schludrig umzugehen. Andererseits ist Herr Stolzenburg ein ausgewiesener Fachmann, auf den besonders bei Notfalleinsätzen immer hundertprozentig Verlass ist.

Stellen Sie sicher, dass Herr Stolzenburg sich künftig gemäß den Sicherheitsvorschriften verhält.

Für die Vorbereitung dieses Konfliktgespräches haben Sie noch 15 Minuten Zeit. Das anschließende Gespräch sollte nicht länger als 15 Minuten dauern.

Damit Sie in Mitarbeitergesprächen bestehen können, werden wir nun mit Ihnen die zentralen Punkte durchgehen. Ausgehend vom ersten Mitarbeitergespräch nehmen Sie nun die Rolle einer Abteilungsleiterin beziehungsweise eines Abteilungsleiters ein. Klären Sie zunächst den Sachverhalt. Bewerten Sie dann das Verhalten des Mitarbeiters. Um sich nicht aus dem Konzept bringen zu lassen, müssen Sie anschließend zweimal reagieren, wenn der Mitarbeiter bei anderen die Gründe für sein Verhalten sucht. Fassen Sie das Gesprächsergebnis in einer Zielvereinbarung zusammen. *Vorgehensweise*

Zunächst sollten Sie Ihre Vorgehensweise notieren, danach zeigen wir Ihnen beispielhaft, welche Formulierungen Sie zum Ziel führen.

ÜBUNG

Zu langsam

Sachverhaltsklärung durchführen
Stellen Sie zu Beginn des Mitarbeitergespräches »Zu langsam« das problematische Verhalten des Mitarbeiters sachlich heraus.

Ihre Sachverhaltsdarstellung:

_____

_____

_____

Beispielhafte Sachverhaltsklärung: »Herr Schmidt, es geht heute darum, dass ich Arbeitsergebnisse von Ihnen dreimal nicht rechtzeitig auf dem Schreibtisch hatte. Dadurch sind hier Entscheidungsprozesse ins Stocken geraten. Es ist mir wichtig, dass Sie erkennen, dass Terminvorgaben unbedingt eingehalten werden müssen.«

Fehlverhalten bewerten
Nennen Sie Gründe, aus denen hervorgeht, dass das Verhalten des Mitarbeiters kontraproduktiv ist.

Ihre Bewertung:

_____

_____

_____

Beispielhafte Bewertung des Fehlverhaltens: »Es ist ganz wichtig für mich, aber auch für die Kollegen, dass wir termingerecht auf Ihre Vorarbeiten zurückgreifen können. Ich schätze Sie als engagierten und kompetenten Mitarbeiter. Gerade weil mir Ihre weitere Entwicklung hier bei uns in der Bank am Herzen liegt, möchte ich Sie zu termingerechtem Arbeiten anhalten. Der Kunde wird kein Verständnis dafür haben, wenn wichtige Geschäftskredite nicht rechtzeitig bewilligt werden. Dann gerät er nämlich unnötig unter Druck. Es ist also sowohl für uns in der Bank als auch für unsere Kunden ganz wichtig, dass Sie Terminvorgaben zukünftig einhalten.«

....

Schuldverschiebungen abblocken
Reagieren Sie auf die Versuche des Mitarbeiters, die Gründe für sein Verhalten anderen zuzurechnen.

Schuldverschiebung 1: »Ich bin ja noch nicht so lange im Unternehmen. Da es kein richtiges Einarbeitungsprogramm gibt, muss ich mir alles selbst beibringen.«

Ihre Gegenreaktion 1:

_____

_____

_____

Beispielhafte Gegenreaktion auf Schuldverschiebung 1: »Ich habe Ihnen durchaus eine Orientierungsphase zu Beginn Ihrer Arbeit zugestanden. Jetzt müssen Sie aber durchstarten. Sollten Sie nicht wissen, wie Sie bestimmte Informationen bekommen, wenden Sie sich bitte an mich. Ich werde dann für Sie die entsprechenden Kontakte herstellen. Im Übrigen kommen Sie ja gut zurecht, nur Ihr Zeitmanagement ist noch nicht optimal.«

Schuldverschiebung 2: »Die Kollegen decken mich mit Arbeit ein, sodass ich mich nicht richtig auf meine Aufgaben konzentrieren kann.«

Ihre Gegenreaktion 2:

_____

_____

_____

Beispielhafte Gegenreaktion auf Schuldverschiebung 2: »Ich finde es gut, dass Sie bereit sind, auch den Kollegen zur Hand zu gehen. Achten Sie aber darauf, dass Ihre eigene Arbeit nicht liegen bleibt. Schließlich werden Sie daran gemessen, ob Sie Ihre Aufgaben in den Griff bekommen. Sie dürfen ruhig den Kollegen sagen, dass Sie von mir den Auftrag bekommen haben, sich vorrangig um Ihr eigenes Arbeitsgebiet zu kümmern.«

Zielvereinbarung treffen
Sichern Sie das Ergebnis des Gespräches mit einer Zielvereinbarung ab.

Ihre Zielvereinbarung:

_____

_____

_____

Beispielformulierung für eine Zielvereinbarung: »Die nächsten drei Arbeitsergebnisse werden Sie zwei Tage vor der Deadline bei mir einreichen, damit ich sie noch einmal durchsehen kann. Danach liefern Sie Ihre Ergebnisse pünktlich ab. Sollten Schwierigkeiten auftreten, wenden Sie sich bitte sofort an mich. Das Gleiche gilt auch, wenn Ihnen Informationen zur Bearbeitung fehlen.«

Mitarbeitergespräch

→ Erkennen Sie das Kernproblem der Aufgabenstellung.

→ Machen Sie sich anhand der Aufgabenstellung klar, auf was für einen Mitarbeiter Sie treffen (ängstlich, fordernd, polternd, demotiviert).

→ Überlegen Sie, welches konkrete Fehlverhalten dem Mitarbeiter oder der Mitarbeiterin zurechenbar ist.

AUF EINEN
BLICK

→ Klären Sie, ob das problematische Verhalten objektiv festgestellt worden ist oder ob es sich um Gerüchte handelt.

→ Bereiten Sie sich auf mögliche Einwände vor.

→ Signalisieren Sie mit Ihrer Körpersprache Ihren Vorgesetztenstatus.

→ Gehen Sie nach dem folgenden Schema für Mitarbeitergespräche vor:
  - Begrüßen und den Sachverhalt direkt ansprechen, das beobachtete Verhalten aus Vorgesetztensicht ohne Bewertung schildern,
  - den Mitarbeiter um eine Stellungnahme zum beobachteten Verhalten bitten,
  - das Mitarbeiterverhalten bewerten,
  - Konsequenzen aufzeigen, die ein weiteres Fehlverhalten haben wird,
  - überprüfbare Vereinbarung mit dem Mitarbeiter über eine zukünftige Verhaltensänderung treffen (Kontrollen ankündigen, aber auch Hilfestellung anbieten).

→ Bringen Sie schweigsame Mitarbeiter zum Reden.

→ Bremsen Sie Vielredner aus (auch unter Einsatz von Stoppgesten).

→ Blocken Sie emotionale Vorwürfe gegen Kollegen oder die Geschäftsleitung ab.

→ Bleiben Sie eng am Ziel des Mitarbeitergespräches, ohne sich auf Nebenkriegsschauplätze einzulassen.

→ Führen Sie bei ausufernder emotionaler Reaktion den Mitarbeiter immer wieder zum sachlichen Kern des Gespräches zurück.

→ Bleiben Sie bei Zugeständnissen dem Mitarbeiter gegenüber in einem realistischen Rahmen.

→ Bieten Sie dem Mitarbeiter eine angemessene Hilfestellung bei der Lösung von Problemen an (Hilfe zur Selbsthilfe).

→ Beenden Sie das Mitarbeitergespräch innerhalb der vorgegebenen Zeit aktiv mit einem konkreten Ergebnis.

47. Verkaufs- und Beratungsgespräch: Überzeugen Sie den Kunden

Verkaufs- und Beratungsgespräche werden naturgemäß immer dann im Assessment-Center eingesetzt, wenn es darum geht, Positionen in den Bereichen Verkauf, Vertrieb, Consulting und Service zu besetzen. Aber auch bei ACs für Berufseinsteiger sind diese Übungen beliebt, um die Kommunikationsfähigkeit und die Überzeugungskraft der Kandidaten zu überprüfen. Neuerdings setzen Firmen die Übung »Verkaufs- und Beratungsgespräch« auch als erste Arbeitsprobe für künftige Mitarbeiter in Call-Centern ein. Dann findet sie nicht von Angesicht zu Angesicht, sondern telefonisch statt und wird von den Beobachtern mitgehört.

Kommunikation wird im Unternehmensalltag immer wichtiger. Dies gilt jedoch nicht nur für die interne, sondern auch für die externe Abstimmung. Auch hier ist Geschick gefragt. Kunden sind heute anspruchsvoller denn je, und man muss sie von den Vorzügen der eigenen Produkte oder Dienstleistungen überzeugen, bevor sie sich zum Kauf entschließen. In den Unternehmen ist die Übung »Verkaufs- und Beratungsgespräch« auch deshalb beliebt, weil man künftige Vertriebsmitarbeiter, Servicekräfte oder Consultants einmal live in Aktion erleben möchte, bevor man sie zum Kunden schickt oder ihnen Führungsaufgaben mit Repräsentationspflichten überträgt.

Einige Unternehmen prüfen mit dieser Übung auch das generelle Persönlichkeitsbild eines Kandidaten: Sind Sie eher introvertiert oder bringen Sie die geforderte Extroversion mit? Man will sehen, ob Sie aktiv auf andere zugehen können und Freude daran haben, sich selbst darzustellen. *Auch die Persönlichkeit wird beleuchtet*

Worauf achten die Beobachter?

Die Beobachter wollen nicht nur wissen, ob Sie extrovertiert sind, sondern Sie müssen auch Überzeugungskraft und Einfühlungsvermögen mitbringen. Nur emphatische Kandidatinnen und Kandidaten können einen Abgleich der Interessen des Kunden mit denen der eigenen Firma erreichen. Wer den Drücker mimt, wird auf Abwehrhaltung beim Kunden treffen und scheitern.

Wichtig ist den Beobachtern auch, dass Sie es bei dieser Übung schaffen, dem Kunden ein positives Bild vom Unternehmen und seinen Produkten oder Dienstleistungen zu vermitteln. Wären Sie ein geeignetes Aushängeschild für das Unternehmen? Selbstverständlich müssen Sie immer gefasst und höflich bleiben, auch wenn der Kunde unsachliche Argumente bringt. Schließlich hat der Kunde aus Sicht der Beobachter immer Recht.

Ferner erwarten die Beobachter, dass Sie in der vorgegebenen Zeit ein Ergebnis erzielen, denn nur wer die gewünschte Abschlusssicherheit zeigt, bekommt verkäuferisches Potenzial zugeschrieben.

Typische Fehler

Was will der Kunde?   Immer dann, wenn in Verkaufs- und Beratungsgesprächen eine Konfrontation aufgebaut wird, scheitern die Kandidaten. Die gebrieften Kunden im AC werden sich weder durch Plattitüden noch durch flotte Sprüche überzeugen lassen. Nur die allerwenigsten Kandidaten schaffen es überhaupt, aktiv die Wünsche des Kunden herauszufiltern. Oft wiederholen sie gebetsmühlenartig ein Angebot, ohne vorher zu klären, was der Kunde überhaupt will.

Nicht nur zu forsches Vorgehen, auch vornehme Zurückhaltung ist kontraproduktiv. Der Kunde wird nicht von sich aus ein Verhandlungsergebnis präsentieren. Dies muss vielmehr vom Kandidaten aktiv erarbeitet werden.

Viel zu oft gehen die Kandidaten im Verkaufs- und Beratungsgespräch nicht auf die im Szenario vorgegebenen Informationen zum Kunden ein. Welche Position bekleidet er im Unternehmen? Hat er bestimmte Vorlieben? Worauf wird es ihm besonders ankommen? Welche Gegenargumente wird er bringen?

Der Abschluss des Verkaufs- und Beratungsgespräches fällt den Kandidaten ebenfalls oft schwer. Immer wieder enden die Gespräche ohne konkretes Ergebnis oder müssen von dem AC-Moderator abgebrochen werden, weil der Kandidat die Zeit völlig aus dem Auge verloren hat.

Sinnvolle Strategien

Bereiten Sie sich gut vor   Nutzen Sie die Vorbereitungszeit, um sich mit der Position Ihres Gesprächspartners vertraut zu machen. Legen Sie im Gespräch nicht zu früh ein konkretes Angebot auf den Tisch. Erkundigen Sie sich zunächst, ob Ihre Vorüberlegungen auf Gegenliebe stoßen. Ist er interessiert an einer Umsatzausweitung? Möchte er Mitarbeiter schulen lassen? Könnten für ihn Verkaufsförderungsmaßnahmen interessant sein? Steht für ihn der Kostenfaktor im Vordergrund? Erst wenn Sie geklärt haben, was der Kunde eigentlich will, sollten Sie ihr Angebot machen. Sie haben dann schon eine Basis, von der aus Sie sich zum Vertragsabschluss hinarbeiten können. Dabei müssen Sie auch mit Ablenkungsmanövern rechnen. In diesem Fall sollten Sie den Kunden immer wieder zum Gesprächsthema zurückführen.

Wenn der Kunde anfängt, Ihnen Fragen über bestimmte Details Ihres Angebotes zu stellen, wissen Sie, dass er interessiert ist. Dann sollten Sie auf einen Vertragsabschluss hinarbeiten. Zum Schluss wiederholen Sie, worüber Sie sich mit dem Kunden geeinigt haben. Bei eventuell offen gebliebenen Punkten nennen Sie dem Kunden am besten einen Termin, bis zu dem hier eine Klärung erfolgt sein sollte.

Beenden Sie das Verkaufs- und Beratungsgespräch, indem Sie den Kunden mit seinem Namen ansprechen und Ihr Interesse an einer weiteren guten Zusammenarbeit betonen.

Die folgenden Aufgabenstellungen für Verkaufs- und Beratungsgespräche vermitteln Ihnen einen Eindruck davon, was Sie bei dieser Übung im Assessment-Center erwarten wird.

Typische Aufgabenstellungen in Verkaufs- und Beratungsgesprächen

Verkaufs- und Beratungsgespräch 1: Bröckelnde Umsätze

BEISPIEL

Sie sind Frau Rohde, Vertriebsleiterin der Großbanken AG. Der Absatz von Finanzprodukten an Sparkassen ist in letzter Zeit etwas zurückgegangen. Sie haben heute die Möglichkeit, mit dem zuständigen Ansprechpartner der Bank Ost, Herrn Mayerhofer, über die Ursachen zu sprechen.

Finden Sie heraus, welche Gründe der Umsatzeinbruch hat. Überzeugen Sie Herrn Mayerhofer davon, dass sich eine verstärkte Zusammenarbeit mit der Großbanken AG beim Vertrieb von Finanzprodukten in Zukunft lohnen wird.

Sie haben durch Ihre Sekretärin einen Gesprächstermin vereinbaren lassen und machen sich auf den Weg. Herr Mayerhofer erwartet Sie in seinem Büro. Er räumt Ihnen 20 Minuten Gesprächszeit ein. Bis zur Abfahrt haben Sie noch 30 Minuten Zeit, um das Gespräch vorzubereiten.

Verkaufs- und Beratungsgespräch 2: Der neue Freizeitpark

BEISPIEL

Sie sind Großkundenbetreuer bei der Erfrischungsgetränke AG. Demnächst wird in Ihrer Vertriebsregion ein neuer Freizeitpark eröffnet. Die Betreiber rechnen mit täglich bis zu 5 000 Besuchern. Selbstverständlich möchten Sie Ihre Erfrischungsgetränke exklusiv im Park vertreiben. Versuchen Sie, den Geschäftsführer des Freizeitparks, Herrn Hoffmann, von Ihrem Angebot zu überzeugen.

Herr Hoffmann hat Ihnen 15 Minuten Gesprächszeit eingeräumt. Bis zum Gespräch verbleiben Ihnen noch 15 Minuten Vorbereitungszeit.

Nun werden wir mit Ihnen die zentralen Punkte des Verkaufs- und Beratungsgespräches üben. Wir beziehen uns dabei auf das erste Szenario »Bröckelnde Umsätze«. Zunächst werden Sie Ihr Unternehmen darstellen und so als souveräner Repräsentant Ihrer Firma auftreten. Danach finden Sie mit geeigneten Fragen die Wünsche des Kunden heraus. Aufbauend darauf machen Sie dem Kunden ein konkretes Angebot und halten zum Schluss noch das Gesprächsergebnis fest, um einen Abschluss herbeizuführen.

ÜBUNG

Bröckelnde Umsätze

Vorstellung des eigenen Unternehmens
Präsentieren Sie die Großbank AG als kompetenten Dienstleister im Finanzsektor, um beim Kunden positive Aufmerksamkeit zu erzielen.

Ihre Unternehmensvorstellung:

_____

_____

_____

Beispielhafte Vorstellung des eigenen Unternehmens: »Guten Tag Herr Mayerhofer, wir arbeiten ja schon langjährig bei der Entwicklung und dem Vertrieb von Finanzprodukten zusammen. Die Großbank AG hat mit internen Umstrukturierungen eine noch bessere Marktausrichtung erreichen können. Wir können unseren Kunden jetzt noch besser als bisher maßgeschneiderte Produkte für alle Zielgruppen anbieten.«

Kundenvorstellungen erfragen
Finden Sie mit geschickten Fragen heraus, was dem Kunden besonders wichtig ist.

Ihre erste Frage:

_____

_____

_____

Beispielfrage 1 zu den Kundenvorstellungen: »Wie sehen die Bedürfnisse Ihres regionalen Kundenstammes aus?«

Ihre zweite Frage:

_____

_____

_____

Beispielfrage 2 zu den Kundenvorstellungen: »Woran liegt es Ihrer Meinung nach, dass in letzter Zeit Konkurrenzprodukte vermehrt nachgefragt wurden? Gibt es Lücken in unserem Produktportfolio?«

....

Angebot machen
Formulieren Sie ein konkretes Angebot für den Kunden.

Ihr Angebot:

_____

_____

_____

Beispielhaftes Angebot: »Herr Mayerhofer, ich habe herausgehört, dass wir beide die gleichen Ursachen für den Umsatzeinbruch sehen. Einige Zielgruppen sind nicht so angesprochen worden, wie es wünschenswert gewesen wäre. Daher sollten wir unsere Anstrengungen koppeln. Wir liefern Ihnen auf Kundenbedürfnisse besser als bisher zuschneidbare Finanzprodukte. Insbesondere private Rentenversicherungen und Berufsunfähigkeitsversicherungen.

Darüber hinaus sollten wir den Wunsch der älteren Kunden nach Absicherung ihrer Kinder und Enkel besser aufgreifen. In diesem Bereich gibt es, glaube ich, großes Potenzial für unsere Ausbildungsversicherungen und Ansparpläne für Studiengebühren.

Damit unsere Produkte auch richtig an den Mann oder die Frau gebracht werden können, bieten wir Ihnen ein Gesamtpaket mit Schulungsbausteinen für Ihre Mitarbeiter an.«

....

Abschluss herbeiführen
Sichern Sie das Gesprächsergebnis mit einer Zusammenfassung ab.

Ihr Abschluss:

_____

_____

_____

Beispiel für einen Abschluss: »Es freut mich, dass wir unsere gemeinsamen Erfolge weiterführen können. Wie besprochen, werden wir Ihren Mitarbeitern unser neues, passgenau zuschneidbares Produktportfolio ausführlich vorstellen. Dabei werden wir einzelne Schulungsbausteine besprechen und wie von Ihnen gewünscht auch mit Staffelprovisionen einen zusätzlichen Motivationsanreiz für Verkaufserfolge setzen.«

AUF EINEN BLICK

Verkaufs- und Beratungsgespräch

→ Versetzen Sie sich in die Lage des Kunden und fragen Sie sich, was ihm besonders wichtig sein könnte (Kosten, Status, Innovation, Sicherheit).

→ Überlegen Sie sich in der Vorbereitungsphase Argumente, um auf Einwände des Kunden vorbereitet zu sein.

→ Bringen Sie Ihre wichtigsten Argumente in eine Reihenfolge, in der Sie sie präsentieren wollen.

→ Setzen Sie sich nach Möglichkeit über Eck mit Ihrem Kunden zusammen, nicht gegenüber.

→ Sprechen Sie den Kunden bei der Begrüßung und im laufenden Gespräch mit Namen an.

→ Bringen Sie ihn dazu, seine Vorstellungen zu äußern.

→ Knüpfen Sie mit Fragetechniken an die geäußerten Kundenwünsche an, um weitere Detailinformationen zu bekommen.

→ Setzen Sie im Gespräch Zustimmungsgesten und -laute ein, um Gemeinsamkeiten zu betonen und eine gute Arbeitsatmosphäre herzustellen.

→ Arbeiten Sie zunächst auf eine grundsätzliche Zustimmung für das Produkt oder die Dienstleistung hin, bevor Sie ein konkretes Angebot machen.

→ Erkennen Sie, wann Ihr Kunde bereit ist, Ihr Angebot zu akzeptieren, und kommen Sie dann zu einem Abschluss (Abschlusssicherheit).

→ Beenden Sie das Gespräch aktiv, halten das Gesprächsergebnis fest und stimmen die weiteren Schritte ab.

48. Reklamationsgespräch: Bekommen Sie den Kunden in den Griff

Auch Reklamationsgespräche werden vorrangig dann im Assessment-Center eingesetzt, wenn Positionen mit Kundenkontakt besetzt werden sollen. Hier weht ein etwas rauerer Wind, denn wenn Kunden Produkte oder Dienstleistungen reklamieren, läuft dies in der Regel nicht sehr harmonisch ab. Um die Situation zu verschärfen, treten manchmal sogar Schauspieler als verärgerte Kunden auf, denen man vorher aufgetragen hat, sich besonders aggressiv und patzig zu verhalten. Aber keine Sorge: Wenn Sie richtig vorgehen, lässt sich auch die emotional aufgeheizte Situation eines Reklamationsgesprächs in den Griff bekommen. Auch sehr aufbrausende Menschen kann man wieder zurück zum sachlichen Kern des Problems führen. Ihre Belastbarkeit und Stressresistenz werden Sie jedoch auf jeden Fall erst einmal unter Beweis stellen müssen.

Unternehmen sind sehr an einer engen Kundenbindung interessiert. Den Geschäftserfolg bestimmt heute nicht mehr nur das Produkt oder die Dienstleistung, sondern das Gesamtpaket aus Produkt-/Dienstleistungsnutzen, Kundenbetreuung, Schulung und Service.

Hinzu kommt, dass Unternehmen verstärkt Rückmeldungen von Kunden nutzen, um ihr Angebot zu modifizieren und zu verbessern. Daher müssen sich Mitarbeiter auch schwierigen Situationen mit dem Kunden stellen können.

Das müssen Sie beweisen

Bei einem emotionalen Reklamationsgespräch im Assessment-Center müssen Sie also zeigen: Können Sie auch mit schwierigen Kunden umgehen? Sind Sie in der Lage, den sachlichen Kern der Kundenbeschwerde auf den Punkt zu bringen? Behalten Sie bei Zugeständnissen das Unternehmensinteresse im Blick? Und schaffen Sie es, verärgerte Kunden zu zufriedenen Stammkunden zu machen?

Worauf achten die Beobachter?

Wenn Reklamationsgespräche durchgeführt werden, dann ist es für die Beobachter besonders interessant, zu sehen, wie die Kandidaten mit diesen emotional belasteten Situationen umgehen. Auf persönliche Angriffe reagieren wir instinktiv erst einmal mit einer Flucht oder einem Gegenangriff. Wer aber so bei der Reklamationsübung reagiert, fällt bei den Beobachtern durch. Diese wollen vielmehr Folgendes bestätigt sehen: Halten Sie dem Druck stand? Bleiben Sie höflich, aber bestimmt? Holen

Sie den Kunden aus dem Tal der Tränen heraus? Können Sie ihn besänftigen und dem Unternehmen gegenüber wieder positiv stimmen?

Weiterhin ist den Beobachtern wichtig, dass der Kandidat deeskalierend vorgehen kann. Hier ist Ihre Flexibilität gefragt. So kann es einerseits nötig sein, dem Kunden erst einmal Raum zu geben, damit er Dampf ablassen kann. Danach muss er aber elegant ausgebremst werden, sodass das Gespräch wieder in ein sachliches Fahrwasser kommt und die knappe Zeitvorgabe eingehalten wird.

Typische Fehler

Ein Hauptfehler beim Reklamationsgespräch liegt darin, sich auf die emotional aufgeheizte Stimmung des Kunden einzulassen. Viele versuchen, dem Kunden ungeduldig zu vermitteln, dass er eigentlich Unrecht hat oder die Sache doch nicht so schlimm ist. Damit gießen Sie jedoch noch mehr Öl ins Feuer, die Situation eskaliert und droht völlig aus dem Ruder zu laufen.

Andere überlassen die gesamte Gesprächsführung dem Kunden und nicken jeden Vorwurf zustimmend ab. Wenn Sie den Kopf in den Sand stecken, werden Sie aber zum Spielball des geschulten Gegenübers, das dann immer haarsträubendere Forderungen stellen wird. An der Körpersprache wird gerade im Reklamationsgespräch schnell sichtbar, welche Kandidaten unter großem Druck stehen und sich der Situation nicht gewachsen fühlen. Das reicht vom fehlenden Blickkontakt über Unsicherheitsgesten bis hin zum Zurückweichen vor dem Kunden.

Vogel-Strauß-Taktik

Weiter vermerken die Beobachter es als negativ, wenn sich Kandidaten auf Nebenkriegsschauplätze locken lassen. Sie müssen besonders pauschale Vorwürfe des Kunden an das Unternehmen abblocken und entkräften. Leider gibt es immer wieder Kandidaten, die aufgrund des Drucks von sich ablenken wollen und daher mit einstimmen, wenn der Kunde mit einer Schmährede gegen die eigenen Kollegen oder das Unternehmen beginnt. So geht es aber nicht, schließlich tritt der Kandidat als Repräsentant des Unternehmens auf und muss es natürlich gegen Angriffe jeder Art elegant verteidigen.

Sinnvolle Strategien

Da das Reklamationsgespräch vorrangig ein Stresstest ist, sollten Sie sich darauf einstellen, dass sich der Kunde erst einmal Luft machen wird, bevor er in der Sache ansprechbar ist. Diesen Druck müssen Sie aushalten. Um dem Kunden weiterzuhelfen, sollten Sie sich bereits in der Vorbereitungsphase dieser Übung überlegen, welche Zugeständnisse sie ihm machen können. Dabei müssen Sie aber realistisch bleiben. Insbesondere sollten Sie vermeiden, dass der Kunde einen einmaligen Fehler für dauerhafte Rabatte nutzt.

Bremsen Sie den Kunden nach der heißen Anfangsphase des Gespräches freundlich, aber bestimmt. Es kann durchaus nötig sein, sich mit Stoppgesten Raum für eigene Anmerkungen zu verschaffen. Zielen Sie dann auf die bisherige gute Zusammenarbeit ab und rufen Sie dem Kunden die Vorzüge Ihres Unternehmens ins Gedächtnis.

Nicht mit dem Maximalgebot beginnen

Machen Sie lieber ein konkretes Angebot, um das aufgetretene Problem zu beheben, als dem Kunden Tür und Tor für seine Forderungen zu öffnen. Sie können davon ausgehen, dass Ihr Gegenüber alles versuchen wird, um weitreichende Zugeständnisse zu erhalten. Er wird grundsätzlich mehr fordern, als Sie ihm bieten können oder dürfen. Beginnen Sie daher auf keinen Fall mit Ihrem Maximalangebot, sondern gehen Sie mit abgestuften Angeboten auf den Kunden zu.

Auch hier müssen Sie das Gesprächsergebnis sichern. Wiederholen Sie dem Kunden gegenüber die wesentlichen Punkte der Einigung und versprechen Sie ihm, dass Sie schnellstmöglich wie vereinbart für Abhilfe sorgen werden.

Nun stellen wir Ihnen praxisnahe Aufgabenstellungen zur AC-Übung »Reklamationsgespräch« vor. Machen Sie sich mit den Szenarien vertraut, die Sie erwarten könnten.

Typische Aufgabenstellungen in Reklamationsgesprächen

BEISPIEL

Reklamationsgespräch 1: Es brennt

Sie sind Herr Schnieder, Vertriebsleiter der Versicherungs-AG. Ihre Sekretärin hat Ihnen heute morgen eine Notiz auf den Schreibtisch gelegt, dass sich der Geschäftsführer eines mittelständischen Betriebes, Herr Rosenbaum, massiv beschwert hat. Seine Firma hat über 70 Pkw bei Ihnen versichert. Einer seiner Außendienstmitarbeiter hatte einen selbstverschuldeten Unfall, den Ihre Versicherung nur teilweise regulieren will. Nun droht Herr Rosenbaum mit der Kündigung sämtlicher Verträge.

Herr Rosenbaum erwartet Sie in seinem Büro. Er räumt Ihnen 10 Minuten Gesprächszeit ein. Bis zur Abfahrt haben Sie noch 10 Minuten Zeit, um das Gespräch vorzubereiten.

BEISPIEL

Reklamationsgespräch 2: Antipathien

Sie sind Frau Stapelholz, Senior Managerin bei der Unternehmensberatung Worldwide Solutions. Einer Ihrer Projektleiter hat Ihnen mitgeteilt, dass es zu Unstimmigkeiten mit einem wichtigen Kunden gekommen ist. Der Kunde, ein renommierter Sportartikelhersteller, hat sich gegen ein wichtiges Mitglied Ihres Projektteams zum Aufbau von internationalen Vertriebsplattformen im Internet gewandt: Die Projektteilnahme von Dr. Fu Ling, Ihrem Experten für E-Commerce, ist nicht mehr erwünscht.

Eine erfolgreiche Projektdurchführung ist ohne Dr. Ling schwierig und würde den vereinbarten Zeit- und Kostenrahmen sprengen.

Sie haben gleich einen Termin mit dem Ansprechpartner auf der Kundenseite, dem Geschäftsführer Herrn Hoppe. Er hat Ihnen bereits mitgeteilt, dass er seine Haltung nicht ändern wird. Er ist jedoch bereit, Ihnen Raum zur Darstellung des weiteren Vorgehens zu geben. Herr Hoppe erwartet Sie in 30 Minuten, um Ihnen 15 Minuten seiner kostbaren Zeit zu widmen.

Auch Reklamationsgespräche laufen im Assessment-Center besser, wenn Sie sich im Vorfeld mit der Situation und ihren typischen Schwierigkeiten vertraut gemacht haben. Ausgehend vom ersten Reklamationsgespräch »Es brennt« gehen wir nun mit Ihnen die Punkte durch, die Kandidatinnen und Kandidaten im AC die meisten Schwierigkeiten bereiten. Trainieren Sie, aufgebrachte Kunden zu bremsen, wehren Sie überzogene Kundenforderungen taktisch geschickt ab, und machen Sie dann ein wirtschaftlich vertretbares Angebot. Zu guter Letzt sichern Sie das Gesprächsergebnis, indem Sie Ihr Entgegenkommen herausstellen und den Kunden auf eine weiterhin gute Geschäftsbeziehung einschwören.

Wie ein optimales Vorgehen aussehen könnte, sehen Sie im Anschluss anhand unserer Beispielformulierungen.

Übung 1: Es brennt

ÜBUNG

Aufgebrachte Kunden bremsen
Überlegen Sie sich einen Gesprächseinstieg, mit dem Sie den wütenden Kunden zurück zum Sachthema bringen können.

Ihr Gesprächseinstieg:

_____

_____

_____

Beispielhafte Annäherung an das Sachthema: »Herr Rosenbaum, ich kann verstehen, dass Sie aufgeregt sind. Es ist ja doch immer eine schwierige Situation, wenn Mitarbeiter Unfälle haben. Wenigstens gab es keinen Personenschaden. Lassen Sie uns nun überlegen, wie wir die Sache regeln können. Ich möchte Ihnen auf jeden Fall bei der Schadensregulierung so weit wie möglich den Rücken freihalten. Ich muss mich aber auch an Verträge halten.«

Kundenforderungen diplomatisch abwehren
Wehren Sie zu weitreichende Forderungen des Kunden ab. Überlegen Sie sich, wie Sie auf diese zwei Maximalforderungen diplomatisch reagieren können.

Kundenforderung 1: »Wenn wir weiter im Geschäft bleiben wollen, muss etwas passieren. Ich erwarte eine vollständige Schadensregulierung.«

Ihre Reaktion 1:

_____

_____

_____

Beispielhafte Reaktion auf Maximalforderung 1: »Wir müssen natürlich auch das Verhalten Ihres Mitarbeiters berücksichtigen. Den Schaden des Unfallgegners haben wir wie immer schnell und unbürokratisch reguliert, ohne Ihre Fuhrparkverwaltung zu belasten. Wir sollten vielleicht einmal ins Auge fassen, ob in Zukunft nicht eine Vollkaskoversicherung die sinnvollste Lösung für Sie wäre.«

Kundenforderung 2: »Da wir nun schon einmal im Gespräch sind: Es gibt ja auch noch andere Anbieter, die weitaus günstiger als Sie sind. Daher erwarte ich zukünftig einen 10-prozentigen Flottenrabatt für alle bestehenden Verträge.«

Ihre Reaktion 2:

_____

_____

_____

Beispielhafte Reaktion auf Maximalforderung 2: »Natürlich möchte ich Sie als Kunden halten. Ich glaube aber auch, dass Sie mit unserer bisherigen Arbeit sehr zufrieden sein können. Mit weiteren Rabatten tue ich mich natürlich schwer. Wir kalkulieren immer sehr knapp, um unseren Kunden günstige Tarife bei vollem Service anbieten zu können. Selbstverständlich würde ich mich für Sie einsetzen, wenn Sie mir die Versicherungsverträge, die Sie bei anderen Gesellschaften abgeschlossen haben, einmal zur Prüfung überlassen. Ich bin mir sicher, dass ich Ihnen dann ein sehr interessantes Gesamtpaket schnüren kann.«

Realistisches Zugeständnis machen
Machen Sie dem Kunden ein wirtschaftlich vertretbares Angebot.

Ihr Angebot:

_____

_____

_____

Beispielformulierung für ein wirtschaftlich vertretbares Angebot: »Ich möchte noch einmal bekräftigen, dass ich sehr an einer Weiterführung unserer Geschäftsbeziehung interessiert bin. Natürlich werde ich für Sie als langjährigen Geschäftspartner alle Möglichkeiten ausloten. Mein Vorschlag wäre ein 3-prozentiger Rabatt, wenn wir uns auf eine jährliche statt wie bisher vierteljährliche Beitragszahlung einigen. Zusätzlich kann ich Ihnen eine Vollkaskoabsicherung Ihres Fuhrparks mit einem Abschlag von 5 Prozent auf unsere üblichen Konditionen anbieten.«

Gesprächsergebnis wiederholen
Halten Sie das Gesprächsergebnis fest.

Ihr Abschluss:

_____

_____

_____

Beispielhafte Schlussformulierung für das Reklamationsgespräch:
»Schön, dass wir das Problem in den Griff bekommen haben, wobei ich natürlich sagen muss, dass ich in Ihrem Fall schon Zugeständnisse gemacht habe, die ich normalerweise nicht machen kann. Wir stellen die Zahlungsweise auf jährliche Beträge um. Im Gegenzug gewähren wir Ihnen 3 Prozent Rabatt. Ein Angebot für eine Vollkaskoversicherung lasse ich Ihnen zukommen. Sie sollten sich das ernsthaft überlegen, da Sie ja in nächster Zeit Ihre Fahrzeugflotte erneuern werden. Ich lege bei Vertragsabschluss noch ein eintägiges Fahrsicherheitstraining bei einem renommierten deutschen Rallyeprofi für Ihre Außendienstmitarbeiter drauf.«

AUF EINEN BLICK

Reklamationsgespräch

→ Überlegen Sie sich vor dem Gespräch, welche Zugeständnisse Sie machen können und wo Ihre Grenzen liegen (Unternehmensinteresse).

→ Sprechen Sie den Kunden bei der Begrüßung und während des Gesprächs mit Namen an.

→ Reklamationsgespräche sind in erster Linie ein Stresstest. Bleiben Sie auch bei persönlichen Angriffen ruhig.

→ Räumen Sie aufgebrachten Kunden die Möglichkeit ein, erst einmal Dampf abzulassen, um dann das Gespräch auf eine sachliche Ebene zurückzubringen.

→ Gebieten Sie Kunden, die ihre Emotionen nicht unter Kontrolle bekommen, durch Stoppgesten Einhalt, um überhaupt zu einem Gespräch zu kommen.

→ Weisen Sie auf die bisherige gute Zusammenarbeit (Dienstleistung) beziehungsweise Zufriedenheit (Produkte) hin.

→ Lassen Sie den Kunden eigene Vorschläge machen, wie sich das Problem aus der Welt schaffen lässt.

→ Halten Sie sich bei Ihren Zugeständnissen einen Verhandlungsspielraum offen, da der Kunde Ihr erstes Zugeständnis mit Sicherheit ablehnen wird.

→ Arbeiten Sie darauf hin, dass der Kunde den Blick wieder nach vorne richtet und sich vorstellen kann, weiter mit Ihrem Unternehmen zusammenzuarbeiten.

→ Beenden Sie das Gespräch innerhalb des vorgegebenen Zeitrahmens.

→ Halten Sie das Gesprächsergebnis fest und einigen Sie sich mit dem Kunden über die weiteren Schritte.

49. Vortrag: Präsentieren Sie souverän

Vorträge gehören mit zu den Standardübungen im Assessment-Center. Sie werden Ihnen in unterschiedlichen Zusammenhängen begegnen: Es gibt die klassischen Vorträge, bei denen Sie in einer vorgegebenen Zeit über ein bestimmtes Thema referieren müssen. Daneben gibt es Ergebnispräsentationen im Anschluss an Fallstudien, Gruppendiskussionen und Verhandlungen. In diesen Fällen gilt es, die Ergebnisse aus der jeweiligen Übung, aber auch den Weg dorthin, vorzustellen. Wir beobachten, dass sich immer häufiger an beide Vortragsarten eine Fragerunde anschließt.

Die Vortragssituation ist für Kandidatinnen und Kandidaten Stress pur. Sie stehen allein auf einer Art Bühne, und alles, was sie tun, wird von der Beobachterrunde bis ins kleinste Detail wahrgenommen und bewertet. Auch in der AC-Übung »Vortrag« ist die Nähe zum Berufsalltag ganz klar gegeben. Gerade Führungskräfte müssen heute viel mehr als früher vor Gruppen Rede und Antwort stehen. Dies gilt sowohl im Hinblick auf Außenkontakte, beispielsweise mit Kunden oder zu den Medien, als auch intern, wenn es beispielsweise darum geht, Mitarbeiter von Veränderungen zu überzeugen.

Ein weiterer Grund für die Beliebtheit von Vorträgen bei ACs ist die Unmittelbarkeit, mit der hier die Körpersprache der Kandidaten ins Auge fällt. Wie gehen sie mit dieser Stresssituation um? Bekommen sie womöglich einen Blackout? Und wie reagieren sie auf kritische Nachfragen?

Worauf achten die Beobachter?

Ausstrahlung ist wichtig

Natürlich achten die Beobachter darauf, ob Sie es schaffen, den Kern des Themas in Ihrem Vortrag herauszuarbeiten, und ob Sie die richtigen Argumente bringen. Viel wichtiger ist aber Ihre Ausstrahlung. Wirken Sie selbstsicher? Können Sie andere mitreißen? Schaffen Sie es, ein trockenes Thema für die Zuhörer lebendig zu gestalten?

Nicht weniger entscheidend ist Ihre Reaktion auf Nachfragen. Können Sie bei kontroversen Themen diplomatisch bleiben? Bauen Sie Brücken zu den Zuhörern, und sind Sie bereit, Anmerkungen von anderen aufzunehmen? Wer sich hier patzig verhält, wird mit Sicherheit nicht die von den Beobachtern gewünschte Konfliktfähigkeit zugesprochen bekommen.

Ferner achten die Beobachter auf einen sicheren Umgang mit den zur Verfügung gestellten Medien. Auch wenn es heute selbstverständlich ist, dass Vortragende ihre Ausführungen mit Visualisierungen untermauern, gilt dies keineswegs für das AC. Im Gegenteil: Da hier, anders als im Berufsalltag, meist nicht auf PowerPoint-Präsentationen zurückgegriffen werden kann, ist nämlich handwerkliches Geschick im Umgang mit Overheadfolien, der Flipchart und dem Metaplan gefragt.

Typische Fehler

Das Fehlen vorgefertigter PowerPoint-Präsentationen bringt AC-Kandidaten immer wieder in arge Bedrängnis. Viel zu selten setzen sie die zur Verfügung stehenden Medien ein oder verknüpfen sie sogar miteinander.

Ein weiteres Manko besteht darin, dass Kandidaten sich häufig auf Detailinformationen zurückziehen. Wer mit breit ausgewalzten Einzelheiten langweilt, wirkt weder persönlich überzeugend noch analytisch stark, da so der für die Zuhörer wichtige rote Faden verloren geht.

Schwerwiegende Fehler werden auch bei der Körpersprache gemacht. *Verlegenheitsgesten* Kandidaten, die sich hilflos hinter Pulten, Tischen oder Overheadpro- *vermeiden* jektoren verstecken, wirken nur wenig belastbar. Gesten wie der ständige Griff zum Schmuck oder das Herumnesteln an der Kleidung signalisieren den Beobachtern ihre Unsicherheit, und man denkt, sie seien mit der Situation überfordert. Wer dann noch bei Nachfragen zurückweicht, keinen Blickkontakt zum Fragenden hält und unsicher mit Stift oder Papier herumspielt, wirkt hilflos.

Auch das Zeitmanagement ist bei den Kandidaten meistens ein Problem. Sie über- oder unterschreiten feste Zeitvorgaben immer wieder deutlich. Dabei legen die Beobachter ganz besonderen Wert auf eine gute Zeiteinteilung. Wenn das Zeitmanagement schlecht ist, fehlt häufig auch eine motivierende Zusammenfassung des Gesagten oder eine klare Handlungsaufforderung. Das erinnert die Beobachter dann an ausufernde Konferenzen ohne Ergebnis, und schon vergeben sie eine schlechte Bewertung.

Sinnvolle Strategien

Beim Vortrag werden die entscheidenden Weichen bereits während *Klare Gliederung,* der Vorbereitungszeit gestellt. Ohne eine klare Gliederung und ohne *sinnvoller* Überlegungen zum sinnvollen Medieneinsatz lassen sich Präsentatio- *Medieneinsatz* nen nur schlecht bewältigen. Fangen Sie mit einem Brainstorming zum Vortragsthema an. Strukturieren Sie dann die Informationen, Fakten und Argumente. Für Ihre Zeitplanung können Sie sich an die grobe Regel halten, dass Sie für die Besprechung einer von Ihnen erstellten Overheadfolie oder einer Skizze an der Flipchart etwa zwei

Minuten benötigen. Bereiten Sie Ihren Medieneinsatz entsprechend vor.

Einstieg vorformulieren

Da Ihre Nervosität am Anfang besonders groß sein wird, sollten Sie Ihre Einstiegssätze vorformulieren. Wiederholen Sie beispielsweise das Thema mit Ihren Worten und geben Sie einen Ausblick auf Ihr weiteres Vorgehen. Damit Sie die Zeit im Blick behalten, sollten Sie sich die Uhrzeit, zu der Sie Ihren Vortrag beenden müssen, groß und deutlich auf Ihrem Vortragsskript notieren.

Stellen Sie in Ihrem Vortrag Kernargumente heraus und liefern Sie Beispiele, um das Gesagte mit Leben zu füllen. Flankieren Sie Ihre Aussagen mit gezieltem Medieneinsatz. Benutzen Sie aktive und zupackende Formulierungen, um Ihre Macherqualitäten herauszustellen. Sie werden bei den Beobachtern besonders dann einen guten Eindruck hinterlassen, wenn Sie Ihren Vortrag mit einer Handlungsaufforderung beenden und zur vorgegebenen Zeit fertig werden.

Typische Aufgabenstellungen für Vorträge

BEISPIEL

Vortragsthema 1: Kundenorientierung und Vertriebsstärke

Die Versicherungs-AG muss sich heute einem immer größeren Wettbewerb stellen. Daher hat der Vorstand Sie aufgefordert, eine Präsentation zum Thema Kundenorientierung zu halten. Wie können die Prozesse besser als bisher auf die Wünsche der Kunden ausgerichtet werden? Wie lassen sich die Stärken der Versicherungs-AG noch optimaler vermitteln?

Zur Vorbereitung Ihres Konzeptes stehen Ihnen 30 Minuten zur Verfügung. Die anschließende Präsentation dauert 10 Minuten. Daran schließt sich eine 5-minütige Fragerunde an. Stellen Sie sich auf kritische Nachfragen des Vorstands ein!

BEISPIEL

Vortragsthema 2: Wertschöpfung steigern

Der Wettbewerb auf dem Bankensektor ist härter geworden. Ausländische Banken drängen auf den deutschen Markt. Im Vergleich zu den europäischen Mitbewerbern sind die Renditen der deutschen Institute zu gering.

Erarbeiten Sie Vorschläge, um die Wertschöpfung bei der Bank AG zu steigern.

Sie haben 40 Minuten Vorbereitungszeit für Ihr Konzept. Danach werden Sie 15 Minuten lang Ihre Ideen präsentieren.

Damit sich bei Ihnen der gewünschte Trainingseffekt für Ihren Vortrag im Assessment-Center einstellt, werden wir Ihnen exemplarisch anhand des ersten Vortragsthemas »Kundenorientierung und Vertriebsstärke« zeigen, wie Sie vorgehen können. Machen Sie ein Brainstorming und entwickeln Sie ein Medienkonzept. Finden Sie den richtigen Einstieg, formulieren Sie Kernargumente und entwerfen Sie dann eine Handlungsaufforderung. Zuletzt geht es um eine diplomatische Reaktion auf kritische Nachfragen vonseiten der Beobachter. Damit Sie einen Leitfaden für die Entwicklung Ihrer eigenen Ideen haben, stellen wir Ihnen immer gelungene Beispielformulierungen vor.

Brainstorming skizzieren

Für das Vortragsthema »Kundenorientierung und Vertriebsstärke« könnte ein Brainstorming folgendermaßen aussehen:

Zielgruppen differenzieren
Bestandskunden betreuen
Akquisition ausweiten
Vertrieb als Marktinstrument nutzen
alternative Vertriebskanäle prüfen
Corporate Identity überprüfen
Cross-Selling entwickeln
Full Service entwickeln
Best-Practice-Angebote herausstellen
Mitbewerber durchleuchten
Marktforschung nutzen
Mitarbeiter kommunikativ schulen
interne Kommunikation verbessern
Vertrieb von Verwaltungsaufgaben entlasten (Kernkompetenz stärken)
Eventmarketing sowie Sponsoring überprüfen und vielleicht ausbauen

Brainstorming: Kundenorientierung und Vertriebsstärke

Medienkonzept entwickeln

Ausgehend vom Brainstorming zum Thema »Kundenorientierung und Vertriebsstärke« könnte eine Vortragsgliederung für den Overheadprojektor oder gegebenenfalls für die PowerPoint-Präsentation so aussehen:

Vortragsgliederung

> ## Kundenorientierung und Vertriebsstärke
>
> I. Marktsituation
> II. Interne Prozesse
> III. Externe Kommunikation
> IV. Ausgewählte Zielgruppen
> V. Maßnahmenkatalog
> VI. Zusammenfassung und Ausblick

Die einzelnen Punkte der Gliederung sollten weiter aufgeschlüsselt werden. Es ist sinnvoll, für jeden der sechs Gliederungspunkte jeweils eine eigene Folie zu erstellen. Für den Punkt »Marktsituation« könnte dies beispielsweise so aussehen:

> ## I. Marktsituation
>
> Wettbewerber
> Produktportfolio
> ausgewählte Märkte
> Markttrends
> Wachstumschancen

II. Interne Prozesse

Bestandsaufnahme
Ausrichtung auf den Kunden im
Markt
Ausrichtung auf den Kunden im
Unternehmen
bereichsübergreifende Abstimmung
Neu: Produktmarketingteams

Wenn in Ihrem Vortragsraum neben dem Overheadprojektor beziehungsweise dem Laptop mit Beamer eine Flipchart oder ein Whiteboard vorhanden sind, sollten Sie sich zusätzlich eine Skizze für diese Medien überlegen. Dieses Vorgehen macht Ihren Vortrag lebendig, und etwas Aktion zu sehen wird den Zuhörern gefallen. Eine Skizze zum Thema könnte für die Flipchart so gestaltet werden:

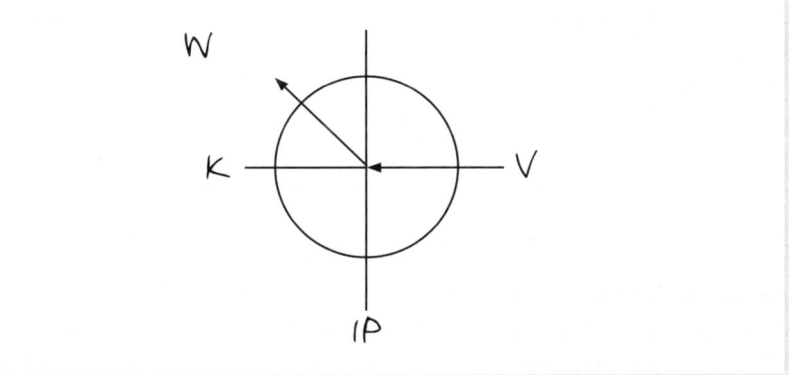

Legende
K = Kunde
V = Vertrieb
IP = Interne Prozesse
W = Wettbewerber

Diese Skizze können Sie dann folgendermaßen erklären: »Wir müssen interne Prozesse für Kundenwünsche und Rückmeldungen aus dem Vertrieb sensibilisieren. Nur so können wir flexibel und erfolgreich auf sich verändernde Märkte reagieren und Abwanderungen der Kunden zum Wettbewerber verhindern.«

ÜBUNG

Übung 1: Kundenorientierung und Vertriebsstärke

Den richtigen Einstieg finden
Formulieren Sie nun Ihre ersten drei Sätze zum Vortragsthema »Kundenorientierung und Vertriebsstärke« aus.

Ihr Einstieg:

_____

_____

_____

Beispiel für einen gelungenen Einstieg: »Meine Damen und Herren (Blickkontakt ins Publikum!), in den nächsten zehn Minuten möchte ich Ihnen vorstellen, wie wir durch bessere Kundenorientierung zu mehr Vertriebsstärke kommen. Dazu werde ich zunächst die Marktsituation beleuchten, um Ihnen dann Maßnahmen für die Optimierung interner Prozesse und eine verbesserte Kundenansprache vorzustellen. Für ausgewählte Zielgruppen möchte ich dann in einem weiteren Schritt konkrete Maßnahmenkataloge vorschlagen.«

Kernargumente formulieren
Anschließend sind Ihre Kernargumente gefragt. Entwerfen Sie zupackende Formulierungen.

Ihre Kernargumente:

_____

_____

_____

Beispiele für packende Kernargumente: »Wir befinden uns in einer Marktsituation, die durch hohen Wettbewerbsdruck gekennzeichnet ist. Diesem Druck werden wir nur dann standhalten können, wenn wir den Trend zu Fullservice-Angeboten aufgreifen.

Ein wesentlicher Bestandteil einer verbesserten Kundenorientierung ist meiner Meinung nach die Einrichtung von bereichsübergreifenden Produktmarketingteams. Diese Optimierung interner Prozesse hat sich in anderen Branchen bereits als Erfolgsmodell herausgestellt. Auch wir sollten Marktforschung, Produktentwicklung, Service und Vertrieb besser miteinander verzahnen als bisher.«

Handlungsaufforderung geben

Überlegen Sie sich auch, mit welcher Handlungsaufforderung Sie Ihren Vortrag beenden wollen.

Ihre Handlungsaufforderung:

_____

_____

_____

Beispiel für eine Handlungsaufforderung: »Wenn wir eine bessere Abstimmung der einzelnen Unternehmensbereiche erreichen, werden wir unsere gute Marktstellung nicht nur halten, sondern sogar noch ausbauen können. Lassen Sie uns die Kundenorientierung noch mehr als bisher in den Vordergrund stellen!«

Diplomatisch reagieren

Auch den Umgang mit kritischen Nachfragen sollten Sie schon im Vorfeld üben. Wie reagieren Sie auf diese zwei Nachfragen?

Nachfrage 1: »Ihr Vortrag hat mich nicht überzeugt. Was war jetzt das wirklich Neue?«

Ihre diplomatische Antwort:

_____

_____

_____

Beispiel für eine diplomatische Antwort 1: »Ich freue mich, dass Kundenorientierung für Sie bereits im Mittelpunkt steht. Von dieser Ansicht möchte ich verstärkt auch die Mitarbeiter in den anderen Unternehmensbereichen überzeugen. Produktmarketingteams sind dabei sicherlich ein wesentliches Instrument und so bisher noch nicht etabliert.«

Nachfrage 2: »Stehen Sie wirklich hinter Ihren Ausführungen? Oder entscheiden nicht doch vorrangig die Konditionen über einen Vertragsabschluss?«

Ihre diplomatische Antwort:

_____

_____

_____

Beispiel für eine diplomatische Antwort 2: »Sicherlich müssen wir bei unseren Konditionen wettbewerbsfähig sein. Der Kunde erwartet von uns jedoch mehr als nur einen guten Preis. Ich glaube, der Erfolg liegt in der Koppelung von verbesserter Kundenorientierung und einem attraktiven Preis, der sicherlich bei der Neukundengewinnung eine große Rolle spielt.«

AUF EINEN BLICK

Vortrag

→ Führen Sie für Ihr Vortragsthema zunächst ein Brainstorming durch.

→ Bauen Sie Ihr Vortragsskript stichwortartig auf.

→ Formulieren Sie den Einstiegs- und den Schlusssatz vollständig aus.

→ Liefern Sie Ihren Zuhörern zur Orientierung eine Vortragsgliederung.

→ In Ihrem Vortrag sollte sowohl eine Analyse der Ist-Situation als auch ein Ausblick auf die Soll-Situation enthalten sein.

→ Schlagen Sie konkrete Maßnahmen vor, wie die Soll-Situation erreicht werden kann.

→ Sorgen Sie dafür, dass Ihre Fachkompetenz und Branchenerfahrung an passender Stelle deutlich werden.

→ Verdeutlichen Sie, welchen konkreten Nutzen Ihre Zuhörer beziehungsweise das Unternehmen aus Ihren Ausführungen ziehen können.

→ Achten Sie darauf, nicht nur für ein Fachpublikum, sondern allgemeinverständlich zu referieren.

→ Untermauern Sie abstrakte Aussagen mit plausiblen Beispielen.

→ Setzen Sie die zur Verfügung stehenden Medien ein.

→ Vermerken Sie die Endzeit für Ihren Vortrag groß und deutlich in Ihren Unterlagen.

....

→ Liefern Sie am Ende eine Zusammenfassung mit kurzer Wiederholung der wesentlichen Argumentationslinien.

....

→ Bereiten Sie sich auf kritische Nachfragen vor.

....

→ Bleiben Sie auch bei persönlichen Angriffen (Stressfragen) gelassen und finden Sie den Weg zurück zum Thema.

....

→ Stehen Sie während des Vortrags frei auf der Bühne.

....

→ Vermeiden Sie Unsicherheits- und Verlegenheitsgesten.

....

→ Richten Sie Ihren Blick ins Publikum.

50. Fallstudie und Business-Case: Finden Sie die Kernaussagen

Fallstudien und Business-Cases werden besonders gerne dann in Assessment-Centern eingesetzt, wenn Kandidatinnen und Kandidaten für Managementaufgaben gesucht werden. Hierbei ist eine Vielzahl von Informationen und Daten zu sichten. Anschließend sollen sie unternehmerische Entscheidungen begründet darlegen. Der Umfang reicht dabei von ein- bis zweiseitigen Problemdarstellungen bis hin zu zwanzigseitigen Unternehmens- und Marktanalysen.

Manchmal bilden Fallstudien und Business-Cases die Grundlage für weitere Übungen, beispielsweise können die Analyseergebnisse Thema für eine Gruppendiskussion, eine Präsentation oder auch ein Mitarbeitergespräch sein.

Diese Übung wird eingesetzt, um das analytische Vermögen, das unternehmerische Denken und die Entscheidungskompetenz der Teilnehmer zu überprüfen. Können sie die richtigen Schlüsse aus Unternehmensszenarien ziehen? Sind sie in der Lage, auch in einem knappen Zeitrahmen zu tragfähigen Entscheidungen zu kommen? Wie ist ihr Zeitmanagement: Können sie neben der Analyse auch zu einem schlüssigen Ergebnis kommen?

Je anspruchsvoller die zu besetzende Position ist, desto komplexer werden die Aufgabenstellungen sein. Zum Teil fragen Unternehmen dann auch spezielle Kenntnisse aus dem künftigen Arbeitsfeld ab, beispielsweise überprüfen Sie, ob die Kandidaten Businesspläne erstellen, Marktforschungsdaten auswerten oder Bilanzen interpretieren können.

Worauf achten die Beobachter?

Zusammenhänge und Kernaussagen erkennen

Bei einer Fallstudie oder einem Business-Case mit schriftlicher Ergebnisfixierung bewerten die Beobachter, ob Sie die richtigen Kernaussagen erkannt, Zusammenhänge berücksichtigt und nachvollziehbare Entscheidungen getroffen haben. In erster Linie kommt es also auf das Ergebnis an. Fallstudien und Business-Cases dieser Art haben den Charakter einer Arbeitsprobe. Die Beobachter erwarten eine schlüssige Entscheidungsvorlage.

Folgt danach eine Ergebnispräsentation, dann berücksichtigen die Beobachter auch kommunikative Aspekte, insbesondere Ihre Überzeugungskraft und Ihre Fähigkeit, die Zuhörer zu notwendigen, oft auch unangenehmen Veränderungen zu motivieren. Auf eine ansprechende Visualisierung der Ergebnisse wird ebenfalls großer Wert gelegt. Sollte sich an die Präsentation eine Fragerunde anschließen, dann müssen die Teilnehmer beweisen, dass sie argumentationsstark und kritikfähig sind.

Typische Fehler

Das Zeitmanagement stellt viele Kandidaten bei dieser Übung vor große Probleme. Immer wieder ist zu beobachten, dass sie viel zu viel Zeit mit einer detaillierten Auswertung verbringen, sodass sie am Ende die zu treffende Entscheidung nicht mehr fundiert darlegen können. Ferner sollten sie sich nicht zu schnell auf eine Sichtweise festlegen. Alternativen geraten dann vorschnell aus dem Blickfeld, und die Fakten werden einseitig interpretiert. *Zeitmanagement*

Bei der schriftlichen Ergebnisfixierung ist immer wieder zu beobachten, dass Kandidatinnen und Kandidaten auf die gestellten Fragen nur unzureichend eingehen. Wer einfach das Zahlenmaterial wiederholt, ohne daraus Schlüsse zu ziehen, lässt Zweifel an seiner unternehmerischen Kompetenz aufkommen. Bei Präsentationen fällt es den Beobachtern besonders unangenehm auf, wenn Teilnehmer auf die einzelnen Overheadfolien nicht weiter eingehen. Wer keine klare Linie bei seiner Entscheidungsfindung deutlich machen kann, fällt bei den Beobachtern durch.

Sinnvolle Strategien

Um Fehler im Zeitmanagement zu vermeiden, sollten Sie nach folgendem Schema vorgehen:

→ **Unterlagen sichten,**
→ **Kernaussagen notieren,**
→ **Zusammenhänge erkennen,**
→ **Lösungsskizze entwerfen,**
→ **schriftliche Fixierung der Auswertung.**

Reservieren Sie auf jeden Fall genug Zeit, um Ihre Ergebnisse festzuhalten. Falls Sie diese im Anschluss vortragen sollen, müssen Sie zusätzlich Zeit einplanen, in der Sie die Overheadfolien und Flipchartskizzen anfertigen. Gehen Sie bei Ihrer Auswertung immer zuerst auf die Ihnen gestellten Fragen ein. Die Beantwortung dieser Fragen hat Vorrang vor weiteren Detailauswertungen. *Ergebnisfixierung*

Bei komplexen Fallstudien und Business-Cases sollten Sie auch Entscheidungsalternativen beleuchten. Mit einer Chancen-Risiken-

Abwägung können Sie dann die von Ihnen bevorzugte Vorgehensweise herausarbeiten. Da sich oft nicht alle Entscheidungen ausschließlich aus dem vorliegenden Material treffen lassen, sollten Kandidaten auch auf ihr Branchen- und Fachwissen zurückgreifen. Lassen Sie Ihr Insiderwissen aufblitzen, indem Sie gezielt auch auf Branchentrends, Best-Practice-Ansätze und Marktgegebenheiten eingehen.

Machen Sie sich jetzt mit der AC-Übung »Fallstudie/Business-Case« vertraut. Bearbeiten Sie die folgende Fallstudie, um das von uns vorgestellte Bearbeitungsschema kennen zu lernen.

Fallstudie mit typischen Aufgabenstellungen

Die folgende Fallstudie enthält verschiedene Arbeitsblätter, die Informationen über die COSMETICS WORLDWIDE AG enthalten. Die COSMETICS WORLDWIDE AG agiert weltweit und hat in den zurückliegenden Jahren in den einzelnen Regionen eine unterschiedlich verlaufende wirtschaftliche Entwicklung genommen.

ÜBUNG

Fallstudie

Analysieren Sie die vorliegenden Informationen und werten Sie sie aus. Entwickeln Sie dann ein präsentationsfähiges Konzept, das auf folgende Fragen eingeht:

→ Wo liegen Ihrer Meinung nach die interessantesten Wachstumsmärkte?
→ Wie lässt sich die Markt- und Technologieführerschaft auch künftig sicherstellen und ausbauen?
→ Welche zusätzlichen Geschäftsaktivitäten erscheinen Ihnen sinnvoll?

Für die Analyse der Arbeitsblätter und die Erarbeitung eines präsentationsfähigen Konzeptes haben Sie 60 Minuten Zeit.

Fallstudie Material 1:
Pressemitteilung der COSMETICS WORLDWIDE AG
Luxemburg, 8. Februar 2013: Die COSMETICS WORLDWIDE AG hat zum 20. Mal den Preis für Innovation verliehen
Innovative Produkte und Dienstleistungen haben schon seit jeher zum Markterfolg der COSMETICS WORLDWIDE AG beigetragen. Daher wird seit

20 Jahren der Preis für Innovation an kreative Forscher, einfallsreiche Entwickler, Marketingspezialisten oder Vertriebsprofis verliehen, die nachweislich dazu beigetragen haben, die Markt- und Technologieführerschaft der COSMETICS WORLDWIDE AG zu sichern und auszubauen.

Verliehen wurde der Preis an drei Teams, die mit ihren unterschiedlichen Produkten beziehungsweise Dienstleistungen auch für die Angebotsvielfalt der COSMETICS WORLDWIDE AG stehen. Mit dem Preis für Innovation ausgezeichnet wurden:

→ **Body PUR, eine komplette Pflegeserie für den Mann, Hautpflege von Kopf bis Fuß**
→ **Hair GLOSS, eine Tönungsserie für Teenager**
→ **AkuPRESS, ein Angebot zur lokalen Akupressur an Flughäfen und in Einkaufszentren**

John Smith, CEO der COSMETICS WORLDWIDE AG, stellte fest: »Der internationale Erfolg der COSMETICS WORLDWIDE AG beruhte schon immer darauf, dass wir Kunden mit zukunftsweisenden Produkten und Dienstleistungen begeistern und auf diese Weise neue Märkte erschließen konnten.«

Fallstudie Material 2:
Umsätze und Mitarbeiter der COSMETICS WORLDWIDE AG

Umsätze und Mitarbeiter in Westeuropa

Jahr	Umsatz	Mitarbeiter
2008	5 234 Millionen Euro	16 100
2009	4 655 Millionen Euro	13 200
2010	5 023 Millionen Euro	13 400
2011	5 734 Millionen Euro	14 300
2012	6 123 Millionen Euro	15 400

Umsätze und Mitarbeiter in Osteuropa (einschließlich Russland)

Jahr	Umsatz	Mitarbeiter
2008	1 674 Millionen EUR	4 200
2009	1 945 Millionen Euro	4 400
2010	2 325 Millionen Euro	4 800
2011	2 404 Millionen Euro	5 100
2012	2 823 Millionen Euro	5 300

Umsätze und Mitarbeiter in Asien

Jahr	Umsatz	Mitarbeiter
2008	1 900 Millionen Euro	3 700
2009	2 287 Millionen Euro	4 100
2010	2 827 Millionen Euro	4 900
2011	2 912 Millionen Euro	5 200
2012	3 227 Millionen Euro	5 400

Umsätze und Mitarbeiter in Lateinamerika

Jahr	Umsatz	Mitarbeiter
2008	1 455 Millionen Euro	2 700
2009	1 648 Millionen Euro	2 900
2010	1 325 Millionen Euro	3 100
2011	1 208 Millionen Euro	2 200
2012	1 578 Millionen Euro	2 400

Fallstudie Material 3:
Kennzahlen aus der Bilanz 2012 der COSMETICS WORLDWIDE AG

	2011	2012	+ / −
Umsatz	12 258 Millionen Euro	13 751 Millionen Euro	12,18 Prozent
Betriebliches Ergebnis/EBIT	1 563 Millionen Euro	1 723 Millionen Euro	10,24 Prozent
Umsatzrendite/EBIT	12,75	12,53	−0,22 pp
Ergebnis je Aktie	3,21 Euro	3,15 Euro	−1,87 Prozent
Investitionen in Produktionsanlagen	424 Millionen Euro	461 Millionen Euro	8,73 Prozent
Forschungs- und Entwicklungskosten	361 Millionen Euro	301 Millionen Euro	−16,62 Prozent
Dividende je Aktie	1,21 Euro	1,30 Euro	7,45 Prozent

Fallstudie Material 4:
Unternehmensphilosophie der COSMETICS WORLDWIDE AG

Unsere Produkte und Dienstleistungen werden weltweit nachgefragt: zur Pflege und zum Wohlfühlen. Alle, die unsere Produkte und Dienstleistungen kaufen, haben einen Anspruch auf unser hohes Qualitätsniveau und auf angemessene Preise. Mit unseren Angeboten möchten wir die Lebensqualität und das Wohlbefinden unserer Kundinnen und Kunden langfristig steigern. Es ist unsere Aufgabe, auf die sich immer schneller ändernden Kundenbedürfnisse und -gewohnheiten mit passenden Angeboten zu reagieren.

Unsere Mitarbeiter sind in mehr als 130 Ländern weltweit für uns tätig. Bei uns werden Frauen und Männer mit ihrer individuellen Persönlichkeit geachtet, unabhängig von kulturellem Hintergrund, Geschlecht, Berufsausbildung und beruflicher Erfahrung. Ein respektvoller Umgang miteinander ist Voraussetzung für unseren Erfolg. Nur die Bereitschaft zu effektiver Zusammenarbeit, überdurchschnittlichen Leistungen, außergewöhnlicher Produktivität und kontinuierlichem Lernen sichert langfristig unseren Erfolg.

Unsere Aktionäre können darauf vertrauen, dass wir uns der Verantwortung, in der wir ihnen gegenüber stehen, bewusst sind. Eine Fokussierung auf die Kostenstrukturen ist unverzichtbar. Um auch künftig angemessene Gewinne erzielen zu können, sind Prozessoptimierungen und Neuausrichtungen notwendig. Wir müssen konsequent daran arbeiten, für Aktionäre interessant zu bleiben. Es muss immer wieder deutlich gemacht werden, welches Potenzial hinter unseren geschäftlichen Aktivitäten steht, damit für sie der Kauf unserer Aktien sinnvoll erscheint.

Unsere Forschung und Entwicklung im eigenen Haus ist Garant dafür, dass auch künftig innovative Produkte und Dienstleistungen angeboten werden können. Qualität steht dabei für uns an oberster Stelle. Unser hervorragendes Image und unsere Marktführerschaft bei vielen Produkt- und Dienstleistungsangeboten beruhen nicht zuletzt auch auf der kontinuierlichen und innovativen Arbeit unserer Forschungs- und Entwicklungsabteilungen.

COSMETICS WORLDWIDE AG

Fallstudie Material 5:
Pressemitteilung der COSMETICS WORLDWIDE AG

Luxemburg, 14. März 2013: Die COSMETICS WORLDWIDE AG richtet ihre Forschung & Entwicklung für die Zukunft aus

Um künftig stärkeres Wachstum durch innovative Produkte und Dienstleistungen zu generieren, wird die COSMETICS WORLDWIDE AG ihre Forschung & Entwicklung neu aufstellen. Die neue Strategie zielt darauf ab, die Aktivitäten künftig an wenigen Orten zu bündeln. Im Fokus stehen dabei europäische Standorte. Die Konzentration auf ausgewählte Kompetenzzentren erfolgt nach den zur Verfügung stehenden Ressourcen. Auch künftig werden innovative Produkte und Dienstleistungen für die globalen Märkte entwickelt. Allerdings berücksichtigt das Unternehmen dabei stärker als bisher, wo überdurchschnittliche Wachstumschancen genutzt werden können.

Hierzu stellt der CEO der COSMETICS WORLDWIDE AG, John Smith, fest: »Die gründliche Bestandsaufnahme des Bereiches Forschung & Entwicklung hat ergeben, dass wir über erstklassige personelle Ressourcen verfügen. Um unsere Wettbewerbsvorteile künftig noch stärker nutzen zu können, ist es allerdings wichtig, unsere Aktivitäten zu bündeln. Die Fokussierung auf ausgewählte Kompetenzzentren wird helfen, dass unsere innovativen Angebote den Weg zum Kunden künftig schneller finden. Ich bin der festen Überzeugung, dass die Konzentration auf wenige Standorte zu signifikanten Synergieeffekten führen wird.«

Momentan findet die Entwicklungs- und Forschungsarbeit europaweit an 42 Standorten mit 2 100 Mitarbeitern statt. Künftig wird es acht Kompetenzzentren geben. Jedes von ihnen wird sich auf bestimmte Kernkompetenzen spezialisieren. Der größte Teil der Mitarbeiter an den bisherigen Standorten bekommt die Gelegenheit, künftig in einem der Kompetenzzentren weiterzuarbeiten. 280 Arbeitsplätze fallen weg. »Die COSMETICS WORLDWIDE AG wird mit den beteiligten Betriebsräten und Mitarbeitern in Kontakt treten, um sozialverträgliche Lösungen zu entwickeln«, sagte John Smith. Das Unternehmen ist bemüht, allen Mitarbeitern bei der Suche nach neuen Einsatzmöglichkeiten innerhalb oder außerhalb des Konzerns behilflich zu sein.

Fallstudie Material 6:
Gutachten der Investitionen Bank AG

Nach einer Prognose der Investitionen Bank AG wird sich die weltweite Kaufkraft in den kommenden Jahren folgendermaßen entwickeln (alle Angaben in Euro pro Haushalt im Monat. Die Zahlen entsprechen dem frei verfügbaren Einkommen: Netto-Haushaltseinkommen abzüglich laufender Kosten wie Mieten, Energie, Telekom, Auto et cetera):

	2015	2016	2017	2018
Westeuropa	740	750	740	755
Osteuropa	270	280	300	310
Asien	300	320	330	340
Lateinamerika	250	240	240	250

Hinweise zur Lösung der Fallstudie

Haben Sie bei der Analyse der Informationen und Daten erkannt,

→ dass die COSMETICS WORLDWIDE AG großen Wert auf innovative Produkte legt (Premiumanbieter)?

→ dass laut Pressemitteilung vom 8. Februar 2013 zusätzlich zur Zielgruppe Frauen (kann noch weiter ausdifferenziert werden) verstärkt auch Männer und Teenager umworben werden sollen?

→ dass es in Westeuropa im Jahr 2009 Umsatzrückgänge gegeben hat und die Mitarbeiterzahl stark reduziert wurde, sich inzwischen aber wieder erholt hat (Sättigungstendenzen, aber Wachstum durch Innovationen möglich; erstes Greifen der neuen Zielgruppenstrategie)?

→ dass die Märkte in Asien und Osteuropa kontinuierlich gewachsen sind? Dies könnte bedeuten, dass sich in diesen Gesellschaften mit vielen jungen Menschen konsumfreudige Zielgruppen finden lassen.

→ dass die Umsatzzuwächse in Lateinamerika von 2011 auf 2012 prozentual am größten waren?

→ dass in der Aufstellung der Umsätze und Mitarbeiter Nordamerika als Region nicht auftaucht? Dieser Markt ließe sich aus Lateinamerika gut zusätzlich bedienen (NAFTA-Mitglied Mexiko!).

→ dass von 2011 auf 2012 die Investitionen in Produktionskapazitäten verstärkt, die in Forschungs- und Entwicklungsaktivitäten dagegen reduziert worden sind?

→ dass von 2011 auf 2012 trotz sinkendem Ergebnis je Aktie eine höhere Dividende ausgeschüttet wurde? Und dass dies mit dem in der Unternehmensphilosophie thematisierten Shareholder-Value-Ansatz zusammenhängen könnte (Spannungsfeld: Kosten für Forschung und Entwicklung gegen Dividendenausschüttung)?

→ dass laut Pressemitteilung vom 14. März 2013 künftig die Forschung und Entwicklung in acht Kompetenzzentren zusammengefasst werden soll? Dabei soll die Entwicklung für die globalen Märkte weiterhin in Europa stattfinden. Eine Idee wäre, Entwicklungskapazitäten in Osteuropa aufzubauen (Personalkosten).

→ dass laut Gutachten der Investitionen Bank die Haushaltseinkommen in Osteuropa und Asien am stärksten steigen werden? Zudem ist davon auszugehen, dass in Osteuropa und Asien die Zahl der Haushalte aufgrund von Individualisierungstendenzen stark zunehmen wird, während diese Entwicklung in Westeuropa bereits vollzogen ist.

→ dass sich zur Frage der zusätzlichen Geschäftsaktivitäten in der Pressemitteilung vom 8. Februar 2013 ein Hinweis auf AkuPRESS findet? Daher ist davon auszugehen, dass der Trend, Wellness-

Dienstleistungen anzubieten, Bestandteil der Geschäftsstrategie zum Cross-Selling wird.
→ **Sind Sie auf die Beantwortung der drei vorgegebenen Fragen eingegangen?**
→ **Haben Sie in der vorgegebenen Zeit auch ein präsentationsfähiges Konzept erstellt?**

AUF EINEN BLICK

Fallstudie und Business-Case

→ Behalten Sie bei der Bearbeitung Ihrer Fallstudie beziehungsweise Ihres Business-Case die Zeit im Blick. Planen Sie genügend Zeit zur Ergebnisfixierung ein.

→ Gehen Sie nach folgendem Schema vor:
  – Unterlagen sichten,
  – Kernaussagen notieren,
  – Zusammenhänge erkennen,
  – Lösungsskizze entwerfen,
  – Auswertung schriftlich fixieren.

→ Falls Sie Ihr Ergebnis präsentieren sollen: Überlegen Sie sich, welche Medien Sie wie einsetzen wollen (Flipchart, Overhead, Whiteboard, Metaplan). Reservieren Sie auch genügend Zeit für die Anfertigung Ihrer Visualisierungen.

→ Finden Sie die Kernaussagen der verschiedenen Unterlagen.

→ Achten Sie auf Zusammenhänge zwischen den einzelnen Dokumenten. Ziehen Sie zur Beantwortung der gestellten Fragen die Kernaussagen heraus.

→ Entwerfen Sie eine Lösungsskizze mit zentralen Aussagen, bevor Sie in die Details einsteigen.

→ Stellen Sie dar, welche strategischen und operativen Konsequenzen sich aus dem vorliegenden Zahlenmaterial ergeben.

→ Stellen Sie Ihre beruflichen Kompetenzen heraus, indem Sie Ihre Branchenerfahrungen und/oder Ihre Kenntnisse aus dem Tagesgeschäft beispielhaft mit in die Lösung einfließen lassen.

→ Achten Sie darauf, dass die von Ihnen dargelegten Konsequenzen aus der Analyse des Materials für die Leser/Zuhörer logisch und nachvollziehbar sind.

→ Machen Sie sich auch Gedanken über mögliche Alternativlösungen.

51. Heimliche Übungen: Überzeugen Sie in Pausen und beim Small Talk

In einigen Assessment-Centern wird ganz offiziell Wert auf die Beobachtung der Kandidatinnen und Kandidaten während der Vorbereitungszeit, in den Pausen oder am Abend gelegt. In anderen ACs teilt man ihnen vorab mit, dass sie zwischen den Übungen nicht unter Beobachtung stehen. Unserer Erfahrung nach sollten Sie sich – unabhängig von diesen Vorgaben – immer darauf einstellen, dass nicht nur Ihre Leistungen in den Übungen bewertet werden. Auch wie Sie sich außerhalb der eigentlichen Übungen geben, wird in das Gesamtergebnis mit einfließen. Hierzu ein Statement von Christoph Aldering, der bei der Personalberatung Kienbaum den Bereich Management-Diagnostik verantwortet: »Ständig sendet jeder Mensch Signale aus und wir nehmen diese wahr. Ob wir das nun bewusst und strukturiert tun oder nicht, sei dahingestellt. Man sollte sich aber darüber im Klaren sein, dass man immer wirkt und immer irgendwo und irgendwie beobachtet wird.« (»Bewerbung: Schwitzen im Assessment-Center«, in: *Focus Online*, 22.02.07)

Die heimlichen Übungen werden aus verschiedenen Gründen eingesetzt. Manche Unternehmen testen damit, ob Sie bei Geschäftsessen souverän auftreten. Andere nutzen sie, um zu überprüfen, ob sich Kandidaten auch außerhalb der eigentlichen AC-Übungen dem gewünschten Soft-Skill-Potenzial gemäß verhalten.

Die Unternehmen, die offiziell keine heimlichen Übungen einsetzen, bewerten das Pausenverhalten der Kandidaten indirekt. Hier vergeben die Beobachter dann inoffizielle Sympathiepunkte, die das Gesamtergebnis beeinflussen.

Worauf achten die Beobachter?

Kontakt- und Gesprächsfreude

Die Beobachter verfolgen, ob Kandidaten sich durchgängig souverän verhalten. Man möchte wissen, wie sie sich geben, wenn der Stress der offiziellen Übungen von ihnen abfällt und sie sich unbeobachtet fühlen. Gewünscht sind kontaktfreudige und Small-Talk-erfahrene Teamplayer. Gehen Sie von sich aus auf die anderen Teilnehmer zu? Schaffen Sie es, ein paar nette Worte zu wechseln, ohne Differenzen heraufzubeschwören? Können Sie sich Namen merken und so einen persönlichen Draht zu anderen herstellen? Integrieren Sie sich in die Gruppe der Teilnehmer oder schotten Sie sich ab? Reagieren Sie souverän, wenn Beobachter Sie in Pausen ansprechen? Lassen Sie in den

Pausen unterschiedliche Ansichten aus den Übungen hinter sich, oder versuchen, Sie weiter zu diskutieren oder sich zu rechtfertigen?

Typische Fehler

Zu den grundlegenden Fehlern in den heimlichen Übungen gehört sicherlich, sich von den anderen Teilnehmern abzuschotten. Insbesondere bei mehrtägigen Assessment-Centern wird von den Kandidaten erwartet, dass sie auch beim geselligen Teil am Abend anwesend sind und sich nicht in ihr Hotelzimmer flüchten.

Destruktive Gesprächsbeiträge einzelner Kandidaten, die die Gruppe der Teilnehmer spalten, sind fehl am Platz. Kritik an den Übungsleistungen anderer sowie generelle Kritik am Assessment-Center kommen ebenfalls schlecht an.

Fehler werden oft auch in der Vorbereitungszeit gemacht. Kandidaten, die gelangweilt aus dem Fenster gucken statt Einsatz zu zeigen, machen keinen guten Eindruck.

Sinnvolle Strategien

Small Talk vorbereiten

Um für die heimlichen Übungen gewappnet zu sein, sollten Sie an Ihren Small-Talk-Fähigkeiten arbeiten. Überlegen Sie sich im Vorfeld des Assessment-Centers drei Themen, die Sie in Gespräche mit anderen Teilnehmern einbringen können. Achten Sie darauf, dass diese positiv besetzt sind und kein Konfliktpotenzial beinhalten. Vermeiden Sie politische Kontroversen, religiöse Themen oder schlüpfrige Witze, aber auch zu Persönliches wie Beziehungskonflikte.

Damit Sie die anderen Kandidaten und Beobachter in den Pausen namentlich ansprechen können, sollten Sie Ihr Namensgedächtnis trainieren. Falls Sie damit Schwierigkeiten haben, vermerken Sie die Namen einfach unbeobachtet auf einem Notizzettel. Dann können Sie auch weitere Kontaktdaten hinzufügen wie berufliche Position, Vorlieben und Lieblingsthemen.

Für Gespräche mit den Beobachtern sollten Sie sich vor dem AC mit Branchentrends auseinandersetzen und sich einige Ihrer beruflichen Erfolgsstorys wie gelungene Projekte, bewältigte Umstrukturierungen oder nachhaltige Umsatzsteigerungen ins Gedächtnis rufen.

Gewöhnen Sie sich an, sich während der Pausen in der Gruppe aufzuhalten und nicht abseits zu stehen. Gleiches gilt für ein mögliches geselliges Zusammensein am Abend. Ziehen Sie sich nicht zu schnell auf Ihr Hotelzimmer zurück. Nutzen Sie die Gelegenheit, mit Ihren Mitkandidaten und eventuell auch den Beobachtern ins Gespräch zu kommen. Bringen Sie Ihre Small-Talk-Themen ein, und gehen Sie auf die Äußerungen der anderen ein.

Kommunikationsthemen und Gesprächstechniken

Im Folgenden stellen wir Ihnen jetzt Kommunikationsthemen (Small Talk, Branchentrends und Erfolgsstorys) und Gesprächstechniken (Echo-Technik und offene Fragen) vor, mit denen Sie in den heimlichen Übungen überzeugen können.

Small Talk: Um für Pausen im Assessment-Center Gesprächsstoff zu haben, sollten Sie etwa drei Small-Talk-Themen vorbereiten, beispielsweise »Südafrikanische Weine«, »US-Oldtimer« oder die letzte Kunstausstellung, die Sie besucht haben. Damit Sie ins Plaudern kommen können, benötigen Sie auch einige Hintergrundinformationen, die Sie sich rechtzeitig ins Gedächtnis rufen sollten.

Drei relevante
Trends

Branchentrends: Bereiten Sie nicht nur Small-Talk-Themen vor, sondern setzen Sie sich vor dem Assessment-Center noch einmal kurz mit den aktuellen Trends in Ihrer Branche auseinander und fixieren Sie drei Trends. Überlegen Sie sich zudem, inwieweit diese Trends in Ihre momentanen beruflichen Aufgaben hineinspielen. Oder welche Relevanz diese Trends zukünftig für Ihre Arbeit haben werden. Üblicherweise werden Sie bei fachlichen Themen über genügend Hintergrundwissen verfügen, um damit kurze Gespräche in den Pausen führen zu können. Im Zweifelsfall recherchieren Sie noch einmal vor dem Assessment-Center.

Erfolgsstorys: Bereiten Sie außerdem drei persönliche Erfolgsstorys für Gespräche mit den Beobachtern vor. Greifen Sie dazu auf Ihre Selbstpräsentation zurück (siehe Kapitel 44: »Selbstpräsentation: Zeigen Sie, was Sie bisher geleistet haben«).

Besonders gut eignen sich Projektaufgaben, Restrukturierungen, die Einführung neuer Software, Auslandseinsätze und andere Aufgaben, bei denen neben Ihrem fachlichen Know-how auch Ihre Soft Skills zum Einsatz kamen.

Aufmerksam
zuhören

Echo-Technik und offene Fragen: Wenn Sie Gespräche am Laufen halten wollen, sollten Sie Ihrem Gegenüber signalisieren, dass Sie aufmerksam zuhören. Gut geeignet dafür ist die Echo-Technik. Diese Kommunikationstechnik beruht darauf, dass Sie wichtige Schlüsselwörter oder Satzteile wiederholen. So können Sie zeigen, dass Sie den Ausführungen Ihres Gegenübers folgen. Wenn Sie dann an das sogenannte Echo eine offene Frage anschließen, gewinnt das Gespräch noch mehr Tiefe.

Offene Fragen lassen sich nicht mit einem Wort wie »ja« oder »nein« beantworten. Sie räumen dem Befragten mehr Platz für seine Antworten ein. Geeignete Fragewörter sind: was, wie, weshalb, warum, wieso und wozu. Ihr Gesprächspartner wird sich bei diesen Fragen ernst genommen fühlen. Wenn Sie die Echo-Technik mit offenen Fragen koppeln, können Sie sich den Status eines interessierten Gesprächspartners erarbeiten. Bei einer Aussage wie: »Die Kundenreklamationen haben deutlich abgenommen«, können Sie nachfragen: »Das ist doch ein schöner Erfolg, dass Sie die Kundenreklamationen senken konnten. Was haben Sie denn getan, um dies zu erreichen?« Üben Sie diese Technik im Vorfeld des Assessment-Centers mit Freunden und Bekannten.

Heimliche Übungen

AUF EINEN BLICK

→ Machen Sie sich klar, dass das Assessment-Center auch in Pausen und Unterbrechungen weiterläuft.

→ Sympathiepunkte werden – trotz gegenteiliger Beteuerungen – in den Pausen inoffiziell vergeben.

→ Nutzen Sie die Ihnen zur Verfügung gestellte Vorbereitungszeit für einzelne Übungen komplett aus.

→ Merken Sie sich die Namen der anderen Teilnehmer und der Beobachter.

→ Bereiten Sie drei Small-Talk-Themen vor, mit denen Sie Gespräche locker gestalten können.

→ Gehen Sie von sich aus auf die anderen Kandidaten in den Pausen zu.

→ Merken Sie sich die Kontaktdaten zum beruflichen Hintergrund der anderen Teilnehmer.

→ Ordnen Sie die Beobachter hinsichtlich Ihrer Position und Hierarchie im Unternehmen ein.

→ Seien Sie bereit, mit den Beobachtern in Pausen oder am Abend einige Worte zu wechseln.

→ Halten Sie berufliche Erfolgsstorys und Branchentrends parat, um auch fachliche Gespräche aktiv gestalten zu können.

→ Nutzen Sie Kommunikationstechniken, mit denen Sie Gespräche am Laufen halten können.

→ Verzichten Sie tagsüber ganz und während geselliger Zusammenkünfte am Abend weitestgehend auf alkoholische Getränke.

52. Postkorb: Punkten Sie mit Organisationstalent

Postkorb-Übungen werden in etwa jedem zweiten Assessment-Center eingesetzt. In dieser Übung müssen die Kandidatinnen und Kandidaten unter Zeitdruck Entscheidungen treffen. Sie erhalten zahlreiche Schriftstücke, die sie sichten und bewerten sollen. Die Schriftstücke enthalten Informationen aus beruflichen und zum Teil auch privaten Zusammenhängen. Die Teilnehmer müssen sich also quasi durch die Ablage kämpfen, daher der Name Postkorb. Heutzutage werden Postkörbe auch gerne am PC durchgeführt. Dann übernehmen E-Mails die Funktion der Schriftstücke des klassischen Postkorbs.

Oftmals bilden Postkörbe ein berufliches Szenario nach. Die Aufgabe der Kandidaten besteht darin, eine Position wie die des Geschäftsführers, Projektleiters oder Abteilungsleiters zu übernehmen und aus dieser heraus zu agieren. In der Berufspraxis geht es für Führungskräfte ja auch ständig darum, wichtige von unwichtigen Informationen zu trennen, aus Detailinformationen ein Gesamtbild zusammenzusetzen und Aufgaben an Mitarbeiter zu delegieren. Bei berufsnahen Postkörben handelt es sich also um eine Arbeitsprobe, mit der das Unternehmen testet, ob Sie analytisch und vernetzt denken können, Organisationstalent haben und nicht zuletzt auch, wie belastbar Sie sind.

Worauf achten die Beobachter?

Die Beobachter bewerten das Endergebnis: Die vom Kandidaten getroffenen und schriftlich fixierten Entscheidungen werden mit der Ideallösung abgeglichen. Dabei gibt es durchaus alternative Lösungsmöglichkeiten. Oft werden die AC-Teilnehmer nach der Auswertung ihres Postkorbergebnisses gebeten, zu ihren einzelnen Entscheidungen Stellung zu nehmen. Dabei ist für die Beobachter wichtig, dass Ihre Gedankengänge schlüssig sind und Sie auf Nachfragen ruhig und überlegt reagieren.

Das Endergebnis zählt

Wenn der Postkorb aus einem beruflichen Szenario stammt, erwarten die Beobachter, dass Sie auch aus der in der Übung »Postkorb« übernommenen Rolle heraus handeln. Wer beispielsweise bei der Rollenvorgabe als Abteilungsleiter entscheiden soll und dann alles selbst erledigen will, zeigt, dass er nicht über die für Führungskräfte wichtige Fähigkeit zu delegieren verfügt.

Typische Fehler

Entscheidend: der Gesamtüberblick

Wenn Sie im Assessment-Center zum ersten Mal mit der Übung »Postkorb« konfrontiert werden, besteht die Gefahr, dass Sie sich keinen Gesamtüberblick verschaffen. Wer die Vorgänge der Reihe nach abarbeitet, stellt womöglich erst beim letzten Schriftstück fest, dass sich die geplante Dienstreise um zwei Tage verschiebt. Dann ist wertvolle Zeit verloren und die bisherigen Ergebnisse müssen komplett überarbeitet werden. Dies ist wegen der knappen Zeitvorgabe dann aber häufig nicht mehr möglich.

Ferner werden miteinander zusammenhängende Informationen oft nicht als solche erkannt. Besondere Probleme haben hier oft Berufseinsteiger, die noch nicht so vertraut sind mit der Unternehmensorganisation, gängigen Delegationsmechanismen und den Befugnissen einzelner Stelleninhaber.

Beim Auswertungsgespräch mit den Beobachtern machen Kandidaten oft den Fehler, zu schnell von ihrem Ergebnis abzurücken, wenn man ihnen Fehler vorhält. Da es meist mehrere Lösungsmöglichkeiten gibt, sollten Sie auf alle Fälle Ihre Vorgehensweise und Ihre Entscheidungen begründen.

Sinnvolle Strategien

Was ist wichtig, was nicht?

Überfliegen Sie zunächst alle Schriftstücke, die man Ihnen vorgelegt hat. Wichtig ist bei der ersten Durchsicht, dass Sie erkennen und auch vermerken, welche Vorgänge zusammengehören oder sich gegenseitig bedingen. Um sich einen Überblick über alle Informationen zu verschaffen, sollten Sie mit einem Organigramm und Terminkalender arbeiten. Oftmals liegen diese dem Postkorb bei, sonst müssen Sie diese Hilfsmittel selbst erstellen. In den Unterlagen werden Sie auch Informationen finden, die für Sie irrelevant sind. Trennen Sie Wichtiges von Unwichtigem und Dringliches von nicht Dringlichem. Überlegen Sie, welche Vorgänge delegiert werden können und was Sie selbst übernehmen sollten.

Bewährt hat sich eine Entscheidungsmatrix mit vier Kategorien:

→ **Kategorie 1: Sehr wichtige und sehr dringliche Vorgänge müssen Sie selbst bearbeiten, und Sie treffen hier eine Entscheidung.**

→ **Kategorie 2: Bei sehr wichtigen, aber weniger dringlichen Vorgängen sollten Sie sich die Entscheidung vorbehalten und auf einen späteren Termin verschieben.**

→ **Kategorie 3: Weniger wichtige, aber dringliche Vorgänge sollten Sie an Mitarbeiter delegieren.**

→ **Kategorie 4: Unwichtige und nicht dringliche Vorgänge sind Zeitfallen, auf die Sie beim Durchsehen nur kurz eingehen und die Sie dann ebenfalls delegieren sollten.**

Typische Postkorb-Übung

Damit Sie sich mit dieser Übung schon jetzt vertraut machen können, haben wir für Sie ein Beispiel für einen Postkorb ausgearbeitet. Für die Bearbeitung des Postkorbes haben Sie 30 Minuten Zeit.

Postkorb-Übung

ÜBUNG

Ausgangssituation

Sie sind Herr Felix Svensson und Hauptgeschäftsführer der Industrie- und Handelskammer. Sie begleiten ab heute den Wirtschaftsminister zusammen mit führenden Vertretern von Unternehmen und Wirtschaftsverbänden auf einer zweiwöchigen Reise in die Ukraine. Dort kann man Sie nicht erreichen. Heute ist Dienstag, der 12. Juli. Sie sind heute Morgen sehr früh in Ihr Büro in die IHK gefahren, es ist 4.30 Uhr. Sie haben 30 Minuten Zeit, um Ihre Termine zu koordinieren und die für Sie eingegangenen Nachrichten zu bearbeiten. Um 5 Uhr holt Sie ein Taxi von der IHK ab, das Sie direkt zum Flughafen bringt. Am Montag, dem 25. Juli, sind Sie von Ihrer Reise zurück.

Bei Ihrer Arbeit in der IHK unterstützt Sie Ihr persönlicher Referent, Herr Zima. Die Sekretärin, Frau Dennenwaldt, ist sowohl für Sie als auch für die Abteilung für Außenwirtschaft zuständig. Personalleiterin ist Frau Kanupka.

In Ihrer Ablage finden Sie Notizen, Ausdrucke von E-Mails, Briefe und Entscheidungsvorlagen. Nehmen Sie, soweit es Ihrer Meinung nach erforderlich ist, zu den einzelnen Vorgängen Stellung. Treffen Sie Entscheidungen, delegieren Sie, lassen Sie Termine vereinbaren. Geben Sie Ihre Lösungen zu den Notizen bitte in Schriftform ab.

Notiz 1: Hausmitteilung per Brief

Von: Stefanie Jürgens, Hauptabteilungsleiterin Außenwirtschaft
Lieber Felix,
hiermit lade ich Dich herzlich zu unserem Empfang anlässlich des 10-jährigen Bestehens unseres Arbeitskreises Wirtschaft in der Schule ein. Komm doch bitte am 19. Juli in den großen Kongresssaal. Um 11.15 Uhr geht es los.
Bis dann, Stefanie Jürgens

Notiz 2: Brief

Von: Oberbürgermeister
Sehr geehrter Herr Svensson,

der von Ihnen gewünschte Gesprächstermin mit dem Herrn Oberbürgermeister anlässlich der Neuausweisung von Gewerbeflächen im Stadtgebiet am 26. Juli muss leider vorverlegt werden. Der Herr Oberbürgermeister hat nur am 21. Juli um 11.30 Uhr Zeit. Kommen Sie für das Gespräch bitte ins Rathaus.
Mit freundlichen Grüßen
Sekretariat des Oberbürgermeisters

Notiz 3: Persönliche Mitteilung
Von: Frau Dennenwaldt, Sekretariat
Sehr geehrter Herr Svensson,
schon wieder hat Frau Kanupka bei der Frühstückspause gesagt, dass Sie mehr außerhalb als innerhalb der IHK zu sehen sind. Das sollten Sie sich nicht länger gefallen lassen.
Mit freundlichen Grüßen
Ihre Frau Dennenwaldt

Notiz 4: Telefonnotiz
Von: Software GmbH
Die in der IHK benutzte Software muss angepasst werden. Unser Unternehmen hat eine kostengünstige Software entwickelt, die alle gängigen Datenformate unterstützt. Unsere Preise liegen 30 Prozent unter vergleichbaren Angeboten. Bitte vereinbaren Sie einen Präsentationstermin mit unserem Vertrieb.

Notiz 5: E-Mail
Von: Präsident der Unternehmensverbände
Sehr geehrter Herr Svensson,
für die Vorbereitung unserer gemeinsamen Stellungnahme zum Thema »Ausbildungsplatzabgabe für nichtausbildende Betriebe« bitte ich um die Zusendung der offiziellen Position der IHK bis zum 22. Juli. Der Ausschuss trifft sich dann wie besprochen mit Ihnen persönlich am 29. Juli.
Mit freundlichen Grüßen
Präsident

Notiz 6: Telefonnotiz
Von: Dennenwaldt
Anruf von Ihrem Kunsthändler. Ein hübscher Biedermeier-Sekretär, der Ihnen noch für Ihr Arbeitszimmer zu Hause fehlte, ist für 2 000,– Euro zu

bekommen. Der Sekretär ist für Sie bis zum 15. Juli reserviert. Wenn Sie bis dahin kein Interesse gezeigt haben, wird er an einen amerikanischen Sammler verkauft.

....

Notiz 7: E-Mail

Von: Handwerkskammer
An: Herrn Svensson
Am 13. Juli um 12.30 Uhr komme ich in die Kammer, um Ihren Standpunkt hinsichtlich der neuen Gefahrstoffverordnung bei Gefahrguttransporten der Klassen C, D und E kennen zu lernen.
Thomsen, Assistent für Presse- und Öffentlichkeitsarbeit

....

Notiz 8: Postkarte

Hallo Felix,
ich las neulich in der Zeitung, dass du richtig Karriere gemacht hast. Ich mache eine Woche Urlaub in deiner Stadt. Am 21. Juli schaue ich um 12 Uhr bei dir herein. Stell das Bier kalt, das erste Wiedersehen nach dreißig Jahren muss begossen werden.
Dein alter Studienkollege Benedikt

....

Notiz 9: E-Mail

Von: Industrieblatt, Düsseldorf
An den Hauptgeschäftsführer der IHK, Herrn Felix Svensson
Sehr geehrter Herr Svensson,
am 20. Juli erscheint unser Industrieblatt mit einer Sonderbeilage, diesmal zum Thema »Wirtschaftsstandort Deutschland«. Wie in den Jahren zuvor möchten wir auch diesmal Ihre Meinung zu diesem aktuellen Thema in unseren Artikel einfließen lassen. Ich rufe Sie daher am 19. Juli um 11.10 Uhr an, um in einem zwanzigminütigen Gespräch wesentliche Aspekte zu klären. Vielleicht mailen Sie mir vorher wieder einen Gesprächsleitfaden, der aktuelle Stichworte zu dem oben aufgeführten Thema enthält.
Mit freundlichen Grüßen
Ihre Susanne Schnell (Redakteurin)

....

Notiz 10: Entscheidungsvorlage

Von: Zima
Betrifft: Erneuerung der Sitzgelegenheiten und Tische im großen Saal
Es liegen zwei Angebote in der von Ihnen gewünschten Ausstattung vor. Das eine Angebot für 10 250 Euro und das andere für 8 500 Euro. Wenn wir

das zweite Angebot annehmen wollen, müssen wir beim Händler bis zum 14. Juli bestellen. Danach gelten die Sommeraktionspreise nicht mehr. Damit Sie sich ein Bild von den Tischen machen können, liegen Kataloge mit Fotos bei.

Notiz 11: Brief

Von: Bundesverband der Industrie- und Handelskammern
Betreff: Bundesweites Jahrestreffen der Geschäftsführerinnen und Geschäftsführer
Sehr geehrter Herr Svensson,
vom 10. bis zum 12. Oktober findet unser bundesweites Jahrestreffen statt, dieses Jahr turnusgemäß in Ihrer IHK. Damit möglichst viele der eingeladenen Gäste den Termin wahrnehmen können, geht unser Programm am 21. Juli in den Druck und wird ab dem 22. Juli versandt. Einzelne Punkte im Rahmenprogramm sind noch unklar. Ich nehme am 13. Juli am Kongress »Föderalismus und Europa?« in Ihrer Stadt teil. Die Mittagspause möchte ich nutzen, um mit Ihnen die noch offenen Punkte unseres Jahrestreffens zu klären. Ich werde gegen 12.45 Uhr bei Ihnen sein.
Mit freundlichen Grüßen
Hauptgeschäftsführer der Bundesvereinigung

Notiz 12: Telefonnotiz

Von: Zima
Anruf vom Staatssekretär aus dem Wirtschaftsministerium. Er wartet noch auf die von Ihnen zugesagte Tagesordnung für das Ausschusstreffen in der IHK zum Thema »Autofreie Innenstadt?« Aus Zeitgründen soll die Tagesordnung nicht mehr als sechs Punkte enthalten.

Notiz 13: Brief

Von: Bildungsakademie der Wirtschaft
Sehr geehrter Herr Svensson,
vielen Dank für den Termin am 13. Juli um 12 Uhr, den mir Ihre Sekretärin kurzfristig eingeräumt hat. Für die Computerfortbildungen und die Fortbildungen in den Bereichen Präsentation und Moderation sind noch jeweils zwei Plätze frei. Wir sollten in unserem Gespräch klären, an welchen Kursen Sie teilnehmen und wer sonst noch aus der IHK infrage kommt.
Mit freundlichen Grüßen
Ilse Brenner, Bildungsreferentin

Notiz 14: Wichtiger Termin

Sehr geehrter Herr Svensson,

wie Sie wissen, scheidet Ihr Referent Herr Zima aus seiner Position am 1. Oktober aus, weil er dann als Abteilungsleiter zur IHK nach Leipzig wechselt. Ich habe Vorstellungsgespräche mit wirklich interessanten Kandidatinnen und Kandidaten vereinbart. Sie sollten unbedingt dabei sein, schließlich sind Sie der Fachvorgesetzte. Die sieben Vorstellungsgespräche finden am 21. Juli statt. Folgender Zeitplan ist vorgesehen:

09.30 Uhr: Kandidatin 1

10.00 Uhr: Kandidat 2

10.30 Uhr: Kandidat 3

11.00 Uhr: Kandidatin 4

11.30 Uhr: Mittagspause

12.00 Uhr: Kandidat 5

12.30 Uhr: Kandidatin 6

13.00 Uhr: Kandidatin 7

Ich sehe Sie dann am 21. Juli.

Mit freundlichen Grüßen, Kanupka

....

Notiz 15: Telefonnotiz

Von: Dennenwaldt

Anruf von der Studentengruppe EIESEK. Anlässlich des Sommerkurses »Verständigung ohne Grenzen« hatten Sie zugesagt, einen Vortrag vor den von der Studenteninitiative Eingeladenen aus Portugal zu halten. Ich habe mit dem Vertreter der Gruppe vereinbart, dass Sie die Studentinnen und Studenten am 19. Juli um 11 Uhr in der Kammer begrüßen werden. Ich erbitte Ihre Bestätigung.

Lösung Postkorb

Zu Notiz 1: Frau Dennenwaldt eine nette Absage mit einem Hinweis auf die Dienstreise schreiben lassen. Die Form des Briefes (du) lässt einen Rückschluss auf ein gutes persönliches Verhältnis zu. Sie wird Verständnis für die Absage haben. Notiz 1 kollidiert mit den Notizen 9 und 15, daher kann Herr Zima nicht als Vertreter einspringen.

Zu Notiz 2: Sie veranlassen Frau Dennenwaldt, das Sekretariat des Oberbürgermeisters per Fax an die Dienstreise zu erinnern. Ein neuer Termin sollte möglichst schnell nach dem 25. Juli gefunden werden.

Zu Notiz 3: Momentan ist hier keine Reaktion nötig. Nach der Dienstreise sollten Sie Gespräche mit Frau Kanupka und Frau Dennenwaldt führen. Eventuell gibt es hier Reibungspunkte durch mangelnde Terminkoordination (siehe die Notizen 13, 14, 15).

Zu Notiz 4: Herr Zima soll einen Präsentationstermin für die Zeit nach dem 25. Juli vereinbaren. Bis zum Termin soll er Konkurrenzangebote und die Stellungnahmen der betroffenen Fachabteilungen (Datenverarbeitung, Rechnungswesen und so weiter) einholen lassen.

Zu Notiz 5: Herr Zima soll die Position der IHK dem Präsidenten der Unternehmensverbände zusenden. Den Termin am 29. Juli werden Sie wahrnehmen.

Zu Notiz 6: Frau Dennenwaldt soll mit Hinweis auf die bisher guten Geschäftsbeziehungen versuchen, eine Reservierung bis zum 28. Juli zu erreichen. Der 26. und 27. Juli müssen für einen möglichen Termin mit dem Oberbürgermeister freigehalten werden (siehe Notiz 2).

Zu Notiz 7: Herr Zima soll den PR-Assistenten Herrn Thomsen an die zuständigen Stellen in der IHK verweisen und die kurzfristige Terminsetzung rügen.

Zu Notiz 8: Sie hinterlassen Frau Dennenwaldt eine kurze Notiz, dass am 21. Juli um 12 Uhr jemand mit dem Vornamen Benedikt am Empfang auftauchen und nach Ihnen fragen könnte. Der Empfang soll ihn freundlich abwimmeln und mit Sightseeing-Tipps versorgen.

Zu Notiz 9: Herr Zima wird eine vierseitige Stellungnahme der IHK zum Thema »Wirtschaftsstandort Deutschland« ausarbeiten und unter Ihrem Namen an die Redakteurin Frau Schnell mailen. In der E-Mail wird auf Ihre Abwesenheit am 19. Juli hingewiesen. Weitere Auskünfte erhält die Redakteurin bei Herrn Zima.

Zu Notiz 10: Herr Zima soll eine Präsentation der Tische – und Stühle! – im großen Saal veranlassen und den Lieferanten 2 auf ein preisgleiches Konkurrenzangebot hinweisen lassen. Die Entscheidung fällen Sie nach Ihrer Dienstreise und dem Probesitzen.

Zu Notiz 11: Herr Zima soll per Fax die unklaren Punkte erfragen und dann so aufbereiten, dass er sie im Gespräch mit dem Hauptgeschäftsführer der Bundesvereinigung am 13. Juli um 12.45 Uhr klären kann. Der Termin kollidiert nur scheinbar mit den Notizen 13 und 14, weil die Vorgaben aus diesen Notizen delegiert werden (Entscheidungen siehe dort).

Zu Notiz 12: Herr Zima wird sich beim Sekretariat des Staatssekretärs erkundigen, ob die Tagesordnung noch vor dem 25. Juli da sein muss. Wenn ja, dann soll er sich die Tagesordnung der bisherigen Veranstaltungen (Dauerthema!) zuschicken lassen. Wenn nein, dann wird sie wegen möglicher Modifikationen erst nach Ihrer Rückkehr ausgearbeitet und abgeschickt.

Zu Notiz 13: Die Bildungsreferentin Frau Brenner wird an die Personalleiterin Frau Kanupka verwiesen, um mit ihr den Weiterbildungsbedarf der Mitarbeiter der IHK zu erörtern. Sie geben eine Rückmeldung an Frau Dennenwaldt, dass sie derartige Bagatelltermine in Zukunft nur nach Rücksprache vergibt (siehe auch Notiz 15).

Zu Notiz 14: Um die Spannungen zwischen den beiden nicht zu verstärken (siehe Notiz 3), soll Frau Dennenwaldt Frau Kanupka in nettem Ton schriftlich auf die Arbeitsteilung in der IHK hinweisen und ihr versichern, dass Sie ihrer Vorauswahl voll und ganz vertrauen. Frau Kanupka soll als Personalleiterin drei geeignete Kandidaten auswählen, die sich nach dem 28. Juli in einer zweiten Runde bei Ihnen vorstellen.

Zu Notiz 15: Herr Zima soll die Damen und Herren von EIESEK begrüßen. Frau Dennenwaldt hat wieder einen Termin ungünstig vergeben (siehe Notiz 13, Konsequenz siehe Zu Notiz 3).

Postkorb

→ Machen Sie sich bewusst, dass die zur Verfügung stehende Zeit nicht für eine hundertprozentige Bearbeitung des Postkorbes ausreichen wird (Stresstest).

→ Überfliegen Sie alle Informationen erst einmal, bevor Sie mit der Bearbeitung beginnen.

→ Suchen Sie nach Zusammenhängen, die einzelne Unterlagen verbinden.

→ Finden Sie Kategorien, nach denen sich die Unterlagen ordnen lassen (Kunden, Lieferanten, Privates, Firma).

→ Unterteilen Sie die Unterlagen in wichtig und unwichtig.

AUF EINEN
BLICK

→ Bearbeiten Sie zunächst die Unterlagen, bei denen Sie zeitnah eine Entscheidung treffen müssen.

→ Delegieren Sie, was delegiert werden kann. Ziehen Sie hierfür nach Möglichkeit ein Organigramm heran.

→ Benutzen Sie für die Terminplanung einen Kalender.

→ Denken Sie bei der Durchsicht der Unterlagen an die übliche betriebliche Praxis.

→ Berücksichtigen Sie bei Ihren Entscheidungen Ihre Rollenvorgabe im Unternehmen.

→ Achten Sie darauf, welche Terminvorgaben festgelegt sind und wann Sie Termine selbst frei vergeben können.

→ Bedenken Sie die Konsequenzen, die eine Nichteinhaltung von einzelnen Terminen hätte.

→ Treffen Sie für jeden einzelnen Vorgang eine Entscheidung und begründen Sie Ihre Entscheidung kurz.

→ Ihre Entscheidungen sollten für die Beobachter schlüssig und nachvollziehbar sein.

→ Machen Sie bei einer sich anschließenden Fragerunde die strategische Herangehensweise deutlich, auf deren Grundlage Sie Ihre Entscheidungen getroffen haben.

13

Körpersprache im Assessment-Center

53. Souveräne Körpersprache

In unseren Karrierecoachings für Führungskräfte spielt die Körpersprache unserer Kunden eine zentrale Rolle: Schließlich wird über die Körpersprache kommunikative Kompetenz, also auch Führungskompetenz, direkt vermittelt. Das sichtbare Verhalten der Kandidaten im Assessment-Center oder Vorstellungsgespräch ist damit auch ein Bewertungskriterium. Was Sie für eine souveräne Körpersprache tun können, möchten wir Ihnen anhand der AC-Übung Mitarbeitergespräch exemplarisch vor Augen führen.

In Assessment-Centern, die der Auswahl von Führungskräften dienen, werden häufig Mitarbeitergespräche durchgeführt. Diese Übung gehört zur Kategorie der Rollenspiele. Sie werden eine fiktive Führungskraft spielen, die entweder das Fehlverhalten eines Mitarbeiters korrigieren soll oder ihm eine unangenehme Entscheidung der Geschäftsleitung zu verkünden hat. Ihr Gesprächspartner im Rollenspiel ist in der Regel der Moderator. Im Mitarbeitergespräch geht es vorrangig um Ihr Führungsverhalten.

Ihr Führungsverhalten

Der Umgang mit Mitarbeiterinnen und Mitarbeitern ist ein wichtiger Bestandteil der Arbeit einer Führungskraft. Das Führen per Anordnung oder Befehl ist in heutigen Unternehmen passé. Der Führungsstil, der allgemein präferiert wird, ist das Führen durch Zielvereinbarung (Management by objectives). Führungskräfte bilden daher die Schnittstelle zwischen den zumeist abstrakten Vorgaben der Unternehmensführung und dem konkreten Handeln der Mitarbeiter. Es hat sich gezeigt, dass Mitarbeiter dann motivierter ihrer Arbeit nachgehen, wenn ihnen klar gemacht wurde, in welchen Rahmen ihre Tätigkeit eingebunden ist. Der Anteil aller im Unternehmen Beschäftigten am Unternehmenserfolg muss sichtbar werden.

Management by objectives

Die Aufgabe von Führungskräften ist es, die Anstrengungen ihrer Mitarbeiter auf ein vom Unternehmen gewünschtes Ziel hin zu bündeln. Führungskräfte müssen deshalb Ziele vorgeben und die Erreichung dieser Ziele durch die Mitarbeiter überprüfen. Wenn Fehlentwicklungen deutlich werden, muss die Führungskraft gegensteuern und neue Wege zum Ziel aufzeigen.

Zu starke Personalfluktuation ist für ein Unternehmen teuer. Die bestehenden Arbeitsabläufe werden gestört, wenn zu oft neue Mitarbeiter eingearbeitet werden müssen. Außerdem sind in vielen Bereichen Spezialisten nur schwer zu rekrutieren. Deshalb sollten gute Mitarbeiter – trotz gewisser Eigenarten – aus Unternehmenssicht lieber gehalten werden, als dass sie (an die Konkurrenz) verloren gehen.

Ein Vorgesetzter, der seine Mitarbeiter zur tatsächlichen oder inneren Kündigung treibt, wird auf Dauer zum Problem für das Unternehmen. Gleiches gilt, wenn er es nicht schafft, das Potenzial seiner Mitarbeiter zu nutzen. Er muss Arbeitsabläufe effektiv gestalten und eine vertrauensvolle, ergebnisorientierte Arbeitsatmosphäre schaffen.

Im Assessment-Center ist aus diesen Gründen die Übung Mitarbeitergespräch für die Beobachter von großem Interesse. Man versucht, Rückschlüsse auf Ihr Führungsverhalten zu ziehen, da Ihr Verhalten im Gespräch mit Mitarbeitern direkt beobachtet und bewertet werden kann. Ziehen Sie sich auf Ihre hierarchische Autorität zurück? Werden Sie leicht ungehalten und aggressiv, wenn man Ihnen widerspricht? Lassen Sie sich das Gespräch aus der Hand nehmen? Kippen Sie im Gespräch von einem zu weichen in ein autoritäres Verhalten, wenn Sie merken, dass Sie nicht weiterkommen? Entziehen Sie sich einer Konfrontation durch unhaltbare Versprechungen (Beförderungen, Budgeterhöhungen, Kompetenzausweitungen, Gehaltserhöhungen)? Bleiben Sie sachorientiert oder steigen Sie auf Vermutungen und Gerüchte ein?

Wo liegt der Kern des Problems?

Sie sollten im Mitarbeitergespräch darauf achten, den Kern des Problems herauszuarbeiten, sich auf nachprüfbare Fakten zu beschränken und Nebenkriegsschauplätze zu vermeiden. Vor allem ist wichtig, dass Sie das Gespräch über die gesamte Dauer im Griff behalten.

Ihre Körpersprache ist das Instrument, mit dem Sie die Gesprächssituation steuern werden. Unterbrechen Sie den Mitarbeiter mit Gesten, wenn er zu lange redet. Wischen Sie haltlose Behauptungen auch körpersprachlich vom Tisch. Ermuntern Sie zu zögerliche Gesprächspartner, eigene Lösungsvorschläge zu artikulieren. Im Mitarbeitergespräch werden Sie ständig zwischen Abblocken und Auffordern wechseln müssen. Am Ende sollten Sie die Interessen des Unternehmens durchgesetzt haben, aber dennoch Ihren Mitarbeiter in einer versöhnlichen Atmosphäre verabschieden.

Der Ablauf des Mitarbeitergespräches

Ihren Gegenpart im Mitarbeitergespräch wird üblicherweise der Moderator spielen. Rechnen Sie deshalb damit, dass er sich uneinsichtig zeigt und versuchen wird, die Gesprächsinitiative zu übernehmen. Bei allen Rollenspielen im Assessment-Center bekommen Sie Unterlagen zur Vorbereitung ausgehändigt. Dort wird die fiktive Person, die Sie spielen sollen, beschrieben. Auch über den Mitarbeiter, mit dem Sie das Gespräch führen sollen, erhalten Sie Hintergrundinformationen. Oft sind schon einige Schwierigkeiten, die sich im Gespräch ergeben werden, aus den Unterlagen herauszulesen, oder die Vorgeschichte, die zum Problem mit beigetragen hat, wird skizziert. Achten Sie auch auf den in den Unterlagen vorgegebenen Zeitrahmen für das Gespräch.

Vertreten Sie im Gespräch die Interessen der fiktiven Person, die Sie spielen. Berücksichtigen Sie die Möglichkeiten und Einschränkungen, die Ihrer Position in der betrieblichen Realität zukämen. Wenn Sie einen Abteilungsleiter spielen sollen, können Sie nicht über die Befugnisse eines Abteilungsleiters im beruflichen Alltag hinausgehen. *Bleiben Sie in der Rolle*

Zeigen Sie den Beobachtern, dass Sie als potenzielle Führungskraft Probleme und schwierige Situationen auflösen können. Dazu müssen Sie Ihre Führungsstärke und Ihre Kommunikationsfähigkeit beweisen. Auf keinen Fall darf der Eindruck entstehen, dass die Führungsebene über Ihnen am Ende Ihre Fehler ausbügeln muss. Überzeugende Teilnehmer vermitteln den Beobachtern, dass sie ihnen den Rücken in der täglichen Arbeit freihalten werden.

BEISPIEL

Mögliche Themen im Mitarbeitergespräch

Thema 1: Zum wiederholten Mal liefert einer Ihrer Mitarbeiter ein Arbeitsergebnis verspätet an Sie ab. Bestellen Sie ihn zum Gespräch und wirken Sie darauf hin, dass Arbeitsaufträge in Zukunft pünktlich geliefert werden.

Thema 2: Ein Gruppenleiter in der Fertigung hat sich über zwei neue, ihm zugeteilte Mitarbeiter in der Personalabteilung beschwert. Bewegen Sie ihn dazu, die von ihm kritisierten Mitarbeiter besser in die Arbeit einzubinden.

Thema 3: Als Vertriebsleiter in einem Unternehmen, das Fertighäuser anbietet, sollen Sie ein Gespräch mit einer Regionalleiterin führen. Machen Sie ihr deutlich, dass ihr Vertriebsteam in Zukunft mehr Verkaufsabschlüsse zu erzielen hat.

Thema 4: Im Unternehmen kursiert das unbegründete Gerücht, dass Ihre Abteilung aufgelöst werden soll. Treten Sie den Kündigungsabsichten Ihres besten Mitarbeiters entgegen und räumen sie das Gerücht aus der Welt.

Thema 5: Teilen Sie einer langjährigen verdienten Mitarbeiterin mit, dass die für sie vorgesehene Beförderung wegen Umstrukturierungen im Unternehmen nicht stattfinden kann.

Mit den Fotos 21 bis 29 möchten wir Ihnen einen Eindruck von Mitarbeitergesprächen vermitteln. Der Teilnehmer nimmt die Rolle des Vorgesetzten ein. Die Mitarbeiterin wird von der Moderatorin gespielt. Sie soll in dem angesetzten Kritikgespräch zu einem Fehlverhalten Stellung nehmen, das ihr angelastet wird. Ihr Vorgesetzter soll mit dem Gespräch erreichen, dass das kritisierte Verhalten in der Zukunft nicht mehr gezeigt wird.

Angemessen Kontakt aufbauen

Schon die Begrüßung des Mitarbeiters stellt oft entscheidende Weichen für den weiteren Gesprächsverlauf, denn ein Gespräch beginnt nicht erst dann, wenn die ersten Worte gesagt werden. Ab dem Moment, in dem der Mitarbeiter Ihr fiktives Büro betritt, müssen Sie körpersprachlich souverän agieren.

Wie stehen Sie zu Ihren Mitarbeitern?
Geschulte Beobachter können an der Art Ihrer Begrüßung Rückschlüsse auf Ihre Einstellung Mitarbeitern gegenüber ziehen. Empfangen Sie Ihren Mitarbeiter zu vertraulich, wird dieser vermutlich nach Gelegenheiten suchen, Ihnen im Gespräch das Heft aus der Hand zu nehmen. Wenn Sie dagegen den Mitarbeiter von Beginn an einschüchtern, riskieren Sie, dass er sich in eine Verteidigungsstellung eingräbt. Dann werden Sie kaum erreichen, dass er sein Fehlverhalten einsieht.

21: Die richtige Distanz

Eine angemessene Begrüßung der Mitarbeiterin durch den Vorgesetzten sehen Sie auf dem Foto 21. Der Vorgesetzte schaut sie direkt an und ist seitlich um seinen Schreibtisch herum auf sie zugegangen. Der Vorgesetzte vermeidet mit dieser Begrüßung, dass von Anfang an eine Barriere – der Schreibtisch – zwischen den Gesprächspartnern steht. Die Unsicherheit der Mitarbeiterin ist erkennbar. Sie verkrampft die linke Hand zur Faust. Dass die Beziehung zwischen Vorgesetztem und Mitarbeiterin nicht gleichberechtigt ist, zeigt der Vorgesetzte schon beim ersten Händedruck, denn er hält seine Hand mit abgewinkeltem Arm näher am Körper als die Mitarbeiterin, die ihm mit ausgestrecktem Arm entgegenkommen muss.

Freundlich, aber bestimmt

Diese souveräne Begrüßung lässt die Beobachter darauf schließen, dass der Kandidat über ein flexibles Verhaltensrepertoire für Gespräche verfügt. Er begrüßt die Mitarbeiterin freundlich, macht aber von Anfang an seinen Führungsanspruch deutlich. Die Tatsache, dass er bei der Begrüßung Barrieren aus dem Weg geräumt hat, könnte eine zurückhaltende Mitarbeiterin eher zu eigenen Stellungnahmen animieren. Sollte die Mitarbeiterin sich widerspenstig zeigen, kann er auf eine härtere Gangart umschwenken, ohne dass ein Bruch in seinem Verhalten notwendig wäre.

Achten Sie immer darauf, genügend Abstand zu halten. Halbe Umarmungen sind, auch wenn sie nett gemeint sind, vollkommen fehl am Platz. Plumpe Vertraulichkeit sollten Sie im Mitarbeitergespräch vermeiden. Beiden Seiten ist in der Regel klar, dass der Anlass des Gespräches kein Grund zur Freude ist. Ein Vorgesetzter, der sich bei der Begrüßung übertrieben freundlich und anbiedernd verhält, wählt einen schlechten Gesprächseinstieg, weil er diesen Kuschelstil nicht bis zum Ende des Gespräches durchhalten kann. Ein späterer Bruch in der Gesprächsatmosphäre ist deshalb unausweichlich. Es ist besser, von Anfang an eine sachliche und eindeutige Gesprächsatmosphäre aufzubauen und im gesamten Gespräch beizubehalten.

Auch die gegenteilige Methode zur Vertraulichkeit ist kein Weg, ein Mitarbeitergespräch zu eröffnen. Wer, wie der Vorgesetzte auf dem Foto 22, schon zu Beginn des Gespräches mit dem Holzhammer kommt, vermittelt den Eindruck, dass sich seine Führungsfähigkeiten auf Befehl und Anordnung beschränken.

Immer sachlich bleiben

Der Vorgesetzte macht den Fehler, die Mitarbeiterin gleich zu Anfang schon einzuschüchtern: So wie er ihr den Platz anweist, ist die Sachebene des Gesprächs bereits verlassen. Die Mitarbeiterin wird über die räumliche Barriere froh sein und sich hinter dem Tisch verkriechen. Informationen sind ihr sicherlich nicht zu entlocken. Sie wird die Moralpredigt über sich ergehen lassen und dann – im günstigsten Fall – weitermachen wie bisher.

Vorgesetzte, die auf die Einschüchterung von Mitarbeitern setzen, machen sich nach einiger Zeit unglaubwürdig, wenn sie nicht weiter reichende Konsequenzen einleiten. Nach einem hart geführten Gespräch bleiben diesen Vorgesetzten dann nur noch Abmahnungen oder

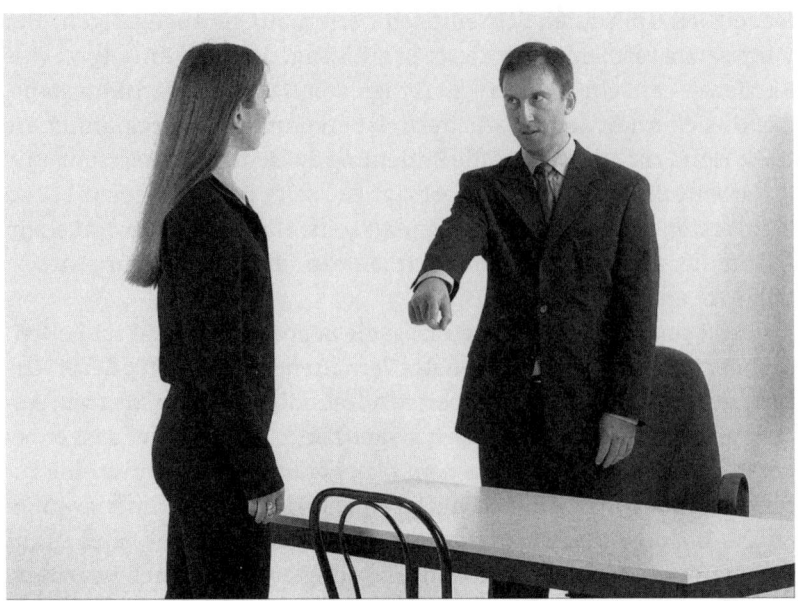

22: Sitz!

Kündigungen übrig. Diese Maßnahmen sind in den meisten Fällen jedoch unternehmenspolitisch nicht erwünscht oder nicht durchsetzbar. Langwierige Prozesse vor den Arbeitsgerichten sind der Albtraum von Personalabteilungen.

Keine aggressiven Gesten

Vermeiden Sie aggressive Gesten: geballte Fäuste, zackige Bewegungen, auf den Mitarbeiter hinabschauen – all dies zeigt den Beobachtern, dass die Kandidaten unter Stress möglicherweise schnell die Nerven verlieren und beinahe auf Mitarbeiter losgehen. Kein Unternehmen kann auf Dauer erfolgreich sein, wenn Führungskräfte emotionale Störfaktoren darstellen. Wenn Vorgesetzte sich wie Silberrücken aufführen, ist auf keinen Fall damit zu rechnen, dass die Mitarbeiter den Ausführungen ihres Vorgesetzten zuhören oder gar Einsicht zeigen. Sie werden auf Abwehr der Vorwürfe oder Vorwärtsverteidigung umschalten.

Treiben Sie Ihre Mitarbeiter im Gespräch nicht in die innere Kündigung oder den Dienst nach Vorschrift. Ein autoritär-abwertender Gesprächsstil bringt Sie nicht weiter. Wer von seinen Mitarbeitern unbedingten Gehorsam erwartet, kann nicht mit eigenen Ideen der Mitarbeiter rechnen. Das in ihnen schlummernde Potenzial bleibt dann für das Unternehmen ungenutzt.

Grabenkämpfe im Gespräch

Sie bestimmen das Gespräch

Nach der Gesprächseröffnung müssen Sie dafür sorgen, dass sich das Gespräch in die gewünschte Richtung entwickelt. Sie müssen den Beobachtern auch körpersprachlich signalisieren, dass Sie als Vorgesetzter den Gesprächsverlauf bestimmen. Lassen Sie sich nicht von Ihrem Gesprächspartner entmachten, bleiben Sie in der Initiative. Verwechseln Sie jedoch Ergebnisorientierung und Führungsstärke nicht mit Abwertung und Einschüchterung.

Auch, wer körpersprachlich sein Revier gegenüber Mitarbeitern absteckt, manövriert sich ins Aus. Beidhändiges Umklammern des Schreibtisches mit ausgebreiteten Armen beispielsweise soll vielleicht die (Handlungs-)Macht des Vorgesetzten unterstreichen und den Mitarbeiter einschüchtern. Das wird jedoch von den Beobachtern nicht als Durchsetzungsfähigkeit, sondern als mangelnde Stressresistenz bewertet werden. Wer sein Revier im Mitarbeitergespräch so deutlich nach außen absteckt, zeigt nur seine Angst, dass sein Machtanspruch infrage gestellt wird.

23: Grabenkämpfe

Das Strecken des Oberkörpers in Richtung auf die Mitarbeiterin und die weit aufgerissenen Augen auf dem Foto 23 zeigen ebenfalls einen Vorgesetzten, der nur auf den ersten Blick dominant erscheint. Auch hier wird das forsche Auftreten von den Beobachtern eher als Überspielen von Unsicherheit interpretiert. Für den weiteren Fortgang des Mitarbeitergespräches ist davon auszugehen, dass der Vorgesetzte mit diesen körpersprachlichen Signalen bei seiner Mitarbeiterin eine Blockade- und Trotzhaltung erzeugen wird.

Welches Verhalten provozieren Sie?

Auch der erhobene Zeigefinger (Foto 24), verächtliche Blicke oder Ähnliches werden von Mitarbeitern schnell als »Kriegserklärung« verstanden; dann werden sie sich verschanzen oder ihrerseits zum Angriff

24: Kriegserklärung

übergehen. Das heißt, sie werden entweder eine Trotzhaltung einnehmen oder versuchen, die Schuld an ihrem Verhalten auf andere oder Sachzwänge abzuwälzen. Sie bekommen dann von Ihrem Gesprächspartner die üblichen Totschlagargumente an den Kopf geworfen, wie »Sie haben doch selbst gesagt …«, »In der Theorie hört sich das ja gut an, aber in der Praxis sind Ihre Vorschläge nicht umsetzbar« oder »Das wird bei meinen Kollegen ja auch nicht bemängelt«. Die eigentlichen Ziele des Mitarbeitergespräches rücken dadurch in weite Ferne.

Verhält sich ein Kandidat im Assessment-Center so wie oben beschrieben, dann ist klar, dass er mit seiner Rolle als Vorgesetzter nicht zurechtkommt. Klare und sachliche Führung im Mitarbeitergespräch wird sichtlich mit Aggression verwechselt. Körpersprachlich ist das Fehlverhalten des Kandidaten durch den ständigen Einsatz von Angriffs- und Dominanzgesten und durch sein übertriebenes Revierverhalten zu erkennen. Das Gesprächsziel, ein kritikwürdiges Verhalten eines Mitarbeiters durch Argumentation und Einsicht zu verändern, wird nicht erreicht.

Sind sie emotional stabil?

Im Assessment-Center hat die Überprüfung Ihrer emotionalen Stabilität einen herausragenden Stellenwert. Das Mitarbeitergespräch ist immer ein Kritikgespräch, in dem Sie einen zumeist uneinsichtigen Gesprächspartner zu einer Änderung seines Verhaltens bewegen sollen. Ein Konflikt ist deshalb unvermeidlich. Im Gespräch wird dann beobachtet, welches Verhalten Sie bei Konfrontationen zeigen.

Ihr Gesprächspartner wird es Ihnen schwer machen, zu einem Ergebnis zu kommen. Wenn Sie daraufhin die Nerven verlieren, hinterlassen Sie bei den Beobachtern einen ungünstigen Eindruck. Aggressives Verhalten ist das Stresssymptom, das bei den Beobachtern die schlechtesten Bewertungen nach sich zieht. Im Mitarbeitergespräch setzt sich derjenige durch, der auch unter Stress die Gesprächsziele im Blick behält und in der Lage ist, angemessen auf die Einwände und Ausflüchte des Mitarbeiters zu reagieren.

Unentschlossene Vorgesetzte

In der Übung Mitarbeitergespräch lassen sich bei den Teilnehmern zwei unflexible Vorgehensweisen beobachten: Den autoritär-abwertenden Gesprächsstil und die sich daraus ergebenden Probleme haben wir Ihnen im letzten Abschnitt vorgestellt. Den zweiten unangemessenen Gesprächsstil, das therapeutisch-weiche Verhalten, stellen wir Ihnen nun vor.

Der therapeutisch-weiche Stil ist dadurch gekennzeichnet, dass der Vorgesetzte zu verständnisvoll auf das Verhalten des Mitarbeiters eingeht. So werden dem Mitarbeiter im Kritikgespräch (!) Belohnungen wie beispielsweise Beförderungen, Weiterbildungen oder Sonderurlaub für ein offensichtlich kritikwürdiges Verhalten in Aussicht gestellt. Der Vorgesetzte vermittelt dem Beobachter dadurch den Eindruck, dass er bereit ist, auch in Zukunft das Fehlverhalten des Mitarbeiters zu tolerieren.

25: Der Hilflose

Einen Vorgesetzten ohne Führungsanspruch sehen Sie auf dem Foto 25. Die Körpersprache des Kandidaten zeigt Richtungslosigkeit und An-

Ohne Führungsanspruch?

biederung. Man kann förmlich hören, wie der Vorgesetzte Entschuldigungen über die Lippen bringt, wie: »Es tut mir leid, aber ich muss doch die Anweisungen weitergeben, die ich von oben bekomme.« Der Vorgesetzte zuckt hilflos mit den Schultern. Die weit ausgestreckten Arme legen körpersprachlich den Brustkorb für den Gegenstoß der Mitarbeiterin frei. Für die Beobachter liefert sich dieser Vorgesetzte seiner Mitarbeiterin aus. Die Gesprächsführung entgleitet ihm.

Auch die Kopfhaltung macht die Zerrissenheit des Kandidaten deutlich. Er zeigt seine Unterlegenheit, indem er mit seitlich geneigtem Kopf seinen Hals der vermeintlich stärkeren Gesprächspartnerin freilegt, gleichzeitig versucht er aber mit hochgezogenen Schultern den Hals zu schützen. Dieser Teilnehmer hinterlässt bei den Beobachtern den Eindruck eines Vorgesetzten, der in die Führungsrolle hineingedrängt worden ist, ohne sie wirklich ausfüllen zu wollen und zu können.

Eine weitere Geste der Hilflosigkeit ist es, den Blick auf die Tischplatte zu richten und verlegen umherzuschauen. Der Abbruch des Blickkontaktes lässt mangelnde Führungsfähigkeit erkennen. Auch eine Hand am Ohr, das Spielen mit einem Stift oder das Zupfen an der Krawatte beispielsweise machen deutlich, dass ein Kandidat nicht weiter weiß – die Beobachter merken an solchen Spielereien, dass der Kandidat hoffnungslos überfordert ist und nicht weiß, wie er diese Situation bewältigen soll. Es ist damit zu rechnen, dass der Gesprächspartner die Unsicherheit des Vorgesetzten ausnutzen wird, um die Führungsposition des Kandidaten zu unterminieren und sich weitreichende Zugeständnisse machen zu lassen.

Damit Sie nicht als unsicherer Vorgesetzter erscheinen, sollten Sie vor allem trainieren, über längere Zeit Blickkontakt mit einem Gesprächspartner zu halten. Ein fester, im Mitarbeitergespräch auch durchaus strenger Blick macht es Ihrem Gesprächspartner schwer, Ihnen die Gesprächsführung zu entreißen.

ÜBUNG

Im Visier

Bitten Sie einen Bekannten oder Freund, sich mit Ihnen an einen Tisch zu setzen. Setzen Sie sich gegenüber. Nehmen Sie selbst eine für Gespräche sinnvolle Sitzhaltung ein: Rücken Sie mit dem Gesäß an die Stuhllehne. Stellen Sie beide Fußsohlen auf den Boden. Setzen Sie sich nicht zu dicht an die Tischplatte, um sich nicht einzuengen. Wählen Sie eine Unterarmlänge Abstand vom Bauch zur Tischkante.

Fixieren Sie Ihr Gegenüber mit strengem Blick. Unterhalten Sie sich eine Zeit lang. Blicken Sie dabei stets Ihren Freund an. Ihrem Freund ist es hierbei freigestellt, wo er hinsieht. Gewöhnen Sie sich daran, Ihren Gesprächspartner ununterbrochen anzusehen, um Ihren Führungsanspruch deutlich zu machen.

Ergebnisorientierte Gesprächsführung

Um Mitarbeitergespräche souverän führen zu können und die Körpersprache gezielt einzusetzen, sollten Sie das Gespräch geeignet strukturieren. Orientieren Sie sich an unserem Schema für Mitarbeitergespräche: *Schema für Mitarbeitergespräche*

Sachverhaltsklärung durchführen: Arbeiten Sie zuerst heraus, in welcher Situation der Mitarbeiter welches Verhalten gezeigt hat. Warum er es getan hat, gehört nicht an diese Stelle. Machen Sie eine neutrale Bestandsaufnahme. Weder sollten Sie das Verhalten des Mitarbeiters schon jetzt kritisieren noch sollten Sie Ausflüchte des Mitarbeiters zulassen.

Stellungnahme des Mitarbeiters einfordern: Erst nachdem Sie geklärt haben, was vorgefallen ist, fragen Sie den Mitarbeiter nach den Gründen für sein Verhalten. Bringen Sie ihn zum Reden, achten Sie aber darauf, dass er keine Nebenkriegsschauplätze eröffnet, um von seinem Fehlverhalten abzulenken.

Eigene Bewertung abgeben: Sagen Sie dem Mitarbeiter erst an dieser Stelle, warum sein Verhalten kritikwürdig ist, und räumen Sie unberechtigte Einwände aus. Kritisieren Sie nicht nur, heben Sie auch die guten Seiten des Mitarbeiters hervor.

Folgen aufzeigen: Erklären Sie dem Mitarbeiter, warum sein Verhalten dem Unternehmen schadet. Machen Sie die Auswirkungen des Fehlverhaltens auf die Arbeitsabläufe deutlich.

Überprüfbares Ergebnis vereinbaren: Stellen Sie klar heraus, welches Verhalten Sie in Zukunft vom Mitarbeiter erwarten, und kündigen Sie an, dass Sie den Mitarbeiter überprüfen werden. Zeigen Sie dem Mitarbeiter auf, welche Konsequenzen sein weiteres Fehlverhalten haben wird.

Bei der Sachverhaltsklärung ist es hilfreich, die verschiedenen Punkte aufzuzählen, die in der letzten Zeit negativ an dem Mitarbeiter aufge- *Strukturieren Sie das Gespräch* fallen sind. Durch das Aufzählen mit den Fingern schaffen Sie eine Struktur für den weiteren Gesprächsverlauf und können so bei der späteren Stellungnahme des Mitarbeiters darauf hinwirken, dass ein Punkt nach dem anderen besprochen und geklärt wird.

Diese Struktur gibt Ihnen auch die Möglichkeit, all jene Einwände und Argumente, die nicht unmittelbar zu dem zu besprechenden Sachverhalt gehören, zurückzuweisen. Dabei sollten Sie Ihren Gesprächspartner genau beobachten, um Gesten der Zustimmung oder Verweigerung wahrzunehmen und Ihre weitere Gesprächsstrategie entsprechend darauf auszurichten.

26: Raum für Erklärungen geben

Signalisieren Sie Kooperationsbereitschaft

Wenn der Sachverhalt geklärt ist, sollte der Vorgesetzte den Mitarbeiter dazu auffordern, Beweggründe für sein Verhalten zu äußern. Die offenen Handflächen des Vorgesetzten auf dem Foto 26 signalisieren der Mitarbeiterin, dass sie nicht mit einem Angriff rechnen muss. Der Vorgesetzte signalisiert Kooperationsbereitschaft. Sein Gesichtsausdruck ist freundlich geblieben. Er blickt die Mitarbeiterin erwartungsvoll an.

Es ist wichtig, dass der Vorgesetzte die Mitarbeiterin in dieser Phase des Gespräches zum Sprechen bringt. Kandidaten, die Monologe halten und ihren Mitarbeiter nur bei der Begrüßung und bei der Verabschiedung zu Wort kommen lassen, werden von den Beobachtern als unsicher im Sozialkontakt eingestuft. Diesen Dauerrednern wird unterstellt, dass sie ihre Mitarbeiter deswegen nicht zu Wort kommen lassen, weil sie befürchten, dann die Gesprächssituation nicht mehr kontrollieren zu können.

Es wird im Gespräch aber immer wieder Abschnitte geben, in denen Ihre Führungsstärke gefragt ist, weil das Gespräch aufgrund von Ausflüchten des Mitarbeiters in eine falsche Richtung läuft oder zu eskalieren droht. Sie geben dem Mitarbeitergespräch an diesen kritischen Punkten immer wieder eine klare Richtung, wenn Sie rechtzeitig Unterbrechungsgesten einsetzen, um ausufernde Monologe des Mitarbeiters zu stoppen.

27: Zurück zu den Tatsachen

Auf dem Foto 27 sehen Sie, wie der Vorgesetzte mit einer Geste die Mitarbeiterin zum Schweigen bringt. Mit seinem abwehrend erhobenen Arm weist er sie in die Schranken. Seine Aufgabe ist es schließlich, das Gespräch aktiv zu lenken. Dazu gehört auch, den Redefluss der Mitarbeiterin unterbrechen zu können. *Sie lenken das Gespräch*

Lassen Sie sich die Gesprächsführung im Mitarbeitergespräch nicht aus der Hand nehmen. Bereiten Sie sich darauf vor, dass Sie Ihren Mitarbeiter von Zeit zu Zeit in die Schranken weisen müssen. Dazu zeigen wir Ihnen in der nachfolgenden Übung einige körpersprachliche Signale, die Sie dazu einsetzen können.

ÜBUNG

Grenzen ziehen

Üben Sie rechtzeitig, sich mithilfe Ihrer Körpersprache Gesprächsanteile zu sichern. Machen Sie Ihren Führungsanspruch deutlich, indem Sie dem Mitarbeiter Grenzen aufzeigen. Probieren Sie die nachfolgenden körpersprachlichen Stoppsignale aus.

→ Grenzziehung 1: Ziehen Sie mit ausgestrecktem Arm eine Handbreit über dem Tisch einen Halbkreis. So wischen Sie Ausflüchte des Gegenübers vom Tisch.
→ Grenzziehung 2: Beugen Sie sich etwas in Richtung Ihres Gesprächspartners über den Tisch. Lassen Sie Ihre Hände dabei aber auf den Oberschenkeln liegen. Fixieren Sie Ihr Gegenüber mit einem strengen Blick.
→ Grenzziehung 3: Heben Sie beide Hände abwehrend vor Ihren Brustkorb, so wie auf dem Foto 27 zu sehen.

Rückzugs-
möglichkeiten
einräumen

Beim Abgleich der Interessen müssen Sie Ihrem Mitarbeiter Rückzugsmöglichkeiten einräumen. Er muss einlenken können, ohne sein Gesicht zu verlieren. Die Körpersprache auf dem Foto 28 zeigt ein teilweises Entgegenkommen des Vorgesetzten für die Wünsche der Mit-

28: Bis hierhin, aber nicht weiter

arbeiterin. Die linke Hand ist geöffnet und signalisiert Verständnis. Gleichzeitig zeigt der Vorgesetzte aber mit seinem rechten Arm eine klare Grenze auf, die nicht überschritten werden darf. Das leichte Zurücknehmen der linken Schulter mildert die durch das frontale Gegenübersitzen aufgebaute Spannung.

Die Beobachter erkennen an der Körpersprache, dass der Kandidat differenzieren kann und dass er versucht, die Vorstellungen der Mitarbeiterin zu berücksichtigen, ohne seiner Linie untreu zu werden.

Das Gespräch abschließen

Gesprächsteilnehmer haben häufig eine völlig unterschiedliche Auffassung darüber, was gesagt und für die Zukunft vereinbart wurde. Diese Gefahr besteht auch im Mitarbeitergespräch. Wenn Sie ein stichwortartiges Protokoll erstellen, zeigen Sie den Beobachtern, dass Sie die Probleme kennen, die sich im beruflichen Alltag aus mündlichen Vereinbarungen ergeben können.

29: Ergebnis fixieren

Der Kandidat auf dem Foto 29 hat ein Gesprächsprotokoll erstellt. Er hat für jeden Gesprächsschritt (Sachverhaltsklärung, Stellungnahme des Mitarbeiters, Bewertung, Folgen des Fehlverhaltens, Ergebnisvereinbarung) eine kurze Ergebnisnotiz angefertigt. So kann er am Ende des Mitarbeitergespräches das gemeinsam erarbeitete Gesprächsergebnis wiederholen und seiner Mitarbeiterin noch einmal abschließend deutlich machen, welches Verhalten er in Zukunft von ihr erwartet.

Gesprächsprotokoll

Der freundliche Gesichtsausdruck des Vorgesetzten zeigt, dass er an einer guten Beziehung zur Mitarbeiterin interessiert ist. Mit dem Stift weist er auf die einzelnen Punkte der getroffenen Vereinbarung hin. Die offene rechte Hand macht den Willen des Vorgesetzten zur Kooperation sichtbar. Er unterstreicht dadurch sein Angebot zur Versöhnung.

Auch in Mitarbeitergesprächen muss der vorgegebene Zeitrahmen eingehalten werden. Meistens ist die Zeit knapp bemessen und deswegen sehr schnell vorbei. Ein Abbruch des Mitarbeitergespräches ohne Ergebnis bringt dem Teilnehmer jedoch Strafpunkte bei der Bewertung seiner Führungsfähigkeiten und seines Zeitmanagements ein.

Zeitmanagement

Betreiben Sie deshalb aktives Zeitmanagement: Notieren Sie in Ihren Unterlagen die Anfangs- und Endzeit der Übung. Schreiben Sie groß genug, damit Sie während des gesamten Gesprächsverlaufes die Zeit immer im Blick haben.

Achten Sie auch darauf, dass Sie sich nicht an einzelnen Punkten festbeißen. Lassen Sie nicht zu, dass Ihr Mitarbeiter das Gespräch zerredet. Setzen Sie sich durch und bestimmen Sie die Gesprächsanteile. Nutzen Sie dazu die in der Übung »Grenzen ziehen« vorgestellten Stoppgesten.

Prägen Sie sich das vorgestellte Schema für Mitarbeitergespräche ein und arbeiten Sie es konsequent ab. Schon zu oft haben wir erlebt, dass Teilnehmer bei der Bewertung des Mitarbeiterverhaltens hängen bleiben. Das Aufzeigen von Folgen weiterer Fehlverhaltens für den Mitarbeiter und die Vereinbarung eines überprüfbaren Ergebnisses fallen dann unter den Tisch.

Heben Sie Ihre Führungsfähigkeiten hervor. Beenden Sie das Mitarbeitergespräch von sich aus mit einem Ergebnis. Überprüfen Sie, ob die Vereinbarungen beim Mitarbeiter angekommen sind. Stehen Sie am Ende auf und verabschieden Sie den Mitarbeiter.

AUF EINEN BLICK

Souveräne Körpersprache

→ Die Beobachter überprüfen, wie Sie einen Konflikt mit Mitarbeitern lösen. Zeigen Sie, dass Sie motivieren und kritisieren können.

→ Setzen Sie die Interessen des Unternehmens durch, ohne den Mitarbeiter in die innere Kündigung zu treiben.

→ Beachten Sie die Hintergrundinformationen, die Ihnen in der Vorbereitungszeit gegeben werden. Orientieren Sie sich im Gespräch an den Möglichkeiten und Einschränkungen, denen Ihre Rolle in der betrieblichen Realität unterliegt.

→ Behalten Sie von Anfang an das Heft in der Hand. Gehen Sie bei der Begrüßung auf den Mitarbeiter zu und bitten Sie ihn, sich hinzusetzen.

→ Sowohl die Holzhammermethode als auch der Kuschelstil sind im Mitarbeitergespräch unangemessen. Arbeiten Sie an einer sachlichen Gesprächsatmosphäre.

→ Weichen Sie dem Blick des Mitarbeiters nicht aus, fixieren Sie ihn mit Ihren Augen.

→ Bleiben Sie aufrecht hinter dem Schreibtisch sitzen. Beugen Sie sich nicht mit aufgestützten Händen zum Mitarbeiter vor und lehnen Sie sich nicht mit hinter dem Kopf verschränkten Händen zurück.

→ Angriffs- und Dominanzgesten sorgen nur dafür, dass der Mitarbeiter in eine Trotzhaltung getrieben wird.

→ Aggressives Verhalten dem Mitarbeiter gegenüber zeigt den Beobachtern, dass Sie in schwierigen Situationen die Nerven verlieren. Sie erscheinen dann als wenig belastbar.

→ Machen Sie Ihren Führungsanspruch auch dadurch deutlich, dass Sie den Ablauf des Gespräches bestimmen. Unterbrechen Sie den Mitarbeiter mit Stoppgesten, wenn das Gespräch in die falsche Richtung läuft, aber fordern Sie ihn an geeigneten Stellen auch mit Gesten auf, seine Sichtweise zu erläutern.

→ Strukturieren Sie das Gespräch. Orientieren Sie sich an unserem Schema für Mitarbeitergespräche.

→ Vereinbaren Sie ein abschließendes Gesprächsergebnis und fertigen Sie eine Ergebnisnotiz an.

→ Beenden Sie das Gespräch versöhnlich, aber konsequent in der Sache. Kündigen Sie Kontrollen oder gegebenenfalls sinnvolle Unterstützung an.

14

Einstellungstests

54. Was erwartet Sie im Einstellungstest?

Obwohl es nicht den Einstellungs- oder Eignungstest gibt, der für die Besetzung aller Arbeitsplätze gleichermaßen gut geeignet ist, sind in den Tests bestimmte Elemente und Aufgabentypen immer wieder enthalten. In diesem Kapitel verschaffen wir Ihnen einen ersten Überblick über die verschiedenen Aufgabentypen – wenn Sie sich bereits im Vorfeld damit auseinandersetzen, sind Sie damit klar im Vorteil. Dazu klären wir über sieben populäre Testirrtümer auf, um Ihnen unnötigen Stress zu ersparen und Ihnen die Angst vor diesem Teil des Bewerbungsverfahrens zu nehmen.

Einstellungstests lassen sich in die vier großen Blöcke Wissenstests, Intelligenztests, Konzentrationstests und Persönlichkeitstests unterteilen. In der folgenden Übersicht »Inhalte von Einstellungstests« haben wir für Sie aufgeführt, welche Testinhalte die jeweiligen Blöcke umfassen.

Inhalte von Einstellungstests

ÜBERSICHT

Persönlichkeitstests	Motivation Selbsteinschätzung Kommunikation (beispielsweise Teamfähigkeit, Überzeugungskraft, Einfühlungsvermögen, Problemlösungsfähigkeit, Begeisterungsfähigkeit)
Wissenstests	Allgemeinwissen Rechtschreibung Praktische Mathematik Fremdsprachen (meist Englisch) Berufswissen
Intelligenztests	Logisches Denken Räumliches Vorstellungsvermögen Sprachliche Intelligenz Kreative Intelligenz
Konzentrationstests	Aufmerksamkeit Merkfähigkeit

Persönlichkeitstests: In Persönlichkeitstests geht es um die Bewerberpersönlichkeit. Hier wird gerne die Motivation, die Ihrer Entscheidung für das angestrebte Berufsfeld zugrunde liegt, auf den Prüfstand gestellt. In Vorstellungsgesprächen, die manchmal vor den Einstellungstests stattfinden, manchmal danach, manchmal aber auch direkt in diese integriert werden, werden Sie mit »Personalerfragen« konfrontiert. Man möchte im Gespräch erfahren, welche Themen Sie bewegen, ob und wie Sie kritische Situationen gemeistert haben und wie Sie mit Vorgesetzten, Kollegen oder Kunden umgehen werden beziehungsweise umgegangen sind. Ein weiterer wichtiger Punkt betrifft Ihr Selbstmanagement, wie Sie also in stressigen Situationen reagieren oder sich aus Stimmungstiefs selbst wieder herausholen.

Wissenstests: In diesem Block wird Wissen aus den Bereichen Allgemeinbildung, Rechtschreibung und praktische Mathematik abgeprüft. Gelegentlich werden auch die Englischkenntnisse der Bewerber getestet, beispielsweise von Firmen, die ihre Kunden europa- oder weltweit beliefern und betreuen, also ihre Geschäftsbeziehungen auf Englisch pflegen. Neuerdings wird auch häufiger konkretes Berufswissen abgefragt, beispielsweise was typische Aufgaben im angestrebten Wunschberuf sind.

Richtige IQ-Tests sind selten

Intelligenztests: In Einstellungstests werden zwar einzelne Aufgaben aus Intelligenztests eingestreut, komplette Intelligenztests (IQ-Tests) aber eher selten eingesetzt. Auf die Testteilnehmer warten im Einstellungstest aber dennoch regelmäßig Aufgaben, die überprüfen sollen, wie es um das logische Denken, das räumliche Vorstellungsvermögen, die sprachliche oder die kreative Intelligenz der Bewerber bestellt ist.

Konzentrationstests: Die Firmen haben aus verständlichen Gründen ein großes Interesse daran, Mitarbeiter zu finden, die in der Lage sind, auch über einen längeren Zeitraum aufmerksam, konzentriert und möglichst fehlerfrei zu arbeiten. Daher enthalten Einstellungstests häufig Elemente aus Konzentrationstests. Man möchte feststellen, wie sorgfältig die Kandidaten unter belastendem Zeitdruck Aufgaben lösen. In eine ähnliche Richtung gehen Testaufgaben zur Überprüfung der Merkfähigkeit, also der Gedächtnisleistung.

Darüber hinaus werden manchmal Selbsteinschätzungen der Kandidaten mithilfe von Fragebögen gefordert. Und immer häufiger werden für berufserfahrene Bewerber Assessment-Center durchgeführt.

Sieben populäre Testirrtümer

Wenn es um das Thema Einstellungstest geht, liegen die Nerven blank und die Emotionen kochen hoch. Dies ist verständlich, denn niemand setzt sich gerne freiwillig stressigen Prüfungssituationen aus, zu denen Tests nun einmal zählen. Daher sollte – unserer Ansicht nach – eine gezielte Vorbereitung auf Einstellungstests Sie nicht nur mit typischen Testaufgaben und -übungen vertraut machen. Wir finden es genauso wichtig, dass Sie Ihre innere Einstellung einmal sorgfältig prüfen und gemeinsam mit uns überlegen, ob Sie womöglich durch gängige Vorurteile und Klischees über Einstellungstests blockiert werden – was doch schade wäre!

Wir erleben immer wieder Bewerberinnen und Bewerber, die viel zu bieten haben, interessante Persönlichkeiten sind und eigentlich viel mehr erreichen können, als sie glauben. Vorausgesetzt, sie glauben erst einmal an sich selbst. Das ist nicht immer leicht, sondern im Gegenteil sogar oft so, dass man sich in Bewerbungssituationen jeder Art viel zu selbstkritisch verhält und sich durch Panikmache, Schwarzmalerei oder Pessimismus in schlechte Stimmung versetzt.

Lösen Sie sich von störenden Selbstblockaden, damit Sie motiviert an Ihren Einstellungstest herangehen können. Setzen Sie sich jetzt mit den sieben populärsten Testirrtümern auseinander, um Ihren Einstellungstest gleichermaßen selbstbewusst und umfassend vorbereitet in Angriff zu nehmen. *Keine Angst vor Tests!*

Irrtum 1: Es gibt den einzig richtigen Einstellungstest. Falsch! Wer sich etwas intensiver mit diesem Thema beschäftigt, wird schnell feststellen, dass es »den« einzig richtigen Einstellungstest, der für alle Berufsfelder, Bewerberinnen und Bewerber sowie Firmen und Behörden gleichermaßen geeignet ist, nicht gibt. Einstellungstests sind immer Kombinationen verschiedener Einzeltests. Und wie diese Testkombination im konkreten Fall zusammengesetzt ist, hängt von den speziellen Vorlieben der Testverantwortlichen in den Firmen und Behörden ab.

Irrtum 2: Auf Einstellungstests kann man sich nicht vorbereiten. Falsch! Die Erfahrung bestätigt immer wieder, dass es durchaus sinnvoll ist, sich mit den typischen Aufgaben einmal im Vorfeld vertraut zu machen. Wer bereits eine erste Vorstellung davon hat, wie Testaufgaben konstruiert sind, tappt im »Ernstfall« weniger im Dunkeln und geht zielgerichtet an die Lösung der Aufgaben heran. Damit steht er am eigentlichen Testtag weniger unter Stress, weiß schneller, worum es geht, und hat sich so einen echten Vorsprung erarbeitet.

Irrtum 3: Einstellungstests messen den Intelligenzquotienten der Kandidaten. Falsch! Das Ergebnis aus einem Einstellungstest sagt in der Regel wenig bis gar nichts über den IQ der Kandidaten aus. Testpsychologen kritisieren schon seit Jahrzehnten, dass ein großer Teil der Firmen unwissenschaftliche Tests einsetzt. Das Abschneiden in diesen »Pseudotests« hat nichts mit einer stärker oder schwächer ausgeprägten *Pseudotests ohne Aussagekraft*

Intelligenz zu tun. Darüber hinaus hat sich die Wissenschaft längst vom eindimensionalen Intelligenzbegriff, der durch einen bestimmten IQ ausgedrückt wird, verabschiedet. Je nach Standpunkt spricht man auch von der Bedeutung der emotionalen Intelligenz, der Erfolgsintelligenz oder der praktischen Intelligenz. Auch Teilintelligenzen, wie kreative Intelligenz, musische Intelligenz oder Bewegungsintelligenz, werden heutzutage stärker als früher berücksichtigt. Über beruflichen Erfolg entscheidet letztendlich also wesentlich mehr als bloß der IQ!

Oberes Drittel genügt

Irrtum 4: Wer im Einstellungstest am besten abschneidet, wird eingestellt. Falsch! Eingestellt wird derjenige, der im gesamten Einstellungsverfahren deutlich machen kann, dass er eigene Stärken und Schwächen realistisch einzuschätzen vermag, sich mit den Anforderungen des Berufsfeldes gedanklich und praktisch auseinandergesetzt hat und auch zwischenmenschlich überzeugen kann. Als Faustregel gilt: Man sollte im Einstellungstest ein Ergebnis erzielen, das im oberen Drittel liegt, muss aber keinesfalls der oder die Beste sein.

Irrtum 5: Einstellungstests haben nichts mit den späteren beruflichen Aufgaben zu tun. Falsch! Viele Firmen haben längst gemerkt, dass das Bestehen eines bloßen Ankreuztests wenig darüber aussagt, ob ein Kandidat später auch die beruflichen Aufgaben bewältigen wird. Deshalb gibt es immer mehr Management-Audits oder Assessment-Center mit praktischen Einzelaufgaben und Gruppenübungen, in denen Teamfähigkeit, Überzeugungskraft, Einfühlungsvermögen, Problemlösungsfähigkeit oder Begeisterungsfähigkeit getestet werden.

Irrtum 6: Personalverantwortliche sind Sadisten, die Bewerber mit Einstellungstests quälen wollen. Falsch! In erster Linie sind Einstellungstests üblich geworden, weil Personalverantwortliche wenig Vertrauen in Zeugnisnoten haben: An einigen Fachhochschulen und Universitäten sind die Anforderungen einfach höher als an anderen, und manche Personalleiter und Vorgesetzte geben für gleiche Leistungen unterschiedliche Noten im Arbeitszeugnis. Die Voraussetzungen im Einstellungstest sind dagegen für alle Kandidaten gleich, alle müssen die gleiche Hürde überspringen.

Viele Wege führen zum Job

Irrtum 7: Wer im Einstellungstest durchfällt, wird niemals einen Arbeitsplatz bekommen. Falsch! Viele Wege führen zum Arbeitsplatz. In kleineren Betrieben werden weniger Ankreuztests durchgeführt als in großen Firmen. Dort stehen eher Arbeitsproben im Vordergrund. Wer also trotz intensiver Vorbereitung immer noch große Probleme in Einstellungstests hat, sollte auf die Firmen setzen, die mehr Wert auf Praxis legen. Dort überzeugt dann ein positiver und engagierter persönlicher Auftritt im Vorstellungsgespräch.

55. Persönlichkeitstest

Bei diesem Persönlichkeitstest werden die verschiedenen Dimensionen Führung, Vertrieb und Leistung (F–V–L) überprüft. Der von uns für Sie ausgearbeitete Test besteht aus 70 Aussagen. Entscheiden Sie für jede einzelne Aussage, wie zutreffend sie im Hinblick auf Ihre Persönlichkeit ist.

F–V–L-Test

Bei der Bearbeitung des Tests können Sie zwischen folgenden Kategorien wählen:

→ **sehr zutreffend,**
→ **überwiegend zutreffend,**
→ **teilweise zutreffend,**
→ **weniger zutreffend,**
→ **kaum zutreffend.**

Für die Bearbeitung des Tests haben Sie 10 Minuten Zeit. Bitte kreuzen Sie zügig die Ihrer Meinung nach zutreffende Einschätzung an. Überlegen Sie nicht zu lange und bleiben Sie ehrlich!

ÜBUNG

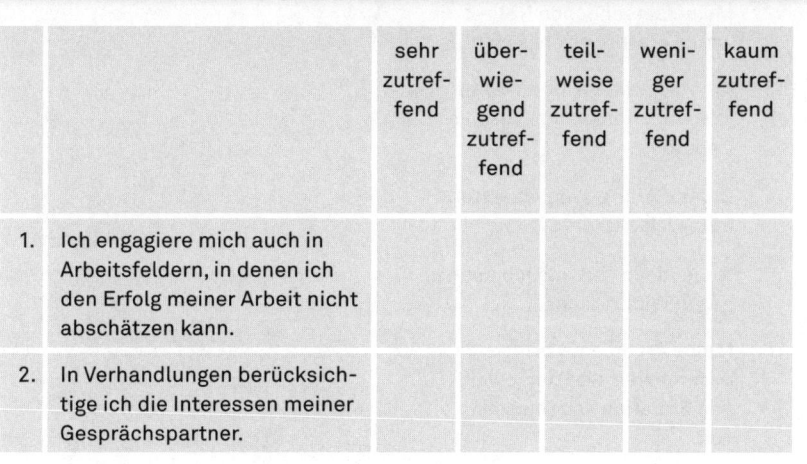

Übung: Persönlichkeitstest F–V–L

		sehr zutreffend	überwiegend zutreffend	teilweise zutreffend	weniger zutreffend	kaum zutreffend
1.	Ich engagiere mich auch in Arbeitsfeldern, in denen ich den Erfolg meiner Arbeit nicht abschätzen kann.					
2.	In Verhandlungen berücksichtige ich die Interessen meiner Gesprächspartner.					

		sehr zutref-fend	über-wie-gend zutref-fend	teil-weise zutref-fend	weni-ger zutref-fend	kaum zutref-fend
3.	Wenn es Widerstände gibt, gebe ich nicht auf, sondern unternehme weitere Anläufe.					
4.	Kunden erhalten von mir auch ohne Aufforderung gewinn-bringende Informationen.					
5.	Ich biete von mir aus meinen Mitarbeitern Hilfestellung an.					
6.	Ich teile mein fachliches Know-how mit Kollegen und Mitarbeitern.					
7.	Körpersprache ist ein wichti-ger Faktor, um andere zu beeinflussen.					
8.	Ich arbeite immer mit voller Kraft.					
9.	Mit der Vertriebsstruktur meines Unternehmens bin ich vertraut.					
10.	Es gelingt mir, Gehör bei Vor-gesetzten zu finden.					
11.	Konflikte spreche ich offen an.					
12.	Meine persönlichen Netz-werke erweitere ich laufend.					
13.	Als Vorgesetzter übernehme ich eine umfassende Vorbild-funktion.					
14.	Cross-Selling-Möglichkeiten nutze ich aktiv.					
15.	Neue Ideen vertrete ich auch gegen Widerstände.					
16.	Meine Argumente bringe ich differenziert und der jeweili-gen Situation angemessen vor.					

		sehr zutreffend	überwiegend zutreffend	teilweise zutreffend	weniger zutreffend	kaum zutreffend
17.	Auf Kundenanforderungen kann ich flexibel reagieren.					
18.	Ich respektiere die Meinungen anderer und berücksichtige diese.					
19.	Neue Informationen haben mich schon öfter dazu veranlasst, meine Meinung zu ändern.					
20.	Ich mache keinen Hehl daraus, dass ich überdurchschnittliche Ergebnisse erreichen möchte.					
21.	Ich habe eine Vision für die weitere Entwicklung meines Arbeitsbereiches.					
22.	Ein authentischer und ehrlicher Auftritt ist für mich wichtig.					
23.	Bei meiner Arbeit setze ich stets die richtigen Prioritäten.					
24.	Feedback wird von mir aktiv eingefordert.					
25.	Ich halte Kontakt zu Top-Entscheidern beim Kunden.					
26.	Um Ziele zu erreichen, greife ich auch zu indirekter Beeinflussung über andere.					
27.	Ich scheue mich nicht vor unkonventionellen Maßnahmen.					
28.	Probleme müssen so schnell wie möglich geklärt werden.					
29.	Bei der Weitergabe von Arbeitsaufträgen informiere ich detailliert und umfassend.					

		sehr zutref-fend	über-wie-gend zutref-fend	teil-weise zutref-fend	weni-ger zutref-fend	kaum zutref-fend
30.	Interessenskonflikte löse ich im Unternehmenssinn.					
31.	Klare Qualitätsstandards sind für mich unverzichtbar.					
32.	Auch in schwierigen Verhand-lungssituationen fühle ich mich wohl.					
33.	In Gesprächen nutze ich ne-ben Sachargumenten auch andere Überzeugungs-methoden.					
34.	Meine Erwartungen an Mitar-beiter formuliere ich klar und eindeutig.					
35.	Es gelingt mir, auch zu schwierigen Kunden eine persönliche Beziehung aufzu-bauen.					
36.	Ich ermutige andere zum offenen Meinungsaustausch.					
37.	Ich gelte als begeisterungs-fähig.					
38.	Ich kenne mich im Unterneh-men über meinen eigenen Arbeitsbereich hinaus aus.					
39.	Zusätzliche Aufgaben zu übernehmen, sehe ich als eine persönliche Chance.					
40.	Die Stärken und Schwächen von Mitbewerbern arbeite ich aktiv heraus.					
41.	Ich verfüge über Akquisitions-stärke.					
42.	Als Führungskraft puffere ich den Druck ab, der auf Mitar-beitern lastet.					

		sehr zutref- fend	über- wie- gend zutref- fend	teil- weise zutref- fend	weni- ger zutref- fend	kaum zutref- fend
43.	Vertriebskonzepte entwickle ich sorgfältig und praxisnah.					
44.	Ich stelle mich gerne dem Wettbewerb.					
45.	Die Kompetenzen meiner Mitarbeiter habe ich stets vor Augen.					
46.	Es ist mir ein Bedürfnis, die vom Kunden gestellten Er- wartungen zu übertreffen.					
47.	Differierende Standpunkte sind für mich eher ein Gewinn als ein Risiko.					
48.	Es ist mir wichtig, Arbeitspro- zesse zu optimieren.					
49.	Ich vertraue auf meine Fähig- keiten und gehe Herausforde- rungen direkt an.					
50.	Ich kümmere mich um die Balance zwischen dem Pri- vatleben und dem beruflichen Engagement meiner Mitarbei- ter.					
51.	Langfristige Geschäftsbezie- hungen sind mir wichtiger als schnell zu erzielende Ge- winne.					
52.	Ich kenne meine Wirkung auf andere und bin mir meiner Stärken und Schwächen be- wusst.					
53.	Ich weiß oft eher, was der Kunde benötigt, als er selbst.					
54.	Meine Abschlussrate ist mir wichtig.					

		sehr zutref- fend	über- wie- gend zutref- fend	teil- weise zutref- fend	weni- ger zutref- fend	kaum zutref- fend
55.	Es gelingt mir, Vertrauen zu wecken.					
56.	Arbeitsergebnisse kontrol- liere ich zeitnah.					
57.	Im Zweifel entscheide ich mich gegen meine Interessen, um eine Sache voranzubrin- gen.					
58.	Bei Meinungsverschiedenhei- ten nutze ich meinen Status im Unternehmen.					
59.	Ich pflege auch Kundenkon- takte, die nicht für einen Geschäftsabschluss wichtig sind.					
60.	Ich nutze meine persönliche Ausstrahlung, um berufliche Ziele zu erreichen.					
61.	Ich scheue mich nicht davor, bei Konflikten externe Spe- zialisten einzuschalten.					
62.	Bei Verhandlungen gelingt es mir, zufriedenstellende Lö- sungen zu finden.					
63.	Bei gesellschaftlichen Anläs- sen trete ich sicher und sou- verän auf.					
64.	Die hohe Auslastung von Mitarbeiterkapazitäten ist für mich wichtig.					
65.	Die Stimmung am Arbeits- platz beeinflusst meine Leistungsfähigkeit nicht.					
66.	Präsentationstechniken setze ich souverän und aufgaben- spezifisch ein.					

		sehr zutreffend	überwiegend zutreffend	teilweise zutreffend	weniger zutreffend	kaum zutreffend
67.	Über aktuelle Marktentwicklungen halte ich mich auf dem Laufenden.					
68.	Ich führe regelmäßig Teammeetings durch.					
69.	In Auseinandersetzungen verhalte ich mich taktvoll und höflich.					
70.	Ich übernehme Herausforderungen auch dann, wenn sie mit persönlichen Risiken verbunden sind.					

Auswertung des Persönlichkeitstests Führung – Vertrieb – Leistung

Wie Sie vielleicht schon beim Ausfüllen festgestellt haben, zielen einzelne Aussagen auf bestimmte Merkmale ab. Es geht um diese sieben Dimensionen:

→ **Kommunikationsverhalten,**
→ **Konfliktfähigkeit,**
→ **Kundenorientierung,**
→ **Führungskompetenz,**
→ **Vertriebsausrichtung,**
→ **unternehmerisches Denken,**
→ **Ergebnisorientierung.**

Die einzelnen Fragen sind den verschiedenen Dimensionen folgendermaßen zugeordnet:

→ **Kommunikationsverhalten:** 2, 7, 16, 22, 26, 27, 33, 37, 52, 66
→ **Konfliktfähigkeit:** 3, 11, 18, 19, 28, 36, 47, 58, 61, 69
→ **Kundenorientierung:** 4, 17, 35, 44, 46, 51, 53, 59, 62, 67

→ Führungskompetenz: 5, 13, 24, 29, 34, 42, 45, 50, 56, 68
→ Vertriebsausrichtung: 9, 14, 25, 32, 40, 41, 43, 54, 55, 63
→ unternehmerisches Denken: 6, 10, 12, 21, 30, 38, 48, 57, 64, 70
→ Ergebnisorientierung: 1, 8, 15, 20, 23, 31, 39, 49, 60, 65

Ermitteln Sie nun Ihr individuelles Ergebnis, indem Sie Punkte für Ihre Einschätzungen vergeben. Für »sehr zutreffend« gibt es fünf Punkte, für »überwiegend zutreffend« vier Punkte, für »teilweise zutreffend« drei Punkte, für »weniger zutreffend« zwei Punkte und für »kaum zutreffend« einen Punkt.

Im zweiten Schritt der Auswertung addieren Sie die Punkte innerhalb der einzelnen Dimensionen. Beispiel: Um Ihr Kommunikationsverhalten zu bewerten, müssen Sie die Ergebnisse aus den Fragen 2, 7, 16, 22, 26, 27, 33, 37, 52 und 66 addieren. Da Sie für jede Frage einen bis fünf Punkte erhalten, können Sie für diese Dimension maximal 50 Punkte und minimal 10 Punkte erzielen.

Ihr Kommunikationsverhalten:

2	7	16	22	26	27	33	37	52	66	Ergebnis

Ihre Konfliktfähigkeit:

3	11	18	19	28	36	47	58	61	69	Ergebnis

Ihre Kundenorientierung:

4	17	35	44	46	51	53	59	62	67	Ergebnis

Ihre Führungskompetenz:

5	13	24	29	34	42	45	50	56	68	Ergebnis

Ihre Vertriebsausrichtung:

9	14	25	32	40	41	43	54	55	63	Ergebnis

Ihr unternehmerisches Denken:

6	10	12	21	30	38	48	57	64	70	Ergebnis

Ihre Ergebnisorientierung:

1	8	15	20	23	31	39	49	60	65	Ergebnis

Übertragen Sie nun Ihre Einzelergebnisse in die folgende Tabelle. Machen Sie für jede der sieben Dimensionen ein Kreuz in der Spalte, in der sich Ihr jeweiliger Punktwert befindet. Wenn Sie dann die sieben Kreuze miteinander verbinden, erhalten Sie ein Persönlichkeitsprofil, wie es sich auch beim Persönlichkeitstest im AC aus Ihren Antworten ergeben würde.

Ihr Gesamtergebnis

	50–43	42–35	34–26	25–18	17–10	
kommunika-tionsstark						unkommuni-kativ
konflikt-orientiert						harmonie-orientiert
kunden-bezogen						kunden-abgewandt
führungs-stark						führungs-schwach
Vertriebs-talent						vertriebs-schwach
Unternehmer						Weisungs-empfänger
Macher						passiv ausgerichtet

Damit Sie Ihr Ergebnis besser einschätzen können, zeigen wir Ihnen nun als Beispiel zwei Profile: zum einen das einer Führungskraft und zum anderen das eines Vertriebsmitarbeiters.

Profil einer Führungskraft

	50–43	42–35	34–26	25–18	17–10	
kommunika-tionsstark	x					unkommuni-kativ
konflikt-orientiert		x				harmonie-orientiert
kunden-bezogen		x				kunden-abgewandt
führungs-stark	x					führungs-schwach
Vertriebs-talent			x			vertriebs-schwach
Unternehmer	x					Weisungs-empfänger
Macher		x				passiv ausgerichtet

Profil eines Vertriebsmitarbeiters

	50–43	42–35	34–26	25–18	17–10	
kommunika-tionsstark		x				unkommuni-kativ
konflikt-orientiert			x			harmonie-orientiert
kunden-bezogen	x					kunden-abgewandt
führungs-stark			x			führungs-schwach
Vertriebs-talent	x					vertriebs-schwach
Unternehmer			x			Weisungs-empfänger
Macher		x				passiv ausgerichtet

Sie sehen, dass die Beispielprofile nur Näherungswerte geben können. Je nach Einsatzbereich, Branche und Unternehmensphilosophie sind die Anforderungen unterschiedlich gewichtet. Wichtig ist, beim Persönlichkeitstest zu zeigen, dass Sie wissen, worauf es in der neuen Position ankommt. Zeichnen Sie ein positives Bild Ihrer Persönlichkeit und bewerten Sie sich besonders bei den Dimensionen positiv, die für die ausgeschriebene Stelle wichtig sind.

Was ist wichtig für den neuen Job?

56. Konzentrations- und Leistungstest

Wir werden Sie jetzt mit Konzentrations- und Leistungstests vertraut machen. Zunächst wartet ein Klassiker auf Sie: der sogenannte d-b-p-q-Test. Danach folgt ein weiterer beliebter Test, bei dem mit Wörtern gerechnet werden muss.

d-b-p-q-Test

Verschärfte
Versionen

Bei unserem ersten Test besteht Ihre Aufgabe darin, alle Buchstaben »d« und »p« durchzustreichen. Sie haben dafür 2 Minuten Zeit. Die Lösung für diesen Konzentrationstest finden Sie am Ende dieses Kapitels.

In der Testpraxis sind Konzentrationstests natürlich wesentlich länger. Wenn Sie eine umfangreichere Version durcharbeiten möchten, kopieren Sie einfach die folgende Seite fünfmal und setzen sich dann ein Zeitlimit von 10 Minuten für die Bearbeitung. Falls Sie eine weitere Verschärfung ausprobieren möchten, sollten Sie nicht nur die Buchstaben »d« und »p« durchstreichen, sondern zusätzlich notieren, wie oft Sie jeweils das »d« und das »p« im gesamten Test gefunden haben.

d-b-p-q-Test

```
q q b q q b p b q p b b q d q p d d b p q d p q b p d b p d p d q b p q d b p q p b d q b
p d q b d q b p d b d q p b q p d b p b q d d b q p b q d q p b d q d d p b q d b p b q p
b b q d q p d d b p q d p q b p d b p d p d q b p q d b p q p b d q b p d d p q b b d p q
q b d p q b b d p q d b p d d p q b b d p q q q b p p d q q q b p p d q q q b p p d q b p
d b d p q b b d p q q b q q b p b q p d p d q b d q b p d d p q b b d p q q q b p d p q b
p d p d q b b p q d b p d b p p b p b d b d q p b b p q p b d q b d p q b d q p b q d b d
p q b p q q q b p d b q d p p b d b q b q d p q d b p q d p b q d b d q p b d d b q d p p
d q p q b d b q d p b p q q b p d q d p p b q b p d q b q p q d p b q b p d d q p b q d b
p q d q q d p d b q b d p p q d b q d b q d q q p b q b q d p p q d q b b d p q b d b d q
b q p d d p p q d d b p p q b p p q b p d p b d q p b q d b q p d q b d q b q d p b d d q
q b d q b p d b d q p b q p d b p b q d d p p q d b q d b q b d b q d p b p d q p b d q d
d q b p q d b p q p b d q b p d b d q p b q d b q p d q b d q b q d p b d d p p q d b q d
b p p q b p p q b p d p b d q p b q d b q p d q b d q b q d p b d d q q b d b q d p b p d
d b q d p b p q q b p d q d p p b q b p d q b q p q d p b q b p d d q p b q d b q b d b q
d d b p p q b p p q b p d p b b p q d b p q p b d q b p d b d q p b q d b q p d q p b d q
q b d b q d p b p b p p q b p p q b p d p b d q p b q d b q p d q b d q b q d p b d d q b
p q p b d q b p d d p q b b d p q q b d p q b b d p q d b p d d p q b b d p q q q b p p d
q d q p b d q q b p p q b p p q b p d p b d q p b q d b q p d q b d q b q d p b d d q b b
p d d p p q d d b p p q b p p q b d q b p q d b p q p b d q b p d p q d q q d p d b q b d
```

Rechnen mit Wörtern

Auch der folgende Test wird in dieser oder in ähnlicher Form gerne eingesetzt. Er besteht aus 100 Wörtern, die in Zweiergruppen zusammengefasst sind. Ihre Aufgabe ist es nun, die einzelnen Buchstaben durch Zahlenwerte zu ersetzen und zu addieren. Dann haben Sie für jedes Wort eine Summe errechnet. Ziehen Sie im nächsten Schritt die kleinere Zahl von der größeren ab.

Dies sind die Regeln für die Zuordnung von Zahlenwerten zu den einzelnen Buchstaben:

→ Konsonanten (b, c, d, f, g, usw.) entsprechen der Ziffer Eins
→ Vokale (a, e, i, o, u) entsprechen der Ziffer Zwei
→ Umlaute (ä, ö, ü) entsprechen der Ziffer Drei
→ Trenn- und Bindestriche entsprechen der Ziffer Null

Hier ein Beispiel für die Umrechnung anhand des Wortpaares »Umsatz« und »SAP«:

Umsatz: U (2) + m (1) + s (1) + a (2) + t (1) + z (1) = 8;
               2+1+1+2+1+1= 8
SAP: S (1)+ A (2) +P (1) = 4;
               1+2+1= 4
               8−4= 4

Ergebnis: 4

Das obige Beispiel soll nur die Vorgehensweise erläutern helfen. Sie müssen im folgenden Test alle Rechenschritte im Kopf durchführen. Die einzige Zahl, die Sie notieren dürfen, ist das Endergebnis.

Damit Ihnen die Vorgehensweise klar wird, haben wir das erste Wortpaar »Change« und »Definition« aus dem Test auf der folgenden Seite noch einmal exemplarisch durchgerechnet. Sie dürfen die Zwischenschritte aber nicht aufschreiben, sondern nur das Endergebnis. Demnach wird für das Wortpaar »Change« und »Definition« die Zahl Sieben in der äußersten rechten Spalte eingetragen.

Nun sind Sie an der Reihe: Für die Bearbeitung des Tests haben Sie 10 Minuten Zeit. (Achtung: Sie müssen die Rechenschritte in den beiden mittleren Spalten im Kopf durchführen!)

ÜBUNG

Rechnen mit Wörtern

Change Definition	1+1+2+1+1+2=8 1+2+1+2+1+2+1+2+2+1=15	15−8=7	7
Strategy Planung			
Consulting Personal			
Transparenz Mitarbeiter			
Leader Kollege			
Informationen Lieferant			
Business extern			

Government intern			
Competence Joint			
Venture Interview			
Due Diligence			
Consumer operativ			
Kritik Practice			
Kundenbindung Software			
IT Beobachter			
Engineering Feedback			
Einführung System			
Marketing Kundenzufrie- denheit			
Controlling Relevanz			
University Kriterien			
Environment Wettbewerbs- druck			
Science Innovation			
Training Globalisierung			
Workshop Mergers			
Worldwide Idee			
Balanced Scorecard			

Consultants CFO			
Kosten E-Commerce			
Fee Reorganisation			
Integration Outsourcing			
Market Profit			
Pricing Optimierung			
Key Competencies			
Corporate Leadership			
Identity Balance			
Shareholder Investition			
CEO Value			
Management Partner			
Profil Junior			
Qualifikation Konsolidierung			
Portfolio Chain			
Exits Workflow			
Mentor Client			
Event Kommunikation			
Senior Channel			

Implementie-rung MBA			
Evaluierung Pläne			
Transformation Services			
Steigerung Projekt			
Budget Research			

Lösungen zu den Konzentrations- und Leistungstests

Lösung: d-b-p-q-Test

q q b q q b p b q p b b q d q p d d b p q d p q b p d b p d p d q b p q d b p q p b d q b

p d q b d q b p d b d q p b q p d b p b q d d b q p b q d q p b d q d d p b q d b p b q p

b b q d q p d d b p q d p q b p d b p d p d q b p q d b p q p b d q b p d d p q b b d p q

q b d p q b b d p q d b p d d p q b b d p q q q b p p d q q q b p p d q q q b p p d q b p

d b d p q b b d p q q b q q b p b q p d p d q b d q b p d d p q b b d p q q q b p d p q b

p d p d q b b p q d b p d b p p b p b d b d q p b b p q p b d q b d p q b d q p b q d b d

p q b p q q q b p d b q d p p b d b q b q d p q d b p q d p b q d b d q p b d d b q d p p

d q p q b d b q d p b p q q b p d q d p p b q b p d q b q p q d p b q b p d d q p b q d b

p q d q q d p d b q b d p p q d b q d b q d q q p b q b q d p p q d q b b d p q b d b d q

b q p d d p p q d d b p p q b p p q b p d p b d q p b q d b q p d q b d q b q d p b d d q

q b d q b p d b d q p b q p d b p b q d d p p q d b q d b q b d b q d p b p d q p b d q d

d q b p q d b p q p b d q b p d b d q p b q d b q p d q b d q b q d p b d d p p q d b q d

b p p q b p p q b p d p b d q p b q d b q p d q b d q b q d p b d d q q b d b q d p b p d

d b q d p b p q q b p d q d p p b q b p d q b q p q d p b q b p d d q p b q d b q b d b q

d d b p p q b p p q b p d p b b p q d b p q p b d q b p d b d q p b q d b q p d q p b d q

q b d b q d p b p b p p q b p p q b p d p b d q p b q d b q p d q b d q b q d p b d d q b

p q p b d q b p d d p q b b d p q q b d p q b b d p q d b p d d p q b b d p q q q b p p d

q d q p b d q q b p p q b p p q b p d p b d q p b q d b q p d q b d q b q d p b d d q b b

p d d p p q d d b p p q b p p q b d q b p q d b p q p b d q b p d p q d q q d p d b q b d

Hier noch ein Bearbeitungstipp für die verschärfte Version: Wenn Sie die Gesamtanzahl der Buchstaben »d« und »p« notieren wollen, sollten Sie während der Bearbeitung neben jeder Zeile die Anzahl der durchgestrichenen Buchstaben vermerken. Ganz zum Schluss addieren Sie dann die Zwischenergebnisse.

Lösung: Rechnen mit Wörtern

Change Definition	1+1+2+1+1+2=8 1+2+1+2+1+2+1+2+2+1=15	15−8=7
Strategy Planung	1+1+1+2+1+2+1+1=10 1+1+2+1+2+1+1=9	10−9=1
Consulting Personal	1+2+1+1+2+1+1+2+1+1=13 1+2+1+1+2+1+2+1=11	13−11=2
Transparenz Mitarbeiter	1+1+2+1+1+1+2+1+2+1+1=14 1+2+1+2+1+1+2+2+1+2+1=16	16−14=2
Leader Kollege	1+2+2+1+2+1=9 1+2+1+1+2+1+2=10	10−9=1
Informationen Lieferant	2+1+1+2+1+1+2+1+2+2+1+2+1=19 1+2+2+1+2+1+2+1+1=13	19−13=6
Business extern	1+2+1+2+1+2+1+1=11 2+1+1+2+1+1=8	11−8=3
Government intern	1+2+1+2+1+1+1+2+1+1=13 2+1+1+2+1+1=8	13−8=5
Competence Joint	1+2+1+1+2+1+2+1+1+2=14 1+2+2+1+1=7	14−7=7
Venture Interview	1+2+1+1+2+1+2=10 2+1+1+2+1+1+2+2+1=13	13−10=3
Due Diligence	1+2+2=5 1+2+1+2+1+2+1+1+2=13	13−5=8
Consumer operativ	1+2+1+1+2+1+2+1=11 2+1+2+1+2+1+2+1=12	12−11=1
Kritik Practice	1+1+2+1+2+1=8 1+1+2+1+1+2+1+2=11	11−8=3
Kundenbindung Software	1+2+1+1+2+1+1+2+1+1+2+1+1=17 1+2+1+1+1+2+1+2=11	17−11=6
IT Beobachter	2+1=3 1+2+2+1+2+1+1+1+2+1=14	14−3=1
Engineering Feedback	2+1+1+2+1+2+2+1+2+1+1=16 1+2+2+1+1+2+1+1=11	16−11=5

Einführung System	2+2+1+1+3+1+1+2+1+1=15 1+1+1+1+2+1=7	15−7=8
Marketing Kundenzufriedenheit	1+2+1+1+2+1+2+1+1=12 1+2+1+1+2+1+1+2+1+1+2+2+1+2+1+1+2+2+1=27	27−12=15
Controlling Relevanz	1+2+1+1+1+2+1+1+2+1+1=14 1+2+1+2+1+2+1+1=11	14−11=3
University Kriterien	2+1+2+1+2+1+1+2+1+1=14 1+1+2+1+2+1+2+2+1=13	14−13=1
Environment Wettbewerbsdruck	2+1+1+2+1+2+1+1+2+1+1=15 1+2+1+1+1+2+1+2+1+1+1+1+1+2+1+1=20	20−15=5
Science Innovation	1+1+2+2+1+1+2=10 2+1+1+2+1+2+1+2+2+1=15	15−10=5
Training Globalisierung	1+1+2+2+1+2+1+1=11 1+1+2+1+2+1+2+1+2+2+1+2+1+1=20	20−11=9
Workshop Mergers	1+2+1+1+1+1+2+1=10 1+2+1+1+2+1+1=9	10−9=1
Worldwide Idee	1+2+1+1+1+1+2+1+2=12 2+1+2+2=7	12−7=5
Balanced Scorecard	1+2+1+2+1+1+2+1=11 1+1+2+1+2+1+2+1+1=12	12−11=1
Consultants CFO	1+2+1+1+2+1+1+2+1+1+1=14 1+1+2=4	14−4=10
Kosten E−Commerce	1+2+1+1+2+1=8 2+1+2+1+1+2+1+1+2=13	13−8=5
Fee Reorganisation	1+2+2=5 1+2+2+1+1+2+1+2+1+2+1+2+2+1=21	21−5=16
Integration Outsourcing	2+1+1+2+1+1+2+1+2+2+1=16 2+2+1+1+2+2+1+1+2+1+1=16	16−16=0
Market Profit	1+2+1+1+2+1=8 1+1+2+1+2+1=8	8−8=0
Pricing Optimierung	1+1+2+1+2+1+1=9 2+1+1+2+1+2+2+1+2+1+1=16	16−9=7
Key Competencies	1+2+1=4 1+2+1+1+2+1+2+1+1+2+2+1=17	17−4=13
Corporate Leadership	1+2+1+1+2+1+2+1+2=13 1+2+2+1+2+1+1+1+2+1=14	14−13=1
Identity Balance	2+1+2+1+1+2+1+1=11 1+2+1+2+1+1+2=10	11−10=1

Shareholder Investition	1+1+2+1+2+1+2+1+1+2+1=15 2+1+1+2+1+1+2+1+2+2+1=16	16−15=1
CEO Value	1+2+2=5 1+2+1+2+2=8	8−5=3
Management Partner	1+2+1+2+1+2+1+2+1+1=14 1+2+1+1+1+2+1=9	14−9=5
Profil Junior	1+1+2+1+2+1=8 1+2+1+2+2+1=9	9−8=1
Qualifikation Konsolidierung	1+2+2+1+2+1+2+1+2+1+2+2+1=20 1+2+1+1+2+1+2+1+2+2+1+2+1+1=20	20−20=0
Portfolio Chain	1+2+1+1+1+2+1+2+2=13 1+1+2+2+1=7	13−7=6
Exits Workflow	2+1+2+1+1=7 1+2+1+1+1+1+2+1=10	10−7=3
Mentor Client	1+2+1+1+2+1=8 1+1+2+2+1+1=8	8−8=0
Event Kommunikation	2+1+2+1+1=7 1+2+1+1+2+1+2+1+2+1+2+2+1=19	19−7=12
Senior Channel	1+2+1+2+2+1=9 1+1+2+1+1+2+1=9	9−9=0
Implementie-rung MBA	2+1+1+1+2+1+2+1+1+2+2+1+2+1+1=21 1+1+2=4	21−4=17
Evaluierung Pläne	2+1+2+1+2+2+2+1+2+1+1=17 1+1+3+1+2=8	17−8=9
Transformation Services	1+1+2+1+1+1+2+1+1+2+1+2+2+1=19 1+2+1+1+2+1+2+1=11	19−11=8
Steigerung Projekt	1+1+2+2+1+2+1+2+1+1=14 1+1+2+1+2+1+1=9	14−9=5
Budget Research	1+2+1+1+2+1=8 1+2+1+2+2+1+1+1=11	11−8=3

15

Sie entscheiden: Mit Bauchgefühl und Fakten-Check

57. Zwischenbilanz: Was spricht für und was gegen die neue Stelle?

Unabhängig davon, ob Sie nach dem ersten Vorstellungsgespräch von der Firma eine Einladung für die nächste Gesprächsrunde oder einen anderen Auswahlschritt bekommen, sollten Sie eine erste Zwischenbilanz ziehen: Was spricht für die neue Stelle? Was dagegen? Wo zeichnen sich Entwicklungschancen und Gestaltungsspielräume ab? Und was erschien Ihnen im persönlichen Gespräch doch ganz anders als in der Stellenausschreibung beschrieben?

Werten Sie Vorstellungsgespräche systematisch aus

Bei den von uns betreuten Führungskräften ist es nach erfolgreich verlaufenen Vorstellungsgesprächen oft so, dass sich zunächst eine gewisse Euphorie einstellt. Schließlich hat man die Selbstpräsentation seiner beruflichen Stärken souverän und plausibel hinbekommen, ist mit den anspruchsvollen Fragen gut zurechtgekommen und hat verdeutlicht, dass man die mit der neuen Stelle verbundenen Entscheidungsmöglichkeiten verantwortungsvoll und im Sinne des Unternehmens nutzen wird. Ist dann auch noch zwischen den Gesprächspartnern auf der Firmenseite und dem Bewerber beziehungsweise der Bewerberin der berühmte Funke übergesprungen, möchte man am liebsten sofort loslegen.

Ganz anders stellt sich die Situation dann einen Tag später dar: Plötzlich erscheint die Welt um einen herum nicht mehr so bunt und hoffnungsfroh wie noch vor kurzem. Vom Horizont her breiten sich die dunklen Wolken der Skepsis immer mehr aus. Auf einmal werden Schwierigkeiten, Probleme und Krisen im alten Arbeitsumfeld nicht mehr für so bedeutend erachtet wie vorher. Stattdessen werden die Karrierechancen und Erfolgsmöglichkeiten, die der neue Arbeitsplatz eigentlich mit sich bringen sollte, deutlich kritischer gesehen. Wird man mit dem neuen Fachvorgesetzten überhaupt klarkommen? Steht die Firma wirtschaftlich tatsächlich so gut da, wie sie behauptet? Und was passiert, wenn es in der Probezeit zum großen Knall kommt?

Nach der ersten Euphorie

Vormals als nebensächlich eingestufte Fakten wie eine künftige Verlängerung der täglichen Fahrtzeit zum Arbeitsplatz von 30 auf 60 Minuten oder die mit dem Stellenwechsel verbundene Verkleinerung des Büroraums von 20 auf 15 Quadratmeter spielen sich als Ablehnungsgrund in den Vordergrund. So ist der Bewerber hin- und hergerissen zwischen dem dringenden Wunsch nach Veränderung und den damit immer auch einhergehenden Beharrungskräften, alles doch einfach beim Alten zu lassen.

Gründlich auswerten Um wieder mehr Ruhe in Ihre Gedanken zu bringen, empfehlen wir Ihnen eine systematische Auswertung von Vorstellungsgesprächen. Grundsätzlich stimmen wir Ihnen zu, wenn Sie bereits eine vorläufige Entscheidung »aus dem Bauch heraus« getroffen haben. Intuition, die bei Führungskräften ja auch auf Berufs- und Lebenserfahrung beruht, ist eine wichtige Entscheidungshilfe. Dabei sollten Sie es aber nicht belassen. Unterfüttern Sie Ihre intuitive Entscheidung mit einer sauberen Analyse und arbeiten Sie die Fakten, die für Ihre Entscheidung Vorrang haben, deutlich heraus.

Zu diesem Zweck sollten Sie das letzte Gespräch in Gedanken noch einmal vom Anfang bis zum Ende durchgehen. Was hat Sie überzeugt? Was begeistert? Mit welchen Kompromissen können Sie leben? Wo wird es Schwierigkeiten geben? Und zu welchen Aspekten benötigen Sie noch weitere Informationen? Die folgenden Fragen helfen Ihnen dabei, eine gründliche Zwischenbilanz zu ziehen.

ÜBERSICHT

Wichtige Fakten im Entscheidungsprozess

→ Welchen Ruf hat das Unternehmen in der Branche?

→ Ist die Stimmung in der Firma konstruktiv?

→ Wirkten meine Gesprächspartner glaubwürdig?

→ An welchen Stellen wurden sie eher einsilbig?

→ Waren mir meine Gesprächspartner sympathisch?

→ Welchen fachlichen Hintergrund hat mein künftiger Vorgesetzter?

→ Seit wann ist mein künftiger Vorgesetzter im Unternehmen?

→ Welchen ersten Eindruck hat mein künftiger Vorgesetzter auf mich gemacht?

→ Wirkt er insgesamt eher dynamisch und engagiert oder womöglich ausgebrannt und kraftlos?

→ Ist unter meinen künftigen Mitarbeitern jemand, der selbst die Führungsposition einnehmen wollte?

→ Sind die Handlungsspielräume tatsächlich so groß, wie ich sie mir wünsche?

→ An wen werde ich berichten (Vorstand/Geschäftsführung)?

→ Bekomme ich Prokura?

→ Sind mit der neuen Stelle einschneidende Veränderungswünsche verbunden (deutliches Wachstum/überdurchschnittliche Qualitätssteigerung/umfassende Neustrukturierung), die ich einleiten und umsetzen soll?

→ Gibt es regelmäßige Belastungs- und Terminspitzen in der neuen Stelle?

→ Zeichnen sich weitere Entwicklungsmöglichkeiten in der Firma ab?

→ Ist mein Arbeitsplatz/Büro ansprechend ausgestattet?

→ Wenn ich umziehen muss: Wie leicht wird meine Lebenspartnerin/ mein Lebenspartner eine neue Stelle in der Region finden?

→ Wie sicher erscheint der neue Arbeitsplatz?

→ Wird der Aufstieg finanziell entsprechend honoriert?

58. Risiken minimieren, Chancen ergreifen

Wenn Sie mehrere Vorstellungsrunden bei einem Unternehmen erfolgreich hinter sich gebracht haben, wird man Ihnen einen neuen Arbeitsvertrag anbieten. Dann ist es an Ihnen, noch einmal gründlich abzuwägen, ob Sie dieses Angebot auch wahrnehmen möchten. Es gilt, sich erneut die Chancen vor Augen zu führen, die mit den neuen Arbeitsaufgaben verbunden sind, aber ebenso die damit verbundenen Risiken einzuschätzen.

Wer führt, trifft Entscheidungen

Einen perfekten Arbeitsplatz gibt es nur in den seltensten Fällen. Dennoch lohnt sich die systematische Analyse zur Frage, inwiefern Ihr neuer Arbeitsplatz von Ihrem Wunschbild abweicht. In den Kapiteln 34 (»Welche Informationen erfragen Sie?«) und 57 (»Zwischenbilanz: Was spricht für und was gegen die neue Stelle?«) haben wir Ihnen bereits mehrere Fragenkataloge vorgestellt, die Sie nun erneut für Ihre endgültige Entscheidung heranziehen können.

Dabei geht es im Wesentlichen:

Was wollen Sie?

→ **um die reinen Arbeitsaufgaben,**
→ **um die Gestaltungs- und Veränderungsmöglichkeiten,**
→ **um die Passung zwischen dem Unternehmen und Ihnen,**
→ **um zwischenmenschliche Aspekte, wie das Verhältnis zu den neuen Vorgesetzten, Kollegen oder Mitarbeitern,**
→ **um organisatorische Aspekte, wie die Einbindung der neuen Position in die Firmenhierarchie,**
→ **um Ihre weiteren Entwicklungsmöglichkeiten,**
→ **um eventuelle Auswirkungen auf Lebenspartner/Lebenspartnerin oder die Familie**
→ **und auch um finanzielle Aspekte.**

Bringen Sie Ihre Wünsche an den neuen Arbeitsplatz in eine individuelle Rangfolge. Gewichten Sie die Faktoren, die Sie für elementar halten, stärker. Arbeiten Sie heraus, wo Sie Chancen sehen. Und überlegen Sie sich auch, mit welchen Risiken Sie bei einer Vertragsunterzeichnung einfach leben müssen.

Wie Sie sich entscheiden werden, hängt weiter davon ab, ob Sie momentan freigestellt sind, also beruflich eigentlich in der Luft hängen, ob Sie sich ungekündigt aus einer sicheren Position heraus bewerben oder ob Sie mithilfe des Angebots eines Headhunters einen großen Karriereschritt nach oben gehen wollen.

Wie ist Ihre Ausgangslage?

In unserer Beratungspraxis stellen wir häufig fest, dass die ersten Weichenstellungen für einen erfolgreichen Neustart bereits beim Abgleich der letzten Vorstellungen über den zu unterzeichnenden Arbeitsvertrag vorgenommen werden. Behalten Sie Ihre souveräne und geradlinige Verhandlungslinie daher bis zum Ende bei. Es gibt manchmal Firmen, die erst an dieser Stelle ihr wahres Gesicht zeigen. Beispielsweise, weil sie mündlich großartige Zusagen gemacht haben, von denen dann im Vertrag nicht mehr viel zu finden ist. Und es gibt ab und an Unternehmen, die in letzter Sekunde noch anfangen, den zugesagten Gehaltsrahmen zu drücken, oder sich plötzlich sehr bedeckt halten, wenn es darum geht, die Kriterien näher zu definieren, die über die Höhe von vereinbarten Erfolgsprämien entscheiden.

Daher sollten Sie Ihre Wechselabsichten beim momentanen Arbeitgeber auf keinen Fall zu früh kommunizieren. Denn aus einer Position der Schwäche heraus lässt sich erfahrungsgemäß schwer verhandeln.

Nicht zu früh kündigen

Wenn Sie spüren, dass Sie sich auch nach mehreren Gesprächen nicht zu einer positiven Entscheidung durchringen können, sollten Sie vor einer endgültigen Absage noch einmal mögliche Alternativen prüfen. Benötigen Sie zu bestimmten Punkten noch weitergehende Informationen? Möchten Sie Ihren ersten negativen Eindruck von einem scheinbar schwierigen neuen Vorgesetzten noch einmal überprüfen? Oder haben Sie einen wichtigen Entscheidungsträger im Unternehmen noch gar nicht kennen gelernt? Dann vereinbaren Sie doch einfach noch ein weiteres Treffen. Wenn die Firma Ihre Qualitäten erkannt hat und zu würdigen weiß, wird sie auf diesen Wunsch sicherlich zustimmend reagieren.

Bringt Sie auch die Nacharbeit in Sachen Vorstellungsgespräch nicht weiter, sollten Sie dem Unternehmen Ihre Absage diplomatisch mitteilen. Statt sich abzeichnende zwischenmenschliche Animositäten zu thematisieren, ist es günstiger, darauf zu verweisen, dass man sich die Gewichtung der Aufgabenbereiche doch anders vorgestellt hatte. So kann jede Seite ihr Gesicht wahren. Schließlich ist die Welt der Führungskräfte doch sehr eng. Und in vielen Branchen sieht man sich auf jeden Fall mehr als einmal im Leben.

Wenn's nicht passt: diplomatisch absagen

Sind Sie in Ihrem Entscheidungsprozess dagegen so weit, dass Sie zusagen werden, sollten Sie Nägel mit Köpfen machen. Klären Sie, wer den Vertrag bis wann unterzeichnen wird, damit die getroffene und schriftlich fixierte Entscheidung wieder emotionale Stabilität in Ihr Berufs- und Privatleben bringt.

Nägel mit Köpfen machen

Und dann kommt endlich der Tag, an dem Sie wieder das machen können, was Sie als Führungskraft gerne machen: nämlich beruflich Verantwortung übernehmen, indem Sie für Ihre Mitarbeiter Arbeitsziele definieren und Arbeitsaufgaben strukturieren, über anstehende Veränderungen informieren, Arbeitsprozesse verbessern und das neue Unternehmen auf diese Weise voranbringen.

AUF EINEN BLICK

Risiken minimieren, Chancen ergreifen

→ Fragen sie sich: Möchten Sie sich der neuen Herausforderung stellen?

→ Machen Sie sich die Chancen, aber auch die Risiken, die der neue Job mit sich bringen kann, bewusst.

→ Überlegen Sie sich, was Ihnen für die Zukunft wichtig ist und berücksichtigen Sie diese Faktoren bei Ihrer Entscheidung.

→ Kommunizieren Sie Ihre Wechselabsichten bei Ihrem momentanen Arbeitgeber nicht zu früh.

→ Wenn Sie noch Fragen an Ihren neuen Arbeitgeber haben: Stellen Sie sie!

→ Falls Ihnen die neue Stelle nicht gefällt: Sagen Sie diplomatisch ab.

→ Falls Sie das Angebot annehmen: Bleiben Sie bis zur Vertragsunterzeichnung geradlinig und zielorientiert.

→ Der Auswahlprozess war lang und anstrengend: Gönnen Sie sich eine kleine Belohnung!

16

Arbeitszeugnisse für Führungskräfte

59. Arbeitszeugnisse

Arbeitszeugnisse sind für die berufliche Entwicklung von unschätzbarer Bedeutung. Doch die Formulierungen in diesen Zeugnissen haben ihre Tücken: Nicht alles, was gut klingt, ist auch so gemeint. Wir werden Ihnen daher nun erklären, wie Arbeitszeugnisse aufgebaut sind, worum es bei den sogenannten Geheimcodes im Arbeitszeugnis geht und Ihnen dann Positivbeispiele für gelungene Zeugnisse vorstellen.

Wenn Sie sich aus einer ungekündigten Berufstätigkeit heraus bewerben, müssen Sie nicht zwingend ein aktuelles Zwischenzeugnis beifügen. Aufseiten der umworbenen neuen Firma hat man üblicherweise Verständnis dafür, dass Sie Ihre Bewerbungsaktivitäten am momentanen Arbeitsplatz so lange wie möglich geheim halten möchten, um dort keine Unruhe aufkommen zu lassen. Es reicht in diesen Fällen aus, die aktuellen Aufgaben am Arbeitsplatz im Lebenslauf ausführlich darzustellen. Manchmal ist es aber so, dass Bewerber ihren Wechselwunsch ganz offen kommunizieren können, beispielsweise weil die Firma umstrukturiert wird oder weil der Wechselwunsch schon länger bekannt ist. Dann bietet es sich an, diese Gelegenheit zu nutzen und ein positives und aussagekräftiges Abschluss- oder Zwischenzeugnis einzufordern. Schließlich erhöht ein aktuelles Zeugnis die Aussagekraft der Bewerbungsunterlagen.

In den allermeisten Fällen verläuft die berufliche Entwicklung über einige Jahrzehnte. Das berufliche Fortkommen hängt dabei nicht unerheblich von Arbeitszeugnissen ab. Nach einem Praktikum, nach der Probezeit, während der ersten Berufsjahre, vor einer anstehenden Beförderung oder beim Verlassen eines Unternehmens – Zeugnisse spielen in diesen Situationen eine herausragende Rolle. Inhalt und Wortlaut dieser Dokumente können darüber entscheiden, ob die Person in ein neues Arbeitsverhältnis übernommen wird, ob die beruflichen Leistungen eine Beförderung rechtfertigen und auch, ob der Bewerber den neuen Arbeitgeber überzeugen kann. Je besser ein Bewerber mit seinen Zeugnissen deshalb dokumentieren kann, welche speziellen Erfahrungen er in seinen verschiedenen beruflichen Stationen gesammelt hat, desto interessanter wird er für neue Arbeitgeber. *Zeugnisse spielen eine große Rolle*

Arbeitszeugnisse stellen also eine Art Quittung für die geleistete Arbeit dar. Dabei gilt einerseits, dass die Aussagen im Zeugnis der *Oft ein Balanceakt*

Wahrheit entsprechen müssen und andererseits, dass Zeugnisse das weitere Fortkommen des Arbeitnehmers nicht unnötig erschweren dürfen. Schlechte Noten muss der Aussteller deshalb belegen können, und auch einmalige Ausrutscher des Arbeitnehmers dürfen im Zeugnis nicht dokumentiert werden. Das Arbeitszeugnis hat somit auch eine gewisse Schutzfunktion.

So sind Arbeitszeugnisse aufgebaut

Grundlegendes Muster

Zunächst möchten wir für Orientierung sorgen und Ihnen Struktur und Aufbau von Arbeitszeugnissen erläutern. Sowohl Arbeits- als auch Zwischenzeugnisse werden nach einem grundlegenden Muster erstellt, das verschiedene einzelne Elemente beinhaltet – und wenn Sie die kennen, wird es Ihnen deutlich leichter fallen, auch Ihre eigenen Zeugnisse besser zu verstehen und mit dem Arbeitgeber zu verhandeln.

In der Übersicht »Inhalt eines qualifizierten Arbeitszeugnisses« sehen Sie, aus welchen Elementen ein Arbeitszeugnis im Idealfall besteht. Es handelt sich hierbei um ein sogenanntes qualifiziertes Arbeitszeugnis. Einfache Zeugnisse, die nur den Namen, den Beschäftigungszeitraum und die ausgeübte Position enthalten, auf detaillierte Bewertungen und erläuternde Beschreibungen hingegen verzichten, sind mittlerweile unüblich. Sie sollten daher immer ein qualifiziertes Arbeitszeugnis verlangen.

ÜBERSICHT

Inhalt eines qualifizierten Arbeitszeugnisses

→ Firmenbriefkopf
→ Überschrift
→ Einleitung
→ Aufgabenbeschreibung
→ Einzelne Leistungsbeurteilungen:
   – Arbeitswille/Arbeitsmotivation
   – Arbeitsbefähigung
   – Fachwissen und Weiterbildung
   – Arbeitsweise
   – Arbeitserfolg
   – (eventuell) besondere Erfolge
   – (eventuell) Führungsverhalten
→ Zusammenfassende Leistungsbeurteilung
→ Sozialverhalten:
   – intern

- extern
- (eventuell) Besonderheiten im Sozialverhalten
→ Schlussformulierungen:
- Kündigungsgrund
- (möglichst) Dankes-Bedauerns-Formel
- (möglichst) Zukunftswünsche
→ Ort und Datum
→ Zuständiger Zeugnisaussteller

Nicht auf alle hier vorgestellten Bestandteile haben Sie einen rechtli- *Übliche* chen Anspruch, aber mit etwas Verhandlungsgeschick gegenüber der *Standards* Personalabteilung und dem Verweis auf heute übliche Standards ist es in der Regel möglich, ein Zeugnis zu bekommen, das alle aufgeführten Elemente enthält. Was ist nun unter den Elementen im Einzelnen zu verstehen?

Firmenbriefkopf Arbeitszeugnisse unterliegen nicht nur inhaltlichen, sondern auch formalen Standards. Zu diesen Formalien gehört, dass Ihr Zeugnis auf dem üblichen Firmenbriefpapier erstellt werden muss. Würde die Firma Ihr Zeugnis auf ein einfaches Blatt Papier drucken, wäre dies eine offensichtliche Geringschätzung Ihrer Person und Ihrer Arbeitsleistung. Daher ist das offizielle Briefpapier Pflicht.

Überschrift Gängige Überschriften lauten »Zeugnis« oder »Arbeits- *Schon die Überschrift* zeugnis«. Dabei spielt es keine Rolle, ob die Überschrift in Großbuch- *birgt Fallstricke* staben, gesperrt – also jeweils mit einem Leerzeichen zwischen den Buchstaben – oder ohne ein besonderes Format gestaltet wird. Die Überschrift wird in der Regel zentriert oder linksbündig gesetzt. Zwischenzeugnisse bekommen die entsprechende Überschrift »Zwischenzeugnis«. Die Überschriften »Arbeitsbescheinigung« oder »Mitarbeiterbeurteilung« sollten Sie hingegen keinesfalls akzeptieren. Im ersten Fall handelt es sich um eine unzulässige Abwertung, und der zweite Fall bezeichnet kein Arbeitszeugnis, sondern vielmehr eine (turnusmäßige) Personalbeurteilung, die ganz anderen Vorgaben unterliegt als ein Zeugnis.

Einleitung Eine übliche Einleitung enthält Vor- und Zunamen des Mitarbeiters sowie – das Einverständnis vorausgesetzt – üblicherweise auch Geburtsdatum und -ort. Die Angaben zu Ein- und Austrittstermin müssen korrekt sein, also den vertraglichen Vereinbarungen entsprechen. Personalverantwortliche werden häufig misstrauisch, wenn es sich beim Austrittstermin um ein »krummes« Datum, also nicht das Monatsende, handelt. Dann drängt sich schnell die Frage nach einer fristlosen Kündigung auf. Falls der Mitarbeiter einvernehmlich freigestellt wurde, um früher bei der neuen Firma anzufangen, sollte das auch mit dem Kündigungsgrund am Ende des Zeugnisses deutlich gemacht werden.

Verbesserungsvor-
schläge lohnen sich

Aufgabenbeschreibung Die Aufgabenbeschreibung ist eines der wesentlichen Elemente Ihres Arbeitszeugnisses. Leider sind Aufgabenbeschreibungen meist oberflächlich verfasst und damit nicht sehr aussagekräftig. Es lohnt sich also allemal, Verbesserungen vorzuschlagen. Bei der Optimierung Ihrer Aufgabenbeschreibung können Sie mit dem geringsten Widerstand rechnen: Die Firmen zeigen sich hier üblicherweise entgegenkommend. Anregungen für eine detaillierte Ausgestaltung Ihrer Aufgabenbeschreibung finden Sie in der Stellenausschreibung, in Ihrem Arbeitsvertrag oder in Projektberichten. Denken Sie auch daran, bei welchen Gelegenheiten Sie Kollegen oder sogar Vorgesetzte vertreten haben.

Einzelne Leistungsbeurteilungen Nachdem die Aufgaben beschrieben worden sind, werden Ihre Leistungen bewertet. Das geschieht mithilfe ausgeklügelter einzelner Leistungsbeurteilungen, bei denen meist zwischen den folgenden Aspekten unterschieden wird: Arbeitsmotivation, Arbeitsbefähigung, Fachwissen und Weiterbildung, Arbeitsweise und Arbeitserfolg. Eventuell kann es auch die Rubrik »Besondere Erfolge« geben, und wer Führungsverantwortung innehatte, wird in diesem Block auch Angaben zu seinem Führungsverhalten bekommen. Schwierigkeiten macht den meisten die Unterscheidung von »Arbeitswille« und »Arbeitsbefähigung«. Wenn Sie »Arbeitsbefähigung« jedoch mit »Arbeitskönnen« übersetzen, dann ist relativ leicht nachvollziehbar, dass es zunächst um das Wollen und dann um das Können geht – und diese beiden Beschreibungen sind nicht immer deckungsgleich. So mancher will mehr, als er letztendlich kann.

Ein zentraler Satz

Zusammenfassende Leistungsbeurteilung Die zusammenfassende Leistungsbeurteilung: »Sie hat die ihr übertragenen Aufgaben stets zu unserer vollen Zufriedenheit erfüllt«, hat wohl fast jeder Arbeitnehmer schon einmal gehört. Es handelt sich bei der zusammenfassenden Leistungsbeurteilung also um einen Schlüsselsatz, der in aller Kürze Auskunft über die Arbeitsleistung gibt. Dieser Schlüsselsatz sollte natürlich möglichst positiv sein.

Sozialverhalten Beim Sozialverhalten geht es nicht um Ihre Leistung, sondern um Ihr Verhalten gegenüber Firmenangehörigen wie Vorgesetzten und Mitarbeitern, aber auch um Ihr Verhalten gegenüber Außenstehenden, also insbesondere Kunden und Geschäftspartnern. Da das Schlagwort Kundenorientierung mehr als nur ein Modewort ist, sollten die Angaben zu Ihrem Sozialverhalten überzeugen.

Schlussformulierungen Zu den Schlussformulierungen zählen der Kündigungsgrund, die sogenannte Dankes-Bedauerns-Formel und die Wünsche für die Zukunft. Für neue Arbeitgeber ist es wichtig zu wissen, warum Sie die alte Firma verlassen haben. Haben Sie selbst gekündigt, gab es eine betriebsbedingte Kündigung oder war das Arbeitsverhältnis von Anfang an befristet? Auch die Dankes-Bedauerns-Formel taucht in den meisten Arbeitszeugnissen auf. Man dankt Ihnen und bedauert Ihren Weggang, aber auch dabei gibt es feine Unterschiede, die Sie kennen sollten. Gleiches gilt für die Zukunftswünsche: Wünscht man Ihnen – etwas hämisch – »mehr Glück« oder vielmehr »weiterhin viel Erfolg«?

Achten Sie auf Zwischentöne

Ort und Datum Der Ausstellungsort und das korrekte Datum gehören ebenfalls zu den formalen Aspekten des Arbeitszeugnisses. Das Tagesdatum sollte im Idealfall dem Austrittsdatum entsprechen. Es kommt aber häufig vor, dass Zeugnisse erst nach langem Hin und Her mit einer mehrmonatigen Verspätung ausgestellt werden. Auch in diesem Fall sollten Sie darauf hinarbeiten, dass das Ausstellungsdatum und das Austrittsdatum übereinstimmen. So vermeiden Sie unnötige Spekulationen darüber, ob es womöglich einen Prozess vor dem Arbeitsgericht gegeben hat und Ihr Zeugnis deswegen erst so spät ausgestellt worden ist. Ob Ort und Datum am Anfang oder am Ende des Zeugnisses aufgeführt werden, spielt keine Rolle.

Zuständiger Zeugnisaussteller Es gilt die Regel, dass Arbeitszeugnisse von einem in der betrieblichen Hierarchie höher stehenden Mitarbeiter unterzeichnet werden müssen. Es ist also problematisch, wenn der Außendienstmitarbeiter Nord das Zeugnis des Außendienstmitarbeiters West unterzeichnet. In diesem Beispiel hätte der Vertriebsleiter unterschreiben müssen. Oft unterschreiben sowohl der Fachvorgesetzte als auch jemand aus der Personalabteilung. Diese doppelten Unterschriften steigern die Glaubwürdigkeit des Zeugnisses. Aber Achtung: Wenn Personalverantwortliche mit unterschrieben haben, steigen die Ansprüche an das Zeugnis. Denn in diesen Fällen unterstellen andere Personalentscheider, dass der Zeugnisprofi aus der Personalabteilung genau weiß, was er Außenstehenden über die beurteilte Person mitteilt.

Wer hat unterschrieben?

Formulierungen entschlüsseln

Der Gesamteindruck zählt

Sie wissen jetzt, wie Zeugnisse aufgebaut sind und welche typischen Elemente enthalten sein sollten. Nun stellen wir Ihnen Formulierungen vor, mit denen Sie – als Beurteilte/r – auf der sicheren Seite sind. Bedenken Sie aber: Eine Zeugnisnote ergibt sich niemals aus der Interpretation eines einzelnen Satzes. Es gilt der Gesamteindruck, der sich aus vielen Einzelteilen zusammensetzt. Die folgenden Formulierungen helfen Ihnen dabei, die Teile besser zu verstehen.

ÜBERSICHT

Zeugnisnoten auf einen Blick

Arbeitsmotivation

Note 1	Er war stets sehr gut motiviert.
Note 1	Er war stets in höchstem Maße eigenmotiviert.
Note 2	Er war stets gut motiviert.
Note 2	Er war stets eigenmotiviert.
Note 3	Er war motiviert.
Note 3	Er war eigenmotiviert.

Arbeitsbefähigung

Note 1	Sie war eine hoch belastbare und sehr tüchtige Mitarbeiterin.
Note 1	Sie war eine äußerst tüchtige Mitarbeiterin, ihre Arbeitsbefähigung war stets in jeder Hinsicht sehr gut.
Note 2	Sie war stets eine belastbare und tüchtige Mitarbeiterin.
Note 2	Sie war eine tüchtige Mitarbeiterin, ihre Arbeitsbefähigung war stets in jeder Hinsicht gut.
Note 3	Sie war eine belastbare Mitarbeiterin.
Note 3	Sie war eine tüchtige Mitarbeiterin, ihre Arbeitsbefähigung war gut.

Fachwissen und Weiterbildung

Note 1	Er verfügt über aktuelles, vielseitiges und detailliertes Fachwissen.
Note 1	Ihr exzellentes Fachwissen hielt sie durch kontinuierliche Fortbildung stets auf dem neuesten Kenntnisstand.
Note 2	Er verfügt über vielseitiges und detailliertes Fachwissen.
Note 2	Ihr gutes Fachwissen hielt sie durch kontinuierliche Fortbildung stets auf dem neuesten Kenntnisstand.
Note 3	Er verfügt über vielseitiges Fachwissen.

Note 3   Ihr Fachwissen hielt sie durch Fortbildung auf dem aktuellen Kenntnisstand.

Arbeitsweise

Note 1   Sein Arbeitsstil war jederzeit in höchstem Maße geprägt von Systematik, Verantwortungsbewusstsein und Effizienz.

Note 1   Herr Müller hat seine Aufgaben stets in höchstem Maße umsichtig, planvoll und sorgfältig durchgeführt.

Note 2   Sein Arbeitsstil war jederzeit geprägt von Systematik, Verantwortungsbewusstsein und Effizienz.

Note 2   Herr Müller hat seine Aufgaben stets umsichtig, planvoll und sorgfältig durchgeführt.

Note 3   Sein Arbeitsstil war geprägt von Systematik, Verantwortungsbewusstsein und Effizienz.

Note 3   Herr Müller hat seine Aufgaben umsichtig, planvoll und sorgfältig durchgeführt.

Arbeitserfolg

Note 1   Die beeindruckende Qualität ihrer Arbeit lag stets weit über dem Durchschnitt ihrer Abteilung.

Note 1   Auch fachlich anspruchsvollste Arbeiten erledigte sie stets, auch unter hohem Zeitdruck, äußerst sorgfältig und einwandfrei.

Note 2   Die Qualität ihrer Arbeit lag stets über dem Durchschnitt ihrer Abteilung.

Note 2   Auch fachlich anspruchsvolle Arbeiten erledigte sie stets, auch unter Zeitdruck, sorgfältig und einwandfrei.

Note 3   Die Qualität ihrer Arbeit entsprach stets dem Durchschnitt ihrer Abteilung.

Note 3   Auch fachlich anspruchsvolle Arbeiten erledigte sie gut.

Führungsleistungen

Note 1   Herr Schmidt verstand es hervorragend, seine Mitarbeiter zu motivieren und ihre Zusammenarbeit zu aktiveren. In seiner Abteilung herrschte stets ein sehr gutes Leistungs- und Betriebsklima.

Note 1   Frau Müller war ihren Mitarbeitern stets ein anerkanntes Vorbild. Sie verstand es jederzeit ausgezeichnet, ihr Team effizient und kollegial zu führen.

Note 2   Herr Schmidt verstand es gut, seine Mitarbeiter zu motivieren und ihre Zusammenarbeit zu aktiveren. In seiner Abteilung herrschte stets ein gutes Leistungs- und Betriebsklima.

Note 2   Frau Müller ist ihren Mitarbeitern stets mit gutem Beispiel vorangegangen. Sie verstand es jederzeit, ihr Team effizient und kollegial zu führen.

Note 3   Herr Schmidt verstand es, seine Mitarbeiter zu motivieren und ihre Zusammenarbeit zu unterstützen. In seiner Abteilung herrschte ein gutes Betriebsklima.

Note 3   Frau Müller ist ihren Mitarbeitern mit gutem Beispiel vorangegangen. Sie verstand es, ihr Team zu motivieren und kollegial zu führen.

Besondere Erfolge

»Hervorzuheben ist sein persönlicher Einsatz, weit über normale Arbeitszeiten hinaus.«

»Bleibende Verdienste erwarb sich Frau Müller mit ihrer Optimierung technisch komplexer Prozessabläufe. Dadurch konnten die Laufzeiten beschleunigt und die Kosten massiv reduziert werden.

»Hervorzuheben ist seine vorbildliche Qualitäts- und Kundenorientierung.«

Gesamtnote

Note 1   Die ihm übertragenen Aufgaben erledigte er stets zu unserer vollsten Zufriedenheit.

Note 1   Ihre Leistungen haben stets in allerbester Weise unseren sehr hohen Erwartungen entsprochen.

Note 2   Die ihm übertragenen Aufgaben erledigte er stets zu unserer vollen Zufriedenheit.

Note 2   Ihre Leistungen haben stets in bester Weise unseren hohen Erwartungen entsprochen.

Note 3   Die ihm übertragenen Aufgaben erledigte er zu unserer vollen Zufriedenheit.

Note 3   Ihre Leistungen haben in jeder Hinsicht unseren Erwartungen entsprochen.

Sozialverhalten

Note 1   Ihr Verhalten gegenüber Vorgesetzten, Kollegen und Kunden war stets einwandfrei.

Note 1	Sein Verhalten gegenüber Vorgesetzten, Kollegen und Kunden war stets vorbildlich.
Note 2	Ihr Verhalten gegenüber Vorgesetzten, Kollegen und Kunden war stets gut.
Note 2	Mit den Vorgesetzten und Kollegen ist er stets gut zurechtgekommen.
Note 3	Ihr Verhalten gegenüber Kollegen, Vorgesetzten und Kunden war jederzeit gut.
Note 3	Sein Verhalten gegenüber Mitarbeitern, Vorgesetzten und Kollegen war einwandfrei.

Es ist durchaus denkbar, dass Sie sich jetzt noch viel mehr Formulierungen wünschen, weil die von uns hier aufgeführten Beispielbewertungen natürlich nur einen kleinen Teil abdecken. Die Erfüllung Ihres Wunsches würde aber den Rahmen dieses schon jetzt sehr umfangreichen Handbuches völlig sprengen. Wenn Sie an mehr Formulierungen (Textbausteine) und mehr Vorlagen (Beispielzeugnisse) Interesse haben, helfen Ihnen unsere speziellen Zeugnis-Ratgeber weiter. Mehr Informationen über diese Ratgeber finden Sie auf unserer Homepage www.karriereakademie.de.

Noch mehr Informationen

Der Geheimcode

Wenn es um Arbeitszeugnisse und die darin enthaltenen Formulierungen und Bewertungen geht, ist oft von einem sogenannten »Geheimcode« die Rede.

Aber auch wenn Ihnen die gängigen Formulierungen in Arbeitszeugnissen manchmal unverständlich, verwirrend und mehrdeutig vorkommen, liegt das nicht an einem Geheimcode. Die meisten Formulierungen in Arbeitszeugnissen sind ganz eindeutig in Notenstufen zu übersetzen. Wenn man also weiß, um welche Merkmale es im Einzelnen geht, kann man sehr schnell die entsprechenden Notenstufen der jeweiligen Einzelbewertungen herausfinden.

Geheimcodes sind selten

Zeugnisprofis sprechen hier von speziellen »Zeugnistechniken«. Diese – Zeugnisexperten bekannten – Formulierungstechniken würden auch wir als Geheimcode bezeichnen, dessen wichtigste Merkmale wir Ihnen nun kurz vorstellen möchten. Zeugnisprofis kennen diese sieben typischen Zeugnistechniken, um Arbeitnehmer indirekt abzuwerten:

→ Formfehler,
→ Negativformulierungen,
→ Nebensächlichkeiten,
→ Widersprüche,
→ Relativierungen,
→ zu knappe Sätze und
→ missverständliche Formulierungen.

Formfehler Ist das Zeugnis nicht auf dem offiziellen Firmenbriefpapier ausgestellt, unterschreibt ein nicht zuständiger Zeugnisaussteller oder wimmelt es im Zeugnis womöglich von Fehlern, wird damit eine mangelnde Wertschätzung zum Ausdruck gebracht. Ein gutes Arbeitszeugnis kann durch Formfehler indirekt abgewertet werden.

Achten Sie auf positive, aktive Formulierungen

Negativformulierungen Kritik wird im Arbeitszeugnis auch durch Negativformulierungen indirekt mitgeteilt. Wann immer es heißt: »Ihr Verhalten gegenüber Vorgesetzten war nicht zu beanstanden« oder »Ihre Arbeitsqualität war nicht zu kritisieren«, dann ist damit das glatte Gegenteil gemeint. So würden Zeugnisprofis die aufgeführten Beispiele übersetzen mit: »Das Verhalten gegenüber Vorgesetzten war eindeutig zu beanstanden« und »Die Arbeitsqualität war durchgängig schlecht und daher zu kritisieren«. Deshalb darf Ihr Arbeitszeugnis keine Negativformulierungen enthalten.

Nebensächlichkeiten Arbeitszeugnisse müssen typische Tätigkeiten enthalten, die mit der Stelle des beurteilten Mitarbeiters zusammenhängen. Heißt es in der Aufgabenbeschreibung eines Einkäufers, dass er zuständig für die »Buchung von Zahlungseingängen, die Urlaubsplanung und die Angebotseinholung« war, wird durch diese Schilderung von Nebensächlichkeiten – denn darum handelt es sich bei der Buchung von Zahlungseingängen und bei der Urlaubsplanung – indirekt Kritik zum Ausdruck gebracht. Überprüfen Sie also, ob die enthaltenen Aussagen in einem direkten Bezug zu den Kernaufgaben Ihres Tätigkeitsfeldes stehen.

Wichtig: Durchgehend gute Bewertungen

Widersprüche Auf Widersprüche in Arbeitszeugnissen reagieren Zeugnisprofis allergisch. Ein gutes Zeugnis muss durchgängig positive Bewertungen enthalten. Mache Firmen tricksen und streuen nur an bestimmten Stellen gute Bewertungen ein, die dann an andere Stelle mit schlechten Bewertungen konterkariert werden. Bei der Überprüfung Ihres Arbeitszeugnisses sollten Sie also kontrollieren, ob Widersprüche enthalten sind.

Relativierungen Es gibt bestimmte Schlüsselwörter, die sich eingebürgert haben, um Kritik zum Ausdruck zu bringen. Es macht in der

Zeugnispraxis einen großen Unterschied, ob es heißt »Sie lieferte im Großen und Ganzen eine zufriedenstellende Arbeitsqualität« oder »Sie lieferte jederzeit eine gute und überdurchschnittliche Arbeitsqualität«. Im ersten Fall handelt es sich nämlich um ein eindeutiges »mangelhaft«, im zweiten Fall aber um die Note »gut«. Achten Sie also darauf, dass Ihr Arbeitszeugnis auf keinen Fall relativierende Wörter wie »im Großen und Ganzen«, »bei uns galt sie«, »eigentlich«, »war bemüht«, »zeigte Interesse« oder »war bestrebt« heißt.

Zu knappe Sätze Kurze Beschreibungen und zu wenig Detailinformationen werden ebenfalls als mangelnde Wertschätzung interpretiert. So darf es beispielsweise beim Fachwissen nicht einfach heißen »Herr Müller verfügt über Berufserfahrung« (»ausreichend«). Aussagekräftiger wäre: »Herr Müller verfügt über eine vielseitige und große Berufserfahrung« (»gut«). Durchleuchten Sie Ihr Zeugnis daher auch unter dem Aspekt der Ausführlichkeit der einzelnen Formulierungen.

Missverständliche Formulierungen Nicht jede Abwertung im Arbeitszeugnis muss absichtlich sein. Wir erleben in unserer Beratungspraxis regelmäßig, dass Firmen aus Versehen missverständliche Formulierungen verwandt haben, weil sie es einfach nicht besser wussten. So ist die Beschreibung »Im Umgang mit Kunden zeigte Sie psychologisches Geschick« eigentlich als Auszeichnung für den Umgang mit schwierigen Kunden zu verstehen. Manche Zeugnisprofis würden aus dieser Formulierung – insbesondere dann, wenn auch andere Sätze im Zeugnis merkwürdig klingen – allerdings heraushören »Sie zog die Kunden über den Tisch, und wir durften dann später den Schaden wieder gut machen«. Damit Ihnen das nicht passiert, sollten Sie auf klare und eindeutige Formulierungen achten.

Achten Sie auf Eindeutigkeit

Beispielzeugnisse

Damit Sie sehen, wie sich unsere Hinweise und Tipps zum besseren Verständnis und zur Optimierung von Zeugnissen praktisch umsetzen lassen, geben wir nun abschließend noch Beispiele für gelungene Arbeitszeugnisse.

Arbeitszeugnis Produktlinienmanager

Zeugnis

Herr Axel Klein, geboren am 28. Februar 1969 in Braunschweig, war vom 1. Januar 2005 bis zum 31. August 2012 als Produktlinienmanager im Geschäftsbereich Sicherheitsproduktion in unserem Unternehmen tätig.

Das Aufgabengebiet von Herrn Klein umfasste im Wesentlichen:
– Konzeption von Produkt- und Marketingstrategien unter Berücksichtigung der geltenden Marketingstrategien
– Planung, Durchführung und Kontrolle des Marketingmix
– Konzeption und Realisierung geeigneter Vertriebsstrategien
– Erstellung internationaler Markt- und Wettbewerberanalysen
– Produkt- und Preispositionierung
– Information und Koordination anderer Unternehmensbereiche im Hinblick auf die neuen Produktlinien

Herr Klein hatte stets eine gute Arbeitsmotivation und realisierte beharrlich die gesetzten Bereichs- und Unternehmensziele. Dank seines konzeptionellen und strategischen Denkvermögens, gepaart mit einem sicheren Sinn für das Machbare, erfüllte er die hohen Anforderungen jederzeit gut. Er verband seine umfassende technische Kompetenz mit seinem ausgeprägten kaufmännischen Sachverstand. Sein Arbeitsstil war jederzeit in hohem Maße geprägt von Systematik, Verantwortungs- und Kostenbewusstsein. Die Qualität seiner Arbeit erfüllte stets hohe Ansprüche. Besonders hervorzuheben ist sein fachübergreifendes, unternehmerisches Denken.

Herr Klein war als Vorgesetzter anerkannt und beliebt. Aufgrund seines offenen, sachlichen und kooperativen Führungsstils war er bei der Führung von Arbeitsgruppen und Projektteams außerordentlich erfolgreich. Herr Klein hat seine Aufgaben stets zu unserer vollen Zufriedenheit erfüllt und unseren Erwartungen in jeder Hinsicht gut entsprochen.

Sein Verhalten gegenüber Vorgesetzten, Kollegen und Mitarbeitern war stets gut.

Herr Klein verlässt unser Unternehmen auf eigenen Wunsch. Für die erfolgreiche und vertrauensvolle Zusammenarbeit danken wir ihm sehr und bedauern sein Ausscheiden. Für seinen weiteren Berufs- und Lebensweg wünschen wir ihm alles Gute und weiterhin viel Erfolg.

Celle, 31. August 2012

Sicherheits AG

Nicolas Starck
Bereichsleiter Produktion

Jan Seiwert
Personalleiter

Zwischenzeugnis Marketingreferentin

ZWISCHENZEUGNIS

Frau Petra Seemann, geboren am 22. November 1970, trat am 1. April 2007 als Marketingreferentin in die Abteilung Marketing und Vertrieb unseres Verlages ein.

Ihr Aufgabengebiet umfasst folgende Tätigkeiten:
- Konzeption, Koordination und Realisierung von Werbetexten, Prospekten und Anzeigen
- Neukonzeption und Realisierung der Direktmailingmaßnahmen
- Ausarbeitung der jährlichen Werbeplanung
- Kostenanalysen einschließlich Erfolgskontrolle
- Pflege von Datenbanken und des Archivs

Frau Seemann ist hoch motiviert und realisiert beharrlich die gesetzten Ziele. Sie hat sich sehr schnell in die Arbeitsabläufe der Abteilung eingefunden. Frau Seemann verfügt über ein sehr fundiertes und praxisorientiertes Fachwissen und arbeitet auch unter großem Zeitdruck stets selbstständig und mit hoher Qualität. Besonders hervorzuheben ist das Engagement von Frau Seemann bei der Werbeerfolgskontrolle. Hier hat sie mithilfe selbst entwickelter Statistiken erhebliche Verbesserungen erzielt. Ihre Leistungen sind stets gut.

Mit den Vorgesetzten und Kollegen ist sie stets gut zurechtgekommen.

Wir stellen dieses Zwischenzeugnis auf Wunsch von Frau Seemann aus, da ihre Position aufgrund einer Restrukturierung des Bereiches Marketing und Vertrieb mit Wirkung zum 1. November 2012 einer anderen Abteilung zugeordnet wurde. Wir bedanken uns bei Frau Seemann für ihre stets wertvolle Mitarbeit und wünschen ihr auch weiterhin den Erfolg der Tüchtigen in unserem Unternehmen.

Frankfurt, 31. Oktober 2012

Nording-Verlag GmbH & Co. KG

Lisa Groth
Marketingleiterin

Manuela Probst
Personalleiterin

Wenn Sie weitere Hilfe für die Ausarbeitung Ihres Zwischen- oder Abschlusszeugnisses wünschen, empfehlen wir Ihnen unseren speziellen Ratgeber zu diesem Thema »Arbeitszeugnisse formulieren und entschlüsseln. Mit Beispielzeugnissen, Formulierungshilfen und Extratipps für Zwischenzeugnisse«.

AUF EINEN
BLICK

Ihr gelungenes Arbeitszeugnis

→ Achten Sie darauf, dass Ihr Arbeitszeugnis alle gängigen, relevanten Bestandteile enthält und den üblichen Standards in Bezug auf den formalen und inhaltlichen Aufbau folgt.

→ Ihre Tätigkeitsbeschreibung muss vollständig angegeben sein.

→ Achten Sie auch darauf, dass gegebenenfalls besondere Erfolge vermerkt worden sind.

→ Das Zeugnis sollte einen stimmigen Gesamteindruck hinterlassen und frei sein von Unstimmigkeiten oder missverständlichen Formulierungen.

→ Wenn das Zeugnis nicht Ihren Leistungen entspricht, sollten Sie von Ihrem (ehemaligen) Arbeitgeber unbedingt eine Nachbesserung einfordern.

17

Bewerben mit 45-plus

60. Zusätzlicher Begründungsbedarf

Für Bewerber über 45 Jahre gelten im Bewerbungsverfahren zusätzliche Anforderungen, die oft unausgesprochen bleiben. Auch wenn es niemand offen aussprechen wird: Ältere Führungskräfte müssen im Bewerbungsverfahren Vorurteile ausräumen, wenn sie sich mit ihrer Bewerbung durchsetzen wollen.

Auch am Ende des vierten und selbst im fünften Lebensjahrzehnt haben Sie Chancen, sich beruflich zu verändern – gerade als Führungskraft. Sie können auf vielfältige Erfahrungen und Kenntnisse aus der Berufspraxis zurückgreifen. Dies macht Sie für Unternehmen grundsätzlich interessant. Hinzu wird in den nächsten Jahren die demografische Entwicklung kommen, ein Mangel an qualifizierten Fach- und Führungskräften ist unschwer vorhersagbar.

Entkräften Sie Vorurteile

Allgemeine statistische Überlegungen zu einer alternden Gesellschaft führen jedoch im Einzelfall nicht automatisch zu dem gewünschten Bewerbungserfolg. Es lässt sich nicht wegdiskutieren, dass es Vorurteile gegenüber gestandenen Führungskräften gibt. Auch Sie würden höchstwahrscheinlich jemanden nicht einstellen, der

Typische Vorurteile

→ **zum Stillstand gekommen ist,**
→ **sich nicht mehr weiterentwickelt,**
→ **frustriert ist und innerlich gekündigt hat,**
→ **Erfolgserlebnisse im Freizeitbereich sucht,**
→ **keine Ziele mehr hat,**
→ **keine Anpassungsfähigkeit besitzt,**
→ **geistige Beweglichkeit vermissen lässt.**

Wir erleben in unserer Beratungspraxis häufig, dass 45-plus-Bewerberinnen und -Bewerber ganz unabsichtlich diesen Eindruck erwecken. Dieser negative Eindruck entsteht durch ein Zusammenwirken von ungeschickten Formulierungen auf der Bewerberseite und von Vorurteilen auf der Seite der Personalverantwortlichen.

Zupackend und erfolgsorientiert

Vermeiden Sie negative Signalwirkungen durch den Rückzug auf formale Positionen in der Betriebshierarchie, ohne diese inhaltlich zu füllen, oder durch eine breite Darstellung Ihrer Hobbys. Alles dies lässt auf einen beginnenden Rückzug aus beruflicher Verantwortung schließen und bestätigt typische Vorurteile gegenüber 45-plus-Bewerbern.

Auch bei Ihnen ist es möglich, einen zupackenden erfolgsorientierten Präsentationsstil für Anschreiben, Lebensläufe und Vorstellungsgespräche zu entwickeln. Und zwar vor allem wegen Ihres Alters: weil die beruflichen Erfolge vorhanden sind und die umfassende Berufserfahrung ein individuelles Profil möglich macht.

BEISPIEL

Die 45-plus-Erfolgsstory

Die beruflichen Aufgaben und die dazugehörigen Erfolge eines 52-jährigen Leiters der Logistik/Warenbewirtschaftung lassen sich so zusammenfassen:

Aufgabe 1: Gestaltung internationaler Absatzwege
Erfolg 1:   Absatzsteigerung im zweistelligen Bereich

Aufgabe 2: Erschließung neuer Märkte
Erfolg 2:   Absatz der Produkte in mittel- und osteuropäischen Ländern

Aufgabe 3: Gründung von Distributionszentren
Erfolg 3:   Reduktion der Transportkosten

Aufgabe 4: Verantwortung für den optimalen Warenfluss zwischen Produktionsstätten und Distributionszentren
Erfolg 4:   Sicherstellung der Warenverfügbarkeit

Aufgabe 5: Eingliederung neuer Zulieferer
Erfolg 5:   Ausweitung der vertriebenen Produktpalette

Aufgabe 6: Zertifizierung
Erfolg 6:   Größere Marktakzeptanz

Fazit: Mit der Darstellung beruflicher Erfolge vermeiden Sie es, Vorurteile bei Personalverantwortlichen aufkommen zu lassen.

Machen Sie es wie der 52-jährige Logistikleiter aus unserem Beispiel: Wenn Sie sich als aktive und zupackende Persönlichkeit mit einer interessanten Erfolgsstory präsentieren, spielt Ihr Alter bei der Bewertung Ihres Bewerberprofils eine untergeordnete Rolle. Mit den richtigen Reiz- und Schlüsselwörtern zeigen Sie, dass Sie mit beiden Beinen fest im Berufsleben stehen und noch viel von Ihnen zu erwarten ist. Erarbeiten auch Sie sich Ihre Erfolgsstory anhand unserer Übung »Die Summe Ihrer Erfolge«.

Die Summe Ihrer Erfolge

Suchen Sie die fünf umfassendsten Aufgaben, die Sie bisher bearbeitet haben, aus Ihrer Erfolgsbilanz heraus und stellen Sie den bewältigten Aufgaben die erzielten Erfolge gegenüber.

Aufgabe 1: _____

Erfolg 1: _____

Aufgabe 2: _____

Erfolg 2: _____

Aufgabe 3: _____

Erfolg 3: _____

Aufgabe 4: _____

Erfolg 4: _____

Aufgabe 5: _____

Erfolg 5: _____

Wir erläutern Ihnen nun, wie Sie die Summe Ihrer Erfolge als 45-plus-Bewerberin oder -Bewerber für die Aufbereitung Ihrer Anschreiben und für die Vermittlung in Vorstellungsgesprächen nutzen.

Das 45-plus-Anschreiben

Zu viele 45-plus-Bewerber thematisieren im Anschreiben Probleme am derzeitigen Arbeitsplatz. Diese Problemorientierung ist jedoch nicht geeignet, Erfolge im Bewerbungsverfahren zu erreichen. Im Anschreiben müssen Sie nicht auf Ihr Alter verweisen. Die Angabe Ihres Geburtsdatums im Lebenslauf ist völlig ausreichend. Stellen Sie die inhaltlichen Faktoren, die Ihr berufliches Profil definieren, in den Vordergrund. Bedenken Sie, dass Sie mit dem Anschreiben ein Selbstgutachten über Ihre berufliche Qualifikation liefern. Wenn Sie sich in diesem Gutachten anklagen, werden beim Personalverantwortlichen Zweifel an Ihrer Leistungsbereitschaft im beruflichen Alltag entstehen. Damit mobilisieren Sie nur die unterschwelligen Vorurteile bei Personalverantwortlichen.

Keine Problemorientierung

Anschreiben, die mit Formulierungen beginnen wie »Mit neunundvierzig Jahren gehöre ich noch nicht zum alten Eisen und suche deshalb eine interessante Stelle bei Ihnen, um zu beweisen, was noch alles in mir steckt«, wecken nur Vorurteile, aber nicht das Interesse von Personalverantwortlichen. Ein deutlich besser geeigneter Anfang Ihres Anschreibens sind Ihre beruflichen Erfolge.

BEISPIEL

45-plus-Bewerberin für die Position Produktmanagerin

Der Anfang eines Anschreibens könnte so aussehen: »Im Maschinenbau habe ich bereits Produktgruppen von der Neu- und Weiterentwicklung bis zur Vermarktung geführt. Die Beobachtung von Wettbewerbern und das dazugehörige Benchmarking gehören ebenso zu meinen Aufgaben wie die laufende Produktbetreuung und die Mitkalkulation der Produkte. Sowohl im Marketing als auch im Produktmanagement habe ich bereits umfassende Personal- und Umsatzverantwortung übernommen und konnte für mein Unternehmen erfolgreich neue Märkte erschließen.«

BEISPIEL

45-plus-Bewerber für die Position Kaufmännischer Leiter

Auch dieser Anfang ist überzeugend: »Für die Position Kaufmännischer Leiter bringe ich langjährige Erfahrungen im strategischen Controlling mit. Ich habe bereits die Bereiche Rechnungswesen und allgemeine Verwaltungsdienste geleitet. Sehr gute Kenntnisse der handels- und steuerrechtlichen Bestimmungen, der Kostenrechnung und der Budgetierung bringe ich ebenso mit wie Erfolge in der Organisationsentwicklung unter schwierigen Bedingungen (Fusion).«

Interesse wecken mit Ihrer Selbstpräsentation

Wecken Sie mit Ihren Eingangsformulierungen im Anschreiben das Interesse, das Ihnen aufgrund Ihrer langjährigen Berufserfahrung zusteht. Bei der weiteren Darstellung Ihrer Qualifikationen im Anschreiben können Sie auf Ihre Selbstpräsentation zurückgreifen. Beachten Sie dazu unsere Überzeugungsregeln für Selbstpräsentationen aus dem Kapitel »Die Selbstpräsentation: Das Herzstück Ihrer Bewerbung«.

Wie alle anderen Bewerberinnen und Bewerber müssen Sie den guten Eindruck, den Sie mit Ihren Bewerbungsunterlagen vermittelt haben, im Vorstellungsgespräch bestätigen. Auch dabei müssen Sie als 45-plus-Bewerber einige Besonderheiten beachten.

Das 45-plus-Vorstellungsgespräch

In Vorstellungsgesprächen treffen 45-plus-Bewerber meist auf jüngere Personalverantwortliche. Oftmals tritt dann ein Generationenkonflikt zutage. Die latent vorhandenen Vorurteile aufseiten der Personalverantwortlichen werden schnell ein unterschwelliger Bestandteil des Gespräches, wenn ältere Führungskräfte die nachfolgend aufgeführten Fehler begehen. *Typische Fehler*

→ Sie kokettieren mit Ihrem Alter, entschuldigen sich womöglich.

→ Sie erzählen Geschichten aus Ihrer Ausbildungszeit.

→ Sie konzentrieren sich bei der Darstellung Ihrer Fähigkeiten auf weit zurückliegende Tätigkeiten, nicht auf die momentane Position.

→ Opa kommt! Sie sprechen viel über die Schul- und Studienerfolge Ihrer Kinder, womöglich über Ihre Enkel.

→ Sie berichten ausdauernd darüber, wie man früher Aufgaben gelöst hat. Auf die Anforderungen des neuen Unternehmens gehen Sie nicht ein.

→ Bei Problemen am Arbeitsplatz waren alle anderen schuld, nur Sie selbst nicht.

→ Sie schimpfen über Ihren alten Arbeitgeber.

→ Sie behaupten, dass Ihre Vorgesetzten und Mitarbeiter Sie blockieren.

→ Sie meinen, dass man alles auf dem »praktischen Weg« lösen kann, ohne sich weiter mit theoretischen Hintergründen beschäftigen zu müssen, nach dem Motto: »Weiterbildung? Das, was ich schon alles erlebt habe, reicht für zwei Berufsleben!«

→ Sie erwecken den Eindruck, dass alle, die weniger Berufserfahrung als Sie haben, eigentlich »grüne Jungs« sind – insbesondere die Ihnen gegenübersitzenden Personalverantwortlichen.

Eine derart negative Gesprächsatmosphäre sollten Sie auf gar keinen Fall entstehen lassen. Setzen Sie sich als 45-plus-Bewerber daher diese strategischen Ziele für Ihre Vorstellungsgespräche: *Strategische Ziele*

→ Überzeugen Sie mit Ihrer aussagekräftigen Selbstpräsentation im persönlichen Gespräch.

→ Konzentrieren Sie sich auf die Darstellung Ihrer Stärken.

→ Machen Sie einen roten Faden in Ihrer beruflichen Entwicklung deutlich.

Als 45-plus-Bewerber werden Sie auf offene Ohren stoßen, wenn Sie ihre berufliche und persönliche Entwicklung deutlich machen. Dies gelingt Ihnen, indem Sie im Gespräch herausstellen, welche Verantwortungsbereiche Sie gesteuert haben, welche Aufgaben Sie erfolgreich bewältigt haben und mit welchen Projekten und Sonderaufgaben Sie Ihr Unternehmen in Ihrem Arbeitsbereich wettbewerbsfähig gehalten haben.

Stillstand oder Entwicklung?

(Stress-)Frage: »Ich habe den Eindruck, Ihre berufliche Entwicklung ist bereits seit einigen Jahren zum Stillstand gekommen?«

Antwort: »Das sehe ich anders, schließlich habe ich mich ständig weiterentwickelt. Vor drei Jahren habe ich zusätzliche Aufgaben in den Bereichen Zuliefererintegration und Optimierung der Logistik übernommen. Da ich weiterhin das Tagesgeschäft an meinem alten Arbeitsplatz gemanagt habe, bin ich zwar formal nicht aufgestiegen, habe aber umfangreiche Aufgaben im gesamten europäischen Raum übernommen. Insbesondere die Einbindung neuer Produktionsstätten im europäischen Ausland ins Unternehmen war für mich eine neue Herausforderung, die ich auch gemeistert habe.«

Zeigen Sie, dass Sie am Ball bleiben

Eine weitere Möglichkeit, Vorurteile auszuräumen, haben 45-plus-Bewerber, wenn sie herausstellen können, dass sie sich in modernen Formen der Arbeitsorganisation bewährt haben. Geben auch Sie Beispiele dafür an, dass Sie die aktuellen Trends kennen und in Ihrem Arbeitsbereich für innovative Arbeitsprozesse sorgen. Der Verweis auf die Mitarbeit an Prozessoptimierungen oder der Neustrukturierung von Informations- und Entscheidungswegen ist ein überzeugender Beleg dafür, dass der Anschluss an neue Entwicklungen nicht verpasst worden ist. Wenn Sie beispielsweise Ihre Mitarbeit an den Maßnahmen Change-Management, Business Reengineering, Total-Quality-Management, Lean Management, Wissensmanagement, Zertifizierung hervorheben, können Sie entscheidend punkten.

Erfahrungen in der Zertifizierung

Frage: »Auf welchen Erfolg sind Sie besonders stolz?«

Antwort: »Als Bereichsleiterin in der Produktion habe ich die Zertifizierung unserer Produkte begleitet. Neben der eigentlichen Zertifizierung habe ich zusammen mit dem Marketing neue Vermarktungsstrategien für die zertifizierten Produkte erarbeitet. Durch die Zertifizierung stieg die Produktakzeptanz bei den Kunden, und innerbetriebliche Abläufe konnten reibungsloser gestaltet werden.«

Wenn Sie sich von der Erörterung von Problemen im Vorstellungsge-spräch gelöst haben und stattdessen Ihre Erfolge in den Mittelpunkt des Gespräches stellen, haben Sie den entscheidenden Schritt zum Ausräumen von Vorurteilen als 45-plus-Bewerber getan. Es gibt aber noch andere Klippen, die Sie umschiffen müssen.

Vermeiden Sie in Vorstellungsgesprächen Formulierungen wie »die Zeiten ändern sich nun mal«, »zu meiner Zeit war das ganz anders« oder »heute wüsste ich, was ich anders machen würde«. Man wird Sie nicht aufgrund Ihrer Leistungen als 45-Jähriger einstellen, sondern nur dann, wenn man von Ihnen als erfahrenem Bewerber überzeugt ist. Trainieren Sie deshalb, mit Ihren Antworten den Eindruck zu hin-terlassen, dass Sie mit sich und Ihrer beruflichen Entwicklung im Reinen sind.

Der Neubeginn

Frage: »Was würden Sie anders machen, wenn Sie noch einmal von vorne anfan-gen könnten?«

Antwort: »Ich würde wieder den Weg wählen, mich in der Berufspraxis durch Leistung zu empfehlen. Eventuell würde ich studieren/promovieren/eine längere Zeit im Ausland arbeiten. Da ich meine bisherigen Ziele aber erreicht habe, bin ich mit meinem Werdegang jedoch generell sehr zufrieden.«

Aus unserer Beratungspraxis wissen wir, dass manche 45-plus-Bewer-ber aufgrund ihrer vielfältigen beruflichen Erfahrungen zu überlangen Antworten neigen. Diesen »Märchenonkelstil« interpretiert Ihr Ge-sprächspartner jedoch dahingehend, dass Sie nicht in der Lage sind, Informationen auf den Punkt zu bringen und sich auf Gesprächsim-pulse des Personalverantwortlichen – und damit auch anderer Mitar-beiter im Unternehmen – einzustellen. Auch die von uns häufig erlebte Gegenreaktion »Dann rede ich eben im Telegrammstil« zeigt zwar, dass Sie trotzig wie ein Kind sein können, aber dies ist nicht die Jugend-lichkeit, die man von Ihnen erwartet.

Optimieren Sie daher Ihr Sprachverhalten. Kontrollieren Sie Ihre Kommunikation auf Abschweifungen und überlange Antworten. Trai-nieren Sie, gegebenenfalls kürzer und knapper zu antworten, wecken Sie dabei aber das Interesse des Gesprächspartners durch die Verwen-dung von ausgewählten Schlag- und Schlüsselworten. So kann Ihr Gesprächspartner Ihre Kompetenzen nachvollziehen und hat die Mög-lichkeit, gezielt nachzufragen. *Optimieren Sie Ihre Sprache*

Im Folgenden haben wir Ihnen häufige Fragen an 45-plus-Bewerber zusammengestellt, die gezielt auf Ihr Alter rekurrieren. Lassen Sie sich durch den provokativen Ton mancher dieser Fragen nicht schockieren. Weitere Hinweise zum Umgang mit – eigentlich unerlaubten – Unterstellungen finden Sie im Kapitel »Stress- und Fangfragen, unzulässige und unsinnige Fragen«.

ÜBUNG

Spezialfragen 45-plus

Frage: »Sind Sie nicht zu alt für diese Position?«

Ihre Antwort: _____
_____
_____
....

Frage: »Sie laufen doch die 200 Meter auch nicht mehr in derselben Zeit wie mit 20 Jahren. Glauben Sie nicht, dass Ihre Leistungsfähigkeit gesunken ist?«

Ihre Antwort: _____
_____
_____
....

Frage: »Wie alt muss Ihr Stellvertreter sein, wie alt darf er höchstens sein?«

Ihre Antwort: _____
_____
_____
....

Frage: »Haben Sie noch Ziele? Wo wollen Sie mit 55 Jahren stehen?«

Ihre Antwort: _____
_____
_____
....

Frage: »Was machen Sie nach Ihrem aktiven Erwerbsleben?«

Ihre Antwort: _____
_____
_____
....

Frage: »Wie viel Erfahrung braucht eine Führungskraft?«

Ihre Antwort: _____
_____
_____

Frage: »Was haben Sie jüngeren Kollegen voraus?«

Ihre Antwort: _____
_____
_____

Frage: »Was würden Sie anders machen, wenn Sie noch einmal die Wahl hätten, von vorne anzufangen?«

Ihre Antwort: _____
_____
_____

Frage: »Wie viel Prozent des Jahres bestehen aus Arbeit, wie viel Prozent widmen Sie der Familie?«

Ihre Antwort: _____
_____
_____

Frage: »Haben Sie schon einmal über Ihre Erfolge und Misserfolge nachgedacht? Nennen Sie uns jeweils drei Beispiele!«

Ihre Antwort: _____
_____
_____

Frage: »Wie haben Sie sich in den letzten Jahren persönlich entwickelt? Was war anders mit 30 und was mit 40 Jahren?«

Ihre Antwort: _____
_____
_____

Frage: »Sind Sie bereit umzuziehen, falls unser Unternehmen den Standort wechselt?«

Ihre Antwort: _____

_____

_____

Frage: »Wie viele Fehltage eines Mitarbeiters sind Ihrer Meinung nach vertretbar? Und wie viele bei über 45-Jährigen?«

Ihre Antwort: _____

_____

_____

Frage: »Wie war Ihre bisherige Zusammenarbeit mit Mitarbeitern und Kollegen?«

Ihre Antwort: _____

_____

_____

Frage: »Was haben Sie für Ihre Weiterbildung in den letzten vier Jahren getan?«

Ihre Antwort: _____

_____

_____

Vorurteile gar nicht erst aufkommen lassen

Sie müssen als 45-plus-Bewerber damit leben, dass man bestimmte Vorurteile gegenüber dieser Bewerbergruppe hat. Durch die Darstellung Ihrer beruflichen Erfolge und eine aussagekräftige Ausgestaltung Ihrer Selbstpräsentation lassen Sie Vorurteile jedoch gar nicht erst aufkommen. Aber rechnen Sie immer damit, dass man Sie im Vorstellungsgespräch noch einmal mit Vorurteilen konfrontiert. Man will überprüfen, wie stressresistent Sie sind und inwieweit Sie sich mit sich selbst auseinandergesetzt haben. Reagieren Sie auf Unterstellungen und Provokationen gelassen, indem Sie nicht darauf eingehen. Verweisen Sie immer wieder auf Ihre beruflichen Erfolge und belegen Sie mit konkreten Beispielen, dass der neue Arbeitgeber noch viel von Ihnen zu erwarten hat.

Bewerben mit 45-plus

→ Auch als 45-plus-Bewerber haben Sie gute Chancen im Bewerbungsverfahren.

→ Sie müssen als 45-plus-Bewerber mit unausgesprochenen Vorurteilen rechnen. Entkräften Sie Vorurteile, indem Sie Ihre bisherige Entwicklung als Erfolgsstory aufbereiten.

→ Ungeschickte Formulierungen im Anschreiben oder im Vorstellungsgespräch rufen Vorurteile bei Personalverantwortlichen hervor.

→ Problemorientierung und Vergangenheitsfixierung wirft Sie ganz aus dem Bewerberrennen.

→ Hüten Sie sich vor Generationenkonflikten in Vorstellungsgesprächen. Tauchen Sie nicht zu tief in die Vergangenheit ein.

→ Wenn Sie im Vorstellungsgespräch mit ausgesprochenen Vorurteilen konfrontiert werden, soll Ihre Stressresistenz überprüft werden.

→ Verweisen Sie auf Ihre beruflichen Erfolge und geben Sie Beispiele dafür, dass von Ihnen auch künftig noch viel zu erwarten ist.

18

Probezeit:
Taktische Weichenstellungen

61. Die neuen Aufgaben

Wenn Sie Ihre Probezeit erfolgreich meistern möchten, müssen Sie sich natürlich auch mit dem beschäftigen, was in der Probezeit an fachlichen Herausforderungen auf Sie zukommt. Nur wenn Sie Ihre neuen Aufgaben in den Griff bekommen, werden Sie Ihre weiteren Trümpfe im Umgang mit Kollegen und Chefs ausspielen können.

Bei der Frage, was Ihre neuen Aufgaben eigentlich sind, scheint die Sache zunächst offensichtlich zu sein, schließlich haben Sie sich aufgrund einer Stellenanzeige beworben oder sich als Initiativbewerber mit einem bestimmten Anforderungsprofil ins Gespräch gebracht. Danach haben Sie ein oder mehrere Vorstellungsgespräche geführt, in denen man Ihnen zumindest Ihr Arbeitsfeld und die Erwartungen, die an Sie gestellt werden, umrissen hat. Und zu guter Letzt haben Sie einen Arbeitsvertrag unterzeichnet, der Ihre Arbeitsaufgaben in der neuen Firma festhält.

Vertrag ist Vertrag, oder?

Diejenigen von Ihnen, die die Stelle schon einmal gewechselt haben, wissen aber, dass die Wirklichkeit oft anders aussieht, als es das Bewerbungsverfahren oder der Arbeitsvertrag Ihnen vorgespiegelt haben. Bei der Festlegung Ihrer tatsächlichen Arbeitsaufgaben können Sie sich nicht ausschließlich auf Ihren Arbeitsvertrag berufen. Viele Aspekte können hier eine Rolle spielen. Probleme treten üblicherweise dann auf, wenn eine Stelle neu geschaffen wurde oder wenn Fach- und Personalabteilung sich nicht richtig abgestimmt haben, aber auch die Situation, in der Ihre Firma sich gerade befindet, ist von großer Bedeutung. Und manchmal sind es auch nur ungenaue Formulierungen im Arbeitsvertrag, die es Ihnen erschweren, zu erkennen, was eigentlich von Ihnen verlangt wird.

Viele Aspekte spielen hinein

Um festzustellen, was wirklich Ihre Arbeitsinhalte und Aufgaben sind, können Sie die folgenden Kriterien heranziehen:

Neu geschaffene Stelle: Es kann Ihnen bei einer neu geschaffenen Stelle passieren, dass das Wunschdenken vorherrscht: »Der Neuling ist unsere Universalwaffe, die alles Übel aus der Welt schaffen wird.« Dieser überhöhte Anspruch zieht immer eine sehr unscharfe Aufgabenbeschreibung nach sich, was weitreichende Folgen für Sie hat. Wenn es dann darum geht, festzulegen, welche Aufgaben Sie eigentlich wahrzunehmen haben, werden Sie sich nicht auf Ihren Arbeitsvertrag berufen können.

Verschiedene
Vorstellungen

Fach- gegen Personalabteilung: Nicht immer ist die Abstimmung zwischen Fach- und Personalabteilung optimal geregelt. Grundsätzlich gilt: Je größer ein Unternehmen ist, desto mehr Eigendynamik entwickelt sich bei Abstimmungsfragen. Nicht selten hat die Personalabteilung andere Vorstellungen vom optimalen Bewerber als die Fachabteilung, und zum Leidwesen mancher Bewerber blicken die Kollegen aus der eigenen Abteilung dann ganz ungläubig auf die von der Personalabteilung festgelegten Kernaufgaben. So kann es passieren, dass sich die Fachabteilung Entlastung im Tagesgeschäft wünscht, die Personalabteilung mit dem neuen Mitarbeiter aber die Projektarbeit forcieren möchte. In diesem Fall sind Sie als Neueinsteiger bei der Gewichtung Ihrer Tätigkeiten selbst gefragt. Notfalls müssen Sie sich um ein klärendes Gespräch mit einem Vertreter der Personalabteilung und Ihrem Chef bemühen, um hier eine gültige Lösung zu finden.

Firmen im Umbruch: Ist der Unternehmensberater im Haus, wird die Unternehmensorganisation gerade umgestellt, ist die Firma vor kurzem übernommen worden oder findet gerade eine Restrukturierung statt, werden Sie zwar nicht der Einzige sein, der ins Grübeln darüber kommt, wo seine Aufgaben eigentlich liegen. Allerdings hilft Ihnen dies nicht weiter. Im Gegenteil, es wird noch schwieriger, denn bis vor kurzem noch fest gefügte Aufgabenbereiche fallen plötzlich auseinander, Ansprechpartner sind nicht mehr auffindbar und etablierte Prozesse hängen plötzlich in der Luft. Es kann Ihnen passieren, dass die im Arbeitsvertrag festgehaltenen Aufgaben schon am ersten Tag der Probezeit überholt sind. Auch hier müssen Sie Eigeninitiative zeigen und selbst daran arbeiten, neue Schwerpunkte zu bilden und festzulegen.

Zeigen Sie
sich flexibel

Expansion: Auch eine starke Firmenexpansion hat so ihre Tücken, weil in den Wachstumsphasen eines Unternehmens Personal sehr schnell in die bestehenden Abläufe und Prozesse integriert werden muss. Die Zeit, die gegeben wird, um sich zurechtzufinden, ist nur sehr kurz. Neue Mitarbeiter, die in dieser dynamischen Situation versuchen, sich stur auf den Arbeitsvertrag zu berufen, werden Probleme bekommen. Man wird ihnen unterstellen, dass sie nicht richtig mitziehen und unflexibel sind. In stark wachsenden Firmen müssen Sie sich deshalb diese Fragen stellen: Wo kann ich die Firma unterstützen? Welche Aufgaben müssen vorrangig angepackt werden? Und was kann ich mir über meine eigentlichen Aufgaben hinaus noch zumuten?

Unsaubere Arbeitsplatzbeschreibung: Es kann durchaus zu Verständnisproblemen zwischen neuem Mitarbeiter und der Firma kommen, weil die Arbeitsplatzbeschreibung nicht eindeutig formuliert ist. Firmen haben einen ganz eigenen Sprachgebrauch für die Bezeichnung bestimmter Aufgaben. Wird ein Mitarbeiter für die »Kundenpflege« eingestellt, kann es sein, dass er Kundendaten am PC pflegen, Akquisitionsaufgaben übernehmen, Kunden telefonisch betreuen, Kunden persönlich besuchen oder auch Kundenreklamationen bearbeiten soll. Der Ausdruck »Kundenpflege« im Arbeitsvertrag ist dann nicht konkret genug formuliert. Und oft müssen Sie leider selbst erst einmal herausfinden, was genau eigentlich von Ihnen erwartet wird.

Was gehört zu meinen Aufgaben?

Glücklicherweise werden Sie nur in den allerseltensten Fällen in der Probezeit völlig in der Luft hängen. Einen mehr oder weniger klar umrissenen Aufgabenbereich werden Sie mit großer Wahrscheinlichkeit vorfinden, was Sie aber auf jeden Fall tun müssen, ist, den nötigen Feinschliff Ihrer Aufgabengebiete vorzunehmen. Sie müssen herausbekommen, wie die Erwartungen Ihres überaus komplexen Umfeldes an Sie sind. *Was erwartet man von Ihnen?*

So gibt es die Erwartungen Ihres Chefs, welche Ergebnisse er sich von Ihrer Arbeit verspricht. Die Kollegen wiederum haben ihre eigenen Vorstellungen davon, wie Sie sie entlasten sollen. Im Zeitalter von Projektarbeit und abteilungsübergreifenden Arbeitsgruppen kommen noch zahlreiche Abstimmungsprozesse hinzu. Zu guter Letzt müssen Sie auch noch die Unternehmenskultur berücksichtigen, die die Vorstellungen der Firmenleitung beinhaltet.

Werden Sie zum Detektiv in Sachen Aufgabenerkundung. Geben Sie Ihrer Probezeit so schnell wie möglich den richtigen Schwung, indem Sie möglichst genau herausfinden, welche Aufgaben Sie in den Griff bekommen müssen. Hierbei hilft Ihnen unsere Übersicht »Erwartungen abgleichen«.

ÜBERSICHT

Erwartungen abgleichen

→ Welche Aufgaben sollen Sie laut Arbeitsvertrag erledigen?

→ Welche Aufgaben hat Ihr Vorgänger übernommen?

→ Was halten Sie für wichtig, um die vorgegebenen Ziele zu erfüllen?

→ Wie gehen die Kollegen an die Aufgaben heran?

→ Mit wem müssen Sie sich in der Firma offiziell abstimmen?

→ Gibt es inoffizielle Kanäle, die Sie berücksichtigen müssen?

> → Was erwartet Ihr direkter Vorgesetzter von Ihnen?
> → Wer bewertet Ihre Arbeitsergebnisse?
> → Kümmert sich der Vorgesetzte selbst um die Verteilung der Aufgaben in der Abteilung?
> → Müssen Sie sich mit den Kollegen über die Verteilung der Aufgaben abstimmen?
> → Welches Arbeitstempo ist in der Abteilung üblich?
> → Welche Arbeiten müssen vorrangig erledigt werden?
> → Was gehört zur täglichen Routine in der Abteilung?
> → Welche Sonderaufgaben müssen dringend angepackt werden?
> → Wie geht der Spezialist in Ihrem Arbeitsgebiet vor?
> → Welche Vorgaben macht die Firmenkultur (Gewinnmaximierung, Umsatzsteigerung, Innovation, Kundenorientierung)?

Die Beantwortung der Fragen hat Ihnen dabei geholfen zu erkennen, was Ihr Umfeld sich von Ihnen wünscht. Diese Erkenntnis ist wichtig, um die Probezeit erfolgreich zu bestehen. Sie werden nämlich nicht überzeugen können, wenn Sie stur nur die Dinge tun, die Sie für richtig und wichtig halten. Es ist besser, wenn Sie sich an den Erwartungen Ihrer Kollegen, Vorgesetzten und der Firmenleitung orientieren.

Holen Sie sich Feedback

Vermeiden Sie es, sich zu verzetteln. Legen Sie den Schwerpunkt Ihrer Arbeit auf die Dinge, die Ihnen am meisten Anerkennung bringen. Gerade in der schwierigen Startphase sollten Sie sich regelmäßig fragen, ob Ihre Kollegen und Ihr Chef wahrnehmen, dass Sie tatsächlich die Dinge tun, die Sie aus deren Sicht tun sollten.

Packen Sie es an!

Schlimm genug, dass die Firmen manchen Neueinsteiger bei der Frage »Was muss ich tun?« in der Luft hängen lassen. In Zeiten knapper Firmenbudgets und dünner Personaldecken bleiben viele Neulinge sich selbst überlassen. Haben Sie dann mühsam herausbekommen, was zu Ihren Kernaufgaben gehört, taucht das nächste Problem auf: Es gilt, die Frage zu beantworten, wie Sie Ihre Aufgaben erledigen sollen.

Im Idealfall gibt es ein Einarbeitungsprogramm, mit dessen Hilfe Sie durch die Probezeit geleitet werden. Man stellt Ihnen einen Mentor, der als fester Ansprechpartner fungiert, zur Seite, und führt Sie schrittweise an die üblichen Abläufe und die gängige Arbeitsweise heran. Dieser Idealfall ist aber leider nicht der Regelfall.

Richten Sie sich daher darauf ein, dass Sie sich selbst orientieren müssen. Dazu ist es sinnvoll, auf bewährte Bestandteile von Einarbeitungsprogrammen zurückzugreifen, weil Sie sich so Ihr maßgeschneidertes Einarbeitungsprogramm selbst zusammenstellen können. Als Orientierung dient Ihnen unsere Übersicht »Ihr persönliches Einarbeitungsprogramm«.

ÜBERSICHT

Ihr persönliches Einarbeitungsprogramm

→ Besorgen Sie sich ein Organigramm der Firma.

→ Sichten Sie das Infomaterial der Firma.

→ Möglicherweise gibt es Informationen im firmeneigenen Intranet, die Ihnen weiterhelfen.

→ Greifen Sie wenn möglich auf Wissensdatenbanken zurück.

→ Finden Sie heraus, ob es erfahrene Kollegen gibt, an die Sie sich wenden können.

→ Arbeiten Sie daran, Netzwerke aufzubauen.

→ Wenden Sie sich gegebenenfalls an Kollegen, die ebenfalls noch nicht lange dabei sind und sich selbst noch an ihre Probezeit erinnern können.

→ Behalten Sie alle wichtigen Termine (Konferenzen, Abgabetermine, Produkteinführungen, Schulungen) im Blick.

→ Fertigen Sie eine Liste der Personen, mit denen Sie arbeiten, an.

→ Diese Liste sollte die jeweilige Positionen, Aufgaben, Verantwortungsbereiche, Telefonnummern und E-Mail-Adressen der Vorgesetzten und Kollegen enthalten.

→ Lernen Sie alle gängigen Abkürzungen, die in der Firma verwendet werden.

→ Finden Sie heraus, welche Aufgaben Vorrang haben und welche ruhig einmal liegen bleiben können.

→ Klären Sie, wann Sie in Ruhe arbeiten können.

Sie haben nun geklärt, was Sie machen müssen und wie Sie es am besten anpacken können. Gehen Sie nun mit Engagement und Ausdauer an die neuen Aufgaben heran und zeigen Sie, dass von Ihnen einiges zu erwarten ist und Sie Ihre Stärken und Kompetenzen gerne in den neuen Job einbringen. Wenn Sie die Aufgaben lösen, die Ihren Kollegen, Ihrem Chef, aber auch Ihnen selbst wichtig sind, sind Sie auf dem richtigen Weg. Beachten Sie bei der Aufgabenerledigung aber auch die richtige Reihenfolge.

Zeigen Sie Engagement und Ausdauer

Der Hauptadressat Ihrer Anstrengungen sollte Ihr Vorgesetzter sein. Er ist es schließlich, der darüber entscheidet, ob die Probezeit gut gelaufen ist. Erledigen Sie die Ihnen vom Chef zugewiesenen Aufgaben unbedingt termingerecht. Erarbeiten Sie im Zweifelsfall lieber erst einmal ein Teilergebnis als gar kein Ergebnis.

62. Die neuen Kollegen

Dass sich der Anpassungsprozess während der Probezeit nicht nur auf die neuen fachlichen Aufgaben beschränkt, sondern insbesondere auch die Integration in ein neues Team fordert, überrascht Neueinsteiger oftmals sehr.

Die neuen Aufgaben spielen auf den ersten Blick die Hauptrolle, in der Praxis ist es aber so, dass eine gute Beziehung zu den Kollegen genauso wichtig ist. Was passiert, wenn diese gute Beziehung nicht aufgebaut wurde, kann man in vielen Firmen beobachten. Dort werden Neueinsteiger ausgegrenzt und häufig von wichtigen Informationen abgeschnitten, man wirft ihnen Knüppel zwischen die Beine, lässt sie in Konferenzen auflaufen oder ignoriert sie schlichtweg. Wer darauf vertraut, dass sich die Dinge irgendwie von allein entwickeln, gerät oftmals in eine Sackgasse. Dann entsteht nämlich eine große Ratlosigkeit oder Frustration, falls sich das menschliche Miteinander als schwierig erweist.

Damit es Ihnen leichter fällt, einen guten Draht zu Ihren neuen Kollegen aufzubauen, werden wir Ihnen nun erläutern, was Sie tun können, um mit den Vorlieben und Eigenarten der Kollegen souverän umzugehen. Auch wenn die meisten Kollegen dem Neueinsteiger zunächst aufgeschlossen gegenüberstehen, gibt es doch gravierende Unterschiede, wie man dem Neuling begegnet. Grob gesagt lassen sich drei Kategorien von Kollegen unterscheiden: die Unterstützer, die Skeptiker und die Neutralen. Das ist Grund genug, um im Folgenden diese drei Gruppen einmal genauer unter die Lupe zu nehmen.

Drei Kollegentypen

Die Unterstützer

Unterstützende Kollegen erleichtern Ihnen den Anpassungsprozess zunächst einmal, denn es ist ein gutes Gefühl, wenn man an die Hand genommen wird und ein erfahrener Kollege einen an die bestehenden Aufgaben heranführt. Dies kann Vorteile, aber auch Nachteile für Sie haben. Es ist wichtig, zu wissen, woran Sie denken müssen, um mit Unterstützern gut zurechtzukommen.

Vorteile des Unterstützers: Den Unterstützer erkennen Sie daran, dass er von sich aus auf Sie zugeht, Sie im Kreis der neuen Kollegen willkommen heißt und sogleich versucht, auch einiges über Sie zu erfahren. Grundsätzlich ist es gut, wenn neue Kollegen von sich aus den Kontakt zu Ihnen suchen. So gewinnt das neue Team gleich ein Gesicht. Sie fühlen sich nicht mehr so verloren, denn Sie haben nun einen konkreten Ansprechpartner zur Verfügung, der Ihnen wertvolle Tipps geben kann.

So wird es für Sie von Interesse sein, zu erfahren, ob es in der Firma üblich ist, dass der Neue zum Einstand ein Frühstück organisiert oder auf einen Umtrunk einlädt. Sie können erfragen, wie sich die Kollegen untereinander anreden, also ob das persönlichere »Du« oder das distanziertere »Sie« gängig ist. Der Zugriff auf Büromaterial, Arbeitswerkzeuge oder Schutzkleidung gestaltet sich ebenfalls einfacher, wenn man Ihnen hilfreich zur Seite steht.

Wertvolle Verbündete

Unterstützer sind nicht nur in der Startphase wertvoll, der Kontakt zu ihnen ist auch im weiteren Verlauf der Probezeit von Vorteil für Sie, weil Sie sich immer an sie wenden können, wenn Sie Informationen zur Erledigung Ihrer Arbeitsaufgaben brauchen, etwas über geeignete Ansprechpartner im Unternehmen erfahren wollen oder sich über die Eigenarten von Vorgesetzten Klarheit verschaffen möchten. Denn auf die Auskunftsfreude der Unterstützer können Sie zählen.

Darüber hinaus kann der Unterstützer für Sie auch eine Eintrittskarte zu informellen Netzwerken in der Firma sein, denn wenn er mit Ihnen warm geworden ist, wird er gerne auch für Sie Kontakte zu sonst abgeschotteten Zirkeln herstellen. Vielleicht verschafft er Ihnen sogar strategisch wichtige Informationen, die Sie nutzen können, um Ihre Einbindung in die Firma zu festigen, oder aber er öffnet Ihnen Türen, die es Ihnen erleichtern, Ihre Aufgaben zu erledigen.

Zudem ist es auch hilfreich, ein offenes Ohr bei Problemen zu finden, da gerade in der Probezeit nicht immer alles glatt läuft. Der Druck, der dann unweigerlich auf einem selbst lastet, wird doch deutlich gemindert, wenn ein verständnisvoller Zuhörer versichert, dass man mit seinem Problem nicht allein dasteht.

Nicht gleich verbrüdern

Nachteile des Unterstützers: Die Vorteile des Unterstützers können sich leider zum Nachteil verkehren. Positiv wird immer bleiben, dass Sie schneller und reibungsloser ins neue Team aufgenommen werden, aber wenn Sie nicht aufpassen, binden Sie sich nicht nur vorschnell an einen bestimmten Kollegen, sondern auch an eine ganz bestimmte Gruppierung innerhalb der Firma. Wenn Sie Pech haben, steht der Unterstützer in Ihrer Abteilung isoliert da. Dann haben Sie zwar einen neuen Freund gewonnen – aber gleichzeitig auch viele neue Feinde.

Auch das Bedürfnis des Unterstützers, viel über Sie zu erfahren, kann sich schnell in einen handfesten Nachteil verwandeln, insbesondere dann, wenn Sie Dinge von sich preisgeben, die gegen Sie verwandt werden können. Es ist nämlich nicht gesagt, dass der Kollege, der sich zunächst als Ihr Unterstützer präsentiert, das auch auf Dauer bleiben wird.

Vor allem, wenn Sie nicht mehr seine Erwartungen erfüllen, kann er von Ihrem Unterstützer zu Ihrem größten Kritiker werden. Solange Sie für ihn die Rolle des hilflosen Anfängers spielen, ist alles in Ordnung. Aber wehe, Sie versuchen, eigene Vorstellungen gegen ihn durchzusetzen, denn dann kann es sein, dass er enttäuscht ist und Sie dies auch spüren lässt. Schlimmstenfalls führt das so weit, dass Sie sich am Ende unabsichtlich einen ernsthaften Feind geschaffen haben, weil Sie es gewagt haben, aus seinem Schatten herauszutreten. So dramatisch entwickelt sich eine anfänglich gute Beziehung natürlich nur in extremen Fällen.

Problematisch ist auch, dass Sie bei einer zu starken Fixierung auf den Unterstützer eventuell eine durch ihn geprägte Sichtweise auf die anderen Kollegen, die Chefs und die optimale Arbeitsweise einnehmen, die Sie bei einer unvoreingenommenen Haltung vielleicht gar nicht teilen würden. Denn das, was der Unterstützer für sich als beste aller Vorgehensweisen reklamiert, muss nicht zwingend die für Sie beste Methode sein. *Keine Vorurteile übernehmen*

Sie müssen auch damit rechnen, dass der Unterstützer irgendwann eine Gegenleistung von Ihnen einfordert. Insbesondere wenn er Sie in Netzwerke integriert hat, wird er von Ihnen erwarten, dass Sie auch für ihn bestimmte Türen öffnen, sobald Ihnen das möglich ist. Wenn es Ihnen nicht gelungen ist, zu Ihrem Mentor eine kritische Distanz zu wahren und darauf zu achten, wie viel und wie oft Sie seine Hilfe annehmen, kann es für Sie schwierig werden, im rechten Moment auszusteigen. Ganz besonders dann, wenn Sie sich auf nicht ganz korrekte Gefälligkeiten eingelassen haben.

Auch die Informationen über die Vorlieben des Chefs und der allgemeine Tratsch und Klatsch, den Sie über den Unterstützer mitbekommen, bergen Gefahren. Sie machen sich unter Umständen zu sehr die Sichtweise des Unterstützers zu eigen, wenn Sie seine Informationen ungeprüft übernehmen und darauf verzichten, sie zu hinterfragen.

Tipps für den Umgang mit dem Unterstützer: Wenn der Unterstützer Ihnen die Hand reicht, sollten Sie sie ruhig ergreifen. Behandeln Sie ihn freundlich, wahren Sie aber immer die nötige Distanz. Damit er Ihnen wohlgesinnt bleibt, sollten Sie ihn am Anfang des Arbeitstages stets mit einem freundlichen Lächeln und namentlich begrüßen.

Betreiben Sie Small Talk mit dem Unterstützer, gehen Sie aber nicht auf persönliche Schwierigkeiten, Krisen oder Probleme ein. Sonst besteht die Gefahr, dass Sie zum Opfer von Firmentratsch und -klatsch werden. *Geben Sie nicht zu viel preis*

Erfragen Sie Ihrerseits einige private Informationen vom Unterstützer. Sie können sich nach Hobbys, Freizeitinteressen, Kindern, Lebenspartnern und Ehrenämtern erkundigen. So festigen Sie das Band, ohne dass die Gefahr besteht, sich in heikle Themen zu verstricken.

Achten Sie darauf, dem Unterstützer genügend Feedback zu geben. Sagen Sie ihm also, wenn Ihnen einer seiner Tipps besonders geholfen hat oder ein neuer Kontakt mithilfe seiner Unterstützung zustande gekommen ist. Scheuen Sie sich aber nicht, die angebotenen Kontakte nach der Nützlichkeit für Ihre eigenen Interessen zu selektieren. Denken Sie immer daran, dass Sie in keiner Weise verpflichtet sind, den Wünschen des Unterstützers nachzukommen: Er macht Ihnen Angebote, die Sie annehmen oder freundlich ablehnen können. Folgen Sie ihm nicht blind!

Machen Sie sich Ihr eigenes Bild

Die Hinweise des Unterstützers, wenn es darum geht, Ihre Vorgesetzten und Kollegen einzuschätzen, sollten Sie immer mit Vorsicht betrachten. Bemühen Sie sich darum, die erhaltenen Informationen durch eigene Beobachtung oder andere Quellen zu untermauern, bevor Sie sich dieser Einschätzung anschließen. Machen Sie sich lieber Ihr eigenes Bild, statt ein fremdes vorschnell zu übernehmen. Bei Meinungsverschiedenheiten sollten Sie dem Unterstützer versöhnlich entgegentreten. Auf begründete Einwände, die freundlich vorgetragen werden, wird er immer Rücksicht nehmen. Gehen Sie mit dem Unterstützer stets höflich und kollegial um, wahren Sie aber Ihren eigenen Standpunkt!

Die Skeptiker

Skeptiker findet man eigentlich in jedem Team. Sie sind stets der Meinung, dass der Neue Unruhe in die Abteilung bringt, daher stehen sie Neulingen eher kritisch gegenüber. Sie erkennen die Skeptiker schnell daran, dass sie fast ausschließlich schlechte Nachrichten überbringen oder sich in Schwarzmalerei ergehen. Es ist aber von Vorteil für Sie, wenn Sie es schaffen, mit den Skeptikern klarzukommen.

Vorteile des Skeptikers: Die Vorteile des Skeptikers zu sehen fällt den allermeisten Neulingen schwer. Schließlich ist es gar nicht so leicht, mit miesepetrigen Kollegen den Arbeitstag verbringen zu müssen und von ihnen die ganze Zeit über mit trüben Gedanken, Vorhaltungen und schlechter Laune konfrontiert zu werden.

Blick hinter die Fassade

Es lohnt sich gerade bei skeptischen Kollegen, erst einmal einen Blick hinter die Fassade zu werfen, um zu verstehen, worauf die an den Tag gelegte Skepsis eigentlich genau fußt. Manche Kollegen verhalten sich nämlich nur deshalb so misstrauisch, weil sie schon mehr als einmal schlechte Erfahrungen mit neuen Kollegen gemacht haben. Andere fürchten, dass Unruhe in den gewohnten und geschätzten Arbeitsalltag kommt. Es gibt darüber hinaus auch sehr sensible Skeptiker, die feine Antennen für Probleme in der Firma haben und früher als andere spüren, dass etwas schiefgehen wird. Und dann kommen noch die Platzhirsche des Unternehmens hinzu, die jeden Neuling als potenziellen Konkurrenten einstufen und versuchen, ihn von Anfang an so klein wie möglich zu halten.

Ein großer Vorteil von Skeptikern ist, dass es ihnen meist schwer fällt, sich zu verstellen. Deshalb wissen Sie von Anfang an, woran Sie sind. Natürlich wäre es schöner, wenn Sie, statt auf Misstrauen zu treffen, mit Unterstützung rechnen könnten. Aber immerhin ergeben sich im Umgang mit Skeptikern keine bösen Überraschungen für Sie, weil diese mit ihren Zweifeln, ihrer Kritik oder ihrer Ablehnung nicht hinter dem Berg halten.

Skeptiker haben den Vorteil, dass Sie sie als Seismografen nutzen können. Durch sie bekommen Sie frühzeitig mit, wo etwas im Argen liegt, wo Sie in der Firma auf Widerstände treffen werden und was zu den Tabuthemen in der Firma gehört. So können Sie sich die »blutige Nase«, die sich der eine oder andere Skeptiker bereits geholt hat, ersparen.

Profitieren Sie von Erfahrungen anderer

Wenn Sie es schaffen, mit dem Skeptiker zurechtzukommen, wird nicht nur er Ihnen Respekt zollen, sondern auch der Rest der Abteilung. Es ist durchaus ein Verdienst, sich auch mit schwierigen Kollegen zusammenraufen zu können. Haben Sie es geschafft, den Argwohn des Skeptikers zu überhören und die eine oder andere nützliche Information aus seinen Ausführungen herauszufiltern, können Sie einen Freund fürs Leben gewinnen. Der Skeptiker weiß es zu schätzen, wenn er ernst genommen wird. Gerade sehr sensible und Skeptiker mit schlechten Erfahrungen sind froh, wenn man ihnen – entgegen ihren sonstigen Erfahrungen – Wertschätzung entgegenbringt.

Nachteile des Skeptikers: Ein großer Nachteil ist natürlich die schlechte Stimmung, die Skeptiker verbreiten. Wenn Sie ständig nur hören, was nicht funktioniert und vor welch unlösbaren Problemen Sie stehen, wird es schwer, eine positive innere Einstellung zum neuen Job zu entwickeln. Generell bekommen Sie vom Skeptiker wenig verwertbare Informationen, und auf seine Hilfe bei der Lösung beruflicher Probleme dürfen Sie auch nicht bauen.

Die Kollegen, deren Misstrauen auf schlechten Erfahrungen beruht, sind am unauffälligsten. Sie werden sich zunächst eher distanziert verhalten und aus der sicheren Deckung heraus ihre kritischen Anmerkungen von sich geben. Unangenehm wird es aber, wenn sie sich mit ihrer Kritik auf Sie einschießen, weil Sie dann dauernd im Fokus stehen, wenn etwas schiefläuft.

Wenn Sie auf einen Skeptiker treffen, der sich in seiner Arbeit vergräbt, haben Sie zusätzlich das Problem, dass er sich jede Neuerung verbitten wird. Er will vor sich hin »wursteln« wie bisher, und da sind Sie als Neuer, der womöglich frischen Wind in das Unternehmen bringen will, ein echter Störfaktor.

Zeitdiebe

Skeptiker der sensiblen Kategorie können schnell zu Zeitdieben werden. Da sie ihre Bedenken stets unmittelbar loswerden müssen, sind Sie als Neuling ein bevorzugtes Opfer, um sich anhören zu müssen, was alles nicht richtig läuft, da sich kein anderer Kollege die Geschichten mehr anhören mag.

Bei dem Typ, der bei jedem Neuling seine Position gefährdet sieht, haben Sie es sogar noch schwerer, weil er nicht von Anfang an mit offenem Visier kämpfen wird. Vielmehr zeigt es sich erst im Laufe der Zeit, ob er Ihnen immer wieder Steine in den Weg legt, um Sie zu blockieren.

Verlassen Sie sich nicht darauf, dass er sein joviales Verhalten, das er am Anfang Ihnen gegenüber an den Tag legt, beibehält. Passt ihm etwas nicht, kann er sehr angriffslustig werden. Er neigt auch dazu, sich mit fremden Federn zu schmücken. Das hat zur Folge, dass er – ohne mit der Wimper zu zucken – Ihre Leistung als eigene ausweisen wird, solange alles erfolgreich läuft. Läuft es aber nicht gut, dann wird er Sie – als schwächstes Mitglied des Unternehmens – ohne zu zögern als Bauernopfer präsentieren.

Tipps für den Umgang mit dem Skeptiker: Der wichtigste Ratschlag für den Umgang mit Skeptikern ist, Ihnen freundlich, aber bestimmt entgegenzutreten.

Spüren Sie ruhig in den Problemschilderungen der Skeptiker den für Sie relevanten Warnhinweisen nach, aber lassen Sie sich auf keinen Fall von der pessimistischen Grundstimmung anstecken. Scheuen Sie sich nicht davor, den Skeptikern vor Augen zu führen, dass Sie durchaus Handlungsmöglichkeiten sehen. Hoffen Sie nicht auf Einsicht, aber positionieren Sie sich als konstruktiver und handlungsorientierter neuer Mitarbeiter.

Gespräche mit Skeptikern sollten Sie im eigenen Interesse kurz halten, denn je länger Skeptiker zu Wort kommen, desto mehr steigern sie sich in die Ungerechtigkeiten der Welt hinein und reden sich in Rage. Sie müssen den Kontakt zu Skeptikern auch deswegen stark einschränken, damit Ihr Vorgesetzter Sie nicht im Lager der Blockierer und Bedenkenträger vermutet.

Gewinnen Sie sein Vertrauen

Holen Sie Ihre misstrauischen Kollegen ruhig mit ins Boot und betonen Sie bei nützlichen Warnhinweisen deren Wert für Ihre Arbeit. Auf diese Weise schaffen Sie es, den Skeptiker Ihnen gegenüber zu öffnen. Der Skeptiker wird zwar argwöhnisch bleiben, aber damit anfangen, Ihnen zu vertrauen. Schließlich haben Sie es geschafft, den berechtigten Kern seiner Klagen zu erkennen. Endlich fühlt er sich verstanden.

Aus Sicht hartgesottener Skeptiker hat leider sowieso alles keinen Sinn. Sie haben die Einstellung, dass »die da oben in der Firma« doch sowieso machen, was sie wollen. Diese pauschale Vorgesetztenschelte dürfte auch schon Ihrem Chef zu Ohren gekommen sein. Vermeiden Sie es deswegen auf jeden Fall, auf die Vorgesetztenschelte einzugehen. Der Skeptiker könnte Sie sonst bei anderen Kollegen als Verbündeten präsentieren. Damit hätten Sie sich auf die falsche Seite gestellt und bei Ihrem Chef äußerst schlechte Karten.

Während es bei den meisten Skeptikern genügt, sie möglichst weit-räumig zu umgehen, werden Sie sich mit dem Platzhirsch auseinander-setzen müssen. Lassen Sie ihm ruhig seinen großen Auftritt, aber wenden Sie sich mit Ihren Fragen lieber an andere Kollegen. Haben Sie das Gefühl, dass er an Ihren Arbeitsergebnissen auffällig interes-siert ist, müssen Sie vorsichtig sein. Spielen Sie auf Zeit und betonen Sie, dass die Ergebnisse noch nicht präsentationsreif sind. So bekom-men Sie die nötige Zeit, um eine Ergebniszusammenfassung zuerst mit Ihrem Vorgesetzten zu besprechen, und die Gefahr, dass ein an-derer sich mit Ihren Erfolgen schmückt, ist gebannt.

Platzhirsche

Die Neutralen

Die Mehrheit Ihrer Kollegen wird Ihnen bei Ihrem Einstieg zunächst neutral gegenüberstehen. Sie werden aus der Distanz beobachten, wie Sie sich anstellen, und sich erst nach und nach ein Urteil über Sie bilden.

Vorteile des Neutralen: Neutrale Kollegen erkennen Sie an ihrem ab-wartenden Verhalten. Diese Kollegen werden Sie einfach Ihre Arbeit machen lassen und sich nur wenig einmischen. Dass die Neutralen sich zu Anfang eher reserviert verhalten, bedeutet nicht, dass man Sie ablehnt. Üblicherweise können Sie auch mit einem kollegialen Um-gangston rechnen.

Im Gegensatz zum Unterstützer und zum Skeptiker werden die Neutralen nicht von sich aus Kontakt zu Ihnen suchen. Das ist vielen Neueinsteigern sehr recht, da sie sich dadurch auf ihre Aufgaben kon-zentrieren können. Die abwartend beobachtenden Kollegen sind weder auf der Suche nach einem neuen Freund noch nach einem Blitzableiter für schlechte Stimmung.

Der Vorteil beim Neutralen ist, dass Sie sich nicht darum sorgen müssen, wie Sie genug Distanz zu ihm wahren, und dass die Gefahr, vereinnahmt zu werden, sehr gering ist. Der Neutrale wird weder ver-suchen, Sie auf seine Seite zu ziehen, noch wird er die Absicht verfol-gen, Sie in eine bestimmte Gruppierung im Unternehmen zu drängen. Für Neutrale steht der Job mit seinen Aufgaben im Mittelpunkt. Und diese Einstellung erwarten sie auch von anderen

Der Job steht im Mittelpunkt

Vom Neueinsteiger fordert der Neutrale nur wenig, wenn es darum geht, persönliche Beziehungen zu ihm zu gestalten. Der Neue wird erst einmal so akzeptiert, wie er ist, und kann sich so in Ruhe seinen beruflichen Aufgaben widmen. Das ist gerade in der stressigen Anfangsphase im neuen Job von Vorteil, weil Sie sich ohne persönliche Reibungsverluste in die Arbeit stürzen können.

Nachteile des Neutralen: Dass der Neutrale sich abwartend verhält, heißt nicht, dass er keine Erwartungen an Sie hat. Sie haben bei ihm nur mehr Freiräume, die Sie allerdings auch ausfüllen müssen. Vielen Neueinsteigern erscheint der Neutrale distanziert und unnahbar. Er vermittelt gerade empfindsamen Neulingen oft das Gefühl, dass er sie in der Luft hängen lässt und nicht daran interessiert ist, sie ins Team zu integrieren. So kann sich der Vorteil, dass der Neutrale von sich aus wenig auf den Neueinsteiger zugeht, schnell in einen massiven Nachteil verkehren. Nämlich dann, wenn sich der Neue bei der Erledigung seiner Aufgaben verrennt und seine Kollegen es nicht merken beziehungsweise ihn nicht darauf aufmerksam machen.

Der Informationsaustausch mit einem neutral eingestellten Kollegen kann problematisch sein, weil er erwartet, dass Sie sich aus eigenem Antrieb an ihn wenden und gezielt nach Informationen fragen. Aus seiner Sicht hat nicht er eine Bringschuld, sondern Sie haben eine Holschuld, wenn es darum geht, für die Arbeit relevante Informationen zusammenzutragen.

Eigen-
verantwortung
Gerade weil diese Kollegen Ihnen auch Fehler zugestehen, dürfen Sie nicht hoffen, dass sie Sie von sich aus auf den richtigen Weg bringen. Zu ihrer Philosophie gehört, dass jeder für sich selbst verantwortlich ist und jeder für seine Fehler selbst geradestehen muss.

Es gibt Neutrale, die aufgrund ihrer Leistungsorientierung ein sehr enges Verhältnis zum Chef aufgebaut haben. Bei diesen Kollegen müssen Sie damit rechnen, dass sie Ihren Vorgesetzten sehr schnell darüber informieren werden, wenn es bei Ihnen nicht rund läuft. Sie müssen sich darauf einstellen, dass Ihr Chef schneller darüber im Bild ist, als Ihnen lieb sein dürfte, falls es zu Terminverzögerungen oder fehlerhafter Informationsweitergabe kommt.

Wenn der Neutrale nicht mit Ihrer Arbeitsleistung zufrieden ist, beeinflusst das auch Ihr persönliches Verhältnis zueinander unmittelbar, denn wenn sich der Neutrale enttäuscht fühlt, ist er kaum noch zu Small Talk bereit. Die Atmosphäre wird dann recht frostig.

Tipps für den Umgang mit dem Neutralen: Prinzipiell werden Sie mit sich neutral verhaltenden Kollegen gut zurechtkommen, weil Ihnen diese Gruppe den persönlichen Umgang nicht besonders schwer macht.

Seien Sie sich aber bewusst, dass Sie auch hier unter genauer Beobachtung stehen. Die Neutralen werden sehr genau registrieren, wie Sie an Aufgaben herangehen und wie Ihre Arbeitsergebnisse aussehen.

Wenn Sie bei der Erledigung Ihrer Aufgaben vor Problemen oder besonderen Herausforderungen stehen, sollten Sie sich unbedingt an einen neutralen Kollegen wenden und seine Meinung zur weiteren

Vorgehensweise einholen. Warten Sie nicht, bis Sie vor lauter Schwierigkeiten nicht mehr ein noch aus wissen, sondern benennen Sie Ihr Problem frühzeitig so präzise wie möglich, und holen Sie dazu vom Neutralen Rat ein.

Diese Kollegen schätzen es auch, wenn Sie von Ihnen über Ihre Arbeitsfortschritte informiert werden. Es kann sich lohnen, einmal ein Zwischenergebnis vorzulegen und um eine Stellungnahme dazu zu bitten. So können die Neutralen erkennen, dass Sie sich bemühen und es richtig machen wollen. Sie dürfen allerdings nicht wegen jeder Kleinigkeit vorstellig werden, da die Neutralen grundsätzlich erwarten, dass Sie sich alleine durchbeißen. Bereiten Sie sich gut auf Meetings, Teamsitzungen und Konferenzen vor, denn auch dort will der Neutrale erkennen können, dass Sie zu produktiver Mitarbeit fähig sind. *Liefern Sie Zwischenergebnisse*

Da der Neutrale konstruktives Arbeiten schätzt, wird er es Ihnen hoch anrechnen, wenn Sie gute Vorschläge von Kollegen unterstützen. Natürlich hat er auch nichts dagegen, wenn Sie sich von Zeit zu Zeit auf seine Seite schlagen, aber Sie müssen Ihre Unterstützung begründen können, mit Anbiederung kann er nur wenig anfangen.

Haben Sie bei einem Kollegen erkannt, dass er das Vertrauen Ihres Vorgesetzten genießt, sollten Sie ihm gegenüber ruhig einmal durchblicken lassen, dass Sie mit Ihrer Arbeit vorankommen und mit Ihrem neuen Job sehr zufrieden sind. Auf diese Weise erreichen Ihre positiven Signale auch den Vorgesetzten.

Sie müssen den Neutralen mit Ihren Leistungen überzeugen. Wenn Sie gute Arbeit abliefern und sich die Einstellung zu eigen machen, dass Sie selbst für die Informationsbeschaffung verantwortlich sind, werden Sie unter den Neutralen auf Dauer verlässliche Kollegen finden, mit denen Sie reibungslos zusammenarbeiten können.

Unsere Unterteilung in Unterstützer, Skeptiker und Neutrale wird Ihnen dabei helfen, Ihre neuen Kollegen schneller und besser einschätzen zu können. Profitieren Sie im Umgang mit diesen Kollegentypen von den oben aufgeführten Vorteilen – ohne die beschriebenen Nachteile aus den Augen zu verlieren! *Nutzen sie Ihr Wissen*

Alle Menschen – so auch Ihre Kollegen – wollen unterschiedlich behandelt werden. Beherzigen Sie deshalb unsere speziellen Tipps für den Umgang mit Ihren neuen Kollegen.

Warten Sie nicht darauf, dass sich persönliche Beziehungen von allein entwickeln werden. Sie können einiges dafür tun, um die Kontakte zu den neuen Kollegen von Anfang an so zu gestalten, wie Sie es sich wünschen. Und diese Chance sollten Sie auf jeden Fall nutzen.

63. Der neue Chef

Sie können sich noch so viel Mühe mit den neuen Kollegen oder der Bewältigung der neuen Aufgaben geben: Wenn Sie es nicht schaffen, mit Ihrem neuen Chef beziehungsweise Ihrer neuen Chefin zurechtzukommen, wird die Probezeit unweigerlich in einer Katastrophe enden. Deshalb ist es wichtig, gleich zu Beginn eine gute Beziehung zum neuen Vorgesetzten aufzubauen.

Das ist leichter gesagt als getan, denn auch der Umgang mit Ihrem neuen Chef ist kein Selbstläufer. Im Gegenteil: In den regelmäßig veröffentlichten Umfragen zum Verhältnis von Chef und Mitarbeiter in Zeitungen, Zeitschriften und im Internet wird immer wieder beklagt, dass die wenigsten Mitarbeiter mit ihren Vorgesetzten wirklich zufrieden sind. Kritikpunkte, die häufig genannt werden, sind zu seltenes Feedback, zu wenig Anerkennung und eine nur mangelhafte Verlässlichkeit. Es hilft aber nicht weiter, in eine allgemeine Chef-schelte zu verfallen und sich darüber zu beschweren, dass »die da oben« sowieso machen, was sie wollen. Glücklicherweise gibt es nicht nur schlechte Chefs, sondern auch gute – und solche, die zumindest für ein vernünftiges Arbeitsklima sorgen.

Wie ist mein Chef?

Chefklischees

Die üblichen Klischees, die über Chefs im Umlauf sind, verheißen nichts Gutes. Da ist die Rede von Pedanten, Schaumschlägern, Launischen, Cholerikern, Tyrannen, Distanzierten, Blendern, Überforderten und Polterern. Weiter geht es mit den »Neurosen der Chefs« oder den »Nieten in Nadelstreifen«. Es fällt auf, dass Vorgesetzte von Natur aus bösartig, berechnend und hinterhältig sein sollen, und fast gewinnt man den Eindruck, dass psychische Störungen eine Grundvoraussetzung dafür sind, um Chef werden zu können.

Auch wenn diese plakativen Beschreibungen gelegentlich zutreffen, bilden sie doch die berufliche Realität nicht ausreichend ab. Denn es gibt nicht nur die schlechten Chefs, es gibt es auch verlässliche, motivierende, unterstützende, sachliche, kreative, produktive und sogar humorvolle Vorgesetzte.

Es gilt also, unzulässige Verallgemeinerungen nicht einfach zu übernehmen, sondern sich selbst ein möglichst facettenreiches Bild von Ihrem neuen Chef zu machen. Übernehmen Sie nicht die Vorurteile anderer, sondern bringen Sie lieber selbst in Erfahrung, was für einen Vorgesetzten Sie vor sich haben.

Damit Ihnen die Antwort auf die Frage »Wie ist mein Chef?« leichter fällt, stellen wir Ihnen nun vier Chefkategorien vor, die die berufliche Realität besser abbilden als die oben genannten Klischees. Ausgangspunkt für diese vier Kategorien sind die Erwartungen, die neue Mitarbeiter in der Regel an ihren Chef haben. Diese Erwartungen lassen sich in zwei wichtige Bereiche unterteilen. So wird vom Chef einerseits erhofft, dass er über genügend fachliches Know-how verfügt, und andererseits, dass er seinen Mitarbeitern persönliche Wertschätzung entgegenbringt. Eine Kombination dieser zwei Merkmale führt zu folgenden vier Chefkategorien:

Vier Cheftypen

→ **Der fachlich versierte und persönlich wertschätzende Chef**
→ **Der fachlich hilflose, aber persönlich wertschätzende Chef**
→ **Der fachlich versierte, aber persönlich abwertende Chef**
→ **Der fachlich hilflose und persönlich abwertende Chef**

Der fachlich versierte und persönlich wertschätzende Chef

Wenn Sie sich bei Fragen zur Erledigung der neuen Aufgaben an Ihren Vorgesetzten wenden können und er Ihnen auch noch regelmäßig zeigt, dass er Sie als Person schätzt, haben Sie den idealen Chef.

Der ideale Chef

Merkmale des fachlich versierten und persönlich wertschätzenden Chefs: Fachlich versiert meint nicht, dass Ihr Chef alle Ihre Fragen beantworten können muss, denn trotz seines guten Fachwissens ist er schließlich mehr Generalist als Spezialist. Dennoch ist es für Sie hilfreich, wenn Ihr Chef einen großen Teil Ihrer Fragen selbst beantworten kann.

Positiv wird sich aber auch auswirken, wenn Ihr Vorgesetzter Sie in Zweifelsfragen an die richtigen Ansprechpartner verweisen kann, und zwar sowohl innerhalb als auch außerhalb der eigenen Abteilung. Ihr Chef weiß in der Regel, wer in der Abteilung spezielle Erfahrungen und Kenntnisse hat. Stellt Ihr Vorgesetzter dann auf Ihre Nachfrage einen Kontakt zu den entsprechenden Kollegen für Sie her, haben Sie es leicht, denn wenn der Chef darum bittet, dass man Ihnen hilft, wird dem gerne nachgekommen.

Insbesondere in größeren Firmen und Konzernen ist es wichtig, vom Chef in Informationsnetzwerke außerhalb der eigenen Abteilung eingeführt zu werden. So manche Tür, die sonst verschlossen bliebe, kann ein fachlich versierter Chef mit einem kurzen Anruf für Sie öffnen.

Eine weitere wesentliche Unterstützung ist das Heranführen an die Arbeitsprozesse. Diese Prozesse laufen nämlich nicht in jeder Firma gleich ab. Manche Firmen strukturieren Arbeitsprozesse sehr stark, andere lassen den Dingen einfach ihren Lauf und warten ab, was am Ende dabei herauskommt.

Immer gut informiert

Für Sie ist es beispielsweise wichtig, in Entscheidungsprozessen zu wissen, wer zu welchem Zeitpunkt informiert werden muss, wer mit entscheidet und wer die Macht hat, die benötigten Mittel bereitzustellen. Ohne diese Informationen durch Ihren Vorgesetzten würden Sie mit einem eigenmächtigen Vorgehen Ihre Kollegen unabsichtlich vor den Kopf stoßen. Sicherlich würden Sie aus diesem Schaden klug werden, aber schöner ist es doch, wenn Sie vom Chef rechtzeitig Hinweise darauf bekommen, wie der übliche Ablauf in der Firma ist, um sich entsprechend darauf einstellen zu können.

Unterstützt Ihr Chef Sie nicht nur beim Hineinwachsen in Ihre Aufgaben, sondern drückt Ihnen gegenüber auch regelmäßig seine Wertschätzung aus, haben Sie es gut getroffen.

Es ist klar, dass Sie im neuen Job zu Beginn noch nicht alles perfekt können. Aber für das eigene Wohlbefinden ist es doch äußerst hilfreich, wenn Sie für Ihre Leistungen in den ersten Tagen oder Wochen schon einmal ein kleines Lob oder anerkennende Worte bekommen. Und wenn diese Anerkennung vom Chef geäußert wird, können Sie sich seiner Wertschätzung sicher sein.

Ein weiterer deutlicher Indikator für persönliche Wertschätzung ist die Art und Weise, wie Ihr Vorgesetzter auf Ihre Anmerkungen, Vorschläge und Ideen reagiert. Wenn Sie sich in Meetings, Konferenzen und Besprechungen zu Wort melden und Ihr Chef Sie ausreden lässt und sich mit Ihren Argumenten auseinandersetzt, ist dies ein gutes Zeichen.

Indirekter Stil

So mancher Chef bevorzugt auch einen indirekten Stil. Dann wird Ihnen beispielsweise von einem Kollegen unter dem Siegel der Verschwiegenheit zugetragen, dass sich der Chef dem Kollegen gegenüber positiv über Sie geäußert hat. Oder Sie bekommen um mehrere Ecken mitgeteilt, dass Ihr Vorgesetzter mit der von Ihnen ausgearbeiteten Entscheidungsvorlage sehr zufrieden war.

Besonders deutlich wird persönliche Wertschätzung durch die Körpersprache ausgedrückt, die Ihr Chef im Umgang mit Ihnen einsetzt. Dazu gehören Ermunterungsgesten, wenn Sie einen Vorschlag formulieren. So könnte er beispielsweise zustimmend nicken, während Sie Ihre Idee vortragen. Ein eindeutiges Signal für Wertschätzung in Gesprächen mit Vorgesetzten ist auch, wenn sich Ihr Chef – von einem aufmerksamen Blickkontakt begleitet – Ihnen mit seinem ganzen Körper zuwendet, weil es bedeutet, dass der Chef Ihren Ausführungen seine volle Konzentration schenkt.

Tipps für den Umgang mit dem fachlich versierten und persönlich wertschätzenden Chef: Wenn Sie auf einen Chef treffen, der Ihnen hilfreich zur Seite steht und Ihnen signalisiert, dass er Sie zudem als Person schätzt, sind Sie fachlich auf der sicheren Seite und bekommen darüber hinaus einen echten Vertrauensvorschuss eingeräumt.

Sorgen Sie dafür, dass die konstruktive und positive Stimmung erhalten bleibt, indem Sie Ihrem Chef immer wieder kurz Feedback darüber geben, dass Sie die typischen Anlaufschwierigkeiten und -probleme mithilfe seiner Tipps und Anregungen schnell aus dem Weg räumen konnten.

Positive Stimmung durch Feedback

Bedanken Sie sich auch dafür, wenn Ihnen Ihr Vorgesetzter Türen geöffnet und Kontakte aufgebaut hat. Sie brauchen sich dabei nicht zu verbiegen und in eine unangenehme Lobhudelei zu verfallen, aber es ist sicherlich angebracht, wenn Sie bei passender Gelegenheit dem Chef gegenüber kurz erwähnen, dass Sie es bei der Bewältigung Ihrer Aufgaben dank seines Engagements deutlich leichter hatten.

Persönliche Wertschätzung ist keine Einbahnstraße. Sie wird sich zwischen Ihnen und Ihrem Chef umso mehr verfestigen, je mehr auch Sie darauf hinarbeiten, sich loyal zu verhalten. Achten Sie also in Ihren Kontakten mit dem Vorgesetzten darauf, dass Sie ihn ebenfalls ausreden lassen und sich mit seinen Argumenten beschäftigen. Äußern Sie Kritik an den Vorschlägen Ihres Chefs auf keinen Fall vor anderen. In Konferenzen und Meetings sollte Ihr Chef immer sein Gesicht wahren können. Haben Sie aber fundierte Zweifel daran, ob sich seine Vorschläge umsetzen lassen, sollten Sie das sachliche Gespräch unter vier Augen suchen. Zu Beginn der Probezeit müssen Sie hier aber besonders vorsichtig vorgehen, denn schließlich sind Sie der Neue, und Ihr Chef wird in der Regel wissen, was er zu tun hat.

Nutzen Sie auch die Macht der Körpersprache, um Ihre Wertschätzung gegenüber Ihrem Chef deutlich zu machen. Verwenden Sie ebenfalls Zustimmungsgesten, und halten Sie Blickkontakt, wenn er sich mit Ihnen unterhält.

Übt Ihr Chef Kritik an Ihnen, sollten Sie dies nicht als persönlichen Angriff, sondern als Anregung auffassen. Ergründen Sie den sachlichen Kern, der hinter der Kritik steht, und überlegen Sie sich, was Sie künftig anders machen können. Mehr zum Umgang mit Kritik erfahren Sie im Kapitel »Kritik bringt Sie weiter«.

Kritik als Anregung verstehen

Der fachlich hilflose, aber persönlich wertschätzende Chef

Es kommt nicht selten vor, dass Mitarbeiter in ihrem Arbeitsgebiet ausgewiesene Spezialisten sind, denen der Chef fachlich längst nicht mehr das Wasser reichen kann. Das ist aber kein Problem, solange die persönliche Beziehung zwischen Chef und Mitarbeiter stimmt.

Merkmale des fachlich hilflosen, aber persönlich wertschätzenden Chefs: Gründe für eine fachliche Hilflosigkeit von Chefs gibt es viele. Mancher erfahrene alte Chef hat den Anschluss an die neuesten Entwicklungen verpasst und kann deswegen bei der Bewältigung der in der Abteilung üblichen Fachaufgaben nicht mehr mithalten.

Ins kalte Wasser geworfen?

Aber auch das Gegenteil kommt vor: Junge Führungskräfte mit wenig Facherfahrung haben aufgrund ihres guten Drahts zur Geschäftsleitung einen Karrieresprung gemacht und sind zunächst damit ausgelastet, in ihre neue Führungsaufgabe hineinzuwachsen. Aus diesem Grund haben sie für eine intensive Beschäftigung mit den fachlichen Aufgaben ihrer Mitarbeiter kaum Zeit.

Es kann auch passieren, dass eine eigentlich fachlich versierte Führungskraft auf eine andere Stelle im Unternehmen berufen wird, obwohl sie für diese Stelle nicht das nötige Hintergrundwissen mitbringt. Nach dem Motto »Jede Führungskraft ist so gut wie die Mitarbeiter, die sie führt« wird von der Geschäftsleitung mitunter großzügig über die offensichtlich vorhandenen fachlichen Defizite der Führungskraft hinweggesehen. Man baut dann darauf, dass die in der alten Stelle nachgewiesenen Führungsfähigkeiten für die erfolgreiche Ausübung der neue Position ausreichen werden.

Wenn Sie aus den genannten oder ähnlichen Gründen von Ihrem neuen Chef in fachlicher Hinsicht eher wenig direkte Unterstützung zu erwarten haben, muss sich das nicht grundsätzlich negativ für Sie auswirken. Wichtig ist es, seine persönliche Wertschätzung zu haben. Ob das der Fall ist, erkennen Sie – wie oben ausgeführt – an positiven Rückmeldungen, am konstruktiven Gesprächsverhalten, durch indirektes Feedback über Kollegen und an einer Wertschätzung ausdrückenden Körpersprache.

Tipps für den Umgang mit dem fachlich hilflosen, aber persönlich wertschätzenden Chef: Für Sie als neuen Mitarbeiter haben fehlende Fachkenntnisse Ihres Vorgesetzten Vor- und Nachteile.

Wenden Sie sich an Kollegen

Zunächst ist es natürlich ungewohnt, wenn Sie Ihren Chef in kniffeligen Angelegenheiten nicht um Rat fragen können. Da er mit Ihrem Tagesgeschäft nicht vertraut ist, wird er Sie auch nicht an kompetente Ansprechpartner außerhalb der Abteilung verweisen können. Sie müssen also selbst Sorge dafür tragen, dass Sie die Informationen bekommen, die Sie für die Erfüllung Ihrer Aufgaben benötigen. Sprechen Sie deshalb erfahrene Kollegen an, und bitten Sie sie darum, Sie mit den üblichen Aufgaben und den dazugehörigen Arbeitsabläufen vertraut zu machen. Auf diese Weise bauen Sie sich Ihr Informationsnetzwerk selber auf.

Es wäre natürlich schöner, wenn Sie von Ihrem Vorgesetzten mit den Anforderungen der neuen Stelle vertraut gemacht würden. Ein fachlich hilfloser Chef kann aber nun einmal nicht das Gleiche leisten wie ein fachlich versierter.

Der Vorteil dieser Chef-Mitarbeiter-Konstellation liegt aber darin, *Ihr Chef braucht Sie*
dass Ihr Chef Sie mehr braucht als Sie ihn. Denn wenn Sie mit den
Aufgaben nach einiger Zeit gut zurechtkommen, kann Ihr Chef nicht
mehr auf Sie verzichten. Dies wird seine sowieso schon positive Wertschätzung Ihnen gegenüber noch verstärken.

Bereits mittelfristig wird sich die erhöhte Anstrengung der ersten
Tage und Wochen für Sie auszahlen. Ihr Chef kann Ihnen nicht wirklich in die Dinge hineinreden, er wird Ihnen also große Freiräume
zugestehen. Außerdem haben Sie einen echten Unterstützer an Ihrer
Seite, der Sie bei gut begründeten Wünschen, beispielsweise nach
einer besseren Büroausstattung, speziellen Weiterbildungen oder mehr
Personal, prinzipiell eher unterstützen als abblocken wird.

Der fachlich versierte, aber persönlich abwertende Chef

Treffen Sie auf einen Chef, der zwar fachlich top, aber auf der zwischenmenschlichen Ebene nicht ganz einfach ist, wird es für Sie schwierig, vor allem dann, wenn Ihnen ein harmonisches Miteinander am
Arbeitsplatz wichtig ist.

Merkmale des fachlich versierten, aber persönlich abwertenden *Schlechtes*
Chefs: Kennzeichnend für Firmen und Organisationen, in denen Sie *Abteilungsklima*
es mit fachlich versierten, aber persönlich abwertenden Vorgesetzten
zu tun haben, ist ein generell schlechtes Abteilungsklima. Mangels
positiver Impulse durch die Führungskraft ist der Teamgeist nur
schwach ausgeprägt oder nicht vorhanden, alle wursteln allein vor
sich hin. Bei auftretenden Fehlern versucht dann jeder, die Verantwortung einem anderen in die Schuhe zu schieben. Und da Sie als
Neuling in der Hierarchie ganz unten stehen, sind Sie schnell das bevorzugte Opfer dieser Schuldzuweisungen.

Zwischenmenschlich mit wenig Feingefühl ausgestattete Vorgesetzte können Ihnen als Neuem das Leben schwer machen. Denn was
nützt es Ihnen, wenn Ihr Chef Sie an die neuen Aufgaben heranführt
und Sie mit den Arbeitsabläufen vertraut macht, aber gleichzeitig
unverblümt signalisiert, dass er Sie eigentlich für unfähig, überfordert
und eine glatte Fehlbesetzung hält?

Gerade weil Sie in der fordernden Probezeit auch einmal selbst an Ihren
Fähigkeiten zweifeln werden und sich womöglich überkritisch beurteilen,
ist ein persönlich abwertender Chef sehr problematisch, denn statt eine
Erfolgsspirale in Gang zu setzen, die Ihnen dabei hilft, Schritt für Schritt
in den neuen Job hineinzuwachsen, sorgt der Vorgesetzte mit seinem
Verhalten für noch mehr Frustration, Stress und Selbstzweifel bei Ihnen.

So wird er Ihnen in Konferenzen und Besprechungen ständig ins
Wort fallen, Ihre Argumente grundsätzlich ablehnen und Sie womöglich sogar vor den neuen Kollegen abkanzeln.

Die fehlende Wertschätzung Ihnen gegenüber drückt sich auch deutlich in seiner Körpersprache aus. Ein gelangweilter oder skeptischer Gesichtsausdruck wird bei ihm genauso häufig zu sehen sein wie abwertende Handbewegungen oder vor der Brust verschränkte Arme. Und Blickkontakt hält er nur dann zu Ihnen, wenn er sich wieder einmal in Rage redet und Sie kritisiert.

Tipps für den Umgang mit dem fachlich versierten, aber persönlich abwertenden Chef: Es gibt Mitarbeiter, die mit Chefs dieser Kategorie zurechtkommen. Allerdings ist dann ein dickes Fell nötig, um die Stimmungen und Launen des Vorgesetzten auf Dauer zu ertragen.

Hohe Mitarbeiter-fluktuation

Sensible Naturen, die nicht nur irgendeinen Job machen beziehungsweise abhaken wollen, sondern aus ihrer Arbeit auch ihr Selbstwertgefühl ziehen möchten, haben es dagegen schwer. Sie sollten zwar nicht vorschnell aufgeben, aber wenn Sie sich nach den ersten Monaten der Probezeit jeden Morgen nur noch widerwillig aus dem Bett kämpfen und mit schlechter Laune in die Firma fahren, ist es an der Zeit zu handeln. Auf dieses Problem gehen wir in dem Kapitel »Wenn die Zweifel überhand nehmen« näher ein. Nicht umsonst ist die Mitarbeiterfluktuation bei fachlich versierten, aber persönlich abwertenden Chefs sehr hoch.

Nicht immer verharren persönlich abwertende Chefs auf Dauer in ihrem distanziert-kritischen Verhalten. Manchmal handelt es sich auch um eine Vorsichtsmaßnahme, weil diese Chefs in der Vergangenheit schlechte Erfahrungen mit neuen Mitarbeitern gemacht haben, denen sie zu früh ihr Vertrauen geschenkt haben, und nun lieber erst einmal abwarten möchten, wie sich der neue Mitarbeiter entwickelt. Dann gilt es, zu Beginn der Probezeit die Zähne zusammenzubeißen und sich in die Arbeit zu stürzen. Können Sie nach einiger Zeit mit guten Leistungen überzeugen und verfestigt sich bei Ihrem Chef der Eindruck, dass Sie loyal sind, kann sein Herz aus Stein Ihnen gegenüber auch wieder weich werden. Mancher auf den ersten Blick schwierige Chef weiß um seine Eigenheiten und ist deshalb umso erfreuter, wenn seine Mitarbeiter dennoch gut mit ihm zusammenarbeiten können. Man kann sicherlich nicht jeden schwierigen Vorgesetzten in den Griff bekommen, aber manchmal lohnt sich der Versuch!

Leidensgenossen suchen

Eine weitere Möglichkeit, sich durch persönlich abwertende Chefs nicht die Lust an der Arbeit nehmen zu lassen, ist eine verstärkte Hinwendung zu den Kollegen. Finden Sie nämlich unterstützende Kollegen, die Ihnen bei Problemen und Krisen zur Seite stehen, lässt sich das gemeinsame Schicksal besser ertragen. Nicht wenige Mitarbeiter kommen mit der inneren Einstellung »Eigentlich läuft alles prima, wenn nur der Alte nicht wäre!« gut durchs Arbeitsleben. Manchmal muss man eben aus Mangel an Alternativen in den sauren Apfel beißen, immerhin kann man darauf hoffen, dass sich der Chef auf eine andere Stelle bewirbt oder dass er in den ersehnten Ruhestand geht und so die Abteilung verlässt.

Der fachlich hilflose und persönlich abwertende Chef

In manchen Firmen gibt es auch unfähige und überforderte Chefs. Die Möglichkeiten, mit diesen ungeliebten Vorgesetzten produktiv zusammenzuarbeiten, sind leider sehr beschränkt.

Worst case

Merkmale des fachlich hilflosen und persönlich abwertenden Chefs: Woran Sie fachlich laienhafte und zwischenmenschlich schwierige Chefs erkennen, haben wir Ihnen bereits erklärt. Sie wissen daher, dass Sie von diesem Chef fachlich nichts zu erwarten haben und sich die Aufgabenfelder und Arbeitsabläufe selbst erschließen müssen. Und Sie wissen auch, dass Sie auf keinerlei Wertschätzung durch Ihren Vorgesetzten hoffen dürfen. Im Gegenteil, er wird Sie vor der versammelten Mannschaft bloßstellen, Ihre Arbeitsergebnisse schlecht machen und Kritik um der Kritik willen üben.

Tipps für den Umgang mit dem fachlich hilflosen und persönlich abwertenden Chef: Eigentlich gibt es nur einen Tipp für den Umgang mit diesem professionellen Demotivator, und der lautet: kündigen!

Sie sollten Ihrem Chef mehr als eine Chance geben, um seinen wahren Charakter zu zeigen. Es wäre sicherlich verfrüht, wegen einer handfesten Meinungsverschiedenheit gleich die Flinte ins Korn zu werfen, wenn Sie aber feststellen, dass Sie einfach nicht mir Ihrem Chef zusammenarbeiten können, weil er Ihnen weder fachlich noch menschlich zur Seite steht, sollten Sie Ihren Abschied vorbereiten.

Suchen Sie nach beruflichen Alternativen. Nehmen Sie die Bewerbungsaktivitäten wieder auf und führen Sie Ihre Vorstellungsgespräche aus der sicheren Position der festen Anstellung heraus.

Berufliche Alternativen suchen

Sie brauchen keine Angst haben, wenn man Sie im Vorstellungsgespräch danach fragt, warum Sie nach so kurzer Zeit schon die Stelle wechseln wollen. Hier hilft Ihnen ein wenig Taktik weiter: Statt auf dem momentanen Chef herumzuhacken, führen Sie einfach allgemeine Gründe an, die jeder Personalverantwortliche nachvollziehen kann. So könnten Sie argumentieren, dass Sie befürchten, in der Firma würden bald Stellen abgebaut werden, und Sie als Neuling rechneten deshalb damit, bald wieder gehen zu müssen. Wir wissen aus unserer Beratungspraxis, dass derart allgemein gehaltene Wechselgründe in der Regel glatt durchgehen.

Im beruflichen Umgang mit Ihrem Chef sollten Sie auf Alarmstufe Rot schalten. Sichern Sie sich fortlaufend bei Ihrer Arbeit in alle Richtungen ab, um sich bei ungerechtfertigten Angriffen verteidigen zu können. Verfassen Sie nach Konferenzen kurze Protokolle und nach

Besprechungen kleine Memos, damit Ihr Chef Ihnen nicht vorwerfen kann, dass Sie sich gegen ihn stellen. Oder schicken Sie ihm E-Mails, in denen Sie kurz und sachlich zusammenfassen, wie Sie die Anweisungen Ihres Vorgesetzten verstanden haben. Mit dieser Vorgehensweise sind Sie auf der sicheren Seite und können sich bei dem Versuch, Sie mittels einer Abmahnung einzuschüchtern, erfolgreich wehren.

Belege für gute Leistungen sichern

Bewährt hat es sich auch, Belege für gute Leistungen rechtzeitig zu sichern. Sie bekommen nach Ihrem Weggang schließlich noch ein Arbeitszeugnis, an dem leider auch der Vorgesetzte beteiligt sein wird. Sollte es hier zu einer Auseinandersetzung über die Inhalte kommen, sind schriftliche Belege dafür, dass Sie Gewinne gesteigert, Umsätze ausgeweitet, Serviceleistungen verbessert, Qualitätsmängel abgestellt oder Überstunden abgeleistet haben, sicherlich hilfreich. Dann wird es nämlich schwer für den verlassenen Tyrannen, Ihnen für Ihr weiteres berufliches Fortkommen Steine in den Weg zu legen.

Die von uns vorgestellten Chefkategorien sind im Arbeitsalltag natürlich nicht immer so eindeutig zu erkennen. Es gibt fließende Übergänge, und auch Chefs haben, genauso wie Sie, mal bessere und mal schlechtere Tage. Für Ihre Arbeit in der Probezeit ist es aber hilfreich zu wissen, was für einen Chef oder Chefin Sie vor sich haben und was Sie im Umgang mit ihm oder ihr zu beachten haben. Stellen Sie sich der Herausforderung, eine gute Beziehung zu Ihrem Chef aufzubauen, damit Sie in der Firma erfolgreich durchstarten können.

64. Wenn die Zweifel überhand nehmen

Fast jeder kommt in der Probezeit einmal an den Punkt, wo er denkt, dass er am liebsten alles hinschmeißen würde. Das ist sicherlich normal und gehört dazu, wenn man sich innerhalb kürzester Zeit auf neue berufliche Aufgaben, neue Kollegen und einen neuen Chef einstellen muss.

Anlass für Krisenstimmung können beispielsweise kritische Auseinandersetzungen sein, so wie wir es Ihnen im letzten Kapitel geschildert haben. Aber auch Stress, Überforderung oder ausbleibende Erfolgserlebnisse können ein Grund dafür sein, dass man einfach nicht mehr weiter weiß und deshalb lieber sein Heil in der Flucht suchen möchte.

Sicherlich wird man nicht wegen eines einmaligen Vorfalls leichtfertig die neue Stelle aufgeben. Problematisch wird es aber, wenn sich die Krisenstimmung verfestigt: Dann sollten Sie prüfen, ob es Sinn hat, die Probezeit trotzdem fortzuführen. Denn wenn man sich jeden Morgen mühsam ins Büro schleppt, nur um die Minuten bis zum Feierabend zu zählen, tut man sich keinen Gefallen. Dann können die Warnsignale nicht mehr länger ignoriert werden: Die Situation muss gründlich analysiert und anschließend geklärt werden.

Lohnt es sich?

Der emotionale Faktor

Die mit einer Trennung einhergehenden Gefühle sind immer belastend, weil man nicht weiß, ob die Trennung wirklich das Richtige ist oder ob man sich nicht womöglich vom Regen in die Traufe begibt. Zudem spielt auch die Meinung des persönlichen Umfeldes immer eine wichtige Rolle. Kann man den Menschen, die einem nahe stehen, verständlich machen, dass die Situation am Arbeitsplatz untragbar geworden ist und eine vorzeitige Beendigung rechtfertigt?

Zusätzlich spielt auch das Selbstbild eine große Rolle. Man muss vor sich selbst vertreten, dass man in der Probezeit aufgeben will. Da sich aber niemand gerne als Verlierer sieht, ist es oft sehr schwer, sich zu diesem Entschluss durchzuringen. Und warum sollte man es auch den anderen – die die Krise womöglich verschuldet haben – mit dem eigenen Rückzug so einfach machen? Je nach Naturell steht der eigene Stolz, die eigene Verletzlichkeit oder das eigene Beharrungsvermögen im Vordergrund.

Ihr Selbstbild

Es ist gar nicht einfach, dieses emotionale Knäuel aufzulösen. Wer aber auf Hilfe von außen wartet, wartet vergeblich, denn die Zauberfee, die kommt und mit einem Wink des Zauberstabes alles zum Guten wendet, gibt es leider nur im Märchen. Entweder Sie kümmern sich selbst um das Problem oder Sie verkümmern womöglich in der neuen Stelle.

Wenn Sie beim Gedanken an den Rest der Probezeit regelmäßig in schlechte Stimmung geraten, ein Unwohlsein verspüren oder großen Stress empfinden, müssen Sie sich aktiv der Situation stellen.

Kein persönliches Versagen

Von sich aus die Probezeit zu beenden ist sicherlich eine sehr schwerwiegende Entscheidung. Aber angesichts der Tatsache, dass ungefähr ein Viertel der Arbeitsverhältnisse bereits vor dem Ende der Probezeit wieder aufgehoben werden, ist es kein Zeichen für persönliches Versagen, wenn Sie sich zu diesem schwierigen Entschluss durchringen müssen. Es ist immer günstiger, wenn Sie bei nicht auflösbaren Schwierigkeiten einen möglichen Abbruch der Probezeit gedanklich vorwegnehmen. Dann behalten Sie nämlich die Fäden in der Hand und können im besten Fall die verbleibende Zeit sogar noch für neue Bewerbungsaktivitäten nutzen. Je früher Sie ein nicht mehr tragbares Arbeitsverhältnis als solches erkennen und beenden, desto günstiger ist Ihre Ausgangslage für weitere Bewerbungen.

Im Einzelfall ist es immer schwierig, die Abwägung zwischen einem disziplinierten Durchhalten und einem plötzlichen Ende zu treffen. Das hängt zum einen von den auftretenden Problemen ab und zum anderen davon, was Sie sich selbst zumuten wollen und können.

Dramatische Alarmzeichen dürfen Sie auf keinen Fall ignorieren. Spätestens wenn Sie körperliche Beeinträchtigungen hinnehmen müssen, nur um die Arbeit weiterführen zu können, sind Sie zum Handeln gezwungen. Dann ist es in der Tat besser, einen Schlussstrich zu ziehen, als weiter durchzuhalten.

Beurteilen Sie die Situation objektiv

Um nicht vorschnell die Flinte ins Korn zu werfen, sollten Sie versuchen, etwas Abstand zu den Schwierigkeiten und Krisen zu gewinnen und deren Relevanz aus der Distanz so nüchtern wie möglich zu beurteilen. Schmeißen Sie nicht impulsiv alles hin, sondern akzeptieren Sie zunächst, dass die Probezeit emotional sehr belastend sein kann.

Aber nicht jedes auftretende Problem wird so gravierend sein, dass Sie sich mit dem Gedanken an einen Abbruch der Probezeit auseinandersetzen müssen. Mit der einen oder anderen schwierigen Phase werden Sie in der Probezeit mit Sicherheit zu kämpfen haben. Üblicherweise gelingt es aber, für die gegebenen Probleme angemessene Lösungen zu finden.

Eine gründliche Situationsanalyse

Um nicht vorschnell aus dem Bauch heraus die falsche Entscheidung zu treffen, sollten Sie die Probleme und Schwierigkeiten, die Sie belasten, in einem ersten Schritt präzise benennen. Denn ein allgemeines Unwohlsein beim Gedanken an den Job reicht nicht aus, um vorschnell aufzugeben. Besser ist es, einmal genau hinzuschauen, was oder wer Sie stört. Einige Probleme sind einfach nicht zu lösen, für andere, auf den ersten Blick ebenfalls unlösbare Probleme findet man manchmal aber doch einen befriedigenden Ausweg. So kann es beispielsweise sein, dass Sie sich ständig überfordert fühlen und wie ein Hamster im Laufrad durch den Arbeitstag hetzen. In einem solchen Fall kann es sinnvoll sein zu klären, ob Sie vielleicht Ihr Zeitmanagement verbessern müssen, früher Unterstützung von fachlich versierten Kollegen einfordern sollten oder lernen müssen, zu bestimmten Aufgaben auch einmal freundlich, aber bestimmt »Nein« zu sagen.

In anderen Fällen ist eine Lösung auch beim besten Willen nicht möglich. Es gibt nun einmal Abteilungen, die untereinander völlig zerstritten sind. Wenn Mobbing, Intrigen und persönliche Diffamierungen an der Tagesordnung sind, werden Sie dies als Einzelperson, und zugleich noch Neuling, nicht ändern können – dann ist eine Kündigung einfach unausweichlich.

Manchmal ist die Kündigung unausweichlich

Gleiches gilt für Firmen, in denen sich Führungskräfte wie kleine Diktatoren aufführen. Mit bestimmten Eigenheiten werden Sie sicherlich klarkommen müssen, aber wenn Chefs ihre Mitarbeiter bei jeder Gelegenheit bloßstellen, diffamieren und herabwürdigen, ist dies auf Dauer nicht tragbar. Hier ist nur eine Abstimmung mit den Füßen sinnvoll. Verlassen Sie besser die Firma, sobald Sie die Gelegenheit haben.

Wenn Sie während Ihrer Probezeit häufiger mit dem Gedanken an einen Wechsel liebäugeln, sollten Sie die Übersicht »Klärungshilfen« in Ruhe durchgehen. Verschaffen Sie sich Gewissheit darüber, wo Sie der Schuh drückt und ob die Situation wirklich untragbar ist.

Klärungshilfen

ÜBERSICHT

→ Fällt es Ihnen immer schwerer, morgens zur Arbeit zu gehen?
→ Gibt es jeden Tag mindestens einmal Streit?
→ Ist die Fluktuation in der Firma allgemein sehr hoch?
→ Gibt es Kollegen, denen Sie bewusst aus dem Weg gehen?
→ Gelingt es Ihnen nicht, mit Ihrem Chef eine gemeinsame Ebene zu finden?
→ Ist Ihr Chef unberechenbar?
→ Können Sie Ihrem Chef auch nach drei Monaten noch nichts recht machen?
→ Haben Sie das Gefühl, dass es Kollegen gibt, die nur darauf warten, dass Sie Fehler machen?

→ Ist Ihr Unternehmen dafür bekannt, dass die Kollegen miteinander zerstritten sind?

→ Fühlen Sie sich von Ihren Aufgaben auch nach drei Monaten immer noch überfordert?

→ Fehlen Ihnen Erfolgserlebnisse?

→ Hat man Ihnen im Bewerbungsverfahren ein ganz anderes Bild von Ihren Aufgaben gezeichnet?

→ Wälzen die Kollegen ständig schwierige Aufgaben auf Sie ab?

→ Macht man Sie für alles, was schiefläuft, verantwortlich?

→ Werden Sie zwischen konkurrierenden Gruppen im Unternehmen zerrieben?

→ Brechen die Aufträge wichtiger Großkunden weg?

→ Steht das Unternehmen wirtschaftlich auf der Kippe?

→ Vermeldet der Flurfunk etwas von betriebsbedingten Kündigungen (last in, first out)?

→ Macht sich die schlechte Stimmung im Unternehmen bei Ihnen bereits körperlich bemerkbar?

→ Trinken Sie mehr Alkohol als sonst, um abschalten zu können?

→ Benötigen Sie Schlaftabletten, um überhaupt noch zur Ruhe zu kommen?

→ Hat man Ihnen nahegelegt, von sich aus zu kündigen?

Werden Sie aktiv

Wenn Sie sich mithilfe der Fragen Gewissheit darüber verschafft haben, dass der neue Job langsam, aber sicher wirklich an Ihre Substanz geht, müssen Sie aktiv werden. Bringen Sie in Erfahrung, welche Handlungen Sie weiterbringen.

Lösungswege

Oftmals gibt es mehrere Optionen für Sie, um ein Krisenszenario aufzulösen. So kann es bei Ärger mit den Kollegen hilfreich sein, den Vorgesetzten einzuschalten und eine Klärung herbeizuführen. Oder es ergeben sich nach der Probezeit Möglichkeiten für Sie, in einen anderen Tätigkeitsbereich zu wechseln. Und selbst wenn Sie einen Jobwechsel ins Auge gefasst haben, können Sie gute Miene zum bösen Spiel machen und still und leise Ihre Bewerbungsaktivitäten entfalten.

Damit Sie die für Sie am besten geeigneten Lösungswege finden, sollten Sie sich die Fragen stellen, die wir in der Übersicht »Eine schwierige Entscheidung« aufgelistet haben. Sprechen Sie Ihre bevorzugten Lösungen aber auch mit Freunden, Bekannten oder Ihrem Lebenspartner durch. Denn oft kommt es vor, dass andere noch weitere Tipps auf Lager haben, die Ihnen helfen könnten.

Eine schwierige Entscheidung

ÜBERSICHT

→ Können Sie noch so lange durchhalten, bis Sie einen neuen Job gefunden haben?

→ Wie ist die Situation auf dem Arbeitsmarkt für Bewerber mit Ihrem Profil?

→ Gibt es in der Firma Kollegen, die Ihnen dabei helfen können, die Schwierigkeiten in den Griff zu bekommen?

→ Können Sie durch die Übernahme von Sonderaufgaben einen Schritt aus der Abteilung heraus machen?

→ Gibt es die Möglichkeit, sich mittelfristig firmenintern wegzubewerben?

→ Wenn Ihr Chef das Problem ist: Geht er in absehbarer Zeit?

→ Werden Sie in nächster Zeit einen anderen Arbeitsbereich übernehmen?

→ Könnte Ihr Chef Streitigkeiten mit Kollegen schlichten?

→ Ist Hilfe vom Betriebsrat zu erwarten?

→ Wäre ein Gespräch mit der Personalabteilung hilfreich?

→ Waren Sie mindestens zwei Jahre an Ihrem vorherigen Arbeitsplatz?

→ Kann Sie Ihr privates Umfeld noch einige Zeit auffangen?

→ Sind Sie überzeugt davon, dass es Firmen gibt, in denen es besser läuft?

→ Haben Sie sich ehrlich gefragt, ob Ihre Kollegen oder Sie selbst die bestehenden Konflikte zu einem Großteil verschuldet haben?

→ Haben Sie genügend finanzielle Rücklagen, um eine längere Bewerbungsphase zu überbrücken?

Selbstbestimmt handeln

Wenn Sie für Ihre Situation am Arbeitsplatz eine Lösung gefunden haben, sollten Sie diese auch konsequent verfolgen. Damit nehmen Sie das Gesetz des Handelns in die Hand, und allein das wirkt oft schon befreiend. Kommen Sie trotz aller Bemühungen und Anstrengungen nicht weiter, sollten Sie einen Wechsel ins Auge fassen. Zumindest Sie brauchen sich dann nicht vorzuwerfen, dass Sie nicht alles versucht haben.

Bewerbungsberatung für Führungskräfte: Auf die Erfolgsspur!

Ein hartes Stück Arbeit liegt hinter Ihnen, aber: Nachdem Sie sich mit den Strategien, Coachingtipps und Positivbeispielen in diesem Praxisratgeber intensiv auseinandergesetzt haben, haben sich Ihre Chancen auf den gewünschten Bewerbungserfolg deutlich erhöht.

Zaubersprüche?

Es gibt in der Praxis der Führungskräfteauswahl keine wirksamen Zaubersprüche, die Headhunter, Personalberater oder die Entscheider auf der Firmenseite im Schnellverfahren gefügig machen. Keine Geheimformel wird Ihre Wünsche im Handumdrehen erfüllen. Daher mussten Sie sich in diesem Bewerbungs- und Karrierecoaching aktiv mit Ihren Stärken, Kenntnissen und Fähigkeiten auseinandersetzen, um in allen Stufen des Bewerbungsverfahrens auf die Anforderungen der Unternehmen eingehen und die passenden Schnittstellen herausarbeiten zu können.

Jetzt kennen Sie Ihre Einstellungsargumente

Ihre Arbeit wird sich auszahlen!

Bekennen Sie sich zu Ihrem individuellen beruflichen Werdegang. Sie sind anders als die anderen Bewerberinnen und Bewerber, gerade darin liegt Ihre Chance, neue Arbeitgeber für sich einzunehmen. Wir verlangen von Ihnen viel Vorarbeit bei der Erstellung Ihrer Bewerbungsunterlagen und der Vorbereitung auf Vorstellungsgespräche und Assessment-Center. Aus unserer Beratungstätigkeit heraus wissen wir jedoch, dass die intensive Auseinandersetzung mit Ihrem eigenen Profil und den vielen Wünschen der Unternehmensseite unverzichtbar ist. Mit passgenauen Einstellungsargumenten und einer nachvollziehbaren Begründung Ihres Wechselwunsches wird auch Ihnen der Wechsel zum neuen Job gelingen.

Führungskräfte-Coachings

Sie müssen nicht nur im Job, sondern ebenso im Bewerbungsverfahren Höchstleistungen erbringen und dabei unterstützen wir Sie gerne mit unserem Know-how aus rund 20 Jahren Coachingerfahrung. Wenn Sie eine persönliche Beratung wünschen, finden Sie unsere Coachingangebote für Führungskräfte im Internet unter www.karriereakademie.de. Viele Arbeitgeber übernehmen die Kosten für unsere Beratungen im Rahmen von Abfindungs- oder Outplacementvereinbarungen. Nehmen Sie gerne unter team@karriereakademie.de Kontakt mit uns auf, damit wir, wie in unserer Profil-Methode® vorgestellt, in Abstimmung mit Ihnen ein passgenaues, stärkenorientiertes und glaubwürdiges Profil herausarbeiten.

Abschließend wünschen wir Ihnen für Ihren vollen Einsatz den verdienten Bewerbungserfolg!

Christian Püttjer & Uwe Schnierda

Register

A

Absagen, diplomatische 513 f.

Abwertungen 22, 394, 469, 519, 527

Allgemeinplätze 151 f.

Anlagenverzeichnis 163 – 165

Anspannung 333 – 336, 339, 342, 345 f., 348

Arbeitsprobe 365

Argumentationstechniken 318

Auf einen Blick:

– Anforderungen der Unternehmen an Führungskräfte 63

– Anschreiben für Führungskräfte 133

– Auch mit Körpersprache überzeugen 348

– Bewerben mit 45-plus 543

– Bewerbungsformulare 203

– Bewerbungsfotos 149

– Chancen nutzen: Erfüllen Sie sich Ihre beruflichen Wünsche 117

– Den Wunscharbeitgeber finden 128

– Die Selbstpräsentation 83

– Fallstudie und Business-Case 444

– Gehaltsfrage für Führungskräfte 138

– Gruppendiskussion 401

– Headhunter und Personalberatungen 120

– Heimliche Übungen 449

– Ihr gelungenes Arbeitszeugnis 530

– Ihre E-Mail-Bewerbung 196

– Ihre Erfolgsbilanz 46

– Ihre Gehaltsverhandlung 329

– Ihre Leistungsbilanz 155

– Ihre Selbstpräsentation 394

– Ihre vollständigen Bewerbungsunterlagen 165

– Lebenslauf für Führungskräfte 143

– Mind-Map: Immer vor Augen 88

– Mitarbeitergespräch 409

– Online-Assessment und Bewerberhomepage 208

– Postkorb 459

– Referenzen und Fürsprecher nutzen 169

– Reklamationsgespräch 424

– Richtig nachhaken 167

– Risiken minimieren, Chancen ergreifen 514

– Souveräne Körpersprache 478

– Strategien für Ihren Erfolg im Vorstellungsgespräch 226

– Telefoninterviews 219

– Verkaufs- und Beratungsgespräch 416

– Vortrag 434

– Wie begründen Sie den Stellenwechsel? 98

Ausgangslage 513, 572

Aussagekraft 173, 199, 204, 280, 485, 517

Ausstrahlung 147, 307, 336, 339, 426, 492

Aus unserer Beratungspraxis:

– Assistent mit Problemen 33

– Fachlich einseitig 48

– Ich bin doch keine Buchhalterin! 115

B

Begeisterungsfähigkeit 53 f., 114, 382, 388, 483, 486

Beharrungsvermögen 116, 571

Beispiel:

– »Ich bin doch nur ein kleines Licht«-Taktik 318, 322

– »Mein kleiner Liebling«-Taktik 318, 323

– »Ich bin doch nur ein kleines Licht«-Taktik: Steine in den Weg gelegt 322

– »Mein kleiner Liebling«-Taktik: Eingewickelt 323

– 45-plus-Bewerber für die Position Kaufmännischer Leiter 536

– 45-plus-Bewerberin für die Position Produktmanagerin 536

– Arbeitszeugnis Produktlinienmanager, positiv 528

– Assessment-Center bei einem Chemiekonzern 376

– Assessment-Center bei einem Pharmaunternehmen 374
– Assessment-Center bei einem Versorgungsunternehmen 375
– Bewerbung als Leiter Marketing/Kommunikation 187
– Bewerbung als Leiter Qualitätssicherung 180
– Bewerbung als Leiterin Personalentwicklung 184
– Bewerbung als Leiterin Produktmanagement 177
– Bewerbung als Verkaufsleiter 174
– Bewerbungsformular Technischer Verkaufsberater in der Dentalbranche, negativ 199
– Bewerbungsformular Technischer Verkaufsberater in der Dentalbranche, positiv 201
– Die 45-plus-Erfolgsstory 534
– Diffamierungstaktik: Sie sind wohl nicht bei Trost? 321
– Elendstaktik: Der Gürtel wird enger geschnallt 319
– Erfahrungen in der Zertifizierung, positiv 538
– Erfolgsbilanz einer Marketingleiterin 303
– Fachliche Kenntnisse Abteilungsleiter Automatisierungstechnik 55
– Fachwissen Ingenieurin Maschinenbau 50
– Fachwissen Konzerncontrolling 50
– Frage Branchen- und Fachkompetenz, negativ 235
– Frage Branchen- und Fachkompetenz, positiv 236
– Frage Führungskompetenz, negativ 263
– Frage Führungskompetenz, positiv 264
– Frage Innovationskompetenz, negativ 248
– Frage Innovationskompetenz, positiv 249
– Frage internationale Kompetenz, negativ 278
– Frage internationale Kompetenz, positiv 279
– Frage Kommunikationskompetenz, negativ 270
– Frage Kommunikationskompetenz, positiv 271
– Frage Lösungskompetenz, negativ 243
– Frage Lösungskompetenz, positiv 244
– Frage unternehmerische Kompetenz, negativ 254
– Frage unternehmerische Kompetenz, positiv 255
– Frage Neubeginn, positiv 539
– Frage Stillstand oder Entwicklung?, positiv 538
– Gehaltsverhandlung: Ausgeliefert, negativ 309
– Gehaltsverhandlung: Die Fäden in der Hand, positiv 314
– Gehaltswunsch: Gehaltvoll argumentiert, positiv 306
– Gehaltswunsch: Völlig losgelöst, negativ 306
– Gelungene Selbstpräsentation 73
– Gelungene strukturierte Selbstpräsentation 386
– Gleichbehandlungstaktik: Die anderen bekommen weniger 320
– Gruppendiskussion: Die Zukunft der privaten Altersvorsorge 398
– Leistungsbilanz 153
– Methodische Kompetenz Account-Managerin 52
– Methodische Kompetenz Leiterin Marketing 57
– Methodische Kompetenz Projektleiter 51
– Methodische Kompetenz Qualitätsmanagement 52
– Mind-Map: Bewerbung um die Position als Niederlassungsleiter 86
– Missverständnisse 70
– Mitarbeitergespräch 1: Zu langsam 405
– Mitarbeitergespräch 2: Gut, aber nicht gut genug 405
– Mitarbeitergespräch 3: Nicht befördert 406
– Mitarbeitergespräch 4: Sicherheit geht vor 406
– Mögliche Themen im Mitarbeitergespräch 465
– Negative Dritte Seite 151
– Passen Sie Ihren Wortschatz an 82
– Reklamationsgespräch: Es brennt 420
– Reklamationsgespräch: Antipathien 420
– Schlechte Selbstpräsentation 68
– Schlüsselbegriffe herausfinden 79
– Schlüsselfrage, negativ 228
– Schlüsselfrage, positiv 229
– Schlüsselworte im Bewerbungsformular 198
– Selbstbeschreibungen mit Schlüsselbegriffen 80
– Selbstpräsentation am Telefon: Produktmanagerin 216

– Senior Manager Business Development: Die
 momentane Position 35
– Senior Manager Business Development: Die
 Position vor der vorhergehenden Position 37
– Senior Manager Business Development: Die
 vorhergehende Position 36
– Senior Manager Business Development: Wei-
 terbildungsmaßnahmen, PC- und Fremdspra-
 chenkenntnisse, Messen, Kongresse und
 Tagungen 38
– Soziale Kompetenz im Vertrieb 54
– Soziale Kompetenz Kommunikationsstärke 58
– Soziale Kompetenz Product-Manager 60
– Soziale Kompetenz Zielstrebigkeit 59
– Stellenausschreibung Senior Business Con-
 sultant 61
– Stellenwechsel: Branchenwechsel 95
– Stellenwechsel: Erfahrungen einbringen 95
– Stellenwechsel: Karrieresprung 96
– Stress- und Fangfragen, negativ 284
– Stress- und Fangfragen, positiv 285
– Verkaufs- und Beratungsgespräch 1:
 Bröckelnde Umsätze 413
– Verkaufs- und Beratungsgespräch 2: Der neue
 Freizeitpark 413
– Verunsicherungstaktik: Der Sicherheitscheck
 321
– Verzögerungstaktik: Später, wann ist das? 318
– Vortragsthema 1: Kundenorientierung und
 Vertriebsstärke 428
– Vortragsthema 2: Wertschöpfung steigern 428
– Zweites Gespräch: Antwort ohne Argumente
 292
– Zweites Gespräch: Chance genutzt 293
– Zwischenzeugnis Marketingreferentin, positiv
 539
Beispiele, nachvollziehbare 22
Belege, fehlende 152
Beratung: Unbewusste Konfrontation 339
Berufsbezeichnung, formale 19
Berufsbezeichnung, offizielle 35 – 37, 39, 41 f., 46
Berufserfahrung 33, 55, 62, 103, 143, 187 f., 231,
 239, 527, 534, 536 f.
Beschreibung, wertfreie 75
Bewerberfehler, typische 19, 60

Blackout 85, 88, 333, 348, 382, 426
Brainstorming 397, 401, 427, 429 f., 434
Branchenkompetenz 26, 217, 225, 235 – 237
Branchentrends 236, 438, 447 – 449

C
Checkliste: Mit diesen 9 Erfolgstipps überprüfen
 Sie die Wirkung Ihres Selbstmarketings 32
Chefklischees 562
Cheftypen 563
Covey, Stephen R. 15

D
Deckblatt 161 – 163, 165, 195
Delegation 51, 452
Diffamierungstaktik 318, 320
Distanz, richtige 466
Dominanzgesten 334 f., 342 f., 348, 470, 479
Durchsetzungskraft 53

E
Echo-Technik 448 f.
Ehrlichkeit, kontraproduktive 69, 75, 84, 94, 98
Eigeninitiative 53, 103, 117, 311, 548
Einzelauswahlverfahren 366
Elendstaktik 318 f.
Emotionen, wohldosierte 215, 291
Engagement, fehlendes 397
Entscheidungsverantwortung 45
Entwicklung, berufliche 18, 39, 66 f., 74, 83, 86, 94,
 99, 104, 117, 135, 139 – 141, 211, 213, 286, 288,
 342, 381, 386 f., 517, 537 – 539
Erfolge, Dokumentation 34 f.
Erfolgsdruck 45
Erfolgskommunikation 31, 215, 249
Erfolgsstory 33, 97, 447 – 449, 534, 543
Ergebnisfixierung 437, 444

F
Fachkenntnisse 49 f., 55 f., 238, 566
Fachkompetenz 26, 49, 103, 217, 225, 235 – 237, 434
Fachmagazine 122, 125, 128, 238
Fachmessen 125, 127 f., 242
Fachwissen 47 – 51, 54 f., 58, 64, 94, 103, 217, 235,
 237, 397, 438, 518, 520, 522 f., 527, 529, 563

Faden, roter 67, 83, 144, 211, 427, 537

Fallstudien 363, 365 f., 370 f., 426, 436 – 444

Fehlentwicklung 97, 270, 463

Firmenhomepages 122 – 125, 128, 194, 235

Flexibilität 31 f., 68, 70, 249, 324, 419

Formulierungen, abstrakte 22, 60, 271

Fragen, offene 255, 324, 326 f., 448

Führungsalltag 30, 393

Führungsanspruch 147, 467, 471, 473, 476, 479

Führungskompetenz 26, 30, 134 f., 217 f., 225 f., 263 – 265, 396, 463, 493 f.

Führungskräftecoach 26

Führungsstärke 265, 293, 387 – 389, 391 f., 465, 469, 475

Führungsstil 26, 30, 32, 225, 239, 263, 266, 404, 463, 528

Führungstechnik 52

Führungsverständnis , 263, 378, 403 f.

G

Gehälter, übliche 136, 138, 301, 329

Gehaltsbestandteile 136, 302, 317

Gehaltsforderung 135, 302, 306, 308, 312, 322

Gehaltstabellen 302

Gehaltsverhandlungen, geeignete Techniken 324

Generalist 45, 235, 239, 563

Gesamtüberblick 452

Geschick, rhetorisches 230

Gesprächsfreude 446

Gesprächsprotokoll 477

Gesprächsrunde, große 364

Gesprächssituation, hochemotionale 404

Gesprächssituation, Steuern der 285, 464

Gesprächssteuerung, aktive 405

Gesprächstechnik 52, 324, 326 f., 448

Gesten, aggressive 338, 343, 468

Glaubwürdigkeit 21 f., 334, 348, 521

Gleichbehandlungsgesetz 145, 283

Gleichbehandlungtaktik 318, 320

Grabenkämpfe 468 f.

Graue-Maus-Image 67

Groth, Alexander 15

Grundhaltung, konzentrierte 335, 337, 339, 344 – 348

Gruppenauswahlverfahren 204, 364, 366

H

Haberleitner, Elisabeth 15

Häppchentaktik 312

Hobbys 113, 125, 142, 394, 534, 555

Höhlendilemma 372 f.

Humor, kontraproduktiver 152

I

Illoyalität 199

Individualität 152, 173

Informationsanker 85 f.

Informationsdichte 29, 32, 80 f., 84, 154, 198, 202, 214, 229, 236

Informationsgrenzen 118, 341

Innovationskompetenz 26, 217 f., 224, 248 – 250

Insiderwissen 25, 438

Intelligenztests 483 f.

J

Jobbörsen 39, 79, 118, 122 – 126, 128, 194, 197, 202 f.

Jobs, Steve 15 – 17

K

Karriere-Klick 20, 191

Know-how, berufliches 78

Know-how, fachliches 230, 255, 448, 488, 563

Kollegentypen 553, 561

 – Neutrale 553, 559 – 561

 – Skeptiker 553, 556 – 559, 561

 – Unterstützer 290, 553 – 556, 559, 561, 567

Kommunikationsfähigkeit 53 f., 60, 74, 103, 225, 411, 465

Kompetenz

 – kommunikative 26, 211, 217 f., 225, 270, 381, 403, 463

 – berufliche 48, 225, 444

 – fachliche 47 f., 50 f., 53, 55, 57, 61 – 66, 69, 173, 211

 – internationale 26, 217 f., 225, 278 – 280, 293

 – methodische 47 f., 50 – 55, 57 f., 61 – 66, 69 f., 73 f., 84, 173, 211

 – soziale 47 f., 50, 53 – 55, 58 – 66, 69 f., 73 f., 84, 173, 211, 369, 372

– unternehmerische 26, 217 f., 224, 254 – 256, 263, 437

Konfrontation, Vermeiden von 335, 337

Konsensorientierung 316

Kontakt, angemessener 466

Kontaktdaten 119, 121, 143, 161, 199, 208, 447, 449

Kontakte, berufliche 113, 117, 125 f., 128, 301

Kontakte, private 122, 125 f., 128, 147

Kontakte, telefonische 46, 85

Kontaktfähigkeit 53 f.

Kontaktfreudigkeit 61, 103, 446

Konzentrationstests 483 f., 498

Kooperationsbereitschaft 474

Kreativitätstechnik 52

Kriegserklärung 469 f.

Krisenkommunikation 19

Kritikfähigkeit 54, 103

Kündigung 30, 93, 135, 149, 200, 264, 267, 420, 464, 468, 478, 519 – 521, 573 f.

Kündigungsfrist 201 f., 292

Kundengespräche 218, 363, 365 f., 370, 377 f.

Kurzbewerbung 194, 196, 207

Kurzvorstellung 215, 375, 382 f., 394

L

Leadership-Skills 26

Lebenslauf, Brüche im 30, 32, 283

Leerfloskeln 22, 70, 84, 243

Leistungsbereitschaft 53, 68, 70, 74, 228, 268, 291, 535

Leistungsbilanz 28, 150 f., 153 – 156, 159, 165, 194 f., 207 f., 322

Leistungstests 377, 498, 503

Leitbild 369

Lösungskompetenz 26, 115, 217, 225, 231, 243 – 245, 293

M

Macherqualitäten 29, 32, 225, 243, 395, 428

Malik, Fredmund 15

Management by Objectives 266, 360, 463

Management, globales 20, 349

Marktwert, eigener 301

Maximalangebot 420

Maximalforderungen 45, 422 f.

Medieneinsatz 385, 393, 427 f.

Merkel, Angela 15, 17

Mitarbeitergespräch, Schema für 410, 473, 478 f.

Mitläufer, passiver 30

Moderationstechnik 52

Motivationsfähigkeit 54

N

Negativ-Formulierungen 69 f., 84

Netzwerke, digitale 125 f.

Neuorientierung 160

Nicht-Formulierungen 69 – 72, 84

O

Online-Bewerbung 193 f., 197 – 199, 204, 206

Online-Formular 193 f., 203

P

Passgenauigkeit 21

Personalexperten 22, 26, 98, 211

Persönlichkeitspsychologen 26

Persönlichkeitstests 483 f., 487, 493, 495, 497

Platzhirsche 557, 559

Präsentationstechnik 52, 366, 381, 492

Praxisnähe 78, 365

Probezeit 20, 30, 310, 318 f., 364, 509, 517, 545, 547 – 554, 562, 565, 567 f., 570 – 574

Problemlösungsfähigkeit 54, 483, 486

Problemlösungskompetenz 115

Problemlösungstechnik 52

Problemorientierung 535, 543

Problemschilderungen 22, 558

Profillosigkeit 69, 74, 84, 312

Profil-Methode 21

Projektberichte 35, 39, 207 f., 214, 304, 520

Pseudotests 485

Q

Qualifikationsprofil 150, 203, 208

R

Reisetätigkeit 45, 72, 178, 216, 289, 314

Restrukturierer 289

Rückzugsmöglichkeiten 476

S

Sanierer 289

Schlagworte 29, 32, 54, 59 f., 78 – 84, 103, 154, 203, 208, 214, 219, 226, 382, 386 f., 389, 521

Schlüsselbegriffe 29, 32, 73, 78 – 80, 82 – 84, 154, 214, 219, 226, 236

Selbstanklage 69, 72, 75, 84, 97 f.

Selbstbild 270, 352, 381, 571

Selbstdarstellung 67, 72, 105 f., 112 – 114, 116, 197 f., 200, 208, 230, 302, 336, 394

Selbstdarstellung, übertriebene 67

Selbstkritik 22, 270

Selbst-PR 105 f., 114

Selbstständigkeit, erzwungene 30

Selbstzweifel 321, 567

Small Talk 111, 115, 370 f., 446 – 449, 555, 560

Spezialist 45, 49, 53, 108, 115, 122 f., 235, 238, 240 f., 375, 464, 492, 550, 563, 565

Sprachverhalten, Optimieren des 539

Sprenger, Reinhard K. 15

Stabilität, emotionale 470, 513

Stärkenorientierung 21 f.

Stärkenprofil 212

Stellenausschreibung 19, 25, 28, 32, 54 – 56, 61 f., 64, 67, 79, 82, 86, 118 f., 121 f., 126, 128, 131 – 133, 137, 139 f., 195, 199, 204, 214, 225, 237, 254, 287, 292, 295, 302, 378, 509, 520

Stellenbeschreibung 35, 104, 304

Stellengesuch, eigenes 197, 202 f.

Stellenmarkt, offener 20, 101, 118 f., 122, 128

Stellenmarkt, verdeckter 118, 122, 125, 128

Stimmigkeit 334

Stolperfallen, emotionale 404

Strategiewissen 29

Stressabbau 85

Stressfragen 283 – 285, 344, 435, 538, 540

Stressgesten 335 f., 339 – 342, 344, 348, 382, 395, 402

Stressresistenz 369, 469, 543

Stresstest 343, 381, 404, 419, 424, 459

Studienabbruch 30

Sympathie, Verscherzen der 333 f.

T

Tageszeitungen 122, 125, 128, 136

Teamfähigkeit 54, 62 f., 74, 103 f., 151, 199, 204, 372, 483, 486

Telefoninterview 19, 27 f., 31, 168, 211 f., 214, 216, 219

Testirrtümer 483 – 485

Theorie-Praxis-Transfer 51, 64

Titelblatt, individuelles 161

Trainingsvideos 66

U

Überheblichkeit 67, 343

Übersicht:

– Ablaufschema für Gehaltsverhandlungen 313

– Die Struktur Ihrer Selbstpräsentation 67

– Ihr Bewerbungs- und Karrierecoaching 20

– Ihr persönliches Einarbeitungsprogramm 551

– Inhalt eines qualifizierten Arbeitszeugnisses 518

– Inhalte von Einstellungstests 483

– Probezeit: Eine schwierige Entscheidung 575

– Probezeit: Erwartungen abgleichen 549

– Probezeit: Klärungshilfen 573

– Überzeugende Aktivposten 303

– Wichtige Fakten im Entscheidungsprozess 510

– Zeugnisnoten auf einen Blick 522

Übertreibungen 72

Überzeugungsfähigkeit 53

Überzeugungsregeln 73, 75, 81 f., 84, 536

Übung:

– Aggression und Stress vermeiden 344

– Ausgewählte Fragen im Online-Assessment 205

– Belege für Ihre methodische Kompetenz 58

– Beschreiben statt bewerten 75

– d-b-p-q-Test 499

– Den Wechsel begründen 97

– Die konzentrierte Grundhaltung 346

– Die Summe Ihrer Erfolge 535

– Eindeutig und positiv formulieren 71

– Einschüchternde Phrasen und aggressive Argumente entkräften 327

– Fachliche Kenntnisse 56

– Fallstudie 438
– Gehaltswünsche begründen 307
– Grenzen ziehen 476
– Gruppendiskussion: Die Zukunft der privaten Altersvorsorge 399
– Ihre Erfolgsbilanz 304
– Ihre momentane Position 39
– Ihre Position vor der vorhergehenden Position 42
– Ihre soziale Kompetenz 59
– Ihre vorhergehende Position 40
– Ihre Weiterbildungsmaßnahmen, PC- und Fremdsprachenkenntnisse, Messen, Kongresse und Tagungen 43
– Im Visier 472
– Mind-Map ausarbeiten 87
– Mitarbeitergespräch 1: Zu langsam 407
– Persönlichkeitstest F–V–L 487
– Postkorb-Übung 453
– Rechnen mit Wörtern 500
– Reklamationsgespräch: Es brennt 421
– Schlüsselbegriffe und Schlagworte für Ihr Profil 80
– Selbstpräsentation optimieren 82
– Spezialfragen 45-plus 540
– Stellenausschreibungen auswerten 62
– Strukturierte Selbstpräsentation 384
– Test Selbstmarketing 106
– Verkaufs- und Beratungsgespräch: Bröckelnde Umsätze 414
– Vortragsthema: Kundenorientierung und Vertriebsstärke 432
– Wunschposition im Blick 45
Übungen, heimliche 370, 376, 446 – 449
Übungen, offizielle 370
Unterwürfigkeit 67, 147

V

Veränderer 289 f.
Verführung, Kunst der sanften 113
Vergangenheitsfixierung 97 f., 543
Verkaufstechnik 52
Verlegenheitsgesten 335, 339 – 342, 344, 348, 395, 427, 435
Versagen, persönliches 572

Verspannung 333, 345 – 347
Verunsicherungstaktik 316, 318, 321
Verzögerungstaktik 312, 318
Videokamera 82, 344, 347, 371
Vielfältigkeit 31
Visualisierung 85, 88, 386, 389 – 392, 394, 427, 437, 444
Vogel-Strauß-Taktik 419
Von Rosenstiel, Lutz 15
Vorgesetzte, unentschlossene 471
Vortragsgliederung 430, 434

W

Wechselgründe, akzeptierte 94
Wechselgründe, tatsächliche 93, 97
Wir-Formulierungen 30
Wissenstests 369, 483 f.
Worthülsen 151 f., 225
Wunschposition 44 – 46, 139, 148

Z

Zeitdiebe 558
Zeitmanagement 371, 387, 408, 427, 436 f., 478, 573
Zeugnis
   – Formfehler 526
   – Geheimcode 517, 525
   – missverständliche Formulierungen 526 f., 530
   – Nebensächlichkeiten 526
   – Negativformulierungen 526
   – Relativierungen 526
   – Widersprüche 526
   – zu knappe Sätze 526 f.
Zusammenspiel, zielorientiertes 53
Zweifel, Wecken von 152, 279
Zwischenergebnisse 275, 504, 561
Zwischentöne 521
Zwischenzeugnisse 35, 39, 157 f., 165, 304, 517 – 519, 529

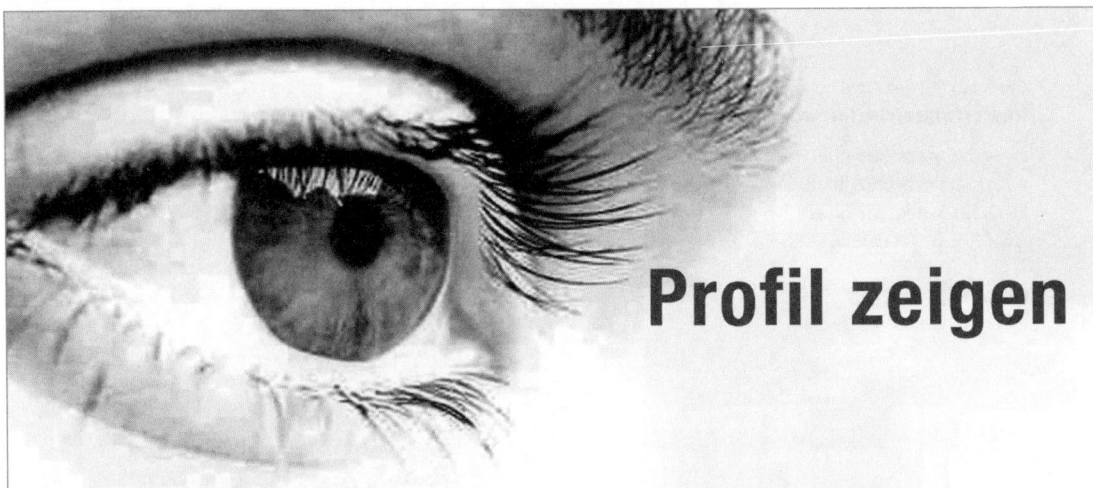